生命科学核心课程系列教材

细胞生物学

主　编　梁卫红
副主编　杨保胜　彭仁海

科学出版社

北　京

内 容 简 介

本书是生命科学核心课程系列教材之一。全书分为 11 章，分别为概述，细胞生物学研究方法，细胞膜，物质的跨膜运输，细胞核，细胞质及内膜系统，半自主性细胞器，细胞骨架，细胞增殖，细胞的分化、衰老和凋亡，细胞通讯与信号转导。本书系统介绍了细胞生物学的基本理论、基本概念和基本方法（基础性），教材体系新颖、结构简洁、重点突出（实用性），结合各章节的内容以知识框的形式穿插相关的最新进展（前瞻性）、经典事件、人物故事和延伸阅读等内容（趣味性），每章都附参考文献和复习题，有助于学生进一步扩展阅读和自我测试。

本书图文并茂，易教易学，适合作为高等院校生物类专业，包括师范类、医学、农学、林学等相关专业本科生教材，也可作为研究生、相关科研人员和技术人员的参考用书。

图书在版编目（CIP）数据

细胞生物学/梁卫红主编 .—北京：科学出版社，2012
生命科学核心课程系列教材
ISBN 978-7-03-035295-8

Ⅰ.①细⋯　Ⅱ.①梁⋯　Ⅲ.①细胞生物学-高等学校-教材　Ⅳ.①Q2

中国版本图书馆 CIP 数据核字（2012）第 187539 号

责任编辑：刘　晶　席　慧/责任校对：张凤琴
责任印制：徐晓晨/封面设计：迷底书装

科学出版社出版
北京东黄城根北街 16 号
邮政编码：100717
http://www.sciencep.com

北京建宏印刷有限公司 印刷
科学出版社发行　各地新华书店经销

*

2012 年 8 月第 一 版　　开本：787×1092　1/16
2018 年 1 月第五次印刷　　印张：22 1/2
字数：571 000

定价：65.00 元
（如有印装质量问题，我社负责调换）

《细胞生物学》编委会名单

前　言

　　细胞生物学是现代生物学的前沿分支学科之一，也是生命科学的基础学科。伴随着显微镜的发明和改进，细胞的发现揭开了人类对生物体微观世界研究的序幕。纵观300多年来的研究历史，从细胞的发现、细胞生物学的诞生、发展及研究层次，从显微水平、亚显微水平到分子，乃至原子水平的不断深入，细胞生物学研究已经深入到细胞生命活动的本质问题。这一学科迅速发展的标志之一就是学生手里的教材越来越厚，更新周期越来越短。

　　我们编写本书的初衷是基于课程改革的现状和学生的实际需求，希望达到简明清晰、易教易学的目的，因此，本书既注重基本理论、基本概念、基本方法的介绍，又突出了教材整体的实用性和前瞻性，重视引导学生建立完整的学科知识体系，以及科学素养和能力的培养。

　　本书由河南师范大学、新乡医学院、河南农业大学、河南科技学院、安阳工学院和郑州师范学院等院校工作在教学第一线的老师合作完成，这本书汇集了他们多年的专业积累和教学经验，也有一些大胆的尝试和创新。本书采用集体讨论、分别执笔的方式写作，由主编对全书进行统筹规划。

　　由于编者水平有限，加上时间仓促，难免有不足和疏漏之处，敬请读者批评指正。

编　者

2012 年 6 月

目　　录

第1章 概 述

　　细胞生物学是从细胞整体水平、亚显微水平和分子水平上研究细胞结构和生命活动规律的学科，这一学科的诞生和发展过程经历了细胞的发现、细胞学说的提出、细胞学及细胞生物学的形成、现代分子细胞生物学的崛起等主要阶段，该学科的产生和发展以工具的改进和技术的进步为前提，与分子生物学、遗传学、发育生物学、生理学等学科的关系越来越紧密。细胞生物学既是生命科学的基础学科，也是现代生命科学的前沿学科之一。

1.1 细胞生物学的产生和发展

　　细胞发现迄今已有300多年的历史了，伴随着实验技术和手段的进步，细胞生物学得以形成发展，并且逐步占据了生命科学的核心地位。

1.1.1 细胞的发现和细胞学说的建立

　　由于大多数细胞的直径都在 $30\mu m$ 以下，远远超出了肉眼的分辨能力，所以细胞的发现与显微镜的发明是分不开的。

1.1.1.1 细胞的发现

　　世界上第一架对科学研究有价值的显微镜是英国物理学家罗伯特·胡克（Robert Hooke）于17世纪创制的，他在显微镜中加入粗动和微动调焦部件、照明系统和承载标本片的工作台。这些部件经过不断改进，成为现代显微镜的基本组成部分。Hooke 将采用自制显微镜观察的许多结果，汇集成了 *Micrographia*（《显微图谱》）一书，于1665年出版，在书中他将观察到的木塞中的小孔洞称为"cell"（细胞），虽然实际上他观察到的是死细胞的细胞壁（图 1-1A），但是却标志着人类对物质世界的认识进入了显微时代。

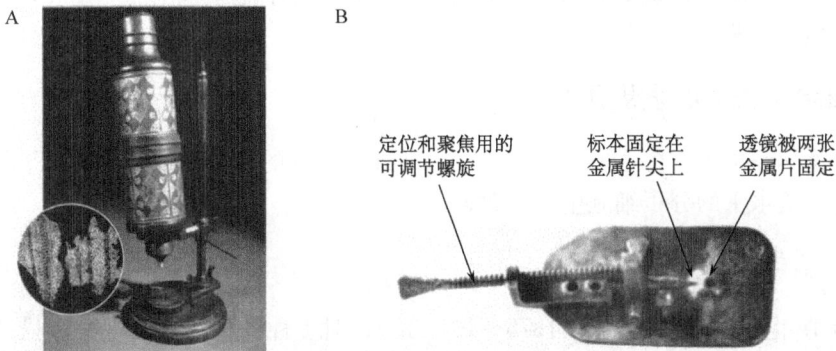

图 1-1　显微镜及细胞的发现（引自 Karp，2005）

A. 罗伯特·胡克研制的显微镜和对木栓的观察结果；B. 列文虎克研制的单镜片显微镜

荷兰科学家列文虎克（Leeuwenhoek）是真正的细胞发现者，1674 年他用自制的显微镜（图 1-1B）观察了池塘水中的原生动物。在他 50 年的科学生涯中，不仅观察了大量动植物的活细胞、对细胞的大小进行了测量，而且将观察结果做了详细的记录，并以通信的方式提交英国皇家学会，这些数据和现代测量的数值接近，说明列文虎克自制显微镜的分辨率可能达到了 $1\mu m$，这一水平即使到 18 世纪末仍无人超越。

1.1.1.2　细胞学说的建立

直到 19 世纪 30 年代，随着显微镜制作技术的长足进步，分辨率提高到了 $1\mu m$ 以内；同时切片机的发明也促进了显微解剖学的发展和大量资料的积累，人类对细胞的认识也在逐步深入。在该时期，人们认识到细胞中存在细胞核，还有黏稠的内容物。基于对大量动植物细胞的观察，人们逐步认识到形态上差别较大的动物细胞和植物细胞存在共性。最具有里程碑意义的是 1838 年德国植物学家施莱登（Schleiden）提出"所有植物体都是由细胞组合而成的"，1839 年德国动物学家施旺（Schwann）提出"动物体也是由细胞构成的"，施旺认为动植物细胞具有相似的结构，并提出了**细胞学说（cell theory）**，其中包含两个要点：①所有生物体是由一个或多个细胞构成的；②细胞是生物体的结构单位。在此之后的十几年中，细胞学说对当时的生物学发展起到了巨大的促进和指导作用，学说内容也在不断充实和完善，其中，1855 年德国病理学家魏尔肖（Virchow）提出的"细胞只能通过分裂产生细胞"的观点，明确了细胞的起源问题，指出了细胞作为一个相对独立的生命活动基本单位的性质，也成为完善后的细胞学说的第三个要点。

细胞学说论证了整个生物界在结构上的统一性，科学地解释了有机体的发育和形成过程。正如恩格斯所指出："机体产生、成长和构造的秘密被揭开了，从前不可理解的奇迹，现在已经表现为一个过程，这个过程是依据一切多细胞有机体本质上所共同的规律进行的"。细胞学说、生物进化论和能量守恒与转化定律并称为 19 世纪自然科学的三大发现。细胞学说在生物学发展中占有举足轻重的地位，人们通常将 1838～1839 年施旺和施莱登提出的细胞学说、1859 年达尔文提出的进化论及 1866 年孟德尔确立的经典遗传学并称为现代生物学的三大基石。

1840 年和 1846 年，普金耶（Pukinje）和冯莫尔（von Mohl）分别在动物细胞和植物细胞中观察到内容物，并提出原生质（protoplasm）概念。随后原生质理论和原生质体概念相继提出，人们对细胞的认识更为深入，细胞的概念演变为细胞膜包围的原生质，由原生质分化形成细胞核和细胞质。

1.1.2　细胞生物学的发展历程

细胞生物学经历了三个主要的发展阶段，即细胞发现的经典时期、显微水平的实验细胞学时期和亚显微水平的分子细胞生物学时期。

1.1.2.1　经典时期

一般指 19 世纪的最后 25 年（1875～1900 年），对多种细胞的广泛观察和描述是这一时期的主要特点，研究方法主要是显微镜下的形态描述。在细胞学说的推动下，加上石蜡切片、染色技术的建立和不断改进，对细胞的研究进入繁荣时期，相继发现了一些重要的细胞结构和生命活动现象。代表性成果包括有丝分裂、减数分裂和受精现象的发现，中心体、高尔基体、线粒体等细胞器的发现等。

1.1.2.2　实验细胞学时期

1900～1953 年，采用实验手段和方法研究细胞的基本问题成为这一时期的显著特点，实验细胞学得以形成。人们对细胞的研究重点从形态结构的观察深入到对细胞的生理功能、生化、遗传和发育的研究，形成了诸如细胞遗传学、细胞生理学、细胞化学等重要的分支学科。主要的代表性成果包括染色体学说和基因学说的提出、组织培养技术的建立，以及采用离心技术分离细胞器、采用细胞化学方法分析大分子等。

1.1.2.3　分子细胞生物学时期

1931 年第一台电子显微镜诞生，自 20 世纪 50 年代以来，电子显微镜与生物样品超薄切片技术的结合，将细胞学带入第三个快速发展时期。在这一时期，人们采用电子显微镜相继观察了各种细胞器的超微结构，大大拓展了对细胞的认识，如内质网、核糖体、溶酶体、核孔的发现。20 世纪 60 年代，细胞学被细胞生物学这一概念所取代。细胞生物学这一学科被定义为在细胞各个层次上（整体结构、光学结构、超微结构、分子结构）研究其生命活动基本规律的学科。1953 年，DNA 双螺旋结构模型的提出标志着分子生物学的诞生，同时也标志着分子细胞生物学时代的到来。随着电子显微镜标本固定技术的改进，人们又发现在动植物细胞的细胞质中存在细胞骨架，逐步认识到细胞的各种生命活动与大分子的结构变化、分子之间的相互作用存在密切的联系。随着物理、化学，尤其是分子生物学技术的迅猛发展，一些新技术、新工具的应用，如高分辨率 X 射线晶体分析技术、纳米技术等可以直接显示细胞生命活动中分子结构的细微变化，推动了细胞生物学新的飞跃。

细胞生物学是现代生物学的基础学科，经历了从细胞显微水平到亚显微、分子水平的发展阶段，现代细胞生物学已经成为主要从分子水平研究细胞结构和生命活动规律的科学，研究微观世界一切生命活动的现象、规律及其本质，如生长、发育、繁殖、遗传、分化、代谢等重要的生物学过程。正如 20 世纪 20 年代著名生物学家威尔逊（Wilson）的一句名言"一切生物学的关键问题必须在细胞中找寻"，由于细胞是生命现象的物质结构基础，因而细胞生物学在生命科学占有核心地位。生物学中的许多分支学科，如遗传学、生理学、胚胎学、发育生物学等都要求从细胞层面上阐明各自研究领域中的机制，所以现代生物学的各个分支学科的交叉汇合是当今生命科学的发展趋势，细胞生物学的研究将呈现出多学科交叉、高新技术运用的特点，旨在更为深入地揭示生命的本质问题。

🌐 人物——列文虎克

列文虎克（Antoni van Leeuwenhoek，1632～1723），荷兰人，小时候只接受到一些基础教育，仅通晓荷兰语。由于幼年丧父，16 岁就开始工作，中年后做了代尔夫特市政厅看门人。一个偶然的机会，他得知镜片可以磨制成放大镜，观察很微小的东西。但是当时镜片价格太贵，在强烈的好奇心驱使下，列文虎克利用空闲时间自己磨出了当时质量最好的放大镜，又发明了由金属片固定的单镜片显微镜（图 1-1B），这是当时世界上放大能力最强（接近 300 倍）的显微镜。采用自制的显微镜，他陆续观察了细菌、原生动物、昆虫、动物的精子等，并追踪观察了许多低等动物和昆虫的生活史。后来，在朋友格拉夫

（医生兼解剖学家）的鼓励下，列文虎克将自己的观察记录整理出来，于1673年将《列文虎克用自制的显微镜，观察皮肤、肉类及蜜蜂和其他虫类的若干记录》一文寄送到英国皇家学会。该报告中前所未有地对微观世界的深入研究引起了学会专家们的重视，学会秘书——物理学家胡克（细胞发现和命名人）和植物学家格鲁（气孔发现者）被委派用当时质量最好的显微镜对列文虎克的报告进行验证。经过几番周折，列文虎克的科学实验终于得到了皇家学会的公认。列文虎克的这份记录也被译成英文发表在皇家学会的刊物上，一时间轰动了英国学术界。列文虎克不久被接纳为英国皇家学会的正式会员，从默默无闻的荷兰平民一下子成为享誉欧洲的科学家。

尽管列文虎克缺少正规的科学训练，无法从当时以拉丁文为主的科学著作中获得信息，但是他通过自学获得了广博的知识。列文虎克一生制作了400多架单镜片显微镜，他对生命微观世界的细致观察、精确描述和发现，对18世纪和19世纪初期细菌学和原生动物学研究的发展起到了奠基作用。1723年，91岁的列文虎克将自己制作的26台显微镜和数百个放大镜赠送给了英国皇家学会，并在信中写道："我从50年来所磨制的显微镜中选出了最好的几台，谨献给我永远怀念的皇家学会"。

1.2　细胞的基本概念和共性

细胞是构成生物体的基本结构和功能单位，按照构成生物体细胞的数量和复杂程度，地球上的生物可以分为单细胞生物和多细胞生物。构成多细胞生物的细胞少则数个，多则数亿。例如，成人大约含有 10^{14} 个细胞，分化成为200多种不同的细胞类型（图1-2），具有不同的形态和功能。尽管如此，生物体的生命活动却都是以细胞为基本单位进行的。

1.2.1　细胞的基本特征

在合适的条件下，从生物体分离的完整细胞可以生存、生长和增殖，体现出各种生命现象。但是细胞中的任何一个组分在体外是无法单独体现生命现象的，所以细胞是生命活动的基本单位。

1.2.1.1　细胞是高度复杂、有序和动态的

原生质是对活细胞中全部物质的概括，包括细胞膜、细胞质和细胞核（或者拟核），活细胞中包含着数量庞大的多种分子，它们以多样化的方式组装或组合，分布在细胞的各个部分，以高度有序的结构形式存在。作为一个形态整体，细胞在生长、发育、分化、分裂、衰老、死亡等过程中结构也在不断地变化，迄今人们对细胞这个精密结构的认识仍有许多空白。

1.2.1.2　细胞能够进行新陈代谢

生物与非生物最显著的差别就是新陈代谢。新陈代谢通过一系列的酶促反应驱动细胞中有机分子的合成和分解，满足各种生理活动的需求，如吸收、分泌、信号传递、细胞增殖等，而这些过程大多不能自发进行，能量的供给大多直接来自ATP，有些来自GTP。细胞中大分子复合物的组装和去组装、细胞的运动和细胞器的定位也需要能量。

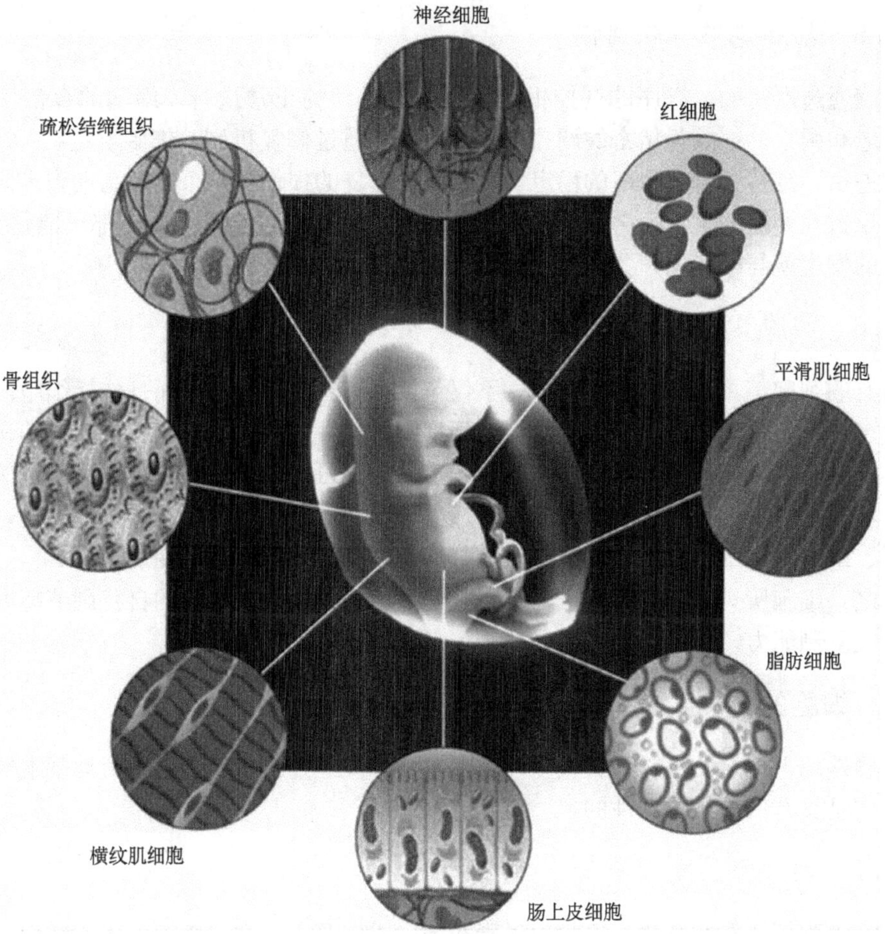

图 1-2　人胚胎中的一些细胞类型（引自 Karp，2005）

1.2.1.3　细胞能够增殖和遗传

细胞通过分裂达到增殖的目的，在分裂之前，遗传物质首先进行忠实的复制，经过分裂，遗传物质平均分配到两个子细胞中，以保证子代与亲代具有相同的遗传信息，这也是生命繁衍的基础和保证。一般来说，同一个体的每个细胞中都包含全套的、相同的遗传信息。

1.2.1.4　细胞具有应激性

细胞对外界的刺激可以发生反应，尽管因细胞类型的差异在表现上有所不同。例如，肌细胞的收缩舒张、腺细胞的分泌，而有些细胞对刺激的应答则需要借助一定的方法才能检测到。在多细胞的动植物中，多数情况下，细胞是通过细胞表面受体以高度特异的方式感受不同刺激，将信号传递到细胞内，最终引起细胞的应答，从而适应环境的变化。应答可以表现在细胞代谢或者功能的改变，甚至关乎细胞的生死。

1.2.1.5　细胞能够自我调控

细胞通过严密的、有序的调控机制保证生命活动的正常进行，细胞的存活、增殖、分化、衰老和凋亡，都处于精密的调控之下。例如，通过修复机制，细胞矫正在 DNA 复制中出现的差错，维持自身基因组的稳定，对于无法修复的损伤，则可以控制细胞走向死亡。相反，如果自我调控的机制发生障碍，不仅对于细胞，甚至对于整个机体都可能是灾难性的，如癌症的发生就与细胞增殖、凋亡、修复等多种调控的异常有关。

1.2.1.6　细胞具有运动性

所有的细胞都具有一定的运动性，不仅包括细胞自身的运动，而且包括细胞内的物质运动。对多细胞生物而言，体内细胞依据内部细胞骨架，以及周围细胞和支持物的相互作用而具有不同的形状，而且细胞骨架在精细的调节下，还可以引起细胞位置的移动。例如，胚胎发育、器官形成、创伤愈合、肿瘤转移等过程中，细胞迁移具有重要作用。此外，细胞内的大分子、细胞器在细胞内的空间定位也随着细胞生理状态的变化而变动。

总之，细胞所具有的在结构上的自我装配能力、在生理活动中的自我调节能力及在增殖上的自我复制能力，是细胞的基本属性，也是生命的基本特征。

1.2.2　细胞的结构共性

尽管地球上现存的生物种类繁多，类型多样，但是在细胞这个生命活动基本单位的层面上，它们是具有一些结构共性的。

1.2.2.1　细胞都具有细胞膜

所有细胞都具有细胞膜，这是由磷脂和蛋白质按照一定方式组织而成的结构，以此将细胞内部和外部环境分开，为细胞的生命活动提供相对稳定的内部环境。细胞膜具有选择透过性，能够控制物质进出细胞，包括营养物质的输入和代谢废物的排出，同时伴随能量的传递；细胞膜还与细胞识别、信号传递密切相关；此外，细胞膜还参与形成细胞表面特化结构；介导细胞与细胞、细胞与胞外基质之间的连接；为酶提供附着位点。因此细胞膜的功能是多样化的。

1.2.2.2　细胞都具有遗传物质

所有细胞都含有遗传物质，即 DNA 和 RNA。其中，DNA 是遗传信息的载体，而RNA 的主要功能是将 DNA 中的遗传信息体现为蛋白质中氨基酸排列顺序的中介分子。

在不同的细胞类型中，DNA 存在方式不同：在有些细胞，如细菌细胞中，DNA 和少量的蛋白质结合，形成**拟核（nucleoid）**结构；而在有些细胞，如动植物细胞中，DNA 和蛋白质按照特定的方式组装，包裹在双层膜结构中，形成细胞核。常见 RNA 的类型包括mRNA（messenger RNA）、tRNA（transfer RNA）、rRNA（ribosomal RNA），它们的主要功能是参与遗传信息的转录和翻译过程。后来人们还发现，细胞中还存在大量的被称为非编码 RNA（non-coding RNA，ncRNA）的分子，这些非编码 RNA 不参与蛋白质的翻译过程，也不能被翻译成蛋白质，主要的功能是参与调控基因表达、RNA 的加工修饰等多种过程。

鉴于 RNA 既有遗传信息载体功能，又有催化功能，所以一般认为在生命起源过程中，

RNA 是最先出现的遗传物质。DNA 分子由于遗传信息储存量大，双链结构更稳定、复制更精确、修复更容易，可能逐步取代了 RNA 作为遗传信息载体的功能，成为细胞遗传信息的承载者，而 RNA 则主要作为遗传信息传递的中介分子和翻译的模板。

1.2.2.3　细胞都具有核糖体

所有细胞都含有核糖体。作为蛋白质的翻译机器，这是细胞不可缺少的基本结构。核糖体在结构上是由大、小两个亚基组成的，其主要成分是蛋白质和 rRNA。在蛋白质翻译中，核糖体的大、小亚基与 mRNA 结合，组装成为有功能的核糖体，启动多肽的合成。在每个 mRNA 分子上，常常结合多个核糖体，有助于提高翻译的效率。当翻译结束后，核糖体的大、小亚基解离。

1.2.3　细胞中的生物分子

细胞具有非常复杂的化学成分，组成的基本元素包括碳、氢、氧、氮、磷、硫、钙、钾、铁、钠、氯、镁等，这些元素参与构成多种无机化合物和有机化合物。蛋白质、核酸、糖类、脂类等化合物被称为生物分子，其中，蛋白质、核酸和糖类相对分子质量较大，是由单体聚合而成的，被称为生物大分子，而脂类的分子质量则介于大分子和小分子之间。

蛋白质几乎和所有的生命活动有关，在功能上不仅是细胞的主要结构成分，而且一些蛋白质具有生物催化的特性。构成蛋白质的单体是 20 种氨基酸，蛋白质功能的多样化取决于氨基酸的排列顺序，以及在此基础上形成的特定的空间结构。由于不同蛋白质各有不同的结构，因而能够通过与其他的分子发生特异性的相互作用，行使其生物学功能。

核酸是生物遗传信息的承载分子，是核苷酸单体聚合而成的大分子，其中，脱氧核糖核酸，即 DNA 是由 4 种脱氧核苷酸（dATP、dGTP、dCTP 和 dTTP）聚合而成的双链结构；核糖核酸，即 RNA 是由 4 种核糖核苷酸（ATP、GTP、CTP 和 UTP）聚合而成的，一般是单链分子，分子质量比 DNA 小得多，在结构和功能上更加多样化。

糖类在细胞中的存在形式有单糖和多糖。其中，单糖是作为能源物质，或者是以与糖有关化合物的原料存在。例如，核糖主要参与核酸的构成，葡萄糖不仅是能量代谢的关键单糖，也是构成多糖的主要单体。在细胞结构成分中，多糖占据主要地位。例如，细胞壁的主要成分是多糖，淀粉和糖原则分别是植物细胞和动物细胞中的营养储备性多糖。此外，糖可以和其他的生物分子结合形成复合物，如糖蛋白、糖脂。糖对这些分子的特性和功能有很大的影响，如糖基化可以增加蛋白质的溶解度，提高其稳定性，一些蛋白质糖基化修饰后，才具有生物学功能。

细胞中的脂质化合物种类很多，其重要特性是疏水性。例如，构成生物膜的磷脂，也是许多代谢途径的参与者；类固醇类化合物（也叫做甾类化合物）不仅包括构成生物膜的胆固醇，还有一些是激素，如性激素、肾上腺激素等；甘油酯则是动植物细胞中脂肪的主要储存形式。

1.3　细胞的主要类型

基于对细胞结构和遗传物质存在形式的认识，20 世纪 60 年代，Ris 首先提出将细胞分成**原核细胞（prokaryotic cell）**和**真核细胞（eukaryotic cell）**两大类，这一分类对于细胞生物学和生命科学的发展都具有划时代的意义。近年来，随着 DNA 测序技术的进步和越来越多生物基因组测序的完成，生物的进化关系得以在 DNA 水平进行更加直接和精确的确定。1977 年，Woese 和 Fox 根据对来自原核和真核生物 13 个不同物种的核糖体小亚基 16S rRNA 核苷酸顺序的比较，提出将生命划分为三界（图 1-3），即**真细菌（eubacteria）**、**真核生物（eucaryotes）**和**古细菌（archaes）**，目前普遍接受将细胞分为**原核细胞、真核细胞和古核细胞（archaebacteria）**三大类。

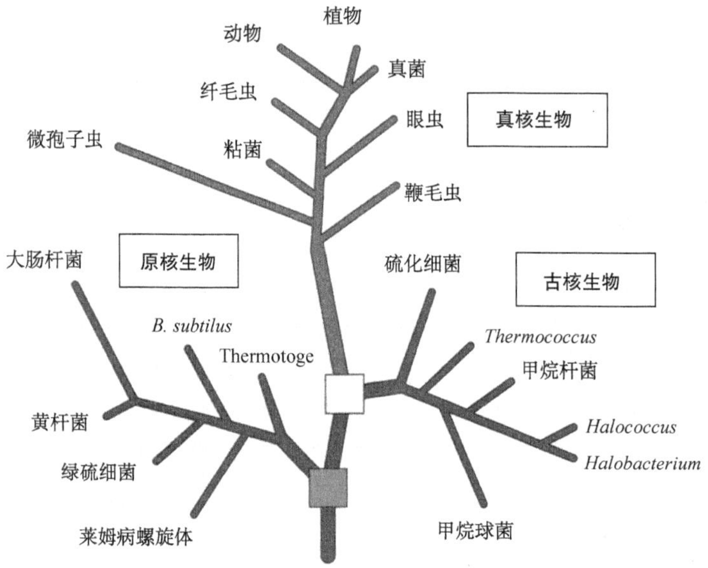

图 1-3　基于不同生物 16S rRNA 序列比较构建的进化树
深色正方形代表的是现存所有生物的原始共同祖先，浅色正方形代表的是古细菌
和真核生物的共同祖先

1.3.1　原核细胞

　　原核细胞最主要的结构特征是没有膜包被的细胞核，但从生化角度上讲，却是具有最高多样性的生物。其遗传信息量小，编码基因数量少；遗传信息储存在环状的 DNA 分子中；细胞体积一般较小，直径 $0.2\sim10\mu m$；进化地位原始，30 亿～35 亿年前在地球上就出现了。原核细胞包括支原体、衣原体、细菌、放线菌、蓝藻等多种类型。

1.3.1.1　支原体

　　支原体（mycoplast）是已知的最小、最简单的细胞，也是唯一没有细胞壁的原核细胞。支原体具有典型的细胞膜结构，细胞质中有环状的 DNA 分子、蛋白质的合成机器核糖体。支原体具有目前已知的最小的基因组。例如，生殖道支原体（*Mycoplasma genitalium*）的 DNA 仅有 0.58Mb，含有 482 个基因。支原体的大小介于细菌和病毒之间，因此可通过细菌过滤器。支原体寄生在细胞内繁殖，在提供外源长链脂肪酸的条件下，也可以在培养基上繁殖，其增殖方式是二分裂。很多支原体有致病性，可导致呼吸道、泌尿生殖道、关节腔等的感染。

1.3.1.2　细菌

按照细胞形态特点，可以将细菌分成球菌、杆菌和螺旋菌。细菌在结构上具有细胞壁、细胞膜、拟核等结构，一些细菌还具有荚膜、鞭毛、中膜体（mesosome）等特化结构（图 1-4）。

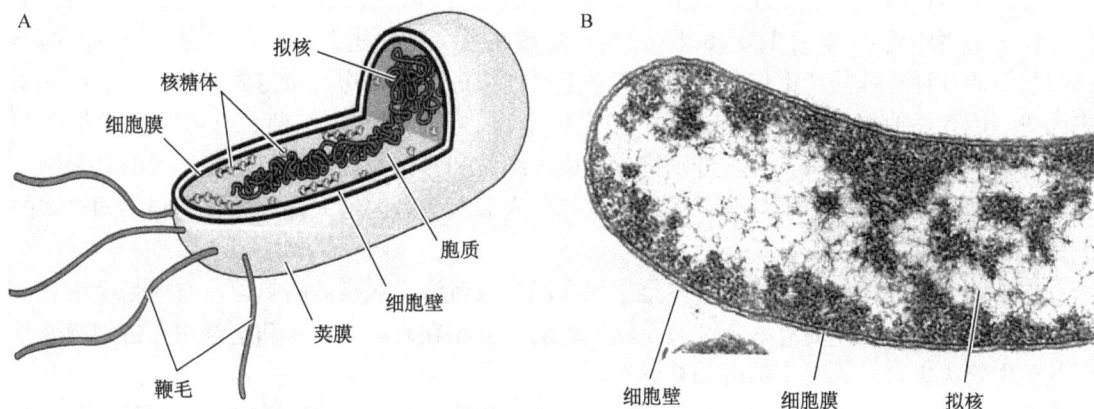

图 1-4　细菌结构的展示

A. 三维结构模式图；B. 细菌的电镜照片

细菌的遗传物质是环状 DNA 分子，能编码数千种基因。DNA 与少量碱性蛋白质结合分布在核区，也叫拟核。由于细菌的 DNA 复制和分裂次数不同步，所以有时候一个细菌中可能有多个核区。不同种类细菌 DNA 分子质量和基因数量的差异可以超过一个数量级。由于细菌没有核膜将细胞核和细胞质分开，DNA 的复制、转录和翻译可以同时进行，即遗传信息的表达是连续进行的。细菌还存在核区之外的 DNA 分子——质粒，一般是环状的 DNA 分子，可以自我复制，常赋予细菌对抗生素的抗性，经改造后成为质粒载体，常用于基因重组和转移等操作。

细菌的细胞膜具有生物膜的典型结构，即由脂质双分子层及镶嵌在其中的多种蛋白质构成。细菌细胞膜包含多种酶，可执行多种功能。例如，细菌细胞膜外侧的受体参与细胞识别；膜内侧含有氧化磷酸化和电子传递相关的酶，可以执行真核细胞线粒体的部分功能；膜内侧含有与蛋白质合成和分泌有关的酶，可以执行真核细胞内质网、高尔基体的部分功能。多功能性是细菌细胞膜最为显著的特征。细菌质膜内陷而成的中膜体，则可以作为 DNA 复制的支点，参与遗传物质的复制和分配。细菌以直接分裂的方式进行增殖。

在细菌的细胞质中和细胞膜内侧分布着大量的核糖体，每个细胞有 5000～50 000 个，数量与细菌的生理状态关系密切。细菌的核糖体沉降系数为 70S，由大亚基（50S）和小亚基（30S）组成，一些抗生素能特异性地抑制大、小亚基的功能，所以抗生素抑菌效应主要是通过干扰细菌蛋白质合成实现的。

细菌的细胞壁主要起保护和部分调节物质交换的作用，其成分与细菌的抗原性、致病性等有关。与植物细胞细胞壁成分不同的是，细菌细胞壁的主要成分是肽聚糖。有些细菌的细胞壁还有一层松散的、由黏液物质构成的荚膜，起保护作用。有些细菌表面还有鞭毛蛋白构成的鞭毛, 结构简单, 与细菌运动有关。一些细菌在不良条件下, 可以形成芽孢, 以抵御恶劣环境。

1.3.2　古核细胞

　　古核细胞也叫做古细菌或原细菌。古细菌的概念是 1977 年由 Woese 和 Fox 提出的, 他们比较了 13 种不同生物的 16S rRNA 序列, 发现在系统进化树上可以聚类为三个不同的类群, 其中的几种特殊的产甲烷菌在亲缘关系上更加接近真核生物, 而与典型的细菌亲缘关系更远些, 因此, 他们将生物分成三界, 即真核生物、真细菌和古细菌。有可能在很早的时候, 原核生物就演化成两大类, 分别进化形成古细菌和真细菌: 古细菌可能代表的是细胞生存最为原始的类型, 如产甲烷菌; 真细菌则包括人们所熟悉的绝大部分原核生物, 如典型的细菌、蓝藻等。

　　古细菌生活在极端环境中, 有些是生活在温泉或者海洋热泉的嗜热菌, 有些是生活在盐湖或者海洋的嗜盐菌, 而有些古细菌是嗜中性的, 分布在沼泽、废水和土壤中。古细菌通常对其他生物无害, 与人类生活的关系不密切。

　　古细菌在外观上与真细菌难以区分, 其细胞结构、代谢和能量转换的装置与真细菌类似, 没有核膜; 然而其遗传结构装置和遗传信息传递却类似真核细胞。例如, 古细菌 DNA 中存在重复序列, DNA 组装成类似核小体的结构, 翻译过程需要真核生物中的 TATA 框结合蛋白和转录因子 TFⅡB。此外, 古细菌还具有既不同于原核细胞也不同于真核细胞的特征。例如, 绝大多数细菌和真核生物的细胞膜中的脂类主要由甘油酯组成, 而古细菌的膜脂由甘油醚构成, 这也许是一些古细菌对超高温环境的适应。从遗传进化关系上讲, 古核细胞既不同于原核细胞, 也不同于真核细胞, 是研究生命起源和进化的良好材料。

1.3.3　真核细胞

　　真核细胞具有典型的细胞核, 遗传信息量大, 在细胞质中分布着多种膜包被的细胞器, 还有维持细胞形态和细胞内结构排布的细胞骨架系统。真核细胞种类繁多, 既包括大量的单细胞生物和原生生物, 也包括全部的多细胞生物。真核细胞在地球上出现的时间在 12 亿~16 亿年前, 无论从细胞结构还是功能上都比原核细胞复杂得多 (图 1-5)。

1.3.3.1　真核细胞的主要类型

　　动物细胞和植物细胞是真核细胞的两种主要类型, 二者具有基本相同的结构体系和功能体系, 含有很多重要的细胞器和细胞结构, 在不同类型的细胞中不仅形态、结构、成分相同, 而且功能也相同。动物细胞和植物细胞在结构上都包括细胞膜、细胞核、细胞质、线粒体、高尔基体、内质网、核糖体、细胞骨架中的微管和微丝等结构, 所不同的是植物细胞具有一些动物细胞没有的结构, 如细胞壁、液泡、叶绿体, 而动物细胞也有一些植物细胞没有的结构, 如中心体、溶酶体等 (图 1-6)。

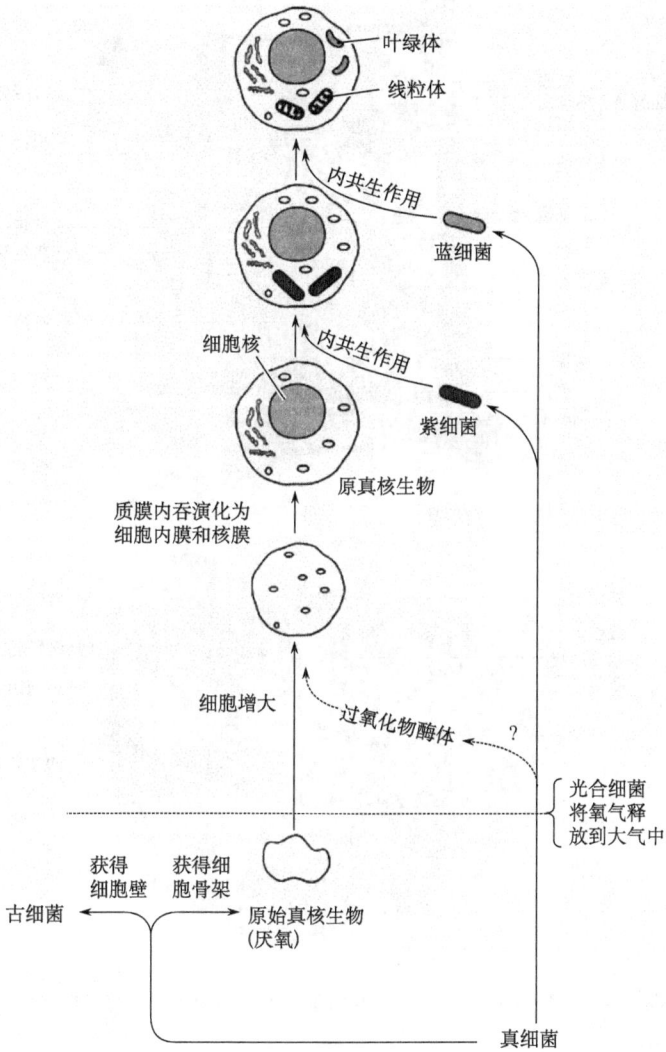

图 1-5　真核细胞进化的主要过程（引自 Kleinsmith and Kish，1995）

1.3.3.2　真核细胞的基本结构体系

　　真核细胞在亚显微结构水平上可以划分为三个基本的结构体系，即生物膜系统、遗传信息表达系统和细胞骨架系统。

　　生物膜系统不仅包括细胞膜，而且还包括多种细胞器的膜，这些细胞器以膜的分化为基础，结构功能上既相对独立，又相互联系。生物膜系统不仅具有保护和使细胞内部区室化的作用，而且在物质跨膜运输、信息和能量的传递、生物大分子的合成与加工转运、酶的空间排布中有重要作用。

　　真核细胞的遗传信息表达系统比较复杂，遗传信息主要储存于细胞核内的 DNA 分子中，还有一小部分储存在线粒体和叶绿体 DNA 中。线性的核内 DNA 与蛋白质结合形成复合物——染色质，呈现纤维状；而在线粒体和叶绿体中的 DNA 分子类似原核细胞的 DNA，呈环状。遗传信息表达系统还包括 RNA 与蛋白质形成的核糖核蛋白复合物——核

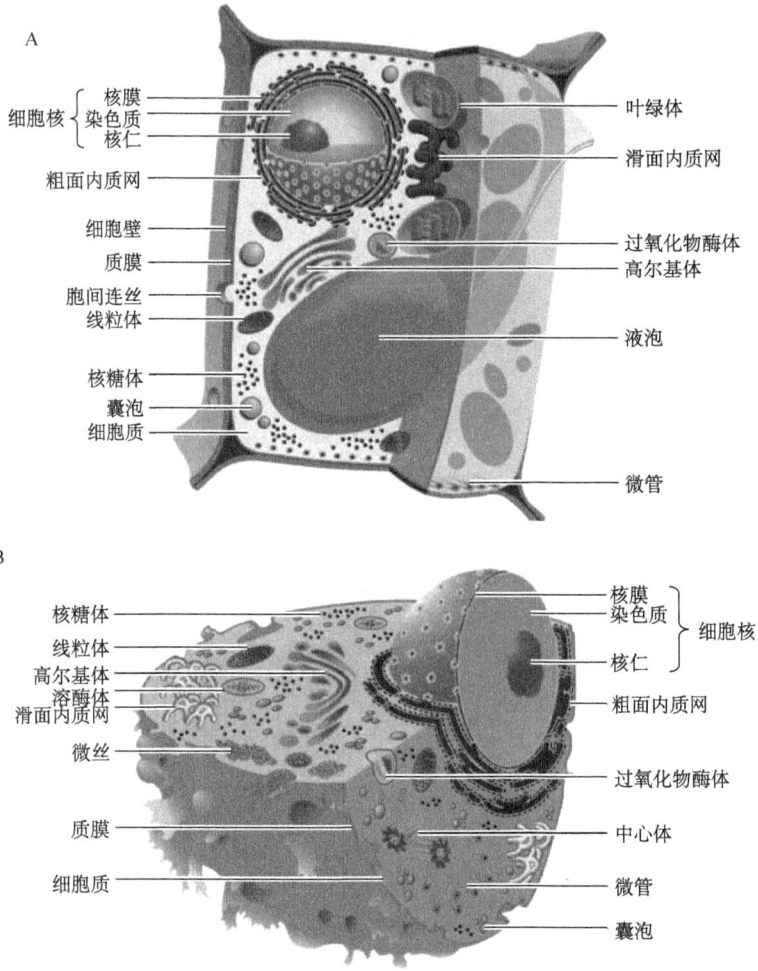

图 1-6　植物细胞（A）和动物细胞（B）的模式图（引自 Karp，2005）

糖体，作为蛋白质的合成机器，其功能是根据 mRNA 的指令忠实地合成蛋白质，与原核细胞核糖体不同的是，其沉降系数为 80S，构成大、小亚基的蛋白质种类更多，结构更为复杂。

　　细胞骨架系统是由蛋白质构建成的网络结构，广义上说，包括细胞质骨架、细胞核骨架及细胞膜骨架，它们共同形成贯穿于整个真核细胞的动态的网架，参与细胞形态的维持、胞内大分子的运输、细胞运动、细胞器空间排布、信息传递、细胞分裂分化等重要活动。

1.3.3.3　真核细胞与原核细胞的比较

　　真核细胞和原核细胞在结构及功能上存在一些共性，这些相似性表明它们不可能彼此独立进化。由于真核细胞在结构上和功能上的复杂化，二者又存在明显的差异。

　　原核细胞与真核细胞的共同特点主要有：①质膜的结构相似；②遗传信息储存在 DNA 中，采用同一套遗传密码；③具有相似的遗传信息转录和翻译机制，具有相似的核糖体；④具有一些共有的代谢途径，如糖酵解、三羧酸循环等；⑤以 ATP 的形式储存化学能；

⑥具有相似的光合机制（蓝藻和植物相比）；⑦膜蛋白的合成和插入机制相似；⑧蛋白酶体的构成相似（古细菌和真核生物相比）。

原核细胞与真核细胞基本特征的比较如表 1-1 所示，可以看到从细胞的大小、结构、功能到调控，真核细胞都更加复杂。

表 1-1　真核细胞与原核细胞基本特征的比较

特征	原核细胞	真核细胞
细胞直径	$1\sim5\mu m$	$10\sim30\mu m$
细胞膜	有（多功能性）	有
细胞核	无，仅有拟核	有（包括核膜、核仁、核孔、染色质等结构）
DNA	环状，分子质量小，只有少量蛋白质与之结合	核内线状 DNA 与蛋白质结合组装为染色质；核外环状 DNA 分布在线粒体和叶绿体的基质中
基因组	拷贝数不恒定，单拷贝或者多拷贝	拷贝数恒定，多为二倍体
基因数	数千（最简单的支原体有数百个）	数万（最简单的酵母有数千个）
基因表达	转录和翻译同时进行	细胞核内转录，细胞质中翻译
基因表达调控	简单，以操纵子方式为主	复杂，多层次性
细胞器	无	有（包括内质网、高尔基体、溶酶体、线粒体、过氧化物酶体、叶绿体等）
核糖体	70S，包括 50S 大亚基和 30S 小亚基	80S，包括 60S 大亚基和 40S 小亚基
细胞骨架	无	有
分裂方式	无丝分裂	有丝分裂（体细胞），减数分裂（生殖细胞）
细胞壁	肽聚糖	纤维素和果胶（植物细胞），几丁质（真菌）

🌐 细胞的大小

不同生物的细胞大小差别很大，最小的细胞支原体直径仅 $0.1\mu m$，细菌细胞直径一般在 $1\sim5\mu m$，真核细胞的直径则一般为 $10\sim30\mu m$。对多细胞生物而言，细胞的大小与个体的体积无关。限制细胞体积的因素有三个。

（1）核质比：由于在一定时间内细胞核转录生成的 mRNA 的量是有限的，所以如果细胞体积增大，将意味着 mRNA 送达到细胞质中合适的位置的时间就更长。

（2）表面积/体积值：当细胞体积增大时，细胞的表面积/体积值下降。由于细胞与环境物质交换的能力与表面积成正比，如果细胞体积增大超过一定的限度，细胞表面将无法满足代谢要求的物质交换。

（3）物质扩散的能力：由于物质在胞内扩散的时间与扩散距离的平方成正比，所以细胞体积增大时，物质从细胞表面向内部扩散的距离增大，所耗费的时间就长，细胞生命活动就难以进行灵敏地调控和缓冲。

细胞作为生命活动的基本单位，其体积必须要适应代谢活动的要求，所以细胞不能无限制的生长。

1.4　非细胞的有机体及其与细胞的关系

病毒、类病毒（viroid）和朊病毒（prion）都没有细胞结构，属于非细胞但可以复制的感染体，然而病毒的某些属性与细胞有一定的共性，如具有相同的遗传基础。所有的病毒只有寄生于宿主细胞中，才能表现出其基本生命活动特征，所以，在生物进化中，病毒的出现要比细胞晚。

1.4.1　病毒

病毒的结构简单，是由核酸和蛋白质外壳构成的，在结构上，病毒一般只含有 DNA 或 RNA 中的一种，据此可以将病毒分成 DNA 病毒和 RNA 病毒两大类。根据寄主的不同，也可以将病毒划分成为动物病毒、植物病毒和细菌病毒（也称噬菌体）三类。

病毒的基因组很小，编码基因从几个到数百个不等。病毒不能在人工培养基上繁殖，必须进入活细胞中，依靠寄主细胞供给能量、养料、酶类等才能增殖，以病毒核酸为模板进行核酸复制、转录和翻译，装配成子代病毒后，最终从宿主细胞中释放。

由于病毒在宿主细胞中的复制扰乱了细胞调控系统，改变了宿主细胞的结构和功能，会导致细胞死亡，有些病毒基因组也可以整合到宿主细胞核基因组中，由于这种整合不稳定，容易使宿主细胞发生转化，演变为癌细胞。

病毒经改造后，可以作为将外源基因导入真核细胞的载体，广泛用于基因功能研究和基因治疗。

1.4.2　类病毒

类病毒是具有侵染能力的 RNA 分子，1971 年由瑞士学者 Diener 在马铃薯纺锤块茎病中发现。与病毒不同的是，类病毒完全没有蛋白质，仅有一个裸露的闭合环状 RNA 分子，分子质量小，仅有数百个核苷酸，是最小 RNA 病毒的 1/10。类病毒能感染寄主细胞并在其中进行自我复制，使寄主产生病症。类病毒为严格寄生物，专一性很强，通常感染高等植物，并整合到宿主细胞核内进行复制，感染和复制机制尚不清楚。

1.4.3　朊病毒

1982 年，美国生物学家 Prusiner 在研究羊瘙痒病时，确认了致病因子是一种蛋白质，命名为毒朊，也叫朊病毒。朊病毒已经超出了经典病毒学的生物学概念，是具有感染性的蛋白质，由于蛋白质的构象异常产生致病性。朊病毒蛋白是人和动物正常细胞 *PRNP* 基因的编码产物（人的该基因位于 20 号染色体短臂），表达的蛋白质是一种分布于神经元、神经胶质细胞和淋巴细胞表面的膜糖蛋白，当异常折叠后而聚集，引起神经细胞的死亡，才具有致病性。朊病毒的致病机制不太清楚，一般认为在朊病毒感染寄主后，能使正常的 *PRNP* 基因产物转变为致病蛋白质。1997 年，Prusiner 因朊病毒的发现和作用机制模型的提出，获得了诺贝尔生理学或医学奖。

在哺乳动物和人类中的多种疾病都与朊病毒有关，如疯牛病、羊瘙痒病、人类克雅氏病（Creutzfeldt-Jakob disease，CJD）等均是朊病毒攻击动物或者人的中枢神经系统造成的，临床变化表现为脑组织海绵状病变。

1.4.4 病毒与细胞在进化中的关系

病毒是非细胞形态的有机体，是彻底的寄生物，必须在细胞内才能增殖，因此在进化上病毒的起源比细胞要晚。目前普遍接受的观点是地球上最先出现的是生物大分子，在此基础上逐步演化出膜包被的细胞，而病毒极有可能是由细胞或者细胞组分演化而来的。病毒只有重回其宿主细胞中，才能完成复制、转录、翻译等过程，表现出其生命的基本属性。推测病毒的核酸来自于细胞，因为病毒携带的病毒癌基因与细胞中的原癌基因极为相似，所以一般认为病毒癌基因是起源于细胞原癌基因的。

🌐 人造细胞

2010 年，Venter 在《科学》（*Science*）杂志上发表文章，报道了首例"完全由人造基因控制的单细胞生物"，他们根据基因组测序的信息，人工合成和组装了 1.08Mb 长的丝状支原体（*Mycoplasma mycoides*）JCVI-syn1.0 基因组，并将其转移到一个山羊支原体（*Mycoplasma capricolum*）内，使后者受这一人工合成染色体的控制。在受体细胞山羊支原体中的唯一 DNA 是人工合成的 DNA 序列，序列中含有构建该分子时引入的突变、缺失和多态性特征，这一新的完全由人造基因控制的单细胞——实验室支原体（*Mycoplasma laboratorium*）表现出了预期的表型，能够进行连续的自我复制。这一报道中的"人造生命"的实现，也是 Venter 在继人类基因组鸟枪法测序之后的又一个惊世之举。

图 1-7　含有人工合成 DNA 的支原体菌落（引自 Gibson et al.，2010）

本 章 小 结

细胞是生物体结构和功能的基本单位，几乎所有的细胞只有在显微镜下才能观察到，纵观细胞生物学的发展史，从细胞的发现到分子细胞生物学的兴起发展，都是以研究工具的改进和技术进步为前提的。从 1665 年胡克利用自制的显微镜首次展示了生物体的细微结构，到 19 世纪细胞学说的提出和细胞学的形成，人们对细胞的认识基于对多种生物显微结构观察数据的积累、整理和提炼。进入 20 世纪，随着电子显微镜的发明和分子生物学的产生与发展，对细胞的观察进入了超微水平，同时研究手段也更加精密化和多样化，细胞生物学也随之诞生。当今的细胞生物学研究已进入分子水平，将细胞的生理活动与细胞中分子的变化相联系标志着细胞生物学研究进入了一个新的阶段，分子细胞生物学这一提法更准确地描述了现代细胞生物学的特征。

细胞所表现出的生命特征是十分复杂的，其结构是高度有序和可预测的，构建细胞的信息由基因编码，细胞通过分裂而增殖，细胞的活动靠化学能提供动力，细胞完成化学反应由酶控制，细胞可以进行自我调节。生物界的细胞分为真核细胞、原核细胞和古核细胞，都具有类似的细胞膜、遗传信息储存装置和代谢途径等特点，其中，真核细胞是结构和功能最为复杂的细胞类型，包括原生生物、真菌、植物和动物等类群，它们具有复杂的、高度特化的多种细胞器、染色体、细胞骨架等结构。

病毒是没有细胞结构的有机体，形状和大小多种多样，不能独立繁殖，只有进入细胞后，依赖细胞的结构才能制造装配自身所需的组件。类病毒和朊病毒的发现，使人类对生命形式的认识进一步得到扩展。

❓ 复习题

1. 尽管无法用实验证明，但是人们认为在进化进程中形成的第一个细胞中，其遗传物质是 RNA 而不是 DNA，这是为什么？进化后期细胞的遗传物质又变成了双链 DNA，这又是为什么？

2. 从英国物理学家胡克在 1665 年发现细胞至今，细胞生物学的研究已经历了近 350 年，细胞生物学的基础研究在人类生活、生产及健康等多个领域中起到了至关重要的作用，请预测未来细胞生物学将对哪些领域的发展在理论和应用上可以继续起到重要的推动作用。

3. 细胞学说有哪些主要内容？为什么被列为 19 世纪自然科学三大发现之一？

4. 目前比较公认的生物进化的顺序是真细菌—古细菌—真核生物，请给出充分的细胞生物学上的证据。

5. 如何理解细胞是生命活动的基本单位？

参 考 文 献

韩贻仁. 2007. 分子细胞生物学. 3 版. 北京：高等教育出版社

王金发. 2003. 细胞生物学. 北京：科学出版社

翟中和，王喜忠，丁明孝. 2007. 细胞生物学. 3 版. 北京：高等教育出版社

周柔丽. 2006. 医学细胞生物学. 2 版. 北京：北京大学医学出版社

Diener T O，Smith D R. 1971. Potato spindle tuber viroid. Ⅵ. Monodisperse distribution after electrophoresis in 20 per cent polyacrylamide gels. Virology，46（2）：498-499

Gibson D G，Glass J I，Lartigue C，et al. 2010. Creation of a bacterial cell controlled by a chemically synthesized genome. Science，329（5987）：52-56

Karp G. 2005. Cell and Molecular Biology：Concept and Experiments. 4th ed. New York：John Wiley & Sons，Inc.

Kleinsmith L J，Kish V M. 1995. Principles of Cell and Molecular Biology. 2nd ed. New York：Harper Collins College Publishers

Prusiner S B. 1982. Novel proteinaceous infectious particles cause scrapie. Science，216（4542）：136-144

Stollar B D，Diener T O. 1971. Potato spindle tuber viroid. Ⅴ. Failure of immunological tests to disclose double- stranded RNA or RNA-DNA hybrids. Virology，46（1）：168-170

Woese C R，Fox G E. 1977. Phylogenetic structure of the prokaryotic domain：the primary kingdoms. Proc Natl Acad Sci U S A，74（11）：5088-5090

（梁卫红）

第2章 细胞生物学研究方法

从 20 世纪中叶至今，在生物学研究中，还原论思想一直占据主要地位。基于把高级运动形式还原为低级运动形式的一种哲学观点，还原论认为对细胞复杂生命活动的理解可以通过将其还原成为更低级、更基本的集合体或组成物，发现其内在规律，由此派生出来的方法论就是恢复研究对象最原始的状态，即化复杂为简单。这一特点始终贯穿于细胞生物学的研究之中，在研究层次从细胞水平、亚细胞水平到分子水平的逐步深入历程中表现得尤为突出。本章将从显微及亚显微结构的观察、细胞及亚细胞组分的分离、细胞内特定大分子的显示和鉴定及现代细胞生物学技术 4 个部分介绍细胞生物学的基本研究方法。

2.1 显微及亚显微结构的观察

显微镜有两个基本功能，一是使样品产生放大的图像；二是使样品产生反差，便于观察。显微镜在细胞生物学研究中的地位是毋庸置疑的，如果没有显微镜的发明和改进，细胞就不可能被发现；细胞学说的提出和现代细胞生物学理论的建立都与这一观察工具的应用密不可分。根据观察层次的不同，细胞生物学研究常用的显微镜主要有光学显微镜、电子显微镜以及近年出现的扫描探针显微镜三大类。

2.1.1 光学显微镜

2.1.1.1 普通光学显微镜

光学显微镜是细胞生物学研究最常用的仪器，在结构上主要包括光学放大系统、照明系统和机械支撑系统三部分。

显微镜的主要性能参数是**分辨率（resolution）**，指的是区分开两个质点间的最小距离，分辨距离越小，分辨率越高。分辨率的计算公式为

$$D = \frac{0.61\lambda}{N \cdot \sin(\alpha/2)}$$

式中，D 为分辨距离；λ 为光源的波长；N 为介质折射率；α 为物镜的镜口角。

为了提高分辨率，即减小 D 值，可以采用降低波长和使用折射率较大的介质的方法。对一台特定的光学显微镜来说，采用可见光（400～700nm）中最短波长的光，以空气为折射介质（$N=1$）时，分辨率可以达到 0.3μm；如果将介质改为香柏油（$N=1.5$），分辨率可提高到 0.2μm。

上述公式的分母 $N \cdot \sin(\alpha/2)$ 也叫做**数值孔径（numerical aperture）**，或者镜口率，是衡量显微镜物镜和聚光镜的主要技术参数，也是判断显微镜性能优劣的重要标志。在以空气为介质的条件下，最大值接近 1，在油浸物镜时最大可达 1.45。由于光学显微镜的最大放大倍数是

数值孔径的 1000 倍，所以当介质为空气时，光学显微镜最大放大倍数一般为 1000 倍。放大倍数是指被检样品最终成像大小和原始样品大小的比值，等于物镜和目镜放大倍数的乘积。

借助光学显微镜，可以将人眼不能分辨的微小物体放大成像，入射光线形成的明亮背景与样品的图像之间形成反差。在光学显微镜下所能观察到的结构称为显微结构，包括细胞壁、细胞膜、细胞核、液泡、叶绿体、中心体、核仁等，所能分辨的最小结构是染色后的线粒体和细菌。

2.1.1.2　光学显微镜样品的制备

光学显微镜观察样品的方式分成两大类，即整体观察和切片观察。

整体观察的样品是采用分离、涂布、压碎等方法使细胞彼此分离，观察完整的、活的或者死亡的细胞或组织，如原生生物、血细胞、根尖等。因此，只要样品足够透明，就可以采用整体观察。该方法的优点是操作比较简单，但是有时无法反映细胞之间的正常联系。

对于绝大多数取自多细胞生物体的样品来说，由于组织透明程度差，更常用的是切片观察法，也就是将组织切成 $1\sim10\mu m$ 的薄层再进行观察。切片观察的优点是能够较好和较长时间地保留细胞的原貌，但是操作步骤较多，需要经过固定、包埋、切片和染色等一系列处理后才能在镜下观察。固定能够使细胞及其成分被锁定在原有的位置上，而且有助于样品内部结构产生反差，方便被染色剂着色，常用的固定剂包括乙醇、甲醛、冰醋酸等。染色的目的在于使细胞的不同结构呈现不同的颜色，如碱性染料苏木精能将细胞核染成蓝色。还有些染料则适合对活细胞染色，如詹纳斯绿 B（Janus Green B）与线粒体能够特异结合，从而显示出活细胞中线粒体的分布和动态变化。

2.1.1.3　几种特殊的光学显微镜

（1）**相差显微镜（phase contrast microscope）**与普通光学显微镜最大的不同在于结构上增加了相差板和环形光阑，利用光的干涉现象，使肉眼不能察觉的相位差（折射率的差别）转变成肉眼可以观察的振幅差（相对的明暗差别），所以在最终的图像中，致密的结构颜色深，与周围形成反差，细胞呈现立体感。相差显微镜的最大优势在于以较高的分辨率观察未经染色的标本和活细胞结构，如线粒体、染色体的动态，适用于染色困难或者不能染色的新鲜标本，但是只适合观察单细胞或者薄的细胞层。

（2）**倒置显微镜（inverted microscope）**的组成与普通的光学显微镜基本一致，但是物镜和照明系统的位置颠倒，即光源来自载物台的上方，主要用于观察培养中的活细胞、组织和原生质体。最常见的是将倒置装置和相差光装置结合而成的倒置相差显微镜，更加方便观察培养中的细胞，以及不同处理对细胞的影响（图 2-1）。

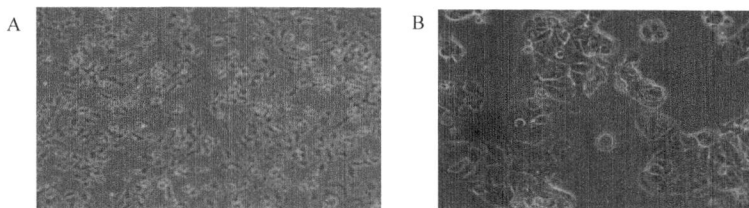

图 2-1　倒置相差显微镜观察 H_2O_2 对培养中细胞的影响（引自 Abdelwahab et al.，2011）

A. 处理前的细胞，生长状态良好；B. 处理后，细胞呈现表面出泡和核固缩等细胞凋亡特征

（3）**微分干涉反差显微镜**（**differential interference contrast microscope，DIC 显微镜**）是 1952 年 Nomarski 在相差显微镜原理的基础上发明的，因而又称为 **Nomarski 相差显微镜**（**Nomarski contrast microscope**）。DIC 显微镜利用的是偏光干涉原理，图像产生的反差主要取决于光线穿过样品时折射率变化的速率。样品中密度高的部分看起来隆突，密度小的部分显得低凹，呈现浮雕般的三维效果，适合观察无色透明的活体标本。与相差显微镜相比，微分干涉反差显微镜允许标本略厚一点，由于折射率差别更大，故图像的立体感更强（图 2-2）。

图 2-2　微分干涉显微镜观察人类鳞状上皮细胞（A）和钟虫（B）（引自 Shribak et al.，2008）

真核细胞中一些较大的细胞器，如细胞核、线粒体等，在微分干涉反差显微镜下立体感特别强，所以诸如基因注入、核移植、转基因等显微操作常使用这种显微镜。将计算机辅助系统应用于 DIC 形成的**录像增差光学显微镜**（**video-enhanced contrast microscope**），可以得到更高的反差，分辨率比普通光学显微镜提高一个数量级，观察结果不仅更加清晰，而且方便记录。

（4）**暗视野显微镜**（**dark field microscope**）利用丁达尔效应（Tyndall effect）使观察样品与背景之间产生反差。暗视野显微镜与普通光学显微镜的区别在于聚光镜中央有挡光片，使照明光线不直接进入物镜，光线以一定的角度斜射于样品，只能检测到样品反射或者衍射的光线，所以观察时视野是暗的，样品呈现明亮的轮廓，但是无法分辨细胞或者组织内的微细结构，适合观察 4～200nm 微小样品的存在和运动轨迹，分辨率可比普通光学显微镜高 50 倍。

（5）**荧光显微镜**（**fluorescence microscope**）是以紫外线为光源，通过激发标本产生荧光而成像。由于紫外光比可见光的波长短，所以荧光显微镜的分辨力高于普通光学显微镜。在结构上，荧光显微镜有两个滤光片，其中在光源前设置的激发光滤片，只允许激发荧光物质发光的特定波长的光通过，而目镜和物镜之间的阻断滤片只允许特定波长的荧光通过（图 2-3）。

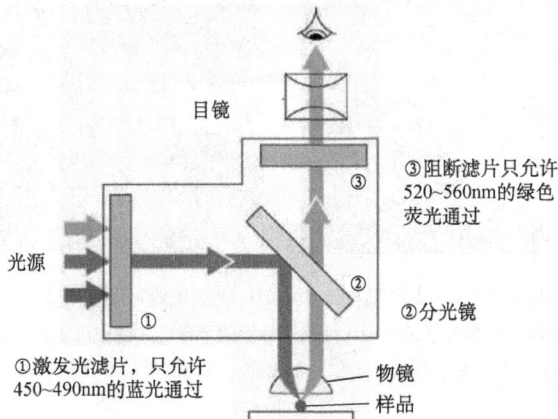

图 2-3　荧光显微镜原理图

图 2-4　荧光显微术鉴定 AtRAC8 在转基因拟南芥子
叶表皮细胞中的分布（引自 Lavy et al.，2002）
与荧光蛋白标签 GFP 融合的 AtRAC8 在细胞膜上分布，
箭头示细胞在进行不均等的分裂

荧光显微镜观察的图像背景是黑色的，特定的细胞结构中呈现出不同颜色的荧光。经紫外线激发产生的荧光分成两种。一是自发荧光，是细胞中特定成分被激发后发出的荧光，如叶绿素经紫外线照射会发出火红的荧光。但是有些成分在紫外激发下不发光或者荧光很弱，难以收集荧光信号，一般是经特定的荧光染料染色后，再进一步被激发产生荧光，这叫做诱发荧光，如 DAPI（联脒基苯吲哚）和碘化丙啶可以染 DNA，呈现蓝色荧光。在蛋白质的研究中，如果将荧光染料和抗体偶联，就可以通过检测荧光信号，确定特定抗原分子在细胞中的分布（见 2.3.2 小节）。通过 DNA 重组技术，可以给待测蛋白加上荧光标签（见 2.3.5 小节），导入合适的细胞中表达，就可以在荧光显微镜下观察活体状态下该蛋白质在细胞中的分布和动态变化（图 2-4）。

（6）**激光扫描共聚焦显微镜（laser scanning confocal microscope，LSCM）**是 1957 年 Minsky 发明的，最大的优点是可以在一个较厚的样品中产生薄平面的图像，这是由于激光扫描共聚焦显微镜用激光作扫描光源，在单一深度快速扫描样品时，扫描的激光与荧光收集共用一个物镜，物镜的焦点即扫描激光的聚焦点，而样本中其他部位发射的光不能在此聚焦，不参与最终成像，避免了位于焦点平面上下部分的光线和焦点平面中的光线发生干涉，所以成像更清晰。而传统的光学显微镜使用的是场光源，由于光的散射，在所观察的视野内，样品上的每一点都同时被照射并成像，即使位于焦平面外的反射光也可通过物镜而成像，最终影响了图像的清晰度和分辨率（图 2-5）。

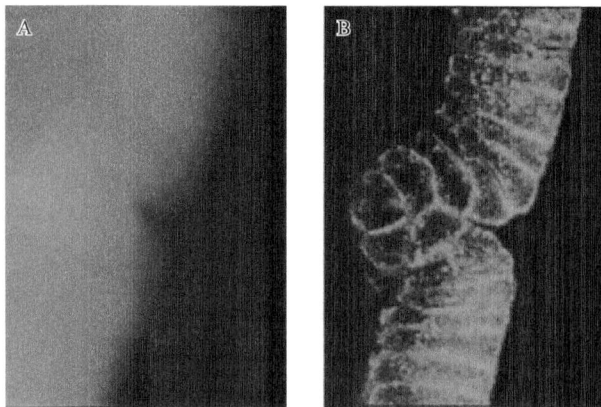

图 2-5　荧光显微镜（A）与激光扫描共聚焦显微镜（B）观察果蝇胚胎的比较（引自 Albert et al.，1994）
采用荧光标记的肌动蛋白抗体显示果蝇原肠胚表层细胞中微丝的分布，A 图中由于焦平面之外的荧光一起被收集，
成像模糊；B 图中焦平面之外的信号被去除，获得清晰的、富有立体感的图像

此外，由于激光束的波长较短，所以激光扫描共聚焦显微镜的分辨率大约是普通光学显微镜的 3 倍，可达 $0.1\sim0.2\mu m$。采用激光扫描共聚焦显微镜观察样品时，当调焦深度不一样时，可以获得样品不同深度层次的图像，进行组织"光学切片"，从而获得高对比度的活细胞图像，通过计算机分析和模拟，就能显示细胞样品的立体结构。

世界第一台商用激光扫描共聚焦显微镜是 1984 年诞生的，随着技术的不断发展和完善，激光扫描共聚焦显微镜的性能也不断改进和更新，应用的范围也越来越广泛，既可以用于观察细胞形态，也可以用于亚细胞结构和组分的定位及动态变化分析，以及细胞内生化成分的定量分析。

自胡克用放大倍数 40～140 倍的显微镜首次描述细胞以来，随着光学显微镜制作技术的提高，其放大倍数已经能达到 1000 倍，几乎为光学显微镜放大倍数理论值的极限。显微镜从最初简单的明场观察方式已经发展出包括明场、暗场、荧光、相差、微分干涉差等多种观察方式（表 2-1）；从简单的手动目视观察仪器演变为整合了观察、拍照、摄像等多种功能的强大光学系统。20 世纪 80 年代以来，随着数码摄影技术、信息技术和自动化技术的飞速进步，光学显微镜在设计和制作上更加注重实用性及多功能性，在装配设计上集普通光镜加相差、荧光、暗视野、DIC、摄影装置于一体的功能高度整合的一体化显微镜成为趋势，人体工学和自动化的理念越来越多地应用到显微镜设计上，显微镜的性能也得到大幅度地提高。

表 2-1　几种常用的光学显微镜的比较

类型	原理	观察要求	适用的细胞
普通光学显微镜	基于样品的颜色和透射率	样品的厚度和反差	大多用于石蜡切片的观察，可以观察单层活细胞
荧光显微镜	特定分子被紫外线激发产生荧光	细胞中特定成分能够产生自发荧光或诱发荧光	活细胞或者固定细胞，可以做定量分析
相差显微镜	样品厚度和折射率的变化差异	相对扁平的细胞或者组织	活细胞的观察
微分干涉显微镜	样品中不同成分折射率的差异	用于未染色、略厚的样品	活细胞的观察
暗视野显微镜	检测样品衍射和反射的光	相对薄的、简单的样品	多用于细菌等微小标本和运动规律的观察
倒置显微镜	基于样品中成分透射率的差异	离体培养的细胞或者组织	常用于活细胞等的观察
激光共聚焦显微镜	物镜和扫描激光有聚焦点	允许样品有一定的厚度	活细胞或者固定细胞

2.1.2　电子显微镜

19 世纪 30 年代，电子显微镜的问世将生命科学、材料科学、物理学、化学等领域的研究推进到一个新的层面。根据性能的差别，电子显微镜主要分为**透射电子显微镜**（transmission electron microscope，TEM）和**扫描电子显微镜**（scanning electron microscope，SEM）。电子显微镜的基本原理是在一个高真空的系统中，由电子枪发射电子束，穿越被观察的样品或者利用样品表面反弹的电子成像，经电磁透镜聚焦放大后，在荧光屏上显示出图像，或者采用感光胶片等方法记录观察结果。与光学显微镜相比，电子显微镜以波长更短的电子束（波长小于 0.1nm）为光源，所以其分辨率比普通光学显微镜提高了 3 个数量级，达到了 0.2nm。光学显微镜与电子显微镜在构成、制样、观察方法等方面也存在显著的差别（表 2-2）。

表 2-2　光学显微镜和电子显微镜的比较

内容	光学显微镜	电子显微镜
光源	可见光（荧光显微镜使用紫外线）	电子束
透镜	玻璃透镜	电磁透镜
介质	空气或者香柏油（使用油镜时）	真空
样品厚度	石蜡切片（1～10μm）	超薄切片（50～100nm）
样品染色剂	有机染料	重金属盐（柠檬酸铅、醋酸双氧铀等）
样品固定	甲醛等	戊二醛和四氧化锇（双固定法）
样品包埋	石蜡	环氧树脂
图像颜色	黑白或彩色	黑白
分辨率	0.2μm（荧光显微镜可达 0.1μm）	0.2nm
放大倍数	数倍至 1000 倍	1000 倍至 250 万倍（透射电镜），几十倍至 150 万倍（扫描电镜）
成像方式	直接成像	荧光屏成像
观察层次	显微结构，适合整体细胞成像	亚显微结构（超微结构），适合大分子组装和细胞器成像

1）透射电子显微镜

透射电子显微镜主要用于细胞内部超微结构的观察，也可以用于病毒、蛋白质、核酸等大分子结构的研究。透射电子显微镜要求的观察样品极薄，厚度约 70nm，当电子束打在样品上时，一部分电子可以穿越样品，形成透射电子，经成像系统转换为样品图像。

与光学显微镜类似的是，透射电子显微镜样品的制备也要经过固定、包埋和切片等过程，常用的技术有**超薄切片（ultrathin section）**、**负染（negative staining）**、**冷冻蚀刻（freeze etching）** 等。

超薄切片的制作流程一般是在取材后，首先采用戊二醛、四氧化锇（锇酸）等顺序固定，再经乙醇脱水和环氧树脂包埋，进行超薄切片（厚度 50～100nm），经重金属盐溶液（主要是醋酸双氧铀和柠檬酸铅）染色后，重金属原子和生物大分子结合，即可电镜下观察（图 2-6）。

由于电镜图像的形成依赖样品各部分对电子的不同散射，而生物材料几乎不具有对电子的散射能力，所以电镜制样中需要通过重金属盐染色的方法，为生物材料提供散射电子束所需要的原子密度。重金属离子与细胞结构中的不同部分选择性的结合，形成电镜下观察到的明暗反差，从而获得反映细胞超微结构的黑白图像（图 5-1）。

由于常规超薄切片技术中的固定、脱水和包埋等操作均可使生物样品受到物理和化学性损伤，引起组织和细胞内蛋白质分子变性，大部分可溶性生物高分子物质被抽提或发生移位，在一定程度上导致生物结构发生变化和破坏，同时使一些物质丧失原有的生物活性，如酶的活力、蛋白质的抗原性等。20 世纪 60 年代出现的冷冻超薄切片技术，将低温冷冻和超薄切片技术有机结合起来，与常规超薄切片法相比，具有步骤少、速度快的优点，由于制样中不经剧烈的化学试剂处理，无需脱水、包埋等操作，所以可以较好地保存细胞中的一些水

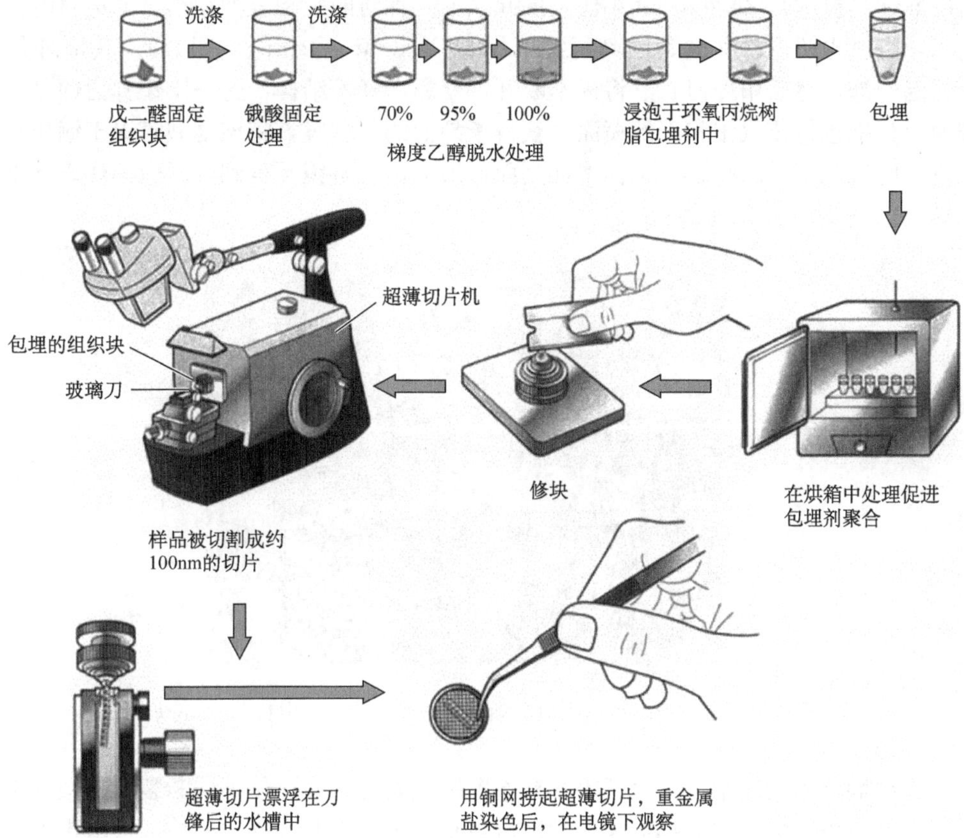

图 2-6　电镜超薄切片样品制备的流程（引自 Karp，2005）

溶性物质和生物大分子的活性，在电镜下所观察到的细胞结构更接近于自然状态，适合于细胞形态学、电镜细胞化学、免疫电镜研究，有助于在分子水平上研究新鲜生物样品的超微结构、各种生物大分子和某些元素在细胞内的分布状态。

负染在观察小的颗粒物质时很有用，适合显示颗粒内部的各亚基结构，如病毒、核糖体、细胞骨架成分等。该方法将重金属盐染液（磷钨酸钾或醋酸双氧铀）直接滴在含有观察颗粒的金属网上，在表面张力的作用下，染料趋向于积累在颗粒的边缘、进入颗粒的缝隙中，所以凸出的地方没有染料沉积。在观察图像中，背景是黑色的，样品颜色浅或者发亮（图 2-7）。

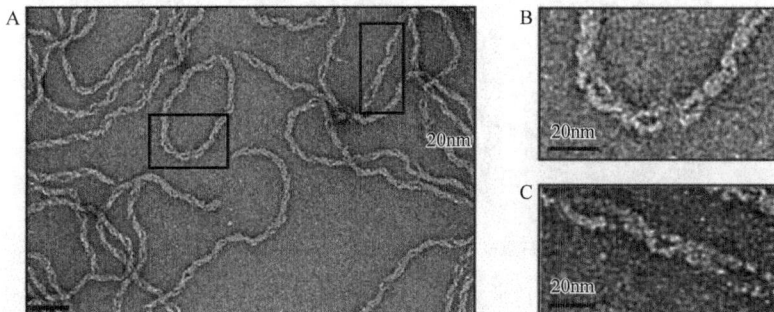

图 2-7　负染电镜技术显示 CdvA 蛋白形成的双螺旋纤维（引自 Moriscot et al.，2011）

B 图和 C 图分别是 A 图方框标注处的放大

冷冻蚀刻技术是 20 世纪 50 年代发展起来的一种将断裂和复型相结合的透射电镜样品制备技术，有时也叫做冷冻断裂蚀刻复型（freeze fracture etching replica）。其原理是将标本快速低温冷冻，然后用冷刀骤然将标本断开，暴露出断面结构，这一操作称为蚀刻，然后在断裂面上分别进行蒸汽铂和碳的喷涂，获得断裂面的复型膜，将该复型膜置于铜质载网后就可以进行电镜观察，从而显示出标本蚀刻面的形态，在电镜下得到的影像即代表标本断裂面处的结构（图 2-8）。

图 2-8　冷冻蚀刻电镜技术显示大鼠肝细胞的核孔复合体（引自 Nicolini et al.，1984）

冷冻蚀刻技术的应用，扩大了生物标本电镜观察的领域，使不同断裂面的微细结构也能够被观察到。由于标本在结构上脆弱的区域更易断裂，因此冷冻蚀刻技术可呈现浮雕式的三维图像，经碳铂喷镀后获得的复型膜立体感强，能反映样品的真实结构。由于该技术无需化学固定、脱水和重金属染色等复杂步骤，在很大程度上减少了操作过程对样品的损伤。该技术在研究细胞的膜性结构及其构成、内含物结构、细胞连接中有较多的应用。

2）扫描电子显微镜

扫描电子显微镜主要用于样品表面形貌特征、管腔内表面结构的观察和分析。与透射电子显微镜不同的是，扫描电子显微镜采用的是极细的电子束扫描样品，在样品表面激发出次级电子，通过对次级电子的收集和信号转换，显示出与电子束同步的扫描立体图像，反映了标本表面 5～10nm 深度的结构信息（图 2-9）。

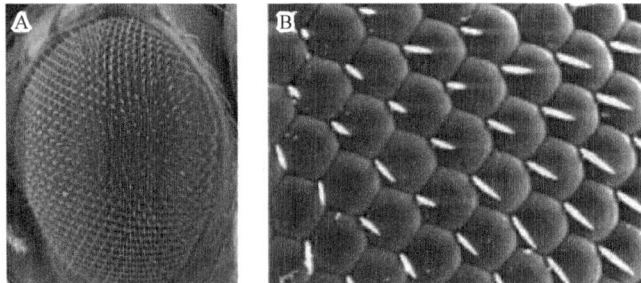

图 2-9　果蝇复眼全貌（A）和局部放大（B）的扫描电镜照片（引自 Wahlström et al.，2001）

　　与透射电镜样品制备不同的是，扫描电子显微镜样品制备比较简单，常规的操作流程包括取材、固定、脱水干燥、重金属喷镀，对样品的大小要求不严格，不需要进行包埋和切片。扫描电镜样品最重要的要求是保持样品原有的表面形貌，样品要干燥且导电。对含水量高的样品来说，常采用二氧化碳临界点干燥法使样品脱水并防止变形，然后采用重金属进行表面喷镀，形成连续的导电膜，使样品具有良好的导电性。

2.1.3　扫描探针显微镜

　　扫描探针显微镜（scanning probe microscope，SPM）是近年发展起来的一大类表面分析仪器，目前有几十种不同类型，如**扫描隧道显微镜（scanning tunneling microscope，STM）**、**原子力显微镜（atomic force microscopy，AFM）**等。扫描探针显微镜的工作原理是将样品本身作为一个电极，另一个电极是一根非常尖锐的探针，利用这一极细的探针在样品表面扫描，通过检测探针和样品两者之间的相互作用，获得样品表面特性的相关数据。不同类型扫描探针显微镜的区别主要在于它们的针尖特性及针尖与样品相互作用的方式。作为新型的显微工具，扫描探针显微镜的优势主要体现在具有极高的分辨率，可以观察到原子；得到的是实时的、真实的样品表面的高分辨率图像；使用环境宽松，既可以在真空中工作，又可以在大气中、低温、常温、高温，甚至在溶液中使用，因此不仅应用于纳米尺度的生物学研究，而且在物理、化学、材料等学科的研究中也发挥着重要的作用。

　　1）扫描隧道显微镜

　　1982 年发明的扫描隧道显微镜是具有原子级分辨率的显微镜，该显微镜基于量子力学的隧道效应原理，能够实时地观测到原子在物质表面的排列状态、与表面电子行为有关的理化性质，在生物学、表面科学、材料科学等领域有重要价值。

　　扫描隧道显微镜的横向和纵向分辨率分别可以达到 0.1nm 和 0.01nm，可以分辨单个原子。其最大的优点是无论对固态、液态，还是气态物质均可进行观察，而普通电镜只能观察制作好的固体标本。扫描隧道显微镜对样品表面的测量是非破坏性的，采用的是金属探针在距样品表面 1nm 处扫描，通过检测探针与样品间隧道电流的变化来获取样品表面形貌特性。利用扫描隧道显微镜可以直接观察生物大分子，如 DNA、RNA 和蛋白质等分子的原子排列（图 2-10），但是要求观察样品必须导电。

　　扫描隧道显微镜的研制成功是显微学上的一场革命，导致了一系列扫描探针显微镜的诞生，1986 年，Binning 和 Rohrer 因发明扫描隧道显微镜，与透射电子显微镜的发明人 Ruska一同获得了诺贝尔物理学奖。

　　2）原子力显微镜

　　1985 年发明的原子力显微镜是扫描探针显微镜最重要的发展。由于原子力显微镜对样品没有导电性的要求，所以应用范围更为广泛，弥补了扫描隧道显微镜只能观察导电样品的不足。原子力显微镜能在多种环境（包括空气、液体和真空）中运作，不仅用于生物分子在生理条件下的直接成像，而且可对活细胞进行实时动态观察，获得生物分子和生物表面的三维图像，以纳米尺度的分辨率观察局部的电荷密度和物理特性，测量分子间的相互作用力。

　　对于刚性的样品，原子力显微镜通常可以达到原子级分辨率；但对于柔软的生物材料，目前可达到的横向分辨率为 1～50nm，放大倍数高达 10 亿倍，比电子显微镜的分辨率高

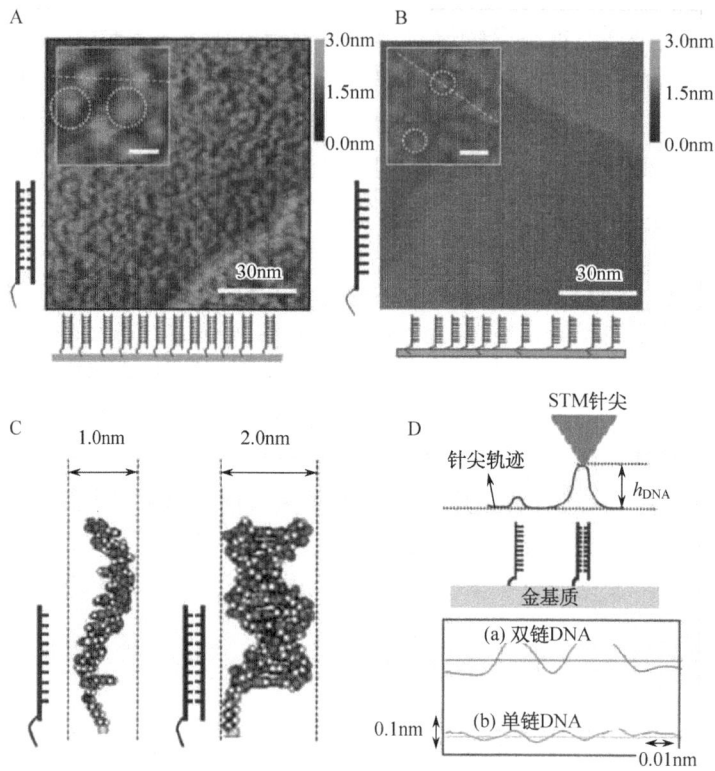

图 2-10　扫描隧道显微镜观察单链 DNA 探针与溶液中 DNA 分子的杂交（引自 Ohshiro and Maeda.，2010）

A. 杂交形成双链 DNA，内置的小图是局部的放大，亮点显示的是杂交形成的直径为 2nm 的双链 DNA；B. 杂交前探针的直径为 1nm；C. 单链和双链 DNA 分子的模型；D. 显示 STM 的针尖和检测表面之间的距离与检测结果的关系，探针固定在金基质上，与溶液中 DNA 杂交。灰色三角形代表 STM 针尖，h 为杂交的 DNA 与针尖的距离，曲线代表的是针尖的扫描轨迹。最下方方框中显示的上排曲线是双链 DNA 扫描轨迹，下排曲线是单链 DNA 扫描轨迹

1000 倍，可以直接观察生物材料的分子和原子（图 2-11）。除了成像之外，原子力显微镜还具有对所观察生物样品的分子或原子加工的能力，如切割染色体、在细胞膜上打孔等，因此，原子力显微镜具有高分辨率、观察活的生物样品和加工样品这三个典型的特征。

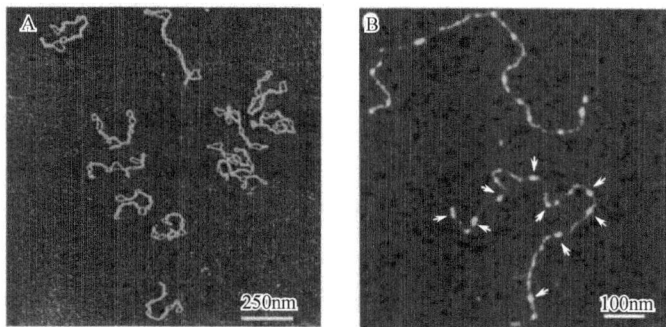

图 2-11　原子力显微镜下的质粒分子 pSA509（引自 Lyubchenko et al.，1997）

A. 超螺旋形式的质粒分子；B. 线性化后的质粒 DNA 上结合有蛋白质（箭头所示）

🌀 电镜三维重构和大分子结构研究

X 射线晶体学、核磁共振波谱学及电镜三维重构是研究大分子结构的主要研究手段，三种技术各有优势，在大分子结构研究中将其有机结合，有助于获得更加准确的结构信息。

通过 X 射线晶体学研究，通常可以获得生物大分子达到原子分辨率的三维结构，但是对于那些分子质量较大、结构复杂的复合分子体系来说，由于难以获得晶体，所以在研究中受限。核磁共振波谱学可以获得蛋白质在溶液中的三维结构，分析蛋白质结构的动态变化，但是局限于分子质量 20kDa 以下的小蛋白质。电镜三维重构技术是研究蛋白质、蛋白复合物及亚细胞系统的重要技术，可以获得分子质量特别大的复合物（200kDa 以上）纳米分辨率的三维结构。

电镜三维重构也叫做电子显微三维重构技术，1968 年 Klug 等首先利用电镜照片重构了 T4 噬菌体尾部的三维结构，并提出了晶体电子显微镜和 X 射线衍射技术研究核酸-蛋白质复合体的策略，以及电子显微三维重构技术相关的概念和原理。Klug 也因对核糖核蛋白复合物结构的研究获得了 1982 年诺贝尔化学奖。随后，电镜三维重构技术在样品制备、仪器性能、数据和图像处理、计算规模和能力、重构结果分析等方面取得了长足的进步，电子显微三维重构——这一集电镜技术、电子衍射和计算机图像处理技术为一体的综合性技术，逐步成为研究生物大分子空间结构和相互关系的重要研究手段，可以预见的是，伴随着新技术的建立和完善，生物大分子三维结构的分辨率将得到更加有效的提高，细胞生物学的研究尺度必将进一步拓展。

2.2　细胞及亚细胞组分的分离

2.2.1　细胞的分选

细胞分选（cell sorting）是将一种细胞从含多种细胞的样品中分离出来的技术，分离策略一般是依据细胞的物理特性、细胞表面蛋白及遗传表达特性进行的，如基于细胞大小和密度的密度梯度沉降分离，基于细胞表面电荷的电泳分离及基于细胞表面特殊成分的亲和吸附等。无论哪种方法，细胞分选的基本原则是尽最大可能保持细胞应有的活性。目前常用的细胞分选方法主要有流式细胞分选法、密度梯度离心法、免疫磁珠法、亲和吸附法和细胞电泳法等。

1）流式细胞分选法

1973 年，Hulett 等报道了一种新的细胞分选方法，即荧光激活细胞分选技术，这是通过流式细胞仪（flow cytometer，FCM）对细胞进行分选的方法。流式细胞仪是集激光技术、电子生物技术、光电测量技术、电子计算机技术及荧光化学技术等为一体的检测仪器，在组成上包括液流系统、光学系统、电子系统、分析系统四部分，工作原理如图 2-12 所示。

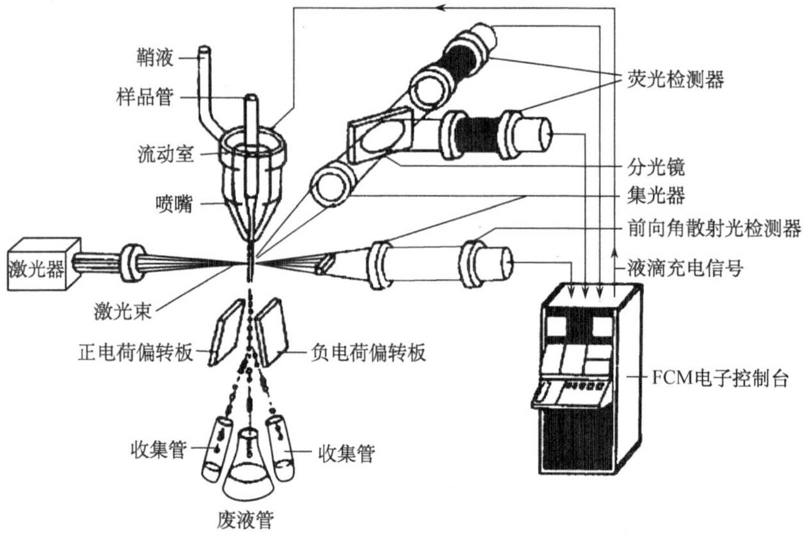

图 2-12　荧光激活细胞分选仪的工作原理

　　流式细胞分选法只能检测悬浮的单细胞或微粒的信号，该技术首先是以荧光标记的抗体对细胞染色，将细胞群体中待分离的细胞进行标记，当然也可以采用负选法使待分离的细胞不被染色，然后将细胞通过高速流动的系统，使细胞排成单行，逐个流经检测区进行测定。细胞经激光束照射产生荧光和散射光，荧光检测系统通过预设的荧光参数对细胞进行检测，数据经计算机处理后，分辨细胞类型。含有待分离细胞的液滴，通过一个静电偏转系统，最终收集到管子中。分选的参数还可以根据待分离细胞的纯度和产量进行调整，检测荧光参数已经从最初的单色、双色分析发展为多色分析，目前已经可以同时检测 15 种荧光信号。

　　在待分离细胞的表型已知的前提下，流式细胞分选法是获得高纯度细胞群体的一种选择，分离纯度可达 99%。该技术的优势是：即使待分离细胞表达极低水平的标记蛋白或者细胞群体的分离是基于标记蛋白的差异表达水平，都可以获得纯度较高的特定细胞。当分选是基于细胞内部染色或者细胞内蛋白质的表达时，如细胞中表达的遗传上修饰的荧光蛋白融合蛋白，荧光激活细胞分选法是唯一的选择。随着数据收集及分析软件和硬件的改进，抗体种类和用于细胞表面及内部标记分子染料的增加，流式细胞术日趋成熟，广泛应用于生物大分子 DNA、RNA 和蛋白质的定量，细胞周期不同时相细胞的区分，细胞活力和死亡分析，细胞表面抗原、受体及染色体的研究中。

　　流式细胞仪分选的操作环境全封闭，污染机会较小，虽然细胞分选的纯度和回收率高，但由于设备昂贵、技术复杂、操作费时，适合对细胞纯度和回收率要求较高的研究。如果染色过程不影响细胞活性，那么分离出来的细胞还可以继续培养。

　　2）密度梯度离心法

　　密度梯度离心（density gradient centrifugation） 是采用一定的介质在离心管内形成密度梯度，以维持重力的稳定性来抑制对流，通过离心力场的作用使细胞分层而分离的方法。因此，当从细胞悬液、血液分离某种特定细胞时，要依据细胞的密度制备相应的密度梯度，通过离心使一定比重的细胞群按照相应的密度梯度分布。常用的分离细胞的介质有聚蔗糖（商品名 Ficoll）、Percoll 等。

　　将抗体的特异性与密度梯度离心的简便性相结合，建立的免疫密度梯度离心法在分选细胞上则更加有效。免疫密度梯度离心法操作流程如图 2-13 所示，将偶联有特定抗体的密度粒子与细胞悬液孵育标记后，再进一步通过密度梯度离心，就可以富集特定类型的细胞。

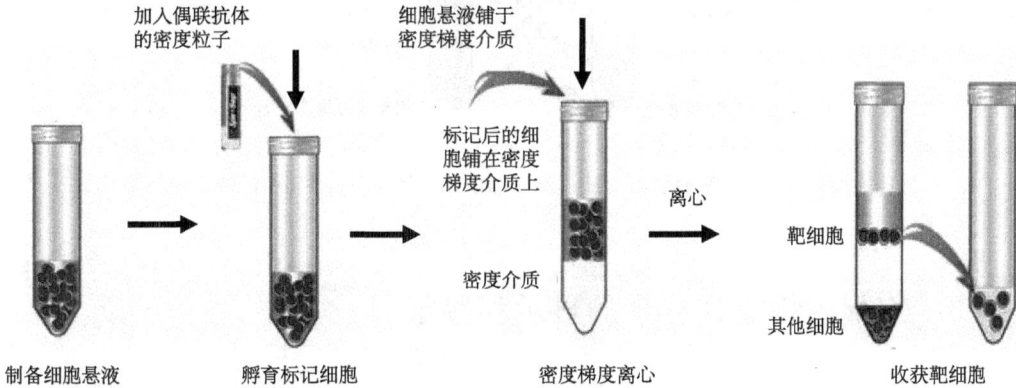

图 2-13　免疫密度梯度离心法操作流程

2.2.2　细胞器及其亚组分的分离

　　细胞亚组分的分离是研究真核细胞中各种各样细胞器的前提，一般的操作流程是首先采用低渗、超声波处理、研磨、匀浆或反复冻融等方法破裂细胞，将细胞内容物释放出来，制备细胞匀浆液，然后通过差速离心（differential centrifugation）的方法使不同的组分分开。

　　差速离心采用不同离心速度与时间，使不同沉降速度的颗粒分批分离，一般是逐步提高每次离心的时间和速度，使沉降速度不同的颗粒在不同的离心速度和时间下分步分离（图 2-14）。当低速离心时，细胞匀浆液中细胞核等较大的细胞器很快沉降下来，而较小的组分，诸如线粒体等细胞器则需要更高的速度和更长的离心时间才能沉淀下来。

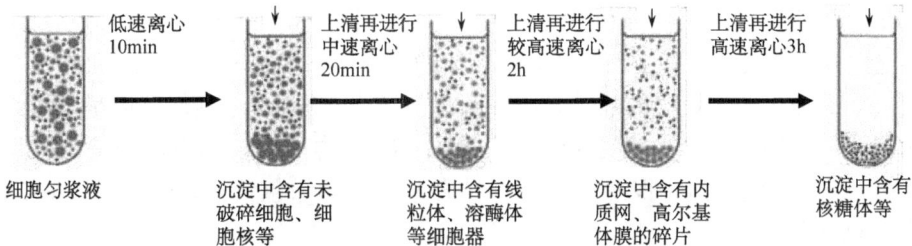

图 2-14　差速离心使细胞器分步分离示意图

　　差速离心是最常用的离心方法，操作简便快速，但是却难以获得高纯度的特定细胞器，那些沉降系数较接近的颗粒，如线粒体、溶酶体等常出现在差速离心的同一沉淀组分中，所以许多情况下，还需要进一步通过密度梯度离心对细胞器进行纯化。不同大小、不同形状，甚至沉降系数存在较小差异的颗粒经密度梯度离心后，将停留在与自身密度一致的区域，形成区带，从不同的区带中就可以收获不同的亚细胞组分（图 2-15）。密度梯度离心不仅可以分离细胞器，而且可用来分离纯化核酸、蛋白质等生物大分子。

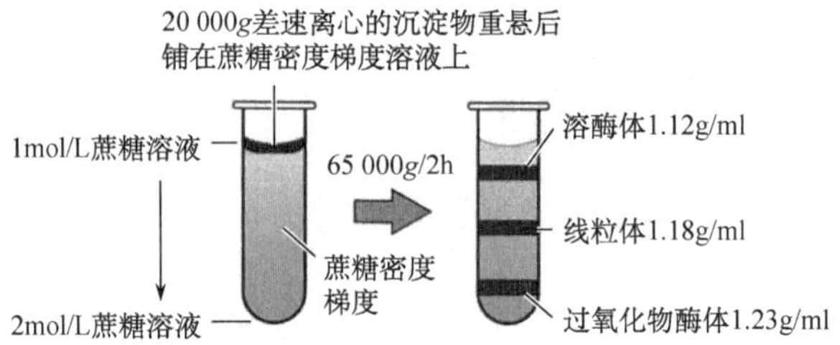

图 2-15 密度梯度离心纯化细胞器的示意图（引自 Karp，2005）

2.3 细胞内特定大分子的显示和鉴定

2.3.1 细胞化学技术

细胞化学（cytochemistry） 的基本原理在于细胞中的成分可以和某些特定的化学试剂发生反应，在细胞内部或者表面形成有色沉淀物或者结合物，因而可以用于细胞结构和成分的显示。

1）酶细胞化学

酶细胞化学技术可以显示细胞内酶的存在、分布和活性。为尽可能保持酶的活性，常采用新鲜标本的快速冷冻切片，将切片与特定的底物孵育，产物一般通过进一步的化学反应显色，在显微镜下观察确定。例如，乳酸脱氢酶显示的原理是该酶与乳酸钠作用，使后者脱氢，脱下来的氢会将四唑氮蓝（nitroblue tetrazolium，NBT）还原，生成蓝紫色的产物，据此可以了解细胞中乳酸脱氢酶的分布特点。

2）核酸的细胞化学

核酸的细胞化学分为定性分析和定量分析。福尔根反应（Feulgen reaction）是最常用的 DNA 定性分析方法，常用于细胞核和染色体的研究中。其原理是：在酸性条件下，DNA 发生脱嘌呤，暴露出脱氧核糖的醛基，该醛基可与席夫（Schiff）试剂反应呈现紫红色。荧光染料吖啶橙（acridine orange，AO）与 DNA、RNA 均具有亲和力，但是结合量存在差别，所以发出荧光的颜色不同，若与 DNA 结合量多，发绿色荧光；若与 RNA 结合量多，发橘黄色或橘红色荧光。

在 DNA 定量分析中，一般利用 DNA 在 260nm 处有吸收峰的特性，也可以利用经福尔根反应后的 DNA 吸收 546nm 的可见光的特性，采用显微分光光度仪测定其在细胞中的含量。此外，流式细胞仪在定量细胞化学分析中也常常使用，可定量测定某一细胞中的 DNA、RNA 或特定蛋白质的含量，以及细胞群体中上述成分含量不同的细胞的数量。

3）糖类和脂类的细胞化学

糖类的细胞化学主要用于显示细胞中的多糖类，如黏蛋白和糖脂等，采用过碘酸-席夫（periodic acid-Schiff reaction，PAS）反应可以显示糖原，检测淀粉、纤维素、果胶、黏蛋白、透明质酸等，其原理是过碘酸的氧化作用使含乙二醇的多糖类物质氧化，形成双醛基，后者与无色的碱性品红形成红色化合物。显示脂类的常用试剂有四氧化锇、苏丹Ⅲ等。

2.3.2　免疫细胞化学技术

免疫细胞化学（immunocytochemistry） 是将抗原、抗体专一性反应的检测系统与细胞显微、亚显微结构观察相结合的一种研究方法，具有特异性强、灵敏度高等优点，是对细胞化学技术的发展和补充，在研究蛋白质于细胞中的分布时广泛使用，实验流程如图 2-16 所示。当抗原与第一抗体结合后，第一抗体上又可以结合多个第二抗体，使抗原和第一抗体结合的原初信号进一步放大。一般为方便检测，在第二抗体上偶联有特定的标记。例如，采用荧光染料标记时，就可以用于荧光显微镜观察检测；如果标记是酶，则可以在普通的光学显微镜下观察酶促反应生成的有色物质。

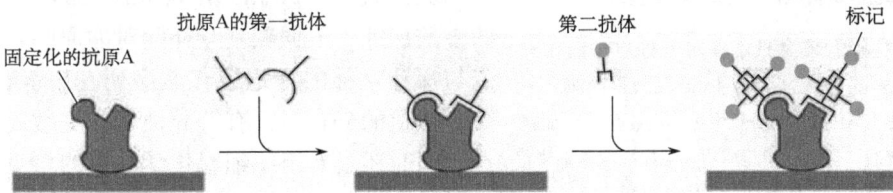

图 2-16　免疫细胞化学的原理

（1）**免疫荧光技术（immunofluorescence）** 是将免疫学方法与荧光标记技术结合起来研究特异蛋白在细胞内分布的方法，将抗原或抗体与荧光染料连接，抗原和抗体特异性结合的信号可以根据荧光染料所发的特定波长荧光在荧光显微镜下检出，从而可对抗原进行细胞定位。如果荧光染料直接标记抗原或者抗体，则称为直接免疫荧光技术；如果荧光染料标记的是第二抗体，则称为间接免疫荧光技术（图 2-17）。

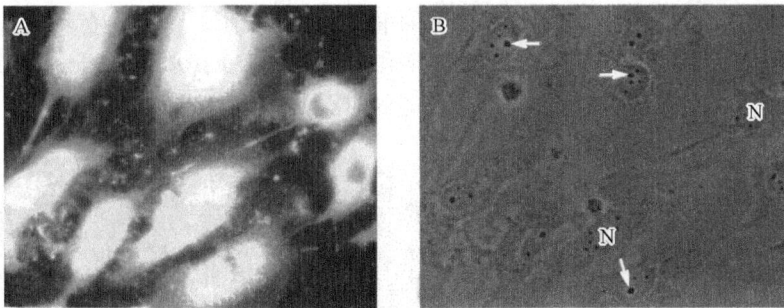

图 2-17　免疫荧光技术显示牛视网膜小血管内皮细胞中因子Ⅷ的分布（引自 Lou et al.，1997）
A. 因子Ⅷ的抗体与细胞结合后，加入异硫氰酸荧光素（FITC）偶联的第二抗体，荧光显微镜下观察，可见在细胞质中存在大量颗粒状荧光；B. 相差显微镜下观察同一视野的结果，箭头示细胞核（N）内的核仁

（2）**免疫电镜技术（immunoelectron microscopy）** 将免疫学方法和电镜技术结合，可以对细胞器等超微结构中的抗原组分进行定位和定性。

根据标记方法的不同，免疫电镜技术分为免疫铁蛋白技术、免疫酶标技术和免疫胶体金

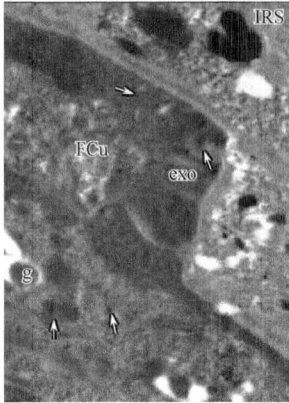

图 2-18　免疫胶体金技术鉴定一种角蛋白相关
蛋白 KAP 的分布（引自 Jones et al.，2010）
胶体金包裹 KAP 抗体与分化中绵羊毛囊角质层细胞
（FCu）孵育后，透射电镜超薄切片经醋酸双氧铀染色
显示，金颗粒标记（箭头示）主要分布在外层（exo）
和前体颗粒（g），而在内根鞘（IRS）则没有，说明
KAP 与毛发纤维角质层细胞的发育有关

技术。例如，免疫胶体金技术是以胶体金作为示踪标志物包裹抗体，在弱碱环境下胶体金带负电荷，可与蛋白质分子的正电荷基团形成牢固的结合，由于这种结合是静电结合，所以不影响蛋白质的生物学特性，在透射电子显微镜下，根据金颗粒的信号就可以确定特定抗原分子在细胞中的分布特征（图 2-18）。

2.3.3　原位杂交技术

原位杂交（*in situ* hybridization）采用标记的核酸探针，依据碱基互补配对的原则，用以确定与探针互补的特定核苷酸序列在组织、细胞、染色体上的分布，具有特异性强、灵敏度高的特点，同时还具有组织细胞化学染色的可见性，可以对细胞内特定的 DNA 分子、基因转录产物进行定性、定位研究。原位杂交主要有两种类型，即染色体原位杂交和 RNA 原位杂交。

1）染色体原位杂交

1969 年，Pardue 等首先利用放射性同位素标记的爪蟾核糖体 RNA 基因探针与卵母细胞杂交，对该基因进行了定位（图 2-19A，图 2-19B），标志着原位杂交技术的建立。

染色体原位杂交实验早期一般采用放射性同位素标记核酸探针，后来又发展形成了非放射性的 DNA 原位杂交技术，即**荧光原位杂交（fluorescence *in situ* hybridization，FISH）**，该技术利用荧光标记的探针检测目的 DNA 序列，借助荧光显微镜检测杂交信号，主要用于染色体鉴定、基因在染色体上定位、异常染色体的检测等（图 2-19C）。在荧光原位杂交基础上发展起来的多色荧光原位杂交（multicolor fluorescence *in situ* hybridization），采用多种不同颜色荧光素标记的探针进行原位杂交，能同时检测多个基因。

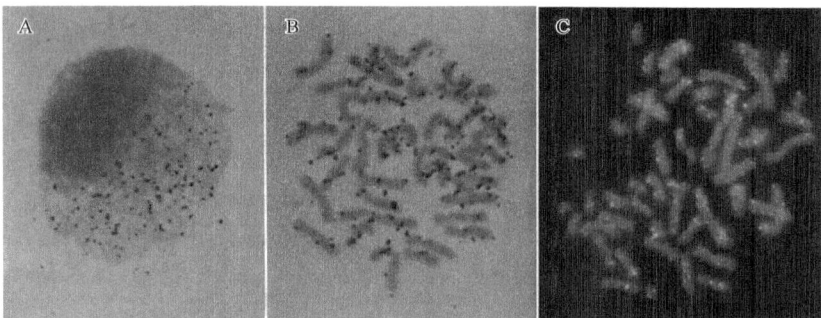

图 2-19　两种不同探针标记方式的染色体原位杂交
A 和 B 分别是放射性同位素标记的 rRNA 基因探针与不同时期卵母细胞杂交的结果（引自 Pardue et al.，1969）；C. 荧光
原位杂交显示鲶鱼一种新的转座子 HLBam 在染色体广泛分布的特征（引自 Ferreira et al.，2011）

2）RNA 原位杂交

RNA 原位杂交是指运用体外转录制备的 RNA 探针或寡核苷酸探针，检测细胞和组织内特定 RNA 分子的一种技术。其基本原理是：在细胞或组织结构保持不变的条件下，用标记后的特定探针与待测细胞或组织中特定基因的转录产物结合，通过对杂交信号的检测，确定与探针互补的 mRNA、rRNA 或 tRNA 分子在细胞或组织中的分布特征。RNA 原位杂交技术主要应用于基因表达的定性或定量分析（图 2-20）。

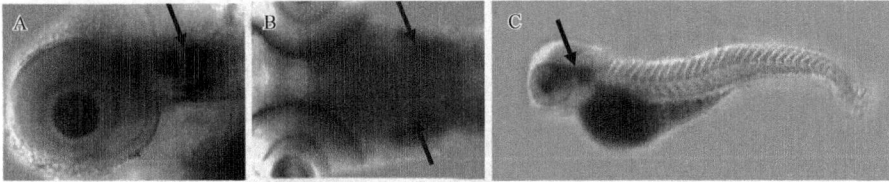

图 2-20 原位杂交技术显示 β-tectorin 在斑马鱼胚胎内耳特异性表达（引自 Yang et al.，2011）

A~C 分别是受精后 120h 的斑马鱼侧面观、腹面观和整体侧面观。箭头示阳性杂交信号

2.3.4 放射自显影技术

放射自显影技术（autoradiography） 是利用放射性同位素的电离辐射对乳胶的感光作用，对细胞内生物大分子进行定性、定位与半定量研究的一种细胞化学技术，主要用于动态研究和追踪被标记的化合物在机体中的分布、合成、更新等作用机制。

放射自显影技术的原理是将放射性同位素标记的物质，一般是合成生物大分子的某种前体，引入生物体或组织细胞内，使其掺入组织细胞的正常代谢过程，这样被标记的前体分子会参与特定类型大分子的合成。经过一段时间后，取材并将生物样品制成切片或涂片，涂上卤化银乳胶，在一定条件下经放射性曝光、显影、定影处理后，通过肉眼或者在显微镜下观察还原的黑色银颗粒的分布，即可得知被标记的生物大分子在生物体或组织细胞中的准确位置（图 2-21）。

放射自显影技术具有较高的灵敏度和分辨率，可以在不破坏细胞完整结构的情况下研究细胞的形态、结构和功能，追踪参与代谢的放射性物质的合成、吸收、转运和分布等动态过程（图 2-22）。一般常用 ^{3}H 标记的胸腺嘧啶脱氧核苷（^{3}H-TdR）来显示 DNA，用 ^{3}H 尿嘧啶核苷（^{3}H-U）显示 RNA；用 ^{3}H 或者 ^{35}S 标记氨基酸研究蛋白质。放射自显影的切片还可再用染料染色，这样便可在显微镜下对被标记的化合物进行定位或相对定量测定。放射自显影技术在揭示细胞生命活动的分子本质、阐明生命活动的物质基础中发挥了重要作用。例如，DNA 复制机制的研究、DNA 作为遗传物质的验证、蛋白质合成和分泌过程等。该技术在生物学研究中的应用和发展，不仅促进了生物学研究从静态进入动态，而且使研究层次从细胞水平进入分子水平。

2.3.5 绿色荧光蛋白与活细胞的研究

绿色荧光蛋白（green fluorescent protein，GFP） 最早是从水母中提取出来的能产生荧光的蛋白质，在克隆其编码基因之后，*GFP* 逐步成为生物学研究中常用的活体报告基因。通过 DNA 重组技术，可以将 *GFP* 与目的基因融合，构建为带有 *GFP* 标签的融合表达载体，转入活细胞后，通过检测 GFP 的荧光信号，就可以了解目的基因表达的蛋白质在细胞中的

图 2-21 放射自显影的操作流程（引自 Karp，2005）

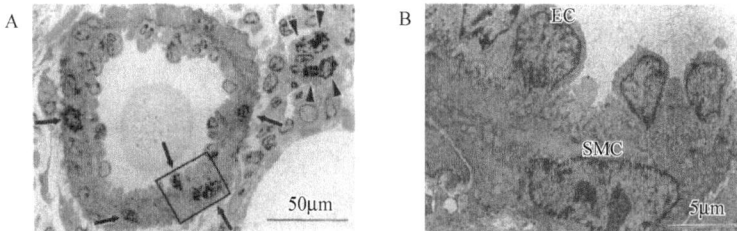

图 2-22 利用放射自显影研究石棉对小鼠细胞增殖的影响（引自 McGavran et al.，1990）

A. 暴露于石棉 48h 后的与终末细支气管毗邻的小鼠血管横断面的光镜照片，箭头示一些细胞已经被 ^{3}H-TdR 标记；B. 透射电镜观察的 A 图中矩形标注部分，被标记的细胞分别是内皮细胞（EC）和血管平滑肌细胞（SMC）

分布和动态变化，因此 GFP 可以用于细胞生理过程和细胞动力学的实时观测和监控、细胞显微和亚显微结构研究，以及蛋白质的亚细胞定位研究等。

　　GFP 作为报告基因有很多的优点，首先其表达不受生物类型、基因型或细胞组织类型的限制，应用范围广。目前生物学研究中使用的报告基因有很多种，但其编码产物大多是酶，如 β-半乳糖苷酶基因（*LacZ*）、氯霉素乙酰转移酶基因（*CAT*）、荧光素酶基因（*Luc*）和 β-葡萄糖苷酶基因（*Gus*）等，对这些报告基因的检测一般需要细胞固定、组织切片或者蛋白质提取等操作，难以用于活体观察和检测，而 GFP 由于无需样品固定和制备，无需底物，只需要紫外线或蓝光激发，即可发出绿色荧光，通过荧光显微镜或者肉眼就可以观察到，因此检测更加方便。该方法在实验之前不需要对细胞进行固定或破坏，使研究活细胞内蛋白质的准确定位变得简单易行，能在几乎不影响细胞的正常生理作用下进行即时的观察及分析，对单细胞水平的表达也可以识别，还可以进行定量检测。

🌐 绿色荧光蛋白及其突变体

　　绿色荧光蛋白是从水母中分离的天然荧光蛋白，由 238 个氨基酸构成，其中第 65～67 位氨基酸残基形成荧光发色基团。GFP 激发光谱在 400nm 处有一个主要激发峰，发射光谱在 505nm 处有一个主要的发射峰，在蓝色波长范围的光激发下产生绿色的荧光。

　　GFP 蛋白没有毒性，与目的蛋白融合表达时，目的蛋白仍保持正常活性，GFP 能保持其荧光，因此借助显微镜就可以通过监测 GFP 的荧光，跟踪目的蛋白的定位、移动及其他活动，适合活细胞内动态过程的研究，是当今生物学研究中常用的报告基因。通过对 *GFP* 基因的改造，现在又获得了多种 GFP 的突变体，包括青色荧光蛋白（cyan fluorescent protein，CFP）、黄色荧光蛋白（yellow fluorescent protein，YFP），以及对来自珊瑚荧光蛋白改造后获得的红色荧光蛋白（red fluorescent protein，RFP）等，这些呈现多种颜色的荧光蛋白，拓宽了荧光蛋白的应用领域，大大推进了活细胞内分子探针技术的发展，主要用于在时间和空间上监控活细胞内的生理过程，包括基因表达、蛋白质定位和动力学、蛋白质相互作用、细胞内转运途径、染色体复制和调控、细胞分化、细胞器的发生和遗传等研究中（图 2-23）。

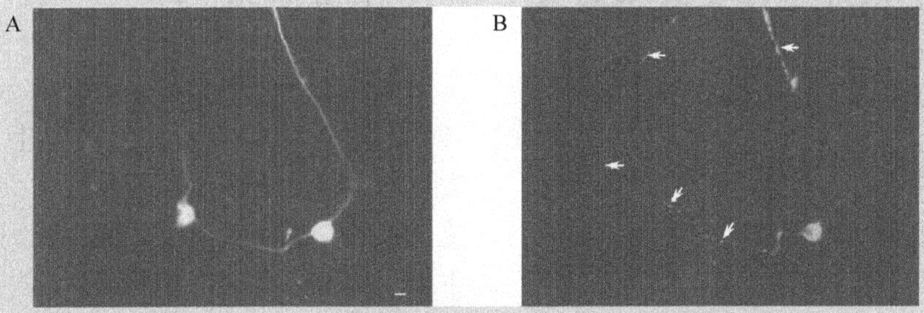

图 2-23　利用 GFP 及其突变体研究蛋白质和细胞器的定位（引自 Wang et al.，2011）
A. GFP 在神经细胞表达，荧光在细胞中广泛分布；B. 采用 RFP 标记线粒体特异蛋白后，显示线粒体（箭头所示）在细胞中的分布

　　2008 年，由于在发现、研究和发展绿色荧光蛋白方面的贡献，三位科学家 Shimomura、Chalfie 和 Tsien 共同分享了诺贝尔化学奖。

2.4　现代细胞生物学技术

2.4.1　细胞培养

细胞培养 (cell culture) 是指模拟体内环境，在无菌、适当条件下使细胞在体外生长繁殖的技术。根据培养细胞的差别，细胞培养分为动物细胞培养、植物细胞培养和微生物细胞培养。鉴于本书特点，在此概括介绍动、植物细胞培养及相关技术。

细胞培养在细胞生物学研究中有很多优越性：首先，其研究的对象是活细胞，在研究细胞与细胞、细胞与环境相互作用，以及细胞内生命活动过程，如能量代谢、蛋白质合成中具有其他方法无法替代的优点；其次，其研究条件可以人为控制，研究样本可以比较均一；再者，其研究内容便于观察和检测。

细胞培养的应用非常广泛，不仅可以直接用于提取有价值的生物制品和药物，而且在细胞生物学基础研究中也是一项重要的支撑技术。包括细胞融合、转基因、新品种的培育、药理研究模型建立等研究都离不开细胞培养。

2.4.1.1　动物细胞培养

1）培养动物细胞的特性

体外培养的动物细胞，一般不能保持体内原有细胞的形态，按其生长方式分为贴附型和悬浮型两大类。贴附型细胞是附着在支持物表面生长的细胞，取自活体的细胞在体外培养时，大多是以该方式生长（图 2-24），而取自血液的白细胞、淋巴细胞等则是悬浮型生长。

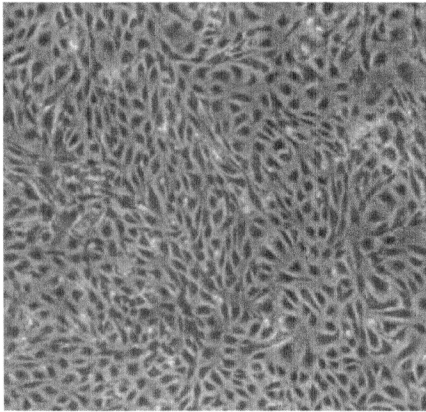

图 2-24　相差显微镜观察体外培养的牛视网膜小血管内皮细胞（引自 Lou et al. , 1997）

贴附型细胞在生长中具有**接触抑制 (contact inhibition)** 的特性，即细胞在培养中生长、分裂，在支持物表面呈单层生长，不会出现相互重叠生长的现象，但是癌细胞体外培养时接触抑制现象丧失。

2）培养动物细胞的生长条件和生存环境

体外培养的细胞首先需要生存必需的营养条件，包括基本营养物质及促生长因子等物质。基本营养物质包括氨基酸、维生素、碳水化合物及一些无机离子；促生长因子则是细胞生长、增殖必需的，如胰岛素样生长因子、表皮生长因子等。血清中含有细胞生长所需的多种上述物质，有利于培养细胞的存活和生长，所以一般在培养细胞时需要添加 5%～15% 的小牛血清或者胎牛血清。

体外培养细胞的生存和增殖还需要合适的环境条件，哺乳动物细胞理想的培养温度是 $36\sim37\text{℃}$，pH 为 7.1～7.3，理想的气体环境是 95% 的空气混合 5% 的二氧化碳，此外还需要依据不同细胞对渗透压耐受能力的差别配制合适的培养液。

　3）原代培养和传代培养

　　动物细胞的培养包括**原代培养（primary culture）**和**传代培养（passage culture）**。原代培养也叫初代培养，是获取细胞的主要手段，是从供体获得细胞、组织、器官后，在体外进行的首次培养，这样的细胞称为**原代细胞（primary culture cell）**。细胞经原代培养后，细胞数量增加，对于贴附型细胞来说，逐渐形成致密的单层细胞，铺满整个培养器皿的底部，细胞之间相互接触而发生接触性抑制，生长速度减慢甚至停止，同时营养物消耗和代谢物积累都已不利于细胞的生长，此时就需要进行分离培养。将细胞从原培养器皿中分离稀释后，转入多个新的培养器皿继续培养的过程，叫做传代。贴附型细胞可以采用含有胰蛋白酶、胶原酶、EDTA 等成分的消化液进行细胞分散，悬浮型细胞可以采用离心法分离传代。在适宜的体外条件下持续传代培养的细胞叫做**传代细胞（subculture cell）**。

　4）细胞系和细胞株

　　原代培养是建立各种细胞系的第一步，原代培养物中含有多种细胞类型，原代细胞经首次传代成功后获得的传代细胞叫做**细胞系（cell line）**，有些细胞系传代次数有限，称为**有限细胞系（finite cell line）**，一般最多传 50 代，大多数二倍体细胞为有限细胞系；而带有癌细胞特性的传代细胞可以无限制地连续体外培养，称为**连续细胞系（continuous cell line）**，如 HeLa 细胞系（来自宫颈癌，以供体患者姓名命名）、CHO 细胞系（来自中国仓鼠卵巢）等。

　　细胞系的传代不仅可以维持细胞的生长、增殖，而且可以从培养物中逐步获得具有特定性质或标记的细胞，即**细胞株（cell strain）**。所谓细胞株，是指采用单细胞克隆培养或者药物筛选的方法，从某个细胞系中分离的单个细胞增殖而成的、具备了稳定的特殊性质或者遗传标记细胞群体，如特殊的染色体标志、一定的生化特性等，这些标志或者特性必须在整个培养期间始终保持。

　　动物细胞培养不仅可以用于从细胞中提取或制备某些成分，而且还可以将其作为宿主细胞生产蛋白质药物、疫苗等，尤其对于分子质量较大、结构复杂或糖基化的蛋白质来说，动物细胞培养是首选的方式。动物细胞培养不仅可以为细胞结构功能研究和细胞重组、融合提供细胞材料，而且还可以作为新药筛选的细胞模型，在细胞工程、胚胎工程、组织工程研究中具有重要价值。

2.4.1.2　植物组织培养和植物细胞培养

　　植物组织培养（plant tissue culture）是将植物器官、组织、细胞或原生质体等材料在无菌条件下培养在人工培养基上，在适当条件下诱导生成完整植株的一种技术。其理论基础是植物细胞具有**全能性（cell totipotency）**的特点，即每个细胞都包含植物生长发育所必需的全部基因，都具有再生成一个完整个体的潜力。

　　植物细胞培养（plant cell culture）是在植物组织培养的基础上发展而来的，是在离体条件下，将分离的植物细胞通过继代培养增殖，获得大量细胞群体的技术。根据培养对象的特点，植物细胞培养的主要类型包括：单细胞培养、愈伤组织培养、单倍体培养、原生质体培养等。植物细胞培养中很少以单一细胞形式悬浮生长，通常以一定细胞数量的非均相细胞团方式存在，一般在培养中需要光照。植物细胞培养主要用于植物种质保存、植物快速繁育，以及作为生物反应器生产药物和食品添加剂等次生代谢物，如利用植物细胞培养生产抗癌药紫杉醇是一种公认的有效途径。

2.4.2　细胞工程

细胞工程（cellular engineering） 是指在细胞水平上，应用细胞生物学及分子生物学的方法，借助工程学的技术手段，有目的地改造生物的遗传性状，获得特定的细胞、组织或新物种的技术。细胞工程的基础和核心技术是细胞培养和繁殖。一般意义上讲，细胞工程的研究对象是动植物，既可以是完整的细胞、组织、器官、胚胎，也可以是原生质体、细胞核、细胞器、染色体等，因此，广义上讲，动植物细胞（组织）培养、细胞融合、细胞核移植、染色体工程、胚胎工程、干细胞与组织工程、转基因生物等内容都属于细胞工程的研究范畴。

细胞生物学是细胞工程的重要理论基础，细胞工程又为细胞生物学、发育生物学、遗传学、分子生物学等学科的研究提供实验材料和技术。细胞工程的应用领域非常广泛，涉及农业、食品、医药、化工等多方面。

2.4.2.1　细胞融合与单克隆抗体技术

1）细胞融合

细胞融合（cell fusion） 也叫做细胞杂交（cell hybridization），是指采用人工方法使两个或两个以上的细胞合并成一个细胞的技术，是不经有性生殖过程得到杂种细胞的方法（图 2-25）。基因型相同的细胞形成的融合细胞称为同核体（homokaryon），基因型不同的细胞形成的融合细胞称为异核体（heterokaryon），杂交细胞在培养中会发生染色体丢失现象。细胞融合技术在创制新细胞、培育新品种方面有重要价值。动物细胞可以直接用于细胞融合，而植物、微生物细胞则需要以除去细胞壁制备的原生质体作为融合材料。

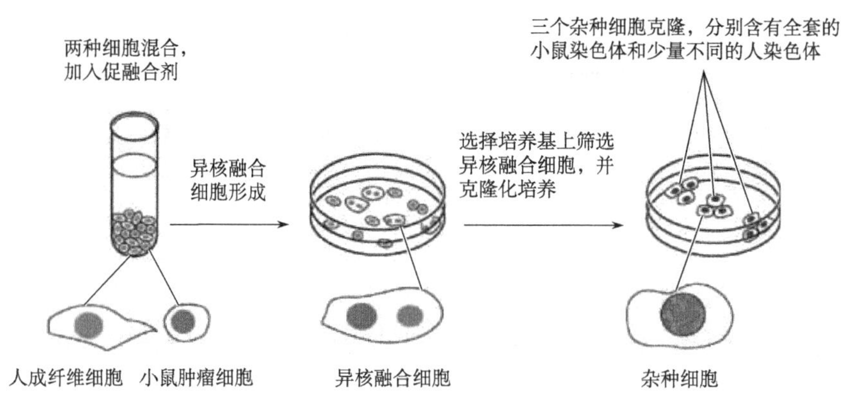

图 2-25　细胞融合的过程（引自 Alberts et al., 1994）

由于自发的细胞融合发生频率很低，所以一般采用人工诱导的方法促进细胞融合，常用的方法有生物法、化学法和物理法。生物法是 1962 年最早建立的细胞融合方法，其原理是利用灭活的仙台病毒颗粒在细胞膜上附着的搭桥作用，使细胞聚集在一起，并引发两个细胞之间的胞质交流，形成融合细胞；化学法是采用化学诱导剂促进细胞融合的方法，如聚乙二醇（PEG）等；最常用的物理法是电融合诱导法，即利用电脉冲作用促进细胞融合。融合细胞的筛选原理是在选择培养基上，只允许异核融合细胞增殖，而将其他类型的细胞杀死，常用的筛选系统有 HAT 选择系统、抗药性筛选系统等。

2）单克隆抗体技术

（1）抗体的类型。抗体是动物免疫系统分泌的存在于血清中的、能中和或者消除抗原影响的糖蛋白。高等动物的脾脏能产生多种淋巴细胞，其中，B 淋巴细胞是能产生抗体的细胞。由于一种抗原通常具有多个不同的抗原决定簇，能刺激多个 B 淋巴细胞产生相应的抗体，所以血清中的某一抗原的抗体是针对不同抗原决定簇的多种抗体的混合物，称为**多克隆抗体（polyclonal antibody）**，常规免疫方法制备的免疫血清多属于多克隆抗体。如果免疫的是单一的 B 淋巴细胞，就可以收获单一性的抗体，这种具有特异性、同质性的抗体叫做**单克隆抗体（monoclonal antibody）**，由于只识别结合特定的抗原决定簇，所以单克隆抗体对抗原的反应具有高度特异性。

由于很难从多克隆抗体中分离纯化得到单克隆抗体，也难以将已经受抗原刺激的不同的 B 淋巴细胞分开，并在体外培养维持其增殖和抗体分泌，因此，通过改变 B 淋巴细胞的遗传特征，建立能长久分泌单克隆抗体的永久生长细胞系成为关键。B 淋巴细胞杂交瘤技术的建立解决了这一问题。

（2）B 淋巴细胞杂交瘤和单克隆抗体技术。1975 年，Kohler 和 Milstein 合作将小鼠骨髓瘤细胞与经绵羊红细胞免疫的小鼠脾细胞（B 淋巴细胞）融合，获得的融合细胞具有双亲细胞的特征，既可以在体外无限增殖，又可以持续分泌特异性抗体，因此，通过克隆化培养这样的融合细胞就可以生产高纯度的单克隆抗体。这种将免疫动物的 B 淋巴细胞和一个永久细胞系融合得到的融合细胞，被称为**杂交瘤（hybridoma）**。1984 年，Kohler 和 Milstein 因建立 B 淋巴细胞杂交瘤技术用于单克隆抗体制备的贡献获得了诺贝尔生理学或医学奖。单克隆抗体的制备包括动物免疫、细胞融合、杂交细胞筛选、抗体检测、杂交瘤细胞克隆化和单克隆抗体的大量生产等步骤（图 2-26）。

B 淋巴细胞杂交瘤技术的最大优势在于可以用不纯的抗原分子，制备针对某一抗原分子上特异抗原决定簇的单克隆抗体。一旦获得杂交瘤细胞，就可以永久冷冻保存，大量生产单克隆抗体，容易标准化。由于特异性非常强，单克隆抗体可以作为高度特异性的探针，检测细胞内特定的抗原分子，是研究生物大分子、细胞结构、疾病诊断和诊疗的有力工具。例如，医学诊断中病原微生物抗原、肿瘤抗原等的检测；利用单克隆抗体的导向作用，也可以将某一肿瘤抗原的单克隆抗体与药物连接，将药物携带至靶器官，直接杀伤靶细胞；此外，单克隆抗体还可以作为亲和层析的配体，用于蛋白质的纯化。

2.4.2.2　细胞核移植和克隆动物

细胞核移植离不开显微操作技术，所谓**显微操作技术（micromanipulation technique）**是指在高倍倒置显微镜下，利用显微操作仪进行细胞或早期胚胎操作的一种方法，是利用玻璃毛细管在一定压力控制下，将转移的物质直接注入特定的细胞或者从细胞中转移出来的技术。被转移的物质通常有细胞核、DNA、寡核苷酸、蛋白质、抗体、细胞器等，被注射部位是细胞质或细胞核。显微操作技术包括细胞核移植、显微注射、胚胎移植及显微切割等。

细胞核移植（cell nuclear transfer）是采用显微操作技术，将一种动物的细胞核移入同种或者异种动物去核的卵母细胞内的技术。这是因为卵母细胞的细胞质中含有一些特定的因子，可以使已经分化了的细胞重新回到发育过程的原点，同受精卵一样开始个体发育过程。供体细胞核可以来自体细胞，也可以来自多细胞阶段的胚胎细胞。通过细胞核移植发育而成

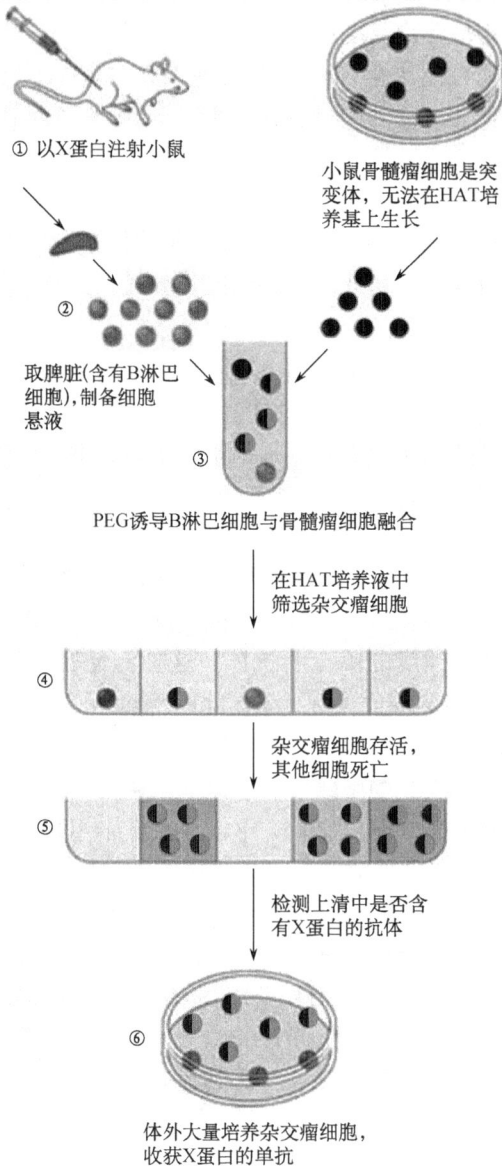

① 以X蛋白注射小鼠

小鼠骨髓瘤细胞是突变体，无法在HAT培养基上生长

② 取脾脏(含有B淋巴细胞)，制备细胞悬液

③ PEG诱导B淋巴细胞与骨髓瘤细胞融合

在HAT培养液中筛选杂交瘤细胞

④ 杂交瘤细胞存活，其他细胞死亡

⑤ 检测上清中是否含有X蛋白的抗体

⑥ 体外大量培养杂交瘤细胞，收获X蛋白的单抗

图 2-26　单克隆抗体的制备过程

小鼠骨髓瘤细胞缺乏次黄嘌呤鸟嘌呤磷酸核糖转移酶，不能在含有次黄嘌呤、氨基蝶呤和胸腺嘧啶的HAT 培养基上生长，只有杂交瘤细胞能在 HAT 培养基上生长，其中一部分能分泌预期的抗体，经培养液上清检测、杂交瘤细胞克隆化（单细胞培养）和扩大培养，最终从培养液中收获单克隆抗体

　　的动物个体称为克隆动物，根据供体细胞的来源差异，分别叫做体细胞克隆和胚胎细胞克隆。细胞核移植技术用于研究胚胎发育过程中细胞核和细胞质功能及其相互关系，研究遗传、发育、分化等生物学的基本问题。

　　1952 年，Briggs 和 King 将囊胚期的胚胎细胞核移植到去核的卵母细胞中，首次获得了两栖类美洲豹蛙胚胎细胞核移植的后代。1962 年，Gurdon 等利用非洲爪蟾原肠内胚层细胞

核移植，培育出可育的非洲爪蟾。1986 年，Willadsen 基于哺乳动物胚胎细胞的全能性，将
8～16 细胞期的绵羊胚胎核注射到去核的卵母细胞中，培育出克隆绵羊。1997 年，Wilmut
研究小组在尝试用转基因克隆动物生产药物蛋白时，利用高度分化的绵羊乳腺上皮细胞核为
供体，获得了第一个体细胞克隆的高等哺乳动物"多莉"羊，从而证实高等哺乳动物成熟的
体细胞核仍具有全能性。此后哺乳类体细胞克隆动物研究迅速发展，十多种哺乳类体细胞克
隆动物，如牛、猪、马等相继诞生。

　　体细胞克隆过程是将动物的体细胞经抑制培养，使其处于休眠状态，再利用细胞核移植
技术将其导入去核的卵母细胞中，培育成早期胚胎，再将胚胎移植到受体，获得与核供体具
有相同遗传的个体（图 2-27）。

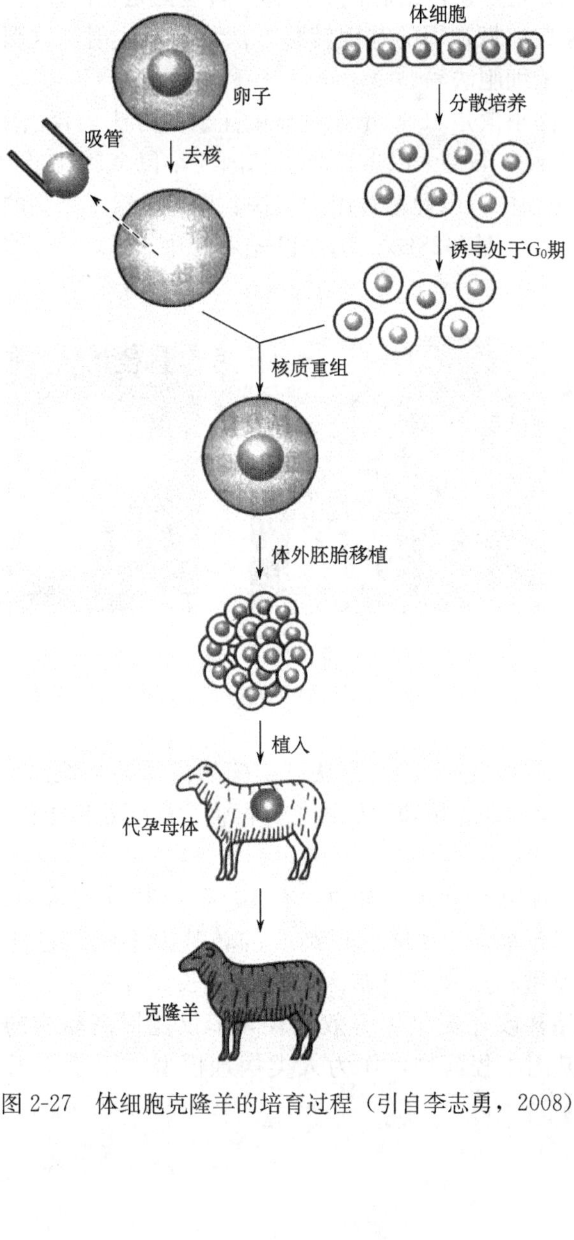

图 2-27　体细胞克隆羊的培育过程（引自李志勇，2008）

由于体细胞数量丰富且易于获得，因此体细胞克隆动物技术在加快优良动物繁殖、拯救濒危动物、医药卫生领域具有重要应用价值。但是体细胞克隆动物也存在一些目前尚不清楚的问题，一是克隆动物的出生率比正常受精动物的出生率低很多，二是克隆动物中存在一些异常的生理表型，如围产期高死亡率、心肺功能不全、早衰等。但是这些异常的表型并不会遗传到克隆动物的子代中。

2.4.2.3　转基因技术

1) 转基因动物

转基因动物（transgenic animal）指采用人工的方法，将已知外源基因导入受体动物中，使其整合到染色体上，并稳定遗传给后代的动物。转基因是定向改变生物遗传特性的最根本途径和有效手段。最经典和最常用的基因转移方法是显微注射法（图 2-28A），此外还有反转录病毒感染法和胚胎干细胞法等。

世界上第一个转基因小鼠是 1980 年通过显微注射的方法培育出来的，最有代表性的是1982 年 Palmiter 和 Brinster 等将大鼠生长激素基因与小鼠金属硫蛋白基因启动子重组后的DNA 导入小鼠受精卵原核中，以此培育出生长快、生长激素水平高的"超级小鼠"，平均体重达到正常小鼠的 1.5 倍（图 2-28B）。迄今已先后有牛、羊、猪、兔、鱼等多种动物的基因转移实验获得成功。

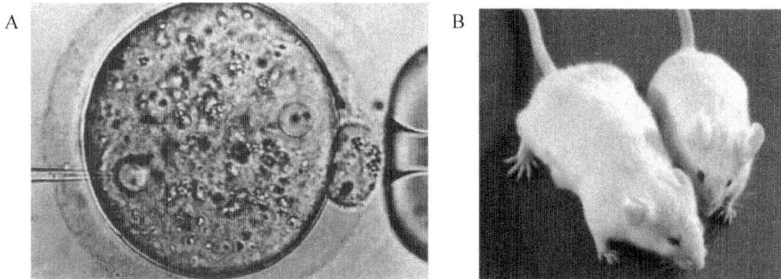

图 2-28　显微注射法制备转基因小鼠（引自 Karp，2005）
A. 将 DNA 显微注射到刚受精的小鼠卵细胞原核；B. 转基因小鼠（左侧）与对照小鼠

转基因小鼠的制作流程（图 2-29）是从已交配的供体动物取出受精卵，通过显微注射的方法将目的基因注入原核期受精卵的雄核中，再将这样的受精卵移植到代孕母体，使其发育繁殖出转基因个体。

通常，胚胎移植生育出的全部仔鼠中，有 10%～30% 具有导入的外源基因，通过一系列分析鉴定和选择饲养繁育，才能获得纯合的转基因小鼠。通过转基因技术可以获得外源基因表达调控的模型，用于研究基因表达与生长、发育的关系，该技术打破了物种之间的生殖隔离，为品种改良提供了有效途径，不仅能提高动物的生产性能，而且可以作为生物反应器生产基因工程药物，作为人类病理模型，用于基因与疾病关系的研究及新药筛选等。

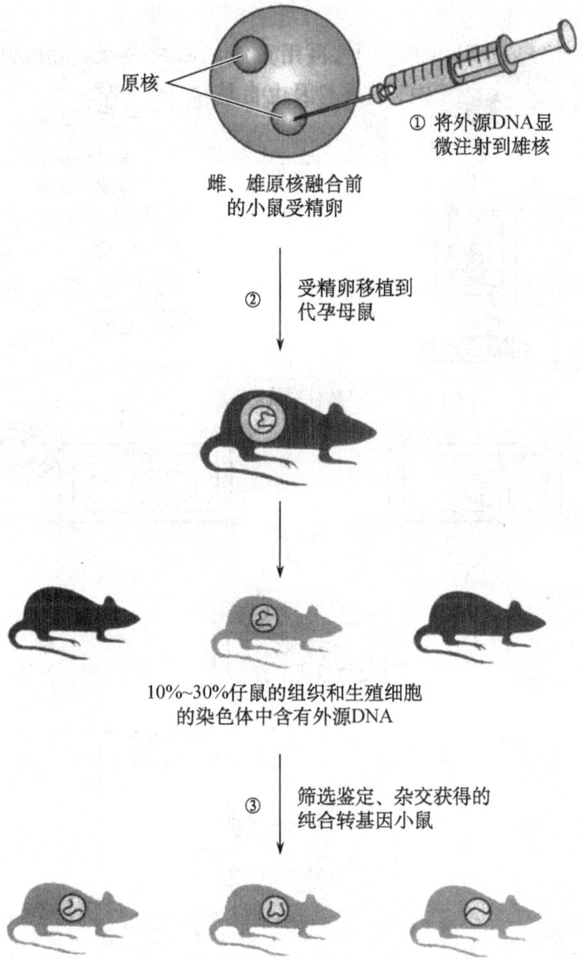

原核

① 将外源DNA显
微注射到雄核

雌、雄原核融合前
的小鼠受精卵

② 受精卵移植到
代孕母鼠

10%~30%仔鼠的组织和生殖细胞
的染色体中含有外源DNA

③ 筛选鉴定、杂交获得的
纯合转基因小鼠

图 2-29　转基因小鼠制作过程示意图（引自韩贻仁，2007）

2) 转基因植物

植物细胞培养和组织培养与植物转基因技术密切相关。所谓转基因植物，即整合有外源基因的植物个体。植物的愈伤组织、原生质体、悬浮培养细胞、叶盘等外植体都可以作为基因转化的受体。转基因的方法很多，常用的有农杆菌介导法和基因枪法等（图 2-30）。

通过植物转基因技术，可以从细胞水平和分子水平改良现有品种或者创制新品种，获得外源基因稳定遗传并具有诸如抗虫、抗病、抗逆、高产、优质等新的农艺性状的植物。自从1983 年首次获得转基因烟草以来，至今已有数百种植物的转基因获得成功。1994 年，第一个转基因植物产品——延熟保鲜转基因番茄获批进入市场，标志着转基因植物进入商业化阶段。

2.4.2.4　基因表达阻断技术

1) 干细胞和基因敲除技术

干细胞（stem cell）是一类具有自我更新和分化潜能的细胞，根据细胞来源分为胚胎干细胞和成体干细胞两大类。其中，**胚胎干细胞（embryonic stem cell，ESC）**是来源于囊胚内

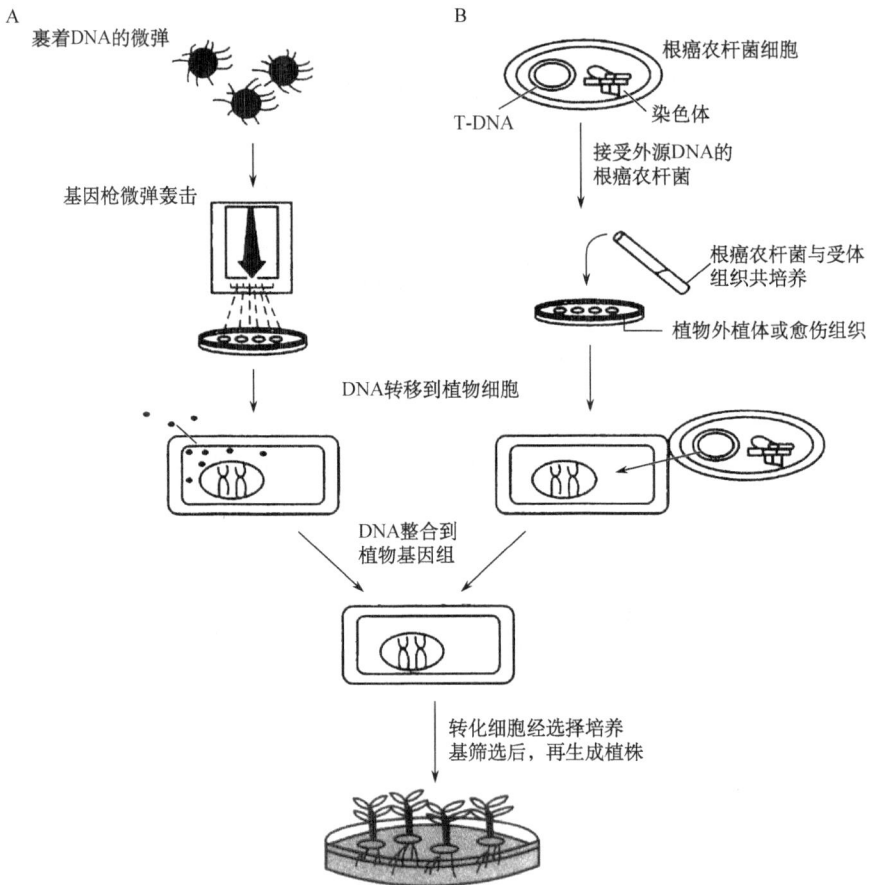

图 2-30　外源基因转化植物细胞（引自吴乃虎，2001）

A. 基因枪法；B. 根癌农杆菌共培养

细胞团的一种全能性细胞，是胚胎发育的细胞来源，可以分化形成不同胚层各种功能的细胞；成体干细胞则是组织更新和修复的细胞基础。20 世纪 80 年代，胚胎干细胞分离和体外培养技术的成熟，为基因敲除技术的建立奠定了基础。

基因敲除（gene knock out）也叫做**基因打靶（gene targeting）**，是通过一定的途径使特定的基因失活或者缺失的技术。1987 年，Capecchi 等首先在小鼠胚胎干细胞中实现了目的基因的定向敲除，2007 年，Capecchi、Smithies 及建立胚胎干细胞培养和诱导分化技术的 Evans 一同获得诺贝尔生理学或医学奖。

基因敲除技术的流程是首先在体外培养胚胎干细胞，并对胚胎干细胞内的目的基因进行遗传修饰，将目的基因破坏掉，然后将经过遗传修饰的胚胎干细胞注射到囊胚的内细胞团中，再植入代孕母体，使之发育成目的基因缺陷的杂合种系嵌合体（由两类不同基因型胚胎细胞合并发育成的个体）。将这样的嵌合体杂交，只有生殖细胞含有目的基因缺陷时，才能传递给后代，从这样的后代中就可以筛选出目的基因缺陷的纯合子，即为基因敲除动物（图 2-31）。

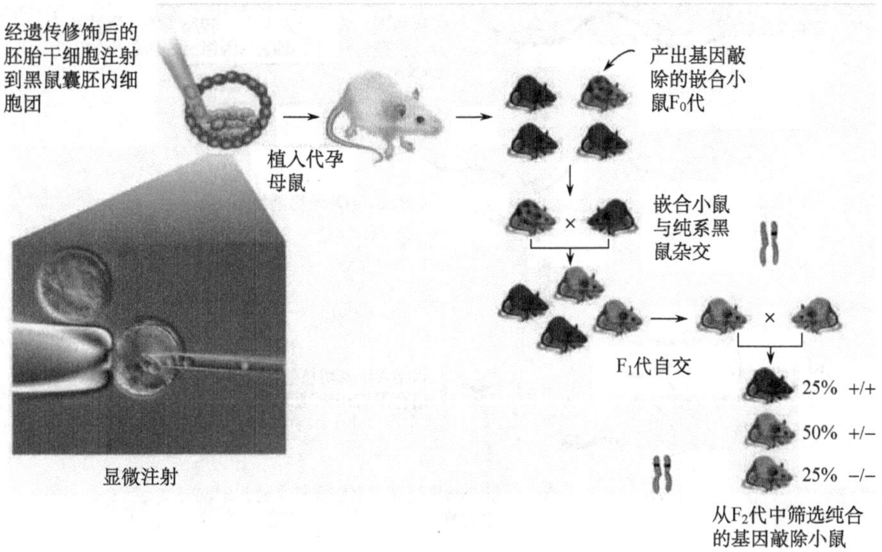

图 2-31　基因敲除小鼠的制作流程（引自 Allison，2008）

迄今通过该技术已经建立了数百种基因敲除的动物模型，这对疾病的分子机制研究和疾病的基因治疗来说具有重大意义，也为改造生物、培育新的生物品种提供了可能性。此外，通过对引起强烈免疫排斥反应的基因的敲除，将有助于提供廉价的异种移植器官，用于人类的疾病治疗。

2）RNA 干扰技术

RNA 干扰（RNA interference，RNAi）是一种基因阻断技术，该技术基于生物界普遍存在的 RNAi 现象。RNAi 是正常生物体内抑制特定基因表达的一种现象，是指当细胞中导入与某内源 mRNA 同源的双链 RNA（double stranded RNA，dsRNA）时，这一内源 mRNA 发生降解而导致基因表达沉默的现象。由于这种现象发生在转录后水平，所以又称为**转录后基因沉默（post-transcriptional gene silencing，PTGS）**。

RNAi 现象最早在植物矮牵牛中发现。20 世纪 90 年代初，将控制深紫色花色的查尔酮合成酶基因导入矮牵牛后，并没有出现预期的因该基因拷贝数的增加使花色加深的结果，反而产生了白色、杂色的花色，即出现了导入的外源基因和植物体内源基因发生沉默的现象。1995 年，在线虫中也发现外源 RNA 分子可以引起基因沉默的现象。1998 年，Fire 和 Mello 通过对线虫的研究，证明了双链 RNA 分子可以介导对同源靶基因转录出的 mRNA 的干涉，引起内源 mRNA 的降解，因而称为 RNA 干扰。2006 年，Fire 和 Mello 因对 RNAi 机制的研究获得诺贝尔生理学或医学奖。

RNAi 现象从大肠杆菌到高等真核生物普遍存在，其作用机制是外源 dsRNA 进入细胞后被切割成**小分子干扰 RNA（small interfering RNA，siRNA）**，进而和多种核酸酶形成 **RNA 诱导的沉默复合物（RNA-induced silencing complex，RISC）**，该复合物具有结合、切割与 siRNA 互补配对的 mRNA 的作用，能够引起特定 mRNA 的降解，从而关闭该基因功能（图 2-32）。

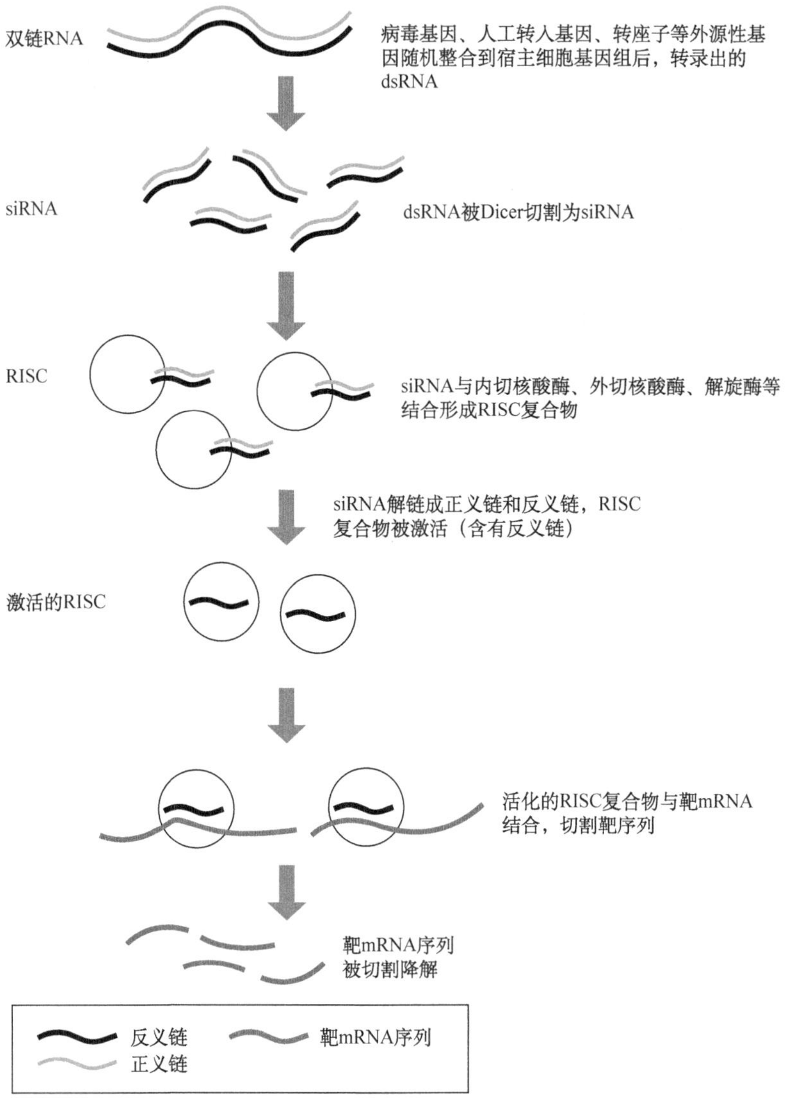

图 2-32　RNA 干扰原理的示意图

siRNA 不仅能引导 RISC 切割同源单链 mRNA，而且可作为引物与靶 RNA 结合并在 RNA 聚合酶（RNA-dependent RNA polymerase，RdRP）的作用下合成更多新的 dsRNA，再由 Dicer（内切核酸酶和解旋酶组成的复合物）切割产生大量的次级 siRNA，从而使 RNAi 的作用进一步放大，最终将靶 mRNA 完全降解（放大效应在该图未显示）

　　在进化中，RNAi 是基因组的防御机制，用来抵御病毒等外来核酸的侵入，保持基因组的稳定。RNAi 具有特异性和高效性，少量的双链 RNA 就能阻断基因的表达，并且这种效应可以传递到子代细胞中，所以 RNAi 的反应过程也可以作为一种简单有效的代替基因敲除的遗传工具。RNA 干扰技术目前已经广泛用于基因功能分析，细胞信号传递过程中各组分上下游关系确定，病毒性疾病、遗传性疾病和肿瘤等的基因治疗研究中。

🌐 模式生物

模式生物（model organism）最显著的特征是具有代表性，常用于研究生物学的最基本问题，从中获得的信息和结果有助于对更复杂生物的研究。模式生物具有结构简单、基因组小、生活周期短、便于培养等特点，常见的模式生物有原核生物中的大肠杆菌、真菌中的酵母、低等无脊椎动物中的线虫、昆虫纲的果蝇、脊椎动物中辐鳍鱼纲的斑马鱼、哺乳纲的小鼠和植物十字花科的拟南芥等。每种模式生物都有自身的优势，使得它们在解决某类问题时非常有用。

大肠杆菌（*Escherichia coli*）结构简单、基因组小、遗传操作简单且技术成熟，是研究细胞基本生命活动的经典材料，对 DNA 复制、转录和翻译等过程的认识大多基于对大肠杆菌的研究，同时它也是细胞生物学中最重要的原核细胞代表。

酵母是单细胞真核生物，常用的有出芽酵母（*Saccharomyces cerevisiae*）和裂殖酵母（*Schizosaccharomyces pombe*）。酵母有近31‰编码蛋白质基因与哺乳动物编码蛋白质的基因有高度同源性，在实验条件下控制酵母在单倍体和二倍体之间的相互转换，构建筛选酵母突变体较简便，因此是研究真核基因功能的理想细胞。例如，真核生物细胞周期调控分子机制的研究最初是从酵母获得突破的。

秀丽隐杆线虫（*Caenorhabditis elegans*）生命周期仅三天，通体透明，其中12%的细胞在固定的发育时间和固定位置消失，特别适合研究细胞凋亡。线虫的转基因操作非常容易，方便基因功能的研究。线虫是发育生物学、遗传学等研究的重要材料，有关 RNA 干扰分子机制的研究最初也是在线虫中进行的。

果蝇（*Drosophila melanogaster*）具有繁殖迅速、染色体巨大、易于进行基因定位的特点，是遗传学研究的经典模式生物，在胚胎发育调控和细胞分化等研究中也常常采用。由于果蝇的许多基因在进化上非常保守，与人类基因同源性高，所以果蝇还可以作为神经退行性疾病、肿瘤、心血管疾病、线粒体病等人类疾病的研究模型。

斑马鱼（*Danio rerio*）繁殖迅速、胚胎通体透明、易于观察和筛选突变体，是进行胚胎发育机制和基因组研究的好材料。斑马鱼生长发育过程、组织系统结构及基因组等特征与人有很高的相似性，所以是研究人类疾病发生机制和药物筛选的模式生物。

小鼠（*Mus musculus*）易于实验室饲养和繁殖，是生物医学研究中广泛使用的模式生物，也是研究最为详尽的哺乳类实验动物，不仅在遗传学、胚胎学中广泛使用，而且是高等动物功能基因研究、复杂性状的调控、人类疾病发病机制研究的理想材料。

拟南芥（*Arabidopsis thaliana*）是目前已知的高等植物中基因组最小的生物（120Mb），是第一个完成全基因组测序的植物，经理化因素处理后的突变率很高，容易获得各种突变体，克隆基因相对说来比较容易，是遗传学、发育生物学和分子生物学研究的好材料，被誉为"植物中的果蝇"。

本章小结

伴随着显微镜的发明和改进，生命活动的基本单位——细胞得以发现，同时也揭开了人类对生物体微观世界研究的序幕。纵观自细胞发现以来300多年的历史，从细胞生物学的诞生、发展，以及研究层次从显微水平、亚显微水平到分子，乃至原子水平的不断深入，支撑该学科发展的关键首推研究技术和工具不断进步。尤其是 20 世纪 50 年代以后，化学、物理学和数学等学科的交叉渗透，大量的现代物理学、化学的原理、方法和精密仪器在研究中应用，使细胞生物学研究已经深入到细胞生命活动的本质问题。本章分四节介绍了细胞生物学的研究方法，其中第一节显微及亚显微结构的观察是细胞生物学最为经典的技术，与现代物理学的成果和应用关系密切。第二节至第四节的细胞及亚细胞组分的分离、细胞内特定大分子的显示和鉴定，以及现代细胞生物学技术则体现了分子生物学、生物化学、免疫学、遗传学等多学科研究方法与细胞生物学的融合，是细胞生物学研究从早期的细胞形态和结构观察进入到细胞生命活动本质研究这一层面的技术保证，从中也能反映出现代细胞生物学不仅研究技术和方法在发展更新，而且研究内容和层次也在不断拓展与深入，是多学科交叉融汇、相互促进的重要体现。

复习题

1. 细胞生物学作为实验科学，其研究方法的创新对推动细胞生物学的发展具有至关重要的作用。根据你对细胞生物学的了解，请列举三种不同的细胞生物学研究方法对细胞生物学的影响。

2. 电子显微镜的分辨率为什么比光学显微镜高 10^3？尽管如此，为什么在生物学研究中，电子显微镜还不能完全取代光学显微镜？

3. 举例简述 GFP 在生物学研究中的应用。与传统的报告基因相比，GFP 有哪些优势？

4. 检测生物大分子在细胞组织中分布的常用方法有哪些？简述常用的分子探针。

5. 举例说明模式生物在细胞生物学研究中有哪些优势，对模式生物的研究意义何在。

6. 哺乳动物的肝脏是由多种类型细胞构成的，如果想从中分离某一特定的细胞类型，你怎样设计实验？

7. 基因敲除和 RNA 干扰都属于基因功能研究技术，二者有什么区别？

参 考 文 献

韩贻仁. 2007. 分子细胞生物学. 3 版. 北京：高等教育出版社

李志勇. 2008. 细胞工程学. 北京：高等教育出版社

王金发. 2003. 细胞生物学. 北京：科学出版社

吴乃虎. 2001. 基因工程原理. 2 版. 北京：科学出版社

翟中和，王喜忠，丁明孝. 2007. 细胞生物学. 3 版. 北京：高等教育出版社

周柔丽. 2006. 医学细胞生物学. 2 版. 北京：北京大学医学出版社

Abdelwahab S I, Mohan S, Mohamed Elhassan M, et al. 2011. Antiapoptotic and Antioxidant Properties of Orthosiphon stamineus Benth (Cat's Whiskers)：Intervention in the Bcl-2-Mediated Apoptotic Pathway. Evid Based Complement Alternat Med：156765

Alberts B, Bray D, Lewis J, et al. 1994. Molecular Biology of The Cell. 3rd ed. New York：Garland Publishing, Inc.

Allison L A. 2008. 基础分子生物学. 影印版. 北京：高等教育出版社

Basu S, Campbell H M, Dittel B N, et al. 2010. Purification of specific cell population by fluorescence activated cell sorting (FACS). J Vis Exp, 41

Briggs R, King T J. 1952. Transplantation of living nuclei from blastula cells into enucleated frogs' eggs. Proc Natl Acad Sci U S A, 38: 455-463

Ferreira D C, Oliveira C, Foresti F. 2011. A new dispersed element in the genome of the catfish *Hisonotus leucofrenatus* (Teleostei: Siluriformes: Hypoptopomatinae). Mob Genet Elements, 1 (2): 103-106

Fire A, Xu S, Montgomery M K. 1998. Potent and specific genetic interference by double-stranded RNA in *Caenorhabditis elegans*. Nature, 391: 806-811

Gurdon J B. 1962. The transplantation of nuclei between two species of *Xenopus*. Dev Biol, 5: 68-83

Hulett H R, Bonner W A, Sweet R G, et al. 1973. Development and application of a rapid cell sorter. Clin Chem, 19: 813-816

Jones L, Rogers G, Rufaut N, et al. 2010. Location of keratin-associated proteins in developing fiber cuticle cells using immunoelectron microscopy. Int J Trichology, 2 (2): 89-95

Karp G. 2005. Cell and Molecular Biology: Concept and Experiments. 4th ed. New York: John Wiley &Sons, Inc.

Lavy M, Bracha-Drori K, Sternberg H, et al. 2002. A cell-specific, prenylation-independent mechanism regulates targeting of type Ⅱ RACs. Plant Cell, 14 (10): 2431-2450

Lou Y, Oberpriller J C, Carlson E C. 1997. Effect of hypoxia on the proliferation of retinal microvessel endothelial cells in culture. Anat Rec, 1248 (3): 366-373

Lyubchenko Y L, Shlyakhtenko L S, Aki T, et al. 1997. Atomic force microscopic demonstration of DNA looping by GalR and HU. Nucleic Acids Res, 25 (4): 873-876

McGavran P D, Moore L B, Brody A R. 1990. Inhalation of chrysotile asbestos induces rapid cellular proliferation in small pulmonary vessels of mice and rats. Am J Pathol, 36 (3): 695-705

Moriscot C, Gribaldo S, Jault J M, et al. 2011. Crenarchaeal CdvA forms double-helical filaments containing DNA and interacts with ESCRT-Ⅲ-like CdvB. PLoS One, 6 (7): e21921

Nicolini C, Vernazza G, Chiabrera A, et al. 1984. Nuclear pores and interphase chromatin: high-resolution image analysis and freeze etching. J Cell Sci, 72: 75-87

Ohshiro T, Maeda M. 2010. Single-molecule imaging of DNA duplexes immobilized on surfaces with a scanning tunneling microscope. Chem Commun (Camb), 46 (15): 2581-2583

Palmiter R D, Brinster R L, Hammer R E, et al. 1982. Dramatic growth of mice that develop from eggs microinjected with metallothionein-growth hormone fusion genes. Nature, 300: 611-615

Pardue M L, Gall J G. 1969. Molecular hybridization of radioactive DNA to the DNA of cytological preparations. Proc Natl Acad Sci U S A, 64: 600-604

Shaner N C, Steinbach P A, Tsien R Y. 2005. A guide to choosing fluorescent proteins. Nat Methods, 2 (12): 905-909

Shribak M, LaFountain J, Biggs D, et al. 2008. Orientation-independent differential interference contrast microscopy and its combination with an orientation-independent polarization system. J Biomed Opt, 13 (1): e014011

Treleaven J G, Gibson F M, Ugelstad J, et al. 1984. Removal of neuroblastoma cells from bone marrow with monoclonal antibodies conjugated to magnetic microspheres. Lancet, 1: 70-73

Wahlström G, Vartiainen M, Yamamoto L, et al. 2001. Twinfilin is required for actin-dependent developmental processes in *Drosophila*. J Cell Biol, 155 (5): 787-796

Wang Y，Pan Y，Price A，et al. 2011. Generation and characterization of transgenic mice expressing mito-
　　chondrial targeted red fluorescent protein selectively in neurons：modeling mitochondriopathy in excitotox-
　　icity and amyotrophic lateral sclerosis. Mol Neurodegener，6（1）：75

Willadsen S M. 1986. Nuclear transplantation in sheep embryos. Nature，320：63-65

Yang C H，Cheng C H，Chen G D，et al. 2011. Zona pellucida domain-containing protein β-tectorin is crucial
　　for zebrafish proper inner ear development. PLoS One，6（8）：e23078

（梁卫红）

第**3**章 细 胞 膜

细胞膜（cell membrane）又叫质膜（plasma membrane），是将细胞内部与环境隔开的界膜。细胞膜不仅使细胞具有一个相对稳定的内环境，同时在细胞与环境之间进行物质和能量的交换及信息传递过程中也起着决定性的作用。

通常将细胞所有的膜结构统称为生物膜（biomembrane），在真核细胞中，包括了在形态、结构和功能上有一定的共性和联系的膜结构，包括质膜、核膜、内膜系统细胞器的膜、线粒体和叶绿体等细胞器的膜等。生物膜是细胞进行生命活动的重要结构基础，对生物膜的研究是生命科学中十分活跃的领域。

3.1 细胞膜的组成和结构

3.1.1 细胞膜的化学组成

细胞膜的主要化学成分是脂类和蛋白质，一般脂类约占膜总量的50%，蛋白质占40%，糖类占2%～10%，蛋白质和脂类的比例因细胞膜的种类不同可有很大差异。通常情况下，膜的功能越复杂，膜中蛋白质的含量和种类就越多；相反，膜的功能越简单，所含蛋白质的种类和数量就越少。

3.1.1.1 膜脂

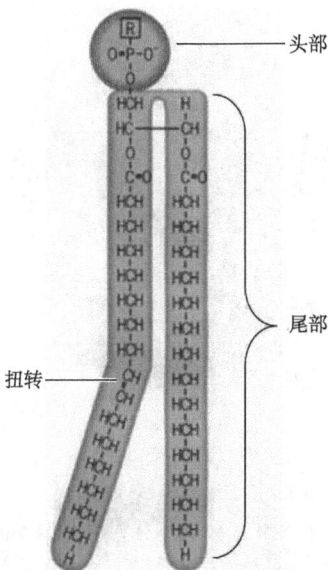

图 3-1 磷脂分子——磷脂酰胆碱的结构

组成细胞膜的脂类物质主要为磷脂、糖脂和胆固醇，其中以磷脂含量最高、分布最广。

1）磷脂

磷脂构成了膜脂的基本成分，约占整个膜脂的50%以上。磷脂又可分为两类：甘油磷脂和鞘磷脂。甘油磷脂包括磷脂酰胆碱（又称卵磷脂）、磷脂酰丝氨酸、磷脂酰乙醇胺和磷脂酰肌醇等。

磷脂主要由脂肪酸、磷酸、甘油组成。组成生物膜的磷脂分子的主要特征包括：①**兼性分子**（amphipathic molecule），既有亲水的极性头部，又有疏水的非极性尾部；②疏水尾部一般是两条长短不一的烃链，一般含有14～24个偶数碳原子；③尾部烃链中常含有双键，造成不饱和链有一定角度的扭转（图3-1）。磷脂烃链的长度和不饱和度与生物膜的流动性存在着密切的关系。

2）糖脂

糖脂是含有糖基的脂质，由糖的半缩醛羟基通过糖苷键与脂质相连而成，其非脂部分为糖基，脂部分则为神经鞘氨醇或甘油。糖脂可根据脂部分的构成分为鞘糖脂与甘油糖脂。

糖脂是两性分子，普遍存在于原核和真核细胞的细胞膜上，其含量占膜脂总量的5%以下，在神经细胞膜上糖脂含量较高，占5%～10%。不同的细胞中所含糖脂的种类不同，如神经细胞的神经节苷脂质、人红细胞表面的ABO血型糖脂都具有重要的生物学功能。

3）胆固醇

胆固醇是中性脂，在某些动物细胞质膜上可占膜脂的50%，而大多数的植物细胞和所有细菌细胞的质膜不含胆固醇。胆固醇在调节膜的流动性、增加膜的稳定性及降低水溶性物质的通透性等方面都起着重要作用。此外，胆固醇还是很多重要的生物活性分子的前体化合物。

🌐 脂 质 体

脂质体（liposome）是根据磷脂分子可在水相中形成稳定的脂双层膜的现象制备而成的人工膜。单层脂分子铺展在水面上时，其极性端插入水相而非极性尾部面向空气界面，搅动后形成乳浊液，即形成极性端向外而非极性端在内部的脂分子团或形成双层脂分子的球形脂质体（图3-2A）。球形脂质体直径为25～1000nm，控制形成条件可获得大小均一的脂质体，同样的原理还可以制备平面的脂质体膜。

脂质体可用不同的膜脂来制备，同时还可以嵌入不同的膜蛋白，因此脂质体是研究膜脂与膜蛋白及其生物学性质的极好实验材料。利用脂质体包裹DNA，还可用于基因转移操作。

在临床治疗中，脂质体也有诱人的应用前景。脂质体中裹入不同的药物或酶等具有特殊功能的生物大分子，有望诊断与治疗多种疾病（图3-2B）。特别是脂质体技术与单抗及其技术结合，可使药物更有效地作用于靶细胞，以减少对机体的损伤。

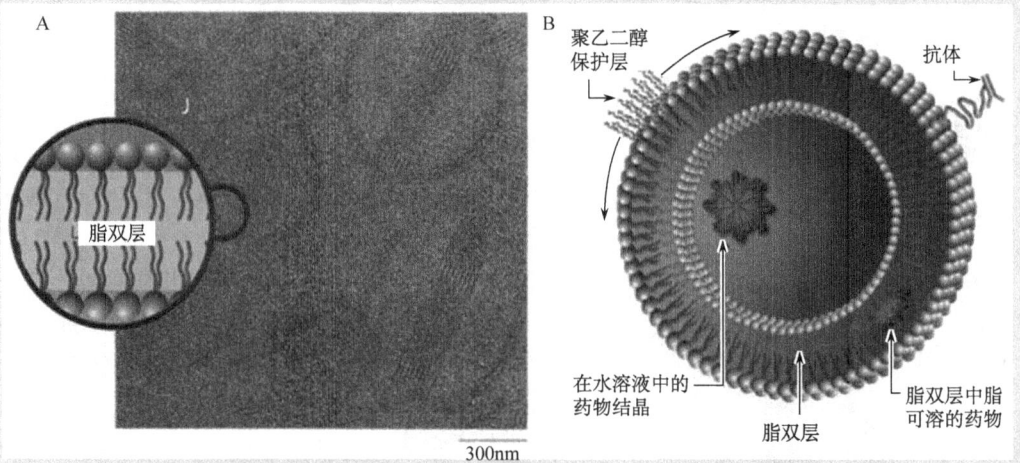

图3-2　脂质体（引自Karp，2005）

A. 脂质体的膜由脂双层构成，包裹的抗癌药物形成不溶的纤维（图中的黑色条带）；B. 抗体分子将脂质体靶向特异的组织，水溶性的药物封闭在内部，脂溶性药物结合在脂双层中

3.1.1.2 膜蛋白

参与生物膜构成的膜蛋白种类繁多,与生物膜的功能密切相关,如酵母基因组中约 1/3 的基因编码膜蛋白。不同类型的细胞及细胞不同部位的生物膜,其膜蛋白的含量和种类有很大的区别。

1) 膜蛋白在生物膜中的分布和种类

根据膜蛋白在膜脂双分子层中所处的位置,可将其分为以下三类(图 3-3)。

(1) **外在膜蛋白(extrinsic membrane protein)**或**外周蛋白(peripheral membrane protein)**:是与膜的内外表面相连的蛋白质(图 3-3A)。外周蛋白为水溶性蛋白,通过离子键或其他较弱的非共价键与膜表面的蛋白质分子或脂肪分子结合,改变溶液的离子强度,甚至提高温度即可将其从膜上分离下来,但是膜结构不被破坏。外周蛋白一般占膜蛋白的 20%~30%,但是在红细胞中可达 50%,外周蛋白的功能是提高膜的强度。

(2) **内在膜蛋白(intrinsic membrane protein)**或**整合蛋白(integral membrane protein)**:是部分或全部镶嵌在细胞膜中或者细胞膜内外两侧的蛋白质(图 3-3B)。内在膜蛋白占膜蛋白总量的 70%~80%,不溶于水,可不同程度地嵌入脂双层分子中,有的贯穿整个脂双层,两端暴露于膜的内外表面,这种类型的膜蛋白又称跨膜蛋白(transmembrane protein)。跨膜蛋白的亲水部分暴露在膜的一侧或者两侧的表面,疏水区同脂双层的疏水尾部相互作用,根据跨膜的次数,跨膜蛋白可以分为单次跨膜蛋白和多次跨膜蛋白,其跨膜区有些形成 α 螺旋,有些则形成 β 折叠。

(3) **脂锚定膜蛋白(lipid-anchored protein)**或**脂连接蛋白(lipid-linked protein)**:是通过共价键的方式同脂分子结合,位于膜的内侧或者外侧的蛋白质。脂锚定蛋白同脂质的结合有两种方式,一种是蛋白质直接结合于脂双分子层,另一种是通过一个糖分子间接同脂质结合。例如,一些蛋白质是通过糖脂上的磷脂酰肌醇(PI)基团锚定在膜上的,因此称为**磷脂酰肌醇糖脂(glycosylphophatidylionositol,GPI)**锚定方式。这类 GPI 脂锚定蛋白都分布在质膜的外侧(图 3-3C)。

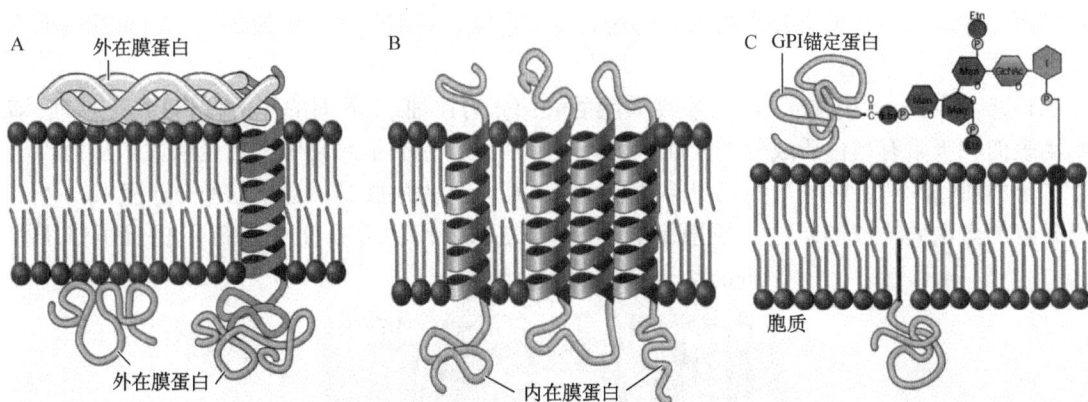

图 3-3 膜蛋白的基本类型(引自 Karp,2005)
A. 外在膜蛋白;B. 内在膜蛋白;C. 脂锚定蛋白

2) 去垢剂与膜蛋白的研究

膜蛋白功能的研究是建立在膜蛋白分离的基础上的。由于和脂双层的结合特征不同,外在膜蛋白的分离比较容易，内在膜蛋白则比较困难。

　　去垢剂（detergent）是分离膜蛋白常用的试剂，属于一端亲水、一端疏水的两性小分子。去垢剂可以与膜脂或者膜蛋白的跨膜结构域等疏水部位结合，形成可溶性的去垢剂-膜蛋白复合物微团，从而将膜蛋白从膜中剥离下来。去垢剂可分为离子型去垢剂和非离子型去垢剂两类。常用的离子型去垢剂，如十二烷基磺酸钠（SDS），不仅可使细胞膜崩解，并与膜蛋白疏水部分结合使其分离，而且还可以破坏蛋白质内部的非共价键，甚至改变亲水部分的构象。由于 SDS 对蛋白质的作用较为剧烈，可引起蛋白质变性，故不适合分离膜蛋白。在纯化膜蛋白时，特别是为获得有生物活性的膜蛋白时，常采用温和的非离子去垢剂，如 Triton X-100，既可使细胞膜崩解，又不会使蛋白质变性，不仅用于膜蛋白的分离与纯化，而且也用于除去细胞的膜系统，以便对细胞骨架蛋白和其他蛋白质进行研究。

3.1.1.3　膜糖

　　细胞膜中含有 2%～10% 的糖类物质，这些糖类物质通过共价键与膜蛋白或膜脂相连，以糖蛋白或者糖脂的形式存在于质膜上。细胞膜上的膜糖都位于质膜的外表面，而内膜系统的膜糖则位于膜的内表面。

　　膜糖可以提高膜的稳定性，有助于膜蛋白的正确折叠和构象的维持，保护膜蛋白免于蛋白酶的降解。此外，一般认为多糖在接受外界刺激的信息、细胞黏附等过程中具有重要作用，暴露于细胞表面的糖基决定了细胞的某些特性，如细胞免疫、细胞识别及信息传递等，它犹如细胞伸向外环境的化学天线。

3.1.2　质膜的结构

　　对质膜的研究始于 19 世纪 90 年代，Overton 利用数百种溶液处理植物的根，通过检测溶质进入细胞的难易程度了解细胞质膜的通透性，发现脂溶性越好的化合物越容易进入根毛细胞，因此推测细胞膜由连续的脂类物质组成。

　　1925 年，Gorter 和 Grendel 用有机溶剂提取了人类红细胞质膜的脂类成分，将其铺展在水面，并测定膜脂单层分子在水面的铺展面积，发现是细胞表面积的 2 倍，因而推测细胞膜由双层脂分子组成。

　　1935 年，Danielli 和 Davson 发现质膜的表面张力比油-水界面的张力低得多，当时已知脂滴表面如吸附有蛋白质成分则表面张力降低，所以，他们推测膜中含有蛋白质，从而提出了"蛋白质-脂类-蛋白质"的三明治模型（图 3-4），认为质膜是由双层脂类分子及其内外表面附着的蛋白质构成的，这一模型影响达 20 年之久。1959 年在上述基础上提出了修正模

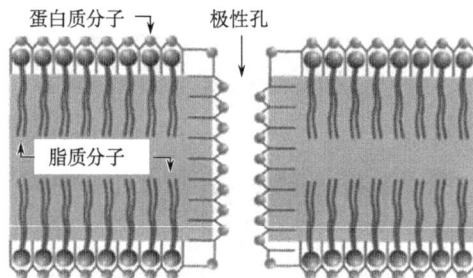

图 3-4　三明治式的质膜结构模型（引自 Wolfe，1993）

型，认为膜上还具有贯穿脂双层的蛋白质通道，供亲水物质通过。

　　随着电子显微镜和生化技术的发展，不仅证明了质膜的存在，而且发现细胞内具有复杂的内膜系统，并对分离出的细胞器膜进行了化学组分分析。1959 年，Robertson 用超薄切片技术获得了清晰的细胞膜照片，显示暗-明-暗三层结构，其厚约 7.5nm。这就是所谓的"单位膜"模型（unit membrane model），它由厚约 3.5nm 的双层脂分子和内外表面各厚约 2nm 的蛋白质构成。这一模型得到 X 射线衍射分析与电镜观察结果的支持（图 3-5）。单位膜模型的不足之处在于把膜的动态结构描写成静止的、不变的。

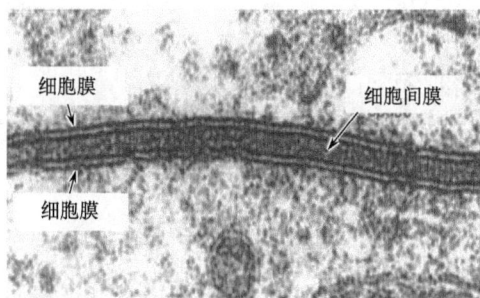

图 3-5　　"单位膜"质膜结构透射电镜图（引自翟中和等，2004）

　　1972 年，Singer 和 Nicolson 根据免疫荧光技术、冰冻蚀刻技术的研究结果，在单位膜模型的基础上提出"流动镶嵌模型"，强调膜的流动性和膜蛋白分布的不对称性。随着实验技术的改进及认识的不断深入，还有学者提出强调生物膜的膜脂处于无序（流动性）和有序（晶态）之间动态转变的"液晶态模型"，以及强调生物膜是由具有流动性程度不同的"板块"镶嵌而成的"板块镶嵌模型"等。事实上，这些模型都可以看成是对流动镶嵌模型的充实、完善或补充。

　　随着实验技术的不断创新和改进，膜组分的动态结构，膜组分之间的关系，如脂类与蛋白质、蛋白质与蛋白质、脂类与脂类的相互关系和作用力，以及膜脂与膜蛋白在脂双层中分布的不对称性，各部分的流动性、不均匀性等都进行了大量深入的研究，"流动镶嵌模型"得到进一步的发展和完善（图 3-6），目前对生物膜结构的认识可归纳如下。

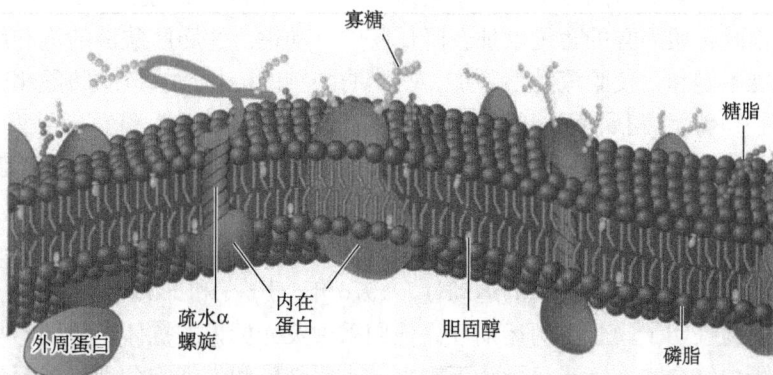

图 3-6　　流动镶嵌模型发展而来的生物膜结构示意图（引自 Darnell et al.，1986）

（1）具有极性头部和非极性尾部的磷脂分子在水相中具有自发形成封闭的膜系统的性质。以疏水性尾部相对，极性头部朝向水相的磷脂双分子层是组成生物膜的基本结构成分，尚未发现在生物膜结构中起组织作用的蛋白质。

（2）蛋白质分子以不同的方式镶嵌在脂双层分子中或结合在其表面。蛋白质的类型、蛋白质分布的不对称性及其与脂分子的协同作用赋予生物膜具有各自的特性与功能。

（3）生物膜可看成是蛋白质在双层脂分子中的二维溶液。然而膜蛋白与膜脂之间、膜蛋白与膜蛋白之间及其与膜两侧其他生物大分子的复杂的相互作用，在不同程度上限制了膜蛋白和膜脂的流动性。

3.2　细胞膜的特征和功能

3.2.1　细胞膜的特征

3.2.1.1　细胞膜的流动性

在质膜的结构成分中，无论是脂类分子还是蛋白质分子都不是静止的，而是处在运动之中。膜的流动性是生物膜的基本特征之一，也是细胞进行生命活动的必要条件。

1）膜脂的运动

膜脂的运动方式主要有以下几种。①沿着膜平面的侧向扩散（lateral shift），即膜脂分子在二维流体平面中的侧向移动，使同一层中邻近的脂分子交换位置，这种运动发生频率为 $10^{-6} \sim 10^{-7}$ s，是膜脂分子最基本的运动方式；②旋转运动（rotation），即膜脂分子围绕与膜平面相垂直的轴进行快速旋转；③摆动运动（flex），即膜脂分子围绕与膜平面垂直的轴进行的尾部的左右摆动；④翻转运动（transverse diffusion），指膜脂分子从脂双层的一层翻转到另一层的运动，翻转运动需要消耗能量，是在翻转酶（flippase）的催化下完成的，这对于维持膜脂分子的不对称性非常重要。一般情况下，这种运动极少发生，但在某些膜结构中发生频率很高。例如，在内质网膜上新合成的磷脂分子，只需几分钟就有半数通过翻转运动转向内质网膜的另一侧。

现在已经知道，影响膜脂流动的因素很多，主要来自膜本身的组分及环境因子，包括以下几种。①胆固醇：胆固醇的含量增加会降低膜的流动性。②脂肪酸链的饱和度：脂肪酸链所含双键越多越不饱和，使膜流动性增加。③脂肪酸链的链长：长链脂肪酸相变温度高，膜流动性降低。④卵磷脂/鞘磷脂：该比例高则膜流动性增加，因为鞘磷脂黏度高于卵磷脂。⑤其他因素：膜蛋白和膜脂的结合方式、温度、酸碱度、离子强度等，如周围温度越高，膜的流动性就越大。

2）膜蛋白的运动

一些经典的实验证明了膜蛋白的运动性。1970 年，Frye 和 Eddidin 采用免疫荧光技术，利用细胞融合实验证明了膜蛋白的运动性。他们采用荧光标记的抗体，分别与小鼠细胞、人细胞的特异膜蛋白结合，在荧光显微镜下观察，小鼠细胞和人细胞分别呈现绿色和红色。经细胞融合产生的杂种细胞在刚形成时，一半呈绿色，一半呈红色，说明小鼠和人细胞的膜抗原在杂种细胞的质膜中是独立存在的，但在 37℃ 下保温 40min 后，两种颜色的荧光点就呈均匀分布（图 3-7），这说明抗原蛋白质在质膜中可以移动。这一过程基本上不需要能量，因为它并不因为缺乏 ATP 而受到抑制。但如果在低温下（15℃以下），抗原蛋白质的移动过程基本停止，说明温度影响膜蛋白的运动。

图 3-7　通过细胞融合实验证明膜蛋白的运动

在某些细胞中，当荧光抗体标记时间继续延长，已均匀分布在细胞表面的标记荧光会重新排布，聚集在细胞表面的某些部位，即所谓成斑现象（patching）；或聚集在细胞的一端，即成帽现象（capping）（图 3-8）。

成斑现象和成帽现象进一步显示了膜蛋白的流动性。对这两种现象的解释是二价的抗体分子交联相邻的膜蛋白分子，同时也与膜蛋白和膜下骨架系统的相互作用及质膜与细胞内膜系统之间膜泡运输相关。

膜蛋白在脂双层二维溶液中的运动是自发的热运动，不需提供能量。在多数研究中，大部分种类的蛋白质在膜中以自由扩散的速率随机运动，移动距离仅十分之几微米。实际上，膜蛋白因结构和类型的不同，在整个膜中的运动特性也有所不同，有些膜蛋白可以在整个膜中随机运动，有些则不能运动。膜蛋白并非完全自由地随机漂浮在脂"海"上，对整合膜蛋白最强的影响来自膜下细胞骨架的限制。此外，一种蛋白质的运动还可能影响其他蛋白质的运动，这

图 3-8　成斑现象、成帽现象证明膜蛋白的侧向运动（引自 Alberts et al.，1994）

是因为它们是以一定的方式互相联系着。例如，红细胞膜中有一种糖蛋白，它横跨脂质双分子层，多糖部分伸出膜的外表面；红细胞还有一种分子质量为 $8.7 \times 10^3 Da$ 的蛋白质也横跨类脂层。这两种蛋白质都与分布在红细胞膜内侧的膜收缩蛋白互相连接，这三种蛋白质只要一种移动，其他两种也跟着移动。

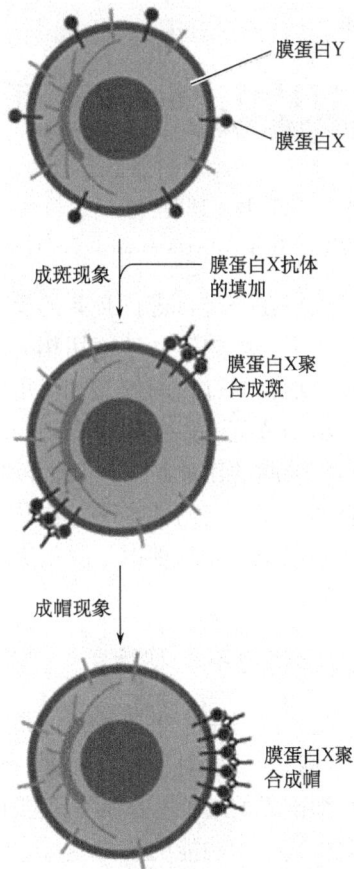

3）膜脂和膜蛋白运动速率的检测

A　　　　　　　　　　B

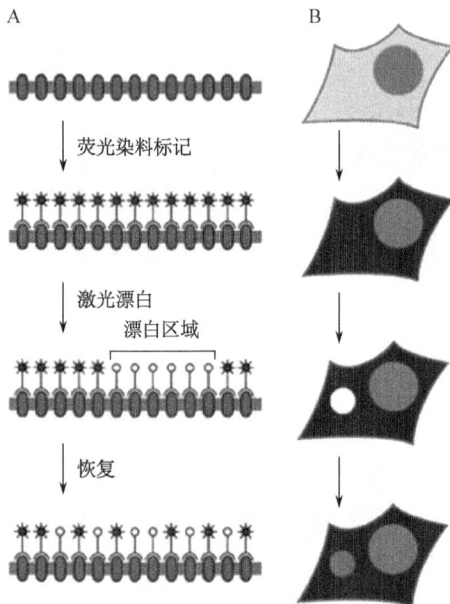

↓ 荧光染料标记

↓ 激光漂白

漂白区域

↓ 恢复

图 3-9　FPR 技术证明膜蛋白运动的示意图（引自 Alberts et al.，1994）

荧光漂白恢复（fluorescence photobleaching recovery，FPR）技术是一种研究膜蛋白及膜脂运动性的重要方法，其原理是首先用荧光物质标记某种膜蛋白或者膜脂，然后用激光束照射细胞表面某一区域，使被照射区域的荧光淬灭形成一个漂白斑。由于膜的流动性，漂白斑周围的荧光物质随着膜蛋白或膜脂的流动逐渐向漂白区移动，使淬灭区域的亮度逐渐增加，最后恢复到与周围的荧光强度相等的状态（图 3-9）。因此，根据荧光恢复的速率可以推算出这种被标记的膜蛋白或者膜脂的扩散速率。

生物膜的流动性是细胞生理活动必需的，是维持膜的刚性、有序结构和造成膜成分特定取向、组织结构二者之间的很好适应。质膜的流动性是保证其正常功能的必要条件。例如，膜的流动性允许膜蛋白在膜的特定位点聚集，并形成特定的结构；或者相互作用的分子聚集在一起，进行必要的反应。诸如物质运输、细胞融合、细胞识别及膜受体与代谢调控等，都与膜的流动性密切相关。

一般说来，细胞通过代谢等方式，可以调节控制膜的流动性，使其维持正常的相对恒定水平；如果超出调节范围，细胞将表现出不正常，如动脉硬化、衰老等。这些可能都与细胞膜内卵磷脂与鞘磷脂的比值减少，从而降低了膜的流动性有关。有些作物的抗寒性可能也与膜的流动性有关，在一定的低温下，作物的不耐寒品种由于细胞膜的流动性降低而导致细胞功能异常；而耐寒作物的品种由于膜组分不同的关系，在低温下尚能维持膜的流动性，从而表现其正常功能。

3.2.1.2　细胞膜的不对称性

不对称性是膜的另一个重要特征，是指细胞膜中的成分不均匀分布的特点，不仅是膜脂和膜蛋白在生物膜上呈不对称分布，同一种膜脂在脂双层中的分布也不同，糖蛋白和糖脂的糖链都分布在细胞膜的外侧。膜脂、膜蛋白和膜糖的不对称分布，导致膜功能的不对称性和方向性，是完成其生理功能的结构基础。

样品经冰冻断裂蚀刻复型技术处理后，以细胞膜脂双层中央断开处为界限，显示两个断裂面（图 3-10）。其中，近细胞膜外侧的断裂面称为质膜的细胞外小叶断裂面（extrocytopasmic face，EF）；近细胞原生质体的断裂面称为原生质小叶断裂面（protoplasmic face，PF）；细胞外侧的膜表面称为质膜的细胞外表面（extrocytopasmic surface，ES）；细胞内侧的膜表面称为质膜的原生质表面（protoplasmic surface，PS）。

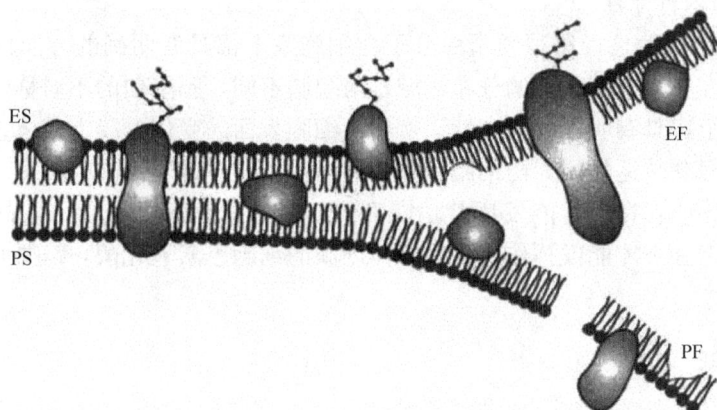

图 3-10　冰冻断裂蚀刻复型技术显示质膜各个断面（引自翟中和等，2004）

1）膜脂的不对称性

膜脂的不对称性是指同一种膜脂分子在膜的脂双层中呈不均匀分布（图 3-11）。质膜的内外两侧分布的磷脂的含量也不同。磷脂酰胆碱（phosphatidyl choline，PC，旧称卵磷脂）和鞘磷脂（sphingomyelin，SM）主要分布在外小叶，而磷脂酰乙醇胺（phosphatidyl etha-nolamine，PE，旧称脑磷脂）和磷脂酰丝氨酸（phosphatidyl serine，PS）主要分布在质膜内小叶。用磷脂酶处理完整的人类红细胞，80% 的 PC 降解，而 PE 和 PS 分别只有 20% 和 10% 被降解。磷脂分子不对称分布的生物学意义还不清楚，有人推测可能与膜蛋白的不对称分布有关。

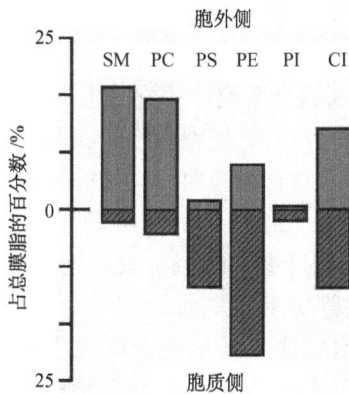

图 3-11　磷脂在人类红细胞膜上分布的不对称性（引自 Karp，2005）
SM，鞘磷脂；PC，卵磷脂；PS，磷脂酰丝氨酸；PE，磷脂酰乙醇胺；PI，磷脂酰肌醇；CI，胆固醇

膜脂的不对称性还表现在膜表面富含胆固醇和鞘磷脂等形成的微结构域——脂筏（lipid raft）。其大小约 70nm，是一种动态结构，位于质膜的外小叶。脂筏就像一个蛋白质停泊的平台，与膜的信号转导、蛋白质分选均有密切的关系。据估计，脂筏的面积可能占膜表面积的一半以上。脂筏的大小是可以调节的，小的独立脂筏可能在保持信号蛋白呈关闭状态方面具有重要作用。当必要时，这些小的脂筏聚集成一个大的平台，在这里，信号分子（如受体）将和它们的配体相遇，启动信号传递过程。

2）膜蛋白的不对称性

膜蛋白的不对称性是指每种膜蛋白分子在细胞膜上都具有明确的方向性和分布的区域性。各种膜蛋白在膜上都有特定的分布区域。与膜脂不同，膜蛋白的不对称性是指每种膜蛋白分子在细胞膜上都具有明确的方向性。例如，细胞表面的受体、膜上载体蛋白等都是按一定的方向传递信号和转运物质，与细胞膜相关的酶促反应也都发生在膜的某一侧面。某些膜蛋白只有在特定膜脂存在时才能发挥其功能。例如，蛋白激酶 C 结合于膜的内侧，需要在磷脂酰丝氨酸的存在下才能发挥作用；线粒体内膜的细胞色素氧化酶，需要心磷脂的存在才具活性。

3.2.2　细胞膜的功能

细胞膜将细胞与外界环境隔开，因此细胞和周围环境发生的一切联系和反应，都必须通过膜来完成。细胞膜的主要功能有以下几点。

（1）保护和屏障作用：它是活细胞的边界，为细胞的生命活动提供相对稳定的内环境。

（2）物质交换：质膜对物质进出细胞有高度选择性，能够调节细胞膜两侧物质的浓度，维持渗透的平衡。

（3）信息的传递与代谢的调控：质膜在信息传递与代谢的调节控制方面起重要作用，某些细胞的这些作用是通过细胞膜受体来进行的。

（4）介导细胞与细胞及细胞与基质之间的识别、黏着、连接和通讯。

（5）为多种酶提供结合位点，使酶促反应高效而有序地进行。

（6）参与形成具有不同功能的细胞表面特化结构。

3.3　细胞表面与细胞的社会性

细胞表面（cell surface）是细胞与细胞外环境的边界，是一个具有复杂结构的多功能体系，在结构上包括细胞外被（cell coat）、细胞质膜和表面特化结构。对植物细胞和微生物细胞而言，外被即是细胞壁；对一般动物细胞而言，外被是伸展在细胞膜外的一层绒毛状的黏多糖，由糖脂和糖蛋白构成，其厚度约 20nm；细菌的外被则是指质膜中的脂多糖。细胞表面的特化结构包括膜骨架、鞭毛和纤毛、微绒毛及细胞的变形足等，分别与细胞形态的维持、细胞运动、细胞的物质交换等功能有关。

无论单细胞生物还是多细胞生物，无论在个体发生发育还是个体生命活动中，每个细胞的生存、增殖、分化、死亡或功能的发挥都必须在一定的环境下或特定的组织液环境中才能进行。任何一个细胞的生命活动都不是孤立进行的，而是受到整个机体、局部组织、周围细胞及细胞外信号分子的影响与控制。每个细胞又作为整个机体的一个基本生命活动单位，通过内分泌、旁分泌或细胞间直接通讯的形式，以其产物或行为对整个机体或局部环境及其他细胞产生影响。细胞与细胞、细胞外环境乃至整个机体的相互依存、相互作用、相互制约的关系，即为细胞的社会性。细胞表面在细胞社会性活动中占有十分重要的地位。细胞表面在一定程度上分化为相对稳定的特殊结构，这些结构在细胞识别、细胞联络等方面具有重要作用。

3.3.1　细胞连接

细胞连接（cell junction）是细胞之间或者细胞与胞外基质之间的连接结构，在结构上包括膜特化部分、质膜下胞质部分和质膜外细胞间的部分。在多细胞生物体内，细胞连接将细胞之间联系形成一个密切相关、彼此协调一致的统一体，对于维持组织的完整性非常重要，有些还具有细胞通讯作用。动植物细胞间的连接形式存在差异，根据功能的差异，细胞连接分为**封闭连接（occluding junction）**、**锚定连接（anchoring junction）**和**通讯连接（communicating junction）**。

3.3.1.1　封闭连接

紧密连接（tight junction）是封闭连接的主要形式，一般位于上皮细胞间，在紧密连接处的细胞质膜几乎融合并紧紧结合在一起。从结构上看，相邻两细胞间的紧密连接是靠蛋白质颗粒重复形成的一排排的索将两相邻细胞连接起来，这些蛋白质颗粒的直径只有几个纳米，它们形成连续的纤维，就像是焊接线（称嵴线）一样，将相邻细胞连接起来，起到了将上皮细胞联结为整体的机械作用，同时还封闭了细胞间的空隙，阻止可溶性物质从上皮细胞层的一侧通过细胞间隙扩散到另一侧（图 3-12）。紧密连接的另一个功能是形成和维持上皮细胞的极性，使上皮细胞游离面和基底面的膜脂、膜蛋白只能在各自区域流动，执行各自的功能。

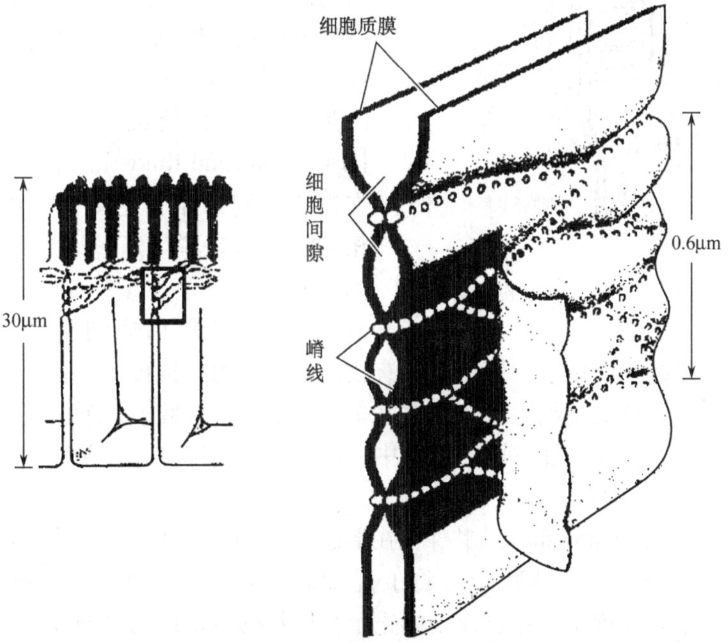

图 3-12　紧密连接的结构示意图（引自鲁润龙和顾月华，1992）

目前从紧密连接的嵴线中至少分离出两类多次跨膜蛋白：一类称闭合蛋白（occludin），另一类称封闭蛋白（claudin），二者如何形成嵴线，以及是否还有其他蛋白质参与嵴线的形成，尚有待于进一步的研究。

3.3.1.2　锚定连接

锚定连接通过细胞骨架系统将细胞与细胞、细胞与基质之间连接起来，尤其是在需要承受机械力的组织内广泛分布，如上皮、心肌的细胞之间。通过锚定连接可使一些相邻的细胞连成一体，形成一个牢靠有序的细胞群体，防止组织断裂。根据直接参与细胞连接的骨架纤维的性质不同，锚定连接又分为与中间纤维相关的锚定连接和与肌动蛋白纤维相关的锚定连接。前者包括桥粒和半桥粒，后者主要有黏着带和黏着斑。

1）与中间丝相连的锚定连接

（1）**桥粒（desmosome）**：相邻细胞间的一种斑点状黏着连接结构。其质膜下方有盘状斑，与 10nm 粗的中间丝相连，使相邻细胞的细胞骨架间接地连成一个网络。

与紧密连接不同的是，桥粒是呈纽扣状的连接点。相邻的两细胞膜相互平行，细胞间隙约 30nm，其中充满纤维性物质，间隙中央致密的结构又称**中央层（central stratum）**。相邻细胞的细胞膜内有两个盘状板，称为**附着板（attachment plaque）**，由电子密度较高的物质集聚而成（图 3-13）。有许多直径为 10nm 的张力细丝成束地附着板上，张力细丝没有收缩性，但在细胞质内形成了有牵张力的网状结构。许多张力细丝附着于附着板处而又折回形成绊状，较细的丝起始于附着板的内部，伸到细胞间隙与中央的细丝相连，成为交错的形式，这些较细的丝称为**膜横连接丝（tranmemnrane linker）**。附着板有更细的丝，在板的内侧钩住和连接张力细丝。这样，对相邻的细胞来说，通过这些细丝网的机械性偶联形成了一个连续的结构网，使细胞连接更为牢固。桥粒形成细胞的机械支持结构，当承受外力时，通过桥粒的传递，使组织具有较强的抗张力与抗拉能力。

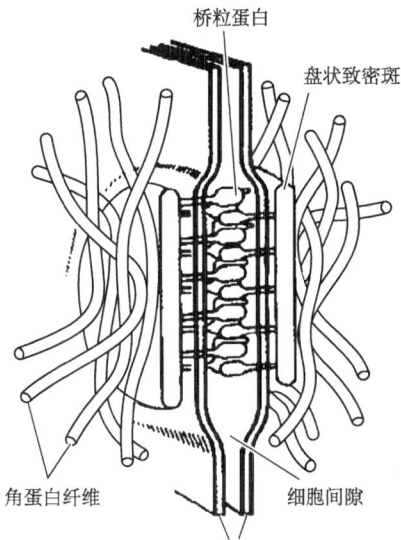

图 3-13　桥粒结构模式图（引自翟中和等，2004）

桥粒广泛分布在各型上皮细胞之间，尤其多见于皮肤、口腔、食道等复层鳞状上皮细胞间，为坚韧的细胞间连接点。在不同的细胞中，桥粒的结构细节存在差别，即使在同型细胞中，其数目、长度也有所不同。

（2）**半桥粒（hemidesmosome）**：半桥粒在形态上与桥粒类似，但功能和化学组成不同。它通过细胞膜上的膜蛋白——整联蛋白将上皮细胞固着在基底膜（basement membrane）上，在半桥粒中，中间纤维不是穿过而是终止于半桥粒的致密斑内（图 3-14）。

2）与肌动蛋白纤维相连的锚定连接

（1）**黏着带（adhesion belt）**：呈带状环绕整个细胞，一般位于上皮细胞顶面的紧密连接的下方（图 3-15）。在黏着带处，相邻细胞有间隙，间隙两侧的质膜有伸出的跨膜蛋白，相互黏合，将相邻细胞的质膜连在一起。

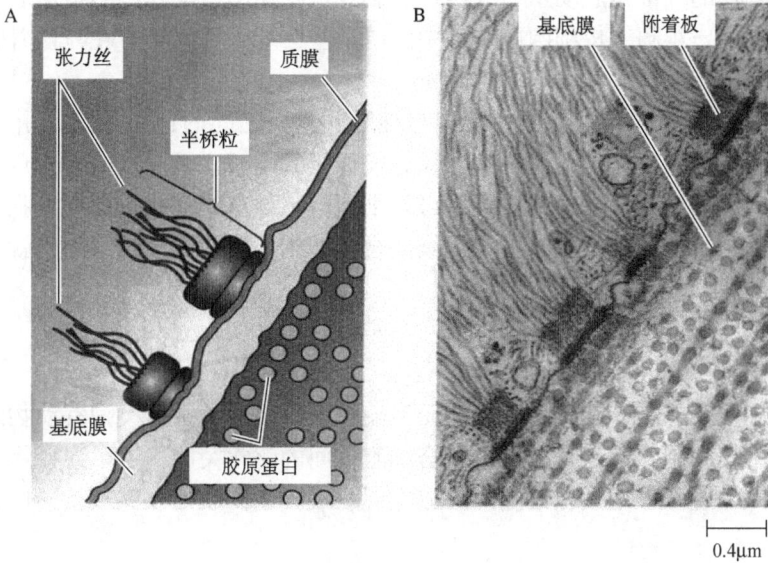

图 3-14　半桥粒结构模式图（引自翟中和等，2011）

A. 与桥粒结构类似，每一个半桥粒有一个附着板，张力丝通过附着板锚定到细胞骨架
上；B. 透射电镜照片示半桥粒的外表面直接毗邻基底膜上

图 3-15　小肠上皮细胞之间的黏着带示意图（引自翟中和等，2004）

　　黏着带处相邻细胞膜的间隙为 15～20nm，相邻细胞的间隙中由 Ca^{2+} 依赖的钙黏蛋白形成的横桥相连，在质膜下有几种附着蛋白与钙黏蛋白结合在一起，包括 α-连锁蛋白、β-连锁蛋白、γ-连锁蛋白（catenin）、黏着斑蛋白（vinculin）、α-辅肌动蛋白（α-actinin）和片珠蛋白（plakoslobin）。黏着带也被称为中间连接或带状桥粒（belt desmosome）。但从结构上

看，与黏着带相连的纤维是肌动蛋白纤维，与黏着带相连的微丝在细胞中形成平行于细胞膜的可收缩的纤维束。小肠上皮细胞微绒毛中的肌动蛋白纤维束就结合在与黏着带相连的纤维网络上。

（2）**黏着斑**（macula adhesion）：细胞与细胞外基质之间的连接方式，由于在这种连接处的质膜呈盘状，因而称为黏着斑。参与黏着斑连接的是整联蛋白（integrin），是胞外基质中纤连蛋白的受体，所以，通过整联蛋白可将细胞与胞外基质连接，而在细胞内侧，整联蛋白则通过某些微丝结合蛋白与肌动蛋白纤维结合，如体外培养的成纤维细胞就是通过黏着斑贴附在瓶壁上的。

3.3.1.3　通讯连接

通讯连接主要介导相邻细胞之间的物质运输和信号传递，主要类型有动物细胞间的间隙连接、植物细胞间的胞间连丝，以及可兴奋细胞之间的化学突触。通讯连接除了有机械的细胞连接作用之外，主要作用是在细胞间形成电偶联或代谢偶联，以此来传递信息。

1）间隙连接

间隙连接（gap junction）几乎存在于所有类型的动物细胞之间，是在相互接触的细胞之间建立的亲水性跨膜通道，该通道没有选择性，允许分子质量小于 1×10^3 Da 的分子从一个细胞经过间隙连接进入另一个细胞，达到细胞在代谢与功能上的统一。

间隙连接处相邻细胞膜间的间隙为 $2 \sim 3$nm，构成间隙连接的基本单位称为连接子（connexon）。每个连接子由 6 个相同或相似的跨膜蛋白亚单位——连接蛋白（connexin）环绕，中心形成一个直径约 1.5nm 的孔道（图 3-16）。

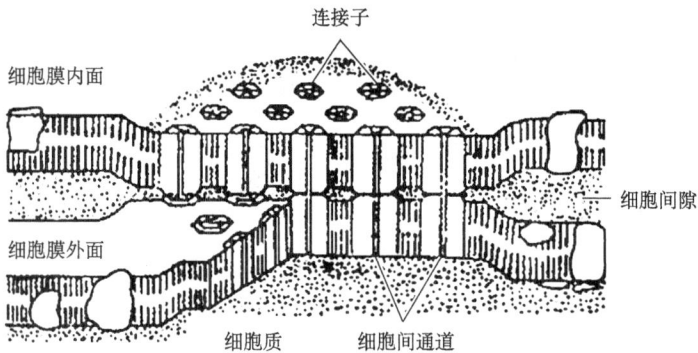

图 3-16　间隙连接立体结构示意图（引自鲁润龙和顾月华，1992）

通道直径通常受一些因素，如膜电位、胞内 pH、胞外化学信号及 Ca^{2+} 浓度等因素的影响而处于动态变化中。相邻细胞膜上的两个连接子对接便形成一个间隙连接单位，因此，间隙连接也称缝隙连接或缝管连接；许多间隙连接单位往往集结在一起，其区域大小不一，最大直径可达 $0.3\mu m$。

通过间隙连接建立的通讯在细胞生长、细胞增殖与分化、组织稳态、肿瘤发生、伤口愈合等生理和病理生理过程中具有重要作用。①参与代谢偶联：使细胞内小分子，如氨基酸、葡萄糖、核苷酸、维生素、无机离子及第二信使（cAMP、Ca^{2+} 等）直接在细胞之间流通。间隙连接允许小分子代谢物和信号分子通过，是细胞间代谢偶联的基础。②参与神经冲动信息传递：在由具有电兴奋性的细胞构成的组织中，通过间隙连接建立的电偶联对其功能的协调一致具有重要作用。例如，神经细胞之间的电偶联使动作电位迅速在细胞之间传播。③参与早期胚胎发育和细胞分化：胚胎发育中细胞间的偶联提供信号物质的通路，从而为某一特定细胞提供它的"位置信息"，并根据其位置影响其分化。而在肿瘤细胞之间，间隙连接明显减少或消失，因此，间隙连接类似于"肿瘤抑制因子"。④ 控制细胞增殖：如将转化细胞与正常细胞共培养，通常几乎不能在两种细胞间建立间隙连接，转化细胞的增殖不受抑制；当用一定诱导剂使转化细胞与正常细胞之间建立间隙连接后转化细胞的生长即受到抑制；当封闭正常细胞与转化细胞之间的通道后转化细胞的生长失控复现。越来越多的研究表明，构成间隙连接的连接蛋白基因的突变与人类的遗传性疾病相关，如外周神经病、耳聋、皮肤病、白内障等。

2）胞间连丝

高等植物细胞之间通过**胞间连丝（plasmodesma）**相互连接，以完成细胞间的通讯联络。胞间连丝是植物细胞特有的通讯连接，是由穿过细胞壁的质膜围成的直径为 $20\sim40$nm 的管状细胞质通道，中央是光面内质网延伸形成的链样管（desmotubule）（图 3-17）。

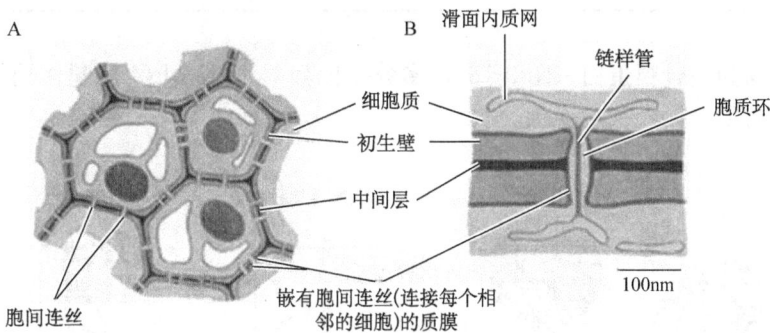

图 3-17　胞间连丝

胞间连丝在植物细胞的物质运输和信号传递中起非常重要的作用，这种物质运输是有选择性的，并且是可以调节的。在发育过程中，胞间连丝结构的变化能够调节植物细胞间的物质运输。与间隙连接不同的是，胞间连丝允许大分子，如某些蛋白质和核酸进入相邻的细胞，因此在协调基因表达和生理功能上可能起重要作用。

3）化学突触

化学突触（synapse）是存在于可兴奋细胞间的一种连接方式，其作用是通过释放神经递质来传导兴奋，结构上由突触前膜（presynaptic membrane）、突触后膜（postsynaptic membrane）和突触间隙（synaptic cleft）三部分组成。在信息传递过程中，来自突触前膜的电信号首先转换为突触间隙的化学信号，进而转变为突触后膜的电信号，通过这样一系列的变换完成信息在可兴奋细胞之间的传递。其作用机制是通过突触前膜膜电位变化引发 Ca^{2+} 内流，促进神经递质释放到突触间隙中，神经递质通过与突触后膜上受体的结合，引发突触后膜离子通透性改变，产生突触后膜电位。

3.3.2　细胞表面的黏着因子

同种类型细胞间的彼此粘连是许多组织结构的基本特征。采用实验手段将胚胎组织分散，然后使其重新混合，经过一段时间，发现同种组织来源的细胞总是毫不例外地黏着在一起。同种组织类型细胞的粘连甚至超越种的差异，如鼠肝细胞倾向于与鸡肝细胞粘连，而不与鼠肾细胞粘连。

目前已经知道，细胞与细胞间、细胞与胞外基质之间的黏着是由位于细胞表面的黏着因子介导的（表 3-1）。

表 3-1 细胞中主要的黏着因子家族（引自翟中和等，2011）

细胞黏着因子家族	主要成员	Ca²⁺ 或 Mg²⁺ 依赖性	胞内骨架成分	参与细胞连接类型
钙黏蛋白	E、N、P-钙黏蛋白	+	肌动蛋白丝	黏着带
	桥粒-钙黏蛋白	+	中间丝	桥粒
选择素	P-选择素	+		—
免疫球蛋白	N-细胞黏着分子	—		—
血细胞整联蛋白	$\alpha_L\beta_2$	+	肌动蛋白丝	—
整联蛋白	约 20 多种类型	+	肌动蛋白丝	黏着斑
	$\alpha_6\beta$	+	中间丝	半桥粒

黏着因子均为整合膜蛋白（图 3-18），多数要依赖 Ca^{2+} 或 Mg^{2+} 才起作用，其中一些在细胞骨架的参与下，形成锚定连接。

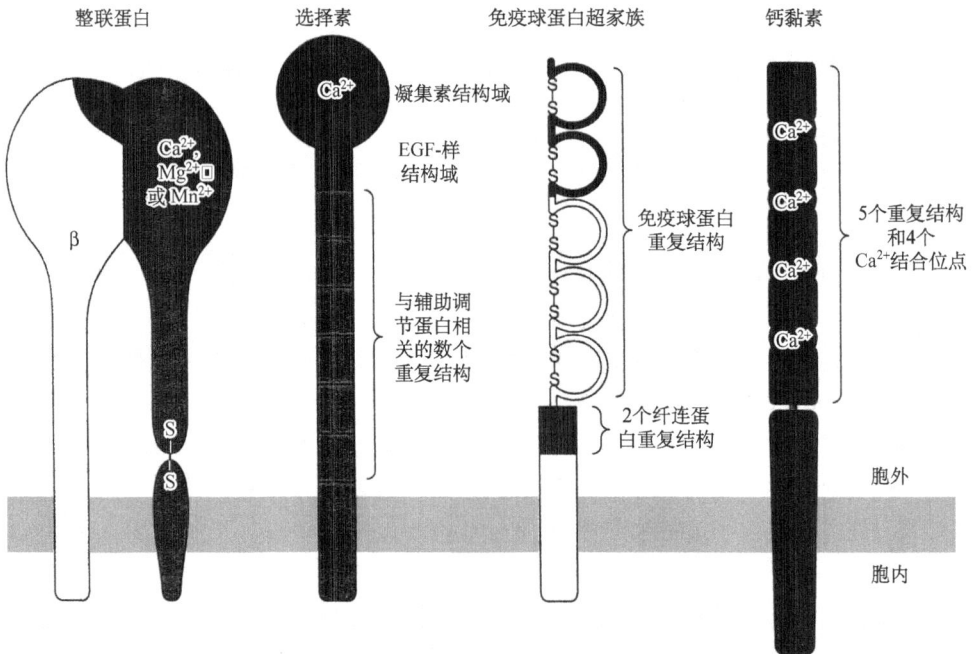

图 3-18 细胞黏着因子及其作用部位（深色）（引自翟中和等，2004）

1) 钙黏素

钙黏素（cadherin）是一类属同亲性依赖 Ca^{2+} 的细胞粘连糖蛋白，对胚胎发育中的细胞识别、迁移和组织分化及成体组织器官构成具有主要作用。不同细胞及其发育的不同阶段，其表面的钙黏素的种类与数量均有所不同。至今已鉴定出 30 种以上钙黏素，分布于不同的组织。

钙黏素分子结构同源性很高，不同的分子中有 $50\%\sim60\%$ 的一级序列相同。其分子的胞外 N 端的 5 个结构域中，有 4 个同源性高且均含 Ca^{2+} 结合部位。决定钙黏素结合特异性的部位在靠 N 端的一个结构域中，只要变更其中 2 个氨基酸残基即可使结合特异性由 E-钙黏素转变为 P-钙黏素。钙黏素分子的胞质部分是最高度保守的区域，参与信号转导。

钙黏素通过不同的连接蛋白与不同的细胞骨架成分相连，如 E-钙黏素通过 α-连锁蛋白、β-连锁蛋白、γ-连锁蛋白、黏着斑蛋白、锚蛋白、α-辅肌动蛋白等与肌动蛋白纤维相连。

2）选择素

选择素（selectin）是一类属异亲性依赖于 Ca^{2+} 的，能与特异糖基识别并相结合的糖蛋白，其分子的胞外部分具有一凝集素（lectin）结构域，所以又称**选择蛋白**或**选择凝集素**。选择素主要参与白细胞与脉管内皮细胞之间的识别和黏着，由于选择素与细胞表面糖脂或糖蛋白的特异糖侧链亲和力较小，加上血流速度的影响，白细胞在脉管中黏着—分离—再黏着—再分离，呈现滚动方式运动，同时活化其他的黏着因子，如整联蛋白，最终与之较强地结合在一起；白细胞就是以这种机制集中到炎症发生的部位。现已发现至少有三种选择素，其膜外区有较高的同源性和结构类似性，但跨膜区和胞浆区没有同源性。

3）免疫球蛋白超家族

免疫球蛋白超家族（immunoglobulin superfamily，Ig-SF）包括分子结构中含有免疫球蛋白（Ig）样结构域的所有细胞黏着因子（cell adhesion molecules，CAM），一般不依赖于 Ca^{2+}。免疫球蛋白样结构域是指借二硫键维系的两组反向平行 β 折叠结构。除免疫球蛋白外，还包括 T 细胞受体、B 细胞受体、MHC 及细胞黏附分子（Ig-CAM）等。

免疫球蛋白超家族有的属于同亲性 CAM，如各种神经细胞黏附分子（N-CAM）及血小板-内皮细胞黏附分子（Pe-CAM）；有的属于异亲性 CAM，如细胞间黏附分子（I-CAM）及脉管细胞黏附分子（V-CAM）等。其中了解最多的为神经细胞黏附分子（nerve cell adhesion molecule，NCAM），它是一种糖蛋白，在神经组织细胞间的黏着中起主要作用。不同的 NCAM 由单一基因编码，但由于其 mRNA 剪接方式的不同和糖基化各异而产生 20 余种不同的 NCAM。I-CAM 及 V-CAM 在活化的血管内皮细胞表达。炎症时，活化的内皮细胞表面的 I-CAM 可与白细胞表面的 αLβ2 及巨噬细胞表面的 αMβ2 相结合；V-CAM 则可与白细胞的 α4β1 整联蛋白相结合。

4）整联蛋白

整联蛋白大多为异亲性细胞黏附分子，其作用依赖于 Ca^{2+}，介导细胞与细胞间的相互作用及细胞与细胞外基质间的相互作用。几乎所有动植物细胞均表达整联蛋白（integrin）。整联蛋白是由 α（120～185kDa）和 β（90～110kDa）两个亚基形成的异源二聚体糖蛋白。人体细胞中已发现 16 种 α 链和 9 种 β 链，它们相互配合形成 22 种不同的二聚体整联蛋白，可与不同的配体结合，从而介导细胞与基质、细胞与细胞之间的黏着。整联蛋白识别的主要部位是配体上的 RGD 三肽结构。此外，整联蛋白在细胞信号转导中也起着十分重要的作用。

3.3.3　细胞外被与细胞外基质

细胞外被（cell coat）也叫糖萼（glycocalyx），是由构成质膜的糖蛋白和糖脂伸出的寡糖链组成的，实质上是质膜结构的一部分。用重金属染料钌红染色后，在电镜下可显示厚10～20nm的结构，边界不甚明确（图 3-19）。细胞外被不仅对膜蛋白起保护作用，而且在细胞识别中起重要作用。

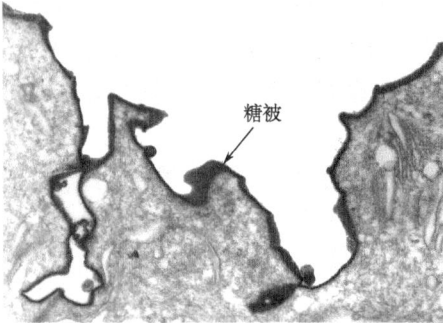

图 3-19　钌红染色电镜超薄切片显示膀胱上皮细胞表面的糖被（引自翟中和等，2004）

细胞外基质（extra cellular matrix，ECM）是指分布于细胞外空间，由细胞分泌的蛋白质和多糖所构成的网络结构（图 3-20），包括纤维性成分（胶原蛋白、弹性蛋白和网织蛋白），连接蛋白（纤连蛋白、层粘连蛋白）和空间充填分子（主要为糖胺聚糖）等，对细胞增殖和分化发挥重要的调控作用。

细胞外基质的组成可分为三大类。①蛋白聚糖（proteoglycan），它们能够形成水性的胶状物，在这种胶状物中包埋有许多其他的基质成分；②结构蛋白，如胶原蛋白和弹性蛋白，它们赋予细胞外基质一定的强度和韧性；③黏着蛋白（adhesive protein），如纤连蛋白、层粘连蛋白等能促使细胞同胞外基质结合。

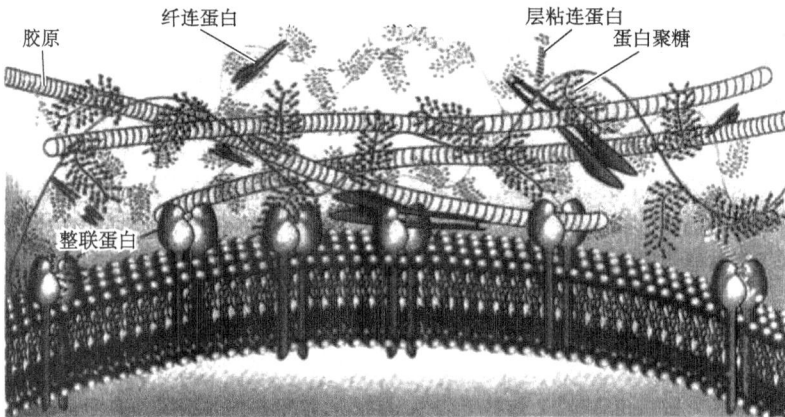

图 3-20　细胞外基质主要成分与结构示意图（引自翟中和等，2004）

胞外基质不仅是支持细胞的框架，其三维结构及成分的变化，以及基质金属蛋白酶（matrix metalloprotease）等的水解作用，往往改变细胞微环境，从而对细胞形态、生长、分裂、分化和凋亡起重要的调控作用。很多编码胞外基质成分或其受体基因的突变可导致多种疾病，甚至肿瘤的发生，因此，对胞外基质的信号功能及其与疾病关系的研究日益成为人们关注的焦点。

3.3.3.1　胶原

胶原（collagen）是胞外基质最基本成分之一，也是动物体内含量最丰富的蛋白质，约占人体蛋白质总量的 30% 以上。它遍布于体内各种器官和组织，是细胞外基质中的框架结构，可由成纤维细胞、软骨细胞、成骨细胞及某些上皮细胞合成并分泌到细胞外基质。已发现的胶原类型多达 20 种，由不同的结构基因编码，具有不同的化学结构及免疫学特性。几种常见的胶原类型及其在组织中的分布列于表 3-2。

表 3-2 胶原的类型及其特性（引自翟中和等，2011）

类型	多聚体形式	组织分布	突变表型
I	纤维	皮肤、肌腱、骨、韧带、角膜等	严重的骨缺陷和断裂
II	纤维	软骨、脊索、人眼玻璃体	软骨缺陷、矮小症状
III	纤维	皮肤、血管、体内器官	皮肤易损、关节松软、血管易破
V	纤维（结合 I 型胶原）	与 I 型胶原共分布	皮肤易损、关节松软、血管易破
XI	纤维（结合 II 型胶原）	与 II 型胶原共分布	近视、失明
IX	与 II 型胶原侧面结合	软骨	骨关节炎
IV	片层状（形成网络）	基膜	血管球形肾炎、耳聋
VII	锚定纤维	复层鳞状上皮下	皮肤起疱
XVII	非纤维状	半桥状	皮肤起疱
XVII	非纤维状	基膜	近视、视网膜脱离、脑积水

胶原是细胞外基质中最主要的水不溶性纤维蛋白。目前了解最多的是 I～IV 型胶原。I～III 型胶原含量最丰富，形成类似的纤维结构。I 型胶原常形成较粗的纤维束，分布广泛，主要存在于皮肤、肌腱、韧带及骨中，具有很强的抗张强度；II 型胶原主要存在于软骨中；III 型胶原形成微细的原纤维网，广泛分布于伸展性的组织，如疏松结缔组织；IV 型胶原形成二维网格样结构，是基膜的主要成分及支架。

胶原在细胞外基质中含量最高，刚性及抗张力强度最大，构成细胞外基质的骨架结构，细胞外基质中的其他组分通过与胶原结合形成结构与功能的复合体。同一组织中常含有几种不同类型的胶原，但常以某一种为主；在不同组织中，胶原装配成不同的纤维形式，以适应特定功能的需要，最显著的是在骨和角膜中，胶原纤维分层排布，同一层的胶原彼此平行，而相邻两层的纤维彼此垂直，形成二合板样的结构，从而使组织具有牢固、不易变形的特性。

胶原纤维具有很高的抗张力强度，特别是 I 型胶原。胶原纤维束构成肌腱，连接肌肉和骨骼。单位横截面的 I 型胶原抗张力比铁还强。胶原可被胶原酶特异降解，而掺入胞外基质信号传递的调控网络中。胚胎及新生儿的胶原因缺乏分子间的交联而易于抽提，随年龄增长，交联日益增多，皮肤、血管及各种组织变得僵硬，成为老化的一个重要特征。

3.3.3.2 糖胺聚糖和蛋白聚糖

1）糖胺聚糖

糖胺聚糖（glycosaminoglycan，GAG）或称氨基聚糖，是由重复的二糖单位构成的无分支长链多糖。其二糖单位通常由氨基己糖（氨基葡萄糖或氨基半乳糖）和糖醛酸组成，但硫酸角质素中糖醛酸由半乳糖代替。氨基聚糖依组成糖基、连接方式、硫酸化程度及位置的不同可分为 6 种，即透明质酸、硫酸软骨素、硫酸皮肤素、硫酸乙酰肝素、肝素、硫酸角质素。

透明质酸（hyaluronic acid，HA）是唯一不发生硫酸化的氨基聚糖，其糖链特别长。氨基聚糖一般由不到 300 个单糖基组成，而 HA 可含 10 万个糖基。在溶液中 HA 分子呈无规则卷曲状态。如果强行伸长，其分子长度可达 $20\mu m$。HA 整个分子全部由葡萄糖醛酸及乙酰氨基葡萄糖二糖单位重复排列构成。由于 HA 分子表面有大量带负电荷的亲水性基团，可结合大量水分子，因而即使浓度很低也能形成黏稠的胶体，如果没有空间制约的因素，可以占据比其自身体积大 $1\times10^3\sim1\times10^4$ 倍的空间。同时，透明质酸分子表面的羧基基团结合阳离子，增加了离子浓度和渗透压，大量水分子被摄入基质。因此，在胞外基质中，透明质酸倾向于向外膨胀，产生压力，使结缔组织具有抗压的能力。

透明质酸是增殖细胞和迁移细胞胞外基质的主要成分，尤其在胚胎组织中。透明质酸结合于许多迁移细胞的表面。因其自身的特性，透明质酸使细胞保持彼此分离，使细胞易于运动迁移和增殖并阻止细胞分化。一旦细胞迁移停止或增殖完成，便由透明质酸酶将之破坏。在发育过程中，透明质酸的作用似乎是防止细胞在增殖完成或迁移到位之前过早地进行分化。胚胎发生中，生骨节（sclerotome）细胞的迁移和分化及肌节（myotime）的分化是两个典型的例子，透明质酸均发生上述变化。同时，透明质酸也是蛋白聚糖的主要结构组分。透明质酸在结缔组织中起强化、弹性和润滑作用。

透明质酸虽不与蛋白质共价结合，但可与许多种蛋白聚糖的核心蛋白及连接蛋白借非共价键结合而参加蛋白聚糖多聚体的构成，在软骨基质中尤其如此。

2）蛋白聚糖

蛋白聚糖（proteoglycan）是糖胺聚糖（除透明质酸外）与核心蛋白丝氨酸残基的共价结合物，见于所有结缔组织和细胞外基质及许多细胞表面。核心蛋白的丝氨酸残基（常有 Ser-Gly-X-Gly 序列）可在高尔基复合体中装配上氨基聚糖（GAG）链。一个核心蛋白分子上可以连接 1～100 个以上 GAG 链。与一个核心蛋白分子相连的 GAG 链可以是同种，也可以不同种的。许多蛋白聚糖单体常以非共价键与透明质酸形成多聚体。核心蛋白的 N 端序列与 CD44 分子结合透明质酸的结构域具有同源性。蛋白聚糖的一个显著特点是多态性，可以含有不同的核心蛋白及长度和成分不同的多糖链。

软骨中的蛋白聚糖是已知的最巨大的分子之一，单个分子长达 $4\mu m$。体积比细菌大，这些蛋白聚糖赋予软骨以凝胶样特性和抗变形能力。并非所有蛋白聚糖都形成巨大的聚合物，如基膜中的蛋白聚糖，由一个相对分子质量 $2\times10^4\sim45\times10^5$ 的核心蛋白和附着的几个硫酸肝素链构成。软骨蛋白聚糖中心组分是透明质酸，许多硫酸软骨素蛋白聚糖的核心蛋白通过非共价键紧密结合于透明质酸上，这种结合被连接蛋白所稳定。每个核心蛋白上附着有多条硫酸软骨素和硫酸角质素糖胺聚糖链（图 3-21）。

蛋白聚糖可与成纤维细胞生长因子（FGF）、转化生长因子 β（TGFβ）等多种生长因子结合，因而可视为细胞外的激素富集与储存库，有利于激素分子进一步与细胞表面受体结合，有效完成信导的转导。

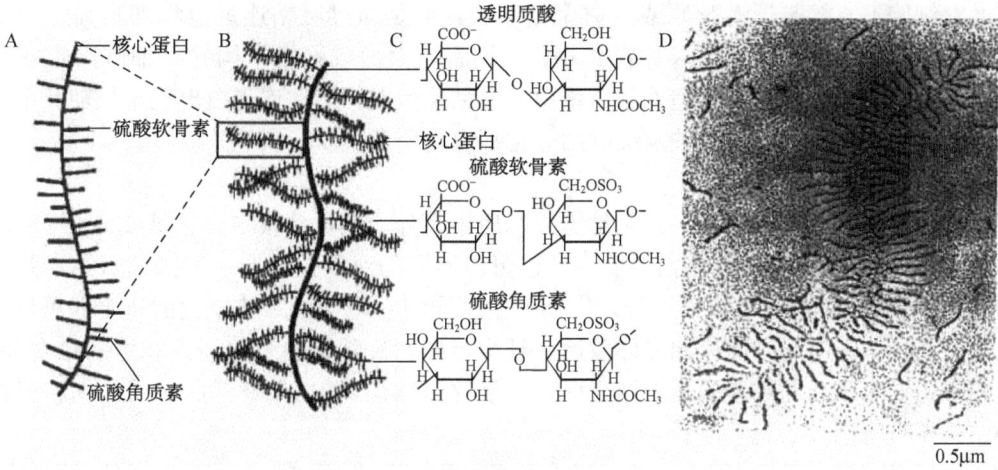

图 3-21 蛋白聚糖构成的模式图（A，B）、某些糖胺聚糖的分子式（C）和软骨中的蛋白聚糖电
镜照片（D）（引自翟中和等，2004）

3.3.3.3 层粘连蛋白和纤连蛋白

胞外基质存在多种非胶原糖蛋白，其结构与功能了解最多的是层粘连蛋白和纤连蛋白。

1）层粘连蛋白

层粘连蛋白（laminin，LN）是各种动物胚胎及成体组织基膜的主要结构组分之一。层
粘连蛋白有三个亚单位，即 α 链（400kDa）重链和 β1（215kDa）、β2（205kDa）两条轻链，
结构上呈现不对称的十字形，由一条长臂和三条相似的短臂构成。这 4 个臂均有棒状节段和
球状的末端域。β1 和 β2 短臂上有两个球形结构域，α 链上的短臂有三个球形结构域，其中
有一个结构域同Ⅳ型胶原结合，第二个结构域同肝素结合，还有同细胞表面受体结合的结构
域。正是这些独立的结合位点使 LN 作为一个桥梁分子，介导细胞同基膜结合（图 3-22）。

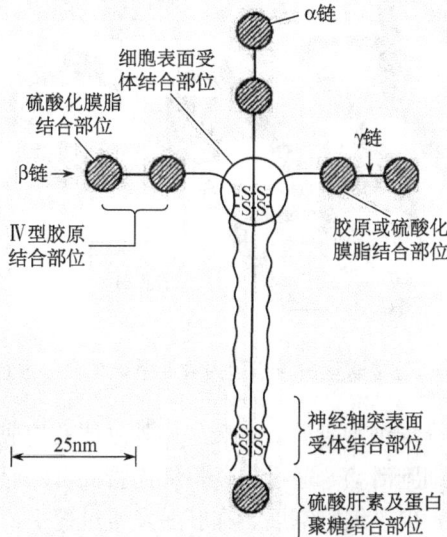

图 3-22 层粘连蛋白分子示意图（引自翟中和等，2004）

通常细胞不直接与Ⅳ型胶原或蛋白聚糖结合，而是通过层粘连蛋白将细胞锚定于基膜上。层粘连蛋白对基膜的组装起关键作用，在细胞表面形成网络结构并将细胞固定在基膜上。个体发生中出现最早的细胞外基质蛋白是层粘连蛋白。层粘连蛋白出现于早期胚中，对于保持细胞间粘连、细胞的极性及细胞的分化都有重要意义。

2）纤连蛋白

纤连蛋白（fibronectin，FN）是细胞外基质中高分子质量糖蛋白，含糖 $4.5\% \sim 9.5\%$。目前至少已鉴定了 20 种纤连蛋白多肽。纤连蛋白不同的亚单位为同一基团的表达产物，只是在转录后 RNA 的剪接上有所差异，因而产生不同的 mRNA。纤连蛋白的每个亚单位由数个结构域构成，具有与细胞表面受体胶原、纤维蛋白和硫酸蛋白多糖高亲和性的结合部位，用蛋白酶进一步消化与细胞膜蛋白结合区，发现这一结构域中 RGD 三肽序列是细胞识别的最小结构单位（图 3-23）。

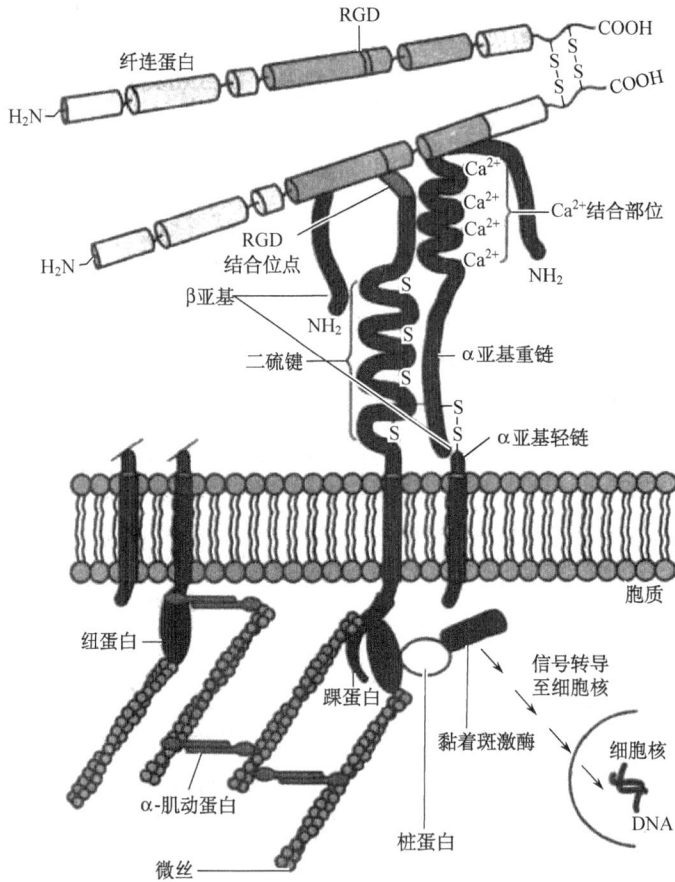

图 3-23　纤连蛋白分子及其通过整联蛋白与细胞内骨架系统结合的示意图（引自翟中和等，2004）

纤连蛋白的主要功能是介导细胞黏着，可和细胞外基质其他成分、纤维蛋白及整联蛋白家族细胞表面受体结合，影响细胞活动。通过黏着，纤连蛋白可以通过细胞信号转导途径调节细胞的形状和细胞骨架的组织，促进细胞铺展。在胚胎发生过程中，纤连蛋白对于许多类型细胞的迁移和分化是必需的。在创伤修复中，纤连蛋白亦是重要的，如促进巨噬细胞和其他免疫细胞迁移到受损部位。在血凝块形成过程中，纤连蛋白促进血小板附着于血管受损部位。

3.3.3.4　弹性蛋白

弹性蛋白（elastin）具有随机卷曲和交联性能，是弹性纤维的主要成分。弹性纤维主要存在于脉管壁及肺，亦少量存在于皮肤、肌腱及疏松结缔组织中。弹性纤维与胶原纤维共同存在，分别赋予组织以弹性及抗张性。

弹性蛋白由两种类型短肽段交替排列构成。一种是疏水短肽赋予分子以弹性；另一种短肽为富丙氨酸及赖氨酸残基的 α 螺旋，负责在相邻分子间形成交联。弹性蛋白的氨基酸组成似胶原，也富于甘氨酸及脯氨酸，但很少含羟脯氨酸，不含羟赖氨酸，没有胶原特有的Gly-X-Y 序列，故不形成规则的三股螺旋结构。弹性蛋白分子间的交联比胶原更复杂。通过赖氨酸残基参与的交联形成富于弹性的网状结构。

3.3.3.5　植物细胞壁

植物细胞壁由纤维素、半纤维素、果胶质等几种大分子构成，其功能是为细胞提供一个细胞外网架，对细胞起支持作用等。纤维素是由葡萄糖分子以 β（1→4）糖苷键连接起来的线性多聚体分子。纤维素分子聚集成束，形成长的微原纤维（microfibril），微原纤维的走向受细胞质中微管网架的影响。纤维素分子为细胞壁提供了抗张强度。

半纤维素是由木糖、半乳糖和葡萄糖等组成的高度分支的多糖，通过氢键与纤维素微原纤维连接。半纤维素的分支有助于将微原纤维彼此连接或介导微原纤维与其他基质成分（例如果胶质）连接。

果胶质像透明质酸一样，含有大量携带负电荷的糖，如半乳糖醛酸等。果胶质结合诸如 Ca^{2+} 等阳离子，被高度水化，可形成凝胶，常用于食品加工。果胶质与半纤维素横向连接，参与细胞壁复杂网架的形成。

植物细胞有两种细胞壁，初生细胞壁可看成为凝胶样基质，纤维素纤维埋于其中。这种细胞壁具有更大的通透性，水和离子可以在细胞壁中自由扩散。植物激素相对分子质量一般为 500 以下的水溶性小分子，也可自由扩散。而直径大于 4nm 的颗粒，包括相对分子质量 $2×10^4$ 以上的蛋白质，扩散能力明显下降。当细胞停止生长后，多数细胞会分泌合成次生细胞壁，其中含有木质素，但不含果胶，所以比初生壁更坚硬。

细胞壁中某些寡糖成分可作为信号物质，当外界病原体入侵时，真菌或植物细胞壁中的多糖水解产生特定寡糖成分，它们可诱导编码植物抗毒素合成酶的基因表达，产生植物抗毒素（phytoalexin）杀死病原体。有证据显示，细胞壁多糖中的某些寡糖片段可以作为细胞生长和发育的信号物质。在植物细胞壁中，也发现类似动物细胞的蛋白聚糖，如阿拉伯半乳聚糖蛋白（arabinogalactanprotein），其广泛分布且含量丰富。它在植物组织发育、细胞增殖及胚胎发生中与所涉及的细胞间信号转导和细胞与胞外基质的相互作用有关。

本　章　小　结

细胞膜又称质膜，主要由膜脂和膜蛋白组成。细胞膜上还含有碳水化合物，即糖蛋白和糖脂向质膜外表面伸出的寡糖链。普遍接受的细胞膜结构为流动镶嵌模型，该模型强调了膜的流动性和不对称性。细胞膜的流动性指膜脂的流动性和膜蛋白的运动性；膜的不对称性表现为膜脂、膜蛋白和质膜上的复合糖在膜上均呈不对称分布。细胞膜具有多种生物学功能。

在多细胞生物的组织中，细胞与细胞之间、细胞与细胞外基质之间常常形成一些特定的细胞连接。依据功能不同，细胞连接可分为封闭连接、锚定连接和通讯连接。其中，紧密连接是封闭连接的主要形式，主要存在于脊椎动物上皮细胞及表皮细胞间，将相邻细胞的质膜紧密联系在一起。锚定连接通过细胞骨架系统将细胞与相邻细胞或细胞与基质之间连接起来。锚定连接又分为与肌动蛋白纤维相连的锚定连接和与中间纤维相连的锚定连接，前者称为黏着连接，包括黏着带和黏着斑，后者包括桥粒和半桥粒。通讯连接在细胞间信号传递方面具有重要意义，包括间隙连接、胞间连丝和神经间的化学突触。

许多真核细胞质膜外侧有向外伸出的寡糖链，在质膜表面由这些寡糖链形成的结构层称为糖萼或细胞外被，具有保护细胞、参与细胞识别、信号传递等多种生物学功能。

细胞外基质是指分布于细胞外空间，由细胞分泌的蛋白质和多糖所构成的网络结构。细胞外基质的成分由多糖和纤维蛋白构成，前者分为糖胺聚糖和蛋白聚糖；后者分为4种，起结构作用的有胶原和弹性蛋白，起黏合作用的有层粘连蛋白和纤连蛋白。另外，植物细胞壁也属于特殊的细胞外基质，它为细胞提供一个细胞外网架，对细胞起支持作用。细胞外基质为细胞的生存及活动提供适宜的场所，并通过信号转导系统影响细胞的形状、代谢、功能、迁移、增殖和分化。

复习题

1. 名词解释：胞间连丝，锚定连接，封闭连接。
2. 生物膜主要由哪些分子组成？它们在膜结构中各起什么作用？
3. 细胞膜的流动性具什么特点？影响膜脂流动性的因素有哪些？
4. 概述流动镶嵌模型的结构特点。
5. 生物膜的基本结构特征是什么？这些特征与它的生理功能有什么联系？
6. 细胞连接有哪几种类型？各有何功能？
7. 何谓膜内在蛋白？膜内在蛋白以什么方式与膜脂相结合？
8. 何谓细胞外基质？其化学组成是什么？生物学功能是什么？

参 考 文 献

郭凌晨，殷明.2004.分子细胞生物学.上海：上海交通大学出版社
刘凌云，薛绍白，柳惠图.2002.细胞生物学.北京：高等教育出版社
鲁润龙，顾月华.1992.细胞生物学.北京：中国科学技术大学出版社
翟中和，王喜忠，丁明孝.2004.细胞生物学.北京：高等教育出版社
翟中和，王喜忠，丁明孝.2011.细胞生物学.北京：高等教育出版社
Albert B，Bray D，Hopkin K. 1998. Essential Cell Biology. New York and London：Garland Publishing
Alberts B，Johnson A，Lewis J. 1994. Molecular Biology of the Cell. 3rd ed. New York：Garland Science
Darnell J，Lodish H，Baltimore D. 1986. Molecular Cell Biology. New York：Scientific American Books
Karp G. 2005. Cell and Molecular. Biology：Concept and experiments. New York：John Wiley & Sons，Inc.
Lodish H，Berk A，Kaiser C A，et al. 1995. Cell and Molecular Biology. New York and Oxford：Scientific American Books
Wolfe S L. 1993. Molecular and Biology. Wadsworoh，Belmont，CA.

（胡秀丽）

第4章 物质的跨膜运输

细胞膜亦称质膜，是所有类型细胞必备的基本结构。细胞膜是细胞与胞外环境之间的选择性通透屏障，既能保障细胞对基本营养物质的摄取、代谢产物或废物的排出，又能调节细胞内的离子浓度，使细胞维持相对稳定的内环境，因此，物质的跨膜运输对细胞的生存和生长至关重要。

4.1 脂双层的特性与膜转运蛋白

细胞质膜对细胞的生命活动起保护作用，为细胞的生命活动提供相对稳定的内环境。从某种意义上说，质膜具有双重功能，一方面，它必须留住细胞内溶解的物质，不让它们渗透到胞外环境中；另一方面，它必须允许细胞内外必要的物质交换。细胞内外的无机离子、小分子等物质的浓度差主要有两种调控机制：一是取决于质膜本身的脂双层所具有的疏水性特征；二是取决于质膜上一套特殊的**膜转运蛋白**（membrane transport protein）的活性。

4.1.1 脂双层的特性与细胞内环境的稳定

细胞质膜是细胞与细胞外环境之间的选择性通透屏障，它既能保障细胞对基本营养物质的摄取、代谢产物或废物的排出，又能调节细胞内的离子浓度，使细胞维持相对稳定的内环境。脂双层所具有的疏水性特征，能够完美地阻止细胞中带电荷的和极性分子的流失，包括离子、糖和氨基酸等；脂双层的不透性是细胞质膜保证其正常生理功能的必要条件。一般情况下，活细胞内含有等量的正负电荷，即维持电中性。因此，细胞内除含有 Cl^- 外，还含有许多其他的阴离子（如 HCO_3^-、PO_4^{3-}、蛋白质、核酸和荷载磷酸及羧基基团的代谢物等）。这些固定的阴离子是带负电荷的、大小不同的有机分子，它们被捕获在细胞内，不能透过质膜（表 4-1）。

表 4-1 典型动物细胞内外离子浓度的比较

组分	细胞内浓度/(mmol/L)	细胞外浓度/(mmol/L)
Na^+	5~15	145
K^+	140	5
Mg^{2+}	0.5	1~2
Ca^{2+}	10^{-4}	1~2
H^+	7×10^{-8} (pH7.2)	4×10^{-8} (pH7.4)
Cl^-	5~15	110
HCO_3^-	12	29
固定阴离子	高	0

注：表中给出的 Ca^{2+} 和 Mg^{2+} 浓度是胞质中游离的离子浓度。细胞内总的 Ca^{2+} 浓度为 1~2mmol/L，而 Mg^{2+} 浓度约为 20mmol/L，但它们绝大多数与蛋白质或其他物质结合，Ca^{2+} 还存储在各种细胞器中。固定阴离子是指限制在细胞内而不能通过细胞膜的无机离子与有机分子的总和。

众所周知，活细胞内外的离子浓度是明显不同的，Na^+是细胞外最丰富的阳离子，而K^+是细胞内最丰富的阳离子（表 4-1）。细胞内外这种离子差异对于细胞的存活和功能至关重要，这是通过特定的物质跨膜运输控制的。物质的跨膜运输与诸多生物过程密切相关，是细胞许多重要生理生化过程的基础，如细胞对营养物质的摄取、细胞信号的转导、细胞渗透压的维持、细胞能量转换中 ATP 的产生以及神经元的可兴奋性等。

4.1.2　膜转运蛋白

除了脂溶性小分子和小的不带电荷的分子能直接通过脂双层屏障以外，几乎所有小的有机分子和带电荷的无机离子的跨膜转运都需要特殊的膜转运蛋白的协助。

各种细胞膜结合蛋白中，有 15%～30% 是膜转运蛋白。在大肠杆菌已经鉴定的基因中，大约有 20% 的基因编码膜转运蛋白。酵母基因组全序列分析显示，在 6000 个基因中，有 1/3 的基因用于编码膜结合蛋白，其中大部分是膜转运蛋白。膜转运蛋白可分为两类：一类是**载体蛋白**（carrier protein），另一类是**通道蛋白**（channel protein）。载体蛋白与通道蛋白以不同的方式辨别所转运的溶质，通道蛋白主要根据溶质的大小和电荷进行辨别，当通道处于开放状态时，合适大小和带有适当电荷的分子或离子就能通过，这是通过形成亲水性通道实现的对特异溶质的跨膜转运，被转运的溶质和通道蛋白并不结合。载体蛋白则要求被转运的溶质与其特定的位点结合，进而通过溶质-载体蛋白复合物构象的改变，将溶质分子送至膜的另一侧，完成跨膜运输。

4.1.2.1　载体蛋白

载体蛋白又称为**载体**（carrier）、**转运体**（transporter 或 porter），存在于几乎所有类型的生物膜上，属于多次跨膜蛋白。每种载体蛋白能与特定的溶质分子结合，通过一系列构象的改变介导溶质分子的跨膜转运（图 4-1）。

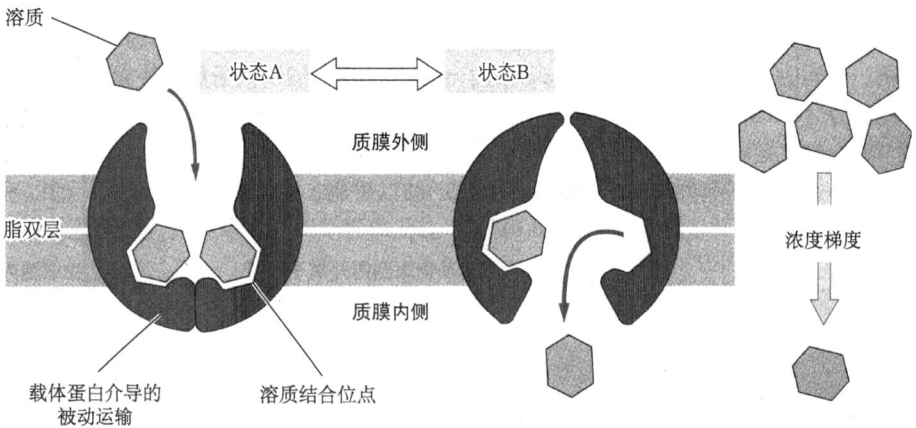

图 4-1　载体蛋白通过构象改变介导溶质（葡萄糖）被动运输模型（引自 Albert，2008）
载体蛋白以两种构象状态存在：状态 A（溶质结合位点在膜外侧暴露）和状态 B（溶质结合位点在膜内侧暴露）。两种构象状态的转变随机发生而不依赖是否有溶质、是否完全可逆。若膜外侧溶质浓度高，则与状态 A 载体蛋白结合的溶质就比与状态 B 载体蛋白结合的多，净效果表现为溶质顺浓度梯度进入细胞

不仅原核细胞的质膜上含有一套特异的载体蛋白，在真核细胞的质膜以及各种细胞器膜上也含有一套与该膜功能相关的不同的载体蛋白（表 4-2），如质膜具有输入营养物葡萄糖、氨基酸和核苷酸的载体蛋白，线粒体内膜上具有分别输入丙酮酸和 ADP，以及输出 ATP 的载体蛋白。载体蛋白具有特异的溶质结合位点，所以每种载体蛋白都是具有高度选择性的，通常只转运一种类型的溶质分子。转运过程具有类似酶与底物作用的饱和动力学特征，既可被底物类似物竞争性的抑制，又可被某种抑制剂非竞争性抑制，同时对 pH 有依赖性，因此，有人将载体蛋白称为**通透酶（permease，penetrase）**或**运输酶（transport enzyme）**。与酶不同的是，载体蛋白对转运的溶质分子不做任何共价修饰。有些载体蛋白进行跨膜运输是顺电化学势梯度进行，有些则是逆电化学势梯度进行跨膜运输。

表 4-2　载体蛋白举例

载体蛋白	典型定位	能源	功能
葡萄糖载体	大多数动物细胞的质膜	无	被动输入葡萄糖
Na^+ 驱动的葡萄糖泵	肾和肠细胞的顶部质膜	Na^+ 梯度	主动输入葡萄糖
Na^+-H^+ 交换器	动物细胞的质膜	Na^+ 梯度	主动输出 H^+，调节 pH
Na^+-K^+ 泵	大多数动物细胞的质膜	ATP 水解	主动输出 Na^+ 和输入 K^+
Ca^{2+} 泵	真核细胞的质膜	ATP 水解	主动输出 Ca^{2+}
H^+ 泵（H^+-ATPase）	植物细胞、真菌和一些细菌细胞的质膜	ATP 水解	从细胞主动输出 H^+
H^+ 泵（H^+-ATPase）	动物细胞溶酶体膜、植物和真菌细胞的液泡膜	ATP 水解	主动输出胞质内 H^+ 进入溶酶体或液泡
菌紫红质	一些细菌的质膜	光	主动输出 H^+ 到细胞外

根据转运的特点，可将载体蛋白分为三种类型（图 4-2）：**单向转运体（uniporter）**，其特点是仅单一方向转运一种物质，如葡萄糖载体等；有些载体蛋白则同时运输两种物质，如 Na^+-H^+ 交换器可调节 Na^+ 和 H^+ 两种离子的对向交换，属于**逆向转运体（antiporter）**；而位于肾和肠细胞顶部质膜的 Na^+ 驱动的葡萄糖载体，利用 Na^+ 电化学梯度驱动葡萄糖的吸收，属于**同向转运体（symporter）**。

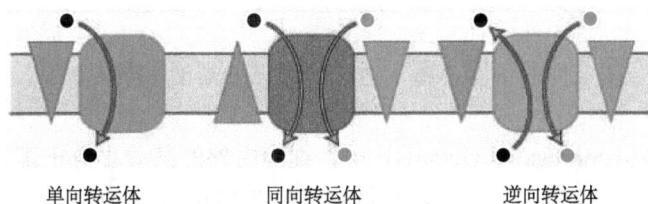

单向转运体　　　　　　同向转运体　　　　　　逆向转运体

图 4-2　三种类型的载体蛋白

4.1.2.2　通道蛋白

通道蛋白属于跨膜蛋白，有些是单体蛋白，有些是多亚基组成的蛋白复合物，在介导溶质跨膜运输时，通过疏水氨基酸链的重排形成通道或孔道，使溶质迅速完成转运。

通道蛋白是选择性门控跨膜通道，对转运物质的选择性依赖于离子通道的直径和形状，以及通道内带电荷氨基酸的分布。通道蛋白介导的被动运输不需要与溶质分子结合，只有大小和电荷适宜的特定物质才能通过。目前发现的通道蛋白已有 100 余种，普遍存在于各种类型细胞的质膜上，以及真核细胞各种细胞器膜上。根据其转运的分子不同，通道蛋白可分为三种类型：**离子通道**（ion channel）、**孔蛋白**（porin）和**水通道蛋白**（aquaporin，AQP）。

孔蛋白主要存在于某些细菌质膜上、真核细胞线粒体和叶绿体的外膜上，与离子通道蛋白相比，孔蛋白的选择性很低，而且能通过较大的分子，如线粒体外膜上的孔蛋白可允许分子质量为 5×10^3 Da 的分子通过。

水通道蛋白也叫**水孔蛋白**，是近年来发现的一类新的通道蛋白，主要与水分子的快速跨膜转运有关。

离子通道最早在神经细胞中发现，目前发现的大多数通道蛋白都属于离子通道（表 4-3）。离子通道决定了细胞质膜对于特定离子的通透性，对调节细胞内的离子浓度和跨膜电位起重要作用。与载体蛋白相比，离子通道具有三个显著特征：①转运速率高，每个通道每秒钟可通过 $10^7\sim10^8$ 个离子，接近自由扩散的理论值。②离子通道没有饱和值，即使在很高的离子浓度下它们通过的离子量依然没有最大值。③由通道蛋白构成的通道并非连续性开放，而是门控的（gating），它的活性由通道的开或关两种构象所调节，受控于适当的细胞信号。多数情况下该通道呈关闭状态，只有在应答膜电位变化、化学信号或压力等刺激后，才能开启该跨膜通道。

表 4-3　离子通道举例

离子通道	典型定位	功能
K^+ 渗透通道	大多数动物细胞的质膜	维持静息膜电位
电压门 Na^+ 通道	神经元轴突的质膜	介导产生动作电位
电压门 K^+ 通道	神经元轴突的质膜	起始动作电位后使膜恢复静息电位
电压门 Ca^{2+} 通道	神经终末的质膜	刺激神经递质释放，将电信号转化为化学信号
乙酰胆碱受体（乙酰胆碱门 Na^+ 和 Ca^{2+} 通道）	肌细胞的质膜（神经-肌肉接头处）	兴奋性突触信号传递（在靶细胞将化学信号转换为电信号）
GABA 受体（GABA 门 Cl^- 通道）	许多神经元的质膜（突触处）	抑制性突出信号传递
应力激活的阳离子通道	内耳听觉毛细胞	检测声音震动

根据引起通道开闭条件的不同，离子通道分为三种类型（图 4-3）。

1）配体门通道

在**配体门通道**（ligand-gated channel）中，细胞内外的某些小分子配体与通道蛋白结合继而引起通道蛋白构象改变，从而使离子通道开启或关闭。配体可来自胞内，也可以来自胞外。根据与配体相结合的通道蛋白（表面受体）的电荷差异，可分为**阳离子通道**（如乙酰胆碱、谷氨酸和五羟色胺的通道蛋白）和**阴离子通道**（如甘氨酸和 γ-氨基丁酸的通道蛋白）。其中，乙酰胆碱通道蛋白是由 4 种不同的亚基组成的五聚体蛋白质，分子质量约为290 000Da；各亚基间通过氢键等非共价键形成一个 $\alpha_2\beta\gamma\delta$ 的梅花状通道样结构，而其中的 α 亚基正是与 ACH 相结合的部位。当与 ACH 相结合时，这种结合引起通道构象的改变，使其瞬间开放，导致膜外高浓度的 Na^+ 内流，同时也能使膜内高浓度 K^+ 外流，结果使该处膜内外电位差接近于零，进而完成了 ACH 化学信号的跨膜传递。

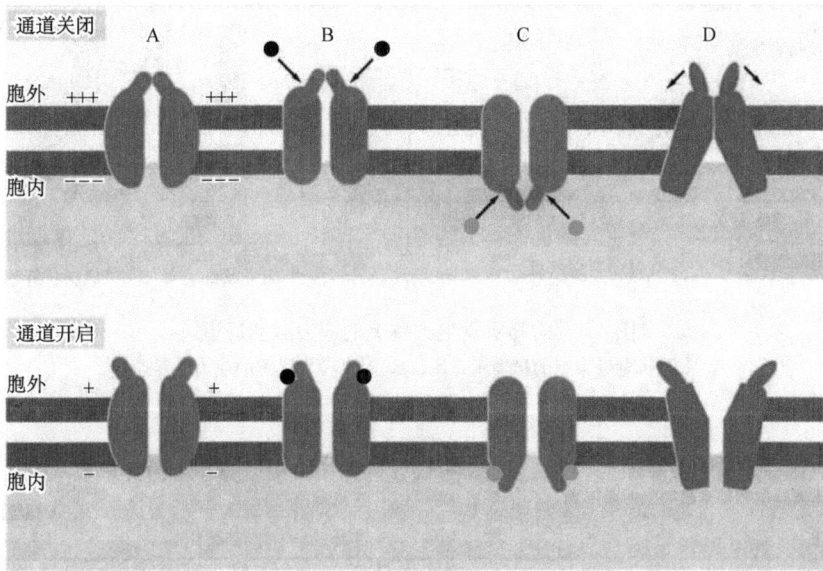

图 4-3　三种类型的离子通道

A. 电压门通道；B. 胞外配体门通道；C. 胞内配体门通道；D. 应力激活通道

　2）电压门通道

　在**电压门通道（voltage-gated channel）**中，带电荷的蛋白结构域会随跨膜电位梯度的改变而发生相应的位移，从而使离子通道开启或关闭。在很多情况下，电压门通道有自己的关闭机制，它能快速地自发关闭，开放往往只有几毫秒时间。在这极短的时间内，一些离子、代谢物或其他溶质顺着浓度梯度自由扩散而通过细胞膜。电压门通道主要存在于神经细胞和肌细胞，它在神经细胞和肌细胞的信号传递中起着重要的作用。例如，神经肌肉节点处电位的改变，可使相邻的肌细胞膜中存在的电压门 Na^+ 通道和 K^+ 通道开放，使膜两侧 Na^+ 和 K^+ 浓度变化，进而引起肌质网 Ca^{2+} 通道的迅速开启，使得储存的 Ca^{2+} 释放到细胞质，从而引发肌肉收缩。电压门通道也存在于其他的一些细胞中，如含羞草的叶片闭合反应就通过电位门通道传递信号的。

　3）应力激活通道

　应力激活通道（stress-activated channel）是离子通道感应如摩擦力、压力、重力、牵引力、剪切力等信号而改变构象，从而开启通道形成离子流，产生电信号，最终引起细胞反应。例如，内耳听觉毛细胞是依赖于这类通道的一个重要例子。声音震动作用于该通道，使其开放，引起离子流入听觉毛细胞，并进一步转变为电信号，经听神经传送到大脑皮层听觉中枢（图 4-4）。

4.1.2.3　离子跨膜转运与膜电位

　许多细胞生命活动过程中伴随着电现象，存在于细胞膜两侧的电位差称**膜电位（membrane potential）**。细胞膜电位主要有**静息电位（resting potential）**和**动作电位（active potential）**两种表现形式。

图 4-4　内耳听觉毛细胞上的应力激活通道

A. 内耳听觉毛细胞的横切示意图；B. 对牵拉力敏感的应力激活通道

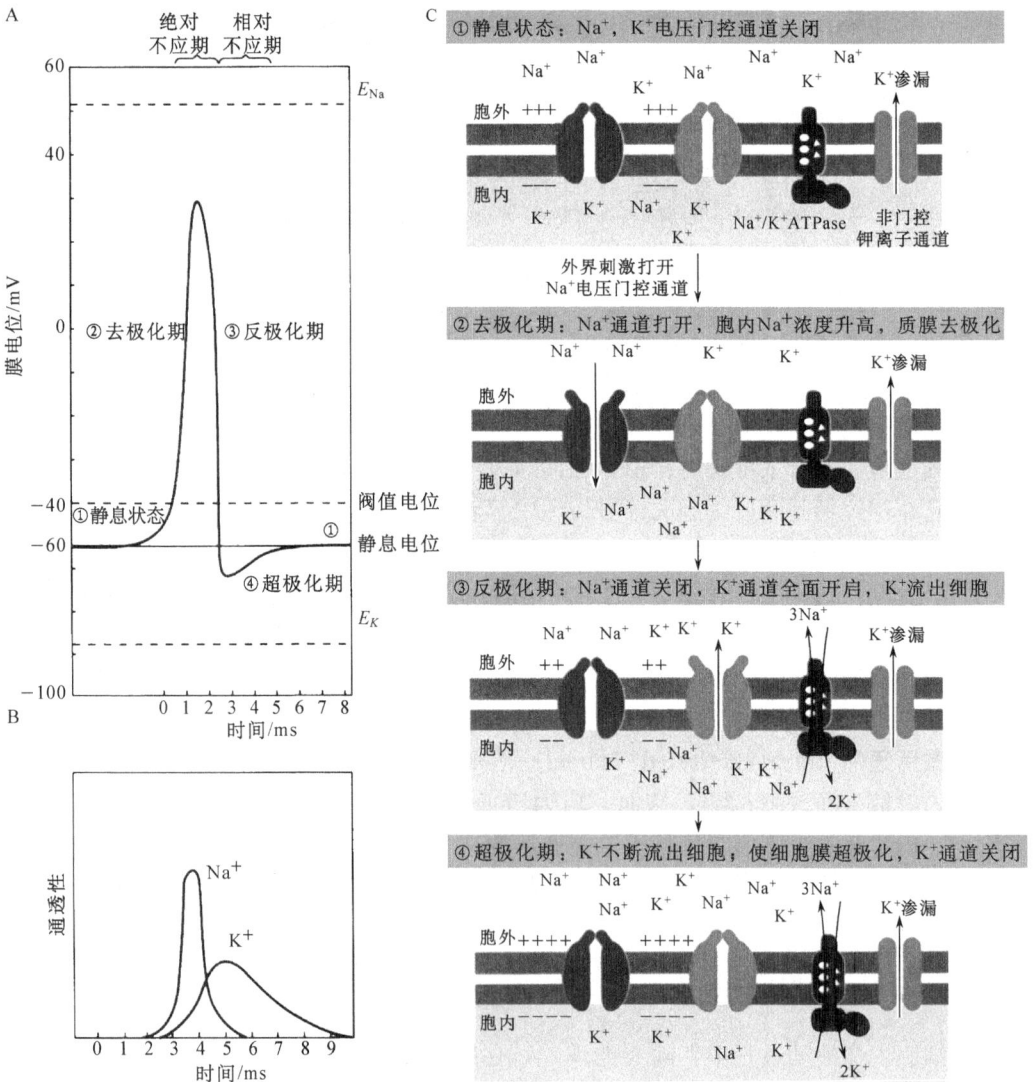

图 4-5　离子流与动作电位的示意图（引自翟中和等，2011）

A. 动作电位的产生和膜电位的改变；B. 动作电位产生过程中，膜通透性改变；C. 动作电位产生过程中，离子通道开启与关闭示意图处于静息电位状态下的细胞，细胞膜上 K^+ 渗漏通道对 K^+ 比其他离子更具通透性，造成 K^+ 外流，使细胞膜两侧处于外正内负的静息电位状态，这种现象又称**极化**（polarization）。当细胞接受刺激信号（电信号或化学信号）超过一定阈值时，电压门 Na^+ 通道将介导细胞产生动作电位。细胞接受阈值刺激，Na^+ 通道打开，引起 Na^+ 通透性大大增加，瞬间大量 Na^+ 流入细胞内，致使静息膜电位减小乃至消失，即质膜的**除极化**（depolarization）过程。当细胞内 Na^+ 进一步增加达到 Na^+ 平衡电位，形成瞬间的内正外负的动作电位，称质膜的反极化，动作电位随即达到最大值。只有达到一定的刺激阈，动作电位才会出现，这是一种"全或无"的正反馈阈值。在 Na^+ 大量进入细胞时，K^+ 通透性也逐渐增加，随着动作电位出现，Na^+ 通道从失活到关闭，电压门 K^+ 通道完全打开，K^+ 流出细胞从而使质膜再度极化，以至于超过原来的静息电位，此时称**超极化**（hyperpolarization）。超极化时膜电位使 K^+ 通道关闭，膜电位又恢复至静息状态（图 4-5）。

不同方式的物质跨膜运动，其结果是产生并维持了膜两侧不同物质特定的浓度分布，同时也稳定了膜电位。膜电位不仅与质膜对 K^+ 和 Na^+ 不同的通透性有关，而且质膜上的 Na^+、K^+ 通道蛋白及 Na^+-K^+ 泵等膜蛋白随膜电位变化有规律地关闭和开启。细胞质膜膜电位具有重要的生物学意义，特别是在神经、肌肉等可兴奋细胞中，是化学信号或电信号引起的兴奋传递的重要方式。

4.2　被动运输

生物界中的许多生命过程都直接或间接与物质的跨膜运输密切相关，如神经冲动传递、细胞行为和细胞分化、感觉的接受和传导等。因此，物质的跨膜运输对细胞的生存和生长至关重要。根据物质运输过程中自由能的变化情况以及是否需要膜转运蛋白，诸如气体、离子、营养物质、代谢废物等小分子的跨膜运输可分为**被动运输**（passive transport）和**主动运输**（active transport）两大类（图 4-6）。

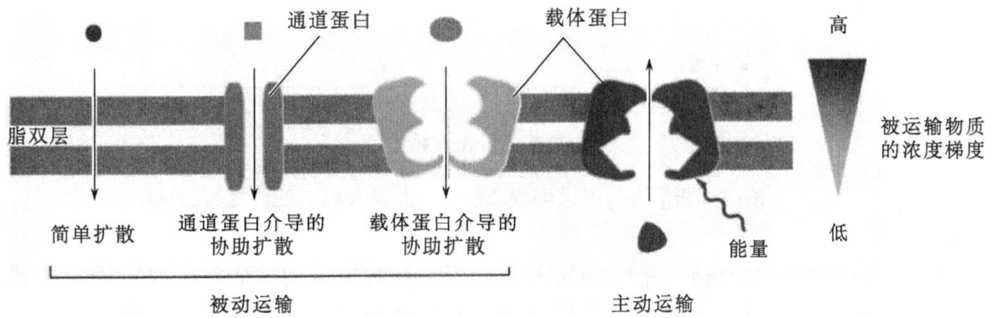

图 4-6　物质跨膜转运的几种类型

简单扩散和协助扩散均属被动运输，都是溶质顺着电化学梯度进行跨膜转运，也都不需要细胞提供能量。不同的是，简单扩散不需要膜转运蛋白的参与，而协助扩散需要膜转运蛋白的协助；主动运输需要细胞提供能量，溶质逆着电化学梯度进行跨膜转运

被动运输是指通过简单扩散或协助扩散实现物质由高浓度向低浓度方向的跨膜转运。转运的动力来自物质的浓度梯度，不需要细胞提供代谢能量。被动运输包括两种运输方式，一种是简单扩散，即小分子物质直接穿过脂双层；另一种是有膜转运蛋白参与的协助扩散。

4.2.1　简单扩散

小分子的热运动可使分子以热自由运动的方式（自由扩散）从膜的一侧通过细胞质膜进入另一侧，其结果是分子沿着浓度梯度降低的方向转运。疏水的小分子或小的不带电荷的极性分子进行跨膜转运时，不需要细胞提供能量，也无需膜转运蛋白的协助，因此称为**简单扩散（simple diffusion）**。不同的小分子物质跨膜转运的速率差异极大，也就是说，不同分子的通透系数有很大区别，如 O_2、N_2 和苯等极易通过细胞质膜，水分子比较容易通过，而尿素的通透性是水分子的 1/100，离子又是尿素的 $1/10^6$ 倍。然而，即使这种低速率的转运在细胞生命活动中也具有一定的生理功能。

一般认为，在简单扩散的跨膜转运中，涉及跨膜物质溶解在质膜中，再从膜脂一侧扩散到另一侧，最后进入细胞质水相中。因此，简单扩散的物质对膜的通透性除了与其浓度梯度的大小有关外，还同它在油和水中的分配系数（K）及其扩散系数（D）有关。该物质对膜的通透性（P）可以根据下列公式计算：$P = KD/t$（t 为膜的厚度）。不同分子在通过细胞膜时，具有不同的跨膜转运速率（图 4-7）。

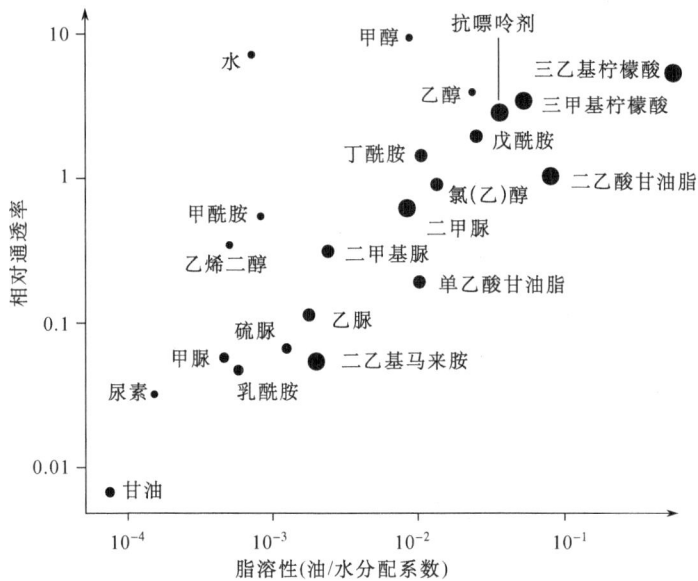

图 4-7　溶质的脂溶性与通过细胞膜能力的关系（引自王金发，2004）

因此，小分子物质的通透性是由物质本身的属性和膜的结构性质共同决定的，主要取决于分子大小和极性。小分子比大分子容易穿膜，非极性分子比极性分子容易穿膜，而带电荷的离子跨膜运动则需要更高的自由能，所以无膜蛋白的人工脂双层对带电荷的离子是高度不透的。另外，小分子物质的通透性还受细胞生理状态和环境条件的影响，如麻醉剂、辐射、热、pH 变化和盐不平衡等均可改变膜的透性。例如，肌细胞处于活动状态时，营养物质更容易通过质膜。此外，具有极性的水分子容易穿膜可能是因为水分子非常小，可以通过由于膜脂运动而产生的间隙；另外，还与膜上的水通道蛋白密切相关。

4.2.2　协助扩散

由于膜具有选择透过性，使一些脂溶性和小分子物质较易进入细胞，但限制了一些大的、带电荷的物质进入细胞，而这些物质通常是细胞生命活动所必需的。理论上来说，大分子、非脂溶性和带电荷的物质在足够的时间内均可以通过扩散进入细胞，但由于它们的扩散系数低，通过扩散进入细胞的穿膜速率小，所需时间长，这就影响了细胞的正常生命活动，为此细胞需要一种方式加快这些物质从高浓度向低浓度的运输，所以质膜上的一些特异膜蛋白就担当了此角色。

协助扩散（facilitated diffusion），又称促进扩散、易化扩散或帮助扩散，是各种极性分子和无机离子，如糖、氨基酸、核苷酸以及细胞代谢物等顺其浓度梯度或电化学梯度的跨膜转运，该过程不需要细胞提供能量，因此属于被动运输。但在协助扩散中，物质跨膜转运需要特异性的膜转运蛋白"协助"，从而使其转运速率增加，转运特异性增强。

1）葡萄糖转运蛋白与葡萄糖的协助扩散

绝大多数哺乳类动物细胞都是利用血糖作为细胞的主要能源，人类基因组编码 12 种与糖转运有关的载体蛋白 GLUT1~GLUT12，构成**葡萄糖载体（glucose transporter，GLUT）**蛋白家族，它们具有高度同源的氨基酸序列，都含有 12 次跨膜的 α 螺旋。对 GLUT1 的仔细研究发现，跨膜区域主要由疏水性氨基酸组成，它们的侧链可以同葡萄糖羟基形成氢键。因而，这些氨基酸残基被认为可形成载体蛋白内部朝内和朝外的葡萄糖结合位点，从而通过构象改变完成葡萄糖的协助扩散（图 4-1）。

用红细胞和肝细胞设计葡萄糖摄取实验，发现由 GLUT 蛋白所介导的细胞对葡萄糖的摄取表现出酶动力学基本特征，与简单扩散相比极大地提高了摄入速率。如果以转运速率为纵坐标，以葡萄糖浓度为横坐标，将跨膜转运方式的曲线进行比较（图 4-8）就会发现，协助扩散具有以下特征：①葡萄糖载体蛋白介导的协助扩散比简单扩散转运速率高得多。②与酶催化反应相似，由 GLUT 所介导的细胞对葡萄糖的摄取表现出酶动力学特征，存在最大转运速率（v_{max}）。因此，可用达到最大转运速率一半时葡萄糖浓度作为其 K_m 值，用以衡量某种物质的转运速率。GLUT2 的 $K_m \approx 20mmol/L$，GLUT1 的 $K_m \approx 1.5mmol/L$。③不同的载体蛋白对溶质的亲和性不同，GLUT2 对葡萄糖的亲和性比 GLUT1 低。实验还发现，不

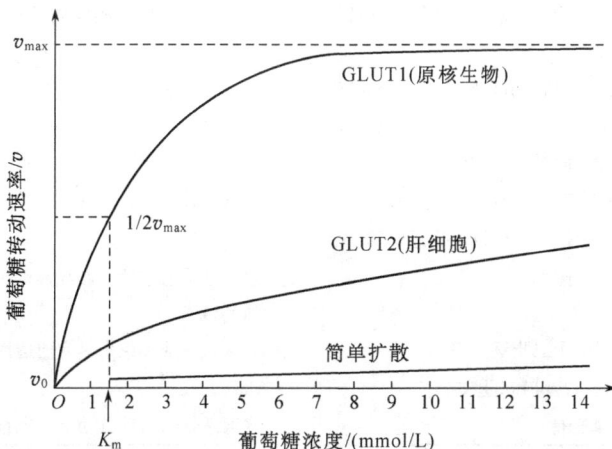

图 4-8　GLUT 蛋白所介导的细胞对葡萄糖的摄取（引自丁明孝等，2005）

同的载体蛋白具有转运特异性溶质的偏好性，GLUT1～GLUT4 在血糖生理浓度下转运葡萄糖，而 GLUT5 却偏好转运果糖。

　　2）水通道蛋白和水分的快速跨膜转运

　　水分子的跨膜转运对维持不同区域的液体平衡和内环境稳态非常重要。水分子作为一种不带电荷且半径极小的极性分子，很早被证实能通过自由扩散穿透脂质双分子层。但是，对于某些组织和特殊功能来说，如肾小管的重吸收、从脑中排出额外的水、唾液和眼泪的形成等，水分需要完成的快速跨膜转运是通过水通道蛋白介导的。

　　水通道蛋白（aquaporin，AQP），又名**水孔蛋白**，普遍存在于细菌、植物和动物细胞质膜上，以及植物细胞液泡膜上，是高效选择性转运水分子的特异孔道。迄今为止，已有 200 余种水通道蛋白在不同物种中被发现，其中存在于哺乳动物体内的水通道亚型有 13 种，即 AQP0～AQP12（表 4-4）。根据它们的基因结构和通透性，这 13 种水通道蛋白可划分为 3 组：传统水通道蛋白（orthodox aquaporin）（包括 AQP0、AQP1、AQP2、AQP4、AQP5、AQP6、AQP10）、甘油水通道蛋白（aquaglyceroporin）（包括 AQP3、AQP7、AQP9）和未明确分类的水通道蛋白（包括 AQP8、AQP11、AQP12）。目前对哺乳动物中较早发现的 10 个水通道蛋白 AQP0～AQP9 研究较为透彻，它们的功能也通过人类疾病的研究及对基因缺失小鼠的研究而被鉴定，如人类的先天性肾原性多尿症就是由于水孔蛋白基因的突变造成的。植物水孔蛋白在种子萌发、细胞伸长、气孔运动及受精等过程中调节水分的快速跨膜转运。此外，有些水孔蛋白还在植物逆境应答如抗旱性中起着重要的作用。

表 4-4　哺乳动物体内水通道蛋白成员的组织分布及功能

水通道蛋白亚型	组织分布	功能
AQP0（MIP）	晶状体囊内纤维细胞膜	较弱的水通透性，细胞间黏着
AQP1（CHIP28）	红细胞膜、肾的近端小管和髓祥下降支、胆管、肺泡和气管、脑脉络丛、眼等多种组织	水通透性（如肾脏中的反向水运输），细胞迁移
AQP2	肾集合管	受激素调控，增加质膜水通透性
AQP3	红细胞、肾集合管、气管上皮、分泌腺和皮肤表皮等	对水、尿素和甘油都有较高通透性
AQP4	肾集合管、中枢神经系统、气管等	水通透性，与神经胶质的迁移以及神经元的兴奋性有关
AQP5	胰腺、泪腺和唾液腺的外分泌部及眼和肺	对水和甘油具通透性，对一些外分泌腺的分泌起作用
AQP6	肾 α 间质细胞的胞内囊泡	对水具有较小通透性，对阴离子等具通透性
AQP7	脂肪组织、肾脏、睾丸、心脏	对水和甘油具有通透性
AQP8	胰腺腺泡、肝脏及消化道的其他器官	水通透性
AQP9	肝脏、脑部	水、甘油通透性，参与禁食时葡萄糖异生过程中对甘油的摄取
AQP10	小肠的十二指肠及空肠	对水、甘油和尿素具有通透性
AQP11	睾丸、肾脏和肝脏	水通透性
AQP12	胰腺腺泡	水通透性（目前其功能研究很少）

　　水通道蛋白是一类高度保守的疏水小分子膜整合蛋白，各种亚型之间蛋白序列及三维结

构非常相似。因 AQP1 的结构研究得最为清楚，水通道蛋白三维结构解析以 AQP1 的结构为代表。AQP1 是一条由 269 个氨基酸残基构成的单肽链，在细胞膜上往返折叠形成 6 个 α 螺旋的跨膜区域，并且肽链的 N 端和 C 端都位于质膜内侧；6 个跨膜区域由 5 条环相连（图 4-9）。目前，被人们广为接受的水通道蛋白三维结构是"**沙漏模型**"（**hourglass model**），模型指出：肽链中的 B 环和 E 环具有高度保守的天冬酰胺-脯氨酸-丙氨酸（Asn-Pro-Ala，NPA）特征性序列，B 环和 E 环折返入膜后分别形成短螺旋 B（HB）和短螺旋 E（HE），两个保守的 NPA 序列在膜的磷脂双分子层中间位置相互结合，6 条跨膜区域呈右手螺旋在四周包围，共同通道。构成中心孔道表面的除 B 环和 E 环外，还有螺旋 2、5 以及螺旋 1、4 的 C 端部分，所形成的亲水通道的直径约为 2.8×10^{-10} m，刚好能容纳单个水分子通过。在体内，AQP1 主要以同源四聚体的形式存在，但是水分子的跨膜渗透是通过水通道蛋白单体的中心通道完成的，而无法通过四聚体的中央孔洞（4 个单体衔接处的中心缝隙）。水通道蛋白形成对水分子高度特异的亲水通道，只容许水而不容许离子或其他小分子溶质通过。这种严格的选择性首先是源于通道内高度保守的氨基酸残基（Arg、His 以及 Asp）侧链与通过的水分子形成氢键；其次是源于非常狭窄的孔径。

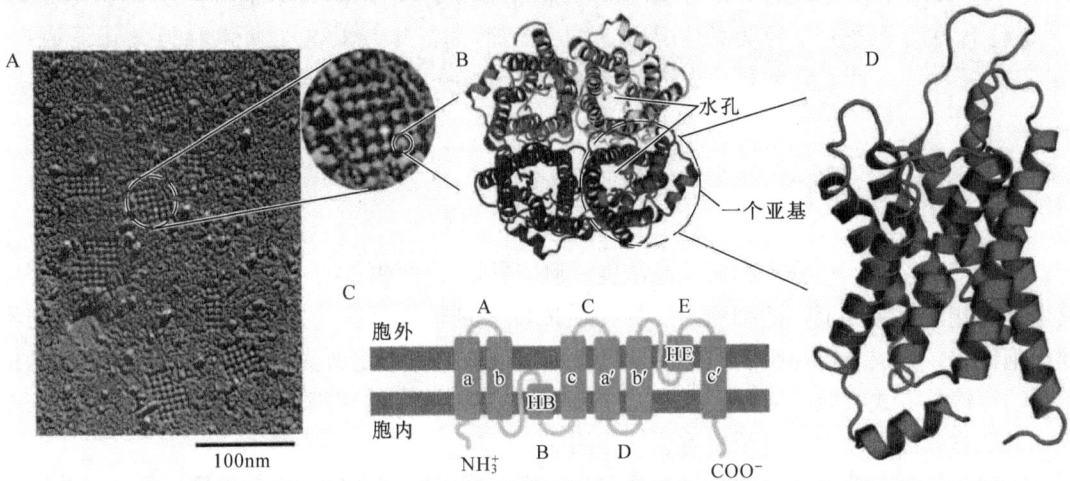

图 4-9　水孔蛋白分布与结构示意图（引自翟中和等，2011）

A. 豚鼠细胞质膜上分布的大量水孔蛋白电镜照片；B. 水孔蛋白 AQP1 由 4 个亚基组成四聚体；C. 每个亚基由 3 对同源的跨膜 α 螺旋（aa′、bb′ 和 cc′，构成环 A～E）组成；D. 亚基三维结构示意图

　　水分子的跨膜转运对维持不同区域的液体平衡和内环境稳态非常重要。一般认为，水通道是处于持续开放状态的膜蛋白，水分子转运不需要消耗能量，也不受门控机制影响。水分子通过水通道的移动方向完全由膜两侧的渗透压差决定，水分子从渗透压低的一侧向渗透压高的一侧移动，直到两侧渗透压达到平衡。值得一提的是，有些水孔蛋白对溶质的通透性不仅局限于水分子，如 AQP8 对尿素有通透性，APQ7 对甘油具有通透性。

　　总之，被动运输是小分子物质、离子等顺浓度梯度或电化学梯度的跨膜运输方式，不消耗能量，有些需要特异载体蛋白或者通道蛋白等膜转运蛋白的协助，在跨膜转运过程中伴随这些膜转运蛋白可逆的构象变化。

💠 水通道蛋白的研究史

Peter Agre
(1949~)

　　长期以来，人们认为水的跨膜转运主要通过简单扩散，然而 1991 年 Agre 课题组在红细胞膜上发现了一种对水有特异性通透的蛋白质分子，被定义为**水通道蛋白**，这是在从人红细胞膜分离、纯化 Rh 血型多肽时偶然发现的，当时被称为形成通道的 28kDa 膜整合蛋白（channel-forming integral membrane protein 28kDa，CHIP28），随后该基因被克隆，后经人类基因委员会命名为**水通道蛋白 1（aquaporin-1，AQP1）**，并在非洲爪蟾卵母细胞表达系统中证实了其水通道的功能，这些发现确立了细胞膜上存在水转运通道蛋白的理论。Agre 因此与研究钾离子通道的 MacKinnon 共同获得 2003 年的诺贝尔化学奖。目前对水通道蛋白结构与功能的研究已取得重要进展，已发现的水通道蛋白有 200 余种存在于不同的物种中。其中，对哺乳动物水通道蛋白家族的 13 个成员的研究显示，它们在生理和病理中发挥重要作用。例如，在脑水肿、自身免疫性疾病和肌营养不良症等重大疾病中都检测到水通道蛋白的异常表达，可以预见的是，随着对其生物学特性与功能的研究不断深入，水通道蛋白有望成为治疗一些重大疾病的有效靶点。

4.3　主动运输

　　在被动运输中，小分子物质从高浓度一侧向低浓度一侧的方向进行跨膜运输，最终完成其生理功能。但实际上，活细胞内外的物质浓度差别较大（表 4-1），即使在真核细胞内不同细胞器中，其成分也与细胞质中的浓度存在显著差别，细胞所需的营养物质不可能完全依赖被动运输的方式吸收。主动运输在维持细胞内外、细胞质和细胞器中离子等物质的浓度差，以及物质的吸收中具有至关重要的作用。

　　主动运输是由载体蛋白所介导的物质逆浓度梯度或电化学梯度由低浓度一侧向高浓度一侧进行跨膜转运的方式。转运的溶质分子其自由能变化为正值，因此需要与某种释放能量的过程相偶联。因此，主动运输具有 4 个基本特点，即逆浓度梯度或电化学梯度运输、依赖膜转运蛋白、需要消耗能量、具有选择性和特异性。

　　主动运输普遍存在于原核细胞和真核细胞中，根据主动运输过程所需能量来源的不同，可将主动运输归纳为：ATP 直接供能的主动运输（ATP 驱动泵）、ATP 间接供能的主动运输（协同转运）以及光能驱动泵三种基本类型（图 4-10）。ATP 直接供能的主动运输在物质跨膜转运中直接伴随 ATP 的水解，利用释放出的能量驱动离子或者小分子的逆浓度梯度转运；ATP 间接供能的主动运输则通过特定的协同转运蛋白介导离子和小分子的跨膜运输，消耗的能量来自某种离子的电化学梯度；光能驱动泵主要发现于细菌中，物质的跨膜运输是与光能的驱动相关的。

4.3.1　ATP 驱动泵

　　由 ATP 直接提供能量的主动运输也称 **ATP 驱动泵（ATP-driven pump）**，广泛存在于细

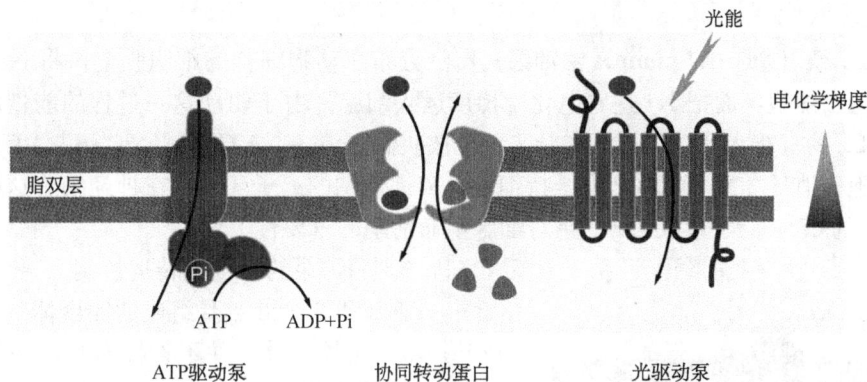

图 4-10　主动运输的能量来源（引自翟中和等，2011）

菌、真核生物的细胞膜、线粒体和叶绿体内膜上。ATP 驱动泵本身是一种载体蛋白，也具有 ATP 酶活性，能催化结合的 ATP 水解，利用释放出的能量实现离子或小分子逆浓度梯度或电化学梯度的跨膜运动，因此也被称为**转运 ATPase（transport ATPase）**。

ATP 驱动泵的转运机制实际上是一种偶联的化学反应，离子或小分子逆电化学梯度的转运与 ATP 水解（释放能量）相偶联。由于这种主动运输直接利用水解 ATP 提供能量，所以又称**初级主动运输（primary active transport）**，每秒转运的离子数为 $1 \sim 10^3$ 不等。根据泵蛋白的结构和功能特性，ATP 驱动泵可分为 4 类：P 型泵、V 型质子泵、F 型质子泵和 ABC 超家族等，其中前 3 种泵转运离子，ABC 超家族主要转运小分子物质（图 4-11）。

图 4-11　ATP 驱动泵的主要类型（引自 Lodish et al.，2004）

4.3.1.1　P 型泵

P 型泵（P-type pump）含有两个独立的 α 催化亚基，具有 ATP 结合位点；绝大多数还具有两个起调节作用的 β 亚基。在转运离子过程中，至少有一个 α 亚基发生磷酸化和去磷酸化反应，从而改变泵蛋白的构象，实现离子的跨膜转运。由于转运泵水解 ATP 使自身形成磷酸化的中间体，因此称为 P 型泵。大多数 P 型泵都是离子泵，细胞内外 Na^+、K^+、Ca^{2+}、H^+ 等离子浓度差的形成和维持与这一类离子泵有关。

　　1）Na^+-K^+泵

　　Na^+-K^+泵（Na^+-K^+ pump，钠钾泵） 广泛分布在动物细胞的细胞膜上，将 Na^+ 逆着电化学梯度运出细胞，而把 K^+ 逆着电化学梯度运入细胞。由于驱动这一过程的能量源自 α 亚基结合 ATP 的直接水解，所以 Na^+-K^+ 泵也被叫做 **Na^+-K^+ ATP 酶（Na^+-K^+ ATPase）**。一般动物细胞要消耗 33% 总 ATP 来维持细胞内高钾低钠的离子环境，在神经细胞这种消耗可达总 ATP 的 67%，可见 Na^+-K^+ 泵对细胞生命活动的重要性。

图 4-12　Na^+-K^+ 泵的结构
示意图（引自翟中和等，2011）

　　（1）Na^+-K^+ 泵的结构与转运机制。Na^+-K^+ 泵是由 2 个 α 亚基和 2 个 β 亚基组成的四聚体（图 4-12），β 亚基是糖基化的多肽，并不直接参与离子的跨膜运输，主要作用是帮助在内质网新合成的 α 亚基折叠。在 α 亚基上不仅有 Na^+ 和 ATP 的结合位点，而且有 K^+ 或乌本苷（ouabain）的结合位点，由于乌本苷与 K^+ 竞争结合至 α 亚基，所以能抑制 Na^+-K^+ 泵的活性。

　　Na^+-K^+ 泵的运行机制的本质是通过可逆磷酸化改变构象，介导 Na^+ 和 K^+ 逆电化学梯度的跨膜运输。在细胞内侧 α 亚基与 3 个 Na^+ 结合促进 α 亚基结合的 ATP 水解，α 亚基上一个天冬氨酸残基磷酸化引起 α 亚基构象发生变化，将 Na^+ 泵出细胞；在胞外侧，2 个 K^+ 与 α 亚基结合，使其去磷酸化，α 亚基构象再次发生变化，将 K^+ 泵进细胞，完成整个循环。从整个过程可以看出，Na^+-K^+ 泵的运行机制是 Na^+ 依赖的磷酸化和 K^+ 依赖的去磷酸化引起 Na^+-K^+ 泵的构象周期性变化，每个循环消耗 1 个 ATP 分子，泵出 3 个 Na^+ 和泵进 2 个 K^+。这种周期性的循环发生频率极高，每秒钟约 1000 次（图 4-13）。

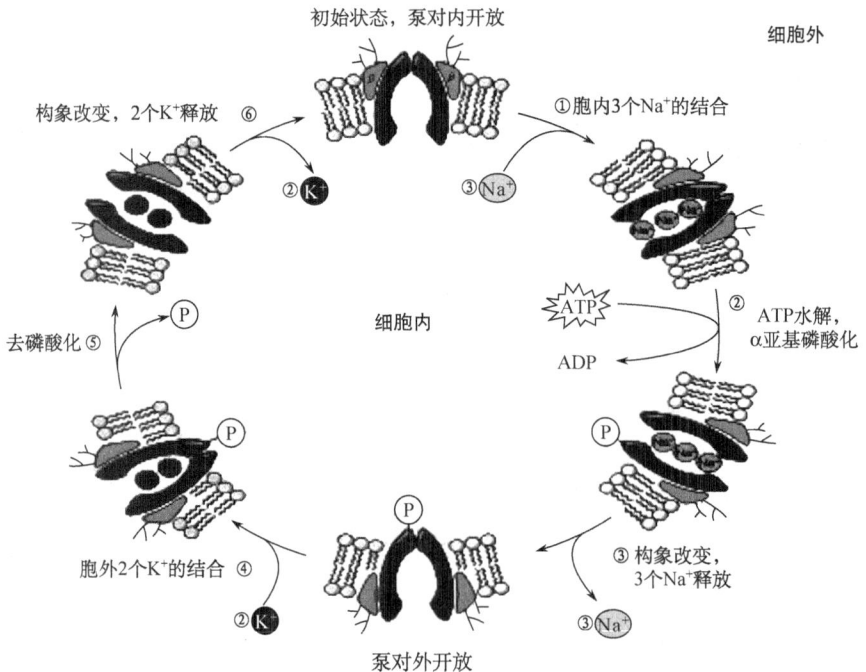

图 4-13　Na^+-K^+ 泵的运行机制（引自 Pollard et al.，2004）

研究 Na^+-K^+ 泵常用抑制剂有洋地黄、乌本苷、地高辛等，其作用机制是抑制 Na^+-K^+ 泵活性从而降低细胞膜内外离子浓度差，如导致细胞内 Na^+ 增高；而 Mg^{2+} 和少量的膜脂则有助于 Na^+-K^+ 泵活性的提高；氰化物可中断 ATP 供应，使 Na^+-K^+ 泵失去能源而停止工作。

钠钾泵的发现历程

早在 1846 年，德国化学家 von Liebig 就发现，肌肉组织比血液含有的 K^+ 浓度高得多，而 Na^+ 则低得多。是什么机制导致活细胞具有这样的特点呢？直到 100 多年后，答案才被丹麦的 Skou 揭晓，他利用蟹神经细胞为材料，分离并鉴定了细胞膜上的钠钾泵，证明钠钾泵通过消耗 ATP，通过主动运输方式将钠和钾的跨膜转运偶联起来。

Skou 的研究是以 Hodkin 和 Keynes 等的研究工作为基础的，此前二人一直在研究受刺激之后的神经细胞中钠和钾的运动情况。1956 年 Hodkin 和 Keynes 发现，注射 ATP 到氰化钾中毒的枪乌贼巨大神经轴突不能使细胞逐出 Na^+ 的主动运输活动得到恢复。Skou 对此也产生了浓厚的兴趣，他查阅到在 1948 年，美国生理学家 Libet 曾在枪乌贼巨大神经轴突鞘上发现有 ATP 水解酶的存在，Skou 就产生了分离这种酶的想法。由于当时他只是一名助理教授，没有资格得到枪乌贼巨大神经这样的实验材料，于是他就选择了蟹神经细胞作为替代品进行研究，后来终于从细胞膜上分离了这种 ATP 酶，并通过实验发现这种 ATP 酶会因 Na^+ 的增加而被刺激，该酶需要 Na^+ 和 K^+ 的共同参与才有活性，这与过去发现的细胞内被 K^+ 激活的酶通常被 Na^+ 所抑制的规律不同。1957 年，他在《生物化学和生物物理》杂志上发表了"一些阳离子对周围神经细胞 ATP 酶的影响"论文。但这时，Skou 还没有意识到这一发现的重要性。1958 年，Skou 在第四届国际生物化学学术会议上，从曾经的同事 Post 那里获得一些重要信息，包括 Post 通过化学计量学发现红细胞转运出 Na^+ 与转运进 K^+ 的比例是 3∶2；瑞士生理学家 Schatzmann 在 1953 年发现乌本苷能抑制红血细胞主动运输的信息。Skou 立即打电话给他的实验室工作人员安排相关实验，证实乌本苷确实抑制他分离的这种 ATP 酶活性，这样 ATP 酶和钠钾跨膜运输终于联系起来。Skou 关于 Na^+-K^+ ATP 酶的发现，以及与离子转运关系的研究，是人类对离子进出细胞认识的一个重要里程碑。1997 年，Skou 与研究 ATP 合酶的 Boyer、Walker 共同获得诺贝尔化学奖。

（2）Na^+-K^+ 泵的主要生理功能。Na^+-K^+ 泵生理意义主要体现在以下几个方面。

第一个方面是参与细胞膜电位的形成：物质跨膜运输的结果是产生并维持了细胞质膜两侧不同物质特定的浓度分布，对某些带有电荷的物质，特别是对离子来说，就形成了膜两侧的电位差。利用膜片钳技术（图 4-14）便可测出细胞质膜两侧各种带电物质形成的电位差的总和（膜电位）。细胞在静息电位状态时，膜电位质膜内侧为负，外侧为正。每一个工作循环下来，Na^+-K^+ 泵从细胞泵出 3 个 Na^+ 并泵入 2 个 K^+，这一效应对膜电位的形成有 10% 的贡献。

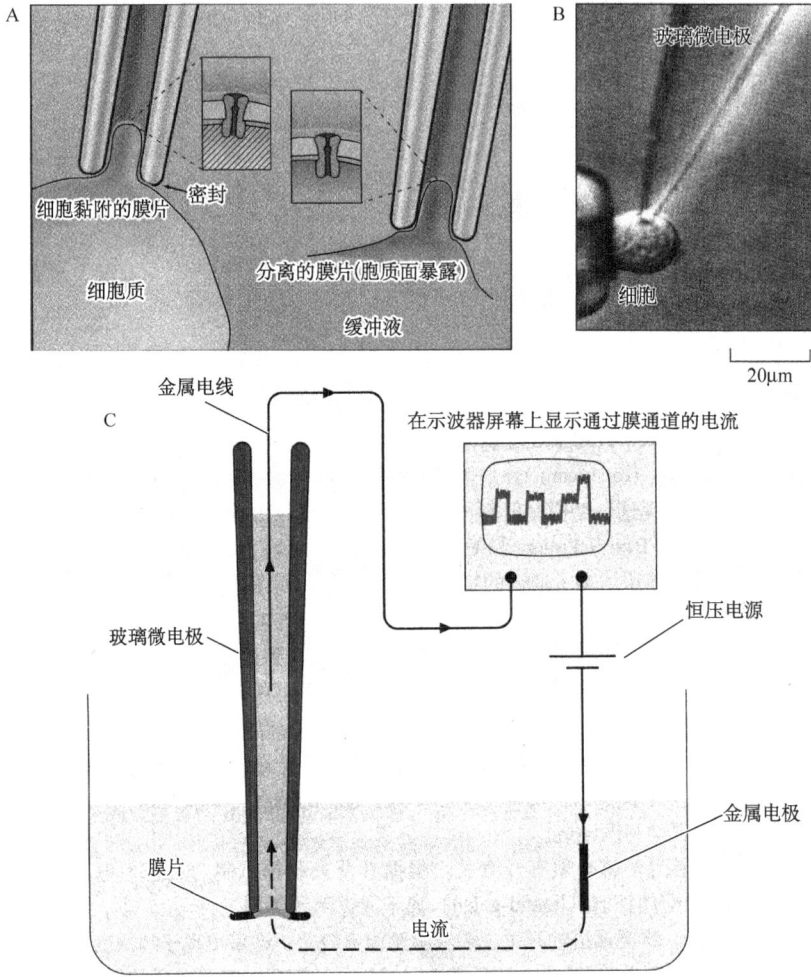

图 4-14　利用膜片钳技术研究细胞离子通道示意图（引自 Karp，2002；Pollard and Earnshaw，2004）

A. 玻璃微电极与细胞膜的高阻封接示意图；B. 细胞膜上离子通道研究显微图；C. 膜片钳装置示意图

🌐 膜片钳技术

　　1976 年德国 Neher 和 Sakmann 创建了膜片钳技术（patch clamp recording technique），这是一种以记录通过离子通道的离子电流来反映细胞膜单一的或多个离子通道分子活动的技术。膜片钳技术像基因克隆技术一样，给生命科学研究带来了巨大的动力。Sakmann 和 Neher 也因其杰出的工作和突出贡献，荣获 1991 年诺贝尔生理学或医学奖。

　　膜片钳技术是用玻璃微电极探头吸管，把只含 1～3 个离子通道、面积为几个平方微米的细胞膜通过负压吸引封接起来。由于电极尖端与细胞膜的高阻封接，在电极尖端笼罩下的膜片事实上与膜的其他部分从电学上已隔离。将膜片内开放所产生的电流流进玻璃吸管，用一个膜片钳放大器测量该电流强度，就得到单一离子通道电流。根据细胞膜片与电极之间的相对性位置关系，膜片钳分为细胞贴附记录模式、全细胞记录模式、膜内向外记录模式、膜外向外记录模式 4 种基本记录模式。

膜片钳技术被称为研究离子通道的"金标准"，是研究离子通道最重要的技术。目前膜片钳技术已从常规膜片钳技术发展到全自动膜片钳技术（automated patch clamp technique）。最新全自动膜片钳不仅通量高，而且一次能记录几个甚至几十个细胞，从寻找细胞、形成封接、破膜等整个实验操作实现了自动化。膜片钳技术发展至今，已经成为现代细胞电生理的常规方法，它不仅可以作为生物学、基础医学研究的工具，而且直接或间接为临床医学研究服务，在药物研发、药物筛选中也显示出强劲的生命力。

第二个方面是维持细胞渗透平衡，调节细胞容积：动物细胞内有固有阴离子和伴随其存在的许多阳离子，它们共同形成一个要把水"拉"进来的渗透压，与之对抗的是细胞外渗透压，这主要由 Na^+、Cl^- 等无机离子造成。但细胞外高钠使 Na^+ 有顺其梯度流入细胞的倾向，Na^+-K^+ 泵把流入的 Na^+ 不断泵出，维持了膜内外渗透压的平衡。

在无任何相反压力时，水向细胞的渗透运动将使细胞膨胀甚至破裂。不同细胞用不同的机制解决这种危机，动物细胞借助 Na^+-K^+ 泵维持渗透平衡；植物细胞以其坚韧的细胞壁防止膨胀和破裂，于是能耐受较大的跨膜渗透差异，并具有相应的生理功能，如保持植物茎坚挺、调节通过气孔的气体交换等；生活在水中的一些原生动物（如草履虫），通过收缩泡收集和排除过量的水。

第三个方面是参与营养的吸收：在肠和肾小管上皮细胞质膜上存在多种利用 Na^+ 梯度的同向运输系统，各自负责运送一种溶质即一组特异糖类或氨基酸进入细胞。在运输过程中，溶质和 Na^+ 结合于膜转运蛋白的不同位点上，Na^+ 顺其电化学梯度进入细胞，而糖或氨基酸在某种意义上可以说被一起"拽"了进来。Na^+ 的电化学梯度越大，溶质进入的速率也就越大。在协同转运过程中改变了 Na^+ 电化学梯度，而膜两侧正常 Na^+ 梯度的维持要依赖膜上的 Na^+-K^+ 泵。总之，动物细胞利用膜两侧的 Na^+ 电化学梯度以协同转运的方式吸收营养，而 Na^+ 电化学梯度的维持要依赖膜上的 Na^+-K^+ 泵。

此外，Na^+-K^+ 泵特异位点氨基酸的突变可能导致人类一些罕见疾病。例如，家族急发性肌张力障碍帕金森症（familial rapid-onset dystonia Parkinsonism，FRDP），就是由于第 785 位氨基酸由苯丙氨酸突变为亮氨酸、第 618 位的苏氨酸突变为甲硫氨酸，导致在胞内侧与 Na^+ 的亲和性降低，破坏了细胞内部钠稳态。

🌐 屡减仍肥与 Na^+-K^+ 泵的关系

科学研究发现 Na^+-K^+ 泵在人体的正常代谢中具有非常重要的作用，与一些疾病的发生也有着密切的关系，如脑水肿、白内障、囊纤维化、癫痫、偏头痛、高血压等。最近的研究表明，Na^+-K^+ 泵还与"屡减仍肥"有密切的关系。研究表明，有些肥胖者虽然坚持节食，活动量也不小，但依然"膘肥体壮"，即使用尽各种减肥手段，体重也有增无减，煞是令人苦恼。其实，这种肥胖的根本原因是因为人体中褐色脂肪组织的产热功能发生了故障，无法正常产热，不能消耗能源脂肪。这主要是镶嵌在褐色脂肪细胞膜上的 Na^+-K^+ 泵运转慢了，由于"泵机"转运减速，以燃烧脂肪为主的产热机器便无法正常运行，使人的基础体温降低，机体耗能减少。这种人好像处于一种亚冬眠的低能耗状态，能量消耗少，人也就瘦不了。

2）Ca^{2+} 泵

真核细胞胞质中游离 Ca^{2+} 浓度很低（约为 $10^{-7}mol/L$），而细胞外 Ca^{2+} 浓度则很高（约为 $10^{-3}mol/L$），这种细胞质中低水平 Ca^{2+} 的维持是通过细胞膜上和细胞器膜上的钙泵（Ca^{2+} pump）共同作用，将 Ca^{2+} 转运出细胞或者泵入细胞器中实现的。

Ca^{2+} 泵，或称 **Ca^{2+}-ATPase**，分布于所有真核细胞的质膜和某些细胞器如内质网、叶绿体、液泡膜上，其中研究最清楚和最为典型的钙泵是位于肌肉细胞肌质网（特化的内质网）膜上的钙泵，约占肌质网膜蛋白总量的 90%，易于纯化。目前已经完成肌质网膜上 Ca^{2+} 泵三维结构的高分辨解析（图 4-15）。Ca^{2+} 泵是由 1000 个氨基酸残基组成的跨膜蛋白，与 Na^{+}-K^{+} 泵的 α 亚基同源，每一泵单位含有 10 个跨膜 α 螺旋，其中 3 个螺旋与跨越脂双层的中央通道相连。像所有 P 型泵一样，这个泵在转运 Ca^{2+} 过程中经历由磷酸化和去磷酸化引发的构象的周期性变化。当 Ca^{2+} 泵处于非磷酸化状态时，2 个通道螺旋中断形成胞质侧结合 2 个 Ca^{2+} 的空穴，ATP 在胞质侧与其结合点结合，伴随 ATP 水解，相邻结构域天冬氨酸残基磷酸化，从而导致跨膜螺旋的重排。跨膜螺旋的重排，破坏 Ca^{2+} 结合位点并将 Ca^{2+} 释放到膜的另一侧。Ca^{2+} 泵工作与 ATP 的水解相偶联，每消耗 1 分子 ATP，将 2 个 Ca^{2+} 从细胞质基质转运到肌质网腔中。肌质网腔是 Ca^{2+} 的储存库，腔内 Ca^{2+} 浓度大大高于胞质。

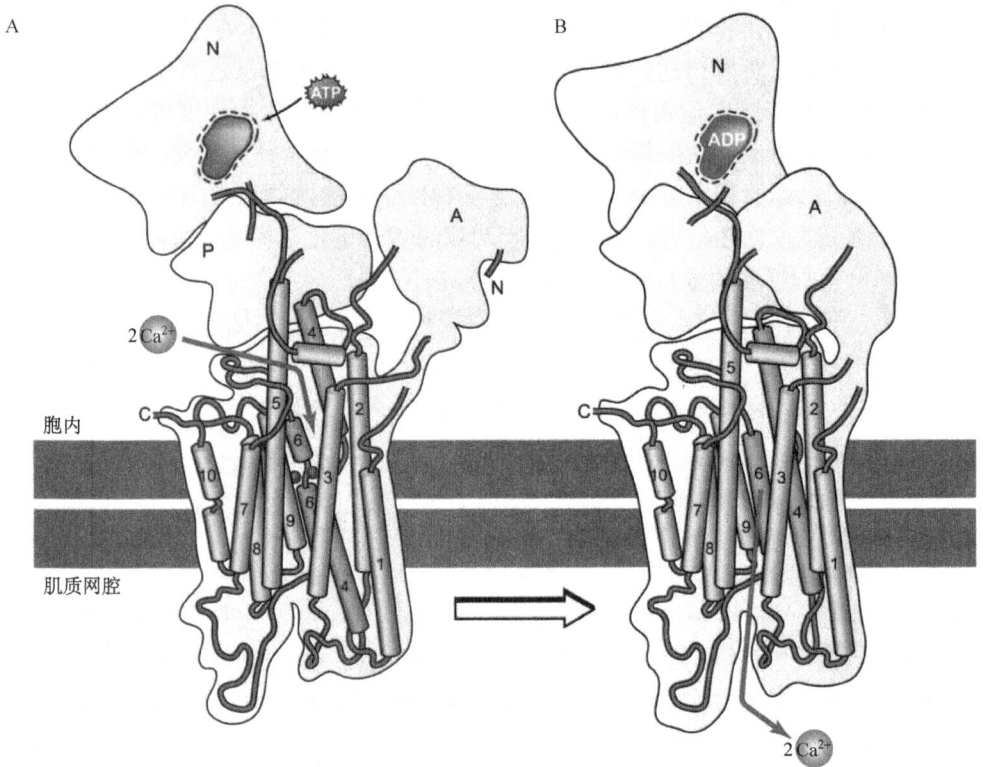

图 4-15　肌质网 Ca^{2+} 泵跨膜转运 Ca^{2+} 前（A）和后（B）的工作模型（引自杨富愉，2005）
N：核苷酸结合部位；P：磷酸化部位；A：活化部位

质膜或肌质网膜两侧的这种钙梯度有十分重要的生物学意义，Ca^{2+} 是细胞内重要的信号分子，当某些细胞外信号作用于细胞时，细胞应答信号的方式之一是通过迅速提高细胞质

基质中 Ca^{2+} 浓度，并进而激活钙的应答蛋白。例如，钙调蛋白（CaM）是最为重要的钙应答蛋白，当胞质中游离的 Ca^{2+} 迅速上调时，钙调蛋白被激活，进而传递信号。同时，胞内 Ca^{2+} 浓度的迅速提高也是可兴奋细胞之间建立联系的一种方式。例如，神经末梢的去极化引发 Ca^{2+} 内流，导致末梢释放乙酰胆碱；肌肉细胞的去极化引起肌质网中 Ca^{2+} 释放至胞质，导致肌纤维收缩。非肌肉细胞的内质网膜上也存在类似的钙泵，但数量较少。

胞内 Ca^{2+} 梯度的维持主要依赖钙泵。此外，一种 Na^+ 电化学梯度驱动的反向运输蛋白——Na^+-Ca^{2+} 交换蛋白也参与钙浓度的调控。Ca^{2+} 泵主要将 Ca^{2+} 输出细胞或泵入内质网腔中储存起来，以维持细胞内低浓度的游离 Ca^{2+}。在动物细胞膜上分布的 Ca^{2+} 泵其 C 端是细胞内钙调蛋白的结合位点，当胞内 Ca^{2+} 浓度升高时，Ca^{2+} 与钙调蛋白结合形成激活的 Ca^{2+}-CaM 复合物并与 Ca^{2+} 泵结合，进而调节 Ca^{2+} 泵的活性；内质网型的 Ca^{2+} 泵没有钙调蛋白的结合域。

3）P 型 H^+ 泵

在细菌、酵母以及植物细胞一些膜包围的细胞器，许多由离子梯度驱动的膜上主动运输是依赖 H^+ 而非 Na^+ 的。这类膜上虽然没有 Na^+-K^+ 泵，但有 P 型 H^+ 泵（H^+-ATPase）。P 型 H^+ 泵将 H^+ 泵出细胞，建立和维持跨膜的 H^+ 电化学梯度（类似动物细胞的 Na^+ 的电化学梯度），并用来驱动转运溶质摄入细胞。H^+ 泵的工作也使得细胞周围呈酸性 pH。

4.3.1.2　V 型质子泵和 F 型质子泵

V 型质子泵（V-type proton pump） 广泛存在于动物细胞胞内体、溶酶体、破骨细胞和某些肾小管细胞的质膜，以及植物、酵母和其他真菌细胞液泡膜上，所以又称膜泡质子泵（vacuolar proton pump）。**F 型质子泵（F-type proton pump）** 存在于细菌质膜、线粒体内膜和叶绿体类囊体膜上，F 是氧化磷酸化或光合磷酸化偶联因子（factor）的缩写。V 型质子泵和 F 型质子泵两者彼此相似，但与 P 型泵无关且更为复杂。V 型质子泵和 F 型质子泵都含有几种不同跨膜和胞质侧亚基。两者和 P 型泵的不同表现在功能上都是只转运质子，并且在转运 H^+ 过程中泵蛋白不形成磷酸化的中间体。

V 型质子泵是利用 ATP 水解供能从细胞质基质中逆 H^+ 电化学梯度泵出 H^+ 进入细胞器，以维持细胞质基质 pH 中性和细胞器内的 pH 酸性；存在于线粒体内膜、植物细胞类囊体膜和细菌质膜上的 F 型质子泵，以相反的方式发挥其生理作用，即 H^+ 顺浓度梯度运动，将所释放的能量与 ATP 合成偶联起来，如线粒体的氧化磷酸化合叶绿体的光合磷酸化作用，因此，将 F 型质子泵称为 H^+-ATP 合成酶（F_1F_0-ATPase）更为贴切。

4.3.1.3　ABC 超家族

1）ABC 转运蛋白的结构

ABC 超家族（ABC superfamily） 又称 ABC（ATP-binding cassette）转运蛋白。该家族含有几百种不同的转运蛋白，广泛分布在从细菌到人类各种生物体中，是最大的一类转运蛋白。每个转运蛋白专一运输一种或一类底物，整个超家族所运输物质的种类是极其巨大的，包括氨基酸、糖、无机离子、多肽、蛋白质、细胞代谢产物和药物等。ABC 转运蛋白参与生物的各种生理功能，如维持细胞内外的渗透压平衡、抗原呈递、细胞分化、细胞免疫、胆固醇及脂质的运输等。

　　所有 ABC 转运蛋白都有一种由 4 个"核心"结构域组成的结构模式（图 4-16）：ABC 转运蛋白的 2 个跨膜结构域（T），形成运输分子的跨膜通道；2 个胞质侧 ATP 结合域（A）。ABC 转运蛋白的每个 T 结构域由 6 个跨膜 α 螺旋组成，形成跨膜转运通道并决定每个 ABC 蛋白的底物特异性。该超家族所有成员的 A 结构域的序列有 30%～40% 是同源的，表明它们有共同的进化起源。有些 ABC 蛋白（主要是细菌中）其"核心"结构域是以 4 种分开的多肽存在的；另一些 ABC 转运蛋白其"核心"结构域是融合成 1 或 2 个多结构域多肽。有的亚家族，如 CUT1 和 MOT1，还有 2 个 C 端附加结构域，可能参与调节二聚体的形成及解聚。还有一些 ABC 转运蛋白具有膜外结合蛋白，其作用是识别底物并呈送给 ATP 结合域。

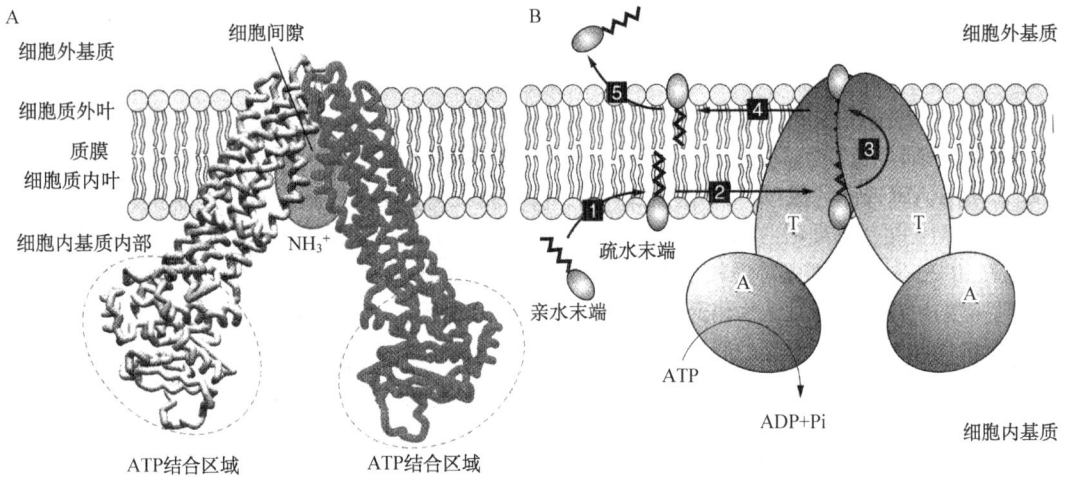

图 4-16　ABC 超家族结构图（A）与作用模式图（B）（引自 Lodish et al.，2004）

2）ABC 转运蛋白的工作模式

　　从目前已经解析结构的 ABC 转运蛋白可以看出，在两个跨膜结构域之间存在一个通道，通过该通道的构象变化来摄取、传输和释放底物，这是一种偶联 ATP 水解的门控模式。

　　从膜外向胞内转运底物的基本过程是：当 ABC 转运蛋白具有膜外结合蛋白时，膜外结合蛋白结合底物并呈送到跨膜结构域，接着信号传递到 ATP 结构域，ATP 结构域则结合并水解 ATP，随后 ATP 结构域构象发生变化并传递到跨膜结构域，引起跨膜结构域的构象发生变化，底物被送到通道中，通道朝向外周质的门随即关闭。这时，朝向胞质的门开放，底物最终被送到胞内。当 ABC 转运蛋白没有膜外结合蛋白时，则是底物直接结合到跨膜结构域上，其他转运过程基本一致。而从胞内把底物如药物转运到胞外的 ABC 转运蛋白除了通道内外的门开放的顺序相反外，其他转运过程基本相同。

3）ABC 转运蛋白与疾病

　　在正常生理条件下，ABC 蛋白是细菌质膜上糖、氨基酸、磷脂和肽的转运蛋白，是哺乳类细胞质膜上磷脂、亲脂性药物、胆固醇和其他小分子的转运蛋白。ABC 蛋白在肝、小肠和肾等器官的细胞质膜上分布丰富，它们能将天然毒物和代谢废物排出体外。

　　人类 ABC 转运蛋白 P 型糖蛋白（P-gp）的过量表达与癌症治疗和微生物感染治疗中广泛存在的多药抗性密切相关，在医学领域中引起了广泛关注，对其转运机制的研究也是一个热点。事实上，在真核细胞得以鉴定的第一个 ABC 转运蛋白是由于它们能将疏水的药物泵出细胞而发现的，其中之一就是多药耐药蛋白（multidrug resistance protein，MDR）。该蛋白质在各种肿瘤细胞上的过度表达，使细胞对肿瘤化疗中常用的、化学上无关联的多种细胞毒药物同时发生抵抗。使用其中任一药物都会造成过度表达 MDR 转运蛋白的细胞得到选择（适应而生长），MDR 转运蛋白将药物泵出细胞，减轻毒性作用，造成耐药。研究表明，有多达 40% 的人类癌症可以发生多药耐药，这成为抗癌治疗的一大障碍。在致病真菌中，多向耐药性（pleiotropic drug resistance，PDR）ABC 转运蛋白是近年来越来越多的抗真菌药物治疗效果明显下降的最主要原因。另一类似的例子是，引起疟疾的疟原虫中有一种具有对抗疟药氯喹的耐药性，原因是它们能过度表达一种 ABC 运输蛋白，将氯喹泵出细胞。

一些人类遗传病发生与 ABC 转运蛋白功能改变有关，如囊性纤维化（cystic fibrosis，CF）。囊性纤维化疾病是白人中最常见的致寿命缩短的遗传性疾病，白人中基因携带者占 3%。它是由于位于 7 号染色体的 CF 基因突变引起的，属于常染色体隐性遗传病。该基因编码的蛋白质又称囊性纤维化跨膜转运调节蛋白（cystic fibrosis trasmembrance conductance regulator，CFTR），是一种 cAMP 依赖的氯离子通道蛋白，广泛表达于各组织的上皮细胞，介导 Cl^- 和水分在上皮细胞的分泌与转运。CFTR 是 ABC 超家族的一员，其功能异常时导致细胞外缺水而使得肺部黏稠分泌物堵塞支气管。

4.3.2　协同转运

协同转运（cotransport）是靠间接消耗 ATP 由协同转运蛋白（cotransporter，又称偶联转运蛋白）介导的各种离子和分子所完成的主动运输方式。根据物质运输方向与离子顺电化学梯度的转移方向的关系，协同转运又可分为同向转运（symport）和反向转运（antiport）。

同向转运是物质运输方向与离子转移方向相同，如小肠上皮细胞和肾小管上皮细胞吸收葡萄糖或氨基酸等有机物，就是伴随 Na^+ 从细胞外流入细胞内而完成的。同向转运体的蛋白有两个结合位点，必须同时与 Na^+ 和特异的氨基酸或葡萄糖分子结合才能进行同向转运（图 4-17）。

细菌对糖和氨基酸的摄入主要是由 H^+ 驱动的同向转运完成的。例如，将乳糖运入大肠杆菌的乳糖通透酶（lactose permease）由 12 个跨膜 α 螺旋松弛折叠而成，在运输过程中，一些螺旋发生滑动，导致倾斜。这一动作使螺旋之间的一个裂隙打开又关闭，先是向膜的一侧，然后再向另一侧暴露了乳糖和 H^+ 的结合位点。在运输过程中，乳糖的吸收伴随着 H^+ 从细胞质膜进入细胞，每转移一个 H^+，就吸收一个乳糖分子。

反向转运是指物质跨膜转运的方向与离子转移的方向相反，如动物细胞常通过 Na^+ 驱动的 Na^+/H^+ 反向转运的方式来转运 H^+ 以调节细胞内的 pH。细胞内特定的 pH 是细胞正常代谢活动所需要的，在不分裂的细胞内 pH 为 7.1～7.2，当细胞受到生长因子等刺激后，细胞内 pH 由 7.2 提高到 7.4，细胞开始生长与分裂，在这一过程中，细胞中的 H^+ 减少约 40%，主要由细胞质膜上的 Na^+/H^+ 交换载体完成，即 H^+ 输出伴随 Na^+ 输入细胞。在线粒体中，Na^+/H^+ 反向转运是由 H^+ 电化学梯度驱动的，将 Na^+ 由内膜的基质一侧转运出来。参与反向转运的协同转运蛋白又称反向转运体。

和 ATP 驱动泵直接利用水解 ATP 提供的能量不同，协同转运蛋白同时转运两种不同溶质，所利用的能量储存在其中一种溶质的电化学梯度中。在动物细胞的质膜上，Na^+ 是常用的协同转运离子，它的电化学梯度为另一种分子的主动运输提供驱动力。在细菌、酵母和

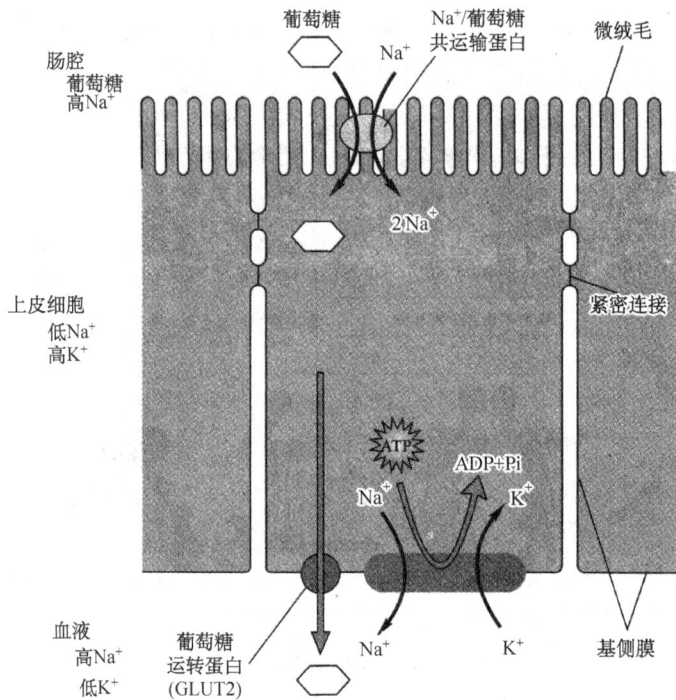

图 4-17　小肠上皮细胞吸收葡萄糖的示意图（引自韩贻仁，2007）

动物细胞的膜被细胞器，绝大多数主动运输系统是靠 H^+ 电化学梯度来驱动的。协同转运蛋白所介导的主动运输又称为**次级主动运输（secondary active transport）**，每秒转运的分子数为 $10^2 \sim 10^4$ 个。

4.3.3　光驱动泵

光驱动泵（light-driven pump） 主要指利用光能驱动物质运输，常见于细菌的紫膜（purple membrane）中。紫膜为盐生盐杆菌（*H. halobium*）和红皮盐杆菌（*H. cutirubrum*）等嗜盐性细菌在厌氧条件下和明亮处生长时于细胞膜上形成的斑状紫色膜，经低渗处理结合密度梯度离心，可将膜分离出来，盐生盐杆菌紫膜成分的 75% 是细菌视紫红质（bacteriorhodopsin，BR）。细菌视紫红质是自然界一种较小的膜蛋白，由 248 个氨基酸组成，分子质量约为 26kDa，第 216 位的赖氨酸通过席夫碱基和生色团视黄醛分子相连，并以 7 个 α 螺旋的基本二级结构跨膜定位于嗜盐菌的质膜上。天然状态下，每 3 个 BR 单体组成三聚体，构成六角形二维晶格的膜片层——紫膜。BR 的功能是吸收光能，将质子由细胞膜内泵到细胞膜外，产生电化学势能，从而提供生命活动所需的能量。因此，可以认为紫膜是一个光驱动的"质子泵"，在这个系统中，H^+ 的运输是由光能驱动的。

光驱动泵中质子是如何跨膜转运的呢？目前的研究表明，在 BR 中天冬氨酸 85（Asp85）是质子的受体，而天冬氨酸 96（Asp96）是质子的供体。虽然有关质子泵的机理问题还有待于进一步探讨，但质子跨膜转运的主要步骤已经清楚。其主要步骤如下：①光激发使细菌视紫红质生色团异构化，由全反视黄醛变成 1,3-顺式视黄醛，席夫碱基的位置变化影响到某些邻近的氨基酸残基导致蛋白质构象变化；②席夫碱基将一个质子传给去质子化状态的 Asp85，席夫碱基呈去质子化状态；③质子通过某一未知基团释放到胞外，此质子不是直接来自于席夫碱基的质子；④质子化的 Asp96 把质子传递给去质子化的席夫碱基，席夫碱基重质子化；⑤去质子化的 Asp96 从胞内侧又重新获得质子；⑥蛋白质构象变化，生色团由 1,3-顺式异构化为全反形式细菌视紫红质回复到基态。

综上所述，主动运输都是逆浓度梯度或电化学势梯度的运输；主动运输都需要能量，所需能量可直接来自 ATP 水解，也可以来自某种离子的电化学梯度或光能（某些细菌中）；主动运输同样也需要特异性的膜转运蛋白参与，这些蛋白质不仅具有结构上的特异性，而且具有结构上的可变性。根据转运过程中所需能量来源及方式可将主动运输分为：ATP 驱动泵（ATP 直接供能的主动运输）、协同转运（ATP 间接供能的主动运输）和光能驱动泵。主动运输这种物质出入细胞的方式，能够保证活细胞按照生命活动的需要，主动地选择吸收所需要的营养物质，排除新陈代谢产生的废物和对细胞有害的物质，对于活细胞完成各项生命活动具有重要的作用。

本 章 小 结

细胞质膜是细胞与细胞外环境之间选择性通透屏障，活细胞内外的离子浓度是高度不同的，这种离子差别对于细胞的生存和功能至关重要。细胞内外离子浓度的差别主要由两种机制所调控：一是取决于一套特殊的膜转运蛋白的活性；二是取决于膜本身的脂双层所具有的疏水特征。

活细胞的生命活动离不开与周围的环境发生信息、物质和能量的交换，因此，细胞必须具备一套物质转运体系，用来获得所需物质和排出代谢废物。几乎所有小的有机分子和带电荷的无机离子的跨膜转运，都需要膜转运蛋白。膜转运蛋白可分为两大类：一类称载体蛋白，另一类称通道蛋白。

载体蛋白与通道蛋白以不同的方式辨别溶质。载体蛋白是几乎所有类型的生物膜上普遍存在的多层次跨膜的蛋白质分子。每种载体蛋白能与特定的溶质分子结合，通过一系列构象改变介导溶质分子的跨膜转运。通道蛋白形成跨膜亲水性离子通道，离子通道具有三个显著特征：一是具有极高的转运效率；二是离子通道没有饱和值；三是非连续性开放，而是门控的。离子通道无需与溶质分子结合，它的开或关两种构象的调节，应答于适当的信号。根据信号的不同，离子通道又分为电压门控通道、配体门控通道和压力激活通道，通道蛋白只介导被动运输。

物质跨膜运输分为被动运输和主动运输。被动运输转运的动力来自物质的浓度梯度，不需要细胞提供代谢能量，有些需要载体的协助。主动运输是由载体蛋白所介导的物质逆浓度梯度或电化学梯度由浓度低的一侧向浓度高的一侧进行跨膜转运的方式。主动运输需要与某种释放能量的过程相偶联，主动运输过程可归纳为由 ATP 直接提供能量、ATP 间接供能以及光能驱动三种基本类型。

ATP 驱动泵可分为 4 类：P 型泵、V 型质子泵、F 型质子泵和 ABC 超家族。前三种泵只转运离子，后一种主要是转运小分子。

Na^+-K^+ 泵具有 ATP 酶活性，是典型的 P 型离子泵。通过 Na^+ 依赖的磷酸化和 K^+ 依赖的去磷酸化引起构象变化有序交替发生，每个循环消耗 1 个 ATP 分子，泵出 3 个 Na^+ 和泵进 2 个 K^+。动物细胞借助 Na^+-K^+ 泵维持细胞渗透平衡，调节细胞容积；同时利用胞外

高浓度 Na^+ 的所储存的能量，主动从细胞外摄取营养；也参与细胞膜电位的形成。植物细胞、真菌（酵母）和细菌的细胞质膜上没有 Na^+-K^+ 泵，而具有 H^+ 泵，将 H^+ 泵出细胞，建立跨膜的 H^+ 电化学梯度，利用 H^+ 电化学梯度来驱动主动转运溶质进入细胞。钙泵也是重要的 P 型离子泵，用于维持细胞内低浓度的 Ca^{2+}。

V 型质子泵和 F 型质子泵两者相似，两者和 P 型离子泵不同，在功能上都是只转运质子，并且在转运 H^+ 过程中不形成磷酸化的中间体。V 型质子泵是利用 ATP 水解供能从细胞质中逆 H^+ 电化学梯度进入细胞器，以维持细胞质基质 pH 中性和细胞器内的 pH 酸性；F 型质子泵以相反的方式发挥其生理作用，即 H^+ 顺浓度梯度运动，将所释放的能量与 ATP 合成偶联起来。

ABC 超家族也是一类 ATP 驱动泵，该家族含有几百种不同的转运蛋白，广泛分布在从细菌到人类各种生物体中。在正常生理条件下，ABC 转运蛋白是细菌质膜上糖、氨基酸、磷脂和肽的转运蛋白，是哺乳类细胞质膜上磷脂、亲脂性药物、胆固醇和其他小分子的转运蛋白。ABC 转运蛋白也与人类疾病密切相关。

协同转运是一类由 Na^+-K^+ 泵（H^+ 泵）与载体蛋白协同作用，靠间接消耗 ATP 所完成的主动运输方式。物质跨膜运动所需的直接动力来自细胞膜两侧离子的电化学梯度，而维持这种化学梯度则通过 Na^+-K^+ 泵（H^+ 泵）消耗 ATP 所实现的。动物细胞是利用膜两侧的 Na^+ 电化学梯度来驱动的，而植物细胞和细菌常利用 H^+ 电化学梯度来驱动。根据物质运输方向与离子顺电化学梯度的转移方向的关系，协同转运又可分为同向转运和反向转运。

光驱动泵主要指利用光能驱动物质运输，它是一个光驱动的"质子泵"，在这个系统中，H^+ 的运输是由光能驱动的。

❓ 复习题

1. 名词解释：载体蛋白，通道蛋白，水通道蛋白，ABC 超家族，协助扩散，主动运输，被动运输，协同转运，Ca^{2+}-ATP 酶
2. 比较三种离子通道的异同。
3. 比较载体蛋白与通道蛋白的异同。
4. 比较主动运输与被动运输的特点及其生物学意义。
5. 比较 P 型泵、V 型质子泵、F 型质子泵和 ABC 超家族。
6. 说明 Na^+-K^+ 泵的工作原理及其生物学意义。
7. 简述小分子物质跨膜运输与膜电位之间的关系。

参 考 文 献

韩贻仁. 2007. 分子细胞生物学. 3 版. 北京：高等教育出版社
孙同天. 2010. 细胞生物学. 2 版. 北京：人民卫生出版社
王金发. 2004. 细胞生物学. 北京：科学出版社
杨富愉. 2005. 生物膜. 北京：科学出版社
翟中和，王喜忠，丁明孝. 2011. 细胞生物学. 4 版. 北京：高等教育出版社
Albert B, Johnson A, Lewis J, et al. 2008. Essential Cell Biology. New York：Garland Science
Carafoli E, Brini M. 2000. Calcium pumps：structural basis for and mechanism of calcium transmembrane transport. Curr Opin Chem Biol, 4：152-161

Hollenstein K, Frei D C, Locher K P. 2007. Structure of an ABC transporter in complex with its binding protein. Nature, 446 (7132): 213-216

Holmgren M, Wagg J, Bezanilla F, et al. 2000. Three distinct and sequential steps in the release of sodium ions by the Na^+/K^+-ATPase. Nature, 403: 898-901

Ishibashi K. 2009. New members of mammalian aquaporins: AQP10~AQP12. Handb Exp Pharmacol, 190: 251-262

Karp G. 2005. Cell and Molecular Biology: Concept and Experiments. 4th ed. New York: John Wiley and Sons. Inc.

Karp G. 2005. 分子细胞生物学. 3 版. 丁明孝, 张传茂, 杨玉华译. 北京: 高等教育出版社

Lodish H, Berk A, Matsudaira R, et al. 2004. Molecular Cell Biology. New York: WH Freeman

Marisa B, Ernesto C. 2009. Calcium pumps in health and disease. Physiol Rev, 89: 1341-1378

Nishi T, Forgac M. 2002. The vacuolar H^+-ATPase-nature's most versatible porton pumps. Nature Rev Mol Cell Biol, 3: 94-103

Pollard T D, Earnshaw W C. 2004. Cell Biology. Amsterdam: Elsevier

Rodacker V, Ustrup-Jensen M, Lsen B. 2006. Mutations Phe785Leu and Thr618Met in Na^+-ATPase, associated with familial rapid-onset dystonia parkinsonism, interfere with Na^+ interaction by distinct mechanisms. J Biol Chem, 281 (27): 18539-18545

（燕帅国）

第5章 细 胞 核

细胞核（nucleus）是真核细胞区别于原核细胞最显著的标志之一，是真核细胞内最大、最重要的细胞器。

真核细胞，除高等植物韧皮部成熟的筛管和哺乳动物成熟的红细胞等极少数例外，都含有细胞核。通常一个细胞含有一个核，但是有些细胞含有多个细胞核。肝细胞和心肌细胞可有双核，破骨细胞可有6～50个细胞核，骨骼肌细胞可有数百个细胞核，高等植物的绒毡层细胞可有2～4个细胞核。细胞核大多呈球形或卵圆形，但也随物种和细胞类型不同而有很大变化，在蚕的丝腺细胞中为分枝状，在胚乳细胞中呈网状，血液粒性白细胞为多叶状。物种、DNA含量及细胞的生理状态决定了细胞核的大小，高等动物细胞核直径一般为5～10μm，高等植物细胞核直径一般为5～20μm，低等植物细胞核直径为1～4μm。

细胞核是细胞遗传和代谢的控制中心，主要由核被膜、核纤层、染色质、核仁及核基质等组成（图5-1）。细胞核的功能主要有两方面：一是遗传物质的储存场所；二是细胞遗传和细胞代谢活动的控制中心，遗传物质的复制、基因的转录和转录初产物的加工等重要的生物学过程都是在细胞核内完成的。

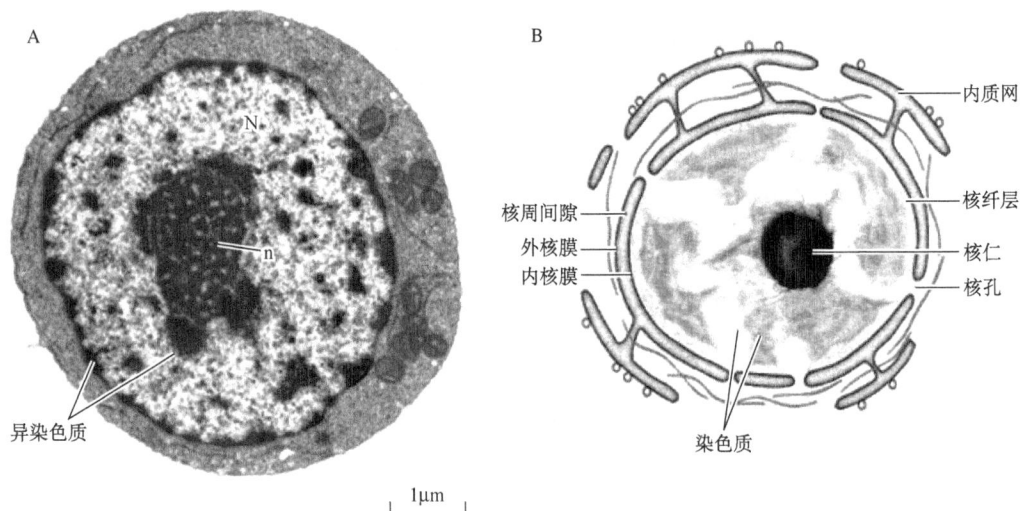

图 5-1 细胞核的结构

A. 动物细胞的超薄电镜照片，示细胞核（N）、核仁（n）、异染色质（引自 Karp，2005）；

B. 细胞核结构示意图（引自翟中和等，2007）

🌐 细胞核的发现史

1781 年，Trontana 在鱼类中发现了细胞核，但对细胞核最早的描述却是由 1802 年 Bauer 完成的。到了 1831 年，苏格兰植物学家 Brown 又在伦敦林奈学会的演讲中对细胞核做了更为详细的描述。Brown 在用显微镜观察兰花时，发现花朵外层细胞有一些不透光的区域，并称其为"areola"或"nucleus"。不过他并未提出这些构造的可能功能。Schleiden 在 1838 年提出一个观点，认为细胞核能够生成细胞，并称这些细胞核为"细胞形成核"(cytoblast)，他也表示自己发现了组成于"细胞形成核"周围的新细胞。不过 Meyen 对此观点强烈反对，他认为细胞是经由分裂而增殖，并认为许多细胞并没有细胞核。由"细胞形成核"作用重新形成细胞的观念与 Remak 及 Virchow 的观点冲突，他们认为细胞是由单独细胞所生成。

1876～1878 年间，Hertwig 的数份有关海胆卵细胞受精作用的研究显示，精子的细胞核会进到卵子的内部，并与卵子细胞核融合。这一研究首度阐释了生物个体由单一有核细胞发育而成的可能性。这与 Haeckel 的理论不同，Haeckel 认为物种会在胚胎发育时期重演其种系发生历程，其中包括从原始且缺乏结构的黏液状"无核裂卵"(monerula)，一直到有核细胞产生之间的过程。因此，精细胞核在受精作用中的必要性经历了漫长的争论。Hertwig 后来又在其他动物的细胞，包括两栖类与软体动物中确认了他的观察结果。Strasburger 也从植物得到相同结论。这些结果显示了细胞核在遗传上的重要性。1873 年，Weismann 提出了一个观点，认为母系与父系生殖细胞在遗传上具有相等的影响力。直到 20 世纪初，随着对有丝分裂的观察，以及孟德尔定律的再发现，细胞核在携带遗传讯息上的重要性才终于得到证实。

5.1 核被膜与核孔复合体

核被膜（nuclear envelope）是位于细胞核最外面的双层膜结构，将细胞分成核与质两大结构与功能区域，使得 DNA 复制、RNA 转录与加工在细胞核内进行，而蛋白质翻译则局限在细胞质中，表现为基因表达的阶段性和区域性，也避免了核与质各自生物学过程的彼此干扰。此外，核被膜上特化形成的核孔复合体在调控细胞核内外的物质交换和信息交流中具有重要作用。

5.1.1 核被膜

5.1.1.1 核被膜的结构

核被膜由内核膜、外核膜、核周间隙、核孔复合体和核纤层 5 个部分组成（图 5-2）。

核被膜面向核质的一层膜被称为**内核膜**（inner nuclear membrane），而面向胞质的另一层膜称为**外核膜**（outer nuclear membrane），两层膜厚度均约为 7.5nm。两层膜之间有 20～40nm 的**核周间隙**（perinuclear space）。核被膜的内外两层膜平行但不连续，不连续的部位常常相互融合形成**环状核孔**（nuclear pore），其上镶嵌着结构复杂的**核孔复合体**（nuclear pore complex，NPC）。

外核膜表面常附有核糖体颗粒，且常常与糙面内质网相连续，使核周间隙与内质网腔彼此相通，核周间隙宽度随细胞种类不同而异，并随细胞的功能状态而改变。内核膜表面光滑，无核糖体颗粒附着，紧贴其内表面有一层致密的纤维网络状的核纤层（lamina）。核纤层是由核纤层蛋白（lamin）组成的直径 10nm 的蛋白纤维，在细胞分裂过程中对核被膜的解体和重建起调节作用，与核被膜的稳定、维持核孔位置、稳定间期染色质形态与空间结构、染色质构建和细胞核组装密切相关。

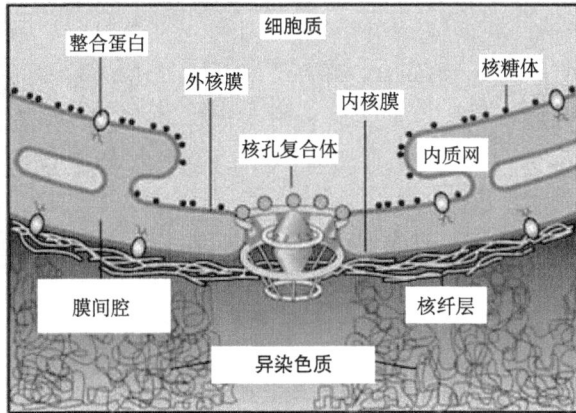

图 5-2　核被膜的结构（引自 Karp，2005）

5.1.1.2　核被膜的解体与重建

在真核细胞的细胞周期中，核被膜有规律地解体与重建。在分裂前期，双层核膜崩解成单层膜泡，核孔复合体解体；到分裂末期，核被膜开始围绕染色质形成子代细胞的细胞核，标记实验证实，旧核膜参与了新核膜的构建。

通过对非洲爪蟾（Xenopus laevis）卵提取物为基础的非细胞核组装体系（cell-free nuclear assembly system）的研究，在体外成功地模拟出细胞核的构建及解体过程。研究表明，一种直径 200nm 左右的单层小膜泡直接参与了核膜的形成。它们首先附着到染色质表面，在染色质表面排列并相互融合形成双层膜，同时在膜上的某些部位内、外膜相互融合并形成核孔复合体结构。通过 HeLa 细胞中富含核纤层蛋白 B 受体（lamin B receptor，LBR）的膜泡和富含 gp210 的膜泡研究，说明核被膜的解体和组装并不是随机的，而是具有区域特异性（domain-specific）。近期的研究工作发现，小 GTP 结合蛋白 Ran 及其结合蛋白参与了核膜的组装调节。核被膜的去组装、重组装变化还受细胞周期调控因子的调节，这种调节作用可能通过核纤层蛋白、核孔复合体蛋白的磷酸化与去磷酸化修饰来实现。

5.1.2　核孔复合体

1949～1950 年，Callan 与 Tomlin 在用透射电子显微镜观察两栖类卵母细胞的核被膜时发现了核孔，随后人们逐渐认识到核孔并不是一个简单的孔洞，而是一个相对独立的复杂结构。1959 年，Waston 将这种结构命名为核孔复合体。核孔复合体是核质交换的双向选择性亲水通道，是一种特殊的跨膜运输的蛋白质复合体。迄今已知的所有真核细胞，从酵母到人，在其间期细胞核上普遍存在核孔复合体。核孔复合体在核被膜上的数量、分布密度与分布形式随细胞类型、细胞核的功能状态的不同而有很大的差异。一般来说，转录功能活跃的细胞，其核孔复合体数量较多，反之较少。

5.1.2.1 核孔复合体的结构模型与成分研究

核孔复合体结构的研究一直是一个令人感兴趣的问题，随着电镜图像计算机处理技术、高分辨率场发射扫描电镜技术和快速冷冻-冷冻干燥制样技术的广泛使用，人们对核孔复合体的形态结构有了更深入的了解（图 5-3 和图 5-4）。

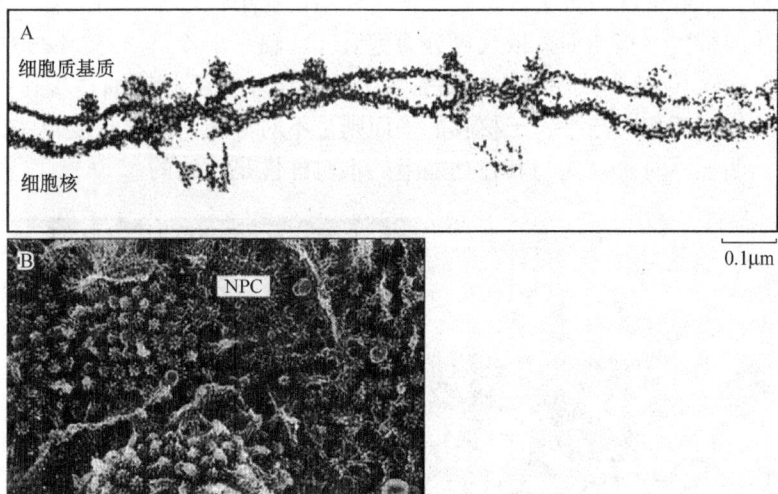

图 5-3 用电镜超薄切片技术（A）和高分辨率场发射扫描电镜（B）显示的核孔复合体（A 引自 Alberts et al.，2002；B 引自 Karp，2005）

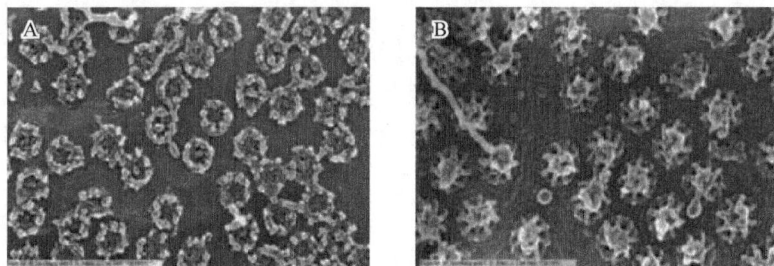

图 5-4 抽提后核孔胞质面（A）和核面（B）的结构（引自 Karp，2005）

综合已有的研究结果，人们提出了一个代表性的核孔复合体结构模型（图 5-5）。该模型认为核孔复合体的主要结构有以下 4 个部分。①胞质环（cytoplasmic ring）：位于核孔边缘的胞质面一侧，又称外环，环上有 8 条短纤维对称分布并伸向胞质。②核质环（nuclear ring）：位于核孔边缘的核质面一侧，又称内环，内环比外环结构复杂，环上也对称地连有 8 条细长的纤维，向核内伸入 20～70nm，在纤维的末端形成一个直径为 60nm 的小环，小环由 8 个颗粒构成。这样整个核质环就像一个"捕鱼笼"（fish-trap）样的结构，也有人称为核篮（nuclear basket）结构。③辐（spoke）：由核孔边缘伸向中心，呈辐射状八重对称。它的结构也比较复杂，可进一步分为三个结构域：主要的区域位于核孔边缘，连接内、外环，起支撑作用，称为"柱状亚单位"（column subunit）。在这个结构域之外，接触核膜部分的区域称为"腔内亚单位"（luminal subunit），它穿过核膜伸入双层核膜的核周间隙。在"柱状亚单位"之内，靠近核孔复合体中心的部分称为"环带亚单位"（annular subunit），由 8 个颗粒状结构环绕形成核孔复合体核质交换的通道。④中央栓（central plug）：位于核孔的中心，呈颗粒状或棒状，所以又称为中央颗粒（central granule），由于推测它在核质交换中起一定的作用，所以还把它叫做"transporter"（转运子）。也有人认为它不是核孔复合体的结构组分，而只是正在通过核孔复合体的被转运的物质。这个模型从横向上看，核孔复合体由周边向核孔中心依次可分为环、辐、栓三种结构亚单位；从纵向上看，核孔复合体由核外（胞质面）向核内（核质面）依次可分为胞质环、辐（＋栓）、核质环三种结构亚单位，形成"三明治"（sandwich）式的结构。核孔复合体对于垂直于核膜通过核孔中心的轴呈辐射状八重对称结构，而相对于平行于核膜的平面则是不对称的，即核孔复合体在核质面与胞质面两侧的结构明显不对称，这与其在功能上的不对称性是一致的。

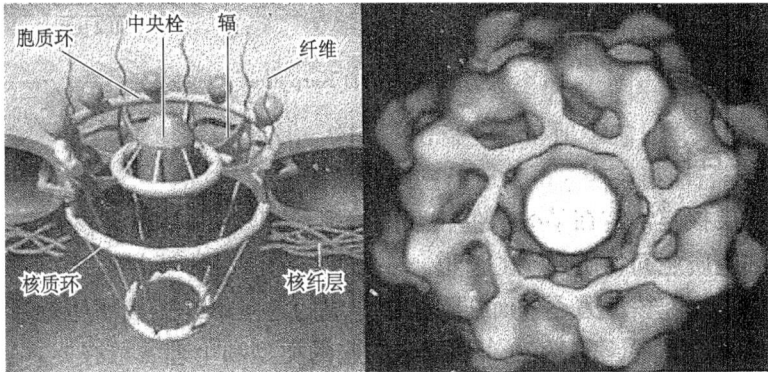

图 5-5　核孔复合体结构示意图（引自 Karp，2002）

核孔复合体主要由蛋白质构成，其总相对分子质量约为 1.25×10^8，含有 $30 \sim 100$ 种不同的多肽，共 1000 多个蛋白质分子，统称核孔蛋白（nucleoporin，Nup）。目前，已鉴定的脊椎动物的核孔复合体蛋白成分已达到 10 多种，其中，gp210 与 p62 是最具有代表性的两个成分，它们在不同的物种中有很强的同源性，核孔复合体的整个结构在进化上是高度保守的。

5.1.2.2　核孔复合体的功能

核孔复合体是一个双功能、双向性的亲水性核质交换通道，双功能表现在两种运输方式：被动扩散与主动运输；双向性表现在既介导蛋白质的入核转运，又介导 RNA、核糖核蛋白颗粒（RNP）的出核转运（图 5-6）。

1）通过核孔复合体的被动扩散

通过核孔复合体进行被动运输的功能直径为 9nm，长约 15nm，离子、小分子及直径在 10nm 以下的物质原则上可以自由通过。采用聚乙烯吡咯烷酮（PVP）包被的胶体金颗粒，通过显微注射导入变形虫细胞质内，然后在电镜下检查金颗粒的分布，发现胶金颗粒可以通过核孔复合体入核，说明在某些情况下，被动运输的有效直径可达 12.5nm（图 5-7）。对于球形蛋白来说，相对分子质量为 $40 \times 10^3 \sim 60 \times 10^3$ 的蛋白质分子可自由穿越核孔。值得注意的是，并不是所有符合条件的分子都是通过自由扩散的形式运输的，许多小分子的蛋白

	被动扩散	协助扩散	信号介导的核输入	信号介导的核输出
示意图	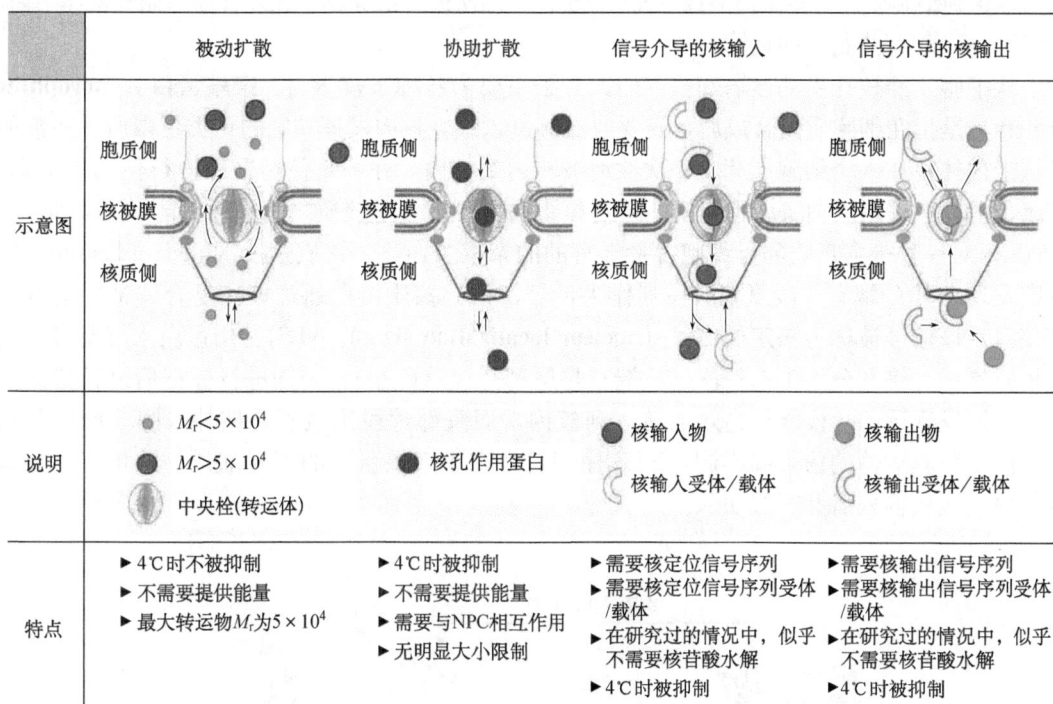 胞质侧 核被膜 核质侧	胞质侧 核被膜 核质侧	胞质侧 核被膜 核质侧	胞质侧 核被膜 核质侧
说明	● $M_r<5\times10^4$ ● $M_r>5\times10^4$ ◉ 中央栓(转运体)	● 核孔作用蛋白	● 核输入物 ⊂ 核输入受体/载体	● 核输出物 ⊃ 核输出受体/载体
特点	▶4℃时不被抑制 ▶不需要提供能量 ▶最大转运物M_r为5×10^4	▶4℃时被抑制 ▶不需要提供能量 ▶需要与NPC相互作用 ▶无明显大小限制	▶需要核定位信号序列 ▶需要核定位信号序列受体/载体 ▶在研究过的情况中，似乎不需要核苷酸水解 ▶4℃时被抑制	▶需要核输出信号序列 ▶需要核输出信号序列受体/载体 ▶在研究过的情况中，似乎不需要核苷酸水解 ▶4℃时被抑制

图 5-6 核孔复合体物质运输的功能示意图（引自翟中和等，2011）

质，如组蛋白 H1，其相对分子质量虽只有 2.1×10^4，但由于它本身带有特定的信号序列，所以是通过主动运输进入细胞核的；有的小分子蛋白质本身虽然没有信号序列，但可以与其他有信号序列的成分结合，一起被主动运输到核内。还有些小分子蛋白质可能会因为与其他大分子相结合，或与一些不溶性结构成分（如中间丝、核骨架等）结合而被限制在细胞质或细胞核内。

2）核孔复合体的主动运输

生物大分子通过核孔复合体的主动运输具有高度的选择性，并且是双向的。其选择性主要表现在以下三个方面。①对运输颗粒大小的限制，主动运输的功能直径为 10～20nm，甚至可达 26nm。一些较大的颗粒，如核糖体亚基也可以通过核孔复合体从核内运输到细胞质中，

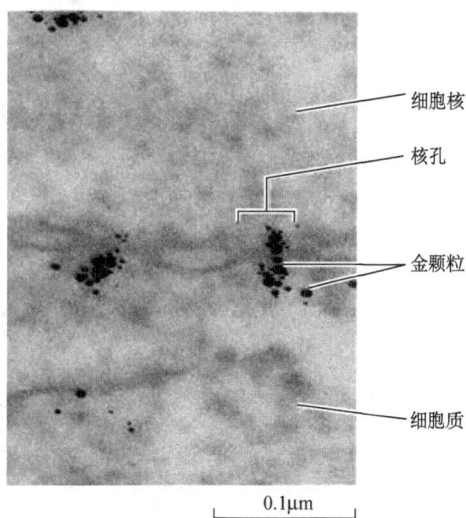

图 5-7 金标记的核质素穿越
核孔（引自 Karp，2005）

表明核孔复合体的有效直径的大小是可调节的。②主动运输是一个信号识别与载体介导的过程，需要消耗能量，并表现出饱和动力学特征。③双向性主要表现在既能把复制、转录、染色体构建和核糖体亚单位组装等所需要的各种因子，如 DNA 聚合酶、RNA 聚合酶、组蛋白、核糖体蛋白等运输到核内；同时又能将翻译所需的 mRNA、tRNA、组装好的核糖体亚单位从

核内运送到细胞质。有些蛋白质或 RNA 分子甚至两次或多次穿越核孔复合体，如核糖体蛋白、snRNA 等，可以进行双向运输。

　　从细胞质经核孔主动运输到核内的大分子主要为各种亲核蛋白。**亲核蛋白（karyophilic protein）** 是指在细胞质内合成后，需要或能够进入细胞核内发挥功能的一类蛋白质。多数的亲核蛋白往往在一个细胞周期中一次性地被转运到核内，并一直停留在核内行使功能活动，如组蛋白、核纤层蛋白等；但也有一些亲核蛋白需要穿梭于核质之间进行功能活动，如 importin。对一种来自爪蟾卵母细胞含量丰富的的亲核蛋白——核质蛋白（nucleoplasmin）的研究发现，其 C 端有一段氨基酸序列作为信号，指导核质蛋白通过核孔复合体被转运到细胞核内，该信号被称为**核定位信号（nuclear localization signal，NLS）**。用蛋白水解酶有限酶解核质蛋白，将其分为头部片段（N 端）与尾部片段（C 端），分别进行标记后进行显微注射，结果发现尾部片段能被高效地转运到核内，而头部片段则被拒之核外（图 5-8）。与指导蛋白质跨膜运输的信号肽不同，NLS 序列可存在于亲核蛋白的不同部位，并且在指导亲核蛋白完成核输入后并不被切除。

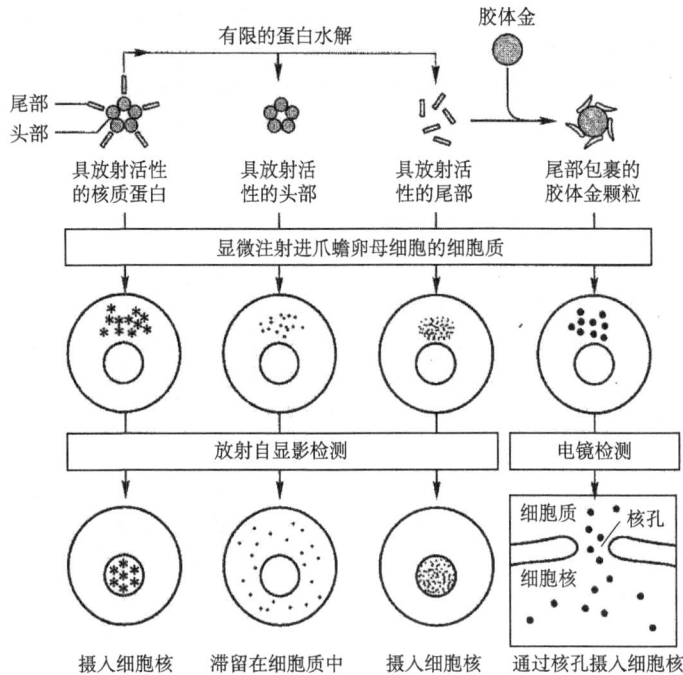

图 5-8　爪蟾卵母细胞核质蛋白注射实验（引自 Alberts et al.，2002）

　　亲核蛋白通过核孔复合体的入核转运可分为两步：结合（binding）与转移（translocation）。亲核蛋白首先结合到核孔复合体的胞质面，这一步不需要能量，但依赖正常的 NLS；随后的转移步骤则需要 GTP 水解供能。亲核蛋白除了本身具有 NLS 外，其入核转运还需要一些胞质蛋白因子的帮助。目前比较确定的因子有 importin α、importin β、Ran 和 NTF2 等。在它们的参与下，亲核蛋白的入核转运可分为如下几个步骤（图 5-9）。

　　① 亲核蛋白通过 NLS 识别 importin α，与可溶性 NLS 受体 importin α/importin β 异二聚体结合，形成转运复合物。②在 importin β 的介导下，转运复合物与核孔复合体的胞质纤

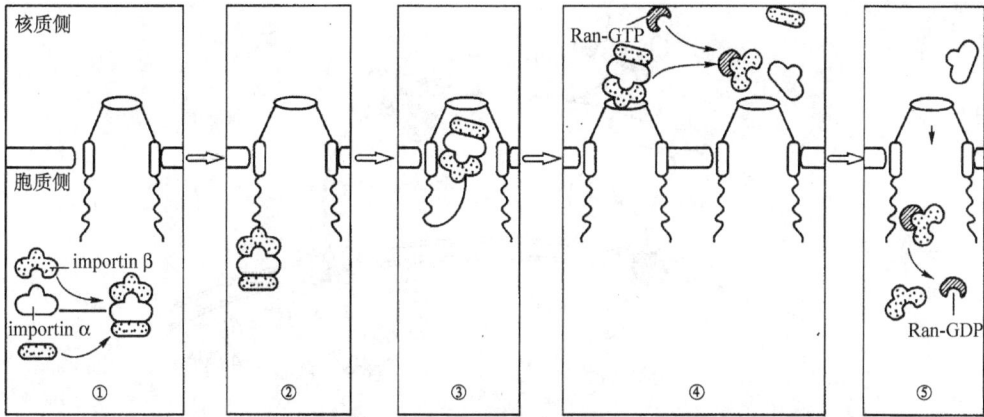

图 5-9 亲核蛋白从细胞质向细胞核输入的过程示意图（引自翟中和等，2007）

维结合。③转运复合物通过改变构象的核孔复合体从胞质面被转移到核质面。④转运复合物在核质面与 Ran-GTP 结合，并导致复合物解离，亲核蛋白释放。⑤受体的亚基与结合的 Ran 返回胞质，在胞质内 Ran-GTP 水解形成 Ran-GDP，并与 importin β 解离。游离的 importin α、importin β 一起参与新的亲核蛋白的入核转运，Ran-GDP 返回核内，在相关因子作用下再转换成 Ran-GTP 状态。

当然，亲核蛋白具有 NLS 并不一定都要进入核内，能否被转运入核还受到其他因素的影响。当生命活动不需要时它们可能就滞留在细胞质内，这个过程可能是因为有的亲核蛋白的 NLS 活性被封闭（masking），如磷酸化修饰；有的则与"胞质滞留因子"（cytoplasmic retention factor）结合，导致其不能自由活动。总之，蛋白质入核转运作为一种重要的核质物质交换与信息交流活动，是受到多种因素综合调节的。

出核转运主要涉及核内合成后的物质通过核孔复合体运出细胞核，其中主要是核内转录并加工成熟的 RNA 和核糖体亚单位的出核转运。真核细胞中由 RNA 聚合酶Ⅰ转录的 rRNA 分子，总是在核仁中与从胞质中转运进来的核糖体蛋白结合形成核糖体亚基，以核糖核蛋白颗粒（RNP）的形式离开细胞核，转运过程需要能量；由 RNA 聚合酶Ⅲ转录的 5S rRNA 与 tRNA 的转运是一种由蛋白质介导的过程；由 RNA 聚合酶Ⅱ转录的核内异质 RNA（heterogeneous nuclear RNA，hnRNA），首先需要在核内进行 $5'$ 端加帽和 $3'$ 端附加多聚 A 序列及剪接等加工过程，然后形成成熟的 mRNA 出核，出核转运也是一个需要载体的主动运输过程。研究表明，核内 RNA 的转运不仅受正调控作用，而且还受负调控作用，以防止错误转运，而且在这个过程中，都需要蛋白质分子的帮助。真核细胞的 snRNA、mRNA 与 tRNA，无论在细胞质还是细胞核中，都是与相关的蛋白质结合在一起，即以各种 RNP 颗粒的形式存在的。所谓 RNA 的出核转运，实际上是 RNA-蛋白质复合体的转运（图 5-10），即 RNA 的核输出离不开特殊的蛋白质因子的参与，这些蛋白质因子本身含有核输出信号（nuclear export signal，NES），这是核内物质输出细胞核的信号，帮助核内某些分子迅速通过核孔进入细胞质。对于一些在核质之间往返穿梭的蛋白质来说，它们既具有核定位信号，也具有核输出信号。

图 5-10　snRNA 输出与输入细胞核（引自 Cooper，2004）

5.2　染色质

染色质（chromatin）是遗传物质的载体，是指间期细胞核内由 DNA、组蛋白、非组蛋白及少量 RNA 组成的线性复合结构，是间期细胞遗传物质的存在形式。1848 年，Hofmeister 从鸭跖草的小孢子母细胞中发现染色质。1879 年，Flemming 提出了染色质这一术语，用以描述细胞核中能被碱性染料强烈着色的细丝状物质，其在细胞的有丝分裂期螺旋化形成**染色体（chromosome）**。1888 年 Waldeyer 正式提出染色体的命名。实际上，二者之间的区别主要并不在于化学组成上的差异，而在于包装程度不同，反映了同一物质在细胞分裂间期和分裂期的不同形态表现（图 5-11）。

染色质是细胞内基因存在与发挥功能的结构基础，细胞的生长、分裂甚至衰老与死亡都

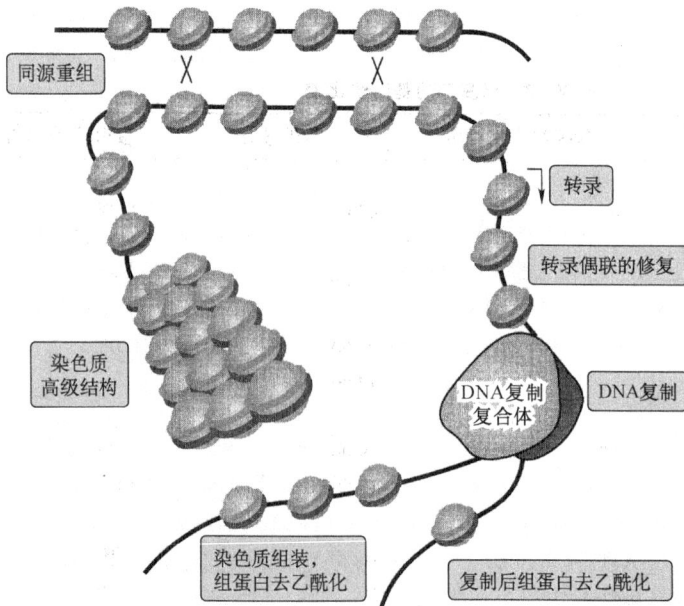

图 5-11　DNA 复制、转录和重组在染色质水平进行（引自翟中和等，2007）

是受基因控制的，在染色质水平上进行着 DNA 复制、基因转录、同源重组、DNA 修复，包括转录偶联的修复（transcription coupled repair），以及 DNA 和组蛋白的甲基化、乙酰化、磷酸化、亚硝基化和泛素化等各种修饰。

染色质的主要成分是组蛋白和 DNA，还有非组蛋白及少量 RNA。通过分析大鼠肝细胞染色质成分，组蛋白与 DNA 含量之比近于 1∶1，非组蛋白与 DNA 之比是 0.6∶1，RNA/DNA 比率为 0.1∶1。DNA 与组蛋白是染色质的稳定成分，非组蛋白与 RNA 的含量则随细胞生理状态的不同而产生变化。

5.2.1 染色质 DNA 与蛋白质

5.2.1.1 染色质 DNA

DNA 是生物遗传信息的携带者，除少数 RNA 病毒外，几乎所有生物的遗传物质都是DNA。某一生物储存于单倍染色体组中的遗传信息总和为该生物的**基因组（genome）**。

基因组的大小在不同物种细胞中具有差异，真核生物基因组 DNA 的含量比原核生物高得多（表 5-1）。

表 5-1 已测序的基因组比较

物种	基因组大小/Mb	基因数目	蛋白质编码序列
细菌			
生殖支原体	0.58	470	88%
流感嗜血杆菌	1.8	1 743	89%
大肠杆菌	4.6	4 288	88%
酵母			
芽殖酵母	12	6 000	70%
裂殖酵母	12	4 800	60%
无脊椎动物			
秀丽隐杆线虫	97	19 000	25%
果蝇	180	13 600	13%
植物			
拟南芥	125	26 000	25%
水稻	440	30 000~50 000	约 10%
哺乳动物			
人	3200	30 000~40 000	1%~1.5%

注：Mb 为百万碱基对。

根据真核生物 DNA 复性动力学分析和全基因组测序的结果，可将构成基因组的 DNA 序列按照编码特征和拷贝数分为以下几类。

① 非重复 DNA 序列：这些序列几乎编码了所有的蛋白质，是非重复的单一 DNA 序列，一般在基因组中只有一个拷贝，也可能有两个或几个拷贝，一般称为单拷贝序列，在人类细胞基因组中，这一比例只有 1.5% 左右。单拷贝序列在基因组中所占比例随生物而异（表 5-1）。

② 中度重复 DNA 序列：这些序列可以分成两类，一类是有编码功能的重复 DNA 序列。例如，编码 rRNA、tRNA、snRNA 和组蛋白的基因常以重复序列的形式串联排列，细胞对其产物的需要量一般都很大。还有一类是没有编码功能的重复 DNA 序列，在整个基因组中散在分布，DNA 转座子、LTR 反转座子、非 LTR 反转座子和假基因都属于这种散在

的重复序列。其中，非 LTR 反转座子包括短散在元件（short interspersed element，SINE）和长散在元件（long interspersed element，LINE），典型 SINE 长度少于 500bp，如人和灵长类基因组中大量分散存在的 Alu 家族，人基因组中有 50 万～70 万份 Alu 拷贝；典型 LINE 长度为 6～8kb，如人基因组中的 L1 家族有 1×10^5 个拷贝。

③ 高度重复 DNA 序列：这类序列在基因组中至少含 10^5 拷贝，由一些短的 DNA 序列串联重复排列而成，也叫做简单序列 DNA（simple sequence DNA），在基因组 DNA 复性动力学分析中退火非常快。高度重复序列的重复单位通常很短，以不间断的重复方式成簇分布，主要可以分成**卫星 DNA（minisatellite DNA）、小卫星 DNA（minisatellite DNA）**和**微卫星 DNA（microsatellite DNA）**三种类型。

卫星 DNA 的重复单位长 5 至数百个碱基对，不同物种重复单位碱基组成不同，一个物种也可能含有不同的卫星 DNA 序列。卫星 DNA 主要分布在染色体着丝粒部位，如人类染色体着丝粒区的 α-卫星 DNA 家族，但其功能尚不清楚。

小卫星 DNA 的重复单位长 12～100bp，重复 3000 次之多，又称数量可变的串联重复序列，每个小卫星区重复序列的拷贝数是高度可变的，因此早前常用基于完全个体特异的 DNA 多态性，其个体识别能力足以与 DNA 指纹技术（DNA finger-printing）相媲美，可用于作个体鉴定。研究发现，小卫星序列的改变可以影响邻近基因的表达，基因的异常表达会导致一系列不良后效应。

微卫星 DNA 的重复单位序列最短，只有 1～5bp，聚集成 50～100bp 的小簇。人类基因组中至少有 3×10^4 个不同的微卫星位点，具高度多态性（polymorphism），在不同个体间有明显差别，但在遗传上却是高度保守的，因此可作为重要的遗传标记，用于构建遗传图谱（genetic map）及个体鉴定等。

此外，基因组中还含有未分类的间隔序列 DNA（unclassified spacer sequence DNA），其功能尚未阐明（表 5-2）。

表 5-2　人类基因组 DNA 类型及在基因组中含量

种类	长度	人类基因组中的拷贝数	人类基因组中的含量/%
蛋白质编码序列			
单一基因	可变	1	约 15 *（0.8↑）
双重基因或基因家族里分出的基因	可变	2～1000	约 15 *（0.8↑）
编码 rRNA、tRNA、snRNA 和组蛋白的串联重复基因	可变	2～300	0.3
重复序列 DNA			
简单序列 DNA	1～500bp	可变	3
散在重复序列			
DNA 转座子	2～3kb	300 000	3
LTR 反转座子	6～11kb	440 000	8
非 LTR 反转座子			
LINE	6～8kb	860 000	21
SINE	100～300bp	1 600 000	13
编码假基因	可变	1～100	约 0.4
未分类的间隔 DNA	可变	n. a.	约 25

　* 表示包括内含子的完整转录单位；↑ 表示编码蛋白质的外显子。人类基因组编码蛋白质的基因有 30 000～35 000 个，但这一数目可能被低估。n. a. 表示不适用于此。来源于 Lander E. S. et al.，*Nature*，2001；409：860。

5.2.1.2　染色质蛋白

染色质蛋白包括**组蛋白（histone）**和**非组蛋白（nonhistone）**两类，组蛋白与 DNA 结合但没有序列特异性，而非组蛋白与特定 DNA 序列或组蛋白相结合。染色质蛋白负责 DNA 分子遗传信息的组织、复制和阅读。

1）组蛋白

组蛋白是构成真核生物染色体的基本结构蛋白。采用聚丙烯酰胺凝胶电泳的方法可以区分 5 种不同的组蛋白：H1、H2A、H2B、H3 和 H4，几乎所有真核细胞都含有这 5 种组蛋白，而且含量丰富，每个细胞每种类型的组蛋白约 6×10^7 个分子。组蛋白富含带正电荷的 Arg 和 Lys，属碱性蛋白质，等电点一般在 pH10.0 以上，可以和酸性的 DNA 紧密结合。表 5-3 列举了 5 种组蛋白的一些特性。

表 5-3　5 种组蛋白的某些特性

种类	类型	碱性氨基酸			酸性氨基酸	碱性氨基酸/酸性氨基酸	氨基酸残基数	相对分子质量	核小体上位置
		Lys	Arg	Lys/Arg					
H1	极度富含 Lys	29%	1%	29	5%	6.0	215	23 000	连接
H2A	同上	11%	9%	1.2	15%	1.3	129	14 500	核心
H2B	同上	16%	6%	2.7	13%	1.7	125	13 774	核心
H3	轻度富含 Lys	10%	13%	0.77	13%	1.8	135	15 324	核心
H4	富含 Arg	11%	14%	0.79	10%	2.5	102	11 822	核心

按照功能，可以将组蛋白分为两组，一组为 H1 组蛋白，其分子较大（215 个氨基酸）。H1 由两部分组成，即球形核心和可变的 N 端、C 端臂。球形中心在进化上保守，而 N 端和 C 端两个"臂"的氨基酸变异较大，在构成核小体时 H1 起连接作用，它赋予染色质以极性，有一定的种属和组织特异性。另外一组为**核小体组蛋白（nucleosomal histone）**，包括 H2A、H2B、H3 和 H4，这 4 种组蛋白有相互作用形成复合物的趋势，其 N 端富含碱性氨基酸，C 端富含疏水氨基酸，它们通过 C 端的疏水氨基酸（如 Val 和 Ile）互相结合，而 N 端带正电荷的氨基酸（Arg 和 Lys）则向四面伸出以便与 DNA 分子结合，从而帮助 DNA 卷曲形成核小体的稳定结构。这 4 种组蛋白没有种属及组织特异性，在进化上十分保守，特别是 H3 和 H4 是所有已知蛋白质中最为保守的。

虽然组蛋白分子的氨基酸序列是高度保守的，但在其分子结构中也会有一些变化。大多数细胞中都有部分组蛋白的某些碱性氨基酸侧链被磷酸化、乙酰化、甲基化及 ADP 糖基化等修饰（图 5-12），这些修饰中和了侧链的正电荷，改变了组蛋白和 DNA 结合的特性。

2）非组蛋白

非组蛋白又称序列特异性 DNA 结合蛋白（sequence specific DNA binding protein），主要是指与特异 DNA 序列相结合的蛋白质。

非组蛋白在不同组织细胞中其种类和数量都不相同，代谢周转快。首先，非组蛋白占染

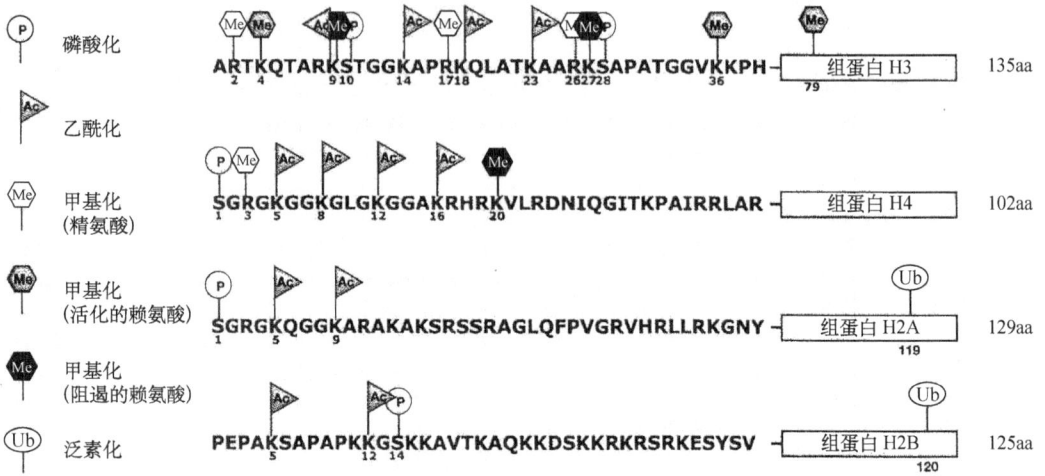

图 5-12　组蛋白尾巴的修饰位点（引自 Allis et al.，2009）

色质蛋白的 60%～70%，包括多种参与核酸代谢与修饰的酶类和其他蛋白质，如 DNA 聚合酶和 RNA 聚合酶、HMG 蛋白（high mobility group protein）、染色体支架蛋白、肌动蛋白和基因表达调控蛋白等，这些即为其多样性表现；其次，非组蛋白能识别特异的 DNA 序列，识别信息来源于 DNA 核苷酸序列本身，识别位点存在于 DNA 双螺旋的大沟部分，靠氢键和离子键在此结合。在不同的基因组之间，这些非组蛋白所识别的 DNA 序列在进化上是保守的。这类序列特异性 DNA 结合蛋白具有一个共同特征，即形成与 DNA 结合的螺旋区并具有蛋白质二聚化的能力；最后，非组蛋白具有功能多样性，虽然与 DNA 特异序列结合的蛋白质在每个真核细胞中只有 1×10^4 个分子左右，仅占细胞总蛋白的 1/50 000，但它们参与了 DNA 分子折叠及染色质高级结构的形成、基因表达的调控，以及 DNA 复制、重组和修复等多种生物学过程。利用非组蛋白与特异 DNA 序列亲和的特点，通过凝胶延滞实验（gel retardation assay），可以在细胞抽提物中检测非组蛋白。

　　根据非组蛋白与 DNA 结合的结构域不同，可以将非组蛋白分为不同的家族，图 5-13 显示几种主要的结构模式。从图 5-13 中可以看到，这些非组蛋白分别以二聚体的形式与 DNA 的特定序列结合，有些非组蛋白，如 HMG 框结构模式（HMG-box motif），具有弯曲 DNA 的能

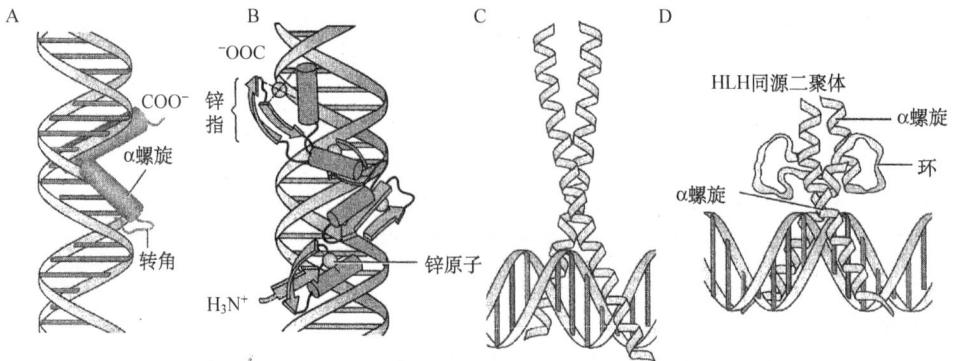

图 5-13　序列特异性 DNA 结合蛋白的不同结构模式（引自翟中和等，2007）

A. α螺旋-转角-α螺旋；B. 锌指；C. 亮氨酸拉链；D. 螺旋-环-螺旋结构模式

力，它们通过弯曲 DNA、促进与邻近位点相结合的其他转录因子的相互作用而激活转录。

凝胶延滞实验

凝胶延滞实验又称为 DNA 迁移率变动试验（DNA mobility shift assay），是在 20 世纪 80 年代初期出现的用于在体外研究 DNA 与蛋白质相互作用的一种特殊的凝胶电泳技术，具有简单、快捷等优点。通过凝胶延滞实验，可以在细胞核抽提物中检测非组蛋白和 DNA 序列的结合特征。

凝胶延滞实验主要依据的是基于电场的作用，DNA 的迁移率与其分子大小成反比。在凝胶延滞实验中，将已知特异序列的 DNA 进行放射性同位素标记后，与待检测的细胞抽提物混合，进行凝胶电泳，未与蛋白质结合的自由 DNA 迁移最快，而与蛋白质结合的 DNA 则迁移速率慢，结合的蛋白质分子质量越大，DNA 分子的延滞现象越明显。电泳结束后，通过放射自显影，即可在 X 光片上显示出一系列 DNA 带谱，据此可以了解这一特定的已知序列 DNA 上是否结合蛋白质（图 5-14）。

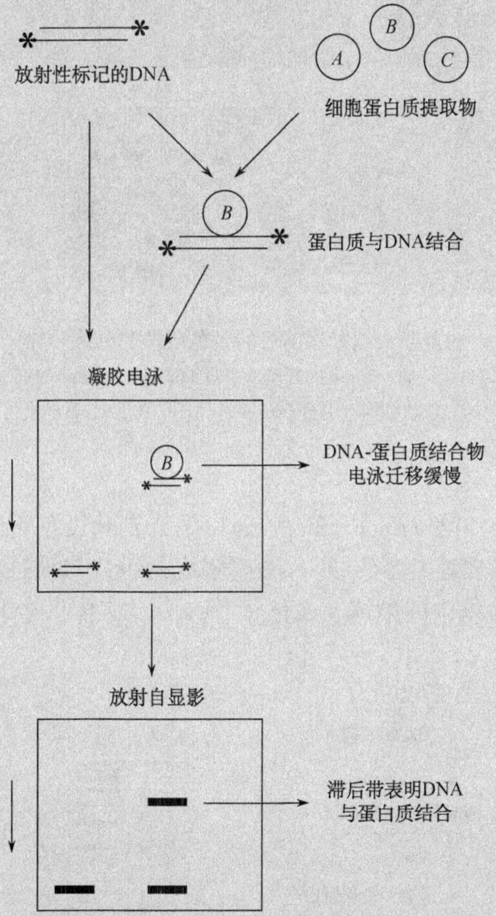

图 5-14　凝胶延滞实验的基本原理示意图
放射性标记的 DNA 由于与细胞蛋白质 B 结合，在凝胶电泳中迁移速度变慢，在放射自显影中呈现滞后的条带

5.2.2 染色质的基本结构单位——核小体

1974年，Kornberg等根据染色质的酶切和电镜观察，发现核小体（nucleosome）是染色质组装的基本结构单位，并提出了目前被广泛接受的染色质结构的"串珠"模型。

5.2.2.1 主要实验证据

1）染色质铺展技术

用温和的方法处理细胞核，将染色质铺展在电镜铜网上，电镜观察可以看出未经处理的染色质自然结构为30nm的纤丝，而经盐溶液处理后解聚的染色质呈现一系列核小体彼此连接的串珠状结构，串珠的直径为10nm（图5-15）。

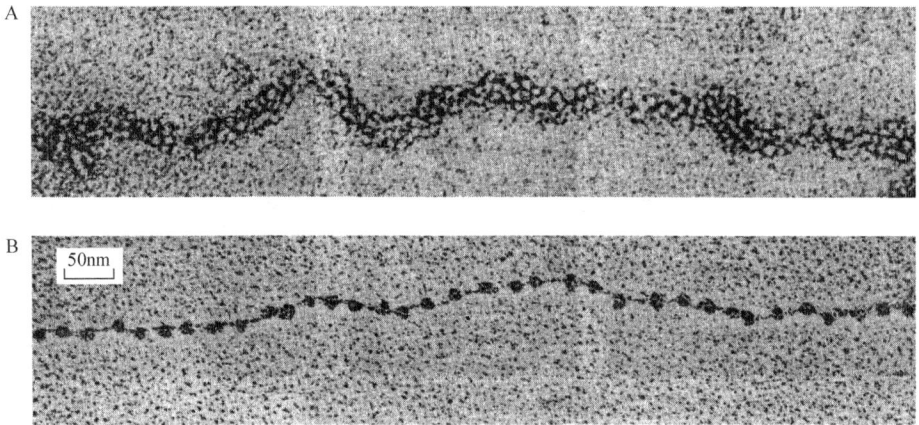

图5-15 盐处理前后的染色质丝的电镜照片

A. 自然结构：30nm 的纤丝（引自 Hamkalo et al.，1985）；

B. 解聚的串珠状结构（引自 Foe et al.，1976）。A、B 放大倍数相同

2）核酸酶水解实验

用非特异性微球菌核酸酶（micrococcal nuclease）消化染色质后，经过蔗糖梯度离心及琼脂糖凝胶电泳分析，发现绝大多数 DNA 被降解成大约 200bp 的片段。如果部分酶解，则得到的片段是以 200bp 为单位的单体、二体（400bp）、三体（600bp）等（图5-16）。蔗糖

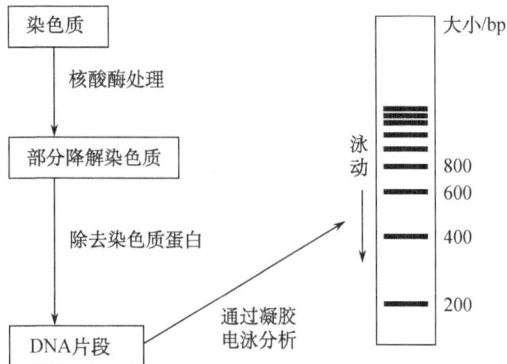

图5-16 染色质的核酸酶水解实验（引自 Kleinsmith and Kish，1995）

梯度离心得到的不同组分，在波长 260nm 的吸收峰的大小和电镜下所见到的单体、二体和三体的核小体组成完全一致。如果用同样方法处理裸露的 DNA，则产生随机大小的片段群体，从而提示染色体 DNA 除某些周期性位点之外均受到某种结构的保护，避免了酶的接近和切割。

3）晶体结构观察

应用 X 射线衍射、中子散射和电镜三维重建技术，研究染色质结晶颗粒，发现核小体颗粒是直径为 11nm、高 6nm 的扁圆柱体，具有二分对称性（dyad symmetry）。核心组蛋白的构成是先形成（H3）$_2$·（H4）$_2$ 四聚体，然后再与两个 H2A·H2B 异二聚体结合形成八聚体（图 5-17）。

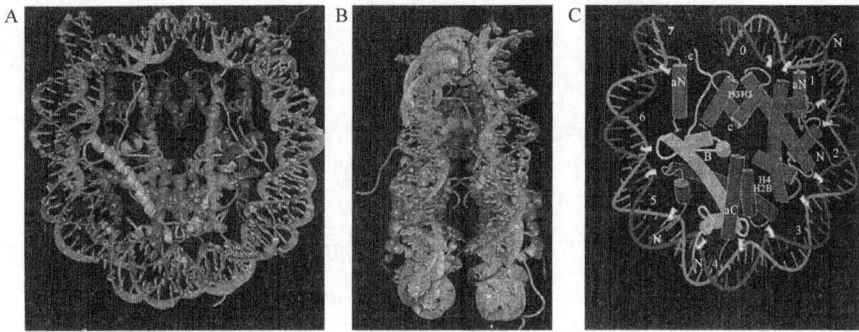

图 5-17　由 X 射线晶体衍射所揭示的核小体三维结构（引自 Luger et al .，1997）

A. 通过 DNA 超螺旋中心轴所显示的核小体核心颗粒 8 个组蛋白分子的位置；B. 垂直于中心轴的角度所看到的核小体核心颗粒的盘状结构；C. 半个核小体核心颗粒的示意图模型，一圈 DNA 超螺旋（73bp）和 4 种核心组蛋白分子，每种组蛋白由三个 α 螺旋和一个伸展的 N 端尾部组成

4）SV40 微小染色体分析

用 SV40 病毒感染细胞，病毒 DNA 进入细胞后，与宿主的组蛋白结合，形成串珠状微小染色体，电镜观察 SV40 DNA 为环状，周长 1500nm，约 5.0kb。若 200bp 相当于一个核小体，则可形成 25 个核小体，实际观察到 23 个，与推断基本一致。如用 0.25mol/L 盐酸将 SV40 溶解，可在电镜下直接看到组蛋白的聚合体，若除去组蛋白，则完全伸展的 DNA 长度恰好为 5.0kb。

5.2.2.2　核小体结构要点

（1）每个核小体单位包括 200bp 左右的 DNA 超螺旋和一个组蛋白八聚体，以及一个分子的组蛋白 H1（图 5-18）。

（2）组蛋白八聚体构成核小体的盘状核心颗粒，相对分子质量 $1.0×10^5$，由 4 个异二聚体组成，包括两个 H2A·H2B 和两个 H3·H4。

（3）DNA 分子以左手螺旋方式缠绕在核心颗粒表面，共 1.75 圈，约 146bp。组蛋白 H1 在核心颗粒外结合额外的 20bp DNA，锁住核小体 DNA 的进出端，起稳定核小体的作用。

（4）两个相邻核小体之间以连接 DNA（linker DNA）相连，典型长度 60bp，不同物种变化值为 0～80bp。

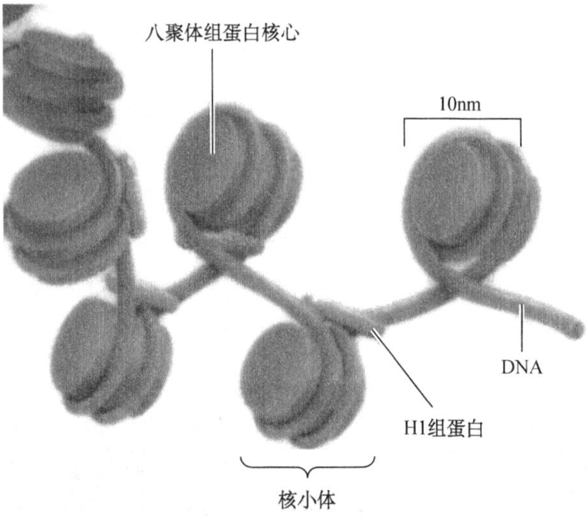

图 5-18　核小体的结构要点示意图

（5）组蛋白与 DNA 之间的相互作用主要是结构性的，基本不依赖于核苷酸的特异序列。正常情况下不与组蛋白结合的 DNA（如噬菌体 DNA 或人工合成的 DNA），当与从动、植物中分离纯化的组蛋白共同孵育时，可以体外组装成核小体亚单位。实验表明，核小体具有自组装（self-assembly）的性质。

（6）核小体沿 DNA 的定位受不同因素的影响。例如，非组蛋白与 DNA 特异性位点的结合，可影响邻近核小体的相位（positioning）；DNA 盘绕组蛋白核心的弯曲也是核小体相位的影响因素，因为富含 A-T 的 DNA 片段优先存在于 DNA 双螺旋的小沟，而富含 G-C 的 DNA 片段优先存在于 DNA 双螺旋的大沟，富含 A-T 的 DNA 片段更易于压缩、弯曲，所以核小体蛋白优先与之结合，装配成核小体结构。

5.2.3　染色质的组装

真核细胞内染色体数目从几对到几十对不等，以人为例，每个体细胞含 23 对染色体，平均每条染色体 DNA 分子长约 5cm，而人细胞核直径不足 $10\mu m$，这就意味着从染色质 DNA 组装成染色体要压缩近万倍。

研究表明，DNA 组装成染色质经历如下过程：最开始是 H3·H4 四聚体（两个异二聚体）的结合，由 CAF-1（chromatin assembly factor 1）介导与新合成的裸露的 DNA 结合；然后是两个 H2A·H2B 二聚体由 NAP（nucleosome assembly protein）-1 和 NAP-2 介导加入，形成一个核心颗粒，而新合成的组蛋白被特异地修饰；接着需要 ATP 来创建一个规则的间距及组蛋白的去乙酰化来促进核小体的成熟，同时连接组蛋白（H1）的结合伴随着核小体的折叠；最后 6 个核小体组成一个螺旋或由其他的组装方式形成一个螺线管结构，螺线管进一步折叠使染色质在细胞核中最终形成确定的结构（图 5-19）。

细胞分裂时，核内染色质经过多级压缩包装，呈线状染色体结构，即为染色质的高级结构。对于染色质如何进一步组装成更高级结构，目前主要有两种模型。

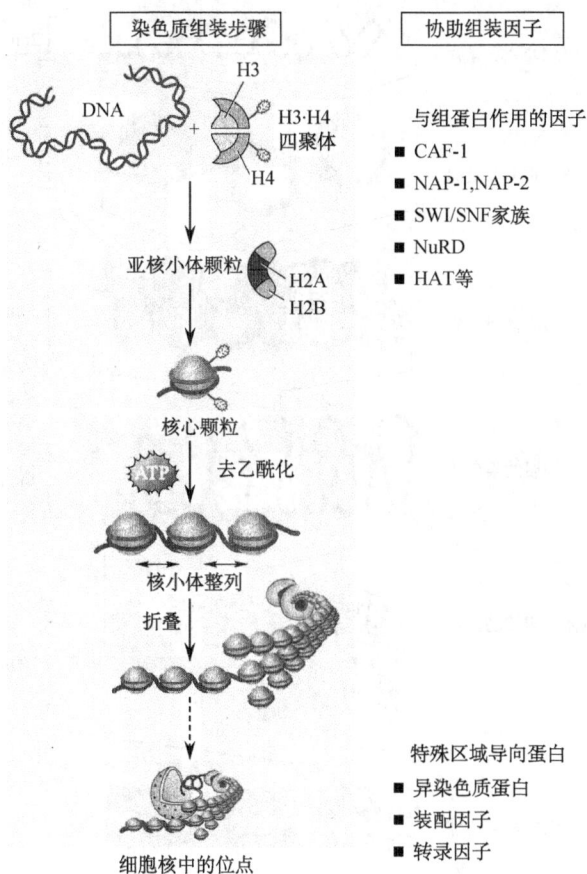

图 5-19　DNA 组装成染色质的过程及各阶段的协
助组装因子（引自 Ridgway and Almouzni, 2001）

CAF, 染色质组装因子；NAP, 核小体组装因子；SWI/SNF 家族, 染色质重构
复合物家族；NuRD, 组蛋白脱乙酰酶复合体；HAT, 组蛋白乙酰转移酶

5.2.3.1　染色质组装的多级螺旋模型

多级螺旋模型（multiple coiling model） 认为，组蛋白与 DNA 组装成核小体，组蛋白 H1 介导核小体之间彼此连接，形成直径约 10nm 的、核小体呈串珠状的染色质一级结构。但是细胞在活性状态下，染色质并不是以伸展的一级结构存在，它还有更高级结构。在组蛋白 H1 作用下，由直径 10nm 的核小体串珠结构螺旋盘绕，每圈 6 个核小体，形成外径 25～30nm、螺距 12nm 的螺线管（solenoid），螺线管是染色质组装的二级结构。当细胞核经温和处理后，在电镜下往往会看到直径为 30nm 的染色质纤维。组蛋白 H1 对螺线管的稳定起着重要作用。分裂细胞的染色体经温和处理后，在电镜下可观察到直径 0.4μm、长 11～60μm 的染色线，这是由螺线管进一步螺旋化形成的圆筒状结构，称为超螺线管（supersolenoid），这是染色质组装的三级结构。这种超螺线管进一步螺旋折叠，形成长 2～10μm 的染色单体，即染色质组装的四级结构（图 5-20）。

根据该模型，从 DNA 到形成染色体结构，共压缩了 8400 倍（图 5-21）。

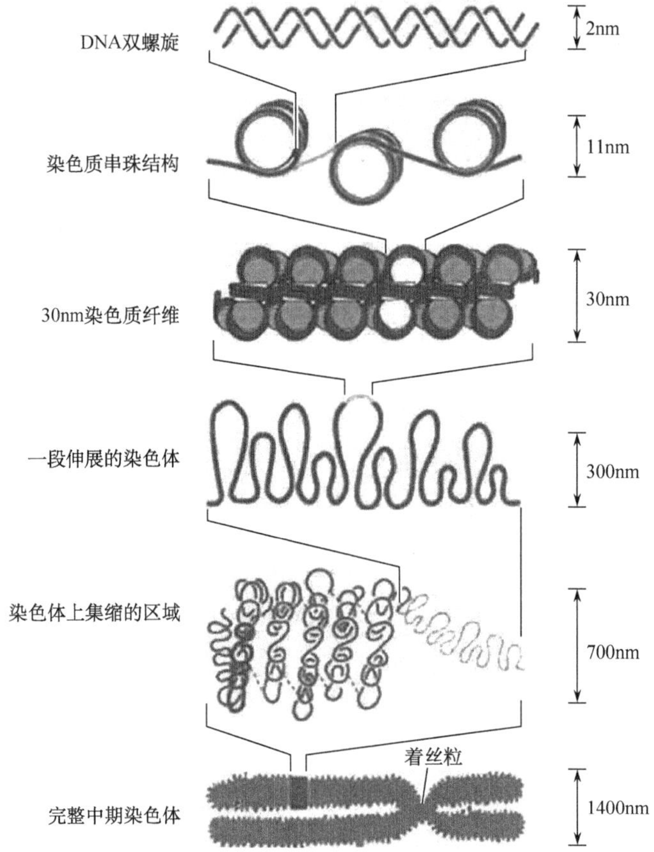

DNA双螺旋 —— 2nm

染色质串珠结构 —— 11nm

30nm染色质纤维 —— 30nm

一段伸展的染色体 —— 300nm

染色体上集缩的区域 —— 700nm

着丝粒

完整中期染色体 —— 1400nm

图 5-20　染色体结构包装模型（引自 Alberts et al.，2002）

DNA ——压缩7倍→ 核小体 ——压缩6倍→ 螺线管 ——压缩40倍→ 超螺线管 ——压缩5倍→ 染色单体

图 5-21　DNA 至染色单体压缩比例

5.2.3.2　染色体的骨架-放射环结构模型

　　染色体的骨架-放射环结构模型是根据用化学方法去除有丝分裂细胞中期染色体上的组蛋白和大部分非组蛋白后，在电镜下观察到的由非组蛋白构成的染色体骨架（chromosomal scaffold）和由骨架伸出的无数的 DNA 侧环（图 5-22）。同时，在原核细胞的染色体和两栖类卵母细胞的灯刷染色体或昆虫的多线染色体中，几乎都含有一系列的袢环结构域（loop domain），从而提示袢环结构可能是染色体高级结构的普遍特征。该模型认为，直径 2nm 的双螺旋 DNA 与组蛋白八聚体构建成连续重复的核小体串珠结构，其直径 10nm。然后以每圈 6 个核小体为单位盘绕成直径 30nm 的螺线管。由螺线管形成 DNA 复制环，每 18 个复制环呈放射状平面排列，结合在核基质上形成微带（miniband）。微带是染色体高级结构的单位，大约 10^6 个微带沿纵轴构建成子染色体。其中，30nm 的染色线折叠成环，沿染色体纵轴，由中央向四周伸出，构成放射环，即染色体的骨架-放射环结构模型（scaffold radial loop structure model）。

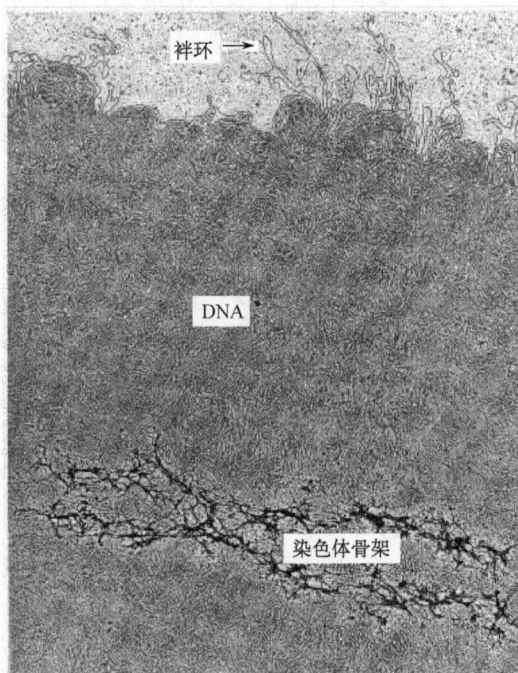

图 5-22　染色体骨架示意图（引自 Lodish et al.，1999）

上述两种关于染色体高级结构的组织模型，前者强调螺旋化，后者强调环化与折叠。二者都有一些实验与观察的证据，也许在不同的组装阶段这些机制共同起作用。

5.2.4　常染色质和异染色质

根据间期染色质的形态特征、活性状态和染色性能不同，可以将染色质分为**常染色质**（**euchromatin**）和**异染色质**（**heterochromatin**）两种类型。

5.2.4.1　常染色质

常染色质是指间期细胞核内折叠压缩程度低，相对处于伸展状态，用碱性染料染色时着色浅的那些染色质。在常染色质中，DNA 组装比为 1/2000~1/1000，即 DNA 实际长度为染色质纤维长度的 1000~2000 倍。构成常染色质的 DNA 主要是单一序列 DNA 和中度重复序列 DNA（如组蛋白基因和 tRNA 基因）。细胞分裂时，常染色质进一步折叠压缩成典型的染色体结构。常染色质区域一般是进行活跃基因转录的部位，但定位于常染色质只是基因表达的必要条件，而不是充分条件。

5.2.4.2　异染色质

异染色质是指间期核中，用碱性染料染色时着色深的那些染色质，染色质纤维折叠压缩程度高，处于聚缩状态，大约占全部染色质的 10%，常分布在靠近核纤层的内侧或核仁周围。异染色质又分**兼性异染色质**（**facultative heterochromatin**）和**结构异染色质**（**constitutive heterochromatin**）。

　　兼性异染色质是指在某些细胞类型或一定的发育阶段，原来的常染色质聚缩，并丧失基因转录活性，变为异染色质。它在某些情况下为常染色质，某些情况下又可能成为异染色质。例如，雄性哺乳类细胞的单个 X 染色体呈常染色质状态，而雌性哺乳类体细胞的核内，两条 X 染色体之一在发育早期随机发生异染色质化而失活。在上皮细胞核内，这个异固缩的 X 染色体称为性染色质或巴氏小体（Barr body），在多形核白细胞的核内，此 X 染色体形成特殊的"鼓槌"结构。因此，检查羊水中胚胎细胞的巴氏小体可以预报胎儿的性别。兼性异染色质的特性说明染色质通过紧密折叠压缩可能是关闭基因活性的一种途径。

　　结构异染色质指的是各种类型的细胞中，除复制期以外，在整个细胞周期均处于聚缩状态，DNA 组装比在整个细胞周期中基本没有较大变化的异染色质。在间期核中，结构异染色质聚集形成多个染色中心（chromocenter），在哺乳类细胞中，这些染色中心随细胞类型和发育阶段的不同而产生变化。结构异染色质在中期染色体上多定位于着丝粒区、端粒、次缢痕及染色体臂的某些节段，由相对简单、高度重复的 DNA 序列构成，具有显著的遗传惰性，不转录，也不编码蛋白质，在复制行为上与常染色质相比表现为晚复制、早聚缩、占有较大部分核 DNA，在功能上参与染色质高级结构的形成，导致染色质区间性，作为核 DNA 的转座元件，引起遗传变异。

5.2.4.3 常染色质与异染色质间的转变

　　有些染色质随着发育时期或细胞周期的变化会发生常染色质和异染色质之间的相互转化。两者之间的变化常常需要伴随着一些组蛋白与 DNA 修饰。如图 5-23 所示，由常染色质转变为异染色质时，H3S10（组蛋白 H3 第十位丝氨酸）位上首先要被 JIL-1 磷酸酶去磷酸化，同时 HDAC1 负责 H3K9 的去乙酰化，这样使得 H3K9（组蛋白 H3 第九位赖氨酸）位点的甲基化［由 Su(Var) 3-9 负责］得以进行，而这是异染色质化的一个重要标志。除此之外，H3K4 位点上的甲基则需要被 LSD1 去甲基化。H3K9 甲基化使得异染色质蛋白 HP1 能够顺利与染色质结合，HP1 的多聚化能够使得染色质进一步浓缩。在这一过程中，染色质组装因子 CAF-1（chromatin assembly factor 1）也起非常重要的调节作用。H3K9 的甲基化也伴随着 H3K27 的甲基化和 H4K20 的甲基化，它们共同决定最终异染色质的形成。而由异染色质转变为常染色质则伴随着基本上相反的组蛋白修饰过程。可见，DNA 甲基化在决定染色质的异染色质化或常染色质化的过程中起着重要的调节作用。

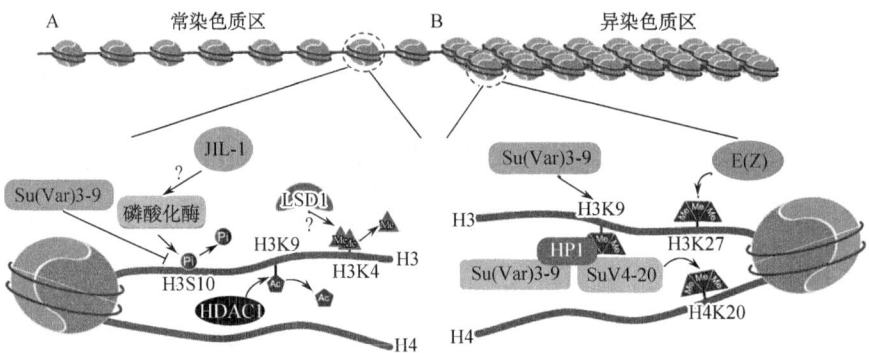

图 5-23　常染色质与异染色质转变过程中伴随的组蛋白修饰的变化（引自翟中和等，2011）

5.2.5 染色质结构与基因活化

按功能状态的不同，可将染色质分为**活性染色质**（active chromatin）和**非活性染色质**（inactive chromatin）。所谓活性染色质是指具有转录活性的染色质，非活性染色质是指没有转录活性的染色质。对绝大多数细胞而言，在特定阶段 90% 以上的基因在转录上是不活跃的，而具有转录活性的基因只占基因总数的 10% 以下。

活性染色质由于核小体构型发生改变，往往具有疏松的染色质结构，从而便于转录调控因子与顺式调控元件结合，以及 RNA 聚合酶在转录模板上滑动。

5.2.5.1 活性染色质结构特点

1）活性染色质具有 DNase Ⅰ超敏感位点

DNase Ⅰ酶解染色质试验表明，活性染色质存在超敏感位点。**DNase Ⅰ超敏感位点**（**DNase Ⅰ hypersensitive site**）是染色质 DNA 中对 DNase Ⅰ 表现出高度敏感的区域（图 5-24），该区段缺少核小体，是一段长 100～200bp 的 DNA 序列特异暴露的染色质区域，可以被序列特异性 DNA 结合蛋白所识别和结合。由于没有组蛋白八聚体核心的保护，所以一个典型的超敏感位点区对核酸酶攻击的敏感性是其他染色质区域的 100 倍以上。活性基因的超敏感位点大部分位于基因 5′端启动子区域，少部分位于其他部位，如转录单位的下游，并与启动子功能有关，很可能是为 RNA 聚合酶、转录因子或其他蛋白调控因子提供结合位点。现有证据表明 5′端超敏感位点的建立发生在转录起始之前，但很可能是起始转录的必要条件而非充分条件。

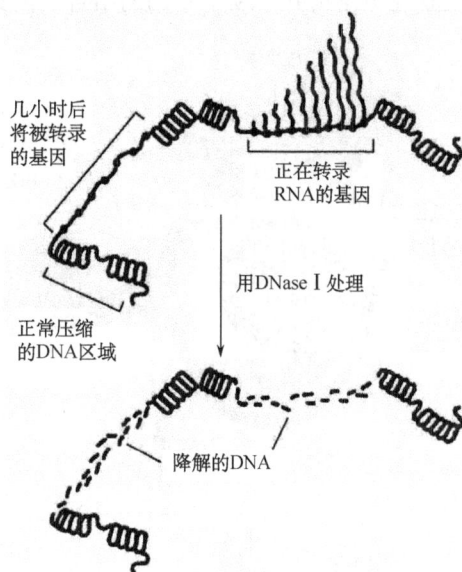

图 5-24 用 DNase Ⅰ消化染色质检测敏感区
（引自 Kleinsmith and Kish, 1995）

用 DNase Ⅰ 酶解染色质，可将染色质降解成酸溶性的 DNA 小片段。用特定的 cDNA 或 mRNA 作探针，可以测定某个基因被降解的情况。试验表明，当总 DNA 的 10% 被降解时，50% 以上活跃表达的基因已优先降解了。结果说明，有基因表达活性的染色质 DNA 对 DNase Ⅰ有优先敏感性（preferential sensitivity）。进一步发现在转录或具有潜在转录活性而未转录的基因对 DNase Ⅰ同样敏感，说明活化染色质对 DNase Ⅰ的优先敏感性不是由于转录过程中 RNA 聚合酶的作用，而是可转录染色质的一个基本特征。

2）活性染色质在生化上具有特殊性

对活性染色质蛋白组分的生化分析可以看出，活性染色质很少有组蛋白 H1 与其结合；活性染色质的 4 种核心组蛋白虽然以常量存在，但是与非活性染色质相比，其上的组蛋白乙酰化程度高；活性染色质的核小体组蛋白 H2B 与非活性染色质相比，很少被磷酸化；核小体组蛋白 H2A 在许多物种包括果蝇和人的活性染色质中很少以变异的形式存在；组蛋白 H3 的变种 H3.3 只在活跃转录的染色质中出现；HMG（high mobility group protein）蛋白是染色体非组蛋白中一组较丰富、不均一、富含电荷的蛋白质，其中，HMG14 和 HMG17 只存在于活性染色质中，与 DNA 结合，平均每 10 个核小体中有 1 个核小体是与 HMG14 和 HMG17 结合的，其氨基酸序列在进化中高度保守，表明有重要功能。

　　3）活性染色质在组蛋白修饰上的特异性

　　在影响基因活性的因素中，组蛋白的修饰是其中重要因素之一，这些修饰包括甲基化、乙酰化和磷酸化。乙酰化一般是活性染色质的标志，而甲基化和磷酸化则在活性染色质与非活性染色质中都存在。不同组蛋白或同一组蛋白的不同氨基酸残基上的修饰决定了染色质处于活性或非活性状态。

5.2.5.2　染色质活化与基因激活

　　染色质由 DNA 和组蛋白组成，以核小体为基本单位形成更高级的结构。在基因转录过程中，RNA 聚合酶、转录因子等均与染色质 DNA 紧密结合才能发挥功能，实际上，核小体及其高级结构并不利于它们的结合。但是也有些证据表明，DNA 在与组蛋白形成复合物的情况下仍可被转录，其原因在于核小体的结构改变或核小体的解聚，形成疏松染色质结构，产生染色质不同的活性状态。

　　影响染色质疏松状态形成的因素主要有以下三种。

　　（1）DNA 局部结构的改变与核小体相位的影响。染色质是一个活泼、动态、可塑的蛋白质与核酸组成的复合体。当一个调控蛋白结合到染色质 DNA 的一个特定的位点上时，不管是在核小体间还是在一个核小体内，染色质都很容易被引发二级结构的改变，这些改变使得其他的一些结合位点与调控蛋白的结合变得要么更加容易，要么更加困难。此外，不同的拓扑异构酶能调整 DNA 双螺旋的局部构象和高级结构的变化，使之超螺旋化或松弛。核小体并非沿 DNA 随机分布，而通常是定位在特殊位点。一种情况是基因关键调控元件（增强子和启动子）位于核小体颗粒之外，使之便于与转录因子结合（图 5-25A）；另一种情况是基因调控元件位于盘绕核心组蛋白的 DNA 上，使增强子和启动子两种调控元件通过转录因子被联系起来（图 5-25B）。

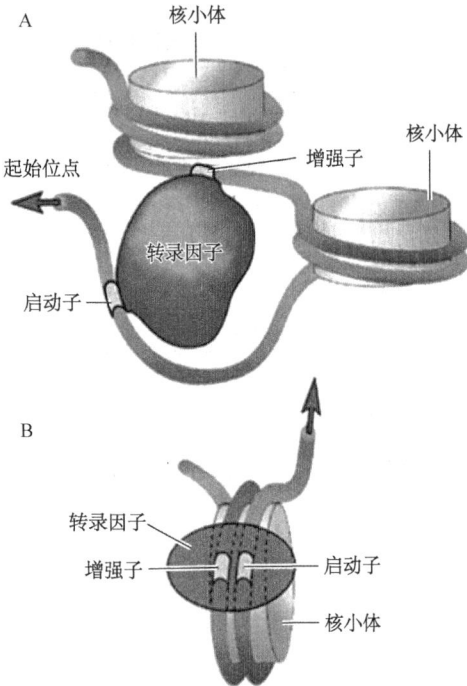

图 5-25　核小体相位在协助基因转录中的作用

　　（2）组蛋白的修饰。组成核小体的组蛋白八聚体的 N 端都暴露在核小体之外，某些特殊的氨基酸残基会发生乙酰化、甲基化、磷酸化或 ADP 核糖基化等修饰（图 5-13）。组蛋白的修饰不仅改变染色质的结构，直接影响转录活性，而且改变核小体表面，使其他调控蛋白易于和染色质相互接触，间接影响转录活性。

　　组蛋白的赖氨酸残基乙酰化是核小体变构的一种重要方式。乙酰化后的组蛋白赖氨酸侧链不再带有正电荷，这样就失去了与 DNA 紧密结合的能力，使相邻核小体的聚合受阻，同时影响泛素与组蛋白 H2A 的结合，导致蛋白质的选择性降解。组蛋白 H3 和 H4 是蛋白酶修饰的主要位点，它们的乙酰基化可能有类似促旋酶（gyrase）的活性，使核小体间的 DNA 因产生过多的负超螺旋而易于从核小体上脱离，致使对核酸酶敏感性增高，并有利于转录调控因子的结合。负责组蛋白乙酰化的酶已经被鉴定。同样，近年来还发现大量的辅激活子（coactivator）具有组蛋白乙酰转移酶（histone acetyltransferase）的功能，将乙酰基从乙酰 CoA 供体转移到组蛋白特异的赖氨酸残基上（图 5-26）。

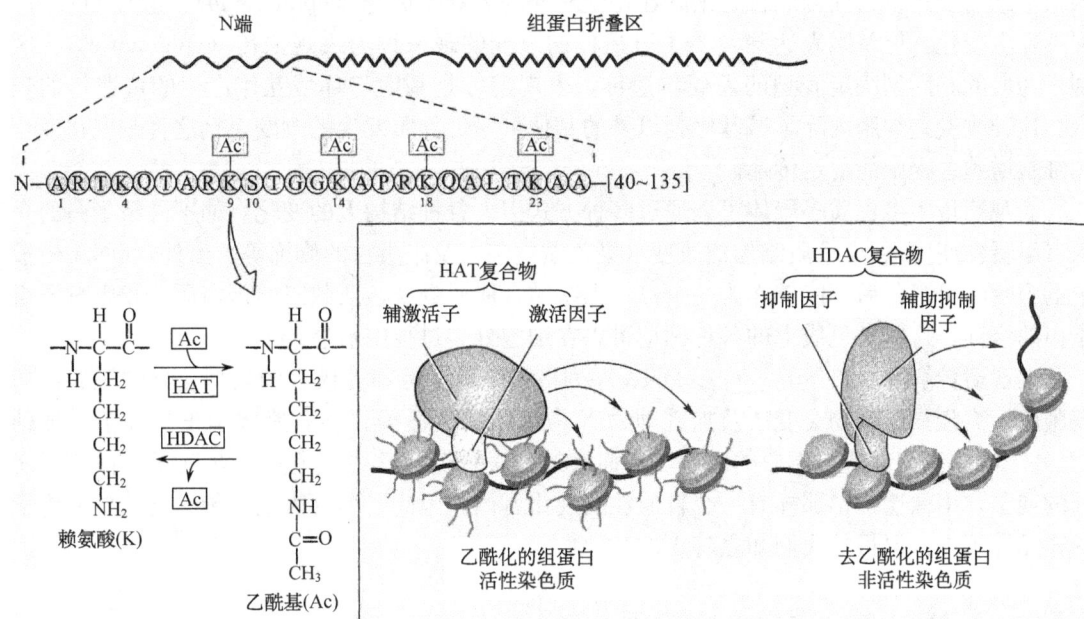

图 5-26　乙酰化和去乙酰化对染色质活性的影响（引自翟中和等，2007）

　　组蛋白 H1 的磷酸化也能影响染色质的活性。组蛋白 H1 丝氨酸残基的磷酸化主要发生在有丝分裂期，分裂后其磷酸化下降到峰值的 20%。由于 H1 对核小体起组装作用，确定核小体的方向，并对 30nm 的螺线管起维持稳定的作用，因此，H1 磷酸化必然导致对 DNA 亲和力下降，造成染色质疏松，直接影响染色质的活性。

　　（3）HMG 结构域蛋白的影响。具有一个或多个 HMG 结构域的蛋白质称为 HMG 结构域蛋白，这类蛋白质识别结合的特定 DNA 序列称为 HMG 盒（HMG box）。HMG 结构域蛋白有细胞特异性，根据结构域拷贝数、序列识别特性和进化关系等分为两个亚簇：一个亚簇广泛存在于各种细胞中，一般有多个 HMG 结构域，没有 DNA 识别特异性，执行不同的功能，如 HMG1、HMG2 和 UBF（RNA 聚合酶 I 的转录因子）等；另一个亚簇只存在于特定的细胞中，能识别特异的 DNA 序列，只有一个 HMG 结构域，如淋巴细胞增强子结合因子 LEF-1（lymphoid binding factor 1）、TCF-1（T-cell factor 1）和 SRY（sex-determining region of the Y chromosome）。

　　HMG 结构域蛋白结合在 DNA 双螺旋的小沟中，以 40 倍的优势选择富含嘧啶的核苷酸元件。HMG 结构域蛋白的功能之一是与 DNA 弯折和 DNA-蛋白质复合体高级结构的形成有关。研究发现，HMG 结构域可识别某些异型的 DNA 结构，使 DNA 链产生 90°～130°的弯折。一般来说，150bp 的 DNA 双链很难自发形成环状结构，但在非特异的 HMG1 存在时，可改变 DNA 双螺旋结构而形成 66bp 的 DNA 环。在爪蟾中发现 HMG17 会促进 RNA 聚合酶Ⅲ的转录，HMG14 则直接参与 RNA 聚合酶Ⅱ对染色质中基因的转录。

5.2.6　染色质与表观遗传

染色质在结构上是不均一的，从高度浓缩的异染色质到相对松散的有利于基因表达的常染色质状态，有着不同的包装设计，通过改变染色质状态，但不改变 DNA 序列而实现的基因组信息的表达，共同构成特定细胞在特定时期的表观基因组（epigenome）。这种 DNA 序列不发生变化，但基因表达却发生了可遗传的改变的现象称为表观遗传（epigenetics）。区别于经典的基因型决定表型的孟德尔遗传，表观遗传是基因与环境互作产生的可遗传的表型。这种改变是细胞内除了碱基序列以外的其他可遗传物质发生的改变，且这种改变在发育和细胞增殖过程中能稳定传递。

表观遗传中染色质多聚体可以通过多种方式引入各种结构上的变化，如不同组蛋白的介入（组蛋白变体）、染色质结构的改变（染色质重塑）及组蛋白的修饰等。另外，DNA 模板中的胞嘧啶甲基化后，能够作为一个停靠点来结合能改变染色质状态的蛋白质，或影响原组蛋白的修饰。这些染色质上的各种标记可以在细胞分裂过程中被遗传下去。

表观遗传解释了自然界中许多 DNA 序列虽然一样，但却有极大的表型差异的现象，如双胞胎、克隆猫、植物突变体及哺乳动物 X 染色体的失活等。表观遗传学正是基于对种种"意外"的非孟德尔遗传现象的困惑发展而来的。表观遗传学更多地建立在试图解释意料之外的现象，不像遗传学那样有一个普遍性的规律可循。因此，尽管表观遗传学问题如遗传学一样无处不在，但目前我们知之甚少。

5.3　染色体

染色体是由间期细胞中的染色质在有丝分裂或减数分裂时螺旋折叠而成的遗传物质存在的特定形式，具有种属特异性，不同生物在染色体的数目、大小和形态等方面存在差异，但就其基本结构而言均具有一致性。

5.3.1　染色体的形态结构

有丝分裂中期染色体由两条相同的姐妹染色单体（chromatid）构成，**着丝粒（centromere）**是其连接点。染色体一般包括着丝粒、两个染色体臂和端粒三个必要元件，有的还有次缢痕和随体两个部分（图 5-27）。

5.3.1.1　着丝粒与动粒

着丝粒区浅染内缢，所以也叫主缢痕（primary constriction），并将染色体分为短臂（p）和长臂（q）。根据着丝粒在染色体上所处的位置，可将中期染色体分为 4 种类型：端着丝粒染色体（telocentric chromosome）、亚端着丝粒染色体（subtelocentric chromosome）、中着丝粒染色体（metacentric chromosome）、亚中着丝粒染色体（submetacentric chromosome）。

着丝粒至少包括三种结构和功能不同的结构域（图 5-28），这些结构域在功能上的有效整合，确保了细胞在分裂中，染色体与纺锤体有效附着和遗传物质的均等分配。

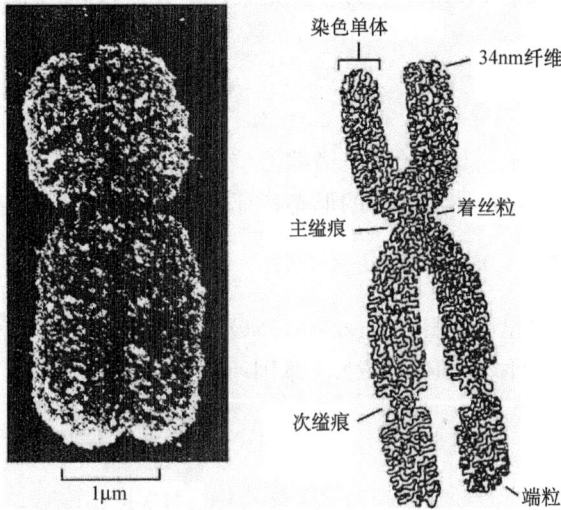

图 5-27 中期染色体的形态结构（引自王金发，2003）

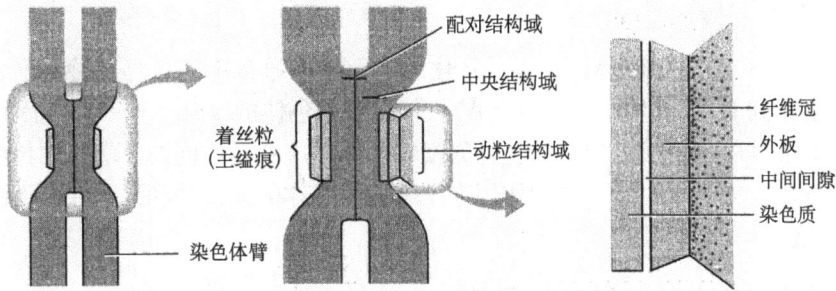

图 5-28 着丝粒的结构域组织（引自翟中和等，2007）

（1）动粒结构域（kinetochore domain），位于着丝粒外表面，为动粒装配提供附着位点。哺乳类动粒又称着丝点（kinetochore），超微结构可分为三个区域：一是与着丝粒中央结构域相联系的内板（inner plate）；二是中间间隙（middle space），电子密度低，呈半透明区；三是外板（outer plate）。在没有动粒微管结合时，覆盖在外板上的第 4 个区称为纤维冠（fibrouscorona），由微管蛋白构成。动粒微管与内外板相连，并沿纤维冠相互作用。与内板相联系的染色质是与微管相互作用的位点。

（2）中央结构域（central domain），这是着丝粒区的主体，由串联重复的卫星 DNA 组成。这些重复序列大部分是物种专一的，人染色体的着丝粒 DNA 由 α 卫星 DNA 组成，重复单位长 171bp，每一着丝粒串联重复 2000～30 000 次，可达 250～400kb，但不同染色体着丝粒的 α 卫星 DNA 序列存在差别。其中一个亚类含有的 17bp 的 DNA 模式（5′-CT-TCGTTGGAAACGGGA-3′），被称为 CENP-B 框，能与动粒蛋白 CENP-B 结合。目前在哺乳类染色体着丝粒区已发现 CENP-A、CENP-B、CENP-C、CENP-E 和 CENP-F 共 5 种动粒蛋白，这些动粒蛋白极为保守，和细胞分裂及其调控有密切关系。

（3）位于着丝粒内表面的配对结构域（pairing domain），代表中期姐妹染色单体相互作用的位点，含有与配对相关的蛋白质组分。已经发现有两类蛋白质：一类是内部着丝粒蛋白

INCENP（inner centromere protein），另一类是染色单体连接蛋白 CLIP（chromatid linking protein）。

5.3.1.2　次缢痕

除主缢痕外，在染色体上其他的浅染缢缩部位称次缢痕（secondary constriction）。它的数目、位置和大小是某些染色体所特有的形态特征，因此也可以作为鉴定染色体的标记。

5.3.1.3　核仁组织区

核仁组织区（nucleolar organizing region，NOR）位于染色体的次缢痕部位，但并非所有次缢痕都是 NOR。染色体 NOR 是 rRNA 基因所在部位（5S rRNA 基因除外），与间期细胞核仁形成有关。

5.3.1.4　随体

随体（satellite）指位于某些染色体末端的球形染色体节段，通过次缢痕区与染色体主体部分相连。它是识别染色体的重要形态特征之一，有随体的染色体称为随体染色体。

5.3.1.5　端粒

端粒（telomere）是染色体两个端部特化结构。端粒通常由富含鸟嘌呤核苷酸（G）的短的串联重复序列 DNA 组成（TEL DNA），伸展到染色体的 3′端。同一个基因组内的所有端粒由相同的重复序列组成，但不同物种的端粒的重复序列是不同的。端粒的长度与细胞及生物个体的寿命有关。端粒的生物学作用在于维持染色体的完整性和独立性，可能还与染色体在核内的空间排布等有关。

5.3.2　染色体 DNA 的三种功能元件

在细胞世代中要确保染色体的复制和稳定遗传，染色体起码应具备三种功能元件（functional element），包括：①至少一个 DNA 复制起点，确保染色体在细胞周期中能够自我复制，维持染色体在细胞世代传递中的连续性；②一个着丝粒，使细胞分裂时已完成复制的染色体能平均分配到子细胞中；③在染色体的两个末端必须有端粒，以保持染色体的独立性和稳定性。构成染色体 DNA 的这三种关键序列（key sequence）称为染色体 DNA 的功能元件（图 5-29）。

5.3.2.1　自主复制 DNA 序列

自主复制 DNA 序列（autonomously replicating DNA sequence，ARS）是在真核生物中发现的一类能启动 DNA 复制的序列，含有一个 AT 富集区。通过不同来源的 ARS 的 DNA 序列分析，发现它们都具有一段 11～14bp 的同源性很高的富含 AT 的共有序列（consensus sequence），同时证明这段共有序列及其上、下游各 200bp 左右的区域是维持 ARS 功能所必需的。在真核细胞中，染色体含有多个复制起点，以确保全染色体快速而高效地进行复制。酵母染色体组中约有 400 个 ARS，人的每个细胞中 ARS 多达 10 000～100 000 个。

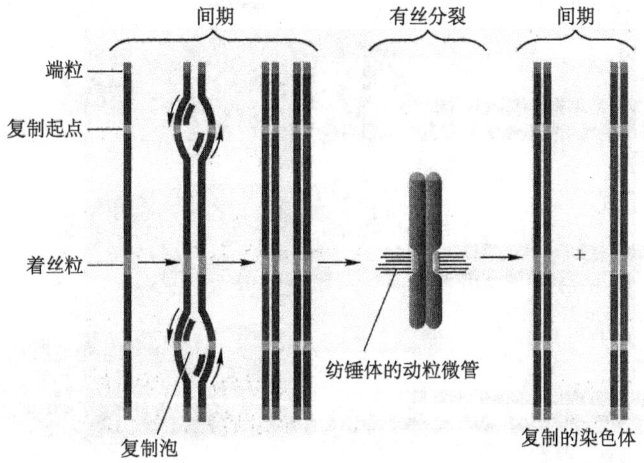

图 5-29 真核细胞染色体的三种功能元件示意图（引自 Alberts et al.，2002）

5.3.2.2 着丝粒 DNA 序列

着丝粒的作用是使复制的染色体在有丝分裂和减数分裂中可均等地分配到子细胞中。**着丝粒 DNA 序列（centromere DNA sequence，CEN）**与动粒的装配和染色体的分离有关。根据不同来源的 CEN 序列分析，发现它们的共同特点是有两个彼此相邻的核心区，一个是 80~90bp 的 AT 区，另一个是 11bp 的保守区。通过 CEN 缺失损伤试验或插入突变试验，发现一旦伤及这两个核心区序列，CEN 即丧失其生物学功能。CEN 多由大量串联重复的 DNA 序列组成，如果蝇的着丝粒序列为 200~600kb，拟南芥在 500kb 以上。人的着丝粒重复序列为卫星 DNA，重复单位为 171bp，重复 2000~3000 次。

5.3.2.3 端粒 DNA 序列

不同生物的**端粒 DNA 序列（telomere DNA sequence，TEL）**彼此间很相似，由富含 G 的短串联重复序列组成，重复单位在不同物种间非常保守。例如，人的端粒 DNA 重复序列为 $(TTAGGG)_n$，四膜虫为 $(TTGGGG)_n$，拟南芥为 $(TTTAGGG)_n$。真核细胞染色体端粒的重复序列不是染色体 DNA 复制时连续合成的，而是由端粒酶（telomerase）催化合成添加到染色体末端。端粒酶是一种核糖核蛋白复合物，其蛋白质组分具有反转录酶的活性，其内在的 RNA 分子是反转录的模板，所合成的 DNA 重复序列首先添加到染色体的 $3'$ 端（图 5-30），再由细胞中的 DNA 聚合酶催化互补链的延伸。端粒酶的这一作用机制解决了真核细胞线性 DNA 的末端复制问题，即新合成的子链 DNA 的 $5'$ 端由于 RNA 引物的去除而产生的缩短问题。

迄今为止只发现在人的生殖细胞和部分干细胞里有端粒酶活性，而在所有体细胞里则尚未发现端粒酶的活性，因此，不管是体内还是体外，体细胞每分裂一次，端粒重复序列就缩短一些，从而起到细胞分裂计时器的作用，也表明端粒重复序列的长度与细胞分裂次数、细胞的衰老有关。肿瘤细胞具有表达端粒酶活性的能力，使癌细胞得以无限制地增殖。

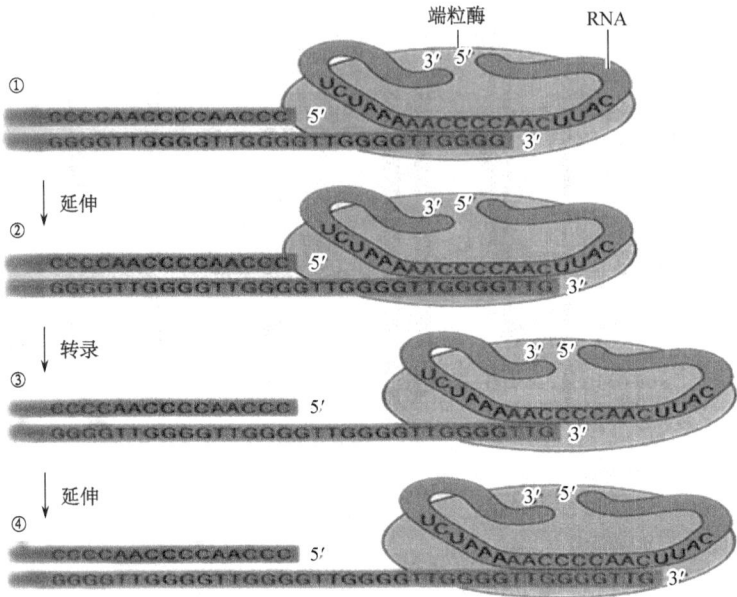

图 5-30　端粒酶的作用示意图（引自 Karp，2005）

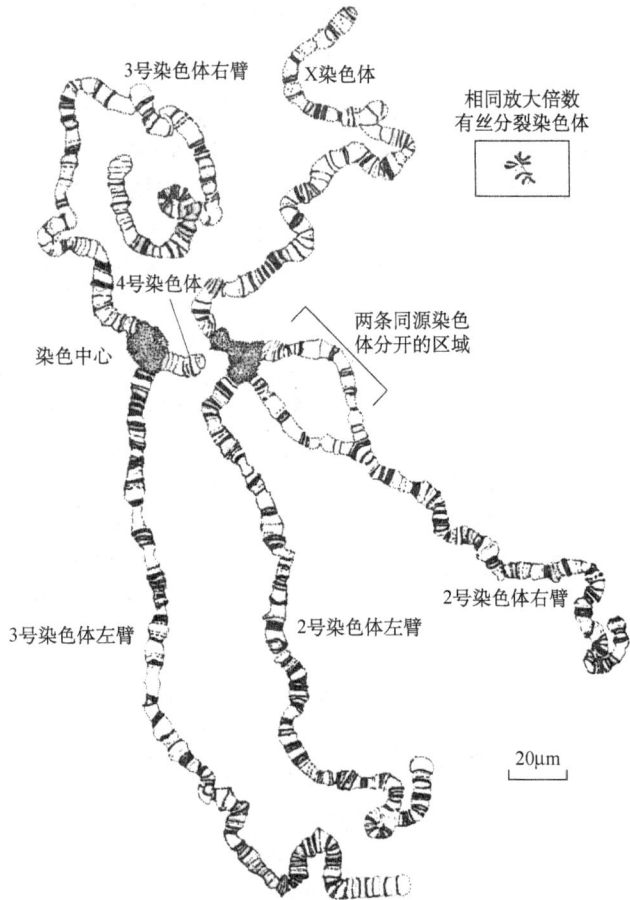

图 5-31　果蝇唾腺细胞全套多线染色体（引自 Painter，1934）

压片法制备的 4 条配对的同源染色体，着丝粒区连接，聚集形成大的染色中心

5.3.3 巨大染色体

在某些生物的特定细胞中，特别是在发育的某些阶段，可以观察到一些特殊的体积很大的染色体，称为巨大染色体（giant chromosome），包括多线染色体（polytene chromosome）和灯刷染色体（lampbrush chromosome）。

5.3.3.1 多线染色体

多线染色体来源于核内有丝分裂（endomitosis），即核内 DNA 多次复制而细胞不分裂，产生的子染色体并行排列，且体细胞内同源染色体配对，紧密结合在一起，从而阻止染色质纤维进一步聚缩，形成体积很大的多线染色体。多线化的细胞处于永久间期，并且体积也相应增大。同种生物的不同组织及不同生物的同种组织的多线化程度各不相同。在果蝇唾腺细胞中，染色体进行 10 次 DNA 复制，因而形成 $2^{10}=1024$ 条同源 DNA 拷贝，形成的多线染色体比同种有丝分裂染色体长 200 倍以上，4 条配对的染色体全长可达 2mm。配对染色体的着丝粒部位结合在一起形成染色中心（图 5-31）。

5.3.3.2 灯刷染色体

灯刷染色体在动物和植物中均有报道，常见于进行减数分裂的细胞中，是卵母细胞进行

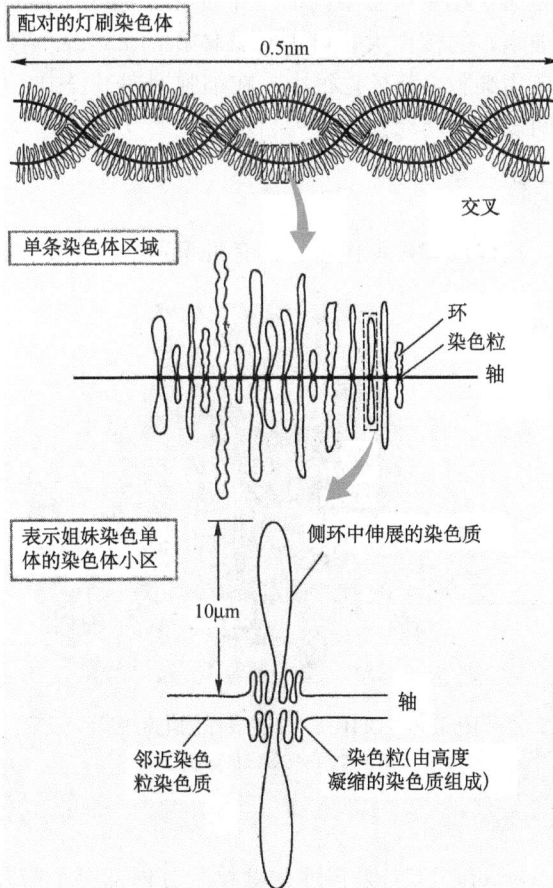

图 5-32 灯刷染色体结构图解（引自 Alberts et al.，2002）

减数第一次分裂时同源染色体配对形成的含有 4 条染色单体的二价体。此时，同源染色体尚未完全解除联会，因此可见到几处交叉，这一状态在卵母细胞中可维持数月或数年之久。灯刷染色体轴由染色粒轴丝构成，每条染色体轴长约 $400\mu m$（多数有丝分裂染色体小于 $10\mu m$）。从染色粒向两侧伸出两个相类似的侧环，每个环相当于一个袢环结构域，一个平均大小的环约含 100kb DNA（图 5-32）。

灯刷染色体的形态与卵子发生过程中营养物储备是密切相关的。大部分 DNA 以染色粒形式存在，没有转录活性，而侧环是 RNA 活跃转录的区域，一个侧环往往是一个大的转录单位或几个转录单位组合构成的。用 RNase 和蛋白酶可将基质消化，侧环轴丝保留，改用 DNase 消化，侧环轴丝解体消失，说明基质由 RNP 组成，轴丝由 DNA 组成。灯刷染色体合成的 RNA 主要为前体 mRNA（hnRNA），有些类型的 mRNA 可翻译成蛋白质，有些 mRNA 与蛋白质结合，暂不翻译而储存在卵母细胞中。

5.4　核仁

核仁（nucleolus）是真核细胞间期核中最显著的结构，它是 rRNA 合成、加工和核糖体亚单位的组装场所。在光镜下被染色的细胞、相差显微镜下的活细胞或分离细胞的细胞核都容易看到核仁，它们通常表现为单个或多个匀质的球形小体。核仁的大小、形状和数目随生物的种类、细胞类型和细胞代谢状态不同而发生变化。蛋白质合成旺盛、活跃生长的细胞（如分泌细胞、卵母细胞）的核仁大，可占总核体积的 25%；不具蛋白质合成能力的细胞，如肌细胞、休眠的植物细胞，其核仁很小。在细胞周期过程中，核仁又是一个高度动态的结构，在有丝分裂期间表现出周期性的消失与重建。

5.4.1　核仁的超微结构

电镜超微结构显示，核仁没有被膜包裹，具有可识别的三种基本的结构组分（图 5-33）。

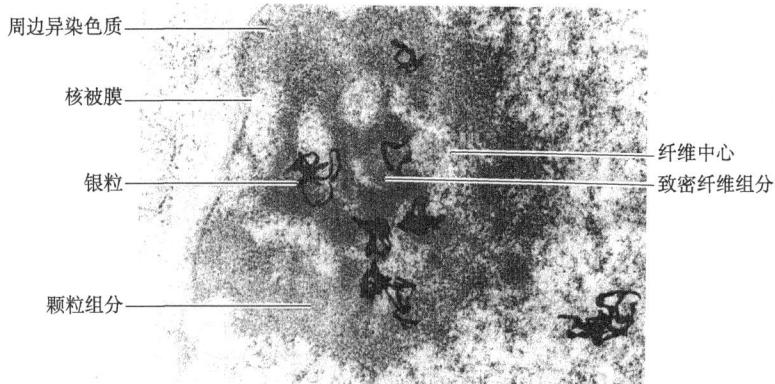

图 5-33　BHK-21 细胞核仁的电镜照片
银颗粒示 rRNA 转录部位

1）纤维中心

纤维中心（fibrillar center，FC）是包埋在颗粒组分内部一个或几个浅染的低电子密度的圆形结构。纤维中心存在 rDNA、RNA 聚合酶 I 和结合的转录因子，根据形态相似性和嗜银蛋白的存在，通常认为 FC 代表染色体 NOR 在间期核的副本。然而，由于核仁活性的变化，FC 的数目可能超过染色体 NOR 的数目。并且有证据表明，FC 中的染色质不形成核小体结构，也没有组蛋白存在，但存在嗜银蛋白，其中，磷蛋白 C23 的存在已得到免疫电镜的证明，并认为它是和 rDNA 结合在一起的，可能与核仁中染色质结构的调节有关。

2）致密纤维组分

致密纤维组分（dense fibrillar component，DFC）是核仁超微结构中电子密度最高的部分，呈环形或半月形包围 FC，由致密的纤维构成，通常见不到颗粒。用^{3}H 作为 RNA 前体物对细胞进行脉冲标记，根据电镜放射自显影观察。带放射性标记的第一个核仁结构就是 DFC，电镜原位分子杂交也证明 rRNA 以很高的密度出现在 DFC 区域。此外，发现 DFC 还有特异性结合蛋白，其中比较清楚的是纤维蛋白（fibrillarin）、核仁素（nucleolin）和 Ag-NOR 蛋白。

3）颗粒组分

颗粒组分（granular component，GC）是核仁的主要结构，由直径 15～20nm 的核糖核蛋白（RNP）颗粒构成，可被蛋白酶和 RNase 消化。在代谢活跃的细胞的核仁中，颗粒组分是正在加工、成熟的核糖体亚单位前体颗粒，间期核中核仁的大小差异主要是由颗粒组分数量的差异造成的。

核仁虽然没有膜包裹，但被或多或少的染色质所包围，这层染色质称为核仁相随染色质（nucleolar associated chromatin），有时还深入到核仁内，称为核仁内染色质（intranucleolar chromatin），而包围核仁的染色质称为核仁周边染色质（perinucleolar chromatin）。此外，用 RNase 和 DNase 处理核仁，在电镜下看到由蛋白质组成的核仁残余结构，称为核仁基质（nucleolar matrix）或核仁骨架。FC、DFC 和 GC 三种组分都湮没在这种无定形的核仁基质中。

目前较一致的看法认为，FC 区是 rRNA 基因的储存位点，转录主要发生在 FC 区与 DFC 区的交界处，初始 rRNA 转录本首先出现在 DFC 区并在那里加工，某些加工步骤也发生在颗粒组分区（GC），并负责将 rRNA 与核糖体蛋白组装成核糖体亚基，所以 GC 区代表核糖体亚基成熟和暂时储存的位点。

5.4.2 核仁周期

在细胞周期中，核仁是一种高度动态的结构，在形态和功能上都发生很大的变化。当细胞进入有丝分裂时，核仁首先变形和变小，然后随着染色质凝集，核仁消失，所有 rRNA 合成停止，致使在中期和后期细胞中没有核仁；在有丝分裂末期，rRNA 合成重新开始，核仁的重建随着核仁物质聚集成分散的前核仁体（prenucleolar body，PNB）而开始，然后在 NOR 周围融合成正在发育的核仁，这种周期性变化即为核仁周期。核仁的周期性动态变化是 rDNA 转录和细胞周期依赖性的。在细胞周期的间期，核仁结构整合性（structure integrity）的维持，以及有丝分裂后核仁结构的重新建成，都需要 rRNA 基因的活性。

5.4.3 核仁的功能

核仁的主要功能与核糖体的生物发生（ribosome biogenesis）有关。这是一个向量过程（vetorical process），从核仁纤维组分开始，再向颗粒组分延续。这一过程从 rDNA 的转录开始，伴随着发生初级转录产物的剪接、加工，以及与核糖体蛋白结合等一系列复杂过程，即 rRNA 的合成、加工和核糖体亚单位的组装。

5.4.3.1　rRNA 基因的转录

　　染色质铺展技术对了解 rRNA 基因的组织、排列和染色质结构起到了重要的推动作用，使人们在电镜标本上看到由 rRNA 基因转录成 rRNA 的形态学过程。根据在两栖类卵母细胞和其他细胞中具有转录活性的 rRNA 基因的电镜观察，发现 rRNA 基因在染色质轴丝上呈串联重复排列；沿转录方向，新生的 rRNA 链逐渐增长，形成"圣诞树"样结构；转录产物的纤维游离端（5′端）首先形成 RNP 颗粒。这些形态特征是最直观的 rRNA 基因转录的证据（图 5-34）。

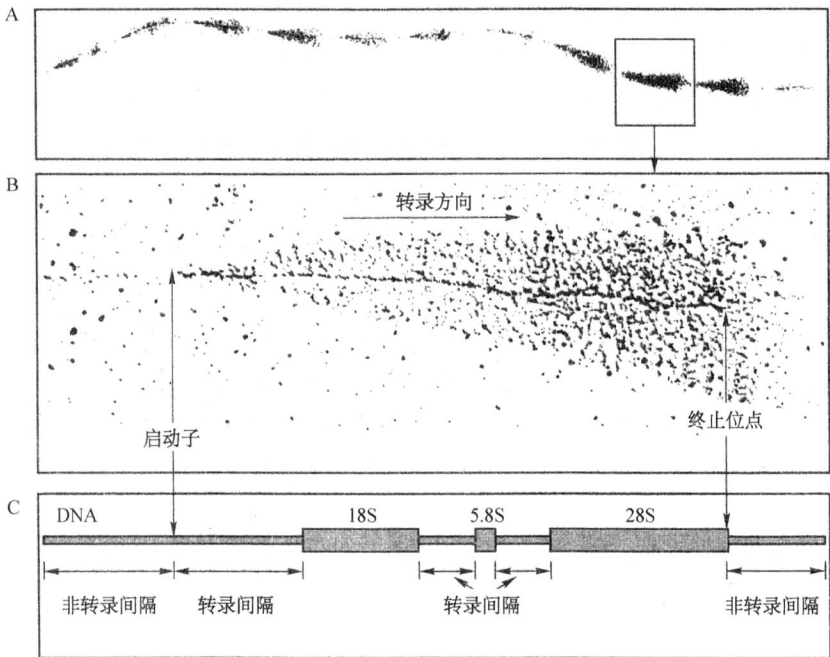

图 5-34　rRNA 基因串联重复排列，被非转录间隔所分开（引自 De Robertis，1980）
A. 一个 NOR 铺展的电镜标本，可见 11 个转录单位；B. 一个 rDNA 转录单位的放大图；
C. 一个 rDNA 单位的基因图谱示意图

　　处于生长中的高等真核细胞，一般都有 10^7 个核糖体以确保蛋白质合成机制的运转，这意味着每一细胞世代必须合成每一类型 rRNA 分子 10^7 拷贝，这相应需要增加基因"剂量"，并高度有效地转录。与之相适应的是，rRNA 的编码基因（也叫 rDNA）具有特定的组织方式。

　　真核生物核糖体含有 4 种 rRNA，即 5.8S rRNA、18S rRNA、28S rRNA 及 5S rRNA，其中，5.8S rRNA、18S rRNA、28S rRNA 的 rDNA 组成一个转录单位，以串联重复的形式排列，成簇分布在少数染色体 NOR 上。人基因组中，这样的转录单位重复达 200 次，成簇分布在 5 条不同的染色体上；爪蟾基因组这些 rRNA 基因拷贝则达到 600 个，全部丛集在一条染色体上。这些 rRNA 基因是由专一性的 RNA 聚合酶 I 进行转录的。一般情况下，这些 rRNA 基因拷贝数是不变的，因此调控主要依赖于转录起始的速率。这种成簇分布的串联重复排列的 rRNA 基因被组织在很小的核仁区域，一方面增加了启动子的局部浓度；另一方面串联重复基因本身就使得专一的 RNA 聚合酶 I 在一个转录单位内进行连续运作，即

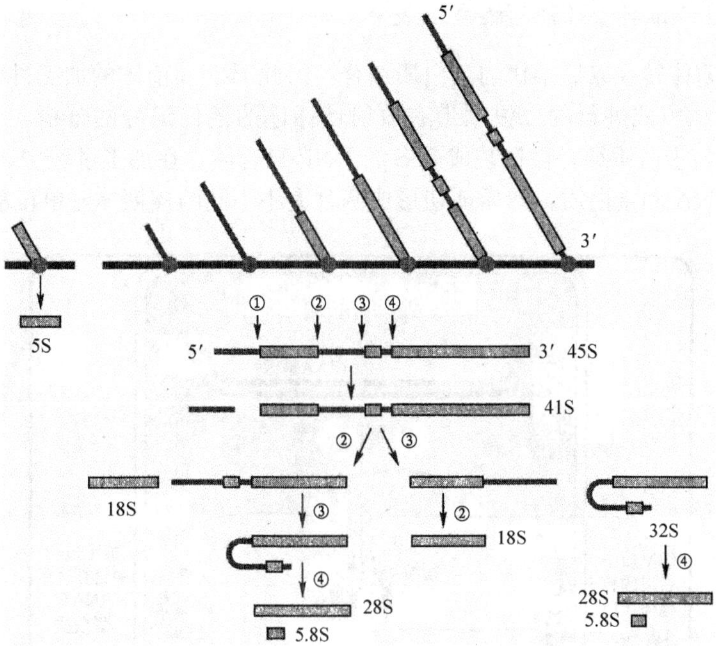

图 5-35 哺乳类 45S rRNA 前体的加工过程（引自翟中和等，2007）

45S 前体在①处切断去掉一段转录间隔变成 41S 前体，然后在②处切断可直接得到
18S rRNA 和另一中间产物，包含 28S 和 5.8S；也可在③处切断，获得两个中间
物，然后于其中一个的④位点切断可直接获得 28S rRNA 和 5.8S rRNA

在转录前一个基因之后并不解离继而活化第二个基因的转录。5S rRNA 的基因也是成簇串联排列的，在人基因组中约有 2000 个拷贝，但是没有位于 NOR。5S rRNA 的基因的转录是由 RNA 聚合酶Ⅲ催化的，转录产物经加工后，参与核糖体大亚基的组装。

5.4.3.2 rRNA 前体的加工

由 5.8S rRNA、18S rRNA 和 28S rRNA 基因组成的基因转录单位在 RNA 聚合酶Ⅰ催化下转录产生相同的初始转录产物 rRNA 前体，不同生物的 rRNA 前体大小不同，哺乳类为 45S rRNA（约 13000 个核苷酸），果蝇为 38S rRNA，酵母为 37S rRNA。由于真核生物的 rRNA 加工过程比较缓慢，其中间产物可从各种细胞中分离出来，因此真核生物的 rRNA 加工过程比较清楚。用 ^{3}H 标记 HeLa 细胞的 RNA，则可通过凝胶电泳分离到 45S rRNA 前体及 41S、32S、20S 等加工产物。通过标记动力学实验，证明它们是 rRNA 加工过程中的前体和中间物。它们的加工过程如图 5-35 所示。

在核糖体生物发生过程中，rRNA 前体被广泛修饰与加工，涉及一系列的核酸降解切割及碱基修饰。每个 rRNA 分子修饰产生 100 个左右 2′-O-甲基核糖和约 90 个假尿嘧啶核苷残基。在 rRNA 成熟过程中，一类**小分子核仁核糖核蛋白（small nucleolar ribonucleoprotein，snRNP)** 作为引导 RNA（guide RNA）参与 RNA 的编辑加工过程，其编辑的靶位点可能与那些被修饰的残基有关。

5.4.3.3 核糖体亚单位的运输与组装

　　45S rRNA 前体转录以后很快与蛋白质结合，因此 rRNA 前体的加工过程是以核蛋白而不是游离 rRNA 的方式进行的。根据带有放射性标记的核仁组分的分析，发现完整的 45S rRNA 前体首先与蛋白质结合被包装成 80S 的 RNP 复合体。在加工过程中，80S 的 RNP 再逐渐失去一些 RNA 和蛋白质，然后剪切形成两种大小不同的核糖体亚单位前体（图 5-36）。

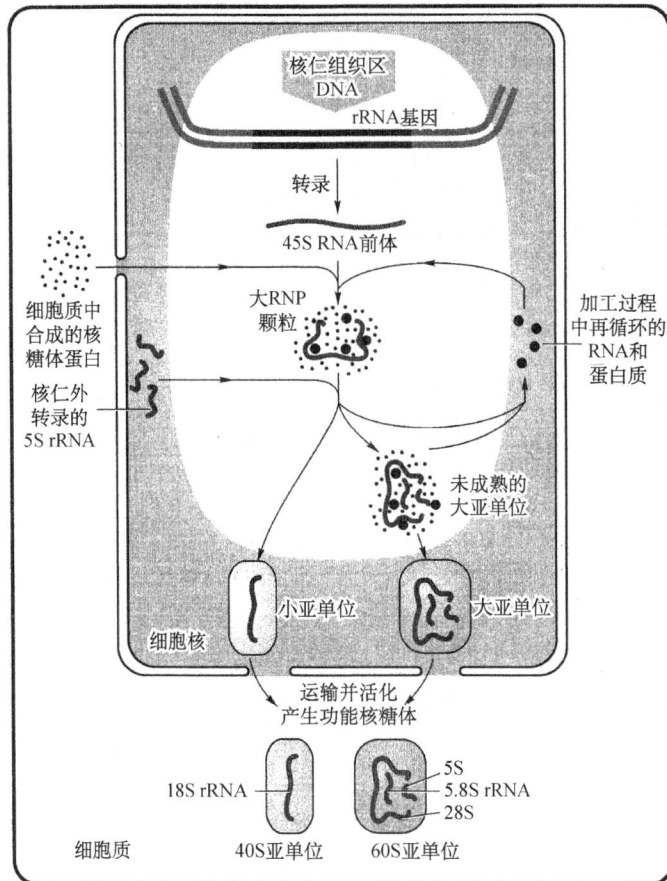

图 5-36　核仁在核糖体亚单位前体组装中的作用图解（引自翟中和等，2007）

　　通过放射性脉冲标记和示踪实验表明，在 30min 内，首先成熟的 40S 核糖体小亚单位（含有 18S rRNA）在核仁产生并很快出现在细胞质，而 28S rRNA、5.8S rRNA 和 5S rRNA 组装成 60S 核糖体大亚单位需要经过复杂的过程装配成熟（约需 1h 完成），才能运到细胞质，所以核仁含有的核糖体大亚单位比小亚单位多得多。加工下来的蛋白质和小的 RNA 存留在核仁中，可能起着催化核糖体构建的作用。

　　核仁除上述 rRNA 的合成、加工和核糖体亚单位组装的主要功能之外，在其他多种生命活动，如 mRNA 的剪接加工、snRNA 和 snoRNP 的生物发生及其转运、细胞周期调控及细胞对胁迫的应答反应中发挥作用。

5.4.3.4 核糖体的成熟

核糖体的大小亚单位含有不同的蛋白质和 rRNA，它们以主动运输的方式通过核孔复合体进入到细胞质中，这一过程是在相关因子的指导下，由载体蛋白介导，需要消耗能量。在细胞质中，mRNA 先与核糖体小亚单位结合，再与大亚单位结合，形成成熟的核糖体。所以，核糖体的成熟发生在细胞质中。

5.5 核糖体

核糖体（ribosome）是一种核酸和蛋白质复合体，几乎存在于所有细胞中，只有成熟的红细胞、精子细胞等细胞例外。即使最小、最简单的细胞——支原体，也至少含有数以百计的核糖体。在半自主性细胞器——线粒体和叶绿体中也含有合成自身某些蛋白质的核糖体。

1953 年，Robinsin 和 Brown 电镜观察植物细胞时发现这种颗粒结构，1955 年 Palade 在动物细胞中也发现了类似结构。因为富含核苷酸，1958 年 Roberts 建议把这种颗粒命名为核糖核蛋白体，简称核糖体。2000 年，核糖体的三维结构的研究取得突破性进展，对更加全面认识核糖体的蛋白质翻译过程具有重要意义。

核糖体是由核糖核酸（rRNA）和蛋白质组成的椭圆形颗粒状小体，其中蛋白质占40％，RNA 占 60％。核糖体的功能是按照 mRNA 的碱基排列顺序，高效精确地合成蛋白质，是细胞中最重要的分子机器之一。在真核细胞中很多核糖体附着在内质网的膜表面，称为附着核糖体，它与内质网形成复合细胞器，即糙面内质网。在原核细胞的质膜内侧也常有附着核糖体。还有一些核糖体不附着在膜上，呈游离状态，分布在细胞质基质中，称为游离核糖体。附着核糖体与游离核糖体的结构与化学组成完全相同，只是所合成的蛋白质种类不同。

5.5.1 核糖体的类型与结构

5.5.1.1 核糖体的基本类型与化学组成

核糖体有两种基本类型：一种是真核细胞核糖体，另一种是原核细胞核糖体（表 5-4）。两种核糖体都由两个大小不同的亚基（subunit）组成，每个亚基都含有 rRNA 和蛋白质。真核细胞核糖体沉降系数为 80S（S 为 Svedberg 沉降系数单位），相对分子质量为 4.8×10^6；原核细胞核糖体沉降系数为 70S，相对分子质量为 2.5×10^6。真核细胞的线粒体与叶绿体内有其自身的核糖体，沉降系数近似于 70S。

原核生物大肠杆菌的核糖体共有 55 个蛋白质，34 个在大亚基，以 L 表示；21 个在小亚基，以 S 表示。23S rRNA 和 5S rRNA 在大亚基中，16S rRNA 在小亚基中。在 *E. coli* 核糖体中除了 L7/L12 有 4 个拷贝，S6 有 2 个拷贝外，其余的 r 蛋白都仅有一个拷贝。真核生物有 82 个核糖体蛋白质，49 个在大亚基中，33 个在小亚基中，分别用 L 和 S 表示。核糖体 RNA 28S、5.8S 和 5S 在大亚基中，而 18S 在小亚基中。在不同的真核细胞中，核糖体也存在差异，如动物细胞核糖体的大亚基内有 28S rRNA，而植物细胞、真菌细胞与原生动物细胞核糖体的大亚基中却不是 28S rRNA，而是 25～26S rRNA。

表 5-4 原核生物与真核生物核糖体成分的比较

类型	核糖体大小		亚基	亚基大小		亚基蛋白质数	亚基RNA	
	S值	相对分子质量		S值	相对分子质量		S值	碱基数
原核细胞核糖体 70S		2.5×10^6	大亚基 50S		1.6×10^6	34	23S / 5S	2904 / 120
			小亚基 30S		0.9×10^6	21	16S	1542
真核细胞核糖体 80S		4.2×10^6	大亚基 60S		2.8×10^6	约49	25~28S / 5.8S / 5S	≤4700 / 160 / 120
			小亚基 40S		1.4×10^6	约33	18S	1900

5.5.1.2 核糖体的结构

作为蛋白质的翻译机器，核糖体很像一个流动的小工厂，在其他辅助因子的帮助下，以极快的速度合成肽链，真核细胞核糖体每秒能将两个氨基酸添加到肽链上，而细菌核糖体合成速度可达每秒 20 个氨基酸。随着 X 射线晶体衍射和低温电子显微镜技术的使用，人们对核糖体结构和功能的认识更加深入。

从图 5-37 可见，rRNA 折叠成高度压缩的三维结构，不但构成了核糖体的核心，还决定了核糖体的整体形态。这些 rRNA 类似三维拼图玩具的部件一样在核糖体中相互连锁，从而构成一个单一的实体。与 rRNA 的核心地位不同的是，核糖体蛋白质通常定位在核糖体的表面，或填充于 rRNA 之间的缝隙。核糖体蛋白质大多有一个球形结构域和伸展的尾部。最出人意料的是，核糖体蛋白的球形结构域分布于核糖体表面，而其伸展的多肽链尾部则伸入核糖体内折叠的 rRNA 分子中。分析表明这些肽链由约 26% 的精氨酸和赖氨酸，以及丰富的甘氨酸和脯氨酸组成。但核糖体上的活性部位——那些催化蛋白肽链形成的地方——只包括 rRNA。这表明核糖体蛋白质本身不参与将遗传信息转变或蛋白质的反应，它们的作用类似于黏土或砂浆，将关键的 rRNA "砖" 黏在一起，从而稳定 rRNA，有助于 RNA 催化蛋白质合成时自身构象的改变。

对核糖体高分辨率的 X 射线衍射图谱分析表明以下几点。

(1) 每个核糖体含有 4 个 RNA 分子的结合位点，其中 1 个位点供 mRNA 结合，3 个位点供 tRNA 结合，分别为 A 位点（aminoacyl site）、P 位点（petidyl site）和 E 位点（exit site）。这些位点横跨核糖体大小亚基结合面。原核生物中，核糖体与 mRNA 的结合位点位于 16S rRNA 的 3′端，其准确识别的基础是细菌 mRNA 有一段特殊的 Shine-Dalgarno 序列（SD序列），位于起始密码子上游 5~10bp 处。SD 序列能与核糖体小亚基 16S rRNA 的 3′端序列互补结合。真核生物没有 SD 序列，核糖体小亚基准确识别 mRNA 的基础主要依赖于 mRNA 5′端的甲基化帽子结构。A 位点是与新掺入的氨酰-tRNA 结合的位点——氨酰基位点（aminoacyl site），P 位点是与延伸中的肽酰-tRNA 结合的位点——肽酰基位点（petidyl site），E 位点是脱氨酰 tRNA 离开 A 位点到完全释放的一个位点——脱氨酰位点（exit site）。

(2) 在核糖体大小亚基结合面，特别是 mRNA 和 tRNA 结合处，无核糖体蛋白分布。这也意味着在核糖体起源之初可能仅由 RNA 组成。

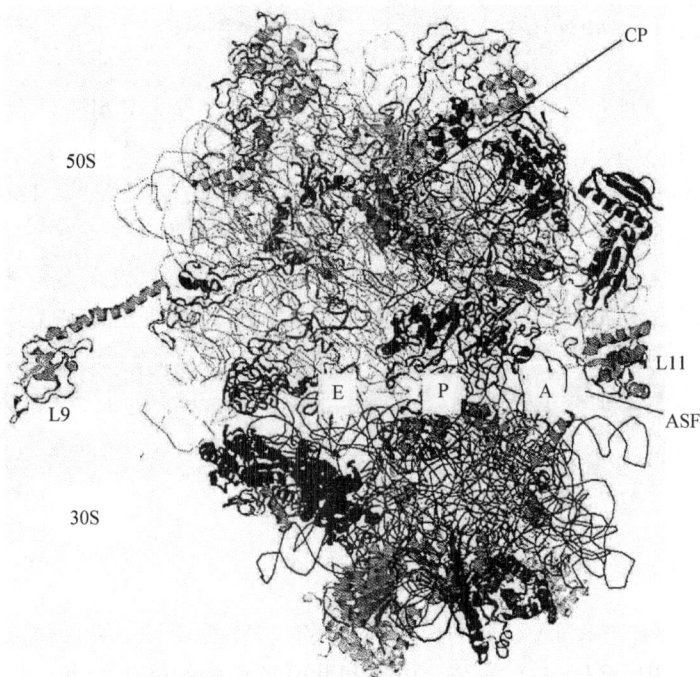

图 5-37　大肠杆菌 70S 完整核糖体 X 射线晶体学结构（引自翟中和等，2011）
线条表示 rRNA，条带表示核糖体蛋白质。30S 亚基包括头部、颈部、平台、主体、肩
部等，50S 亚基包括 L9 蛋白、中央凸起（central protuberance，CP）、A 位点手指结构
（A-site finger，ASF）及 L11 蛋白。核糖体 A、P、E 位点存在于大小亚基连接面。
核糖体分辨率为 0.35nm

（3）催化肽键形成的活性位点由 RNA 组成。

（4）大多数核糖体蛋白有一个球形结构域和伸展的尾部，球形结构域分布于核糖体表
面，而其伸展的多肽链尾部则伸入核糖体内折叠的 rRNA 分子中。也有些核糖体蛋白完全
没有球形结构域，如小亚基的 S14 及大亚基的 L39e 蛋白。许多核糖体蛋白与 RNA 具有多
个结合位点，发挥稳定 rRNA 三级结构的作用。

🌐 核糖体结构研究和 2009 年诺贝尔化学奖

核糖体的名称最早出现在 1958 年，当时用来命名一种刚发现的、细胞质中的带有核
糖核酸的蛋白质。那时已经知道核糖体和蛋白质的合成有关，Palade 曾因他在这方面的
贡献获得 1974 年的诺贝尔生理学或医学奖。

20 世纪 70 年代，电镜下观察到了 E. coli 完整核糖体及其大小亚基的形态。但由于
核糖体相对分子质量太大，结构太复杂，当时许多结晶学家对于核糖体能否结晶仍然表示
怀疑。以色列的 Yonath 及 Wittmann 虽然于 1980 年首先得到了核糖体的晶体，但很长时
间内都未获得清晰的 X 射线衍射图谱。90 年代中期，因为冷冻电子显微镜技术的应用，
人们对核糖体结构的认识更加深入，分辨率达到了 2.3nm。随后，通过大量改进，终于

得到了死海微生物嗜盐细菌 *Haloarcula marismortui* 核糖体 50S 大亚基 0.24nm 分辨率图谱，以及 *Thermus thermophilus* 0.33nm 和 0.30nm 分辨率的 30S 小亚基图谱和 70S 核糖体图谱。

在核糖体结构解析和功能研究中，有三位科学家的贡献尤其突出，他们是 2009 年诺贝尔化学奖的得主 Ramakrishnan、Steitz 及 Yonath。以色列的 Yonath 从 20 世纪 80 年代开始就一直从事核糖体结构研究，当时的分辨率可做到 10Å（1Å＝0.1nm，核糖体的大小约为 200Å），并取得很多重要的成果。从 90 年代开始，耶鲁大学的 Steitz 和剑桥分子生物实验室（属于英国 MRC 研究系统）的 Ramakrishnan，以及其他一些实验室，都相继获得了核糖体高清晰度结构图。Ramakrishnan、Steitz 及 Yonath 三位科学家通过各自独立的研究工作，分别采用 X 射线晶体学方法绘制出了核糖体的 3D 模型，描述了这一复合物上成千上万个原子的位置，揭示了核糖体蛋白质与 rRNA 的三维关系，使人类对核糖体生物学活性部位有了更加准确的认识，也为基于核糖体结构的抗生素药物设计提供了基础，这一贡献被认为是核糖体结构研究中的里程碑。

5.5.1.3　核糖体蛋白质与 rRNA 的功能

核糖体上除了具有与 RNA 结合的位点外，还有与肽酰 tRNA 从 A 位点转移到 P 位点有关的转移酶（即延伸因子 EF-G）的结合位点和肽酰转移酶的催化位点。此外，还有与蛋白质合成有关的其他起始因子、延伸因子和终止因子的结合位点。对这些结合位点位于核糖体的哪个亚基及其确切位点，已有比较多的了解（图 5-38）。

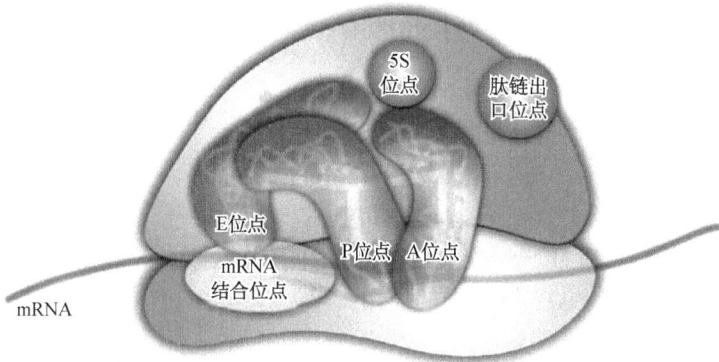

图 5-38　核糖体中主要活性部位示意图（引自翟中和等，2007）

已知与 tRNA 结合的 P 位点、A 位点或 E 位点各自都涉及一套 rRNA 上不同的区域。16S rRNA 与 tRNA 同 P 位点和 A 位点的结合有关；23S rRNA 与 tRNA 同 P 位点、A 位点和 E 位点的结合有关。例如，与 tRNA 结合的 A 位点，在 16S rRNA 中主要位于 530 和 1400/1500 区域两部分（数码指 rRNA 核苷酸序号），这也是 16S rRNA 两个最保守的区域，与 tRNA 结合最强的区域是 G530、A1492 和 A1493（英文字母代表碱基种类），其次是 A1408 和 G1494。在 16S rRNA 和 23S rRNA 中与 A 位点、P 位点或 E 位点有关的碱基序列几乎都是共同的保守序列，而且与各结合位点有关的一套碱基又各自不同。某些 r 蛋白，如小亚基上的 S2、S3 和 S14 参与氨酰-tRNA 与 A 位点的结合；L13 和 L27 则是大亚基上 P 位点的组成成分。延伸因子 EF-G 和 EF-Tu 结合到大亚基的一套相同位点上，位于 23S rRNA 2660 区域的共同保守序列，特别是与 G2655、A2660 和 G2661 结合更为紧密，这些区域也涉及 r 蛋白 L11 和 L7/L12，它们位于大亚基突起的底部，均与 EF-G 的功能有关。在研究这些结合位点时，人们也注意到处于不同的结合条件下，核糖体的构象发生了相应的变化，而这些变化对核糖体行使其功能可能是十分必要的。

核糖体中最主要的活性部位是肽酰转移酶的催化位点。早些时候人们普遍认为既然酶的本质是蛋白质，那么核糖体中一定有某种 r 蛋白与蛋白质合成中的催化作用有关。虽然 RNA 占核糖体的 60% 以上，但长期以来它仅仅被看成是 r 蛋白的组织者，即形成核糖体的内部结构框架或是与蛋白质合成过程中所涉及的 RNA 碱基配对有关。在对 r 蛋白和 rRNA 进行大量研究特别是利用化学方法和遗传突变株来研究 r 蛋白的功能以后，人们对 r 蛋白是否具有催化蛋白质合成的活性提出了疑问：很难确定哪一种 r 蛋白具有催化功能，在 E. coli 中很多 r 蛋白突变甚至缺失对蛋白质合成并没有表现出"全"或"无"的影响，即并不引起蛋白质合成的完全抑制；多数抗蛋白质合成抑制剂的突变株，并非由于 r 蛋白的基因突变而往往是 rRNA 基因发生了突变；在整个进化过程中，rRNA 的结构比 r 蛋白的结构具有更高的保守性。越来越多的事实使人们推测，rRNA 在蛋白质合成过程中可能具有重要作用。

Noller 用高浓度的蛋白酶 K、强离子型去污剂 SDS 及苯酚等试剂处理大肠杆菌 50S 的大亚基，去掉与 23S rRNA 结合的各种 r 蛋白，结果发现，得到的 23S rRNA 仍具有肽酰转移酶的活性。用对肽酰转移酶敏感的抗生素处理或用核酸酶处理均可抑制其合成多肽的活性，但用阻断蛋白质合成其他步骤的抗生素处理，则肽酰转移酶活性不受影响。这些结果初步揭示了在 50S 核糖体大亚基中，23S rRNA 参与催化肽酰转移酶的功能。当然抽提后的 23S rRNA 中，还残存不到 5% 的 r 蛋白，这些蛋白质很可能是维持 rRNA 构象所必需的。1985 年，Cech 发现 RNA 具有催化 RNA 拼接过程的活性。1992 年又证明，RNA 具有催化蛋白质合成的活性，这一重要发现不仅有力推动了对核糖体结构与功能的研究，而且对生命的起源与进化过程的探索也提供了重要的依据。2000 年，耶鲁大学研究小组在核糖体晶体图谱中定位了肽酰转移酶位点（peptidyl-transferase site），发现组成该位点的成分全是 rRNA，这些成分属于 23S rRNA 结构域 V 的中央环。因此，人们相信核糖体中的 rRNA 才具有催化功能，核糖体实际上是核酶（ribozyme）。

目前认为，在核糖体中，rRNA 是起主要作用的结构成分，其主要功能包括以下 4 个方面。

（1）具有肽酰转移酶的活性。

（2）为 tRNA 提供结合位点（A 位点、P 位点和 E 位点）。

（3）为多种蛋白质合成因子提供结合位点。

（4）在蛋白质合成起始时参与同 mRNA 选择性地结合，以及在肽链的延伸中与 mRNA 结合。此外，核糖体大小亚基的结合、校正阅读（proofreading）、无意义链或框架漂移的校正，以及抗生素的作用等都与 rRNA 有关。

r 蛋白在翻译过程中也起着重要的作用，如果缺失某一种 r 蛋白或对它进行化学修饰，或 r 蛋白的基因发生突变，都将会影响核糖体的功能，降低多肽合成的活性。目前关于 r 蛋白的功能有多种推测，主要包括：①对 rRNA 折叠成有功能的三维结构是十分重要的；②在蛋白质合成中，核糖体的空间构象发生一系列的变化，某些 r 蛋白可能对核糖体的构象起"微调"作用；③在核糖体的结合位点上甚至可能在催化作用中，r 蛋白与 rRNA 共同行使功能。

5.5.1.4　多聚核糖体

核糖体在细胞内并不是单个独立地执行功能，而是由多个甚至几十个核糖体串联在一条 mRNA 分子上高效地进行肽链的合成。这种具有特殊功能和形态结构的核糖体与 mRNA 的聚合体称为**多聚核糖体（polyribosome 或 polysome）**（图 5-39）。多聚核糖体是合成蛋白质的功能团，mRNA 的长度决定了多聚核糖体所包含的核糖体数量，也就是说，mRNA 越长，合成的多肽相对分子质量越大，核糖体的数目也越多。活细胞中，核糖体的大、小亚基，单核糖体和多聚核糖体处于一种不断解聚与聚合的动态平衡中，随功能而变化，执行功能时为多聚核糖体，功能完成后解聚为大、小亚基。

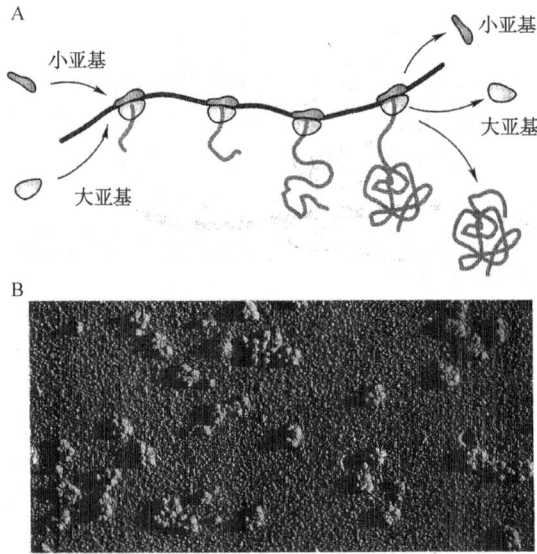

图 5-39　多聚核糖体（引自翟中和等，2007）
A. 多聚核糖体模式图；B. 网织红细胞多聚核糖体电镜照片

肽链合成开始时，在 mRNA 的起始密码子部位，核糖体亚基装配成完整的起始复合物后，向 mRNA 的 3′端移动，开始多肽链的合成，直到到达终止密码子处。核糖体在 mRNA 的每一个密码子处被与之互补的反密码子的 tRNA（携带有相应氨基酸）结合，之后其上的氨基酸与核糖体上的肽链相连，空的 tRNA 离去，核糖体前进，多肽链越来越长。当第一个核糖体离开起始密码子后，起始密码子的位置空出，第二个核糖体的亚基就可以结合上来，装配成完整的起始复合物后，开始另一条多肽链的合成。同样，第三个核糖体、第四个核糖体依次结合到 mRNA 上，形成多聚核糖体。相邻的核糖体间距约 80 个核苷酸的距离。由于蛋白质的合成是以多聚核糖体的形式进行，这样细胞内各种多肽的合成，无论其相对分子质量的大小或是 mRNA 的长短如何，单位时间内所合成的多肽分子数目都大体相等，即在相同数量的 mRNA 的情况下，可大大提高多肽合成速度，特别是对于相对分子质量较大的多肽。多肽合成速度提高的倍数与结合在 mRNA 上的核糖体数目成正比。以多聚核糖体的形式进行多肽合成，对 mRNA 的利用及对其数量的调控更为经济和有效。真核细胞中，多聚核糖体或附着在内质网上，或游离在细胞质基质中。原核细胞中，在 mRNA 合成的同时，核糖体就结合到 mRNA 上，即由 DNA 转录 mRNA 和由 mRNA 翻译成蛋白质是同时并几乎在同一部位进行。

5.5.2 核糖体的功能

蛋白质合成也称翻译，即将 mRNA 分子中碱基排列顺序中包含的遗传信息转换为蛋白质或多肽链的氨基酸排列顺序的过程。翻译是细胞中最复杂、最精确的生命活动之一。该过程的复杂性表现在蛋白质合成时，需要严格按照 mRNA 的序列信息，通过几十种不同的 tRNA 分子的衔接作用，将构成蛋白质的 20 种氨基酸准确无误地添加到延伸中多肽的 C 端。该过程还需要多种蛋白质因子、阳离子及 GTP 等的参与。

目前对原核细胞蛋白质合成机制研究最为深入，也最为清楚。以大肠杆菌为例，蛋白质的合成包括三个主要阶段：肽链合成的起始、肽链的延伸和肽链的终止与释放。

1）肽链合成的起始

在这个过程中主要是形成 70S 起始复合物，涉及 mRNA、起始 tRNA 和核糖体大小亚基间的相互作用与组装。三种起始因子 IF1、IF2、IF3 及 GTP 参与该过程。首先，通过 mRNA 的 SD 序列识别核糖体小亚基 16S rRNA 3′端，30S 小亚基与 mRNA 结合；然后，携带甲酰甲硫氨酸的 tRNA 通过反密码子与 mRNA 的起始密码子（initiation codon）AUG 识别，进入核糖体的 P 位点，形成 30S 前起始复合物；最后，50S 亚基与前起始复合物结合，形成完整的 70S 核糖体-mRNA 起始复合物（图 5-40）。

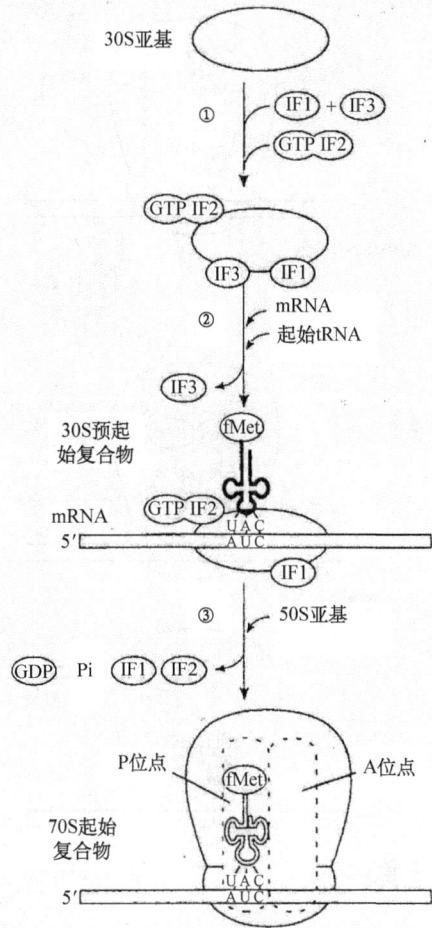

图 5-40 原核生物蛋白质合成的起始
（引自 Kleinsmith and Kish，1995）

2）肽链的延伸

一旦起始复合物形成，蛋白质合成随即开始，这一过程称为肽链的延伸（elongation），主要包括 4 个步骤：氨酰-tRNA 进入核糖体 A 位点的选择；肽键的形成；转位（translocation）；脱氨酰-tRNA 的释放。上述 4 步的循环，使肽链不断延长。延伸因子 EF-Tu、EF-G、EF-Ts 及 GTP 参与延伸过程（图 5-41）。

3）肽链的终止与释放

如果核糖体的 A 位点 mRNA 是 UAA、UGA 或 UAG 终止密码子（termination codon 或 stop condon），由于没有与之匹配的反密码子，氨酰-tRNA 不能结合到核糖体上，于是蛋白质合成终止，并导致多肽链从核糖体上释放出来，核糖体大、小亚基解离（图 5-42）。肽链终止反应需要释放因子的参与，原核细胞有三种释放因子。释放因子（release factor）RF1 可识别 UAA 或 UAG；RF2 识别 UAA 或 UGA，催化蛋白质合成的终止；RF3 没有密码子专一性，但能增加其他因子的活性。RF1 或 RF2 通过蛋白质内部的三肽取代 tRNA 的

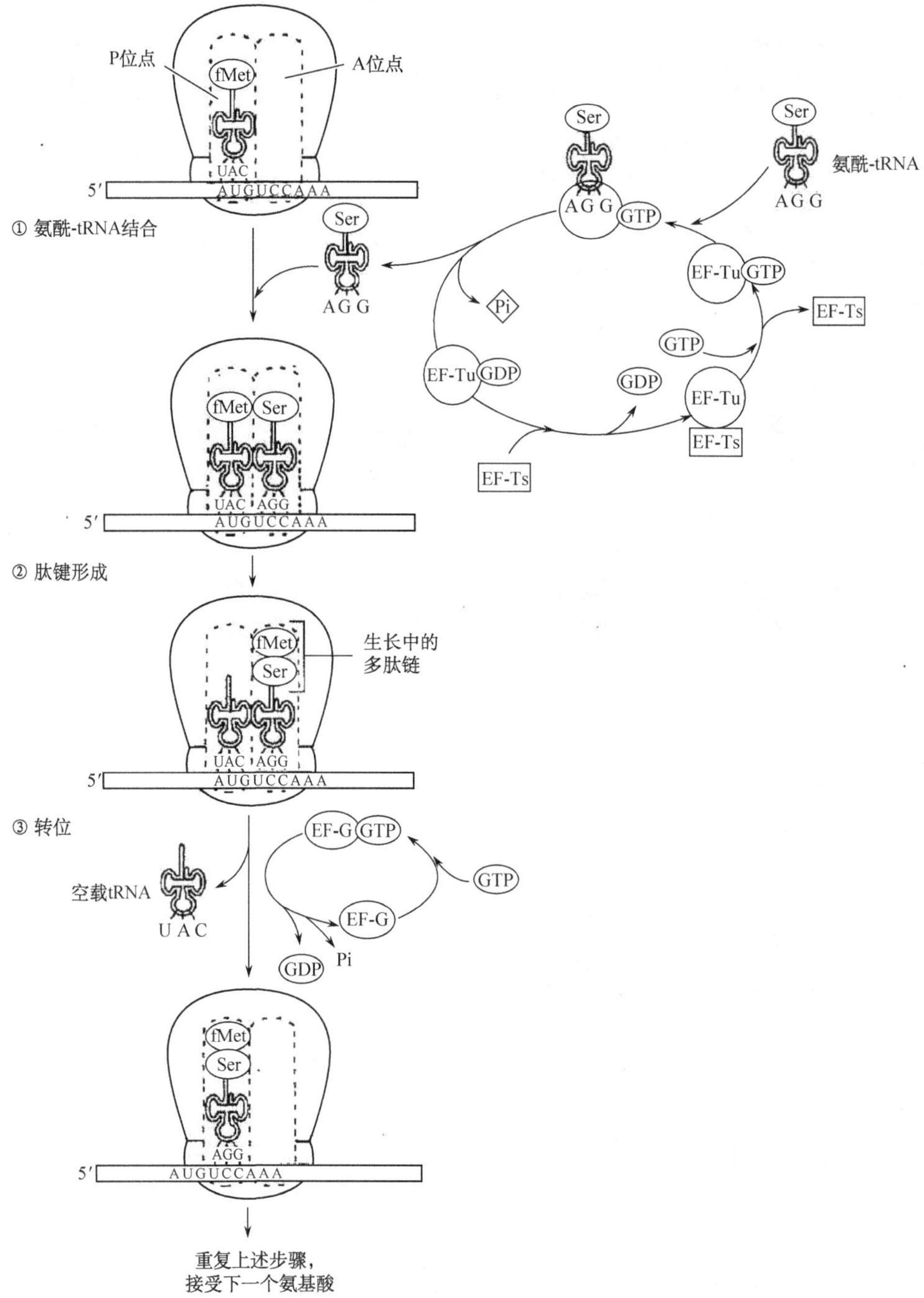

图 5-41　蛋白质合成的延伸（引自 Kleinsmith and Kish，1995）

反密码子识别 A 位点的终止密码子，并促使肽酰转移酶催化水分子添加到肽酰 tRNA 上，从而终止蛋白质的合成。

　　研究发现，新生肽链通过核糖体大亚基的一个特定通道进入细胞质基质，该通道称为肽通道。肽通道为 10nm×1.5nm，是一个亲水性通道，内壁由 23S rRNA 组成，没有与肽链互补的结构存在，因此，肽链能顺利地通过肽通道。

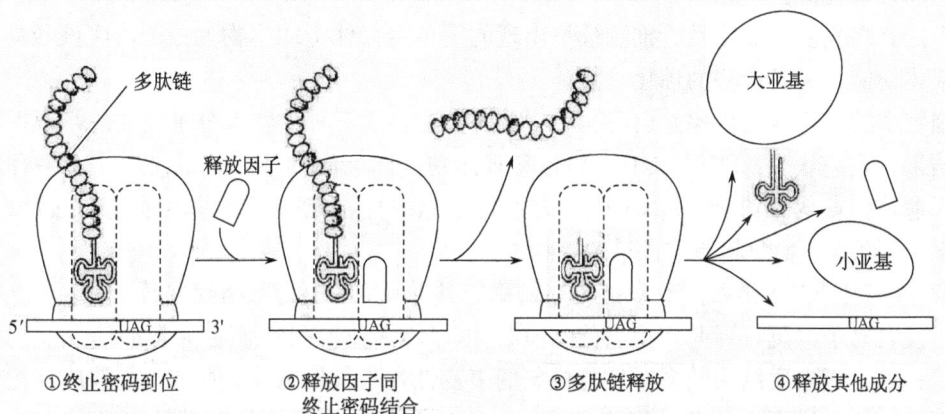

图 5-42　蛋白质合成的终止（引自 Kleinsmith and Kish，1995）

真核细胞蛋白质合成过程与原核细胞类似，但是过程远比原核细胞复杂，二者的主要差别在于以下 4 个方面：①小亚基识别 mRNA 结合位点的机制不同，真核细胞无原核细胞的 SD 序列，40S 小亚基首先识别 mRNA 5′端甲基化帽子，然后沿着 mRNA 移动扫描，直到第一个 AUG 出现为止。②起始氨基酸不同，真核细胞是携带甲硫氨酸的 tRNA 通过反密码子与 mRNA 的起始密码子 AUG 识别，进入核糖体的 P 位点形成 40S 前起始复合物，而原核细胞的甲酰甲硫氨酸的 tRNA 通过反密码子与 mRNA 的起始密码子 AUG 结合形成 30S 前起始复合物。③合成结束后的释放因子不同。真核细胞有两种释放因子——eRF1 和 eRF3，它们一起作用，识别所有终止密码子。原核细胞有三种释放因子——RF1、RF2、RF3。④转录和翻译时空性不同，真核生物蛋白质合成与转录不同时进行，要转录完成后才开始合成蛋白质，而原核生物的蛋白质合成往往和转录同时进行。

5.5.3　RNA 与生命起源

细胞中最主要的三种 RNA，即 mRNA、rRNA 和 tRNA，通过核糖体联系在一起，共同完成遗传信息表达中蛋白质的翻译过程。

RNA 作为遗传信息载体的功能人们早已明了，mRNA 即为信使 RNA。许多病毒如艾滋病病毒和流感病毒等基因载体就是 RNA，故称 RNA 病毒。但 RNA 的催化功能是近 20 年才被发现的。1981 年，美国科学家 Cech 和 Altman 在研究四膜虫 26S 前体 RNA 加工去除内含子时，发现 26S 前体 RNA 的自催化特性，证明了 RNA 分子具有催化功能，被命名为**核酶（ribozyme）**。后来发现四膜虫 L19 RNA 在一定条件下能专一地催化寡聚核苷酸底物的切割与连接，具有核糖核酸酶和 RNA 聚合酶的活性。随后人们还发现其他一系列具有催化作用的 RNA，并统称为核酶。核酶不仅可催化 RNA 和 DNA 水解、连接、mRNA 的剪接（splicing），在体外已证明某些 RNA 还可催化 RNA 聚合反应及 RNA 的磷酸化、氨酰基化和烷基化等多种反应。2000 年，X 射线晶体衍射证明，在核糖体的肽键形成位点，即肽酰转移酶中心仅由 23S rRNA 组成，完全没有蛋白质的电子云存在，肽键的形成是由 23S rRNA 催化完成的，证明了 23S rRNA 具有肽酰转移酶的活性，在蛋白质合成中起着关键作用。之后，人们对探索生命起源中最基本也是最富有挑战性的问题——细胞遗传信息装置起源的兴趣大大提高。

生命是自我复制的体系。推测最早出现的简单生命体中的生物大分子，应该既具有遗传信息载体功能，又具有酶的催化功能。

细胞中的遗传信息传递是由 DNA、RNA 和蛋白质三种生物大分子完成的，根据已有的研究结果，我们认为：DNA 具有遗传信息载体功能而无酶的活性；蛋白质具有多种酶活性但尚无遗传信息载体功能；RNA 既具有遗传信息载体功能又具有酶的催化活活性。因此，推测 RNA 可能是生命起源中最早的生物大分子。

DNA 链比 RNA 链稳定，双链比单链稳定且 DNA 链中胸腺嘧啶代替了 RNA 链中的尿嘧啶，使之易于修复，因此作为遗传物质载体，DNA 则有可能储存大量的信息并能更稳定地遗传；由于蛋白质结构的多样性与构象的多变性，不仅比 RNA 能更为有效地催化多种反应，而且还能提供更为复杂的细胞结构成分。这些正是当今结构和功能复杂的细胞进化的基础。

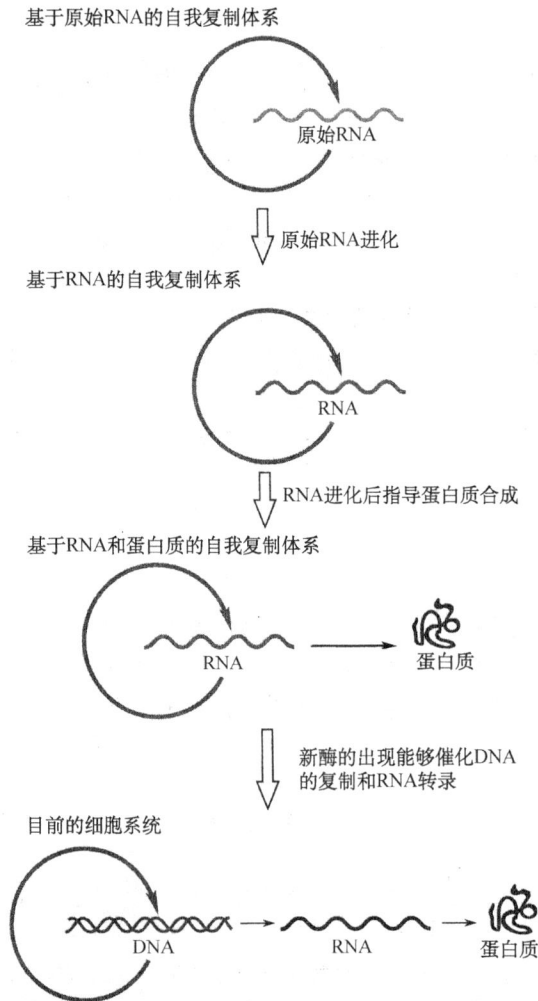

图 5-43　RNA 在生命起源中的地位及演化过程的假说（引自翟中和等，2007）

在漫长的进化过程中，由 RNA 催化产生了蛋白质，进而 DNA 代替了 RNA 的遗传信息功能，蛋白质则取代了绝大部分 RNA 作为酶的功能，逐渐演化成今天遗传信息流的模式——中心法则（图 5-43）。

生命进化至今，在遗传信息表达体系中，仍然还要通过 RNA 完成遗传信息传递和密码的翻译，而且一些重要的反应过程，如 mRNA 的剪接和蛋白质的合成仍需 RNA 的催化作用。同时，RNA 还可以通过 RNA 干扰等方式决定 mRNA 的命运，调控基因的表达。因此，RNA 分子在生命进化中具有重要的地位，对 RNA 分子功能的进一步认识将有助于人类对生命起源进化等问题的深入理解和阐明。

本 章 小 结

细胞核是细胞内遗传物质储存、复制和转录的场所，是细胞遗传与代谢的调控中心。细胞核主要由核被膜（包括核孔复合体）、核纤层、染色质、核仁及核基质组成。核被膜作为细胞核与细胞质之间的界膜，将细胞分成核与质两大结构及功能区域，从而使基因表达过程中的转录与翻译这两个阶段在时空上分开。核纤层在维持细胞核形状、固定细胞核内各种组分，调节核内复杂的生命活动中起重要作用。核孔复合体使核、质之间的物质交换与信息交流得以实现，该作用具有特异性和可调节性。

真核细胞的遗传物质储存在 DNA 序列中，依据在基因组中的拷贝数及其序列特征，分为单一序列、中度重复序列、高度重复序列和间隔序列，其中，非编码序列在复杂真核基因组中占有较大的比例，但对基因组的活性可能具有调节作用。遗传物质在核内进一步包装成为由 DNA、组蛋白、非组蛋白及少量 RNA 组成的线性复合结构，即染色质。组蛋白是染色质的基本组成蛋白，与 DNA 的结合没有序列特异性，可分成 5 种类型，主要功能是核小体结构的组织和维持。核小体是构成染色质的基本结构单位，每个核小体由组蛋白八聚体核心及 200bp 左右的 DNA 和一分子组蛋白 H1 组成。非组蛋白种类繁多，属于序列特异性 DNA 结合蛋白，包括基因表达调控蛋白，它们具有不同的结构模式，形成不同的 DNA 结合蛋白家族。

染色体是细胞分裂时遗传物质存在的特殊形式，由间期染色质凝集包装而成。染色体具备的三种关键功能元件，即 DNA 复制起始点、着丝粒和端粒。在某些生物的细胞中，特别是在发育的某些阶段，可以观察到特殊的巨大染色体，包括多线染色体和灯刷染色体。

核仁是真核细胞间期核中最显著的结构，主要功能涉及核糖体的生物发生。该过程包括 rRNA 的合成、加工和核糖体亚单位的组装。在细胞周期中，核仁是一种高度动态的结构，在有丝分裂过程中表现出周期性地解体与重建。

核糖体是细胞内一种没有被膜包裹，由 r 蛋白质和 rRNA 结合而构成的颗粒状结构，是细胞内蛋白质合成的场所。核糖体有两种基本类型：一种是存在于原核细胞（包括线粒体和叶绿体）中的 70S 核糖体；另一种是存在于所有真核细胞的 80S 核糖体。原核细胞的 70S 的核糖体由三种 rRNA 和 55 种蛋白质组成，真核细胞的 80S 的核糖体由 4 种 rRNA 和 82 种蛋白质组成，均由大小不同的两个亚单位构成。核糖体大小亚单位常游离于细胞质中，只有当小亚基与 mRNA 结合后，大亚基才与小亚基结合形成完整的、有功能的核糖体。肽链合成终止后，大小亚基解离，重新游离于细胞质中。核糖体的主要功能是由 rRNA 承担的，最主要的活性部位是 A 位点、P 位点、E 位点和肽酰转移酶的催化中心，约占其结构成分的

2/3。

推测最早出现的简单生命体中的生物大分子，应既具有遗传信息载体功能又具有酶的催化功能，据此一般认为 RNA 可能是生命起源中最早的生物大分子。

复习题

1. 概述细胞核的基本结构及其主要功能。
2. 试述核孔复合体的结构及其功能。
3. 染色质按功能分为几类？它们的特点是什么？
4. 组蛋白与非组蛋白如何参与表观遗传的调控？
5. 试述从 DNA 到染色体的包装过程。DNA 为什么要包装成染色质？
6. 分析中期染色体的三种功能元件及其作用。
7. 概述核仁的结构及其功能。
8. 如何保证众多的细胞生命活动在极小的细胞核内有序进行？
9. 以 80S 核糖体为例，说明核糖体的结构成分及其功能。
10. 核糖体上有哪些活性部位？它们在多肽合成中各起什么作用？
11. 何谓多聚核糖体？以多聚核糖体的形式行使功能的生物学意义是什么？
12. 有哪些实验证据表明肽酰转移酶是 rRNA，而不是蛋白质？rRNA 催化功能的发现有什么意义？
13. 你认为最早出现的简单生命体中的生物大分子是什么？为什么？

参 考 文 献

韩贻仁. 2001. 分子细胞生物学. 北京：科学出版社
何亦骢，曾宪录. 2009. 细胞生物学. 北京：科学技术出版社
胡永林. 2009. 核糖体的结构域功能研究—2009 年诺贝尔化学奖简介. 生物化学与生物物理进展，36（10）：1239-1243
潘大仁，潘延云，姚雅琴. 2007. 细胞生物学. 北京：科学技术出版社
汪堃仁，薛绍白，柳惠图. 1998. 细胞生物学. 2 版. 北京：北京师范大学出版社
王德耀. 1998. 细胞生物学. 上海：上海科学技术出版社
王金发. 2003. 细胞生物学. 北京：科学技术出版社
杨汉民. 1997. 细胞生物学实验. 2 版. 北京：高等教育出版社
翟中和，王喜忠，丁明孝. 2000. 细胞生物学. 2 版. 北京：高等教育出版社
翟中和，王喜忠，丁明孝. 2007. 细胞生物学. 3 版. 北京：高等教育出版社
翟中和，王喜忠，丁明孝. 2011. 细胞生物学. 4 版. 北京：高等教育出版社
郑国锠. 1992. 细胞生物学. 2 版. 北京：高等教育出版社
周建明. 1997. 医学细胞与分子生物学. 上海：上海医科大学出版社
Alberts B, Johnson A, Lewis J, et al. 2002. Molecular Biology of the Cell. 4th ed. New York：Garland Publishing, Inc
Allis C D, Jenuwein T, Reinberg D, et al. 2009. 表观遗传学. 朱冰，孙方霖译. 北京：科学技术出版社
Ban N, Nissen P, Hansen J, et al. 2000. The complete atomatic structure of the large ribosomal subunit at 2.4Å resolution. Science，289：905-920
Cooper G M, Hausman R E. 2004. The Cell：A Molecular Approach. 3rd ed. Washington DC：ASM Press
De Robertis. 1980. Cell and Molecalar Biology. 7th ed. Philadelphia Sacenders College

Dorigo B, Schalch T, Kulangara A, et al. 2004. Nucleosome arrays reveal the two-start organization of the chromatin fiber. Science, 306: 1571-1573

Fischle W, Tseng B S, Dormann H L. 2005. Regulation of HP1-chromatin binding by histone H3 methylation and phosphorylation. Nature, 438: 1116-1122

Foe V, Wilkinson L E, Larid C D. 1976. Comparative organization of active foranscription units in *Oncopeltus fasciatus*. Cell, 9 (1): 131-146

Hamkalo B A, Farnham P J, Johnston R, et al. 1985. Ultrastructural features of minuto chromosomes in a methlo trexate-resistant mause 3T3 cell line. PANS, 82 (4): 1126-1130

Karp G. 2002. Celland Molecular Biology: Concepts and Experiments. 3rd ed. New York: John Wiley & Sons, Inc.

Karp G. 2005. Cell and Molemlar Biology: Concepts and Experiments. 4th ed. New York: John Wiley & Sons, Inc.

Kleinsmith L J, Kish V M. 1995. Principles of Cell and Molecular Biology. 2nd ed. New York: Harpercollins Publishers

Lewin B. 2004. Genes Ⅷ. New York: Oxford University Press, Inc.

Lodish H, Berk A, Matsudaira R, et al. 1999. Molecular Cell Biology. 4th ed. New York: W. H. Freeman and Company

Luger K, Mader A W, Richmond R K, et al. 1977. Crystal stricture of the mucleosome core partide at 2.8Å resolution. Nature, 389: 251-260

Painter T S. 1934. Salivary chromosomes and the attack on the gene. Jornal of Heredity, 25 (12): 465-476

Ridgway P, Almouzni G. 2001. Chromatin assembly and organization. Journal of Cell Science, 114: 2711-2712

Tran E J, Wente S R. 2006. Dynamic nuclear pore complexes: life on the edge. Cell, 125: 1041-1053

（彭仁海）

第6章　细胞质及内膜系统

与原核细胞相比，真核细胞在进化上形成了发达的生物膜系统，将细胞质划分出许多执行不同功能的相对独立的区室，即细胞内区室化（compartmentalization）。细胞内由膜所区分的结构包括细胞质基质、细胞内膜系统（包括内质网、高尔基体、溶酶体、胞内体等）和其他膜包被的细胞器（线粒体、叶绿体、过氧化物酶体和细胞核）等三种类型。这些不同区室之间相互联系、相互沟通，进而维持细胞内生物大分子的合成、运输及调控的动态平衡。

6.1　细胞质基质

细胞质基质（cytosol 或 cytoplasmic matrix）是指除去能分辨的细胞器和颗粒以外的细胞质中的胶态物质，在显微水平上称为细胞液（cell sap）；亚显微水平上称为细胞质基质；在细胞生化上则称为胞质溶胶（cytosol），即细胞匀浆后，经超速离心除去所有细胞器和颗粒后的上清液部分。因而目前细胞质基质一词常指那些完整细胞质内不包含任何细胞器的液体成分。

细胞质基质是细胞重要的结构成分，其体积约占细胞质的一半。细胞与环境、细胞质与细胞核，以及细胞器之间的物质运输、能量交换、信息传递等都要通过细胞质基质来完成。人们曾一度认为细胞质基质是一些水溶性物质自由流动的场所，但目前发现细胞质基质是一个在不同层次均有高度组织的、复杂的多层次体系。例如，参与某一代谢途径中的多种酶聚集在一起形成多酶复合体，定位在细胞质基质中的某一特定位点催化一系列反应。

6.1.1　化学组成

细胞质基质的主要成分包含以下 4 种。①水：水是细胞质基质中的主要成分，一个典型细胞总体积的 70% 是水。细胞质基质中水的黏度与纯水相当，但由于细胞质基质中存在大量的大分子导致了细胞质基质呈胶体性质，所以小分子在其中的扩散能力较纯水中低约 4 倍。细胞内水分丧失至正常细胞的 80% 时其代谢反应将会受到抑制。如果水分丢失至正常细胞的 30%，则细胞停止所有的代谢反应。普遍接受的观点是，多数的水分子以水化物的形式与其他分子结合，仅有大约 5% 的水分子以游离形式存在。②离子：一些离子浓度在细胞质基质和细胞外存在较大差别，如钠（胞外浓度高）和钾（胞内浓度高）。这种浓度差依赖于细胞膜上的 Na^+/K^+ 泵或 Na^+/H^+ 泵，从而将细胞内 pH 维持在 7.0～7.4；还可调节细胞的渗透压及参与信号传递过程。③蛋白质：细胞质基质中含有大量的蛋白质，浓度高达 200～400mg/ml，大约占细胞总体积的 20%～30%。这些蛋白质一部分结合在细胞膜上或以可溶形式存在于细胞质基质中，其余大部分结合在细胞骨架上。细胞内蛋白质不仅参与信号转导通路、糖酵解，还可作为细胞内受体，在代谢途径中多种相似功能蛋白结合在一起以蛋白复合体的形式发挥功能。④RNA：主要为 mRNA、tRNA 等。

6.1.2　功能

6.1.2.1　细胞内中间代谢反应的场所

细胞质基质中含有与代谢反应相关的数千种酶类，参与糖酵解、磷酸戊糖途径，以及糖原、蛋白质、脂肪酸合成等多种生化反应。这些酶类通常与细胞质基质中的细胞骨架结合，一方面使其动力学参数发生改变，提高酶促反应；另一方面使相关的酶类聚合形成多酶复合体，定位在细胞质基质中的特定部位，从而有效完成复杂的代谢过程。这种反应方式可更快、更高效地完成整个复杂的代谢活动，同时还避免了不稳定中间产物的释放。事实上，组成多酶复合体的各个组分是一个高度动态变化的结构，根据细胞不同的背景在特定时间内以结合或非结合形式存在。一旦两个分子表面相互靠近，彼此会以非共价键结合而形成稳定的结构。

6.1.2.2　与细胞质骨架相关的功能

细胞质基质中的细胞骨架成分与细胞形态的维持、细胞的运动、细胞内的物质运输及能量传递等活动有关。同时，细胞骨架也是细胞质基质结构体系的组织者，并为细胞质基质中的其他成分及细胞器提供锚定位点。细胞器在细胞内的形态变化及分布均受细胞骨架的调控。

6.1.2.3　蛋白质的合成和修饰

细胞质基质是细胞中绝大部分蛋白质起始合成的场所。游离在细胞质基质中的核糖体合成了细胞质蛋白、细胞核蛋白，以及线粒体、叶绿体及过氧化物酶体内的蛋白质。而有些蛋白质，诸如内质网、高尔基体、溶酶体及分泌蛋白等的合成也起始于细胞质基质中游离核糖体。但是与前者不同的是，在翻译出信号序列后，该核糖体及所结合的 mRNA、新生多肽将共同转运至内质网膜上继续合成。

细胞质基质中的蛋白质在合成后必须经过诸如 N-甲基化、糖基化、酰基化、磷酸化及去磷酸化等修饰才能维持和调节蛋白质活性。N-甲基化通常可防止蛋白质被降解，组蛋白的甲基化还参与基因的表达调控。磷酸化和去磷酸化是细胞内多种蛋白质活性调控的主要形式，不仅影响细胞代谢，还参与细胞内信号转导等重要级联调控反应。

6.1.2.4　蛋白质的质量控制

1）蛋白质的折叠

蛋白质的正确折叠是其发挥生物学活性的基础。体内蛋白质折叠成天然构象仅需几分钟，因而细胞内必定存在一种快速有效的机制来确保蛋白质的正确折叠。1956 年，Anfinsen在研究单链核糖核酸酶 A 特性时发现，其中的 4 个二硫键可被还原剂打开。但要想让所有的二硫键都被打开，核糖核酸酶 A 必须先解折叠。当 Anfinsen 用巯基乙醇和高浓度的尿素处理核糖核酸酶时，他发现蛋白质解折叠后核糖核酸酶的活性随即丢失。当去除巯基乙醇和尿素时，核糖核酸酶重新恢复了活性。这时酶分子的结构和功能与天然分子无任何差别。Anfinsen 认真研究这些现象后，提出多肽链的氨基酸序列包含了蛋白质折叠成三级结构的全部信息。后来的研究也证实，很多遗传疾病的发生就是由于蛋白质三级结构的改变，并且这些错误折叠的蛋白质有时对生物体是致命的，如克雅病（Creutzfeld-Jakob disease）和阿尔茨海默病（Alzheimer disease）。

实际上，并不是所有的蛋白质在折叠成三级结构时都是以简单的自组装方式完成的，一些被称为**分子伴侣（chaperon）**的蛋白质在帮助未折叠或错误折叠蛋白质获得正确三维结构的过程中发挥重要作用。1962 年，意大利生物学家 Ritossa 在研究果蝇发育时发现了一个奇怪的现象：当温度由 25℃ 上升到 32℃ 时，幼虫细胞的巨大染色体上的很多位点开始表现出活性，随后很快发现这种所谓的热激反应（heat-shock response），不仅出现在果蝇中，在从细菌到植物直至动物的不同细胞中均可表现。但是诱导生成的热激蛋白（heat-shock protein，hsp）在正常的细胞背景中表达水平较低，那么这些热激蛋白有什么功能呢？20 世纪 60 年代的研究发现组成噬菌体颗粒的蛋白质虽然具有自我装配的能力，但它们本身在体外通常不能形成复杂的、有功能的病毒颗粒，证明噬菌体的装配需依赖细菌。1973 年，在对细菌 GroE 突变系的研究中发现，噬菌体颗粒的头部和尾部不正确组装，表明即使宿主蛋白不参与病毒最终的形成，但细菌基因组编码的蛋白质却参与了病毒的正确组装过程。随后发现，细菌染色体上 GroE 位点有两个独立的基因，*GroEL* 和 *GroES*，分别编码 GroEL 和 GroES 两种蛋白质。在电镜下，GroEL 蛋白呈 7 个亚基对称排列的两个圆盘构成的圆柱状（图 6-1）。7 年后对豌豆的研究发现，在叶绿体中同样存在相似的促进蛋白组装的核酮糖-1,5-双磷酸羧化酶/加氧酶（Rubisco），其由 16 个亚基组成，包括 8 个小亚基和 8 个大亚基。随后很快证明细菌中热激蛋白 GroEL 和 Rubisco 是同源蛋白，同属 Hsp60 分子伴侣家族。它们的生物学作用有哪些呢？一个最基本的作用是介导多亚基复合体的组装，如噬菌体颗粒或 Rubisco。此外，分子伴侣的作用是帮助蛋白质的正确折叠。例如，进入线粒体的蛋白质需以未折叠、伸展的单体形式才能跨膜。当线粒体中一个 Hsp60 分子伴侣家族蛋白质突变时，即使蛋白质能进入线粒体内，却因不能正确折叠而失去活性。在哺乳动物中与 Rubisco 类似的蛋白质是由两个不同的亚基，重链和轻链组成的抗体分子。抗体复合物的重链需在另一个大分子的帮助下形成正确结构。这个大分子与新合成的重链结合，不与已结合轻链的重

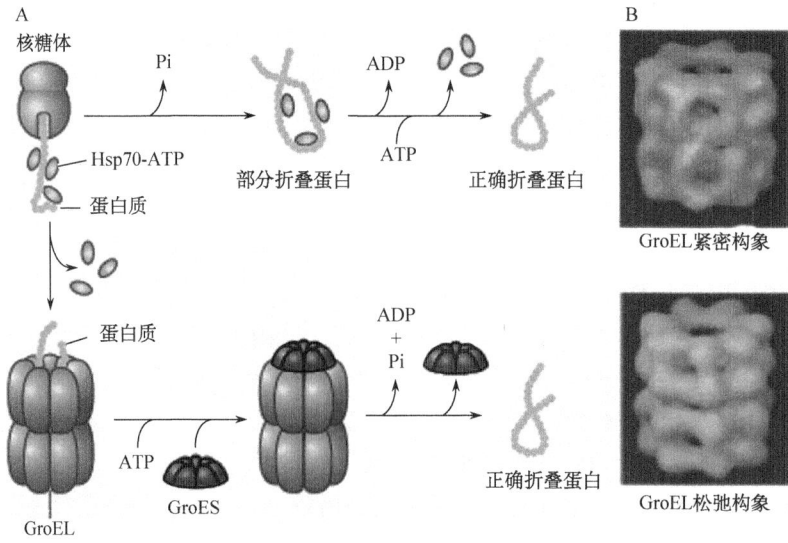

图 6-1　分子伴侣介导的蛋白质折叠（引自 Roseman et al.，1996）
A. Hsp70 家族的分子伴侣帮组蛋白质的折叠；B. Hsp60 家族的分子伴侣帮助蛋白质折叠

链结合，因此将这种蛋白命名为 Bip（binding protein）。1986 年发现了在热激反应中起作用的一种分子质量为 70kDa 的蛋白质，并将其命名为 Hsp70。Hsp70 与抗体分子组装中的一种 Bip 蛋白同源。由于热激蛋白在保护蛋白质及其组装中的作用，Hsp70 及其相关分子被命名为分子伴侣。

细胞内主要有三种不同的分子伴侣家族。①Hsp70 家族，包括内质网中的 Bip、线粒体基质中的 Hsp70 及细菌中的 DnaK；②Hsp60 家族，如 Hsp60、GroEL 和 Rubisco；③Hsp90家族，如细胞质中的 Hsp90A、内质网中的 Hsp90B 和线粒体中的 TRAP 等。前者与未折叠或部分折叠蛋白质结合后防止这些蛋白质聚集或被降解，Hsp60 和 Hsp90 帮助蛋白质正确折叠（图 6-1）。

🌐 蛋白质折叠的分子模型

GroES-GroEL 介导的蛋白质折叠模型：GroEL 是目前研究最为详细的一个蛋白质，能容纳正在进行折叠的多肽链。无 ATP 时，GroEL 以紧密构象存在，结合部分折叠或错误折叠的蛋白质。当 GroEL 结合 ATP 时，呈松弛状态并释放折叠好的蛋白质。GroES 像帽子一样连在 GroEL 的末端。GroES 与 GroEL 的结合引起了 GroEL 蛋白构象的改变，显著增大复合物末端封闭区间的体积。在 GroES 结合前，GroEL 区室内覆盖着疏水氨基酸。非天然多肽链暴露的也是疏水氨基酸残基，通过疏水相互作用，GroEL 能与非天然多肽链结合。二者结合后 GroES 与 GroEL 的结合导致 GroEL 内疏水氨基酸残基的内埋，极性氨基酸残基的暴露引起了结合在 GroEL 疏水氨基酸上的非天然多肽链的释放。一旦多肽链与 GroEL 分离，多肽链就可以继续进行折叠。大约 15s 后，GroES 与 GroEL 分离，多肽链从区室中释放。如果这条多肽链在释放时还未折叠为正确构象，那么它可以重新与相同或不同的 GroEL 结合重复上述过程直至正确折叠。细菌内 50% 的非天然可溶蛋白由 GroEL 介导正确折叠，而蛋白质间的相互作用是一个高度特异的方式。能容纳一条多肽链的 GroEL 怎能与结构如此众多不同的多肽链结合呢？实际上，两个较大的 α 螺旋形成了 GroEL 顶部结合位点的疏水表面，这一位点能根据结合多肽链的不同而调整自己的形态，因此 GroEL 能与任何序列的疏水残基结合。应用标记的氨基酸通过免疫共沉淀技术发现与 GroEL 结合的有几百种不同的多肽链，这些多肽链有一个共同的称为 αβ-折叠的基序，特点是暴露在外的 α 螺旋和内埋的疏水 β 折叠。这些蛋白质如果不正确折叠则趋向聚集，因此它们是与 GroEL 相互作用的理想候选者。

2）蛋白质的降解

细胞中蛋白质的降解位点是细胞质内特定的**蛋白酶体（proteosome）**。蛋白酶体是由两个蛋白质复合体组成的圆柱形复合物，包括一个具有催化功能的核心颗粒（20S 蛋白酶体）和两个 19S 调节颗粒（分子质量约为 700kDa）。核心颗粒中空的封闭腔是蛋白质降解的位点，两端的开口是标记蛋白质进出的通路。核心颗粒两端相连的 19S 调节颗粒内含多个 ATP 酶活性位点和泛素结合位点，正是这种结构识别多聚化的泛素蛋白并将它们转移至催化核心。通过密度梯度离心发现具有酶活性的蛋白酶体沉降系数是 26S，然而，生化分析显示正确的沉降系数应为 30S。二者的差异主要是前者可能含有一个 19S 的调节颗粒，而后者含有两个 19S 的调节颗粒。因此通常以 26S 代表蛋白酶体（图 6-2）。

20S 核心颗粒中亚基的数目和多样性与生物体相关。多细胞生物中亚基的数目要远远多

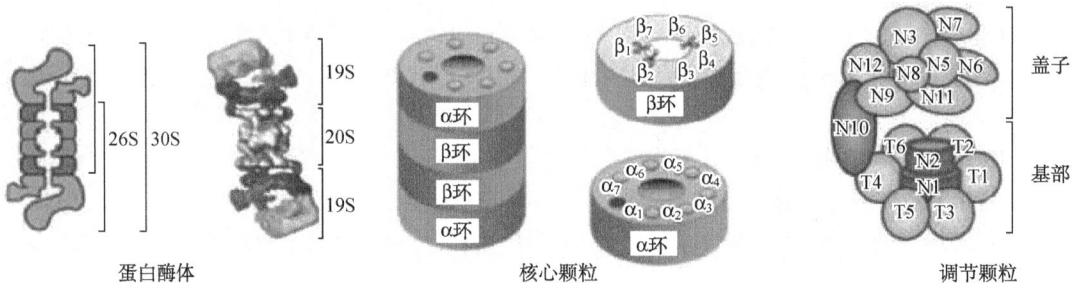

图 6-2　蛋白酶体的构成（引自 Sorokin，2009）

于单细胞生物，真核细胞多于原核细胞。但所有的 20S 核心颗粒都是由 α1～α7，β1～β7，β1～β7，α1～α7 组成的圆柱形结构（图 6-2）。α 亚基是基础，β 亚基是主要的催化位点。α 亚基组成的 α 环是调节颗粒的停泊位点，其 N 端形成的门阻止未标记蛋白质进入内部空腔，而 β 亚基组成的 β 环是蛋白酶的活性位点。在真核生物中每个亚基的结构和功能高度保守，形成的直径为 11.5～15nm，内腔最宽 5.3nm，最窄为 1.3nm 的三维结构提示蛋白质必须以非折叠形式进入。目前对标记的降解蛋白质怎样打开关闭的 α 环进入中央腔的机制知之甚少。

19S 调节颗粒参与蛋白质多聚泛素化和去折叠、打开 α 环和转移底物进入核心颗粒等过程。真核细胞中 19S 调节颗粒由大约 20 种分为两类的不同蛋白质组成：ATP 酶的调节亚基和非 ATP 酶的调节亚基。二者构成了能直接结合 20S 核心颗粒的基部复合体和与多聚泛素化蛋白结合的盖子（图 6-2）。盖子复合体至少由 9 种非 ATP 酶的调节亚基组成，包括 Rpn3～Rpn15，主要功能是对捕获的底物进行去泛素化。基部复合体由 6 种同源的 ATP 酶亚基（Rpt1～Rpt6）和 4 种非 ATP 酶亚基（Rpn1、Rpn2、Rpn10、Rpn13）组成，其作用包括：①通过识别泛素进而捕获靶蛋白；②促进底物解折叠；③打开 α 环通道。

蛋白酶体可调节细胞内特定蛋白质浓度及降解错误折叠的蛋白质，降解后产生的 3～15 个氨基酸长的片段由寡肽酶和（或）氨肽酶/羧肽酶进一步降解成氨基酸残基。怎样从成千上万的蛋白质中挑选出被降解的蛋白质呢？蛋白酶体对蛋白质的降解包括泛素化和降解两个阶段。

蛋白质的泛素化：泛素标记是降解蛋白的信号，至少三种泛素连接酶参与此过程，如 E1（泛素激活）、E2（泛素交联）和 E3（泛素连接），最终导致蛋白质的多聚泛素化，以此为信号指引靶蛋白到蛋白酶体降解（图 6-3）。为正确选择将要降解的蛋白质，人类细胞中 2 种 E1、大约 30 种 E2 及超过 500 种不同类型的 E3 参与了此过程。细胞内的泛素-蛋白酶体系统调控着如细胞周期进展、信号转导、细胞死亡、免疫反应、代谢、发育及蛋白质质量控

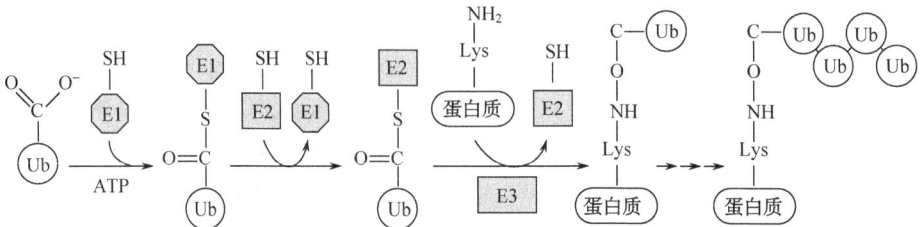

图 6-3　底物多聚泛素化的过程（引自 Sorokin，2009）

制等几乎所有的细胞内基本的生命活动。因在泛素化和蛋白质降解机制中的贡献，Ciechanover、Hershko 和 Rose 共同获得 2004 年的诺贝尔化学奖。

蛋白酶体对泛素化蛋白的识别与降解：调节颗粒的 Rpn10 和 Rpn13 有两个结合位点：一个是内在泛素受体的结合位点，另一个是能有效捕获多聚泛素化底物的位点。调节颗粒的 Rpn2 介导调节颗粒与核心颗粒的相互作用，Rpn1 是泛素化蛋白质底物的结合位点。调节颗粒与泛素化底物结合后，Rpn1-Rpn2 和 ATP 酶促使蛋白质水解通道打开，从而使泛素化蛋白进入蛋白酶体中进行降解，其他蛋白质的功能目前不详。

综上所述，蛋白质水解主要有以下步骤。①通过 E1、E2 和 E3 蛋白质多聚泛素化；②蛋白酶体调节颗粒 Rpn10 识别多聚泛素化的蛋白质；③蛋白酶体调节颗粒的 Rpn1 和 Rpn2 与底物结合；④调节颗粒的 ATP 酶亚基将底物解折叠；⑤调节颗粒的 Rpn11 亚基和去泛素化酶去除底物的泛素化；⑥多肽链转移至蛋白酶体的核心并通过 β1、β2 和 β5 亚基水解肽键形成 3~15 个氨基酸残基的小肽（图 6-4）。

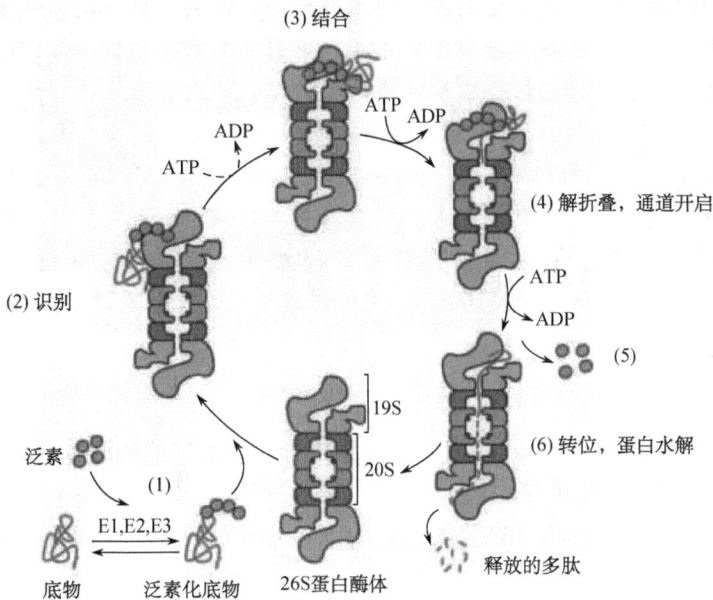

图 6-4　蛋白酶体对泛素依赖的蛋白质的降解（引自 Sorokin，2009）

6.2　内膜系统

细胞内膜系统（innermembrane system）是指真核细胞细胞质中在结构、功能及发生上相互关联的、由膜包被的细胞器或细胞结构，包括内质网、高尔基复合体、溶酶体、胞内体和分泌泡等。虽然内膜系统中的各个细胞器具有不同形态，执行不同功能，但它们之间并不是相互独立的。蛋白质和脂类分子在内膜系统间的加工、分选和运输及细胞的内吞活动使膜泡在内膜之间来回穿梭，构成了维系内膜系统和细胞质膜流动状态的动力，使内膜系统和细胞质膜的结构处于一种动态平衡。内膜系统的研究常用的有揭示细胞内膜超微结构的电子显微镜技术、用于内膜功能及定位的放射自显影、免疫标记和离心技术，以及研究膜泡运输的遗传突变体分析技术等。

原核细胞体积较小，细胞质膜负担了与膜有关的所有功能，如物质运输、养分的吸收、代谢物的排出及能量代谢等。而真核细胞的体积要比原核细胞大得多，所以内膜系统的出现对于真核细胞来说具有重要作用，包括：①内膜系统将细胞质划分出执行不同功能的相对独立的区域，保证各种生命活动高效运转；②确保蛋白质、脂类等大分子合成后被运输到特定部位发挥生物学功能；③在大分子运输的同时也完成了内膜系统中各种细胞器膜的更新。

> 🌐**细胞内膜系统的发现**
>
> 　　Jamieson 和 Palade 用放射自显影方法对胰腺的胰岛细胞摄取放射性标记的氨基酸进行追踪，发现标记的氨基酸被吸收后随即被用于内质网上合成的消化酶类，由此发现了粗面内质网是分泌蛋白的合成位点。为进一步证实分泌蛋白从产生到分泌出细胞的全过程，二者又将短时孵育在标记氨基酸中的胰岛组织转移至无标记的氨基酸培养基中。在无标记的氨基酸培养基中孵育的时间越长，含有标记氨基酸的蛋白质在细胞内由合成位点到分泌位点所走的路径就越长。通过对分泌蛋白的动态追踪，该实验第一次确证了分泌途径的存在，并将细胞内看似互无联系的细胞器组成了一个完整的功能单位，即细胞内膜系统。
>
> 　　通过上述实验证明了分泌性蛋白质合成的起始部位，但分泌性蛋白质是在哪种细胞器中合成的呢？20 世纪 50～60 年代，Claude 和 de Duve 利用差速离心等分离技术分离提取了具有蛋白质合成和分泌功能的结构——微粒体（microsome）。通过电子显微镜发现这些微粒体表面有些是光滑的，有些则含有核糖体而呈现颗粒状，但只有后者具有合成蛋白质的生物学活性。由于他们在揭示内膜系统的结构与功能研究中所做的突出贡献，Palade、Claude 和 de Duve 共同获得了 1974 年的诺贝尔生理学或医学奖。

6.2.1　内质网

　　1897 年，法国细胞学家 Garnier 发现动物体内分泌活动旺盛的胰腺和唾液腺细胞中存在一个条形或丝状的结构变化的嗜碱性特化区，称为动质（ergastoplasm）。1945 年，Porter 和 Claude 对动质进行研究时发现细胞质的内质区域分布着一些小管网，称为**内质网（endoplasmic reticulum，ER）**。

6.2.1.1　内质网的形态结构

　　内质网是由大小不同的管状、囊状或泡状（cisterna）结构构成的内腔相通的连续网膜系统。内质网膜分为面向内质网腔的腔面（luminal face）和面向细胞质的胞质面（cytoplasmic face）。内质网膜较细胞质膜薄，厚度为 5～6nm，其中，脂类占 1/3，蛋白质占 2/3。脂类以磷脂为主，其中磷脂酰胆碱占 55%～58%，磷脂酰乙醇胺占 20%～25%，磷脂酰肌醇和磷脂酰丝氨酸占 5%～10%，鞘磷脂较少，仅为 4%～7%，几乎不含胆固醇。内质网的标志性酶为葡萄糖-6-磷酸酶。

　　根据内质网上是否附着有核糖体，内质网可分为**粗面内质网（rough endoplasmic reticulum，RER）**和**光面内质网（smooth endoplasmic reticulum，SER）**（图 6-5）。粗面内质网与细胞核的外层膜相连，多为扁平囊状，排列整齐，广泛分布于蛋白质分泌旺盛的细胞中，但是在未分化细胞和肿瘤细胞中含量较少，其是分泌蛋白、膜整合蛋白和溶酶体酶的合成位点。光面内质网多为管状或囊状，广泛分布于合成类固醇的细胞中。光面内质网是细胞内脂类合成的场所，也是内质网合成的蛋白质和脂类运输到高尔基复合体膜泡的出芽位点。在细胞匀浆过程中，光面内质网的片段和粗面内质网的片段均可自身环化形成**微粒体（micro-some）**。但因后者上面附着有核糖体而导致二者密度不同，可由密度梯度离心的方法将二者分开。

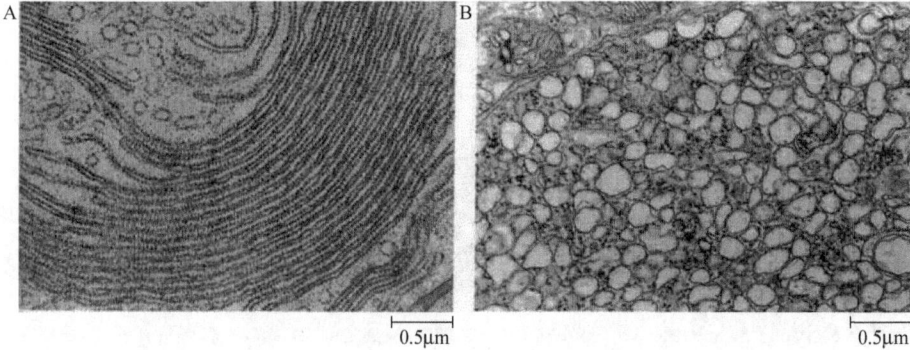

图 6-5　内质网的两种类型（引自 Karp，2002）
A. 粗面内质网；B. 光面内质网

6.2.1.2　内质网的功能

（1）蛋白质合成：粗面内质网上合成的蛋白质主要有三类，分别为：①只在细胞外发挥功能的分泌蛋白；②内在膜蛋白；③位于内质网、高尔基复合体、溶酶体、胞内体、囊泡及植物细胞的液泡中的可溶性蛋白质。

（2）蛋白质的修饰和加工：内质网上合成的蛋白质可进行糖基化、酰基化、羟基化及链间二硫键等修饰，几乎合成的所有蛋白质都要进行糖基化修饰。蛋白质的糖基化有 O-连接和 N-连接两种，在内质网进行的 N-连接糖基化修饰如图 6-6 所示。

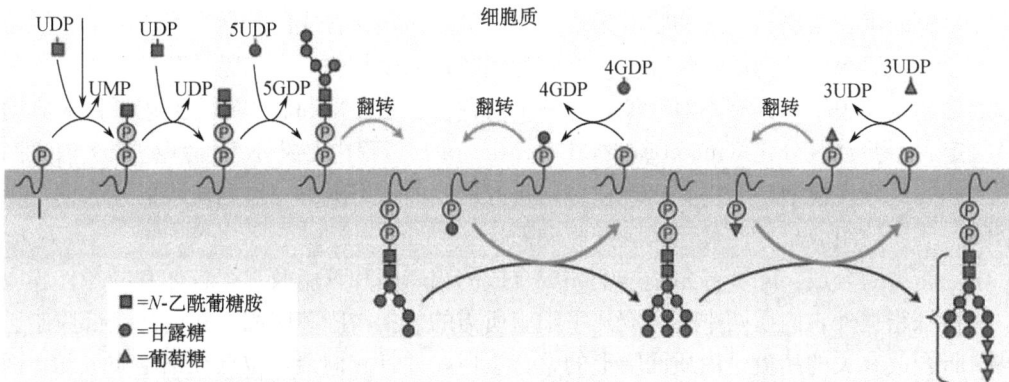

图 6-6　内质网合成蛋白质 N-连接糖基化前体寡糖链的合成（引自 Abeijon et al.，1992）

结合在粗面内质网膜上的一组糖基转移酶介导了特异性单糖转移到蛋白质上的过程。糖基的供体分子常为一个核糖，如 CMP-唾液酸、GDP-甘露糖及 UDP-N-乙酰葡糖胺。暴露在细胞质一侧的内质网膜上的磷酸多萜醇（dolichol phosphate）在糖基转移酶的催化下分别连接 7 个糖基，其中 2 个 N-乙酰葡糖胺、5 个甘露糖残基。这个寡糖链的前体物经过翻转进入内质网腔，进一步衍生形成由 2 分子 N-乙酰葡糖胺、9 分子甘露糖和 3 分子葡萄糖的 14 个糖基组成的寡糖链。在糖基转移酶的催化下，该寡糖链被转移到内质网新生肽链的特异天冬酰胺残基上，称为 N-连接的糖基化。随后的一系列反应将寡糖链上最末端的 4 个糖基切除（图 6-7），进而将 N-连接糖基化修饰后的蛋白质运输到高尔基复合体。

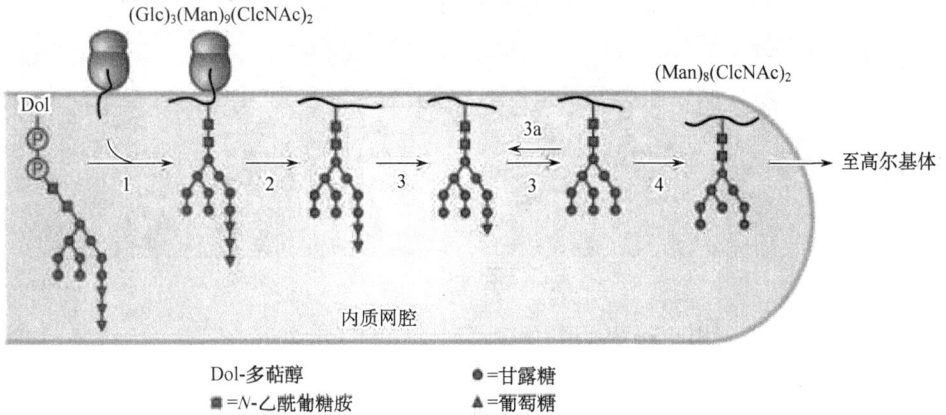

图 6-7　脊椎动物粗面内质网 N-连接的糖基化修饰（引自 Komfeld et al.，1985）

内质网腔中同时有多种蛋白质在大量合成，但是内质网腔内的非还原环境为新合成蛋白质的正确折叠带来了很大的困难。不能正确折叠或未折叠蛋白质不仅不能被运往高尔基复合体，反而可能被送输至细胞质基质中，通过依赖泛素的蛋白酶体降解途径被清除掉。实际上，内质网腔中存在多种帮助新生肽链快速、正确折叠的蛋白质，即分子伴侣。这些在内质网腔中积累的分子伴侣在 C 端都有一个帮助它们在内质网腔中正确定位的 4 肽信号（KDEL 或 HDEL）。

（3）膜的生长与更新：生物膜不是从头合成的，而是新合成的蛋白质和脂类插入到内质网膜上后，膜组分再从内质网经高尔基体转运到特定的生物膜，参与膜的延伸和更新。值得注意的是，生物膜结构具有不对称性，这种不对称性在蛋白质和脂类插入到内质网时方向就已经决定了，并在膜分化（membrane differentiation）过程中维持不变。那些位于内质网膜腔面一侧的组分在囊泡转运中，出现在转运囊泡的腔面，但最终定位到质膜的外表面。而内质网膜胞质面的组分最后则位于质膜的胞质面。

（4）脂类的合成：除在高尔基体上完成合成的鞘磷脂和糖脂及在线粒体和叶绿体膜上合成一些特殊脂类外，内质网中能合成几乎细胞所需的包括磷脂和胆固醇在内的全部膜脂。由于与磷脂合成有关的酶类是内质网膜上的整合蛋白，并且它们活性位点在细胞质一侧，因此新合成的磷脂首先插入到面向胞质一侧的膜上，随后通过转位酶（flippase）介导的翻转运动而转向内质网腔面。

虽然内质网是合成脂类的主要场所，但不同的细胞器膜所含的脂类成分却显著不同。这一现象说明在膜分化过程中发生了一系列改变，目前公认的因素有以下三种。①很多细胞器膜上含有脂类修饰的酶，它们可将一种磷脂转变为另一种，如将磷脂酰丝氨酸转变为磷脂酰乙醇胺；②在细胞器间，以出芽方式运输膜脂的过程中有些类型的磷脂可能优先进入出芽的位点，最终导致膜脂在不同细胞器间分布的不平衡；③细胞含有磷脂转换蛋白（phospho-lipid-transfer protein），它们能在水溶性的环境中在膜之间转移特异磷脂，如将特异磷脂由高尔基复合体转运到线粒体和叶绿体等其他细胞器（图 6-8）。

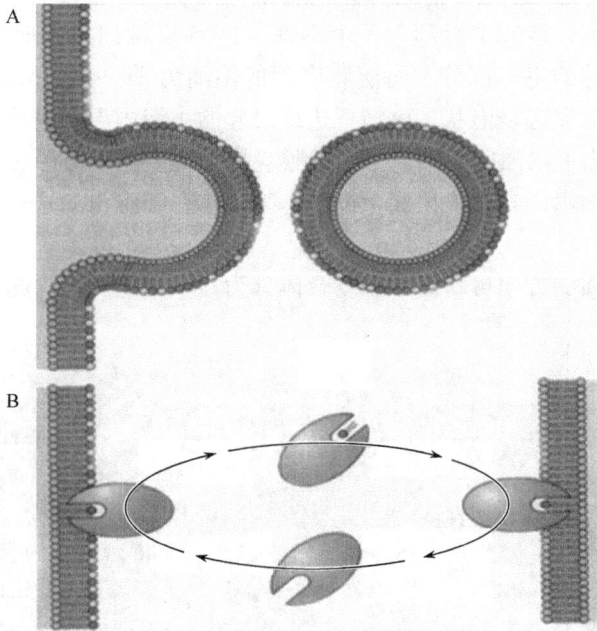

图 6-8　膜磷脂转运的两种方式（引自 Karp，2002）

（5）储存钙离子：内质网腔储存有大量的 Ca^{2+}，因而也被称为"钙库"。通常细胞质中的 Ca^{2+} 浓度极低，在细胞接受信号刺激后，Ca^{2+} 在短暂时间内迅速提高，参与信号的传递过程。当刺激信号消失后，细胞内的 Ca^{2+} 浓度也迅速恢复到正常水平。细胞质中游离 Ca^{2+} 水平的调控主要通过细胞膜及内质网膜上的钙泵和钙通道完成。内质网腔中的 Ca^{2+} 与内质蛋白（endoplasmin）和钙网蛋白（calreticulin）等钙亲和蛋白结合。

（6）内质网的其他功能：光面内质网膜上的细胞色素 P450 家族酶系可以使聚集的脂溶性废物或代谢产物经羟基化修饰后以水溶性状态排出体外，因而内质网具有解毒功能；在合成固醇类激素的细胞中，光面内质网非常丰富；机体可通过激素的调控将聚集在光面内质网上的糖原降解为葡萄糖-1-磷酸，由于葡萄糖-1-磷酸不能透过细胞膜进入血液，其在细胞质中转化为葡萄糖-6-磷酸后进入内质网中，最终被降解成葡萄糖，因此内质网还参与了糖原分解代谢。

6.2.2　高尔基复合体

1898 年，意大利生物学家高尔基（Golgi）用硝酸银溶液浸染小脑神经细胞时发现染色后在细胞核附近出现了一种深染的网状结构。随后其他学者在另外一些细胞中也发现了相同的结构，即将其命名为**高尔基复合体（Golgi complex）**。1906 年，高尔基也因此获得了诺贝尔奖。但人们一直怀疑高尔基复合体是样品制备过程中产生的人工假像，直到在未固定的冷冻切片（freeze-fractured）细胞中清晰观察到这种结构后，对是否存在高尔基复合体的争论才尘埃落定。

6.2.2.1　高尔基复合体的形态结构

高尔基复合体的典型特征是边缘融合所形成的直径为 $0.5\sim1.0\mu m$ 的扁平膜囊。高尔基体的膜囊有序堆叠在一起，呈弓形、半球形或球形。典型高尔基复合体的膜囊数少于 8 个，但不同细胞间差别较大，从几个直到上千个不等。$4\sim8$ 层排列整齐地堆叠在一起的扁平膜囊构成了高尔基复合体的主体部分。每层膜囊间的距离为 $15\sim30nm$，膜厚为 $6\sim7nm$。这些膜囊中间较窄，边缘突起呈泡状。电镜下边缘突起的小泡内电子密度不等，直径为 $0.1\sim0.5\mu m$，膜厚 $8nm$。靠近内质网一侧呈弓形的膜囊接受内质网出芽形成囊泡中的物质，称为顺面。另一侧是物质输出面，称为反面，高尔基复合体在细胞内的这种分布表明它是一个极性细胞器。

由细胞核向细胞质的方向可将高尔基复合体分为几个功能区域（图 6-9）。

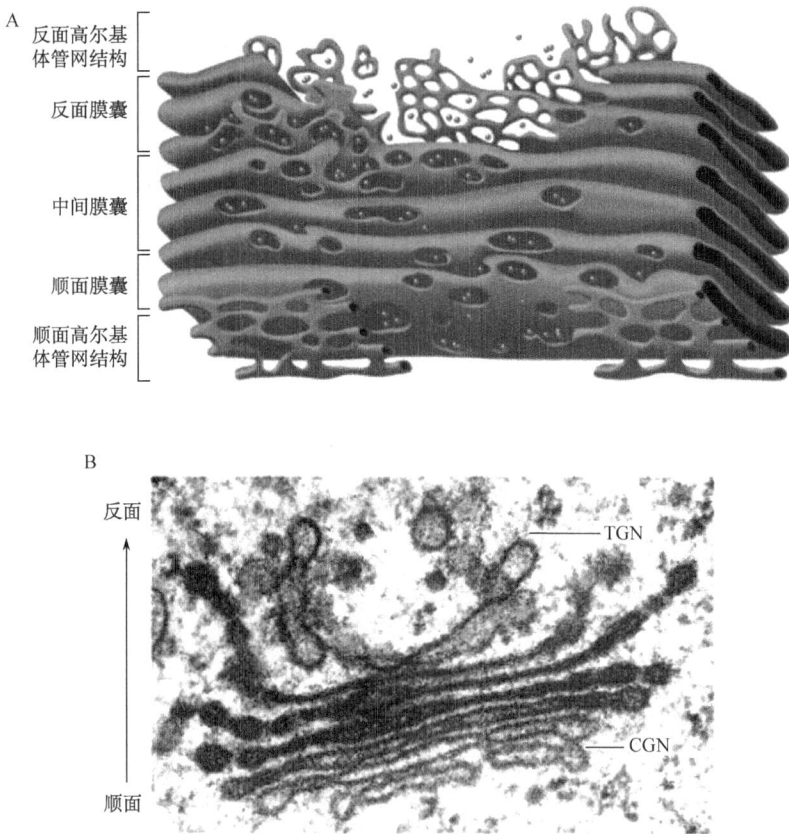

图 6-9　高尔基体结构（引自 Karp，2002）
A. 高尔基体结构示意图；B. 烟草根尖细胞高尔基体电镜照片

（1）顺面高尔基体管网结构（*cis* Golgi network，CGN）：由一些相互连接的管网组成的中间多空且连续分支的结构。膜的厚度与内质网接近，为 6nm。CGN 是接受来自内质网新合成物质，并将其中大部分转入高尔基体的中间膜囊，同时通过识别内质网常驻蛋白的信号（KDEL 或 HDEL），能将这些蛋白质和少部分脂质遣返回内质网。

（2）高尔基体中间膜囊（medial Golgi）：CGN 和反面管网结构之间的膜囊，主要是由扁平膜囊和管道组成的不同间隔，但功能上是连续、完整的膜囊体系。中间膜囊是多数糖基化修饰、糖脂形成及与高尔基体有关的多糖合成部位。

（3）反面高尔基体管网结构（*trans* Golgi network，TGN）：由一些管状和囊泡组成的网状结构。不同的细胞中 TGN 的形态结构差别很大。TGN 是蛋白质分选站，运输至此的蛋白质形成不同的囊泡，或者运输至质膜，或者运输至溶酶体。TGN 中的 pH 较其他部位低，这有助于蛋白质的分选和运输。此外，某些蛋白质修饰，如酪氨酸残基的硫酸化及蛋白原的水解加工也发生在 TGN 中。

高尔基复合体各部分膜囊的组成成分不同，可用电镜细胞化学的方法显示高尔基复合体不同膜囊（图 6-10）。①嗜锇反应，经锇酸浸染后，高尔基复合体的顺面膜囊被特异性地染色；②焦磷酸硫胺素酶（TPP 酶）可特异地显示高尔基复合体的反面 1～2 层膜囊；③胞嘧啶单核苷酸酶（CMP 酶）或核苷酸二磷酸酶可显示靠近反面的膜囊状或管状结构；④烟酰胺腺嘌呤二核苷磷酸酶（NADP 酶）或甘露糖酶显示高尔基中间扁平膜囊。其中，胞嘧啶单核苷酸酶（CMP 酶）是高尔基复合体的标志酶，但也有人认为糖基转移酶是高尔基复合体的标志酶。

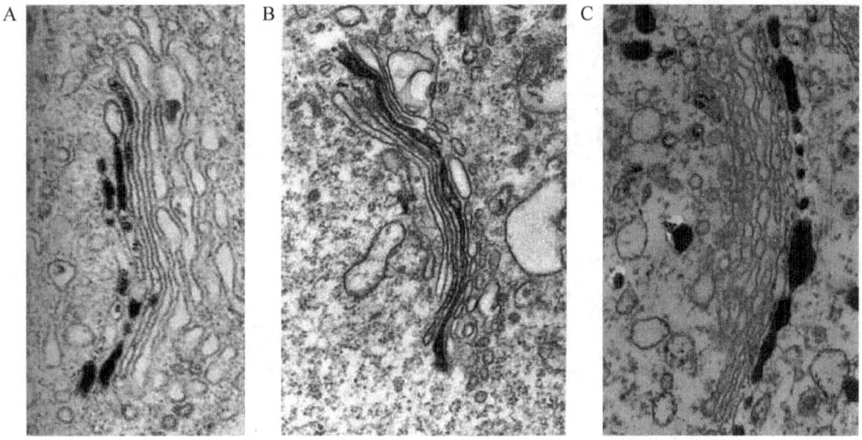

图 6-10 高尔基复合体的组织化学染色，示高尔基复合体的分区化（引自 Decker，1974）
A. 嗜锇染色；B. 核苷酸二磷酸酶染色；C. 酸性磷酸酶染色

6.2.2.2 高尔基复合体的功能

高尔基复合体从顺面到反面各膜囊成分的差异使其功能上就像一个连续、流水线式的加工场所，新合成的膜蛋白、分泌蛋白和溶酶体蛋白离开内质网后进入高尔基复合体的 CGN，经过中间膜囊后到达 TGN。在该过程中，在粗面内质网合成的蛋白质得到进一步修饰，如蛋白质的糖基化修饰、一些蛋白质的水解修饰及对特定氨基酸的修饰（胶原分子的赖氨酸和脯氨酸残基的羟基化）。

1）糖基化修饰

1969 年，有学者将 [3]H 标记的葡萄糖注入大鼠血液中，15min 后发现放射性标记聚集在高尔基体和囊泡中；20min 后放射性标记出现在分泌颗粒中；4h 后带有放射性标记的黏液进入肠腔。糖基化发生在蛋白质从内质网向高尔基体及在高尔基体各膜囊间的转运过程中。糖基化确保了蛋白质进行正确的分类、包装及运输，同时也有助于蛋白质的正确折叠。

高尔基复合体在蛋白质和脂类的糖基化修饰中具有重要作用，除了能进行 N-连接的糖基化外，几乎所有的 O-连接糖基化都发生在高尔基体。N-连接的糖基化有两种形式：高甘露醇寡糖和复合寡糖。前者只含有 N-乙酰葡糖胺和甘露糖，而后者除此之外还多了岩藻糖、半乳糖及唾液酸。不管最后形成哪种寡糖，其核心是 2 分子 N-乙酰葡萄糖胺和 3 分子甘露糖，具体加工步骤为：切除最外侧 3 分子甘露糖形成最终 5 个甘露糖残基的高甘露糖寡糖链，高甘露糖寡糖链再切除 2 个甘露糖形成了 2 分子 N-乙酰葡糖胺和 3 分子甘露糖的核心。而复合寡糖的形成比较复杂，在仅有 3 分子甘露糖的寡糖核心上再添加 3 分子 N-乙酰葡糖胺、3 分子的半乳糖和唾液酸（图 6-11）。

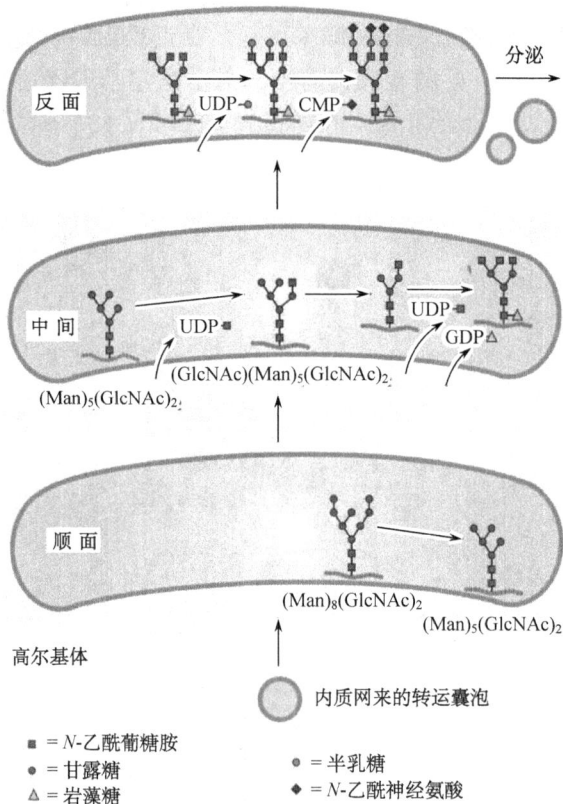

图 6-11　脊椎动物细胞中高尔基体中对 N-连接的寡
糖链进行的糖基化修饰（引自 Kornfeld，1985）

与 N-连接的糖基化不同，O-连接糖基化是将寡糖链转移到多肽链的丝氨酸、苏氨酸和羟赖氨酸上，形成共价结合。O-连接的糖基化是由不同的糖基转移酶催化的，每次添加一个单糖，最后一个添加的是唾液酸。与 N-连接的糖基化修饰位点不同，O-连接的糖基化修饰位点发生在高尔基体，最后一步进行唾液酸修饰的反应发生在 TGN，完成了糖基化修饰与加工的成熟蛋白质将从高尔基体输出，转运出去（表 6-1）。

表 6-1　**N-连接与 O-连接的糖链间的差别**

特点	N-连接寡糖	O-连接寡糖
多肽上连接位点	天冬酰胺的氨基	丝氨酸、苏氨酸、羟赖氨酸、羟脯氨酸的羟基
第一个糖残基	N-乙酰葡萄糖胺	N-乙酰半乳糖胺等
糖链长度	至少 5 个糖残基	常见 1~4 个糖残基
合成部位	粗面内质网和高尔基体	高尔基体
糖基化方式	寡糖前体一次性连接	逐个添加单糖

内质网和高尔基体中所有已知的参与糖基化修饰的酶类均为整合膜蛋白，分布在不同区间，并保持局部的反应浓度，在不同间隔进行不同的寡糖链合成与加工，在蛋白质的运输过程中依次完成复杂的寡糖链的修饰。直至运输到 TGN 时，蛋白质的糖基化修饰也恰好完成，此时，蛋白质才允许被转运出去。糖基化的反应底物核糖是通过载体蛋白介导的反向协同运输从细胞质基质运到高尔基体腔中的。

2）蛋白质分选运输

高尔基体的另一个重要功能是将完成修饰和正确折叠的蛋白质及脂类运输出去。20 世纪 70 年代初期，人们发现用 ^{3}H-亮氨酸对胰腺细胞进行脉冲标记，在脉冲标记后 3min，放射自显影银粒位于内质网，20min 后，银粒出现在高尔基体；120min 后银粒则位于分泌泡中。这个实验揭示了分泌蛋白在细胞内合成、运输的过程。除分泌蛋白外，细胞内的很多蛋白质，诸如细胞质膜上的膜蛋白、溶酶体蛋白及胶原纤维等都是通过高尔基体完成定向转运的。

作为由多层相对独立膜囊组成的结构，高尔基复合体怎样在物质运输的同时又确保自身结构的稳定呢？20 世纪 80 年代中期以前在高尔基体进行物质转运时普遍接受的观点是顺面成熟模型（图 6-12A）。这一模型主要强调了高尔基复合体在转运物质的同时自身也不断地发生变化，即顺面膜囊向反面膜囊运动的结果。如果膜囊处于不断的运动过程，那么又如何保证高尔基体不同部位膜囊中的特异性酶在高尔基体中的特异性分布呢？另外，电镜下观察到的膜囊边缘的囊泡又作何解释呢？1983 年，用高尔基体膜的无细胞体系进行的体外实验

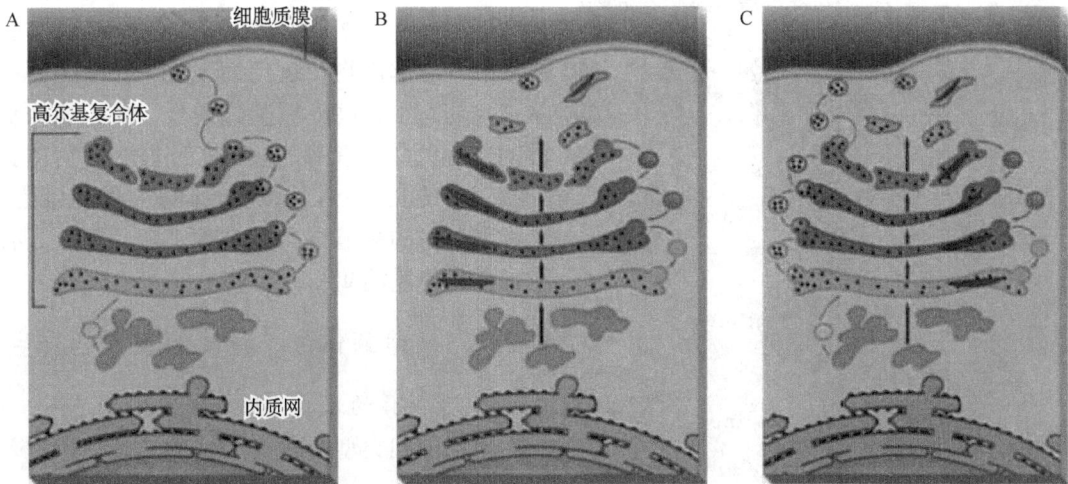

图 6-12　经高尔基复合体膜泡运输动态转运的三种模型（引自 Karp，2002）

A. 囊泡运输模型；B. 顺面成熟模型；C. 结合模型

发现高尔基体膜囊出芽形成的转运小泡能与另一个膜囊融合。所以此后十几年间囊泡运输模型居主导地位（图 6-12B）。这一模型强调由于高尔基体与细胞骨架联系紧密，其上有多种细胞骨架结合蛋白，故高尔基体各层膜囊在细胞内的位置固定不变，物质运输依赖于囊泡从顺面管网结构向反面管网结构的穿梭。有趣的是，内质网产生的一些转运物运输至高尔基体后就驻留在高尔基体而不会出现在高尔基体相关的转运小泡中。例如，前胶原分子从顺面管网结构运输至反面管网结构的过程中不会离开膜囊腔。研究发现高尔基体转运小泡的运动具有双向性，不仅可从顺面管网结构向反面管网结构运动，也可从反面管网结构向顺面管网结构运动。这就解释了为什么不同的高尔基体膜囊具有各自独特的特征。基于以上观点，人们认为不管是顺面成熟模型还是囊泡运输模型，二者并不相悖，"结合"模型应运而生(图 6-12C)。

　　3）蛋白酶的水解加工

　　有些分泌蛋白在内质网合成时是分子质量较大的无活性蛋白原，这些蛋白质被运往高尔基体后经过水解作用，才能成为成熟的分泌蛋白，如胰岛素、胰高血糖素等。而有些蛋白质前体通过高尔基体的水解作用产生了同种有活性的多肽，如神经肽等。此外，一种蛋白质前体分子可能带有多个不同的信号序列，这时通过蛋白质水解作用就能产生几种不同的多肽。

　　通过蛋白酶的水解产生的这些有功能的蛋白质对细胞来说可能具有重要的生物学意义。首先，蛋白质以前体形式存在阻碍其活性的发挥，可防止蛋白质对合成部位造成伤害。其次，一些仅由几个氨基酸构成的小分子多肽很难在核糖体上合成，即便能合成，指导它们包装及分泌的信号将以何种形式存在又是一个问题，而这些小肽以一个蛋白质前体的形式合成、加工和成熟，看起来是个合理的解决方法。

6.2.3　溶酶体

溶酶体（lysosome）是由单层膜构成的异质性细胞器，含有大约 50 种水解酶，能水解多种生物大分子，因而溶酶体又被称为动物细胞的消化"器官"。溶酶体酶属于酸性水解酶，其内部的酸性环境是由溶酶体膜上的 H^+ 质子泵（V 型质子泵）造成的。酸性磷酸酶是溶酶体的标志性酶。溶酶体膜上有多种载体蛋白，将大分子水解产物转运到细胞质中。溶酶体膜蛋白均为酸性、高度糖基化的蛋白质，能保护溶酶体膜免受水解酶的攻击。同时，溶酶体膜含有较多的胆固醇，有利于维持膜的稳定性。植物细胞中的液泡也含有多种水解酶类，具有类似动物细胞溶酶体的功能。

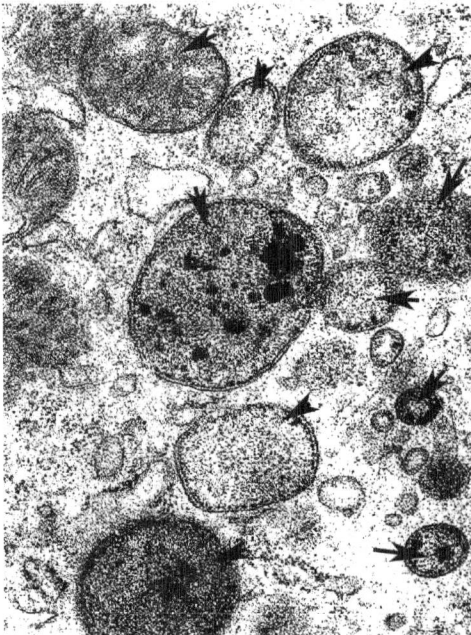

图 6-13　肝 Kupper 细胞中不同大小的溶酶体（引自 Glaumann et al.，1975）

6.2.3.1　溶酶体的基本特征及生物发生

　　1）溶酶体的基本特征

　　不同细胞类型所含溶酶体的形态、数量差异较大。例如，溶酶体的直径从 25nm 至 $1\mu m$ 不等（图 6-13）。根据溶酶体发生发展不同阶段的特征，大致可分为**初级溶酶体（primary** lysosome)、**次级溶酶体**（secondary lysosome）和**残余小体**（residual body）。

初级溶酶体呈球形，直径 $0.2 \sim 0.5 \mu m$，内容物均一，多为水解酶，不含明显的颗粒物质。膜的厚度为 7.5nm。初级溶酶体中的酶尚无活性，它是高尔基体反面膜囊形成的只含有溶酶体酶的分泌囊泡。

次级溶酶体是初级溶酶体与细胞内将要被消化的物质融合后形成的复合体，含有多种生物大分子、颗粒性物质、某些细胞器及细菌等，这些均导致其形态不规则，直径可达几微米（图 6-14）。如果消化物质来自细胞外（外源性）则形成**异噬溶酶体**（**phagolysosome**）。实际上，异噬溶酶体是初级溶酶体与内吞泡融合形成的。如果要消化的物质来自细胞内（内源性）则形成**自噬溶酶体**（**autophagolysosome**），负责清除细胞内衰老的细胞器。

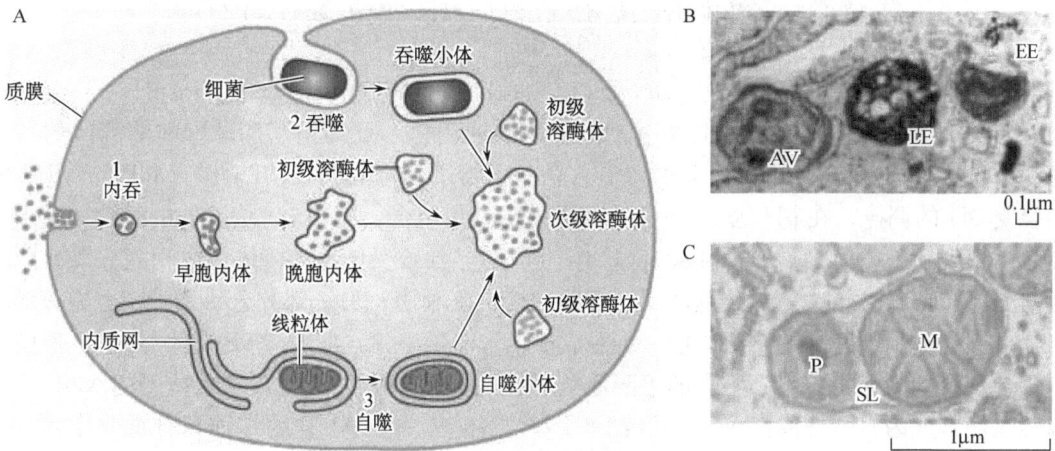

图 6-14　细胞内将物质运输至溶酶体的过程（引自 Lodish et al.，2003）
A. 将物质运输至溶酶体的三种方式；B. 电镜照片显示培养的哺乳动物细胞摄取金颗粒包被的卵清蛋白的过程；EE 代表早胞内体；LE 代表晚胞内体；AV 代表自噬小体；C. 大鼠肝细胞电镜照片，显示包含线粒体和过氧化物酶体的次级溶酶体；SL 代表次级溶酶体；M 代表线粒体；P 代表过氧化物酶体

次级溶酶体将消化后的小分子物质通过膜上的载体蛋白转运至细胞质后，残留的不能为细胞利用的物质残渣形成了残余小体。此时，残余小体可通过胞吐作用，将内含物排出至细胞外（见 6.3.2.2）。

2）溶酶体的生物发生

溶酶体的生物发生是一个非常复杂的过程，一种典型的溶酶体发生途径称为依赖 6-磷酸甘露糖（mannose-6-phosphate，M6P）修饰的溶酶体酶的分选。人类的 I 细胞病（inclusion cell disease）患者由于缺少 N-乙酰葡萄糖胺磷酸转移酶，导致溶酶体蛋白不能形成 M6P 标记，被错误分选并分泌到细胞外，从而使溶酶体中多种酶缺失，溶酶体内充满了未被降解的物质，提示 M6P 对溶酶体的发生起着重要的作用。

溶酶体蛋白在内质网上合成并进行 N-连接的糖基化修饰后与其他蛋白质一起以出芽的方式被转运到高尔基复合体。溶酶体蛋白上有一个信号斑，能特异结合磷酸转移酶（图 6-15）。因此，一旦囊泡到达高尔基复合体的 CGN，可溶性的溶酶体蛋白首先被 N-乙酰葡萄糖胺磷酸转移酶识别并将单糖二核苷酸 UDP-N-乙酰葡萄糖胺（GlcNAc）上的磷酸化的 N-乙酰葡糖胺（GlcNAc-P）转移到 α-1，6 甘露糖残基上，随后再将第二个 GlcNAc-P 加到 α-1,3 甘露糖残基上。当溶酶体酶转运至高尔基复合体的中间膜囊时磷酸葡糖苷酶切除末端的 GlcNAc，最终形成溶酶体酶的 M6P 标志。

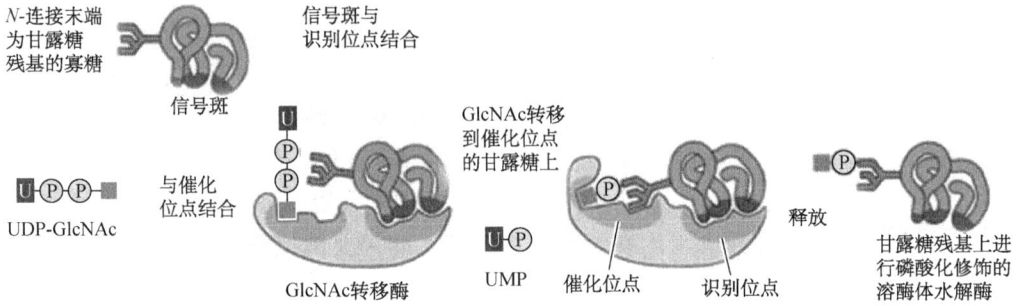

图 6-15　溶酶体酶蛋白信号斑的作用（引自 Alberts et al.，1994）

　　具有 M6P 的溶酶体酶可被 TGN 处相应的 M6P 受体（mannose 6-phosphate receptor，MPR）识别，并通过出芽的方式将囊泡运输至晚胞内体，此即前溶酶体。前溶酶体的特征是膜上有质子泵，腔内 pH 约 6，所以有人认为前溶酶体即为初级溶酶体。M6P 与 MPR 的结合受 pH 的调控，在 pH 为 6.5～7 的环境中二者相结合，而在 pH 为 6.0 的酸性环境中分离。由于晚期胞内体中是酸性环境（pH 约为 5.5），导致受体与溶酶体蛋白相互分离。分离后的受体有两条去路：一部分返回反面管网结构重复利用；另一部分返回到质膜上捕获随分泌蛋白被运输到细胞外的溶酶体酶。细胞膜表面 pH 呈中性，此时 M6P 受体与 M6P 蛋白紧密结合，膜的内化将分泌到胞外的溶酶体酶捕捉运回溶酶体。最后，溶酶体蛋白 M6P 的去磷酸化使其成为有活性的溶酶体酶（图 6-16）。溶酶体蛋白 M6P 的修饰具有重要作用，包括：①为溶酶体蛋白提供识别信号；②使溶酶体蛋白以无活性的酶原形式存在，避免在运输过程对细胞造成伤害。

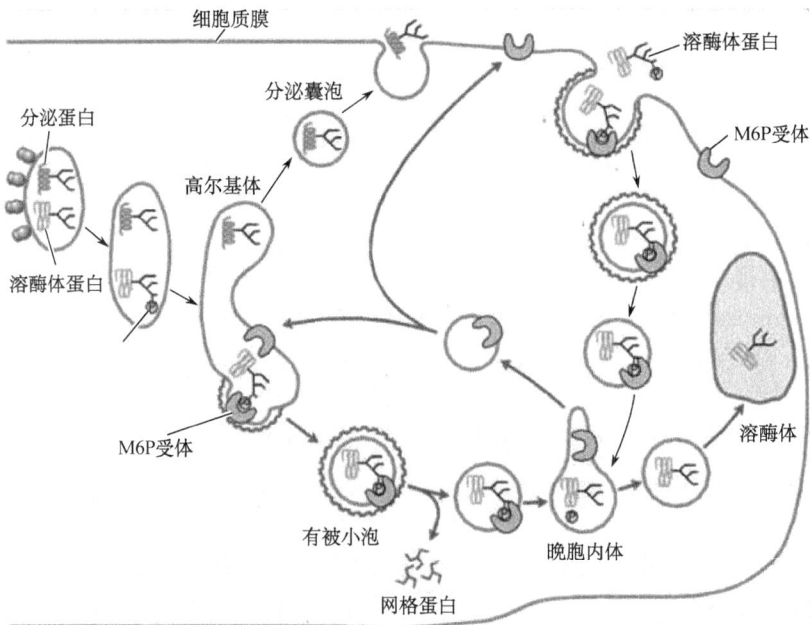

图 6-16　溶酶体的发生过程（引自 Griffiths et al.，1988）

　　虽然对溶酶体蛋白的 M6P 分选机制目前了解的非常清楚，但这并不是溶酶体发生的唯一通路。研究发现 I 细胞病患者的肝细胞中尽管缺失 N-乙酰葡萄糖胺磷酸转移酶，但仍有溶酶体酶被运输至溶酶体，表明还存在另一条不依赖 M6P 的溶酶体发生途径，但其机制尚不清楚。

6.2.3.2　溶酶体的功能与疾病发生

　　由于溶酶体是细胞内的消化器官，因而其对维持细胞的正常代谢活动及防御外来微生物的侵袭具有重要的意义。

　　1) 溶酶体的功能

　　(1) 清除细胞内衰老细胞器及生物大分子。溶酶体的这一功能主要是由自噬溶酶体完成的。细胞内的生物大分子及细胞器都有一定的寿命，短则几小时，长则几天，如肝细胞中线粒体的寿命平均为 10 天。为维持细胞正常的生理功能，溶酶体必须及时清理衰老的细胞器及生物大分子，此现象称为自噬现象。衰老的细胞器首先被内质网的双层膜包裹，在随后与溶酶体融合形成的自噬溶酶体中降解，最终的降解产物被细胞重新利用。因此，溶酶体又被称为细胞内的"清道夫"。当细胞在饥饿条件下，溶酶体会降解自身成分为细胞提供能量，维持细胞的生命活动。

　　(2) 防御功能。通过吞噬作用进入细胞内的外源物质被异噬溶酶体清除，如巨噬细胞、中性粒细胞等可识别并吞噬入侵的细菌和病毒等有害物，将其运输至溶酶体后进行消化降解，这一过程不仅保护细胞免受细菌与病毒等的侵染，同时降解后的营养成分还可供细胞利用。此外，体内正常的衰老、凋亡细胞也是被巨噬细胞清除的。值得注意的是，并非所有入侵的微生物都会被溶酶体降解，有些病原体恰恰利用了溶酶体的这种特性为其在细胞内增殖提供了一个保护环境。例如，麻风杆菌 (*Mycobacterium leprae*)、利什曼原虫 (*Leishmania*) 等侵入溶酶体后，通过改变溶酶体内在的酸性环境，抑制溶酶体酶的活性，从而避免自身死亡；另外，侵入细胞的一些病毒，利用胞内体的酸性环境与受体分离后将病毒核壳释放到细胞质中，避开溶酶体而得以繁殖。

　　(3) 其他重要的生理功能。溶酶体可降解生物大分子为细胞提供营养，如降解低密度脂蛋白为细胞提供胆固醇。此外，溶酶体能帮助分泌蛋白的成熟，参与分泌活动的调节。例如，储存在甲状腺内腔中的甲状腺球蛋白进入分泌细胞，与溶酶体融合后导致甲状腺球蛋白被水解成甲状腺素，后者通过分泌作用进入血液。在多细胞生物的发育过程中，如手指或足趾的形成，依赖于溶酶体的自溶作用。蝌蚪尾巴的退化也是通过溶酶体中的一种水解酶降解消化组织的结果。另外，精子与卵细胞接触后，精子头部的顶体释放溶酶体中的酶消化卵细胞的外被，精子从产生的孔道中进入卵细胞从而完成受精过程。

　　2) 溶酶体与疾病

　　溶酶体执行的清除和防御功能依赖于溶酶体酶，如果溶酶体酶缺失将出现由溶酶体酶参与的某个代谢环节故障，一些大分子无法被水解，最终引起疾病的发生。

　　与溶酶体有关的 30 多种先天性疾病中，多数属于储积病。病因主要是体内缺少水解某种物质的溶酶体酶，从而导致大量的被降解物蓄积在体内，影响细胞的正常功能。例如，Ⅱ 型肝糖病患者的溶酶体中缺少 α-糖苷酶，无法将糖原降解为葡萄糖，从而使糖原累积在患者的肝脏和肌肉细胞中。台-萨氏病 (Tay-Sachs disease) 的病因主要是溶酶体中缺少 α-氨基己糖酯酶，患病儿童由于脑组织不能正常降解 β-神经节苷酯，导致其含量在细胞内的浓度高于正常值 100～300 倍。此外，类风湿关节炎中溶酶体膜的脆性增大，将溶酶体酶释放到关节处的细胞间质中，使骨组织受到侵蚀，引起关节的炎症反应和软骨组织的腐蚀。临床上常用能稳定溶酶体膜的肾上腺皮质激素来治疗此种疾病。

6.2.4　过氧化物酶体

1954 年首次在小鼠的肾小管上皮细胞中发现了一类卵圆形小体，称之为微体（micro-body）。1969 年，de Duve 等利用密度梯度离心将这种小体与溶酶体、线粒体分开，并证实这是一种与溶酶体不同的细胞器，微体中含有许多氧化酶，而不是水解酶。微体有两种主要类型：**过氧化物酶体（peroxisome）** 和**乙醛酸循环体（glyoxysome）**，后者只在植物中发现。

过氧化物酶体是直径为 $0.1～1.0\mu m$ 的膜包围的细胞器，含有丰富的氧化酶类，内部常形成氧化酶结晶（图 6-17）。由于过氧化物酶体与溶酶体在形态、大小上十分相似，因而很长一段时间内将过氧化物酶体看成是溶酶体的一种。但是目前认为二者存在显著差异（表 6-2）。过氧化物酶体不属于细胞内膜系统。现在将电镜下可见的尿酸氧化酶的结晶作为识别过氧化物酶体的主要特征，过氧化氢酶是其标志酶。过氧化物酶体膜中的脂类主要为磷脂酰胆碱和磷脂酰乙醇胺等，蛋白质主要为一些结构蛋白和酶。膜的通透性与线粒体相似，可允许蔗糖、乳酸和氨基酸等一些小分子自由穿过。

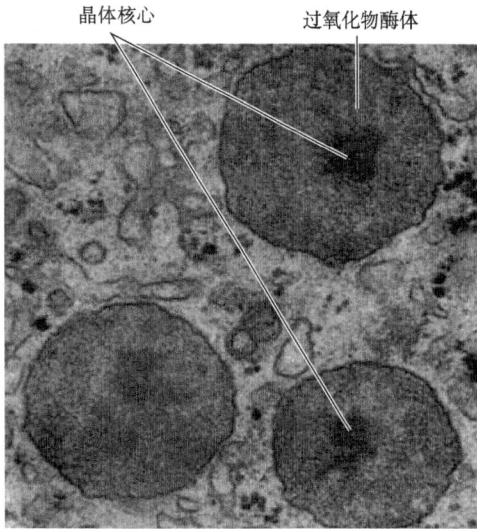

图 6-17　大鼠肝细胞质中的过氧化物酶体，晶体核心是尿酸氧化酶（引自 Karp，2002）

表 6-2　过氧化物酶体与溶酶体的差异

特征	溶酶体	过氧化物酶体
形态	球形，直径 $0.2～0.5\mu m$	球形，直径 $0.1～1.0\mu m$
内含物	酸性水解酶，无晶体	氧化酶类，有晶体
pH	约为 5	约为 7
是否需氧	否	是
功能	细胞内消化	糖异生、脂肪酸降解等多种功能
发生	酶在 RER 合成，高尔基体出芽后形成	经分裂后组装形成
标志酶	酸性磷酸酶	过氧化氢酶

6.2.4.1　过氧化物酶体的功能

动物细胞中过氧化物酶体是一个动态变化的细胞器，在不同的细胞，甚至同一细胞不同的生理条件下呈现不同的形态与功能。例如，酵母细胞在含糖的培养基中生长时过氧化物酶体的体积很小；而用甲醇培养时，过氧化物酶体的体积显著增大并能氧化甲醇；如果用含脂肪酸的培养基时，过氧化物酶体的数量显著增多，并能分解脂肪酸为乙酰辅酶 A，供细胞利用。

过氧化物酶体是一个多功能细胞器，内含 50 多种酶类，涉及长链脂肪酸的氧化、缩醛磷脂的合成等。此外，萤火虫产生荧光也是源于过氧化物酶体中的荧光素酶。细胞代谢中，尿素氧化酶、乙醇酸氧化酶及氨基酸氧化酶等一系列酶在氧化底物的过程中产生了 H_2O_2。过氧化物酶可以将 H_2O_2 分解成水和氧气，这些酶相互偶联，使细胞免受 H_2O_2 的毒害。植物细胞中的乙醛酸循环体形态大小与过氧化物酶体相似，含有乙醛酸旁路的酶和三羧酸循环的几种主要酶。植物种子中乙醛酸循环体通过降解储存的脂肪并将其转化为糖，为种子萌发和幼苗生长提供能量。

6.2.4.2　过氧化物酶体的发生

过氧化物酶体的发生与线粒体、叶绿体的发生相似，都是通过分裂产生的。但是过氧化物酶体蛋白都是由细胞核基因组编码，在细胞质游离核糖体合成后运送而来的。进入过氧化物酶体的蛋白质，其羧基端均含有 SKL（Ser-Lys-Leu）分选信号。过氧化物酶体的膜脂则可能在内质网合成后通过磷脂交换蛋白或膜泡运输的形式转运，表明内质网可能参与了过氧化物酶体的发生。

6.3　内膜系统与蛋白质合成、分选和运输

6.3.1　内膜系统与蛋白质分选

一个典型的哺乳动物细胞含有约一万种不同种类的蛋白质，许多蛋白质合成后会定位在细胞质中执行其功能，还有约一半的蛋白质则最终或定位到细胞膜和特定的细胞器，或分泌到细胞外。例如，多种激素受体和膜转运蛋白必须被运输和整合到细胞膜上，DNA 和 RNA 聚合酶必须进入细胞核才能发挥功能，细胞外基质成分必须被分泌到细胞外。细胞内这些成千上万的蛋白质如何被分门别类地运输至特定部位呢？一种合理的解释就是蛋白质本身带有某种标签，在合成的同时就决定了其最终去向，并且只有当蛋白质到达其特定部位并组装成结构和功能的复合体后，才能发挥生物学活性，这个过程就称为**蛋白质分选（protein sorting）**。真核细胞中蛋白质的分选非常复杂，除了线粒体、叶绿体能合成少量蛋白质外，绝大多数蛋白质的合成或者在细胞质基质中游离的核糖体上完成，或者在粗面内质网上的核糖体中最终完成。蛋白质以特定的机制运至细胞的特定部位，并组装成结构与功能的复合体，参与细胞的各种生命活动过程。

6.3.1.1　蛋白质分选途径

核糖体是合成蛋白质的场所，有游离型和结合型两种存在形式，前者存在于细胞质、线粒体和叶绿体基质中，后者主要结合在内质网膜上。除了由线粒体和叶绿体基因组编码、合成的少数种类蛋白质以外，细胞中绝大部分蛋白质的合成都起始于细胞质游离核糖体，这些蛋白质的合成转运方式有两种（图 6-18），一种是在完成合成之后，依据蛋白质特定的信号序列指导其定向转运。例如，进入细胞核或者进入线粒体、叶绿体、过氧化物酶体，或者定位在细胞质的特定位点，这种蛋白质合成和转运方式称为**翻译后转运（post-translational transport）**。还有一种是在细胞质游离核糖体上合成一段序列之后，将暂停合成，然后与核

糖体、mRNA 等一起转位到内质网膜上结合，再次启动蛋白质的合成，这些蛋白质一边合成一边穿过内质网膜进入内质网腔中，由于合成和运输同时进行，所以这种蛋白质合成和转运方式称为**共翻译转运（co-translational transport）**。例如，滞留在内膜系统的细胞器中，或者分泌到细胞外，或者整合到细胞膜上的蛋白质。不管是翻译后转运还是共翻译转运，蛋白质的定位均取决于自身的信号序列（表 6-3）。目前已经较为清楚的蛋白质分选运输方式有三种，即门控运输、跨膜运输和膜泡运输。

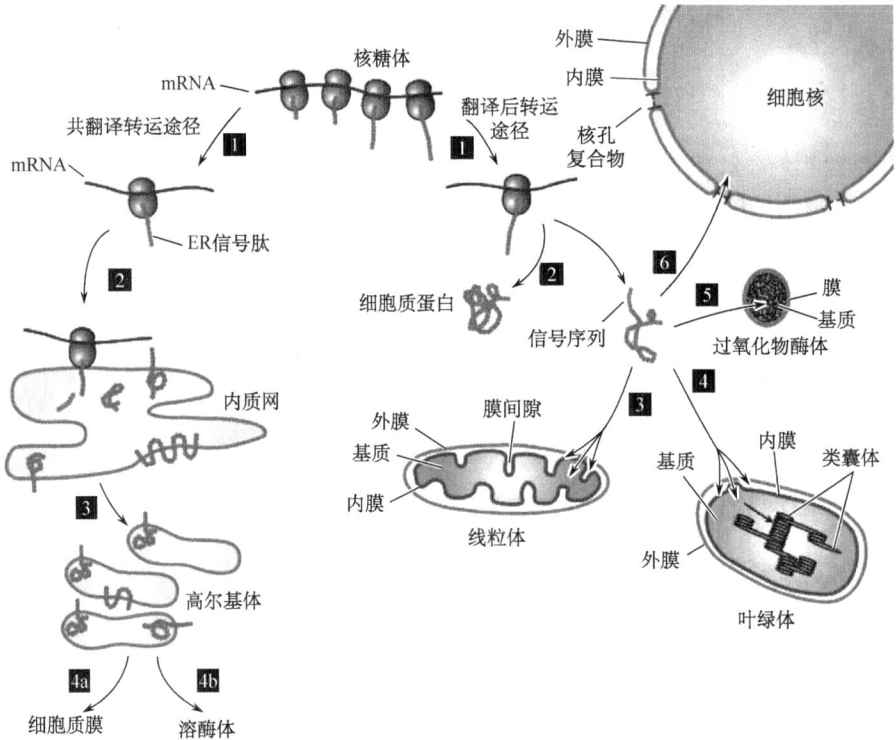

图 6-18　细胞内蛋白质分选的主要途径与类型（引自 Lodish et al.，2003）

表 6-3　几种典型的蛋白分选信号序列

蛋白质信号	信号序列
进入 ER	$^+H_3$N-Met-Met-Ser-Phe-Val-Ser-Leu-Leu-Leu-Val-Gly-Ile-Leu-Phe-Trp-Ala-Thr-Glu-Gln -Leu-Thr-Lys-Cys-Glu-Val-Phe-Gln-
滞留 ER	- Lys-Asp-Glu-Leu - COO$^-$
进入线粒体	$^+H_3$N-Met-Leu-Ser-Leu-Arg-Gln-Ser-Ile-Arg-Phe-Phe-Lys-Pro-Ala-Thr-Arg-Thr-Leu-Cys -Ser-Ser-Arg-Tyr-Leu-Leu-
进入细胞核	-Pro-Pro-Lys-Lys-Arg-Lys-Val-
输出细胞核	-Leu-Ala-Leu-Lys-Leu-Ala-Gly-Leu-Asp-Ile-
进入过氧化物酶体	-Ser-Lys-Leu-COO$^-$

（1）**门控运输（gated transport）**：指在细胞质基质中合成的蛋白质通过核孔复合体选择性地进出细胞核的运输方式。出入细胞核的蛋白质携带核定位信号（nuclear location signal）或核输出信号（nuclear export signal）。以此种方式转运的蛋白质有以下两个特点，包括：

①运输通过核孔复合体进行；②蛋白质必须正确折叠或者组装完成。

（2）**跨膜运输**（transmembrane transport）：蛋白质以不同的方式穿过内质网、线粒体、叶绿体及过氧化物酶体等细胞器的膜进入细胞器内的转运方式称为跨膜运输。进入内质网的蛋白质由于是通过共翻译转运途径进入的，因而蛋白质在翻译时就开始跨膜，进入内质网腔后折叠为成熟蛋白质。进入线粒体、叶绿体及过氧化物酶体的蛋白质是通过翻译后转运途径进入的，它们是在细胞质中游离的核糖体上合成并正确折叠的蛋白质。跨膜运输有以下 5 个特点，包括：①蛋白质在不同信号序列的指导下定位到不同的细胞器；②通过不同细胞器上特定的通道完成跨膜转运；③跨膜过程需消耗能量；④蛋白质跨膜时必须处于单链和解折叠形式；⑤多种分子伴侣参与了蛋白质跨膜前的去折叠和跨膜后的重折叠。

（3）**膜泡运输**（vesicle transport）：是指蛋白质通过不同类型的转运小泡从粗面内质网合成部位转运至高尔基复合体，进而分选到溶酶体、整合到细胞膜或分泌到胞外的过程，这是通过一系列膜泡的形成和融合来完成的转运方式。这种转运方式的特点包括：①涉及各种不同的运输小泡的定向转运，以及膜泡出芽与融合等过程；②膜泡组装需要特定的包被蛋白参与，形成不同的膜泡类型；③只有正确折叠与组装的蛋白质才能进行运输；④被转运的分子包括蛋白质、脂类等，一旦出芽形成囊泡，运输中的方向性就不能发生改变。

综上所述，核基因转录产物 mRNA 在细胞质基质游离的核糖体上翻译，分为共翻译转运途径和翻译后转运途径。在共翻译转运途径中翻译出的蛋白质在 ER 信号肽的指引下核糖体定位在内质网上，翻译的蛋白质通过跨膜运输的形式进入内质网腔。内质网上翻译的蛋白质通过膜泡运输至高尔基体后，蛋白质再以膜泡形式运输至质膜、溶酶体和分泌到细胞表面。而如果翻译后转运途径中蛋白质不含任何信号序列，则翻译后留在细胞质中。相反，含有信号序列的蛋白质通过跨膜运输至线粒体、叶绿体和过氧化物酶体中，而含有核定位信号的蛋白质通过门控转运的形式运输至细胞核（图 6-18）。

6.3.1.2　内膜系统参与的蛋白质分选

内质网合成蛋白质的共翻译转运机制

1956 年，Palade 和 Siekevitz 发现微粒体中含有蛋白质和 RNA。Palade 推测富含 RNA 的微粒体是蛋白质合成的场所，合成后的蛋白质不仅位于细胞内，还被运输至整个生物体。随后二人在 1960 年通过放射自显影技术观察到几内亚猪的胰腺分泌细胞中核糖体合成的蛋白质的确能跨内质网膜进入内质网腔。是什么原因导致新生肽链进入内质网腔呢？1971 年，Blobel 和 Sabatini 等提出：①分泌蛋白的 N 端含有一段特殊的**信号序列**（signal sequence），可将多肽和核糖体指引到内质网膜上；②多肽通过内质网膜上的转运通道进入内质网腔中，这一过程伴随蛋白质的翻译。Blobel 和 Sabatini 等在研究时发现信号序列具有一些共同的特征：①长度通常在 15～35 个氨基酸残基；②N 端含有一个或多个带正电荷的氨基酸；③在正电荷氨基酸后常为 6～12 个连续的疏水氨基酸残基；④这一序列指导核糖体附着在内质网上，但在蛋白质进入内质网腔后常被切除。根据以上研究结果，1975 年 Blobel 等系统地阐述了**信号假说**（signal hypothesis），即分泌性蛋白 N 端序列作为信号肽指引细胞质中游离的核糖体结合到内质网膜上，并引导蛋白质边合成边通过易位子蛋白复合体进入内质网腔，在蛋白质合成结束之前将信号肽切除。

1981 年，Blobel 等随后又发现有一些新的蛋白质复合体参与核糖体与内质网的结合过程。①信号识别颗粒（signal recognition particle，SRP）是一种核糖核蛋白复合体，沉降系数为11S，是由6条不同的多肽链和一个300个核苷酸组成的7S RNA。SRP有三个功能区：翻译暂停结构域、信号肽识别结合位点和SRP受体蛋白结合位点。通常情况下SRP位于细胞质中，当新生肽链N端信号肽翻译出来后即可与SRP的信号肽识别结合位点结合，此时翻译暂停结构域导致多肽链的合成暂停，并在SRP受体蛋白结合位点的指导下与内质网膜上的SRP受体结合，至此，核糖体附着在内质网膜上。②停泊蛋白（docking protein，DP）又称信号识别颗粒的受体，由两个亚基组成，一个是暴露在细胞质中的能与SRP结合的亲水性α亚基；另一个是嵌入内质网膜内的疏水性β亚基。DP与结合有信号序列的SRP颗粒牢固结合，使正在翻译蛋白质的核糖体停泊在内质网上。Blobel因在揭示的细胞内蛋白质合成时如何被印上标签，并在这些标签的指导下如何到达"目的地"方面所做的贡献，获得了1999年的诺贝尔生理学或医学奖。

🌐 信号序列的发现

　　1972年，Milstein和他的同事用无细胞体系研究免疫球蛋白IgG轻链时发现了信号序列的存在。在无细胞体系中进行免疫球蛋白轻链蛋白质的合成时发现，如果在蛋白质翻译完成后再加入微粒体，则翻译的蛋白质不能进入微粒体。相反，如果蛋白质在翻译时有微粒体的存在，则翻译的蛋白质均进入微粒体中。分离纯化微粒体中的蛋白质和未进入微粒体的蛋白质发现，前者比后者少了20个氨基酸残基，因而他们推测正是这些氨基酸指导IgG进入粗面内质网后被切除，这时IgG成为成熟的蛋白质并被分泌到细胞外。

　　那么怎么证明蛋白质是一边翻译一边跨过内质网膜进入内质网腔的呢？如果蛋白质是先翻译后转运至内质网腔中的，那么在翻译过程中加入蛋白水解酶将导致多肽链的降解。事实上，当在无细胞翻译体系中加入蛋白水解酶时并不能使新生肽链水解，这是由于内质网膜的保护作用。但如果同时加入能破坏内质网膜的去垢剂，则发现新生肽链水解，其原因是暴露的新合成蛋白质被蛋白水解酶降解，因而推测蛋白质是在翻译的同时跨内质网膜进入内质网腔的。

　　内质网上合成分泌蛋白的主要步骤包括：①蛋白质在细胞质中游离的核糖体上合成，当多肽链延伸到70~100个氨基酸时，信号肽序列暴露；②信号序列与细胞质中SRP上的信号识别位点相结合，导致SRP的翻译暂停结构域与核糖体的A位点作用，使多肽链的翻译暂时停止，此时SRP上的GDP被GTP替换；③SRP-GTP提高了受体蛋白结合位点与DP的亲和力，形成了核糖体-信号肽-SRP-DP复合物，引导核糖体停泊至内质网上的易位子；④一旦核糖体/新生肽链结合到易位子上，GTP水解释放能量使SRP与DP和核糖体分离，SRP返回细胞质基质中重复使用；⑤此时，以环化构象存在的信号肽与易位子结合并打开通道，在信号肽的指引下蛋白质翻译继续进行，并穿过内质网膜进入内质网腔；⑥内质网腔上的信号肽酶将信号肽切除；⑦蛋白质继续合成，完成整个多肽链的合成后蛋白质折叠，核糖体与内质网膜分离返回细胞质，易位子通道关闭（图6-19）。进入内质网腔中的蛋白质能很快与Bip蛋白（heavy-chain binding protein）结合。Bip蛋白属于分子伴侣Hsp70家族，它同内质网腔内新生肽链的结合可防止多肽链的不正确折叠与聚合。通过水解ATP释放结合的多肽链，随后多肽链正确折叠。另外，Bip与新生肽链的结合可防止新生肽链在蛋白质合成的过程中出现变形或断裂（图6-19）。

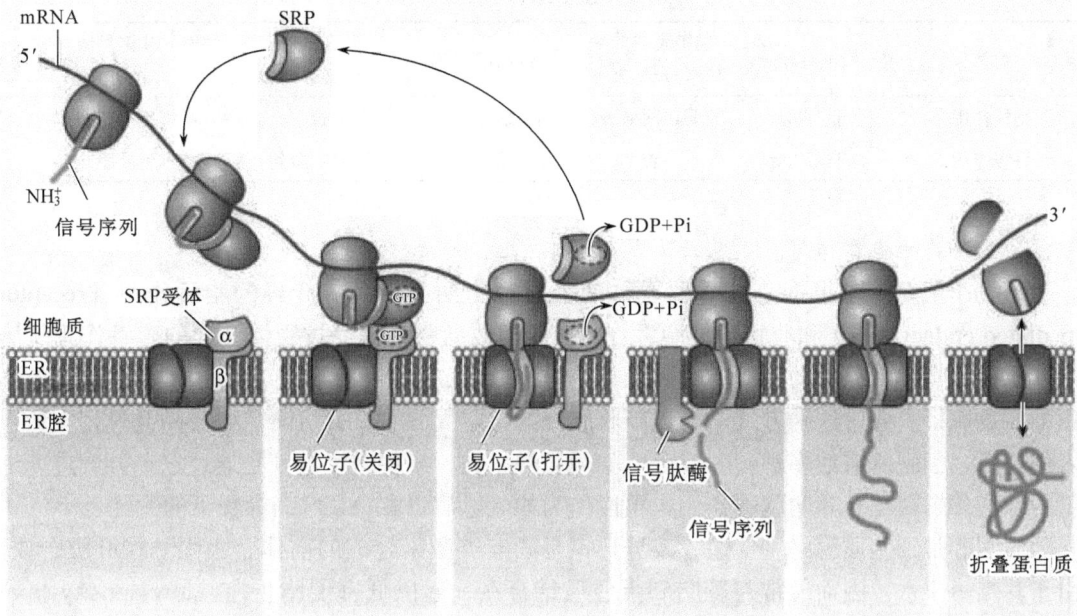

图 6-19 内质网合成蛋白的共翻译转运机制（引自 Lodish et al.，2003）

如果内质网上合成的是膜蛋白，那么它的合成途径就要比分泌蛋白复杂得多，涉及蛋白质的跨膜次数和蛋白质羧基端及氨基端在细胞中的方向性等诸多方面。分泌蛋白的信号序列可以被看成是开始转移序列（start transfer sequence）。膜蛋白在合成中多肽链上可能还有停止转移序列（stop transfer sequence）。这种停止转移序列与内质网膜有很强的亲和力，可使它结合在脂双层中，在此序列之后翻译的蛋白质将不能进入内质网腔而成为跨膜蛋白。但如果一条多肽只有 N 端的开始转移信号，而中间没有停止转移序列，那么这条多肽将进入内质网腔中。如果多肽有多个开始转移序列和停止转移序列，那么这条多肽将最终为多次跨膜的膜蛋白。

6.3.2 膜泡运输

真核细胞中，内膜系统各个部分之间的物质运输常通过膜泡运输方式进行，同时，膜泡运输也担负细胞与胞外环境之间的物质和信息交流。根据膜泡的运转方向，可将其分为胞吞途径（endocytotic pathway）和胞吐途径（exocytic pathway）。**胞吞作用（endocytosis）**将外界的营养物质等摄取到细胞内，而细胞内的代谢产物及分泌物质则通过**胞吐作用（exocytosis）**形成的分泌囊泡被运至胞外。

6.3.2.1 胞饮作用与吞噬作用

细胞将外界物质吞进细胞的过程可以分为两种：**胞饮作用（pinocytosis）**和**吞噬作用（phagocytosis）**。前者是指通过细胞质膜内陷形成的囊泡包裹外界液体状物质进入细胞内的过程。而后者特指多细胞动物中的巨噬细胞及中性粒细胞和原生动物中吞噬较大颗粒的过程，二者有明显的不同（表 6-4）。

表 6-4　胞饮作用和吞噬作用的异同

类型	囊泡直径	包被蛋白的参与及类型	是否需要受体	是否细胞骨架参与	囊泡形成的方式
胞饮作用	小于 150nm	需要，网格蛋白	需要/不需要	否	细胞质膜凹陷
吞噬作用	大于 250nm	否	需要	需要，微丝	细胞质膜凸起

受体介导的胞吞作用

胞吞作用发生时根据是否需要受体的介导分为两类：**受体介导的胞吞作用（receptor mediated endocytosis）**和非特异性胞吞作用。大多数动物细胞通过受体介导的胞吞作用从胞外基质摄取特定大分子的过程中需要依赖网格蛋白形成的有被小泡，这一过程是内化胞外物质的高效途径。通过这种方式既可以吸收胞外的特定大分子，又可避免水分随此过程大量进入细胞内。细胞所需的多种营养成分，如胆固醇、铁、某些激素等都是通过这种方式进入细胞的。另外，受体介导的胞吞作用也可以作为如流感病毒和 AIDS 病毒侵染的途径。

胆固醇是细胞质膜的重要组成成分，也是固醇类激素合成的前体。胆固醇在肝脏合成，由于其难溶于水，因而通常与磷脂和蛋白质结合在一起以低密度脂蛋白（low-density lipoprotein，LDL）颗粒形式在体内运输。LDL 直径为 20～25nm，外面包裹磷脂层，其上有一条载脂蛋白 B（ApoB-100），胆固醇在颗粒中心形成胆固醇酯。很多动物细胞的质膜表面分布有细胞表面受体，其能特异性结合 apoB-100，并通过胞吞作用内化 LDL，最终为细胞提供胆固醇（图 6-20）。①细胞表面 LDL 受体的结合链与 LDL 的 apoB-100 特异性结合形成受体-LDL 复合物。在受体的细胞质一侧网格蛋白和接头蛋白（AP2）组装，细胞质膜内陷形成有被小窝。②有被小窝不断内陷，与细胞质膜脱离后进入细胞质形成有被小泡，有被小泡

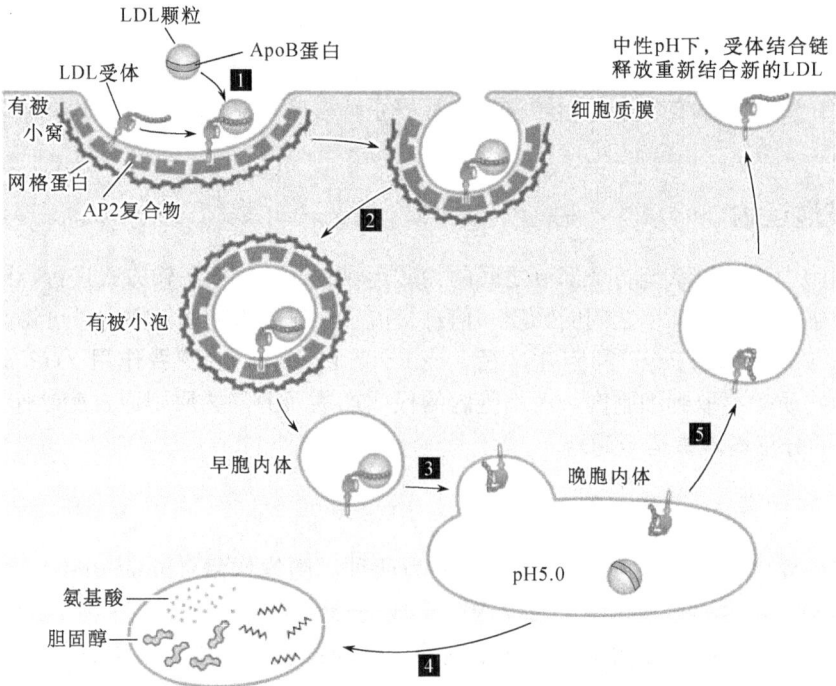

图 6-20　受体介导的胞吞作用（引自 Brown et al.，1986）

脱包被后与早胞内体（endosome）融合。胞内体是动物细胞中的膜围细胞器，介导了通过胞吞作用进入细胞的物质被运往溶酶体的降解过程及溶酶体合成的过程。胞内体是一个酸性细胞器，其膜上的 H^+ 泵使腔内的 pH 维持在 5~6。胞内体又有早胞内体和晚胞内体之分，前者主要位于细胞质的外侧，靠近细胞膜，而后者主要位于细胞质的内侧，靠近细胞核。除此以外，二者的最大差别是其腔内的 pH 不同。通常认为早胞内体是由于细胞的内吞作用而形成的含有内含物的膜结合细胞器。而晚胞内体 pH 呈酸性，具有分拣作用。③在晚胞内体的酸性环境中，LDL 受体的结合链与自身某个结构域的结合导致了结合链与 apoB-100 的分离。④含有 LDL 的胞内体与溶酶体融合后 LDL 被降解，释放出胆固醇和脂肪酸供细胞利用。⑤胞内体以出芽的形式将 LDL 受体运回细胞质膜重复利用。

然而，并不是所有的受体在每次受体介导的胞吞作用后均返回细胞质膜。如果吞入细胞中的物质足够多，此时受体就会被运往溶酶体中降解，导致细胞质膜上的受体浓度降低，从而减少细胞对外界物质的吸收，这个过程就称为**受体下行调节（receptor down-regulation）**，如信号转导中细胞内信号分子和受体浓度的调节。母乳中的抗体怎样通过血液进入母乳，又怎样通过幼儿的肠上皮细胞进入血液呢？研究发现，细胞内存在一种特殊的胞吞作用，受体和配体在胞吞中未发生任何改变，只是从细胞的一侧进入，又从另一侧转运出细胞，这种胞吞作用主要发生在极性细胞中，称为**转胞吞作用（transcytosis）**。

6.3.2.2　胞吐作用

胞吐作用是胞吞作用的逆过程，它是将细胞内的分泌泡或其他某些膜泡中的物质通过细胞质膜运出细胞的过程。胞吐作用分为组成型胞吐（constitutive exocytosis）和调节性胞吐（regulated exocytosis）。

组成型胞吐作用是 TGN 处形成的囊泡连续不断地向质膜流动并与之融合，为质膜提供新合成的脂质和蛋白质，同时将细胞外基质成分及胞外蛋白分泌出细胞。组成型胞吐作用存在于所有细胞中，不需要任何信号的刺激。

调节型胞吐存在于特化的分泌细胞中，分泌细胞产生的分泌物（激素、黏液和消化酶等）储存在分泌泡中。分泌泡通常聚集在质膜下方，当细胞受到外界的信号刺激时，分泌泡与质膜融合并将内含物释放。这类囊泡的形成具有选择性，并且由于分泌蛋白含有信号序列，因而通过这种方式对运输的物质具有浓缩作用。

6.3.2.3　介导膜泡运输的囊泡

细胞内由内质网合成的蛋白质和脂类被运到不同细胞部位的整个过程，依赖于膜泡。如何保证这条运输通路的方向性和专一性呢？不同的膜泡如何与特异的靶膜相互识别？研究发现，细胞内至少存在 10 种以上的运输小泡，每种小泡表面都有各自特有的标志以保证将不同的物质运输至细胞的不同部位。目前只发现三种不同类型的有被小泡参与细胞内物质的运输，分别是网格蛋白、COP I 和 COP II。

1）COP II 有被小泡介导的膜泡运输

COP II 有被小泡将内质网合成的蛋白质运输到高尔基复合体的顺面管网结构。在酵母细胞突变体中发现 Sec13、Sec23、Sec24、Sec31 和 Sar1 等蛋白质的突变将阻滞此过程。随后在哺乳类细胞内质网出芽形成的囊泡中也发现了这几种蛋白质的同源物，因而目前普遍认为 COP II 包被由这 5 种蛋白质亚基组成。一些实验研究也证明如果细胞与这些蛋白质的特异性

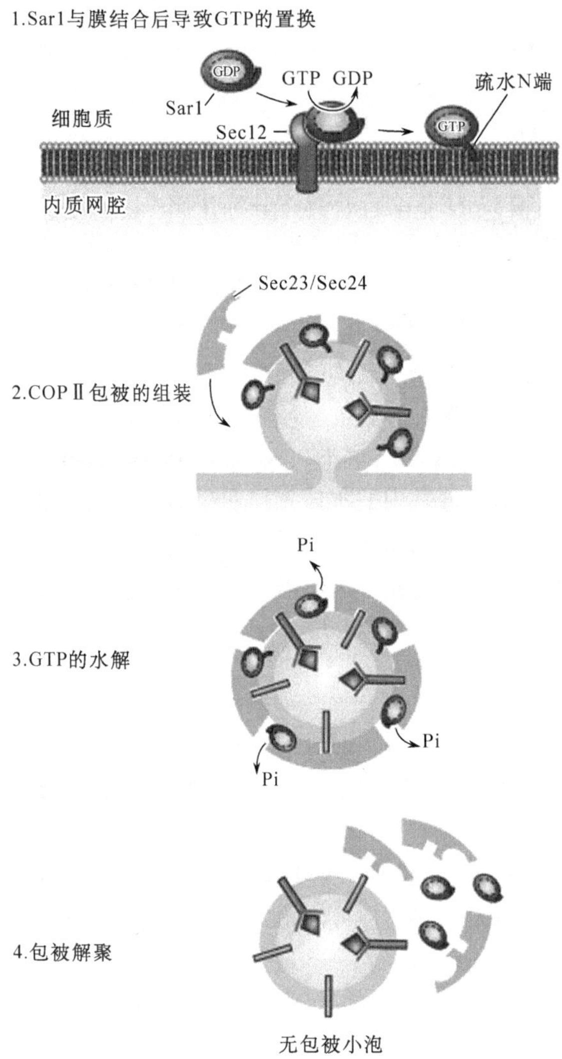

1.Sar1与膜结合后导致GTP的置换

2.COPⅡ包被的组装

3.GTP的水解

4.包被解聚

无包被小泡

图 6-21　COPⅡ有被小泡的形成过程
(引自 Springer et al.，1999)

抗体共同孵育一段时间，就将阻止内质网出芽形成囊泡。

COPⅡ有被小泡组装的机制包括以下 4 个方面。①Sar1 的激活。Sar1 是小分子 GTP 结合蛋白，具有 GTP 酶活性，起分子开关作用，Sar1-GDP 以无活性的形式存在于细胞质内。在内质网膜上的鸟苷酸交换因子（GEF）的作用下形成 Sar1-GTP，暴露脂肪酸链从而使 Sar1 固定在内质网膜上。②内质网腔中的可溶性蛋白与内质网膜上的跨膜蛋白 v-SNARE 分子相互识别。③包被小泡的形成。Sar1-GTP 招募 Sec23 和 Sec24，与之结合形成复合物，接着是 Sec13 和 Sec31 的加入，最后装配成完整的小泡。④GTP 的水解导致有被小泡的解离（图 6-21）。

2）COPⅠ有被小泡介导的膜泡运输

当内质网以出芽的方式将其腔内的可溶性蛋白运往高尔基复合体时，形成的 COPⅡ有被小泡不会对包被内的蛋白质进行特异性选择。这就会导致内质网常驻蛋白会随着 COPⅡ有被小泡的形成而被运往高尔基复合体。内质网常驻蛋白只有在内质网中才能发挥其生物学功能，那么细胞通过何种机制避免内质网常驻蛋白的流失？

COPⅠ有被小泡介导了细胞内由高尔基复合体顺面管网结构出芽形成的囊泡向内质网膜的蛋白质运输，包括 v-SNARE、内质网常驻蛋白等（图 6-22）。用不能被水解的 GTP 类似物处理细胞，发现 COPⅠ有被小泡在细胞中聚集。通过密度梯度离心的方法将这些小泡分离出来，发现 α、β、β′、γ、δ、ε、ζ 7 种蛋白亚基和一个调节膜泡转运的 GTP 结合蛋白 ARF（ADP-ribosylation factor）参与了 COPⅠ有被小泡的组装。

3）网格蛋白有被小泡介导的膜泡运输

网格蛋白是第一个被发现并被广泛研究的有被小泡，来源于高尔基复合体反面管网结构，该结构主要是由网格蛋白（clathrin）和接头蛋白（adaptin）形成的双层结构。外层是网格蛋白形成的蜂巢样网络结构，内部为接头蛋白。典型的网格蛋白有被小泡直径为 50～100nm。网格蛋白在进化上高度保守，是一个由 180kDa 重链和 30～40kDa 轻链构成的二聚体，三个二聚体形成三脚蛋白体（triskelion），又称三脚蛋白复合体（图 6-23A）。许多三脚蛋白复合体再组装成五边形或六边形网格结构的包被亚基（图 6-23B），最后这些亚基组装

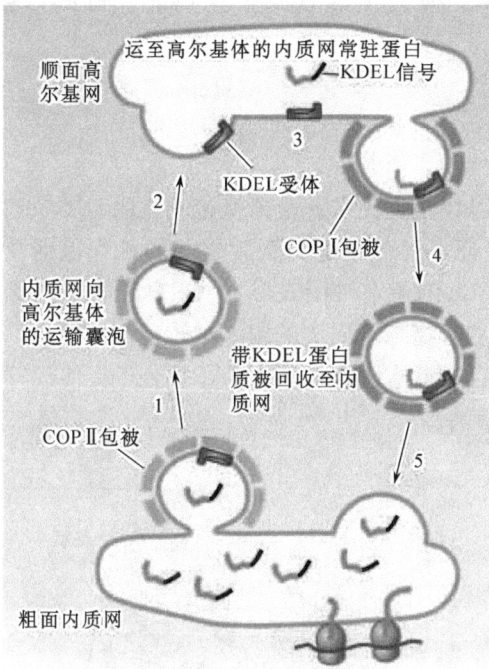

图 6-22　粗面内质网与高尔基体之间的
膜泡运输（引自 Semenza et al.，1990）

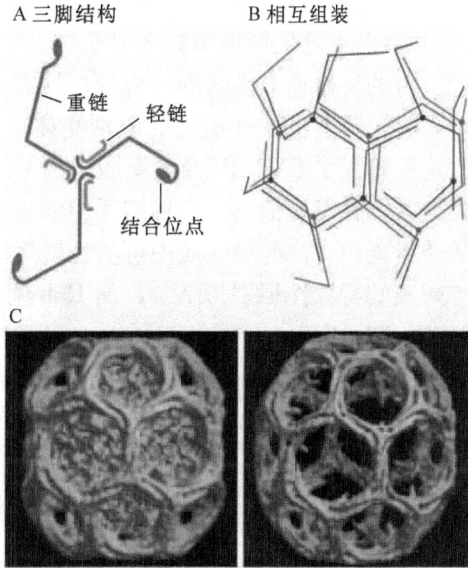

图 6-23　网格蛋白包被小泡结构
（引自 Pishvaee et al.，1998）

成网格蛋白有被小泡（图 6-23C）。在网格蛋白有被小泡形成时网格蛋白并不直接与膜相互作用，而是通过接头蛋白将网格蛋白与膜连接在一起。

　　目前研究发现接头蛋白有三种，分别是 AP1、AP2、AP3。接头蛋白通过与膜受体的 Tyr-X-X-Φ 或 Leu-Leu 序列结合引导转运蛋白包装进网格蛋白有被小泡。AP1 参与高尔基复合体反面管网结构出芽形成的囊泡。AP2 是一个由 α 链和 β 链组成的异二聚体，主要参与细胞质膜处的受体介导的内吞作用。在酵母和小鼠的研究中发现了 AP3 的存在。在 AP3 突变的酵母中，高尔基复合体反面管网结构的某些蛋白质不能被运输至液泡和溶酶体。此外，在网格蛋白有被小泡形成的过程中，发动蛋白（dynamin）在网格蛋白有被小泡与膜结合处通过水解 GTP 调节自己收缩，将小泡从膜上脱落下来（图 6-24）。一旦小泡与膜分离，网格蛋白和接头蛋白便从膜上脱落，以光滑小泡的形式将内含物转运至靶位点。膜泡上的 auxillin 蛋白

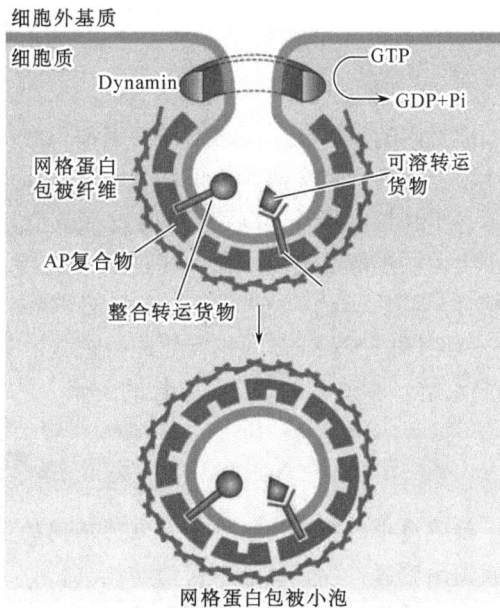

图 6-24　Dynamin 介导的网格蛋白/AP 包被小
泡形成模型（引自 Takel et al.，1995）

激活了一个 Hsp70 家族的一个 ATP 酶伴侣蛋白，其通过水解 ATP 产生的能量剥去小泡的外被参与了脱被过程。

6.3.2.4 膜泡的定向运输机制

1）参与膜泡定向运输的大分子

所有的运输小泡表面都有特异性标志，因而可以根据其来源及所携带物质的种类识别它们，同时靶膜上也带有相应的识别受体，从而保证了运输小泡与靶膜之间的相互识别及定位。这一过程受 SNARE 及其靶膜上的 GTP 酶-Rab 的调节（图 6-25）。GTP 结合蛋白聚集在供体膜上触发囊泡出芽。细胞质中的包被蛋白复合物与胞质侧的膜上被转运蛋白结合，膜上的转运蛋白受体与细胞质中可溶性转运蛋白结合。囊泡脱包被后 SNARE 分子促使运输小泡与靶膜的特异性识别与结合，而 Rab 调节膜泡融合。

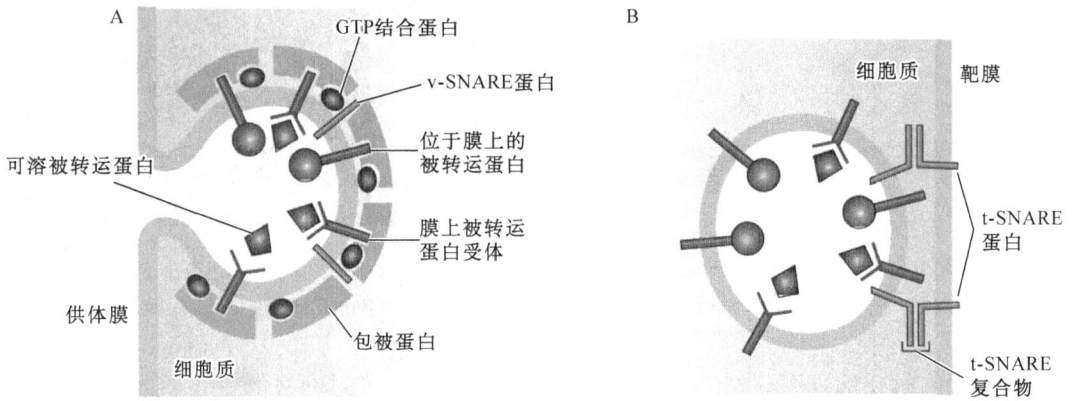

图 6-25　囊泡出芽形成并与靶膜的融合（引自 Lodish et al.，2003）
A. 包被囊泡出芽；B. 包被囊泡脱包被

2）膜泡识别与融合的分子机制

细胞内的转运分子被运输到特定部位经历了两个主要过程。①运输小泡与靶膜的识别。供体膜上的鸟苷酸交换因子识别细胞质基质中特异的 Rab 蛋白，导致 Rab 与 GDP 的亲和力下降。Rab 与 GTP 结合后其构型发生改变，暴露出脂类分子，从而将 Rab 蛋白锚定到膜上。当运输小泡形成后，在 v-SNAR 的引导下，Rab 介导小泡与靶膜上的 t-SNARE 的识别及结合。随后 Rab 上的 GTP 水解使 Rab 与膜分离进入细胞质，此时，运输小泡通过 v-SNARE 和 t-SNARE 的相互作用被固定在靶膜上。②运输小泡与靶膜融合后，NSF 催化 ATP 水解，驱动 SNARE 复合物的解聚。

本 章 小 结

细胞质中的膜相网络将其分割为不同的区室，主要包括细胞质基质、细胞内膜系统和其他膜围细胞器，各自行使不同的功能。

细胞质基质是一个高度有序且不断变化的动态结构，是中间代谢反应、蛋白质合成与转运及修饰和选择降解的场所。细胞内膜系统是指一些膜包被的细胞器或细胞结构，它们在结构、功能及发生上相互关联，主要包括内质网、高尔基体、溶酶体、胞内体和分泌泡等。

内质网分为粗面内质网和光面内质网，是蛋白质和脂类合成的场所。粗面内质网不仅能合成分泌性蛋白、膜整合蛋白及内膜系统（内质网、高尔基体、溶酶体）中的蛋白质等，还是多肽糖基化及其折叠的部位。光面内质网在细胞质基质一侧合成脂类后将其翻转至内质网腔面膜上，再通过出芽的方式或使用磷脂转运蛋白运送到其他部位。

高尔基体是由顺面高尔基体管网结构、中间膜囊和反面高尔基体管网结构组成的一种极性细胞器，通过对蛋白质进行糖基化修饰参与蛋白质的加工、分选、包装和运输过程。

溶酶体分为初级溶酶体、次级溶酶体和残余小体，具有防御并清除细胞内衰老及死亡的细胞器和大分子等作用，其缺陷可引起多种疾病。过氧化物酶体含 50 多种酶类，主要是氧化酶及过氧化物酶。过氧化物酶体在植物细胞中参与光呼吸作用和乙醛酸循环，但其不属于细胞内膜系统。

蛋白质分选包括两个途径：翻译后转运和共翻译转运。根据蛋白质进入不同有膜包裹的细胞器的机制不同，又可分为跨膜转运、门控转运及膜泡运输三类。其中，翻译后转运涉及跨膜转运（蛋白质进入线粒体、叶绿体和过氧化物酶体）和门控转运（蛋白质进入细胞核），共翻译转运涉及跨膜转运（蛋白质进入内质网）和膜泡运输（蛋白质在内质网、高尔基体、溶酶体及细胞质膜之间的运输）。跨膜转运和门控转运依赖蛋白质本身所携带的信号序列，膜泡运输则依赖网格蛋白、COP I 和 COP II 等包被蛋白的参与，根据膜泡运输的方向又分为胞吞作用和胞吐作用。网格蛋白参与的膜泡运输介导高尔基体 TGN 出芽形成的囊泡向细胞质膜、溶酶体或胞内体的运输及受体介导的胞吞转运；COP II 特异性介导膜泡从内质网向高尔基体的运动；COP I 介导高尔基体向内质网的膜泡运动。膜泡与靶膜的特异性融合决定了膜泡运输的特异性，其中，位于膜泡与靶膜上不同的 SNARE 分子及 GTP 酶超家族蛋白参与这一过程。

复习题

1. 名词解释：蛋白质分选，细胞内膜系统，初级溶酶体，次级溶酶体，膜分化，信号识别颗粒，信号假说，细胞分泌，膜流。

2. 简述细胞质基质的组成及其在细胞生命活动中的作用。

3. 比较粗面内质网与光面内质网的形态结构与功能的差异。

4. 内质网合成的蛋白质有哪些？为什么要在内质网上进行合成？

5. 高尔基体的结构特点及其与物质运输的关系。

6. 溶酶体有哪几种类型？溶酶体酶怎样在高尔基体中被准确地分拣出来？

7. 过氧化物酶体与溶酶体有哪些异同？

8. 细胞内蛋白质的合成途径有哪些？合成的蛋白质去向哪里？

9. 比较三种不同包被小泡的结构组分、运输方向及生理作用。

10. 简述分泌蛋白在细胞中的整个分泌过程。

参 考 文 献

韩贻仁，樊廷俊，杨晓梅，等. 2007. 分子细胞生物学. 3 版. 北京：高等教育出版社

王金发. 2003. 细胞生物学. 北京：科学出版社

翟中和，王喜忠，丁明孝. 2011. 细胞生物学. 4 版. 北京：高等教育出版社

Abeijon C，Hirschberg C B. 1992. Topography of glycosylation reactions in the endoplasmic reticulum.

Trends Biochem Sci，17：32-37

Alberts B，Bray D，Lewis J，et al. 1994. Molecular Biology of the Cell. 3th ed. New York：Garlard Pub. Inc.

Bedford L，Paine S，Sheppard P W，et al. 2010. Assembly，structure and function of the 26S proteasome. Trends Cell Biol，20（7）：391-401

Brown M S，Goldstein J L. 1986. A receptor-mediated pathway for cholesterolhomeostasis. Science，232：34-37

Decker R S. 1974. Cysosomal packaging in differentiating and degenerating anuran lateral motor column neurons. J Cell Biol，61（3）：599-612

Emr S，Glick B S，Linstedt A D，et al. 2009. Journeys through the Golgi-taking stock in a new era. J Cell Biol，187（4）：449-453

Glaumann H，Persson H，Arborgh B A M，et al. 1975. Kolation of liver lysosomes by iron loading. Ultrastructural characterization. J Cell Biol，67：887-894

Griffiths G，Hoflack B，Simons K，et al. 1988. The mannose 6-phosphate receptor and the biogenesis of lysosomes. Cell，52（3）：329-341

Karp G. 2002. Cell and Molecular Biology：Concept and Experiments. 4th ed. New York：John Wiley & Sons，Inc.

Kornfeld R，Kornfeld S. 1985. Assembly of asparagine-linked oligosaccharides. Annu Rev Biochem，54：631

Lodish H，Berk A，Matsudaira P，et al. 2003. Molecular Cell Biology. Vesicular Traffic，Secretion，and Endocytosis. W. H. Freeman Company：701-742

Nickel W. 2010. Pathways of unconventional protein secretion. Curr Opin Biotechnol，21（5）：621-626

Pishvaee B，Payne G S. 1998. Clathrin coafs：threads laid bare. Cell，95：443-446

Roseman A M，Chen S，White H，et al. 1996. The chaperonin ATPase cycle：mechanism of allosteric switching and movements of substrate-binding domains in Gro EL. Cell，87（2）：241-251

Semenza J C，Hardwick K G，Dean N，et al. 1990. ERDZ，a yeast gene required for the receptor-mediated retrieval of luminal ER proteins from the secretory pathway. Cell，61（7）：1349-1357

Sorokin A V，Kim E R，Ovchinnikov L P. 2009. Proteasome system of protein degradation and processing. Biochemistry，74：1411-1442

Springer S，Sparg A，Schekman R. 1999. A primer on vesicle budding. Cell，97：145-148

Starai V J，Jun Y，Wichner W. 2007. Excess vacuolar SNAREs drive lysis and Rab bypass fusion. Proc Natl Acad Sci U S A，104（34）：13551-13558

Takei K，Mc Pherson P S，Schmid S L，et al. 1995. Tubular membrane invaginations coated by dynamin rings are induced by GTP-rsin nerve terminals，Nature，374：186-190

Tanaka B K. 2009. The proteasome：overview of structure and functions. Proc Natl Acad Sci U S A，85：12-36

Wicknelr W，Schekman R. 2005. Protein translocation across biological membranes. Science，310：1452-1456

（陈　颖）

第7章 半自主性细胞器

半自主性细胞器是指自身含有遗传表达系统（自主性），但编码的遗传信息十分有限，其 RNA 转录、蛋白质翻译、自身构建和功能发挥等必须依赖核基因组编码的遗传信息（自主性有限）。真核细胞中，线粒体（mitochondrion）和叶绿体（chloroplast）属于半自主性细胞器。线粒体和叶绿体都含有环状的 DNA，有时被称为线粒体基因组和叶绿体基因组，具有一定的编码能力。在这些细胞器中通过转录和（或）翻译，产生一些 rRNA、tRNA 和有限种类的蛋白质。例如，哺乳动物线粒体基因组编码 13 种蛋白质、2 种 rRNA 和 22 种 tRNA；烟草叶绿体基因组编码 100 多种蛋白质、4 种 rRNA 和 30 种 tRNA。但是，现有的研究显示，线粒体和叶绿体的生命活动需要数以千计的核基因编码产物参与，也就是说大约有 90% 的蛋白质是依赖核基因组编码的，在细胞质中合成后，通过定向运输送到这两个细胞器中，说明了线粒体和叶绿体对细胞核的依赖，二者具有限自主的特性。

细胞生命活动所需能量主要来自 ATP。在真核细胞中，糖酵解可产生少量 ATP，但是大多数 ATP 的合成是在线粒体和叶绿体中进行的，因此，线粒体和叶绿体与细胞的能量转换有关。线粒体广泛存在于真核细胞中，而叶绿体存在于植物细胞中。

7.1 线粒体和叶绿体的结构与功能

7.1.1 线粒体的结构和功能

线粒体普遍存在于真核细胞中，在光学显微镜下就可以观察到。细胞内含有线粒体的数目与代谢活性、能量需求相关。例如，肌肉细胞、肝细胞中存在大量的线粒体，在植物的一些非光合作用的组织中，也有许多线粒体为细胞提供 ATP。线粒体在细胞中的分布处在动态变化之中，在能量需求高的区域分布密集，这种动态变化与细胞骨架有关。一些研究显示，线粒体在细胞中的分布并非单个、分散状态，而是形成高度分支的、相互连接的网络结构。

7.1.1.1 线粒体的形态结构

在电镜下观察线粒体，可以看到尽管形态、大小有多种变化，但其都是由内、外两层单位膜封闭包裹而成的封闭的囊状结构。线粒体主要由外膜、内膜、膜间隙以及基质组成（图 7-1）。

（1）**外膜（out membrane）**：外膜厚约 6nm，其中蛋白质和脂类约占 50%，包括一些特殊的酶，标志酶为单胺氧化酶。外膜上分布着**孔蛋白（porin）**构成的桶状通道，允许 ATP、辅酶 A 等物质自由通过。由于外膜的通透性高，所以线粒体内外膜之间的膜间隙中的离子环境几乎与胞质相同。

（2）**内膜（inner membrane）**：内膜厚 6～8nm，其蛋白质和脂类的质量比高于 3∶1。内膜缺乏胆固醇，但是富含心磷脂，决定了内膜的不透性特点。内膜上有特异的膜转运蛋白，

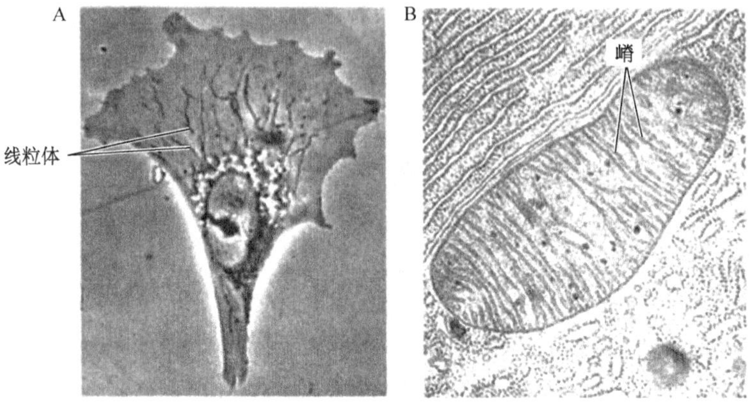

图 7-1　线粒体（引自 Karp，2005）

A. 在相差显微镜下的成纤维细胞，示线粒体的排布；B. 透射电子显微镜下的观察结果

与物质进出线粒体基质有关。线粒体氧化磷酸化的电子传递链位于内膜，因此从能量转换角度来说，内膜在质子电化学梯度的建立和 ATP 合成中起主要作用，内膜的标志酶为细胞色素 c 氧化酶。

线粒体内膜向内延伸形成**嵴（cristae）**，使内膜表面积扩大 5～10 倍。嵴是线粒体很重要的特殊结构，不同类型的细胞，嵴的形状、排列方式与数目有很大差异，一般能量需求较多的细胞中，嵴的数量也多。嵴上有很多圆球形颗粒朝向基质的方向分布，称为**基粒（elementary particle）**。基粒由头部（F1 偶联因子）和基部（F0 偶联因子）构成，F0 嵌入线粒体内膜。

（3）**膜间隙（intermembrane space）**：是内外膜之间的腔隙，宽 6～8nm。由于内、外膜紧密相连，因此膜间隙体积较小，但在活跃呼吸条件下，该空间扩大，基质空间减少。膜间隙的液态基质中含有多种酶、因子，其标志酶为腺苷酸激酶。

（4）**基质（matrix）**：为内膜包围的空间，富含可溶性蛋白，其标志酶为苹果酸脱氢酶。线粒体主要的生化反应，包括三羧酸循环、脂肪酸和丙酮酸氧化都在此进行。基质中还含有核糖体、环状的 DNA 分子，这是线粒体自身的遗传装置。

线粒体中有 140 余种酶，分布在各个结构组分中，其中 37% 是氧化还原酶，10% 是合成酶，水解酶不到 9%，标志酶约 30 种。线粒体中一些主要酶的分布如表 7-1 所示。

表 7-1　线粒体主要酶的分布

部位	酶的名称	部位	酶的名称
外膜	单胺氧化酶	膜间隙	腺苷酸激酶
	NADH-细胞色素 c 还原酶（对鱼藤酮不敏感）		二磷酸激酶
	犬尿酸羟化酶		核苷酸激酶
	酰基辅酶 A 合成酶		
		基质	柠檬酸合成酶、苹果酸脱氢酶
内膜	细胞色素氧化酶		延胡索酸酶、异柠檬酸脱氢酶
	ATP 合成酶		顺乌头酸酶、谷氨酸脱氢酶
	琥珀酸脱氢酶		脂肪酸氧化酶系
	β-羟丁酸脱氢酶		天冬氨酸转氨酶
	肉毒碱酰基转移酶		蛋白质和核酸合成酶系
	丙酮酸氧化酶		丙酮酸脱氢酶复合物
	NADH 脱氢酶		

7.1.1.2　线粒体的功能

线粒体是真核生物利用氧获取能量的细胞器，是糖类、脂肪酸、氨基酸等最终氧化释放能量，并将有机物中储存的能量转换成直接能源物质 ATP 的场所，这是通过三羧酸循环和氧化磷酸化这一共同途径完成的。

1）参加三羧酸循环中的氧化反应

细胞主要通过对葡萄糖、脂肪酸的代谢获取能量，葡萄糖在细胞质中首先通过糖酵解生成丙酮酸，在有氧条件下，丙酮酸通过线粒体外膜上的孔蛋白进入膜间隙，在特定蛋白的作用下进入线粒体的基质，生成乙酰辅酶 A，再经历三羧酸循环、电子传递和氧化磷酸化过程，最终生成 ATP 和水（图 7-2）。乙酰辅酶 A 是线粒体能量代谢的中心分子，糖和脂肪在线粒体中被氧化的前提是必须在线粒体中转变为乙酰辅酶 A。

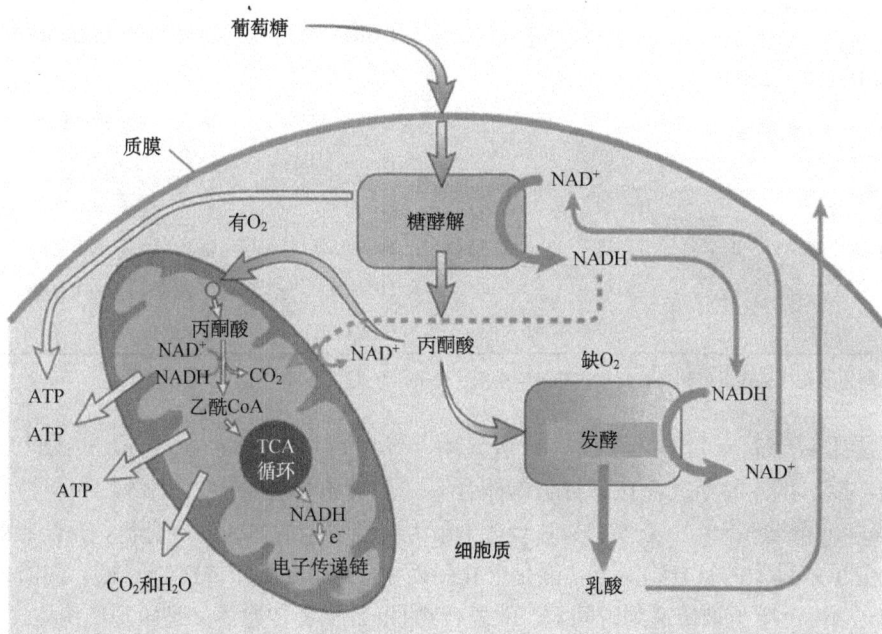

图 7-2　真核细胞糖代谢的概况（引自 Karp，2005）

乙酰辅酶 A 生成后，立即进入三羧酸循环。参与三羧酸循环的酶系主要存在于线粒体基质中，在此乙酰 CoA 通过三羧酸循环被氧化成 CO_2，并产生含有高能电子的 NADH 和 $FADH_2$，这两种分子中的高能电子进一步通过电子传递链最终传递给氧，生成水。

2）电子传递链

来自三羧酸循环的高能电子需要经历一系列的转移才能与氧作用，这种转移发生在线粒体内膜上，是通过严格有序排列的电子载体进行的，称为**电子传递链（electron transport chain）**或**呼吸链（respiratory chain）**，是线粒体内膜上传递电子的酶体系，都具有氧化还原作用，能可逆地接受和释放电子或 H^+。这些电子载体在进行电子传递的过程中，将来自基质的 NADH 和 $FADH_2$ 氧化，将其中的能量用于 ATP 的生成，由于该过程是伴随氧化生成 ATP 的，所以称为氧化磷酸化。目前普遍认为细胞内有两条典型的呼吸链，即 NADH 呼吸链和 $FADH_2$ 呼吸链。这是根据接受代谢物上脱下的氢的原初受体不同而区分的。参与传递电子的载体主要有黄素蛋白、细胞色素、泛醌、铁硫蛋白和铜原子。

当线粒体内膜崩解时，可以分离出 4 种不同的膜蛋白复合物（表 7-2），由于它们分别能催化电子穿过呼吸链的某一段，因此也叫做电子传递复合物。电子传递实际上是由内膜上的这 4 种膜蛋白复合物，以及泛醌、细胞色素 c 共同催化完成的。只是泛醌、细胞色素 c 不属于任何一种复合物，独立存在于线粒体膜上，一般认为二者都可以在膜上运动，能够在相对不能移动的大的蛋白复合物之间传递电子。

表 7-2　线粒体呼吸链的组分和定位

酶复合物	相对分子质量	亚基数	辅基	与膜结合方式	催化部位的定位
I NADH-CoQ 还原酶	850 000	>25	FMN	嵌入	NADH：M 侧
			FeS	嵌入	CoQ：中间
II 琥珀酸-CoQ 酶	140 000	4	FAD FeS	嵌入	琥珀酸：M 侧
			Heme b	嵌入	CoQ：中间
III CoQH$_2$-细胞色素 c 还原酶	250 000	10	Heme b 562	嵌入	CoQ：中间
			Heme b566	嵌入	细胞色素 c$_1$：C 侧
			Heme c$_1$ FeS	嵌入	
细胞色素 c	13 000	1	Heme c	嵌入	细胞色素 c$_1$：C 侧
IV 细胞色素氧化酶	160 000	6～13	Heme a	嵌入	细胞色素 c$_1$：C 侧
			Heme a$_3$	嵌入	O$_2$：M 侧
			CuA CuB	嵌入	

注：M 侧为线粒体基质；C 侧为膜间隙或称细胞质侧；Heme 为血红素。

复合物 I（complex I）：又称 NADH 脱氢酶（NADH dehydrogenase）或 NADH-CoQ 还原酶复合物，以二聚体的形式存在。每个单体含有一个黄素单核苷酸（FMN）和至少 6 个铁硫蛋白（iron-sulfur center）中心。它是呼吸链中最大、最复杂的蛋白酶复合物，是跨膜蛋白，也是呼吸链中了解最少的复合物。其功能是催化一对电子从 NADH 传递给 CoQ，同时发生质子的跨膜输送，4 个质子被传递到膜间隙。故复合物 I 既是电子传递体又是质子移位体。

复合物 II（complex II）：又称为琥珀酸脱氢酶（succinate dehydrogenase）或琥珀酸-CoQ 酶复合物，由 4 条多肽链组成，其中有 2 个多肽组成琥珀酸脱氢酶，并且是膜结合蛋白。该复合物总分子质量为 140kDa，含有一个共价结合的黄素腺嘌呤二核苷酸（FAD）、2 个铁硫蛋白和 1 个细胞色素 b。其作用是催化电子从琥珀酸通过 FAD 和铁硫蛋白传给辅酶 Q。复合物 II 传递电子时不伴随氢的传递，即无质子跨膜移位。

复合物 III（complex III）：是 CoQ H$_2$-细胞色素 c 还原酶复合物。由 10 条多肽组成，总分子质量为 250kDa，以二聚体的形式存在。每个单体含有 2 个细胞色素 b（有两个血红素基团 b562、b566）、1 个细胞色素 c$_1$ 和 1 个铁硫蛋白，其中细胞色素 b 由线粒体基因编码。其作用是催化电子从辅酶 Q 传给细胞色素 c，每传递一对电子，同时传递 4 个 H$^+$ 到膜间隙，即同时发生质子的跨膜输送，故复合物 III 既是电子传递体，又是质子移位体。

复合物 IV（complex IV）：又称细胞色素 c 氧化酶（cytochrome c oxidase），由 6～13 条多肽链组成，总分子质量约为 200kDa，以二聚体的形式存在。它的亚基 I 和 II 都含有 4 个氧化还原中心（redox-active center）、2 个 a 型细胞色素（含有 1 个 a、1 个 a$_3$）和 2 个铜原子（Cu_A、Cu_B），主要功能是将电子从细胞色素 c 传递给 O_2 分子，生成 H_2O。每传递一对电子，要从线粒体基质中摄取 4 个质子，其中 2 个质子用于水的形成，另 2 个质子被跨膜转运到膜间隙。其既是电子传递体又是质子移位体。

呼吸链的各组分在内膜上的含量比不同，不同种类细胞中线粒体的这种比例也不相同，大致比例为复合物 I：III：IV = 1：3：7。4 种复合物在电子传递过程中协同起作用。复合物 I、III、IV 组成主要的 NADH 呼吸链，催化 NADH 的氧化；复合物 II、III、IV 组成 $FADH_2$ 呼吸链，催化琥珀酸的氧化（图 7-3）。

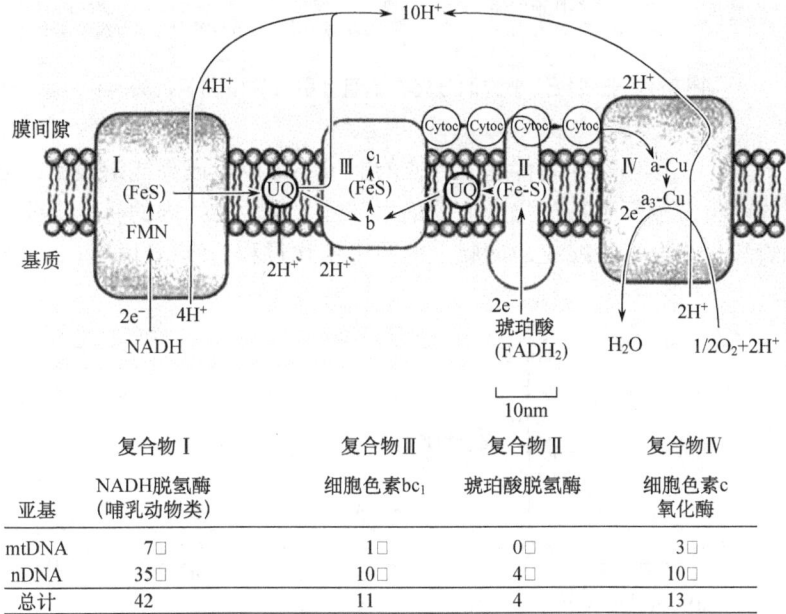

亚基	复合物 I NADH脱氢酶 （哺乳动物类）	复合物 III 细胞色素bc1	复合物 II 琥珀酸脱氢酶	复合物 IV 细胞色素c 氧化酶
mtDNA	7□	1□	0□	3□
nDNA	35□	10□	4□	10□
总计	42	11	4	13

图 7-3　线粒体内膜呼吸链电子传递示意图（引自 Karp，2005）

3）氧化磷酸化与电子传递的偶联

有许多实验证明，线粒体内膜的电子传递和氧化磷酸化（oxidative phosphorylation）虽然是密切偶联在一起的，但是通过不同的结构系统进行的。1968 年，Racker 等用超声波获得了线粒体内膜的亚线粒体小泡（submitochondrial vesicle）或亚线粒体颗粒（submitochondrial particle）。这样完整的亚线粒体小泡具有电子传递系统和氧化磷酸化反应的功能。如果用尿素或胰蛋白酶处理亚线粒体小泡，则小泡表面上的基粒（偶联因子 F_1）可解离出来，这样小泡便只能进行电子传递，即失去了合成 ATP 的能力。如果把 F_1 因子再装配到无颗粒小泡上时，则小泡又恢复了把氧化磷酸化同电子传递相偶联的能力。由此可见，由 NADH 脱氢酶至细胞色素氧化酶的整个电子传递链存在于膜本身，而氧化磷酸化作用却由基本颗粒（ATP 酶复合物）来承担（图 7-4）。

氧化磷酸化指电子沿电子传递链传递过程中伴随 ADP 磷酸化生成 ATP 的作用，即 ATP 的生成与电子传递相偶联。电子传递链在 NADH 脱氢酶、细胞色素 c 还原酶和细胞色素氧化酶复合物内分别都有 ATP 生成的部位。NADH 呼吸链生成 ATP 的三个部位是：①NADH 至辅酶 Q；②细胞色素 b 至细胞色素 c；③细胞色素 aa3 至氧之间（图 7-5）。三处各生成 1 分子 ATP，共生成 3 个 ATP 分子。但 FADH2 呼吸链只生成 2 个 ATP 分子，这

图 7-4　亚线粒体小泡的分离与重组（引自翟中和等，2004）

是因为电子从 $FADH_2$ 至辅酶 Q 间传递所释放的能量不足以形成高能磷酸键。通过还原型辅酶的氧化产生的能量占全部生物氧化产能的绝大部分，是生物体内的一个重要产能过程。电子传递和氧化磷酸化是发生在线粒体内膜上的两个生化过程。ATP 由定位于内膜上的 ATP 合酶催化合成。

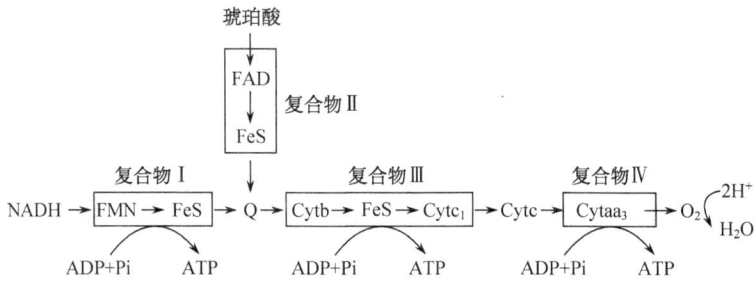

图 7-5　线粒体内膜中的呼吸链的组分、排列和氧化磷酸化的偶联部位（引自翟中和等，2004）

7.1.1.3　氧化磷酸化的偶联机制

有关氧化磷酸化的偶联机制已经做了许多研究，目前氧化磷酸化的偶联机制还不完全清楚，20 世纪 50 年代 Slater 及 Lehninger 提出了化学偶联学说，1964 年 Boear 又提出了构象变化偶联学说，这两种学说的实验依据不多，支持这两种观点的人已经不多了。目前多数人支持化学渗透学说（chemiosmotic hypothesis），这是英国生化学家 Mitchell 于 1961 年提出的，当时没有引起人们的重视，1966 年他根据逐步积累的实验证据和生物膜研究的进展，逐步地完善了这一学说，并获得了 1978 年的诺贝尔化学奖。自从 Mitchell 提出化学渗透学说以来，已为大量的实验结果验证，为该学说提供了实验依据。

氧化磷酸化的化学渗透学说的基本观点如下。

（1）线粒体的内膜中电子传递与线粒体释放 H^+ 是偶联的，即呼吸链在传递电子过程中释放出来的能量不断地将线粒体基质内的 H^+ 逆浓度梯度泵出线粒体内膜，这一过程的分子机制还不十分清楚。

（2）H^+ 不能自由透过线粒体内膜，结果使得线粒体内膜外侧 H^+ 浓度增高，基质内 H^+ 浓度降低，在线粒体内膜两侧形成一个质子跨膜梯度，线粒体内膜外侧带正电荷，内膜内侧带负电荷，这就是跨膜电位 $\Delta\psi$。由于线粒体内膜两侧 H^+ 浓度不同，内膜两侧还有一个 pH 梯度 ΔpH，膜外侧 pH 较基质 pH 约低 1.0 单位，底物氧化过程中释放的自由能就储存于 $\Delta\psi$ 和 ΔpH 中，若以 ΔP 表示总的质子移动力，那么三者的关系可用下式表示

$$\Delta P = \Delta\Psi - (2.3RT/F)\Delta pH$$

式中，T 为绝对温度；R 为气体常数；F 为法拉第常数。大量实验表明，当温度为 25℃时 $\Delta P = \Delta\Psi - 59\Delta pH$，$\Delta P$ 的值为 220mV 左右。

（3）线粒体外的 H^+ 可以通过线粒体内膜上的 ATP 合成酶装置顺着 H^+ 浓度梯度进入线粒体基质中，这相当于一个特异的质子通道，H^+ 顺浓度梯度方向运动所释放的自由能用于 ATP 的合成，寡霉素能与寡霉素敏感蛋白（OSCP）结合，特异性阻断这个 H^+ 通道，从而抑制 ATP 合成。有关 ATP 合成的分子机制目前还不十分清楚。

（4）解偶联剂的作用是促进 H^+ 被动扩散通过线粒体内膜，即增强线粒体内膜对 H^+ 的通透性，解偶联剂能消除线粒体内膜两侧的质子梯度，所以不能再合成 ATP。

总之，化学渗透学说认为在氧化与磷酸化之间起偶联作用的因素是 H^+ 的跨膜梯度。所以，可以把线粒体内膜中的呼吸链看成是质子泵，在电子经呼吸链传递给氧的过程中，可把基质中的 H^+ 泵至膜间隙。其反应过程是：呼吸链从 NADH 开始，它提供 2 个电子和 1 对 H^+ 传递给 NADH 脱氢酶上的黄素单核苷酸（FMN），而 FMN 被还原成 $FMNH_2$，$FMNH_2$ 把 1 对 H^+ 释放到膜间隙，同时将 1 对电子经铁硫蛋白（FeS）传给靠近内膜内侧的 2 个辅酶 Q。每个辅酶 Q 先自复合物Ⅲ中的细胞色素 b 获得 1 个电子，并从基质中摄取 1 个 H^+，而被还原为半醌（QH），QH 再接受从复合物Ⅰ传递来的 1 个电子，同时又从基质中摄取 1 个 H^+，形成氢醌（QH_2）。QH_2 通过构象改变移动到内膜外侧时，先后向膜间隙释放 2 个 H^+。同时，QH_2 的 2 个电子中的 1 个先交还给细胞色素 b，另外 1 个电子经 FeS 传给细胞色素 c_1，细胞色素 c_1 又将电子传递给内膜外缘的细胞色素 c，辅酶 Q 则从内膜外侧回到内侧，完成 Q 循环（Q cycle）。因此，通过 Q 循环，每传递 1 个电子，就有 2 个 H^+ 被泵到膜间隙。细胞色素 c 在膜间隙扩散，将电子传递给复合物Ⅳ，基质侧的 H^+ 可通过复合物Ⅳ的质子通道又回到膜间隙，复合物Ⅳ的 aa_3 将电子传给 $1/2O_2$ 使生成 O^{2-} 而与基质中的 2 个 H^+ 结合生成水。由此可见，电子在传递过程中，不断有 H^+ 从线粒体基质中抽提至膜间隙（图 7-6）。

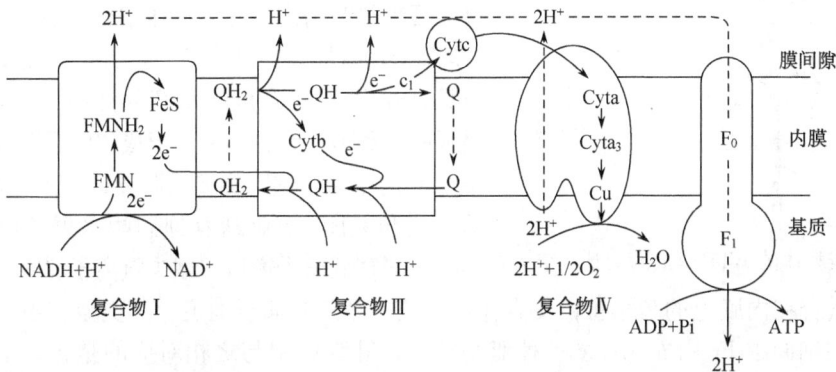

图 7-6 线粒体内膜中通过呼吸链进行氧化磷酸化的图解（引自翟中和等，2004）

由于线粒体内膜对 H^+ 不能自由通过，造成了 H^+ 浓度的跨膜梯度，并使原有的外正内负的跨膜电位差增高，H^+ 浓度梯度和跨膜电位就共同构成了质子动力势，质子动力势推动 H^+ 通过 ATP 合成酶装置进入基质，每进入 2 个 H^+ 可驱动合成 1 个 ATP 分子。根据化学渗透假说，电子及质子通过呼吸链上电子载体和氢载体的交替传递，在线粒体内膜上形成 3 次回路，导致 3 对 H^+ 由基质抽提至膜间隙，生成 3 个 ATP 分子。以 $FADH_2$ 为底物，其电子沿琥珀酸氧化呼吸链传递在线粒体内膜中形成两个回路，所以生成 2 个 ATP 分子。

化学渗透假说有两个特点：首先是强调线粒体膜结构的完整性。如果膜不完整，H^+ 便能自由通过膜，则无法在内膜两侧形成质子动力势，氧化磷酸化就会解偶联。一些解偶联剂的作用就在于改变膜对 H^+ 的通透性，从而使电子传递所释放的能量不能转换合成 ATP；其次是定向的化学反应。ATP 水解时，H^+ 从线粒体内膜基质侧抽提到膜间隙，产生电化学质子梯度。ATP 合成的反应也是定向的。在电化学质子梯度推动下，H^+ 由膜间隙通过内膜上的 ATP 合成酶进入基质，其能量促使 ADP 和 Pi 合成 ATP。虽然化学渗透假说得到了许多实验结果的支持，但目前也有不少科学家对化学渗透假说持有不同看法，随着研究工作的深入，得出了与其相矛盾的实验结果。例如，芬兰科学家 Wikstron（1980 年）的实验表明，细胞色素氧化酶也有质子泵的作用。

7.1.1.4 ATP 合酶合成 ATP 的机制

ATP 合酶（ATP synthase）广泛分布于线粒体内膜、叶绿体类囊体膜、异养菌和光合菌的质膜上，参与氧化磷酸化和光合磷酸化，在跨膜质子动力势的推动下合成 ATP。ATP 合酶是线粒体氧化磷酸化和叶绿体光合磷酸化偶联的关键装置，也是合成能源物质 ATP 的关键装置。不同来源的 ATP 合酶基本上有相同的亚基组成和结构，都是由多亚基装配形成的。分子结构由突出于膜外的 F_1 亲水头部和嵌入膜内的 F_0 疏水尾部组成。F_1 在膜的外侧，有 3 个接触位点，而 F_0 形成一个跨膜蛋白。在线粒体的研究中，已经掌握了该酶的基本亚基结构（图 7-7）。在跨膜质子动力势的推动下催化合成 ATP。

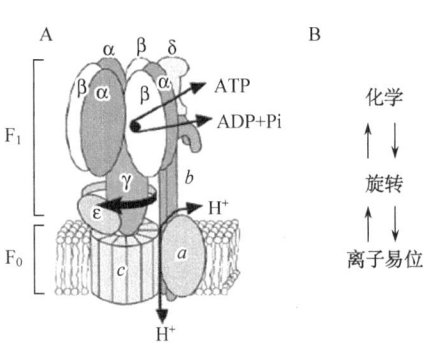

图 7-7 线粒体的 ATP 合成酶的基本结构

F_1：水溶性球蛋白，从内膜突出于基质中，由 3α、3β、1γ、1δ 和 1ε 9 个亚基组成，据 0.28nm 分辨率的 X 衍射分析证实，3 个 α 和 3 个 β 亚基交替排列呈 "橘瓣状" 结构，各亚基在结合时有酶活性。α 和 β 亚基上均有核苷酸结合位点，其中 β 亚基的结合位点具有催化 ATP 合成或水解的活性。γ 与 ε 亚基具极强的亲和力，结合在一起形成 "转子"（rotor），位于 $\alpha_3\beta_3$ 的中央，共同旋转以调节 3 个 β 亚基催化位点的开放和关闭。ε 亚基有抑制酶水解 ATP 的活性，同时有堵塞氢离子通道，减少氢离子泄露的功能。

F_0：嵌合在内膜上的疏水蛋白复合体，形成一个跨膜质子通道。其类型在不同物种中差别很大，在细菌中 F_0 由 a、b、c 三种亚基组成；叶绿体中与之相对应的是Ⅳ、Ⅰ、Ⅱ、Ⅲ 4 种亚基；线粒体内的 F_0 更为复杂。电镜显示，多拷贝的 c 亚基形成一个环状结构，a 亚基和 b 亚基二聚体排列在 c 亚基 12 聚体环状外侧，a 亚基、b 亚基和 δ 亚基共同组成 "定子"（stator）。F_0 中的一个亚基可结合寡霉素（oligomycin），通过该亚基可调节通过 F_0 的氢离子流，当质子动力很小时，可防止 ATP 水解，起到保护和抵抗外界环境变化的作用。

F_1 和 F_0 通过"转子"和"定子"连接在一起，在合成 ATP 过程中，"转子"在通过 F_0 的氢离子流推动下旋转，依次与 3 个 β 亚基作用，调节 β 亚基催化位点的构象变化；"定子"在一侧将 $α_3$、$β_3$ 与 F_0 连接起来。作用之一就是将跨膜质子动力势能转换成力矩（torsion），推动"转子"旋转。ATP 合成酶在线粒体内膜上的分布不对称，数量也不相等。

ATP 合酶合成 ATP 的分子机制一直是研究的热点，随着 ATP 合酶三维结构研究的突破，现在这个奥秘已逐渐揭开。最近许多实验结果表明，ATP 合酶可能是已发现的自然界最小的分子"马达"，其运转效率几乎达 100%。

美国生物化学家 Boyer 提出的 ATP 合酶合成 ATP 的模型是"结合变构模型"（binding-change model），已为多数人所接受。该模型认为 F_1 中的 γ 亚基作为 β 亚基旋转中心中固定的转动杆，旋转时会引起 αβ 复合物构型的改变。在任一时刻，F_1 上 3 个 β 催化亚基的构象总是不同的，即有 3 种不同的构型，对 ATP 和 ADP 具有不同的结合能力：①空置状态（不与任何核苷酸结合的 O 态）几乎不与 ATP、ADP 和 Pi 结合；②松散结合态（L 态）同 ADP 和 Pi 的结合较强；③紧密结合态（T 态）与 ADP 和 Pi 的结合很紧，并能自动形成 ATP，与 ATP 牢牢结合。当 γ 亚基旋转并将 αβ 复合物转变成 O 型则会释放 ATP。在 ATP 合成过程中，3 个 β 催化亚基的构象发生顺序变化，每一个催化亚基要经过 3 次构象改变才催化合成 1 个 ATP 分子。这样较好地表示 β 亚基构象交替变化与底物结合和 H^+ 转运之间的关系（图 7-8）。如图 7-8 中所示，ADP 和 Pi 与 β 结合，在较少能量变化情况下，ADP 与 Pi 形成 ATP；在质子流推动下，$α_3β_3$ 亚基相对于"转子"旋转 120°，3 个 β 亚基随即发生构象改变，使 β 亚基对 ATP、ADP 和 Pi 的亲和力产生变化，从而引起 ATP 从 $β_2$ 释放出来，空出的结合位点又可与新的 ADP 和 Pi 结合。由此看出结合变构模型主要涉及的是 3 个 β 催化亚基在合成或水解 ATP 过程中的构象变化，其构象变化由转子的转动来实现。

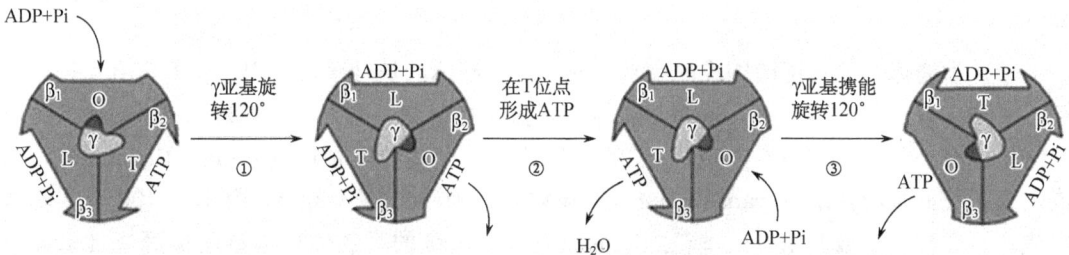

图 7-8 ATP 合成酶催化 ADP 和 Pi 合成 ATP 的转动模型（引自 Boyer et al.，1997）

7.1.2 叶绿体的结构和功能

叶绿体是质体的一种，是绿色植物进行光合作用的场所。叶绿体的主要化学成分为蛋白质、脂类、DNA、RNA、糖及铁、锰等无机离子。各种成分在类囊体与基质中的含量是不同的。DNA 及 RNA 仅存在于基质中。蛋白质是叶绿体的结构基础，一般占叶绿体干重的30%～50%，蛋白质在叶绿体中最重要的功能是作为代谢过程中的催化剂；脂类占干重的 20%～40%，它是组成膜的主要成分之一；叶绿体的色素很多，占干重的 8%左右，它在光合作用中起着决定性的作用；叶绿体中还含有 10%～20%贮藏物质（糖等）以及无机盐等。

7.1.2.1　叶绿体的形态结构

在高等植物中叶绿体像双凸或平凸透镜，长径 $5\sim10\mu m$，短径 $2\sim4\mu m$，厚 $2\sim3\mu m$。高等植物的叶肉细胞一般含 $50\sim200$ 个叶绿体，可占细胞质的 40%，叶绿体的数目因物种细胞类型、生态环境、生理状态而有所不同。叶绿体由叶绿体外被（chloroplast envelope）、类囊体（thylakoid）和基质（stroma）三部分组成，叶绿体含有三种不同的膜：外膜、内膜、类囊体膜和三种彼此分开的腔：膜间隙、基质和类囊体腔（图 7-9）。

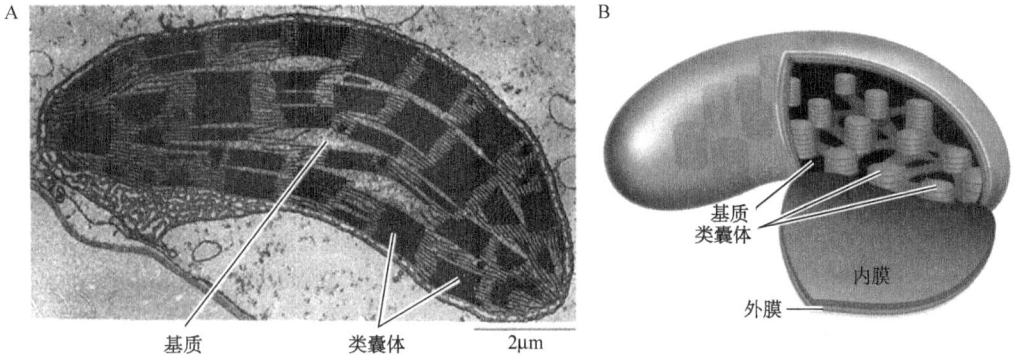

图 7-9　叶绿体的内部结构（A）透射电镜照片 （B）结构示意图（引自 Karp，2005）

（1）**外被**：叶绿体外被由双层膜组成，膜间为 $10\sim20nm$ 的膜间隙。外膜的渗透性大，内膜对通过物质的选择性很强。叶绿体膜的主要成分是蛋白质和脂类，其中蛋白质的含量占叶绿体的 $0.3\%\sim0.5\%$。脂类中以磷脂和糖脂最多。在叶绿体膜中已知的酶类有：ATP酶、腺苷酸激酶、半乳糖基转移酶，以及参与糖脂合成和代谢有关的一些酶，如酰基辅酶A 等。

（2）**类囊体**：是单层膜围成的扁平小囊，沿叶绿体的长轴平行排列。膜上含有光合色素和电子传递链组分（图 7-9）。许多类囊体像圆盘一样叠在一起，称为**基粒（granum）**。每个叶绿体中有 $40\sim60$ 个基粒。组成基粒的类囊体，叫做**基粒类囊体（granum-thylakoid）**，构成内膜系统的**基粒片层（grana lamella）**。基粒直径为 $0.25\sim0.8\mu m$，由 $10\sim100$ 个类囊体组成。贯穿在两个或两个以上基粒之间的没有发生垛叠的类囊体称为**基质类囊体（stroma-thylakoid）**，它们形成了内膜系统的基质片层（stroma lamella）。相邻基粒经网管状或扁平状基质类囊体相连接，形成一个相互贯通的封闭系统。

类囊体膜内嵌有蛋白质分子，膜中蛋白质和脂类的含量比例约为 60：40。类囊体膜中的脂类主要是磷脂和糖脂，还有色素、醌化合物等。脂类中的脂肪酸主要是不饱和的亚麻酸，约占 87%，因此类囊体膜的脂双分子层流动性较大。

类囊体膜的蛋白质可分为**外在蛋白（extrinsic protein）**和**内在蛋白（intrinsic protein）**两类。外在蛋白在类囊体膜的基质侧分布较多，CF_1 就是其中一种主要的外在蛋白，还有一些是与光反应有关的酶；内在蛋白镶嵌在脂双分子层中，主要有：与 PSⅠ和 PSⅡ的活性有关的两种**叶绿素-蛋白质复合物（chlorophyll-protein complex）**，即 CPⅠ和 CPⅡ。CPⅠ与PSⅠ的活性有关，占膜蛋白总量的 28%，其中叶绿素 a 含量较高，叶绿素 a 与叶绿素 b 之比为 12：1；CPⅡ与 PSⅡ的活性有关，是一种主要的叶绿素-蛋白质复合物，占膜蛋白总量的 50%，其中叶绿素 a 与叶绿素 b 之比为 1 : 1。此外，内在蛋白还有**质体醌（plastoquinone，PQ）、细胞色素（cytochrome，cyt）、质体蓝素（plastocyanin，PC）**（含有铜的蛋白质）、铁。

（3）**基质**：是内膜与类囊体之间的空间。基质的主要成分是可溶性蛋白和其他代谢活跃物质，其中核酮糖-1,5-二磷酸羧化酶（ribulose-1，5-biphosphate carboxylase，RuBPase）是光合作用中一个起重要作用的酶系统，也是自然界含量最丰富的蛋白质，占类囊体可溶性蛋白质的 80%，叶片可溶性蛋白的 50%。全酶由 8 个大亚基（LSU）和 8 个小亚基（SSU）组成。已知酶的活性中心位于大亚基上，小亚基只具有调节功能。研究证实，大亚基是由叶绿体基因组编码，而小亚基则是由核基因组编码。基质中还含有环状 DNA（通常是靠近或附着在叶绿体内膜上）、RNA（rRNA、tRNA、mRNA）、核糖体、脂滴（lipid droplet）或称嗜锇滴（osmiophilic droplet）（主要成分是亲脂性的醌类物质，可能是脂类的储存库）、植物铁蛋白（phytoferritin）和淀粉粒等。

7.1.2.2　叶绿体的主要功能

叶绿体的主要功能是进行光合作用。绿色植物叶肉细胞的叶绿体吸收光能，利用水和二氧化碳合成糖类等有机化合物，同时放出氧的过程称为**光合作用（photosynthesis）**。光合作用是自然界将光能转换为化学能的主要途径。

光合作用分为**光反应（light reaction）**和**暗反应（dark reaction）**两个阶段。光反应是在叶绿体的类囊体膜上进行的，包括光能吸收、电子传递、光合磷酸化 3 个步骤。光合色素所吸收的光能被用来形成 ATP，水分子裂解释放出氧和氢，氢则被用来还原 NADP，形成 $NADPH_2$。暗反应不需要光能，是在基质中进行的。在暗反应中，利用了光反应中产生的 ATP 和 $NADPH_2$，使 CO_2 还原，形成了糖，也叫做碳固定（碳同化）反应。碳固定开始于叶绿体基质，结束于细胞质基质。由此可见，光合作用中的光反应和暗反应是一个连续的互相配合的过程，最终有效地将光能转化为化学能。

光反应和暗反应不是绝对的，光反应仅在原初反应开始的瞬间需要光，其后的电子传递和光合磷酸化反应是不需要光的；而碳同化的暗反应中的 CO_2 还原成糖的过程虽然不需要光，但催化其反应的某些酶（如甘油醛磷酸脱氢酶等）还是需要光来激活。

1）光能吸收

光能吸收是光反应的最初始反应，也叫原初反应，是指叶绿素分子从被光激发至引起第一个光化学反应为止的过程，包括光能的吸收、传递与转换，即光能被捕光色素分子吸收，并传递至反应中心，在反应中心发生最初的光化学反应，使电荷分离从而将光能转换为电能的过程（图 7-10）。

在绿色植物中，吸收光能的主要分子是叶绿素，包括叶绿素 a 和叶绿素 b；另一类色素分子是橙黄色的类胡萝卜素，包括胡萝卜素和叶黄素。通常叶绿素和类胡萝卜素的

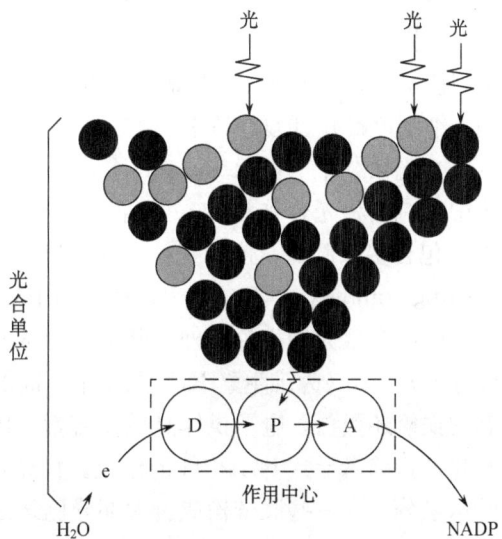

图 7-10　光合作用原初反应的能量吸收、传递与转换图解（引自鲁润龙等，1992）

比例约为 3:1，chla 与 chlb 也约为 3:1，全部叶绿素和几乎所有的类胡萝卜素都包埋在类囊体膜中，与蛋白质以非共价键结合，一条肽链上可以结合若干色素分子，各色素分子间的距离和取向固定，有利于能量传递。在一些细菌和藻类中还有藻胆素（phycobilin）和叶绿素 c 或叶绿素 d 等。这些色素分子按其作用可分为两类：一类为**捕光色素（light-harvesting pigment）**，这类色素只具有吸收聚集光能和传递激发能给反应中心的作用，而无光化学活性，故又称为**天线色素（antenna pigment）**，由全部的叶绿素 b 和大部分的叶绿素 a、胡萝卜素及叶黄素等组成；另一类属**反应中心色素（reaction centre pigment）**，由一种特殊状态的叶绿素 a 分子组成，按最大吸收峰的不同分为两类：吸收峰为 700nm 的光系统 I 的中心色素；吸收峰为 680nm 的光系统 II 的中心色素，它们既是光能的捕捉器，又是光能的转换器，具有光化学活性，可将光能转换为电能。

捕光色素及反应中心构成了光合作用单位，它是进行光合作用的最小结构单位。反应中心由一个中心色素分子 chl、一个原初电子供体 D 及一个原初电子受体 A 组成。反应中心的基本成分是蛋白质和脂类，数量很少的叶绿素 a 分子与这些脂蛋白结合，有序地排列在片层结构上，形成特殊状态的非均一系统。反应中心色素的最大特点是，在直接吸收光量子或从其他色素分子传递来的激发能被激发后，产生电荷分离和能量转换。

在原初反应过程中，捕光色素分子吸收的光能通过共振机制及其迅速地（10^{-10} s）传递给反应中心的中心色素分子 Chl，Chl 被激发而成激发态 Chl$^+$，同时放出电子给原初电子受体 A，这时 Chl 被氧化为带正电荷的 Chl$^+$，而 A 被还原为带负电荷的 A$^-$。氧化的 Chl$^+$ 又可从原初电子供体 D 获得电子而恢复为原来的状态 Chl，原初电子供体 D 则被氧化为 D$^+$。这样不断地氧化还原，就不断地把电子传递给原初电子受体 A，这就完成了光能转换为电能的过程，结果是 D 被氧化而 A 被还原。此过程可归纳如下。

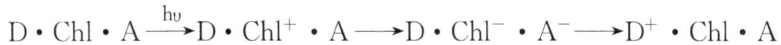

$$D \cdot Chl \cdot A \xrightarrow{h\upsilon} D \cdot Chl^+ \cdot A \longrightarrow D \cdot Chl^- \cdot A^- \longrightarrow D^+ \cdot Chl \cdot A$$

2）电子传递

光合电子传递链（electron transport chain）是由一系列的电子载体构成的，位于类囊体膜上，将来自水的电子传递给 NADP$^+$，与线粒体的呼吸链相同的是，这一电子传递链也是由细胞色素、铁氧还蛋白、黄素蛋白和醌组成的，它们分别组装在膜蛋白复合物，如 PS I、PS II、细胞色素 b$_6$/f 复合体中。

（1）光系统 I（photosystem I，PS I）和光系统 II（photosystem II，PS II）。类囊体膜中含有两种光合作用单位，即 PS I 和 PS II。PS I 能被波长 700nm 的光激发，又称**P700**。包含多条肽链，位于基粒与基质接触区和基质类囊体膜中。由集光复合体 I（light-hawesting complex I，LHC I）和作用中心构成。其中结合约 100 个叶绿素分子，除了几个特殊的叶绿素为中心色素外，其他叶绿素都是天线色素。3 种电子载体分别为 A$_0$（一个 chla 分子）、A$_1$（为维生素 K$_1$）及 3 个不同的 4Fe-4S。PS I 的 P700 电子受体可能是一种结合态的铁氧还蛋白，电子供体是质体蓝素。PS I 受光激发会产生一种强的还原剂和一种弱的氧化剂，前者导致 NADPH 的形成。**集光复合体**（light-harvesting comnplex）由大约 200 个叶绿素分子和一些肽链构成。大部分色素分子起捕获光能的作用，并将光能以诱导共振方式传递到**反应中心色素**。

PS II 能被波长 680nm 的光激发，又称 **P680**，至少包括 12 条多肽链，位于基粒与基质非接触区域的类囊体膜上，包括一个集光复合体 II（LHC II）、一个反应中心和一个含锰原子的放氧的复合体（oxygen evolving complex）。D_1 和 D_2 为两条核心肽链，结合中心色素 P680、去镁叶绿素（pheophytin）及质体醌（plastoquinone）。PSII 的 P680 电子受体可能是质体醌的一种特殊形式，电子供体是水。PSII 位受光激发后会产生一种强的氧化剂和一种弱的还原剂，前者导致 O_2 的形成。弱氧化剂和弱还原剂相互作用而产生 ATP。

（2）**光合电子传递途径**。实验证明，光合作用的电子传递是在两个不同的光系统中进行的，即由 PSI 及 PSII 协同完成。PSII 把电子从低于 H_2O 的能量水平提高到一个中间点（midway point），而 PSI 又把电子从中间点提高到高于 $NADP^+$ 的水平，这两个光系统的反应是接力进行的（图 7-11）。

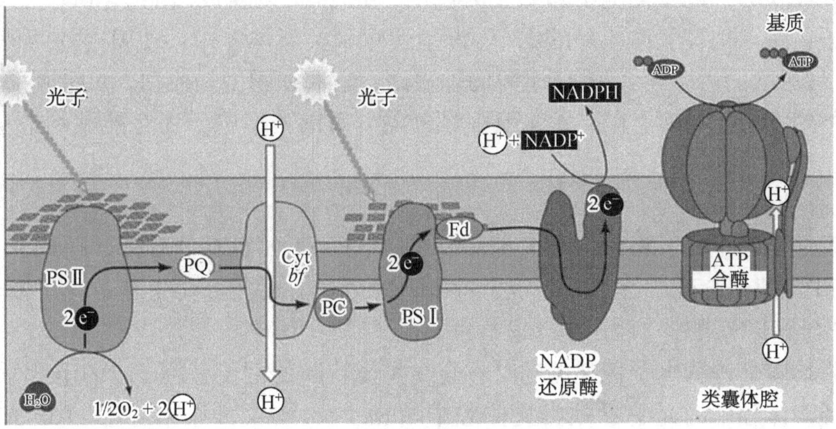

图 7-11 类囊体膜中的电子传递（引自 Karp，2005）

（3）**细胞色素 b6/f 复合体（cyt b6/f complex）**。可能以二聚体形成存在，每个单体含有 4 个不同的亚基。细胞色素 b6（b563）、细胞色素 f、铁硫蛋白，以及亚基IV（被认为是质体醌的结合蛋白）。

当光照射到类囊体膜上，能量同时被 PSII 和 PSI 的捕光色素吸收，并分别传递给各自的反应中心 P680 和 P700，两个反应中心的电子被同时激发而传给各自的原初电子受体。在 PSII 的反应中心产生一种强的氧化剂 $P680^+$ 和一种弱的还原剂 Ph^-（脱镁叶绿素，为原初电子受体），$P680^+$ 通过 Z（Tyr 残基）和 Mn 中心夺取水中的电子供给 Ph^-，H^+ 释放到类囊体腔中，同时导致 O_2 的形成；电子从 Ph^- 传递给与 D1 结合的质体醌 Q_A，Q_A 将电子传给另一个质体醌 Q_B，Q_B 在接受 2 个电子后，成为还原态 Q_B^{2-}，这时，Q_B^{2-} 从基质中吸收 2 个 H^+ 形成 PQH_2，还原态 PQH_2 即从核心复合物上解离下来，而新的氧化态 PQ 则从类囊体膜中的 PQ 库中得到补充。解离下来的 PQH_2 将电子传给 Cytbf，而 H^+ 释放到类囊体腔，产生 H^+ 梯度，Cytbf 将电子传递给质体蓝素（PC），PC 又将电子传给带正荷的 $P700^+$。在 PSI 的反应中心产生一种强的还原剂 A_0^-（A_0 是一种特殊状态的叶绿素 a，为原初电子受体）和一种弱的氧化剂 $P700^+$，$P700^+$ 从还原的质体蓝素（PC）捕获电子变成 P700，可再一次激发出电子；高能电子从 A_0^- 经 A_1 和铁硫蛋白（FeS）传给铁氧还蛋白（Fd），在 NADP 还原酶的参与下，$NADP^+$ 从 Fd 接受电子的同时，从基质中吸收一个 H^+ 而还原为 NADPH。这两个光系统互相配合，利用所吸收的光能把一对电子从水传递给 $NADP^+$。现在公认，电子的传递路线呈"Z"形，故称为"Z"链或光合链（photosynthetic chain），它通过一些电子传递体将两个原初光化学反应联系起来。这些电子传递体可按氧化还原电位顺序进行排列，负值越大代表还原势越强，正值越大代表氧化势越强，电子定向转移。光合链中的电子传递体是质体醌（PQ）、细胞色素 bf（cytbf）和质体蓝素（PC）等。其中 PQ 的数量最多，同时它既可传递电子，又可传递质子，在光合电子传递链中起着重要的作用。

光合链中的电子传递体在类囊体膜上的空间分布是不对称的，有的接近膜表面，有的深埋膜中。PSⅡ的放氧一端位于类囊体膜的内侧，因此，水的光解放出的 O_2 和 H^+ 进入类囊体腔。PSⅠ的 $NADP^+$ 还原一端位于类囊体膜的外侧，因此，$NADP^+$ 被还原生成的 NADPH 进入叶绿体基质。PQ 是亲脂分子，位于膜的脂双分子层中，可在流动的膜中迅速地扩散，它在膜的外侧接受电子和 H^+ 被还原，而在膜的内侧放出电子和 H^+ 被氧化。因此，伴随着电子传递，把类囊体膜外的 H^+ 不断地转运到类囊体腔中，使膜内外两侧形成 H^+ 浓度差。PC 位于膜的内表面，Fd 位于膜的外表面，它们在膜中易流动，可沿膜的内外表面迅速扩散。虽然 PSⅡ与 PSⅠ在类囊体膜中是分隔分布的，但电子还是能顺利地从 PSⅡ传递到 PSⅠ。

　　3）光合磷酸化

在光反应阶段，除了将一部分光能转移到 NADPH 中暂时储存外，还要利用一部分光能合成 ATP，即**光合磷酸化**（photophosphorylation）。光合磷酸化是由光子驱动的，同样需要 ATP 合酶，需要建立质子电化学梯度。

在类囊体膜上进行电子传递的同时，会在类囊体膜的两侧建立 H^+ 的电化学梯度，1 个水分子在类囊体腔中的光解导致类囊体腔中增加 4 个 H^+，2 个来源于 H_2O 光解，2 个由 PQ 从基质转移而来，在基质外一个 H^+ 又被用于还原 $NADP^+$，所以类囊体腔内有较高的 H^+（pH≈5，基质 pH≈8）浓度，形成质子动力势，H^+ 经 ATP 合酶，渗入基质，推动 ADP 和 Pi 结合形成 ATP。所以，光合磷酸化是与光合链电子传递相偶联的，没有光合电子传递，就没有光合磷酸化，电子传递在前，磷酸化作用在后，磷酸化的存在又可促进电子传递。光合作用通过光合磷酸化由光能形成 ATP，同时把 CO_2 同化为能量高的有机物质，是靠 ATP 和 NADPH 的"换能"作用来完成的。

（1）光合磷酸化的类型。按照电子传递的方式可将光合磷酸化分为非循环式和循环式两种类型。

非循环式光合磷酸化（noncyclic photophosphorylation）是指 PSⅡ接受红光后，激发态叶绿素 P680 * 从水光解得到电子，传递给 $NADP^+$，电子传递经过两个光系统，在传递过程中产生的质子（H^+）梯度，驱动 ATP 的形成。在这个过程中，电子传递是一个开放的通道，故称为非循环式光合磷酸化。它包括 PSⅠ和 PSⅡ，其产物除 ATP 外，还有 NADPH（绿色植物）或 NADH（光合细菌）（图 7-12）。

向叶绿体悬浮液中加入解偶联剂，阻断电子传递，ADP 的非循环式光合磷酸化也终止，这说明两种过程是偶联在一起的。例如，向叶绿体悬浮液中加入一种除莠剂——二氯苯二甲基脲（dicholorophenyl dimethylurea，DCMU），即可将两种过程均阻断。如果向 DCMU 抑制系统中加入可提供电子的还原剂，则通过 PSⅠ向 $NADP^+$ 的电子流可恢复，而 PSⅠ和 PSⅡ之间的载体链仍被阻断，仍不合成 ATP。因而证明，NADPH 的形成是 PSⅠ的功能，而 ATP 的形成需要有连接 PSⅠ和 PⅡ的电子载体链畅通无阻。

目前比较公认非循环式光合磷酸化有两个部位：H_2O 与 PQ 之间、PQ 与 Cytbf 之间。两个部位的 ATP/O 均为 0.6，加起来 ATP/O 为 1.2。每放出 1 分子 O_2 只能形成 4 个 ATP

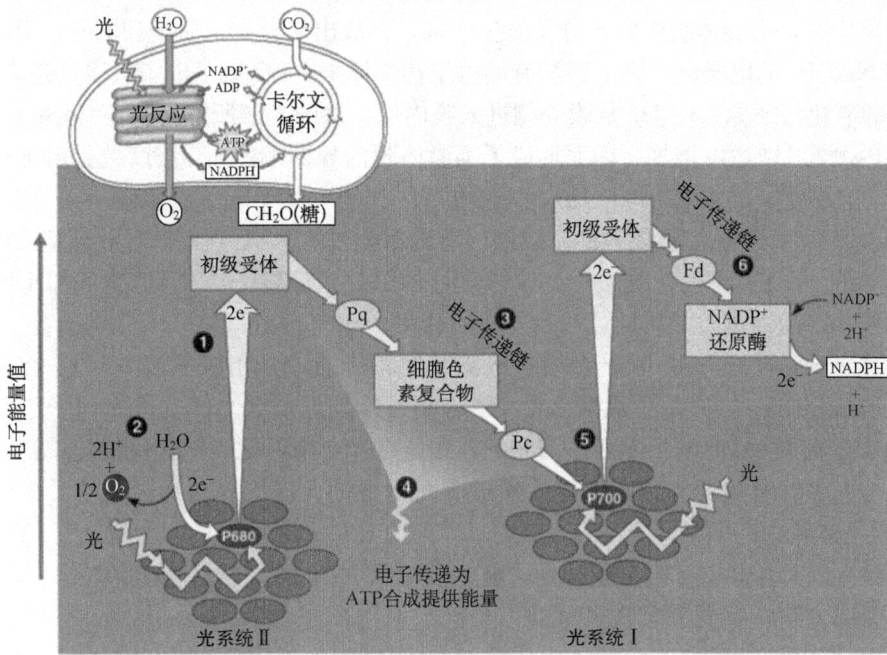

图 7-12　非循环式光合磷酸化（引自 Karp，2005）

分子，但每同化 1 个分子 CO_2 需要 3 个分子 ATP，因此非循环式光合磷酸化达不到形成 3 个分子 ATP 的要求，这就需要循环式光合磷酸化形成的 ATP 来补充，推动 CO_2 的同化过程。

　　循环式光合磷酸化（cyclic photophosphorylation）是指 PS I 接受远红光后，产生的电子经过铁氧还蛋白（Fd）和 Cytb563 后，又传递给 Cytbf 和质体蓝素（PC）而流回到 PS I。电子循环流动，产生 H^+ 梯度，从而驱动 ATP 的形成，这种电子的传递是一个闭合的回路，故称为循环式光合磷酸化。在整个过程中，只有 ATP 的产生，不伴随 NADPH 的生成，PS II 也不参加，所以不产生氧。当植物缺乏 $NADP^+$ 时，就会发生循环式光合磷酸化（图 7-13）。

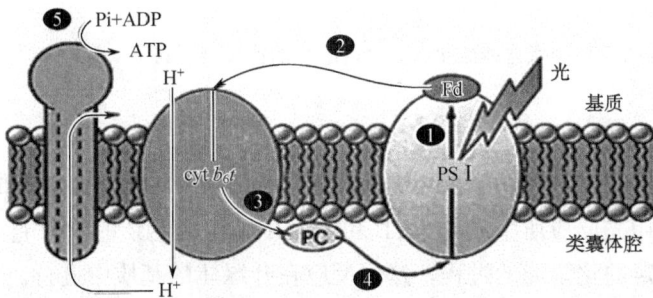

图 7-13　类囊体膜中的循环式光合磷酸化（引自 Karp，2005）

　　（2）光合磷酸化的作用机制。目前多数学者认为，叶绿体的光合磷酸化和线粒体的氧化磷酸化有着相似的运行机制，也可以用化学渗透学说来解释。

在类囊体膜中，呼吸链的各组分均按一定的顺序排列，而呈不对称分市。当两个光系统发生原初反应时，类囊体腔中的水分子发生光解，释放出氧分子、质子和电子，引起电子从水传递到 $NADP^+$ 的电子流。在上述所有的电子传递体中，PQ 既是电子载体又是质子载体，通过 FQ 的氧化与还原，使 H^+ 从膜外侧进入膜内侧，水的光解所产生的 H^+ 也留在膜内侧，结果使膜内侧的 H^+ 浓度增加，因而形成了类囊体膜内外两侧的 H^+ 浓度差。由于在膜两侧存在质子电动势差，从而推动 H^+ 通过膜中的 CF_0 到膜外的 CF_1 发生磷酸化作用，使 ADP 与 Pi 形成 ATP。CF_1 在类囊体膜的基质侧，所以新合成的 ATP 立即被释放到基质中。同样 PS I 所形成的 NADPH 也在基质中，这样光合作用的光反应产物 ATP 和 NADPH 都处于基质中，便于被随后进行的碳同化的暗反应所利用。

由上述可知，叶绿体中 ATP 合成的机制与线粒体的十分相似（图 7-14）。在光合磷酸化和氧化磷酸化中，ATP 的生成都是由 H^+ 移动所推动的；叶绿体的 CF_1 因子与线粒体的 F_1 因子都具有催化 ADP 和 Pi 形成 ATP 的作用；在光合磷酸化和氧化磷酸化中都需要完整的膜等。但两者又有所不同，叶绿体中通过 1 对电子的 2 次穿膜传递，在基质中摄取 3 个 H^+，在类囊体腔中产生 4 个 H^+，每 3 个 H^+ 穿过 CF_1-CF_0 ATP 酶，生成 1 个 ATP 分子；而在线粒体中，1 对电子 3 次穿膜传递，将基质中的 3 对 H^+ 抽提到膜间隙中，每 2 个 H^+ 穿过 F_1-F_0 ATP 酶，生成 1 个 ATP 分子。

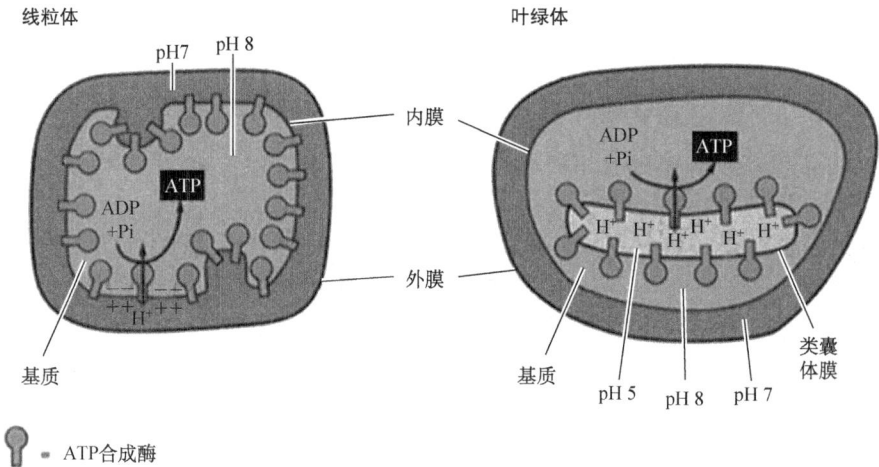

图 7-14 氧化磷酸化和光合磷酸化的比较（引自 Karp，2005）

4）碳同化

二氧化碳同化（CO_2 assimilation）是光合作用过程中的一个重要方面。从能量转换角度讲，碳同化是利用光反应所生成的 ATP 和 NADPH 中的活跃的化学能，将 CO_2 转化成碳水化合物、形成稳定的化学能的过程，这一反应在叶绿体的基质中进行。

根据碳同化过程中最初产物所含碳原子的数目以及碳代谢的特点，高等植物的碳同化有三条途径：**卡尔文循环（calvin cycle）**或 **C_3 途径**（C_3 pathway）、**C_4 途径**（C_4 pathway）和**景天科酸代谢**（crassulacean acid metabolism，CAM）途径。其中卡尔文循环是碳同化最重要、最基本的途径，只有这条途径才具有合成淀粉等产物的能力。其他两条途径只能起固定和转运 CO_2 的作用，不能单独形成淀粉等产物。

（1）卡尔文循环。1946 年，美国加州大学放射化学实验室的卡尔文（Calvin）和本森（Benson）等经过 10 多年周密的研究，终于探明了光合作用中从 CO_2 到蔗糖的一系列反应步骤，推导出一个光合碳同化的循环途径，这条途径被称为卡尔文循环或卡尔文-本森循环。由于这条途径中 CO_2 固定后形成的最初产物 PGA（3-磷酸甘油酸）为三碳化合物，所以也叫做 C_3 途径或 C_3 光合碳还原循环（C_3 photosynthetic carbon reduction cycle，C_3PCR 循环），并把只具有 C_3 途径的植物称为 C_3 植物（C_3 plant）。卡尔文由此获得了 1961 年诺贝尔化学奖。

卡尔文循环由核酮糖-1，5-二磷酸（RuBP）开始至 RuBP 再生结束，所有反应均在叶绿体的基质中进行，可分为羧化（carboxylation phase）、还原（reduction phase）、再生（regeneration phase）三个阶段。

羧化阶段：指进入叶绿体的 CO_2 与受体 RuBP 结合，在 RuBP 羧化酶的催化下，CO_2 与 RuBP 反应形成 2 分子 PGA 的反应过程。CO_2 在被 NADPH 的氢还原之前，必须经过羧化阶段，固定成羧酸，然后才被还原。

还原阶段：PGA 在 3-磷酸甘油酸激酶催化下被 ATP 磷酸化，形成 1,3-二磷酸甘油酸，然后在甘油醛磷酸脱氢酶催化下被 NADPH 还原形成 3-磷酸甘油醛。这一阶段是一个吸能反应，光反应中形成的 ATP 和 NADPH 主要是在这一阶段被利用。所以，还原阶段是光反应与暗反应的连接点。一旦 CO_2 被还原成 3-磷酸甘油醛，光合作用的储能过程便完成。

RuBP 再生阶段：利用已形成的 3-磷酸甘油醛经一系列的相互转变，最终再生成 5-磷酸核酮糖。然后在磷酸核酮糖激酶的催化下发生磷酸化作用形成 RuBP，再消耗 1 分子 ATP。

综上所述，C_3 途径是靠光反应合成的 ATP 及 NADPH 作能源，推动 CO_2 的固定、还原。每循环一次只能固定 1 个 CO_2 分子，循环 6 次才能把 6 个 CO_2 分子同化成 1 个己糖分子。

（2）C_4 途径。有一些植物如玉米、高粱和甘蔗等，对 CO_2 的固定反应是在叶肉细胞的胞质溶胶中进行的，在磷酸烯醇式丙酮酸羧化酶的催化下将 CO_2 连接到磷酸烯醇式丙酮酸（PEP）上，形成四碳酸——草酰乙酸（oxaloacetate），这种固定 CO_2 的方式称为 C_4 途径。草酰乙酸被转变成其他的四碳酸（苹果酸和天冬氨酸）后运输到维管束鞘细胞，在维管束鞘细胞中被降解成 CO_2 和丙酮酸，CO_2 在维管束鞘细胞中进入卡尔文循环。由于 PEP 羧化酶的活性很高，所以转运到叶肉细胞中的 CO_2 的浓度就高，大约是空气中的 10 倍。这样，即使在恶劣的环境中，也可保证 CO_2 浓度，降低光呼吸作用对光合作用的影响。

（3）景天科酸代谢。在干热环境生长的景天科以及其他的一些肉质植物中，存在一种特殊代谢方式，称为 CAM。这些植物的气孔夜间开放，吸收并固定 CO_2，形成以苹果酸为主的有机酸；白天则气孔关闭，不吸收 CO_2，但同时却通过卡尔文循环将从苹果酸中释放的 CO_2 还原为糖。

7.2　线粒体和叶绿体基因组的特征

线粒体和叶绿体作为半自主性细胞器，虽然含有双链环状 DNA，具有进行 DNA 复制、转录和翻译的全套装备，但是由于编码能力的限制，其生命活动受到核基因组和自身基因组两套遗传系统的调控。

7.2.1　线粒体和叶绿体的 DNA

线粒体 DNA（mtDNA）呈双链环状，与细菌的 DNA 相似。一个线粒体中可有 1 个或几个 DNA 分子。各种生物的 mtDNA 大小不一样，大多数动物细胞 mtDNA 长约为 $5\mu m$，约含 16 000bp，相对分子质量为 10×10^7，是核 DNA 分子质量的 1/1000～1/100。酵母 mtDNA 的长可达 $26\mu m$，有 78 000bp。人的 mtDNA 有 16 569bp，这是迄今所知最小的 mtDNA，其一级结构的序列分析已全部完成，含有 37 个结构基因。

线粒体的环状双链 DNA 分子，外环为重链（H），内环为轻链（L）。基因排列非常紧凑，除与 mtDNA 复制及转录有关的一小段区域外，无内含子序列。每个线粒体含数个 mtDNA，动物 mtDNA 为 16～20kb，大多数基因由 H 链转录，包括 2 个 rRNA、14 个 tRNA 和 12 个编码多肽的 mRNA，L 链编码另外 8 个 tRNA 和 1 条多肽链。mtDNA 上的基因相互连接或仅间隔几个核苷酸序列，一些多肽基因相互重叠，几乎所有阅读框都缺少非翻译区域。很多基因没有完整的终止密码，而仅以 T 或 TA 结尾，mRNA 的终止信号是在转录后加工时加上去的。

叶绿体 DNA（ctDNA）也呈双链环状，其大小差异较大（200 000～2500 000bp），ctDNA 一般长为 40～60μm，相对分子质量约为 3.8×10^7。在已测定 ctDNA 长度的物种中，刺松藻的最小，只有 85 000bp，而衣藻的最大，达 2.92×10^5bp。大型绿藻地中海伞藻的叶绿体基因组比其他藻类和高等植物的都要复杂，其相对分子质量约为 1.5×10^9，相当于 2.0×10^6bp 左右。叶绿体中 DNA 的含量大约在 1×10^{-14}g 水平上，明显的比线粒体中 DNA 含量（1×10^{-16}g）多。每个线粒体中约含 6 个 mtDNA 分子，每个叶绿体中约含 12 个 ctDNA 分子。

mtDNA 和 ctDNA 均可自我复制，也是以半保留方式进行的。用 ^{3}H-嘧啶核苷酸标记证明，mtDNA 复制的时间主要在细胞周期的 S 期及 G_2 期，DNA 先复制，随后线粒体分裂。ctDNA 复制的时间在 G_1 期，它们的复制仍受核的控制，复制所需的 DNA 聚合酶是由核 DNA 编码，在细胞质核糖体上合成的。

7.2.2　线粒体和叶绿体的蛋白质合成

线粒体和叶绿体虽能合成蛋白质，但其种类十分有限。迄今已知 mtDNA 编码的 RNA 和多肽有：线粒体核糖体中 2 种 rRNA（12S 及 16S）、22 种 tRNA、13 种多肽（每种约含 50 个氨基酸残基）。这些多肽分布为：复合物 I 中 7 个亚基，复合物 III 中 1 个亚基，复合物 IV 中 3 个亚基，F_0 中 2 个亚基。这些都是线粒体核糖体所合成的重要蛋白质。线粒体核糖体合成的蛋白质只占少数，其中装配在内膜酶复合物的仅有 8 种蛋白质，装配在核糖体的只有 1 种。组成线粒体各部分的蛋白质，绝大多数都是由核 DNA 编码并在细胞质核糖体上合成后再运送到线粒体各自的功能位点上。例如，Cytb$_2$ 和 Cytc 是膜间隙的组成蛋白，$F_1\beta$ 是基质的组成蛋白，Cytc 氧化酶是内膜的组成蛋白等，都是在细胞质中合成前体后转移到线粒体中的。因此，线粒体的遗传系统是依赖于细胞核的遗传系统。

不同来源的线粒体基因，其表达产物既有共性，也有差异。例如，粗糙脉孢菌和植物的 mtDNA 编码 NADH-CoQ 还原酶复合物中 6 个亚基，但在酵母中这些亚基却是由核 DNA 编码的。而酵母和植物 mtDNA 中有编码 ATP 合成酶 F_0 亚基 9 的序列，在哺乳动物和粗糙脉孢菌中，这个亚基是由核 DNA 编码的。植物 mtDNA 的大小和变化程度，都与其他

mtDNA有很大的不同。它们含有的少数基因是其他 mtDNA 所没有的。例如，线粒体的 5S RNA，ATP 合成酶 F_1 的 α 亚基。与动物和真菌线粒体相比，植物线粒体的核糖体 RNA 要大得多。

参加叶绿体组成的蛋白质来源有三种情况：①由 ctDNA 编码，在叶绿体核糖体上合成；②由核 DNA 编码，在细胞质核糖体上合成；③由核 DNA 编码，在叶绿体核糖体上合成。由 ctDNA 编码的 RNA 和多肽有：叶绿体核糖体中 4 种 rRNA（23S、16S、4.1S 及 5S）、约 30 种 tRNA 和 90 种多肽。Keegstra（1989）认为类囊体中至少有 50 种多肽，可能有一半是叶绿体自己合成的。目前在各种植物的叶绿体中已确定了 20 个电子传递和光合固碳的基因：编码 RuBP 羧化酶的大亚基、PSⅠ的 2 个亚基、PSⅡ的 8 个亚基、ATP 合成酶的 6 个亚基、细胞色素 b/f 复合物的 3 个亚基，这些都是叶绿体核糖体所合成的重要蛋白质。仅就叶绿体核糖体而言，叶绿体 rRNA 是叶绿体基因的产物，而参加组成核糖体的蛋白质，则既有核基因的产物也有叶绿体基因的产物。70S 核糖体含有 58～62 种蛋白质，其中只有 1/3 是由叶绿体基因组编码的，即组成叶绿体的绝大多数蛋白质是由核基因组编码的。

有趣的是，有人提出核基因编码细胞器蛋白质是生物进化的结果，认为在有花植物进化过程中出现了有些编码细胞器蛋白质的基因是从细胞器转移到核中的。例如，mtDNA 中的 coxⅡ基因编码细胞色素氧化酶复合物的亚基Ⅱ，还有叶绿体蛋白质基因 tufA 和 rp122 等都是在进化过程中从细胞器转移到核中的。通过 DNA 杂交和序列分析，在动物和植物中都可发现核 DNA 内随机地插有 mtDNA 短的片段（约 50bp），它们并未编码任何蛋白质。这表明在进化过程中，基因有可能从线粒体转移至核中。有些植物线粒体基因组可发现含有叶绿体的 DNA 序列（如二磷酸核酮糖羧化酶的基因片段），说明在两种细胞器间也可能有 DNA 的转移。

7.2.3　线粒体和叶绿体的蛋白质的运输与装配

由核基因编码，在细胞质核糖体上合成的线粒体和叶绿体蛋白质，需运送至线粒体和叶绿体各自的功能部位上进行更新或装配。核基因编码的蛋白质向线粒体跨膜运送与粗面内质网合成的分泌蛋白不同，前者先合成前体形式，然后通过后转移运输到线粒体内，而后者则是通过共转运方式实现跨膜运输的。前体蛋白由成熟形式的蛋白和 N 端的一段称为**导肽**（leader sequences，leader peptide，precursor chain）的序列共同组成。现已有 40 多种线粒体蛋白质导肽的一级结构已阐明，它们含 20～80 个氨基酸残基。导肽的结构有以下特征：①含有丰富的带正电荷的碱性氨基酸，特别是精氨酸，带正电荷的氨基酸残基有助于前导肽序列进入带负电荷的基质中；②羟基氨基酸如丝氨酸含量也较高；③几乎不含带负电荷的酸性氨基酸；④可形成既具亲水性又具疏水性的 α 螺旋结构，这种结构特征有利于穿越线粒体的双层膜。

含导肽的前体蛋白在跨膜运送时，首先被线粒体表面的受体识别，同时还需要位于外膜上的 GIP 蛋白（general insertion protein）的参与，它能促进线粒体前体蛋白从内外膜的接触点通过内膜。内膜两侧的膜电位 $\Delta\Psi$ 对前体蛋白进入内膜起着启动作用，但转运过程的完成并不一定依靠 $\Delta\Psi$。前体蛋白在跨膜运送之前需要解折叠为松散的结构，以利跨膜运送。前体蛋白在通过内膜之后，其导肽即被基质中的线粒体**导肽水解酶（mitochondrial processingpeptidase，MPP）与导肽水解激活酶（processing enhancing protein，PEP）**水解，并同时重新卷曲折叠为成熟的蛋白质分子。跨膜运送的蛋白质在解折叠与重折叠的过程中都需要分子伴侣的参与。

　　导肽内不仅含有识别线粒体的信息，并且有牵引蛋白通过线粒体膜进行运送的功能。导肽决定蛋白质运送的方向，但对被运送的蛋白质并无特异性要求。基因融合实验证明，导肽的不同片段含有不同的导向信息，不同的导肽所含的信息不同，可使不同的线粒体蛋白质运送至线粒体的基质中，或定位于内膜或膜间隙。例如，定位于线粒体基质中的蛋白质，其导肽的 N 端带正电荷，含有导向基质的信息。在跨膜转运时，首先在细胞质 HSP70 的参与下解折叠为伸展状态，然后与膜受体结合并在接触点处通过线粒体膜进入基质，其导肽即被基质中的蛋白水解酶水解，成为成熟的蛋白质（图 7-15）。但是，并非所有线粒体蛋白质合成时都含有导肽。例如，外膜蛋白的孔蛋白（porin）、内膜蛋白 ADP/ATP 载体、基质中的 3-氧酰基-CoA 硫解酶等。有人认为这些蛋白质的靶向信息很可能蕴藏于这些分子内的氨基酸序列中。

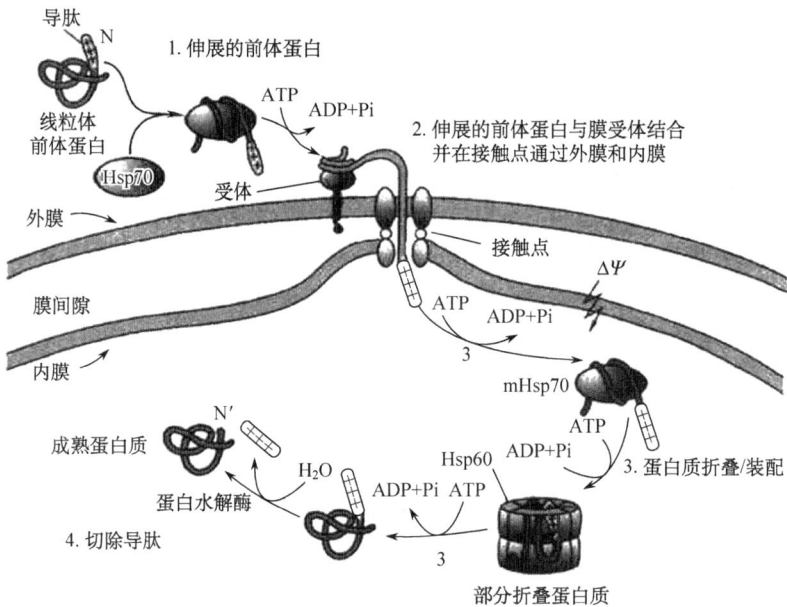

图 7-15　定位于线粒体基质的蛋白质跨膜转运过程图解（引自 Karp，2005）

🌐 导肽的临床应用潜力

　　蛋白质跨膜运送的研究是当前十分活跃的一个领域，尤其对导肽的研究更是方兴未艾。因为，这不仅在理论上具有十分重要的意义，而且在实际应用方面也有很大的潜力。目前一些疾病的治疗，则要求药物分子到达靶细胞内来达到治疗效果，而且这常常是药物治疗中的关键一步。在众多物质的跨膜运送中，大分子物质的跨膜运送引起了人们越来越多的关注，包括对核酸、蛋白质等的转运。尤其是应用于药物治疗，可为各种疾病的治疗提供一个重要途径。显然，导肽的深入研究将有可能为"生物导弹"提供新的、更理想的"弹头"或载体。此外，导肽将有可能有目的地把一些蛋白质输入线粒体或叶绿体，有力促进细胞器工程的发展。

　　叶绿体蛋白质的运送及装配与线粒体有许多类似之处。细胞质中合成的叶绿体前体蛋白，在 N 端也含有一个额外的氨基酸序列，称为**转运肽**（transit peptide）。这种转运肽对叶绿体蛋白质的运送是必要的，它不仅牵引叶绿体蛋白，而且可牵引外源蛋白。目前研究得较多的是类囊体膜和类囊体腔中蛋白质的运送过程。例如，捕光色素蛋白或叶绿素 a/b 结合蛋白前体，它的转运肽含有 35 个氨基酸残基，能引导其穿过叶体膜进入基质，在基质中由特异的蛋白酶加工切去转运肽成为成熟蛋白质。成熟的捕光色素蛋白如何插入类囊体膜，不是由转运肽决定的，捕光色素蛋白整合到类囊体膜上的信息是在成熟蛋白 C 端的跨膜区域。定位于类囊体中的蛋白质，其前体蛋白 N 端的转运肽可分为两个区域，分别引导两步转运，其 N 端含有导向基质的序列，引导其穿过叶绿体膜上由孔蛋白形成的通道进入基质；而 C 端含有导向类囊体的序列又引导其穿过类囊体膜，进入类囊体腔，因此，它的转运肽经历两次水解，一次在基质内，另一次在类囊体腔中（图 7-16A）；定位于基质中的蛋白质，其前体蛋白 N 端的转运肽仅具有导向基质的序列，引导其穿过叶绿体膜进入基质，由基质中特异的蛋白水解酶切去转运肽成为成熟蛋白质（图 7-16B）；由叶绿体基因编码并在类囊体核糖体上合成的一些蛋白质，则结合于类囊体膜上（图 7-16C）。最后，许多运入的蛋白质与叶绿体自身合成的蛋白质共同组成复合物，发挥各自的功能。

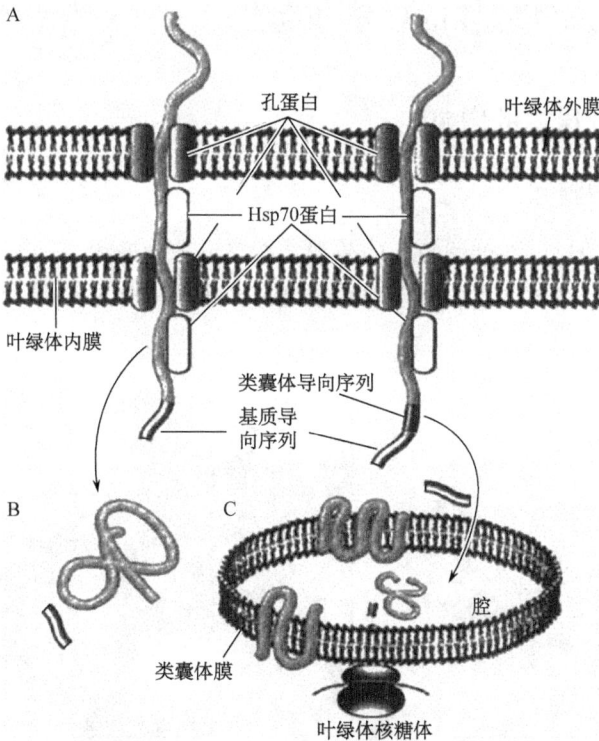

图 7-16　叶绿体蛋白跨膜转运过程图解（引自 Karp，2005）

🌐 叶色突变体

叶绿素的整个合成过程是在植物的叶绿体内完成的。因此，植物的叶色突变跟叶绿体的形态、结构、组成以及生理状态的异常有关，而这些叶绿体的异常通常是由叶绿体蛋白的改变引起的。大部分叶色突变是由核基因突变引起的。导致叶色突变的基因种类较多，叶色突变的分子机制也较为复杂。总的来说，突变基因通过不同的调控方式，直接或间接影响叶绿素的代谢途径，引起植物体内叶绿素含量的变化，最终导致叶色突变表型。目前，叶色突变体已广泛应用于基础研究和生产实践。叶色标记可以作为标记性状，应用于良种繁育和杂交育种；还可以作为优良种质资源。例如，利用常绿突变体提高生物产量，利用叶绿素缺失突变体改变作物品质性状，用叶色突变体培育观赏植物；利用叶色突变体探测植物的各项生理活动；以叶色突变性状为标记性状筛选突变体，进而对突变体进行分析鉴定，可较为直接而有效的研究基因功能，了解细胞内核-质间基因互作。随着植物生理学研究手段的不断发展，以及分子生物学、功能基因组学和生物信息学研究的不断深入，叶色突变体的分子机理研究将会取得很大的进展，各种叶色突变体将会更加有效地应用到人们的生产和生活中，造福于人类。

7.3　线粒体和叶绿体的增殖和起源

7.3.1　线粒体与叶绿体的增殖

7.3.1.1　线粒体的增殖

线粒体的增殖是通过已有的线粒体的分裂，有以下几种形式。

（1）间壁分离。分裂时先由内膜向中心皱褶，将线粒体分为两个，常见于鼠肝和植物分裂组织中（图 7-17）。

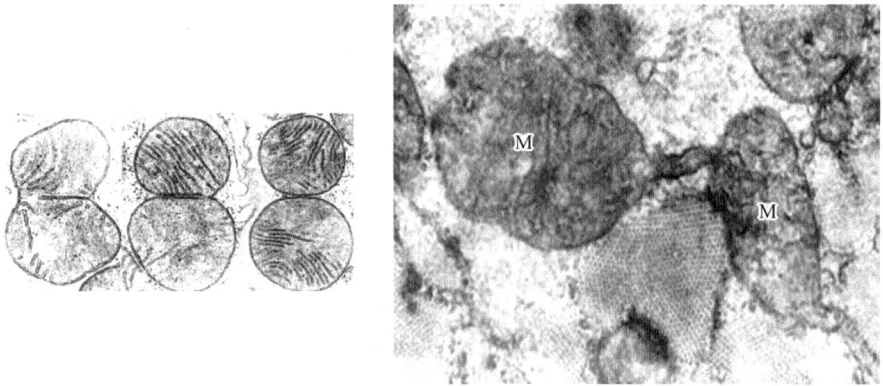

图 7-17　肝细胞处于间壁分离（左）和收缩后分离（右）状态的线粒体电镜图（引自 Karp，2005）

（2）收缩后分离。分裂时通过线粒体中部缢缩并向两端不断拉长然后分裂为两个，见于蕨类和酵母线粒体中（图 7-17）。

（3）出芽。见于酵母和藓类植物，线粒体出现小芽，脱落后长大，发育为线粒体。

7.3.1.2　叶绿体的增殖

在个体发育中叶绿体由原质体发育而来，原质体存在于根和芽的分生组织中，由双层被膜包围，含有 DNA、一些小泡和淀粉颗粒的结构，但不含片层结构，小泡是由质体双层膜的内膜内折形成的。在有光条件下原质体的小泡数目增加并相互融合形成片层，多个片层平行排列成行，在某些区域增殖，形成基粒，变成绿色原质体发育成叶绿体。在黑暗生长时，原质体小泡融合速度减慢，并转变为排列成网格的小管的三维晶格结构，称为原片层，这种质体称为黄色体。黄色体在有光的情况下原片层弥散形成类囊体，进一步发育出基粒，变为叶绿体。叶绿体能靠分裂而增殖，这种分裂是靠中部缢缩而实现的，在发育 7d 的幼叶的基部 2～2.5cm 处很容易看到幼龄叶绿体呈哑铃形状，从菠菜幼叶含叶绿体少、ctDNA 多，老叶含叶绿体多、每个叶绿体含 ctDNA 少的现象也可以看出，叶绿体是以分裂的方式增殖的。成熟叶绿体正常情况下一般不再分裂或很少分裂。

7.3.2　线粒体与叶绿体的起源

7.3.2.1　线粒体的起源

目前有内共生学说和非内共生学说两种不同的假说。

1）内共生学说

内共生学说（endosymbiont hypothesis）是关于线粒体起源的一种学说，认为线粒体来源于被原始的前真核生物吞噬的好氧性细菌（可进行三羧酸循环和电子传递的革兰氏阴性菌）。此细菌被真核生物吞噬后，在长期的共生过程中，通过演变，形成了线粒体。在共生关系中，对共生体和宿主都有好处：原线粒体可从宿主处获得更多的营养，而宿主可借用原线粒体具有的氧化分解功能获得更多的能量。该学说的主要证据有：①基因组大小、形态、结构与细菌相似，皆由裸露、环状双链 DNA 构成，不含组蛋白；②有自己完整的蛋白质合成系统，能合成一部分自己需要的蛋白质；③内外膜结构成分差异大，外膜与细胞内膜相似，内膜与细菌质膜相似；④与细菌一样能用二分裂繁殖自我。但不足之处是：①从进化角度，如何解释在代谢上明显占优势的共生体反而将大量的遗传信息转移到宿主细胞中；②不能解释细胞核是如何进化来的，即原核细胞如何演化为真核细胞；③线粒体和叶绿体的基因组中存在内含子，而真细菌原核生物基因组中不存在内含子，如果同意内共生起源说的观点，那么线粒体基因组中的内含子从何发生？

2）非内共生学说

非内共生学说（no-endosymbiont hypothesis）认为线粒体的发生是质膜内陷的结果。1974 年，尤泽尔（Uzzell）等提出一个模型，认为：在进化的最初阶段，原核细胞基因组进行复制，并不伴有细胞分裂，而是在基因组附近的质膜内陷形成双层膜，将分离的基因组包围在这些双层膜的结构中，从而形成结构可能相似的原始的细胞核和线粒体、叶绿体等细胞器。后来在进化的过程中，增强分化，核膜失去了呼吸作用和光合作用，线粒体成了细胞的呼吸器官。这一学说的成功之处在于解释了真核细胞核被膜的形成与演化的渐进过程；但不足之处是实验证据不多，无法解释为何线粒体、叶绿体与细菌在 DNA 分子结构和蛋白质合成性能上有那么多相似之处；线粒体和叶绿体的 DNA 酶、RNA 酶和核糖体的来源，也很难解释真核细胞的细胞核能否起源于细菌的核区。

7.3.2.2　叶绿体的起源

关于叶绿体的起源，同线粒体一样，但普遍接受内共生学说，认为叶绿体的祖先是蓝藻或光合细菌，在生物进化过程中被原始真核细胞吞噬，共生在一起成为今天的叶绿体。叶绿体的起源被认为是光合作用细菌与已经含有线粒体的早期真核生物共生而来。

本 章 小 结

线粒体和叶绿体是细胞内两个能量转换的细胞器。线粒体广泛存在于各类真核细胞中，叶绿体存在于植物细胞中。它们都是半自主性细胞器，含有 DNA 并能进行转录和翻译，但是自身编码和合成的蛋白质数量少，大多数蛋白质是由细胞核基因编码、在细胞质核糖体合成后转运过来的。一般认为，二者都是内共生起源的。

线粒体的形态、大小、数量和分布与细胞类型、所处的生理条件及能量需求有关，其结构特征主要呈封闭的双层膜结构，内膜经折叠形成了嵴。在线粒体的基质中含有催化生化大分子物质代谢的多种酶类和核糖体、基因组 DNA 和 RNA 等。线粒体的主要功能是参加三羧酸循环中的氧化反应，进行电子和能量转换，行使氧化磷酸化作用。由 NADH 到 O_2 的呼吸链（或电子传递链）主要包含黄素蛋白、铁硫蛋白、辅酶 Q、细胞色素，从 NADH 到 O_2 的电子传递过程中，电子按氧化还原电位从低向高传递，最终将 O_2 还原为 H_2O。在内膜电子传递链各组分和 ATP 合酶的作用下，每一个 NADH 通过电子传递链传递给 O_2 的过程形成 3 个 ATP，每一个 $FADH_2$ 被氧化产生 2 个 ATP。氧化磷酸化作用机制有"化学渗透假说"、"构象假说"等。化学渗透假说认为呼吸链电子传递过程中生成的质子不能自由通过内膜，由此形成线粒体内膜两侧的质子动力势，这种势能驱动 ATP 合酶合成 ATP。"构象假说"认为在质子流驱动下，ATP 合酶的构象发生变化，从而进行 ATP 合成与释放。

线粒体通过已有线粒体的生长与分裂进行繁殖。不少线粒体疾病是由于线粒体 DNA 突变与功能缺陷所致。

叶绿体是植物通过光合作用将光能转变为化学能的场所，它独特的功能与其结构密切相关，叶绿体具有双层膜结构，内膜衍生而来的类囊体膜上具有由光能转变为化学能所需的功能组分，它们分别组装在 5 种膜蛋白复合物中，并分别分布在一定区域。

当叶绿素吸收光能传递到作用中心色素（在 PSⅠ为 P700，PSⅡ为 P 680）发生原初光化学反应即电荷分离，从而引起电子传递，其传递途径称为 Z 链。在 Z 链中，最终电子供体为水，最终电子受体为 $NADP^+$，因此在这个过程中形成了 NADH，同时偶联 ATP 的形成。因此，光反应过程中产生 ATP 及 NADPH，它们被用于暗反应过程中 CO_2 还原成糖之需。CO_2 被还原成糖的基本途径称为卡尔文-本森循环，该循环共 13 个反应，可分为 3 个阶段。首先是 CO_2 被固定形成 PGA. 然后是 PGA 被还原形成糖，第 3 阶段为 CO_2 接受体的再生。

复习题

1. 名词解释：氧化磷酸化，电子传递链（呼吸链），ATP 合酶，光反应，原初反应，暗反应，半自主性细胞器，导肽，转运肽，光合磷酸化，非循环式光合磷酸化

2. 为什么说线粒体和叶绿体是半自主性细胞器？

3. 简述化学渗透假说的主要内容。

4. 简述内共生学说的主要内容。

5. 简述线粒体与叶绿体基本结构上的异同点。

6. 简述光合磷酸化的两种类型及其异同。

7. 简述线粒体和叶绿体适应其功能的结构特点。

参 考 文 献

刘凌云，薛绍白，柳惠图. 2002. 细胞生物学. 北京：高等教育出版社

鲁润龙，顾月华. 1992. 细胞生物学. 北京：中国科学技术大学出版社

翟中和，王喜忠，丁明孝. 2004. 细胞生物学. 北京：高等教育出版社

Albert B. 1994. Molecular Biology of the Cell. New York and London：Garland Publishing

Albert B. 1998. Essential Cell Biology. New York and London：Garland Publishing

Boyer P D. 1997. The ATP synthasea splendid molecular machine. Annu Rev Biochem，66，717-749

Karp G. 2005. Cell and Molecular Biology：Concept and Experiments. 4th ed. New York：John Wiley &Sons，Inc.

（胡秀丽）

第8章 细胞骨架

细胞骨架（cytoskeleton）是位于细胞质中的由微丝、微管和中间丝相互作用而构成的一个精细网络状结构。每种细胞骨架成分都是由不同蛋白质亚基组成的多聚体。尽管细胞骨架成分在显微镜下看起来是静止不变的，但在细胞的整个生命周期中细胞骨架处于动态变化之中，在细胞内形成了高度有序的结构，包括最初聚集成束，然后形成网状结构和凝胶状网格。细胞骨架的这些改变受结合蛋白的调控，因而细胞具有不同的形态、运动能力和功能。具体表现在：①为细胞提供抵抗机械力的能力：细胞骨架成分在细胞内相互作用形成的网络状结构为细胞提供抗张、抗压能力；②为细胞质膜提供支撑：如以肌动蛋白丝为主的膜骨架结构为红细胞质膜提供结构支撑；③为细胞器提供附着位点：细胞质中的细胞器不是游离存在的，细胞骨架为这些细胞器提供了附着位点，不同的细胞器组成相对独立的体系和区域进而完成特定生物学功能；④介导细胞内的物质运输：细胞内的膜泡运输沿细胞骨架运动，完成胞吞和胞吐作用；⑤为细胞运动提供动力：如伪足的形成及鞭毛和纤毛摆动引起的单细胞生物的运动；⑥参与信号转导：细胞骨架成分与细胞质膜的接触部位能将细胞外信号转导至细胞内；⑦形成有丝分裂器：细胞在有丝分裂过程中多种生物学活性均依赖细胞骨架的作用，如纺锤体的形成、细胞核膜的破裂及胞质分裂等。

8.1 微丝

微丝（microfilament）遍布整个细胞，其在细胞内不仅长度变化非常大，还可相互之间交联成束状和网络状。因而微丝能通过自身的组装与解聚调控细胞的形态并执行不同的功能。

8.1.1 微丝的结构

微丝的主要结构成分**肌动蛋白**（actin）是含量最丰富、高度保守的真核细胞内蛋白，在肌细胞中肌动蛋白的含量占细胞总蛋白质量的10%左右。即使是非肌细胞中，肌动蛋白也占细胞总蛋白的1%～5%，像纤毛这样的特殊结构中，肌动蛋白的浓度高于典型细胞中的10倍。

体内的肌动蛋白根据存在形式分为**单体肌动蛋白**（G-actin）和**纤维状肌动蛋白**（F-actin）。单体肌动蛋白呈碟状，由375个氨基酸残基组成，分子质量约为42kDa，内含一个ATP/ADP结合位点和一个Mg^{2+}结合位点。三维结构显示肌动蛋白分子一端的裂缝是ATP酶进出端，能结合ATP和Mg^{2+}，常被作为负极。而像合页一样能调控裂缝大小的底部，常被称为正极（图8-1A）。醋酸双氧铀负染后进行电镜观察，发现单体肌动蛋白组装形成一线性结构，即**肌动蛋白丝**（actin filament）。两条纤维状肌动蛋白丝构成了电镜下呈右手双股螺旋、直径7～9nm、螺距36nm的微丝（图8-1B）。用X射线衍射技术分析后发现，微丝中每个肌动蛋白单体周围都有4个亚基上下左右围绕。肌动蛋白的极性决定了最终微丝的极性（图8-1C）。

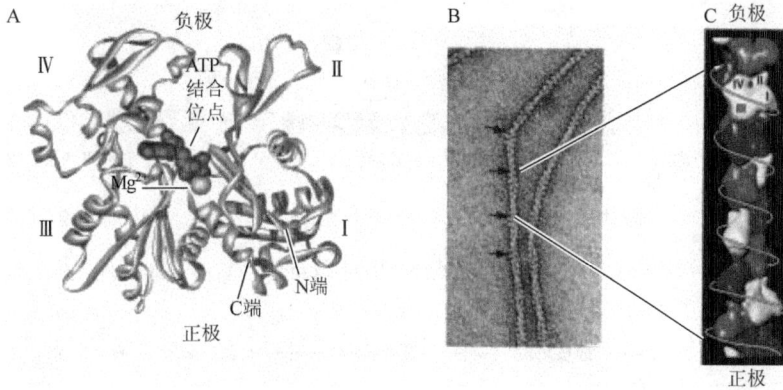

图 8-1　肌动蛋白单体和微丝的结构（引自 Schutt et al.，1993）

A. 肌动蛋白单体三维结构，1 分子 ATP 和 Mg^{2+} 结合在分子中间；B. 微丝的电镜照片；C. 微丝的分子模型

不同的肌动蛋白异构体序列上的差别很小，但它们执行的功能却相差很大。肌动蛋白编码基因家族高度保守，序列比对发现，阿米巴和动物细胞肌动蛋白的相似性高达 80%。但是不同生物编码肌动蛋白基因的数量差别较大，如一些单细胞生物（棒状细菌、酵母等）仅有 1 或 2 个肌动蛋白基因；而多细胞生物，如人类有 6 个肌动蛋白基因，一些植物细胞肌动蛋白基因的数量多达 60 多个。脊椎动物中 6 个肌动蛋白基因分别编码肌细胞的 4 个 α-肌动蛋白以及非肌细胞中的 β-肌动蛋白和 γ-肌动蛋白。这些异构体有着不同的功能：α-肌动蛋白与收缩结构有关；γ-肌动蛋白组成了细胞内**应力纤维（stress fiber）**；β-肌动蛋白则位于细胞运动的最前沿，并形成聚集的微丝。

8.1.2　微丝的组装

8.1.2.1　微丝组装的基本特征

由于单体肌动蛋白有一个 ATP/ADP 结合位点，因而单体肌动蛋白有两种存在形式：ATP 结合单体肌动蛋白和 ADP 结合单体肌动蛋白。单体肌动蛋白结合的 ATP 或 ADP 能影响肌动蛋白分子的构象，因而单体肌动蛋白所结合的 ATP/ADP 的转换对微丝的组装起着非常重要的作用。在单体肌动蛋白溶液中添加 Mg^{2+}、K^+ 和 Na^+，会诱导单体肌动蛋白聚集组装成纤维状肌动蛋白，而当这些离子浓度下降时，纤维状肌动蛋白则解聚成单体肌动蛋白。这种体外形成的纤维状肌动蛋白丝与从细胞内分离的微丝无任何区别，提示在微丝组装中可能不需要其他的辅助蛋白。单体肌动蛋白组装成纤维状肌动蛋白丝的过程中，伴随着 ATP 的水解，但这一过程只影响组装的动力学，而单体肌动蛋白与微丝的结合过程并不需要 ATP 水解供能。

细胞内的微丝伴随细胞生理的变化，不断地缩短或延长，这样细胞内由微丝组成的束状或网络状结构就处于动态变化中，同样在不断地形成或解体。微丝体外组装需要三个连续阶段（图 8-2）。

（1）成核阶段。这个阶段的标志是单体肌动蛋白聚集成短的、不稳定的多聚体，这一过程较慢。当 2 或 3 个肌动蛋白单体聚集在一起时，即可作为一个稳定的核心，诱导形成微丝。如果在单体肌动蛋白溶液中加入纤维状肌动蛋白核心可加快成核反应（图 8-3）。

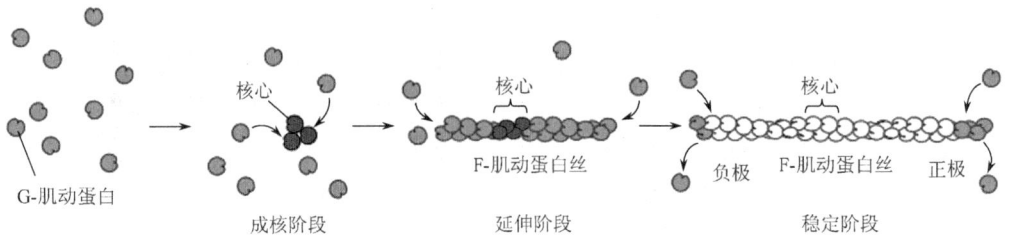

图 8-2　体外微管组装过程（引自 Lodish, et al., 2003）

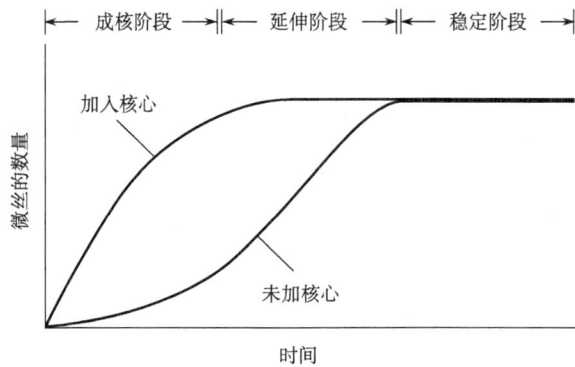

图 8-3　体外微管组装的时间过程（引自 Lodish et al., 2003）

（2）延伸阶段。这一时期单体肌动蛋白迅速添加到核心的两端。随着纤维状肌动蛋白丝的延伸，单体肌动蛋白的浓度迅速下降直至出现纤维状肌动蛋白丝/单体肌动蛋白的平衡点。

（3）稳定阶段。单体肌动蛋白在纤维状肌动蛋白丝的两端不断交替更新，但纤维状肌动蛋白丝的总体长度不变。

当到达稳定阶段后，未组装的单体肌动蛋白的浓度就被称为**临界浓度**（critical concentration, C_c），它决定了微丝的组装与解聚。体外单体肌动蛋白的 C_c 浓度为 $0.1\mu mol/L$，高于这一浓度单体肌动蛋白将组装成纤维状肌动蛋白丝，低于这一浓度纤维状肌动蛋白丝解聚。ATP 结合的肌动蛋白单体结合到微丝上时，由于肌动蛋白具有 ATP 酶活性，所结合的 ATP 被缓慢水解成 ADP。因而多数微丝是由 ADP 结合的纤维状肌动蛋白组成，但 ADP 结合纤维状肌动蛋白经常出现在负极，而正极常被 ATP 结合纤维状肌动蛋白覆盖，这一结果也叫做 **ATP 帽**（**ATP cap**）。正端带有这样的 ATP 帽的微丝比较稳定，可以持续组装，所以实际上微丝两端单体聚集的速度不同，正极的聚集比负极快 5～10 倍。以肌球蛋白修饰的单体肌动蛋白作为核心证明了微丝两端不同的延伸速度，正极组装快（图 8-4）。

微丝两端不同的延伸速率是由微丝两极不同的 C_c 值引起的（图 8-5）。假如将微丝的正极用蛋白质封闭起来，那么微丝的延伸只能在负极进行。相反，如果封闭的是负极，则延伸只能发生在正极。实验结果显示负极 C_c（C_c^-）浓度高于聚集的正极（C_c^+）约 6 倍。因此推断，在 ATP 结合纤

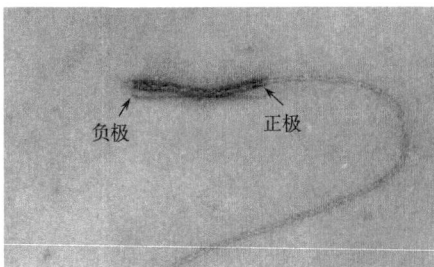

图 8-4　肌球蛋白修饰显示微丝两极不均等的组装过程（引自 Lodish et al., 2003）

维状肌动蛋白的浓度低于 C_c^+ 时，微丝延伸停止。当单体肌动蛋白的浓度高于 C_c^- 时，微丝两端均延伸，此时表现出正极组装快于负极。而当单体肌动蛋白的浓度处于正负极的 C_c 值时，稳定阶段出现，此时微丝正极组装，负极解聚。这时尽管不断有新的肌动蛋白掺入，但微丝的长度不变，这种动态稳定和平衡现象称为**踏车运动（tread miling）**（图 8-6）。

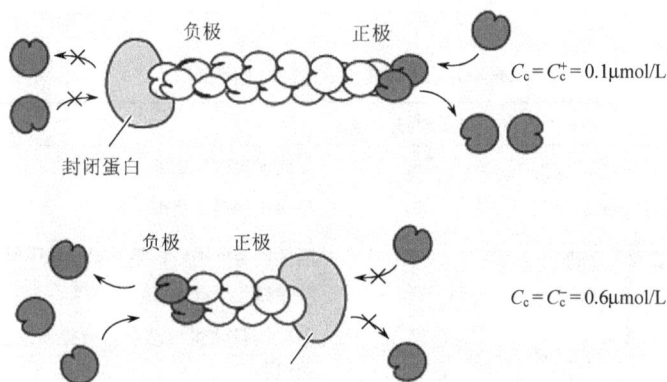

图 8-5 封端蛋白对微丝组装的影响（引自 Lodish et al.，2003）

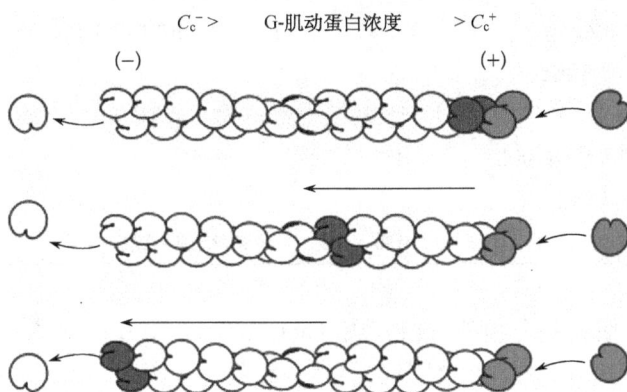

图 8-6 微丝的踏车运动（引自 Lodish et al.，2003）

8.1.2.2 微丝特异性药物

细胞松弛素（cytochalasins） 是真菌分泌的生物碱，可以切断微丝，并结合在微丝正极阻止单体肌动蛋白的聚集。由于细胞松弛素不影响微丝的解聚，因而最终导致微丝的解体。所以细胞在用细胞松弛素处理后除肌细胞中的细肌丝结构外，其他所有由肌动蛋白组成的结构均消失。

鬼笔环肽（philloidin） 是一种从毒蘑菇鬼笔鹅膏中提取的剧毒环状多肽，与微丝有强的亲和力。其与细胞分裂素的作用正好相反，鬼笔环肽可稳定微丝的结构，抑制其解聚，但不影响其组装。

8.1.3 非肌肉细胞中的微丝结合蛋白

纯化的肌动蛋白在体外能聚集成肌动蛋白丝，但它们之间由于不能相互作用，因而没有生物学活性。细胞内的**微丝结合蛋白（microfilament-associated protein，MAP）** 通过影响肌动蛋白丝的组装与解聚、物理特性及相互作用，进而调控肌动蛋白丝组装成束或网络状。非肌肉细胞中的微丝结合蛋白主要包括微丝成核蛋白、微丝束状蛋白、微丝网络状结构蛋白、结合单体肌动蛋白的微丝结合蛋白及稳定纤维状肌动蛋白的封端蛋白及膜结合蛋白等（表8-1）。

表 8-1　几种主要的微丝结合蛋白

类型	名称	分子质量/kDa	功能	来源
微丝成束和网络	丝束蛋白	68	横向连接微丝成束	平滑肌
	成束蛋白	57	横向连接微丝成束	
	α-辅肌动蛋白	95	连接微丝成束，在肌节中具有作用	肌肉
	细丝蛋白	250	连接微丝形成网络	
与单体肌动蛋白结合	胸腺素β4	5	与单体肌动蛋白结合，调控肌动蛋白组装	广泛
	抑制蛋白	12~15	与肌动蛋白单体结合，促进肌动蛋白聚集	广泛
产生微丝新末端	切丝蛋白	21	促进肌动蛋白丝的解聚	
封闭F-肌动蛋白末端	Cap Z	32、34	阻止肌动蛋白单体的结合	肌肉
	β-辅肌动蛋白	57		肾、肌肉
微丝成核蛋白	Arp2/3复合物	7个亚基	微丝组装中起成核作用	广泛
膜结合蛋白	肌营养不良蛋白	427		骨骼肌
	膜桥蛋白	17		盘基网柄菌属
	黏着斑蛋白	130	介导微丝与质膜结合	广泛

微丝成核蛋白：肌动蛋白相关蛋白家族（actin-related protein，Arp）存在于多种真核生物中。Arp2/3能刺激肌动蛋白在体外的组装。细胞中分离的Arp2/3能与抑制蛋白结合，并且Arp2/3呈70°与微丝结合后，产生了新生微丝的成核位点（图8-7）。已存在的微丝与新生微丝结合在一起就产生了一个分支的网络状结构，在这一结构中Arp2/3就位于分支点。因而，新生微丝末端的延伸就形成了推动质膜向前的运动力（图8-8）。肌动蛋白网络形成蛋白（细丝蛋白）稳定这一结构，而肌动蛋白切丝蛋白使这一结构解聚。

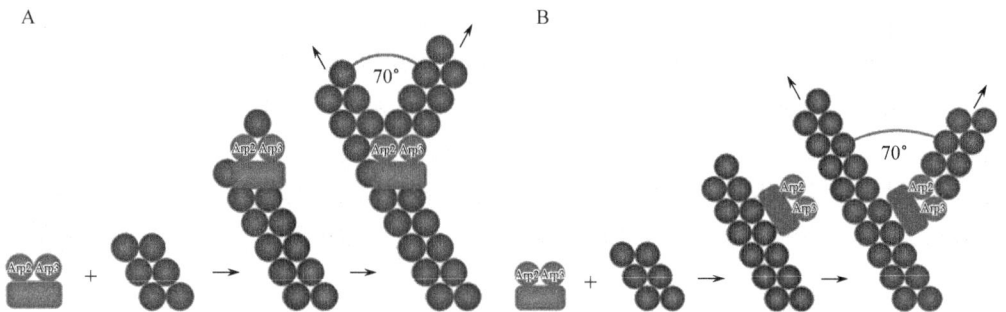

图 8-7　Arp2/3形成分支状微丝的方式（引自 Millard et al.，2004）

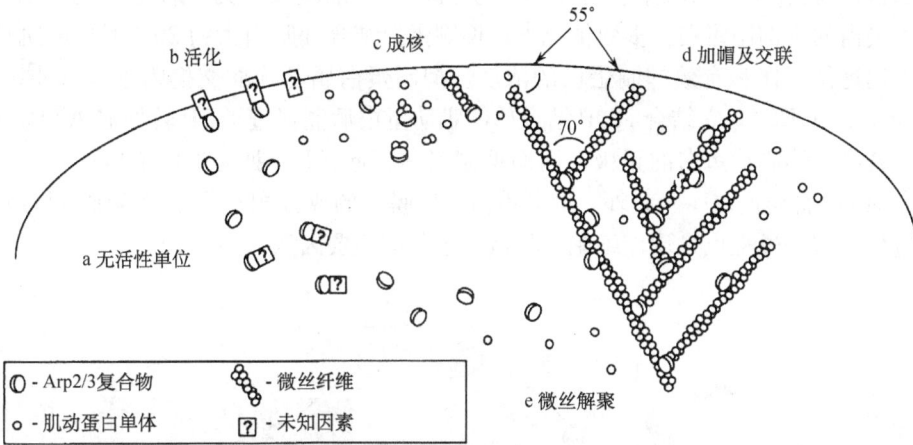

图 8-8　非肌细胞细胞质膜前缘肌动蛋白的组装（引自 Mullins et al.，1998）

介导微丝成束状和网络状的结合蛋白：微丝束状和网络状结构通常是由几种不同的微丝结合蛋白参与而构成的稳定结构。这类蛋白质上的肌动蛋白结合位点决定了微丝结合成束或是网络状。一些单体的微丝结合蛋白如丝束（毛缘）蛋白（fimbrin）和成束蛋白（fascin）有两个微丝结合结构域，所以能将微丝聚集成束。而介导微丝成网络状的结合蛋白却只有一个肌动蛋白结合位点。微丝的网络状结构充满了细胞质，赋予细胞质胶状特性。由于这些蛋白质通常与膜蛋白结合，因而细胞皮层中的网络状结构与细胞质膜结合。在形成网络状纤维结构的蛋白质中，不同蛋白质基序的重复排列决定了臂的长度，因而决定了纤维的空间排布和方向性（图 8-9）。

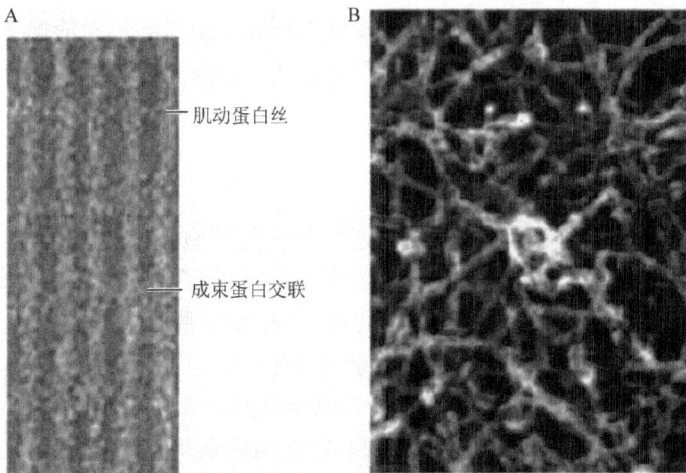

图 8-9　微丝交联蛋白相互结合形成微丝（引自 Lodish et al.，2003）

A. 成束蛋白交联时微丝相互聚集成束；B. 如细丝蛋白等长的、柔韧性强的交联蛋白引起微丝形成网络状

单体结合蛋白：动物细胞中大约 40％ 的肌动蛋白是以单体形式存在。什么因素导致了细胞内单体肌动蛋白的浓度高于 C_c 值呢？胸腺素 β4 在细胞质中含量丰富并能结合 ATP 结合单体肌动蛋白。胸腺素 β4 等比例结合在 ATP 结合单体肌动蛋白的负极，导致 ATP 结合

单体肌动蛋白-胸腺素无法聚集在纤维状肌动蛋白上。细胞质中另一种能等比例结合 ATP 结合肌动蛋白的是抑制蛋白。多数情况下，抑制蛋白结合细胞内大约 20％的单体肌动蛋白，这个浓度远远低于作为有效抑制蛋白的浓度。抑制蛋白属鸟苷酸交换因子（nucleotide-exchange factor，GEF），它结合 ADP 结合单体肌动蛋白后能促进 ADP 转换成 ATP。由于抑制蛋白结合在单体肌动蛋白的正极，因而抑制蛋白引起 ADP-肌动蛋白单体从微丝上释放，进而补充 ATP-肌动蛋白库。此外，抑制蛋白与质膜上的成分相互作用参与细胞与细胞的信号转导过程，这一过程也是调控细胞质膜微丝组装的主要因素（图 8-10）。

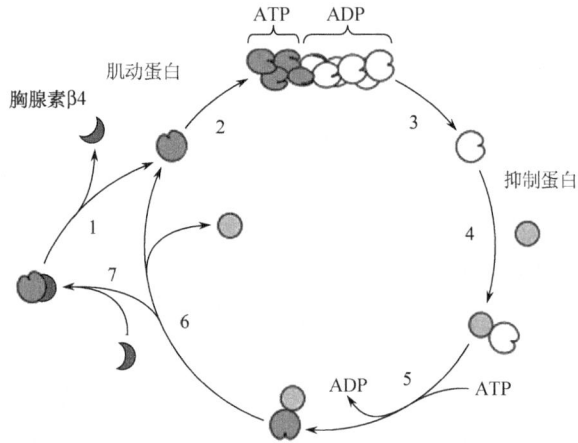

图 8-10　抑制蛋白和胸腺素 β4 调控 G-肌动蛋白聚集的机制（引自 Lodish et al.，2003）

能产生新的微丝末端的结合蛋白：这些微丝结合蛋白将微丝分裂成小片段，产生了新的微丝组装的生长点，进而调控微丝的长度。在类似变形虫的运动中，中心细胞质向前流动，当到达细胞前沿后变成凝胶状。细胞质由流动状向凝胶状改变的现象依赖变形虫向前移动中新的微丝组装和滞后部位原有微丝的解聚，已有微丝的解聚和微丝网络的组装需要凝溶胶蛋白（gelolin）和切丝蛋白（cofilin）的帮助。

8.1.4　肌肉细胞中的微丝结合蛋白

肌球蛋白（myosin） 不仅能与微丝结合还能与一些细胞器或囊泡结合，同时利用 ATP 水解产生的能量沿着微丝运动，因而这类分子常被称为**分子马达（molecular motor）**。肌球蛋白约有 10 余种，其中Ⅰ型和Ⅴ型参与细胞骨架和细胞膜的相互作用，如膜泡运输等。Ⅱ型主要参与肌丝滑动。植物细胞特有的肌球蛋白有三种：Ⅷ、Ⅺ和ⅩⅢ。Ⅺ型肌球蛋白是绿藻和高等植物中胞质环流中运动最快的一类肌球蛋白（表 8-2）。几乎所有的肌球蛋白都由重链、轻链、颈部和尾部组成。重链头部的 ATP 酶活性是肌动蛋白结合位点，通过颈部的 ATP 水解作用周期性地调控 ATP 的结合与水解，进而驱动肌球蛋白分子沿着微丝运动。特别是细胞皮层及神经细胞生长锥前端等富含微丝的部位，多以此种形式进行物质运输。细胞内肌球蛋白几乎都沿微丝的负极向正极运动，只有Ⅵ型肌球蛋白比较特殊，其沿微丝的正极向负极运动。由于肌球蛋白分子结构及其功能上的差异，常将Ⅱ型肌球蛋白称为传统的肌球蛋白，其他的各种类型均称为非传统的肌球蛋白。

表 8-2 肌球蛋白的种类（引自 Lodish et al.，2003）

类型	重链（MW）	结构	步移距离/nm	活性
Ⅰ	110 000～150 000		10～14	与细胞质膜结合，内吞囊泡
Ⅱ	220 000		5～10	肌丝滑动
Ⅴ	170 000～220 000		36	膜泡运输
Ⅵ	140 000		30	内吞作用
Ⅺ	170 000～260 000		35	胞质环流

1）Ⅱ型肌球蛋白

Ⅱ型肌球蛋白存在于多种细胞中。在肌细胞中，Ⅱ型肌球蛋白约占肌肉总蛋白的一半，其分子质量约为 45kDa。其由 1 或 2 条重链和几条轻链组成，重链常相互缠绕形成长约 140nm、直径 2nm 的双股 α 螺旋。重链由头、颈和尾部组成。在无肌动蛋白时，肌球蛋白能缓慢地将 ATP 水解成 ADP 和焦磷酸。然而当肌球蛋白和肌动蛋白结合时，肌球蛋白头部的 ATP 水解酶活性是未与肌动蛋白结合的肌球蛋白的 4～5 倍。肌动蛋白激活的这一过程确保了肌球蛋白头部的 ATP 酶调控二者结合的最大速率（图 8-11）。

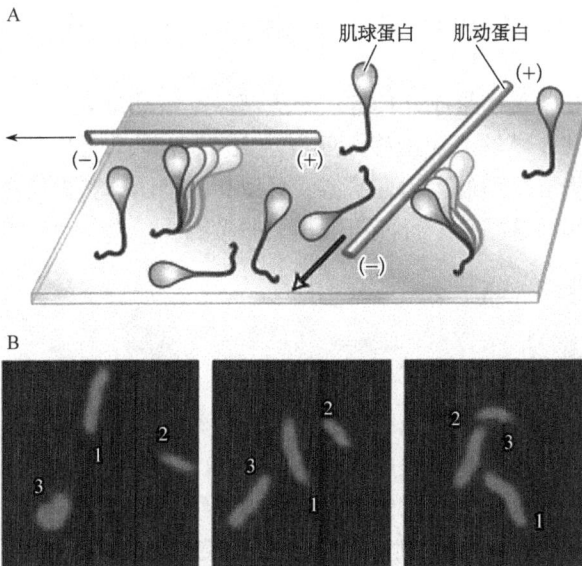

图 8-11 肌球蛋白体外运动实验（引自 Yanagida，1990）

A. 肌球蛋白通过尾部被固定在玻片上后在 ATP 存在时，肌球蛋白的运动就导致玻片的滑动；

B. 通过荧光显微镜的显微摄影技术观察到 3 条微丝在 30min 内的运动

　　与头部紧接的是 α 螺旋颈部。轻链结合在重链的颈部，具有调节功能。轻链调控头部构象及结构域活性的改变，由此引起头部运动。不同类型的肌球蛋白最大的差别在于轻链的数量和种类。Ⅱ型肌球蛋白含有两条不同的轻链，一条为轻链，一条为调节轻链，二者都是钙结合蛋白。

　　在骨骼肌中Ⅱ型肌球蛋白的尾部相互缠绕形成高度稳定的棒状结构，头部在棒状结构的两端，中间是空白区，这种排列特点构成了粗肌丝（图 8-12B）。此外，Ⅱ型肌球蛋白在非肌肉细胞中参与胞质分裂过程中收缩环的形成和张力纤维的活动。

　　2）非传统型的肌球蛋白

　　1973 年，Pollard 和 Korn 在原生动物 Acanthamoeba 中分离出一种特殊的肌球蛋白样蛋白。与肌肉中的肌球蛋白不同，这种小的肌球蛋白只有一个头部，并且在体外无法组装成纤维。目前将与传统的Ⅱ型肌球蛋白不同的一系列肌球蛋白都称为非传统型肌球蛋白。

　　Ⅰ型肌球蛋白的结构比较特殊，由于它的重链缺少 α 螺旋序列，因而Ⅰ型肌球蛋白是一个单体（表 8-2，图 8-12A）。肌球蛋白行使何种功能依赖其尾部与细胞不同部位的结合，Ⅰ型肌球蛋白的尾部和细胞质膜结合，介导质膜和皮层中微丝之间的互作，因而其可改变细胞形态。

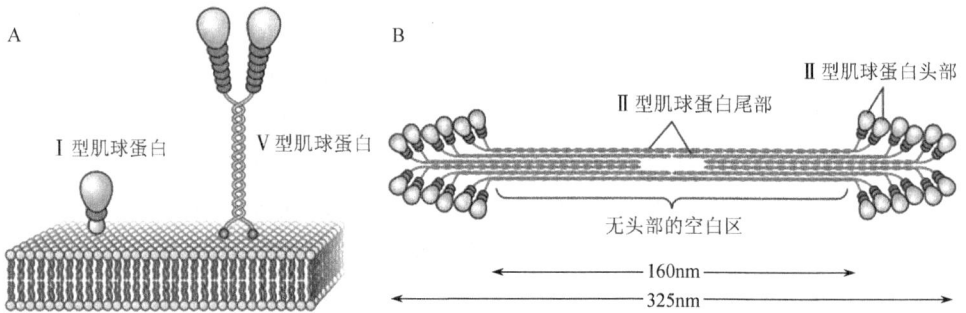

图 8-12　肌球蛋白尾部功能示意图（引自 Lodish et al.，2003）

　　Ⅴ型肌球蛋白由 2 条重链组成，具有 2 个头部。Ⅴ型肌球蛋白的颈部长达 23nm，是Ⅱ型肌球蛋白的 3 倍，其在微丝上的步移幅度可涵盖 13 个肌动蛋白的长度，达 36nm（表 8-2），从而介导转运货物沿微丝的运动。Ⅴ型、Ⅵ型和Ⅺ型肌球蛋白的尾部结合在细胞质膜或细胞内细胞器膜上，因而这些分子行使与膜相关的功能。

8.1.5　微丝的功能

8.1.5.1　支持作用

　　维持细胞形态：细胞质靠近细胞质膜的部分是微丝富集的区域，这些微丝相互交联形成网络状结构，这一区域常被称为**细胞皮层（cell cortex）**。细胞皮层通过微丝结合蛋白与细胞质膜构成一个整体，为质膜提供支撑作用，借此维持细胞形态。

　　微绒毛：小肠上皮细胞在面向肠腔一侧细胞质膜突起形成了**微绒毛（microvili）**（图 8-13）。微绒毛的核心是高度有序、平行排列的束状微丝，正极指向微绒毛的顶端，负极终止于端网结构（terminal web）。微丝束是微绒毛的支撑结构，不含肌球蛋白、原肌球蛋白和 α-辅肌动蛋白，不具有收缩功能。例如，绒毛蛋白、毛缘蛋白等微丝结合蛋白起着微丝束的形成及维持微丝束结构等重要作用。

应力纤维：应力纤维是真核细胞中存在的一种较为
稳定的由微丝组成的束状纤维结构。体外培养的细胞常
需形成一种特殊的黏着斑，进而将细胞与细胞外基质黏
附在一起。这时细胞内常含有大量平行排列的微丝束，
其上还有多种微丝结合蛋白，如 II 型肌球蛋白、α辅肌动
蛋白、原肌球蛋白和钙调结合蛋白等。应力纤维在细胞
质中通过与肌球蛋白分子的相互作用也具有收缩功能，
但不参与细胞运动，而是赋予细胞以韧性和强度及维持
细胞的形状，在细胞的形态发生、细胞分化及组织形成
过程中具有重要作用。

8.1.5.2　参与细胞运动

微丝在运动细胞的前沿组装对细胞的迁移至关重要。
通过调控细胞内肌动蛋白的组装和解聚，细胞产生了运
动的动力。细菌和病毒可通过两种方式从宿主细胞中释
放：①宿主细胞裂解后被释放出来；②通过微丝聚集的

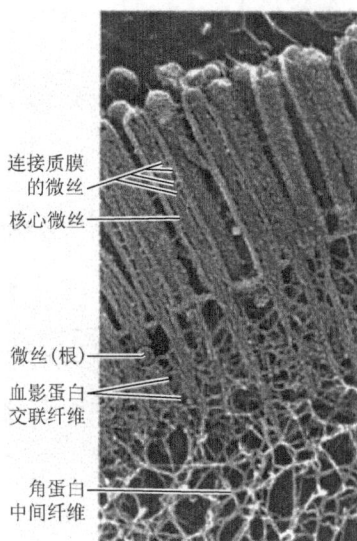

图 8-13　电镜显示变性剂处理后小肠
上皮细胞的顶部结构（引自 Alberts et
al.，2007）

一端逃离出来（图 8-14）。在感染的哺乳动物细胞中，它们在细胞质中以每分钟 $11\mu m$ 的速
度运动。这些运动的病毒和细菌后尾随着一段短的微丝，形状看起来就像快速上升的羽毛，
表明肌动蛋白的运动为病毒和细菌的移动提供动力。对细菌突变体的研究显示，细菌质膜蛋
白与细胞内 Arp2/3 的相互作用，促进了肌动蛋白在细菌附近聚集形成了细菌后面长长的
尾巴。

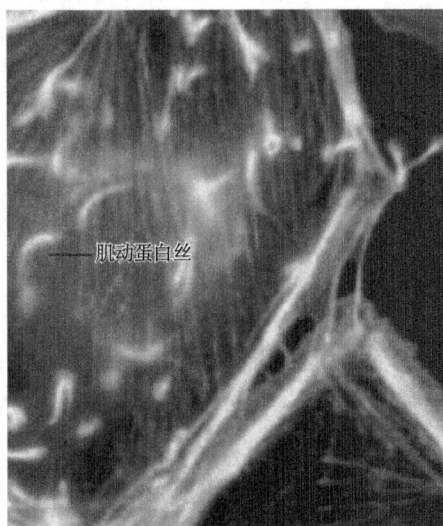

图 8-14　免疫荧光显示肌动蛋白在李斯特杆菌感染的
成纤维细胞中的运动（引自 Lodish et al.，2003）

细胞的运动总是有极性的，也就是
说有些结构总是位于细胞运动的前面，
而有些结构总是在后面。细胞的这种运
动依赖于微丝的组装与解聚。微丝在细
胞运动前缘突出部位的质膜处组装，并
相互交联形成束和网络状，称为**片状伪
足**（lamellipodium），有时形成前端纤细
的**丝状伪足**（filopodium）。外界信号刺
激细胞后，细胞内微丝的聚集形成了细
胞运动方向（图 8-8）。细胞运动经历了
4 个阶段：①伸展。片状伪足向前伸展形
成突起；②新的黏附位点形成。突起处
与基质之间形成黏着斑，将新突起部位
固定在基质上；③移位。这时细胞中大
量的细胞质开始向前流动；④去黏附。
细胞尾部的黏着斑结构消失，尾部与基
质脱离后自由的尾部向突起方向移动（图 8-15）。

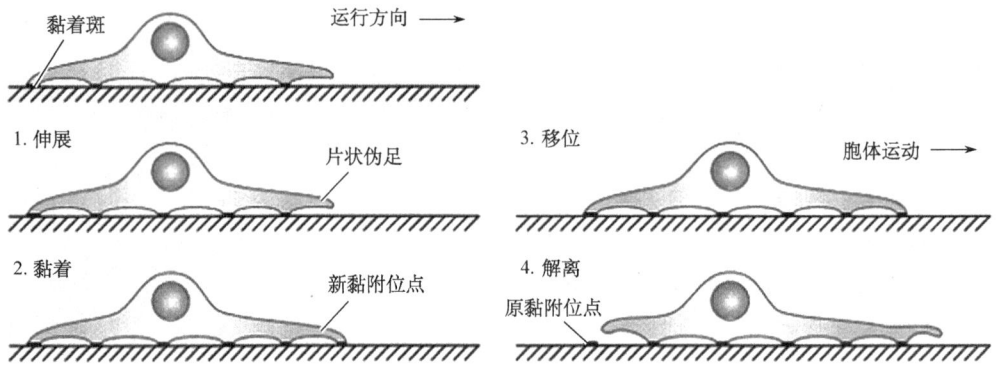

图 8-15　细胞运动模型（引自 Lodish et al.，2003）

8.1.5.3　胞质分裂环

肌球蛋白和微丝构成了非肌肉细胞中的**收缩环**（contractile ring），收缩环由大量平行排列但极性方向相反的微丝组成。肌球蛋白在极性相反的微丝之间的滑动促进了收缩环的收缩，最终在有丝分裂末期将子细胞一分为二。如果抑制其作用细胞，最终由于缺少胞质分裂而形成一个多核体。研究表明缺少Ⅱ型肌球蛋白的细胞不能正确组装胞质分裂环。细胞分裂完成后，收缩环即消失。

8.1.5.4　肌肉细胞的收缩舒张

肌肉细胞在长期的进化过程中形成了一种特殊的功能——收缩。骨骼肌中肌纤维是肌肉收缩的结构基础。肌纤维是长 $1\sim40mm$、宽 $10\sim50\mu m$ 的多核圆柱状结构。细胞质中有规律重复排列的纤维束组成了一个特异性结构，称为**肌小节**（sarcomere）（图 8-16）。静息肌肉中长约 $2\mu m$ 的肌小节组成了**肌原纤维**（myofibrils）。肌小节是骨骼肌的结构和功能单位。电镜显示肌小节主要有两种类型的纤维：Ⅱ型肌球蛋白组成的**粗肌丝**和肌动蛋白组成的**细肌丝**。

细肌丝除肌动蛋白外还包括**原肌球蛋白**（tropomyosin，TM）和**肌钙蛋白**（troponin，TN）。原肌球蛋白在肌细胞中占总蛋白的 $5\%\sim10\%$，分子质量为 64kDa，分子长约 40nm，由两条平行的多肽链形成 α 螺旋结构。原肌球蛋白位于肌动蛋白组成的螺旋沟内，一个原肌球蛋白的长度相当于 7 个肌动蛋白单体，对肌动蛋白与肌球蛋白头部的结合行使调节功能。肌钙蛋白分子质量为 80kDa，含有 3 个亚基，分别是 TN-T、TN-I、TN-C。TN-C 是肌钙蛋白与钙结合的位点，TN-T 与原肌球蛋白有高度亲和力，TN-I 能抑制肌球蛋白头部 ATP 酶的活性。细肌丝中每隔 40nm 有一个肌钙蛋白复合体结合到原肌球蛋白上（图 8-17）。

粗肌丝表面的肌球蛋白头部与细肌丝上的肌动蛋白结合构成了细肌丝和粗肌丝之间的横桥，二者之间的滑动是肌肉收缩的动力（图 8-16B）。

在 ATP 的驱动下，肌球蛋白可沿着肌动蛋白运动（图 8-18）。肌球蛋白头部能容纳 1 分子 ATP，在 ATP 酶的催化下 ATP 水解成 ADP 和焦磷酸。ATP/ADP 结合与肌球蛋白后引起肌球蛋白不同的构象。在无 ATP 结合时，肌球蛋白头部口袋关闭，此时暴露出与肌动蛋白结合的位点，肌球蛋白头部与微丝紧紧的结合在一起。当 ATP 进入肌球蛋白的结合位点

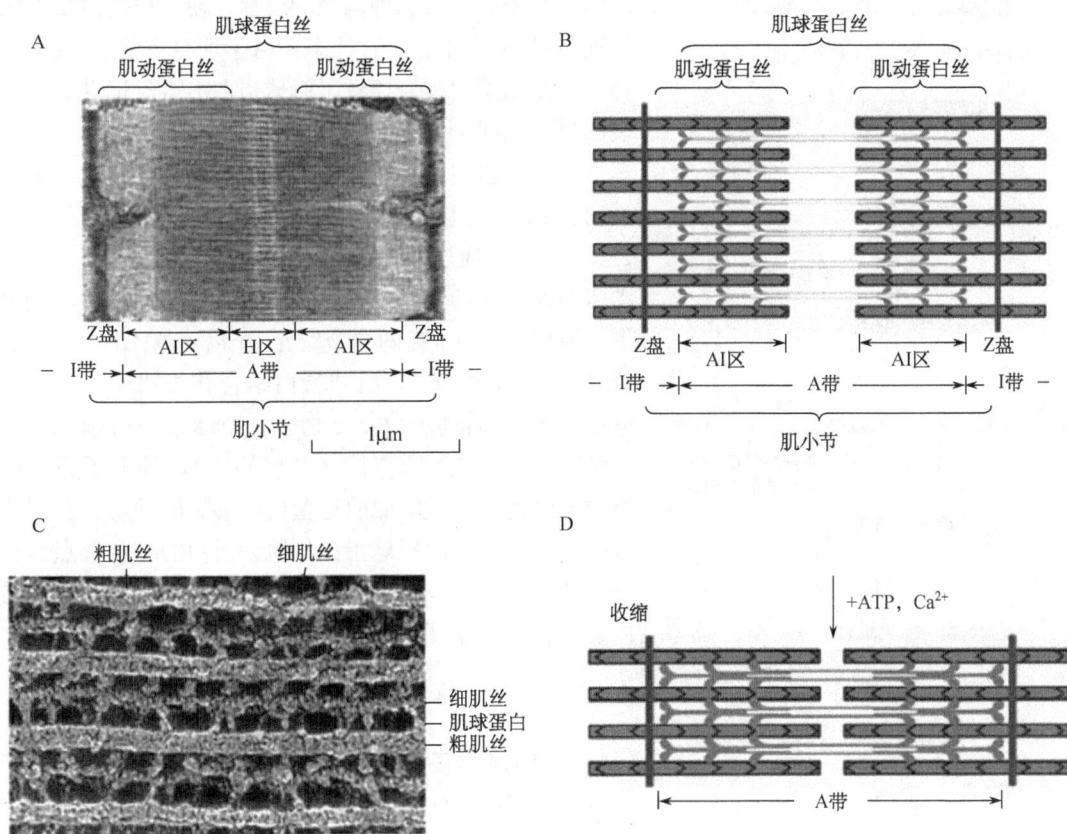

图 8-16　肌小节的结构（引自 Keller，1995）

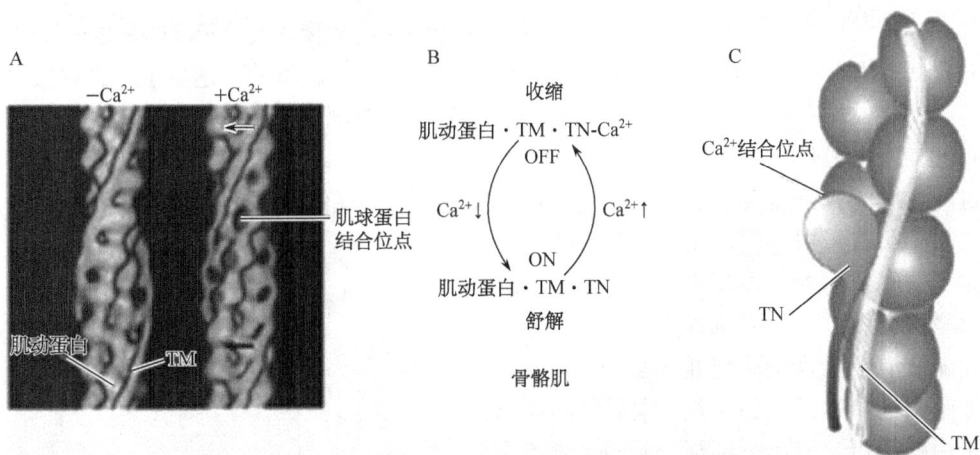

图 8-17　原肌球蛋白和肌钙蛋白与肌动蛋白丝结合的模式图（引自 Lehman et al.，1993）

后，肌球蛋白头部的裂缝开启，与微丝结合的位点丢失，故与微丝的结合减弱。与微丝脱离后，肌球蛋白头部结合的 ATP 水解，引起头部构象的改变，将肌球蛋白头部带到一个更接近微丝正极的新位点，并与此位点上的肌动蛋白结合。当 ATP 水解成 ADP 和焦磷酸时，肌球蛋

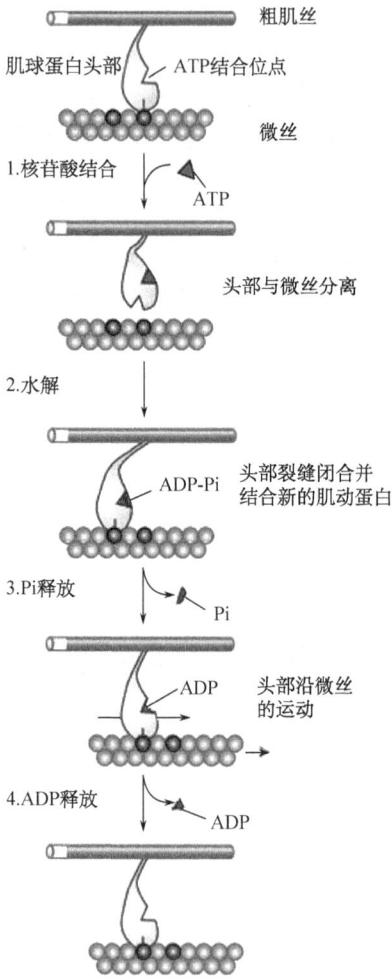

图 8-18　肌球蛋白沿肌动蛋白滑动模型
（引自 Vale and Milligan，2000）

载囊泡在细胞内的运转（图 8-19）。

对阿米巴的研究提供了Ⅰ型肌球蛋白参与膜泡运输的线索。随后在不同的阿米巴中克隆了 3 个Ⅰ型肌球蛋白基因，发现编码的蛋白位于细胞不同膜结构中。ⅠA 型肌球蛋白与细胞质中小膜泡相关。ⅠC 型肌球蛋白位于细胞质膜和收缩液泡上，收缩液泡通过与质膜的融合调控细胞内的渗透压。如果用抗体阻断ⅠC 型肌球蛋白的作用，液泡不能运至质膜，无法控制液泡的体积，最终引起细胞破裂。

Ⅴ型肌球蛋白参与细胞内膜泡运输。酵母中肌球蛋白Ⅴ型基因的突变能破坏蛋白质的分泌，引起膜泡在细胞质中累积。脊椎动物脑组织中富含聚集在高尔基体附近的Ⅴ型肌球蛋白。如果其基因发生突变则化学递质的传递就

白的头部经历了第二种构象的改变，使肌球蛋白重新恢复到与肌动蛋白结合的状态。由于肌球蛋白与微丝结合，这种构象的改变导致了肌球蛋白沿微丝运动。肌球蛋白释放 ADP，重新回到最初的状态。

在肌球蛋白丝与肌动蛋白丝的相对滑动中，原肌球蛋白和肌钙蛋白对二者具有调节作用（图 8-17A 和图 8-17B）。TN-C 通过 TN-T 和 TN-I 调控原肌球蛋白在肌动蛋白丝表面的位置。因而在肌钙蛋白和钙离子的调控下，原肌球蛋白有两种构象：开启和关闭。在缺少 Ca^{2+} 时（关闭构象），肌球蛋白结合在细肌丝上，此时原肌球蛋白-肌钙蛋白复合物阻止肌球蛋白沿细肌丝的滑动。TN-C 结合 Ca^{2+} 后（开启构象），触发了原肌球蛋白轻微运动，此时原肌球蛋白位移到肌动蛋白双螺旋沟的深处，暴露出肌球蛋白与肌动蛋白的结合位点。在 Ca^{2+} 浓度大于 10^{-6} mol/L 时解除了原肌球蛋白-肌钙蛋白复合物的抑制现象，收缩进行。

8.1.5.5　介导膜泡运输

在对细胞质的早期研究中发现一些膜泡在细胞质中沿直线运动，并且时走时停，有时运动方向也会发生改变。膜泡运输的这种运动方式显然不是由扩散引起的，推断细胞内必定存在一些运输货物的通路，而最有可能的是微丝和微管。与之相适应的是，细胞在进化过程中产生了一种专门转运货物的大分子，即**马达分子（motor molecule）**。肌球蛋白是微丝的马达分子，肌球蛋白通过的尾部结合膜泡，头部沿着微丝运动，从而沿着微丝运

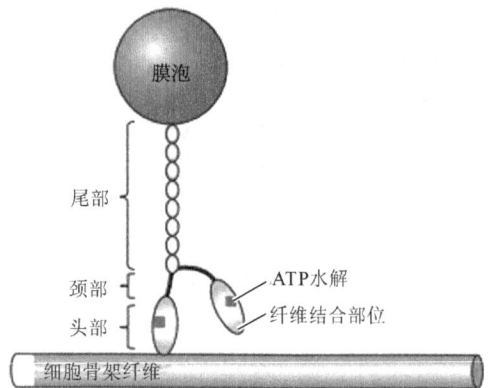

图 8-19　马达蛋白沿细胞骨架运动模型
（引自 Lodish et al.，2003）

会受阻，最终引起死亡。Ⅵ型肌球蛋白也参与膜泡的运输。

8.1.5.6　胞质环流

在液泡发达的植物细胞中，细胞质的流动是围绕中央液泡进行的环形流动模式，这种流动称为**胞质环流**（cyclosis）。例如，体积较大的绿藻 *Nitella* 和 *Chara* 中，细胞质在细胞内不间断的做环状运动，并且流动速度非常快，可达每分钟 4.5mm。胞质环流现象源于微丝的动态变化，可能与细胞代谢活动有关。

8.2　微管

1963 年，有学者使用戊二醛代替锇酸在室温下固定标本，在水螅刺细胞中发现了微管，此后几乎在所有的真核细胞中都发现了这样的结构。微管是由球状微管蛋白亚基组成的一种细长而具有一定刚性的中空圆管状结构，在细胞内多呈束状或网状分布。根据细胞内微管存在的时间长短分为两大类：稳定微管和不稳定微管。稳定微管位于不分裂细胞中，形成如鞭毛和纤毛及神经细胞中的轴突等结构，这类微管通常永久出现在细胞内。不稳定微管是在需要时临时组装的，完成任务后又快速解聚，如有丝分裂纺锤体，这类微管的寿命较短。

8.2.1　微管的结构

微管（microtubule）为外径 25nm、内径约 14nm 的中空圆柱形结构，长度可以从几个微米直到几百微米不等。构成微管的主要成分为微管蛋白，目前发现的微管蛋白有 α、β、γ、δ、ε、ζ 及 η 7 种。其中真核生物中普遍存在 α、β、γ 3 种微管蛋白，从衣藻、草履虫等单细胞生物中分离出 δ、ε、ζ 和 η 4 种微管蛋白。

真核细胞中 α 和 β 微管蛋白序列高度保守，二者组成的异二聚体是所有微管结构的主要组成成分。尽管第三种 γ-微管蛋白不是组成微管的亚单位，但它帮助 $\alpha\beta$-微管蛋白结合在**微管组织中心**（microtubule organizing center，MTOC），进而形成微管。$\alpha\beta$ 异二聚体可结合两分子的 GTP。α 微管蛋白上结合的 GTP 不能被水解，而 β 微管蛋白上结合的 GTP 能被水解成 GDP。微管的延长和解聚主要取决于微管蛋白结合的 GTP 或 GDP。当微管末端结合的为 GTP 时微管趋向延伸，而当微管末端结合的为 GDP 时微管趋向解聚。由于 $\alpha\beta$ 异二聚体中只有 β 微管蛋白上的 GTP 存在水解的特点，因而将微管中 β-微管蛋白暴露一端称为正极，相反 α-微管蛋白暴露的一端称为负极。α-和 β-微管蛋白组成 8nm 的 $\alpha\beta$-异二聚体，游离的 $\alpha\beta$-异二聚体微管蛋白相互聚集形成短的原纤丝，最终 13 根原纤丝合拢形成中空管状的微管（图 8-20）。

在细胞中微管有三种组装形式：单体微管、二联体微管和三联体微管。多数情况下，细胞质中的微管均为单体微管，由 13 根原纤丝组成，这类微管在低温和秋水仙素作用下容易解聚，属于不稳定微管。二联体微管构成了细胞鞭毛、纤毛等运动器官。这类微管由两个单体微管组成，一个单体微管有 13 根原纤丝，而另一个只有 10 根原纤丝，二者共用了 3 根原纤丝组成了一个融合体。三联体微管常见于中心体和基体，是细胞内二联体微管附着的位点。在第二根微管共用单体微管的 3 根原纤维后，第三个微管又共用了第二根微管的 3 根原纤维。二联体和三联体微管都属于稳定微管，对低温和秋水仙素的作用不敏感。

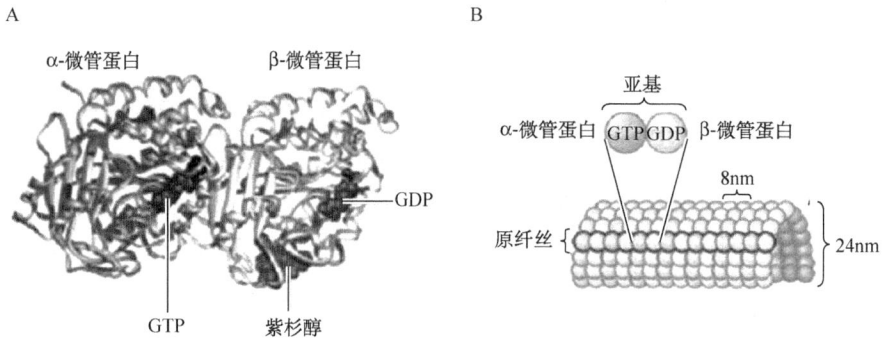

图 8-20　α-和 β-微管蛋白及组成微管的结构（引自 Nogales et al.，1998）

8.2.2　微管的组装

8.2.2.1　微管组装的基本特征

极性的 αβ-异二聚体组装成了微管，微管的组装和稳定依赖温度的变化。例如，微管在 4℃解聚成 αβ-异二聚体。当温度升高到 37℃并有 GTP 存在时，微管异二聚体聚合。

微管的组装与微丝的组装有一些共同特点。

（1）在 αβ-微管蛋白浓度高于临界浓度 C_c 时，二聚体组装成微管；反之，解聚。

（2）不管是 GTP 还是 GDP，二者的结合引起 β-微管蛋白 C_c 改变，导致微管在正极或负极组装。

（3）当 αβ-微管蛋白浓度高于临界浓度 C_c 时，二聚体在正极组装。

（4）当 αβ-微管蛋白浓度高于 C_c^+，但低于 C_c^- 时，微管的组装出现踏车现象，正极组装、负极解聚。

由于细胞内组装的微管蛋白浓度（10～20μmol/L）远远高于组装的 C_c 值（0.03μmol/L），因而微管蛋白基本上以聚集体形式存在。微管中 13 根原纤维的取向是相同的，此时，微管正极结合的是 GTP，而 GTP 与异二聚体结合力高，因而会有更多的异二聚体结合。而负极由于 GTP 水解成 GDP，GDP 同异二聚体的亲和力下降，故负极主要解聚。如果此时组装和解聚的速度相同，则出现踏车现象。除了 GTP 水解的原因外，当 αβ-微管蛋白浓度高于 C_c^+ 但低于 C_c^- 时，微管的组装也会出现与微丝相似的踏车现象。

细胞内微管的长度在延伸和缩短之间出现震荡变化，通常微管延伸的速度远远慢于微管缩短，这种现象称为**动态不稳定（dynamic instability）**。微管的动态不稳定是由微管正极的帽子结构引起的。当结合 GTP 的异二聚体聚集到微管上后 β-微管蛋白结合的 GTP 水解成 GDP。如果组装的速率快于 GTP 水解的速率，那么产生的微管末端就覆盖了 GTP 帽，这时微管在正极组装的速率较负极快 2 倍。随着游离异二聚体在细胞内浓度的下降，β-微管蛋白结合的 GTP 不断被水解成 GDP，使得此前的 GTP 帽变成了 GDP 帽导致微管解聚能力提高，微管延伸的速率降低，导致微管缩短。解离的异二聚体的浓度在细胞内不断上升，β-微管蛋白上的 GDP 重新被 GTP 替代，导致了微管组装趋势增高。细胞内 GTP/GDP 结合的微管蛋白比例及浓度的周期性改变是微管动态不稳的原因。电镜下微管组装的末端是不平坦的，因为有些原纤丝组装的快，有些慢。微管解聚时微管末端常呈散开状态，就像原纤丝之间的侧向相互作用被打破一样。当末端散开且侧向稳定的相互作用消失，原纤丝末端的微管蛋白亚基解聚（图 8-21）。

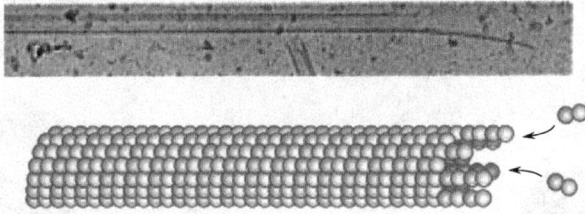

A 微管组装(延长)

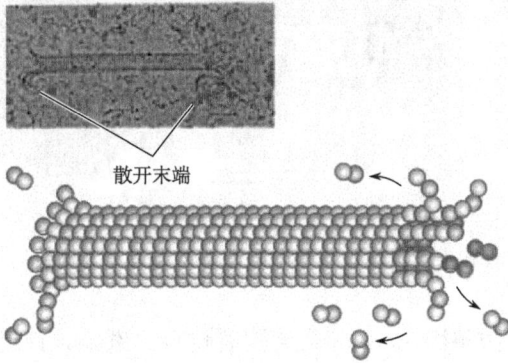

B 微管解聚(缩短)

散开末端

图 8-21 微管动态不稳定（引自 Hyman and Karsenti，1996）

8.2.2.2 γ-微管蛋白及中心体在微管组装过程中的作用

1988 年，Boveri 首先发现了**中心体（centrosome）**。中心体是动物细胞特有的结构，由中心粒（centriole）和中心粒旁基质（peri-centriolar matrix，PCM）组成（图 8-22A）。中心粒是一圆柱形结构，直径 $0.2\mu m$，长度约为 $0.4\mu m$。中心粒的放射状辐将 9 组三联体微管连接构成了中空的车轮状结构。中心粒成对出现，相互间呈直角排列（图 8-22B）。间期细胞中心体位于细胞核附近，而在有丝分裂期中心体构成了有丝分裂纺锤体的两极。不管细胞处在何种时期，中心体都是细胞内微管起始组装的位点，称为微管组织中心（图 8-22C）。微管组织中心处的微管主要是 γ-微管蛋白，它们组成一种约 25S 的复合物，称为**γ 微管蛋白环状复合体（γ-tubulin ring complex，γTuRC）**。在这一结构中 4 种未知蛋白环形排列，13 个 γ-微管蛋白也以左手螺旋形成环状排列。每一个 γ-微管蛋白与 αβ-异二聚体中的 α-微管蛋白结合，因而决定了最后组装的微管只能由 13 根原纤丝组成。同时 α-微管蛋白与 γ-微管蛋白的结合决定了微管负极指向微管组织中心，将 GTP 能水解的 β-微管蛋白一端暴露在外形成正极，建立了微管的极性。也就是说，所有的细胞中微管的负极指向微管组织中心，正极指向微管组织中心的远端。微管的这种组装结构也决定了细胞内的微管组装首先在微管组织中心处开始，然后在正极延伸。微管组织中心决定了微管成核反应，这一过程相对较慢，形成的微管较短，是微管组装的限速步骤。一旦成核反应结束，即进入延伸阶段，此时二聚体以较快的速度结合在已形成微管的正极，不断延长。

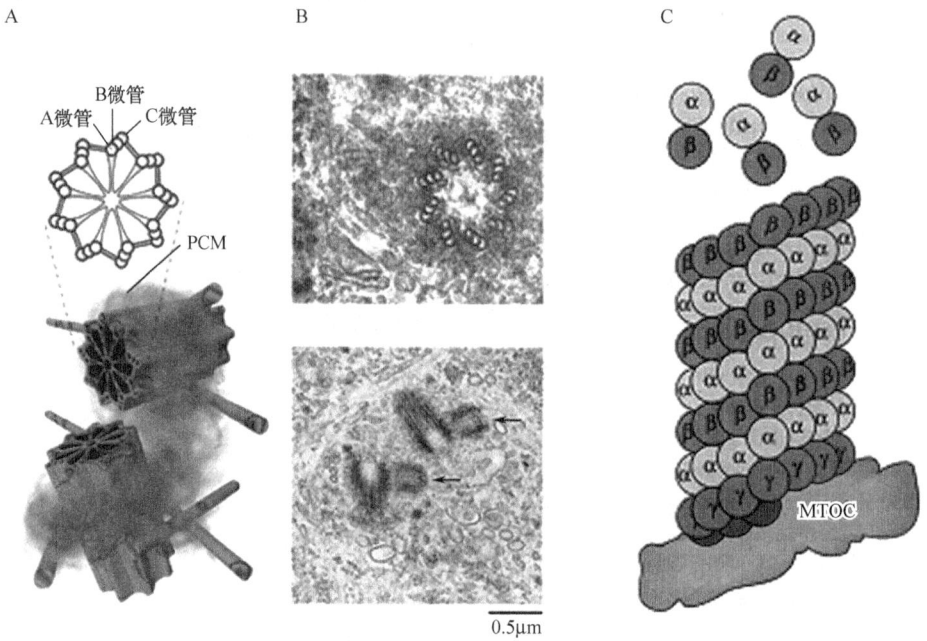

图 8-22　中心体结构以及微管在中心体微管组织中心处 γ-微管蛋白上的组装（引自 Karp，2005）

　　并不是所有的动物细胞中的中心体都是微管附着位点。例如，神经细胞轴突中的微管就没有结合在中心体上。然而，人们却认为轴突中微管在中心体起始形成后从微管组织中心处释放出来，通过马达蛋白被转移到轴突部位。另外，植物细胞和某些动物细胞中虽然未发现中心体，如卵母细胞，但它们却能形成纺锤体结构。这些细胞在缺失中心体的情况下如何形成纺锤体现在还是未解之谜。

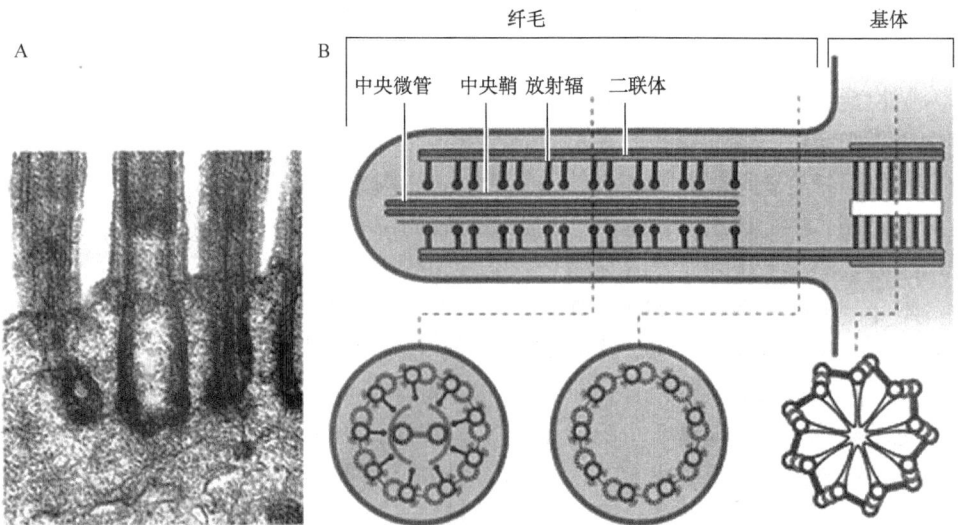

图 8-23　纤毛纵切面的电镜图（A）和模式图（B）（引自 Karp，2005）

细胞中除了中心体能作为微管组织中心外，鞭毛和纤毛在细胞内附着的部位是基体。基体与中心粒在结构上基本一致，也属于三联体微管。其中 A 和 B 微管形成了相应的纤毛中的轴丝，C 微管终止于纤毛板或基板（图 8-23）。

🌐 **中心体的研究进展**

细胞内中心体并不只是作为微管组织中心，目前发现中心体是一个细胞内蛋白质聚集的场所。通过蛋白质双向电泳实验，已发现大约 500 多种蛋白质驻扎在中心体上。这些蛋白质涉及细胞周期蛋白、凋亡蛋白、信号转导蛋白等。由于中心体参与有丝分裂纺锤体的形成，故中心体上驻扎的蛋白质也呈动态变化的特点，即不同的细胞周期中不同的蛋白质结合在中心体上。总体上可将中心体蛋白划分为两类：一类是常驻蛋白即中心体结构蛋白，这类蛋白质不管细胞处在何种时期都结合在中心体上；另一类是暂住蛋白，即在某个特定的时期或发挥生物学活性时才与中心体结合，随后又与中心体分离。因而人们现在将中心体作为细胞内的一个开放平台，调控如细胞周期运转、信号转导、细胞凋亡等诸多重要的生命事件。中心体在疾病发生中的作用也引起了人们的普遍关注，特别是肿瘤的发生。目前几乎在所有已知的肿瘤中均发现中心体结构与功能的异常，其改变已被作为肿瘤细胞的特征之一。此外，中心体在神经细胞发育及干细胞发育和分化中决定了细胞的极性，由此也决定了细胞未来的命运。尽管人们对中心体的了解逐渐深入，但中心体在细胞中的作用还有很多是未解之谜。

8.2.2.3　微管的特异性药物

秋水仙素（colchicine）是一种生物碱，能与微管特异性结合，抑制微管组装。秋水仙素在 β-微管蛋白上有两个结合位点。结合有秋水仙素的微管蛋白可以装配到微管末端，但阻止了其他微管蛋白的加入。但不同的秋水仙素浓度对细胞造成的影响不同，高浓度的秋水仙素处理细胞后，细胞内的微管全部解聚，而低浓度的秋水仙素处理细胞后，微管保持稳定，并将细胞阻断在有丝分裂中期。

紫杉醇（taxol）是红豆杉属植物中的一种次生代谢产物。紫杉醇能促进微管的装配，并使已形成的微管稳定。紫杉醇只结合在组装的微管上，不与游离的 αβ-异二聚体结合。紫杉醇结合在微管上后，导致细胞内游离的异二聚体的浓度急剧上升，干扰了细胞的各种功能，使细胞停滞在有丝分裂期。

8.2.3　微管结合蛋白

微管结合蛋白（microtubule-associated protein，MAP）占微管结构的 $10\% \sim 15\%$，它不是微管结构的组成成分，但在微管组装后结合在微管表面，帮助稳定微管结构及介导微管与其他细胞成分相互作用。微管结合蛋白有一个结合区和一个突出区。结合区介导了微管结合蛋白与微管的结合，突出区决定了微管成束时彼此间的距离。

根据氨基酸序列不同微管结合蛋白可分为两类：Ⅰ型和Ⅱ型（表 8-3）。Ⅰ型微管结合蛋白包括 MAP1A 和 MAP1B，它们含有多个 Lys-Lys-Glu-X 氨基酸重复序列。带负电荷的微管蛋白通过此序列与微管结合蛋白结合后电荷被中和，从而稳定了微管的结构。Ⅱ型微管结合蛋白包括 MAP2、MAP4 和 Tau，它们有 3 或 4 个与微管蛋白结合的 18 个氨基酸重复序列（图 8-24）。微管结合蛋白多数存在于脑组织的轴突和树突中，只有 MAP3 和 MAP4 广泛存在于各种细胞中。

表 8-3　细胞中微管结合蛋白的种类及分布（引自 Karp，2005）

蛋白质	分子质量/kDa	分布	功能
MAP1A	350	成熟轴突和树突	调控微管延长，不能是微管成束
MAP1B	325	新生轴突	轴突的再生与生长，与中枢神经系统生长修复相关
MAP2A	270	神经细胞胞体和树突	神经元发育过程中表达增加
MAP2B	270	神经细胞胞体和树突	神经元发育过程中表达保持恒定
MAP2C	70	不成熟的神经元树突	
Tau	50~65	神经细胞轴突	加速微管蛋白的聚合
MAP3	200	广泛分布	
MAP4	180	广泛分布	细胞分裂时调节微管的稳定性

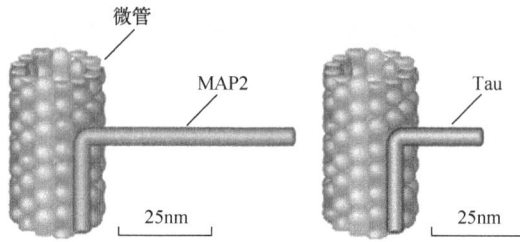

图 8-24　微管结合蛋白 MAP2 和 Tau 的结构（引自 Chen et al.，1992）

由此可知，微管结合蛋白具有多方面的功能：①使微管间交联形成束状结构，也可以使微管同其他细胞结构交联，如质膜、微丝和中间丝等。例如，神经细胞轴突中 Tau 含量丰富，有利于保持维管束结构。此外在神经细胞分化过程，抑制 Tau 蛋白的表达即可抑制轴突的形成而树突不受影响；②调节微管组装的作用。细胞内 cAMP 依赖的蛋白激酶（cAMP-dependent-protein-kinase）可磷酸化 MAP2，磷酸化的 MAP2 可抑制微管组装；③沿微管运输囊泡和颗粒；④微管结合蛋白横向连接微管，提高了微管空间结构的稳定性，使微管能抵御某些化学物质（秋水仙素）和物理因素（低温）的影响而不至于解聚。

8.2.4　微管马达蛋白

细胞内除了能稳定微管结构的微管结合蛋白外，还有介导细胞内物质运输的微管马达蛋白。微管马达蛋白有两种：**驱动蛋白（kinesin）**和**胞质动力蛋白（cytoplasmic dynein）**。微管马达蛋白的运动都是单向的，一种分子介导一个方向的运动，保证了细胞内物质运输的方向性（图 8-25）。

1985 年，在鱿鱼的轴质中首先分离出了分子质量为 380kDa 的驱动蛋白。驱动蛋白是一个由两条重链和两条轻链组成的柱状四聚体。驱动蛋白的两条重链构成了球形的头部具有 ATP 酶的作用并能与微管结合，而两条轻链形成的尾部则能结合运输物质（图 8-26）。驱动蛋白是类驱动蛋白（kinesinlike protein）超家族的成员，这个家族的蛋白质具有相似的头

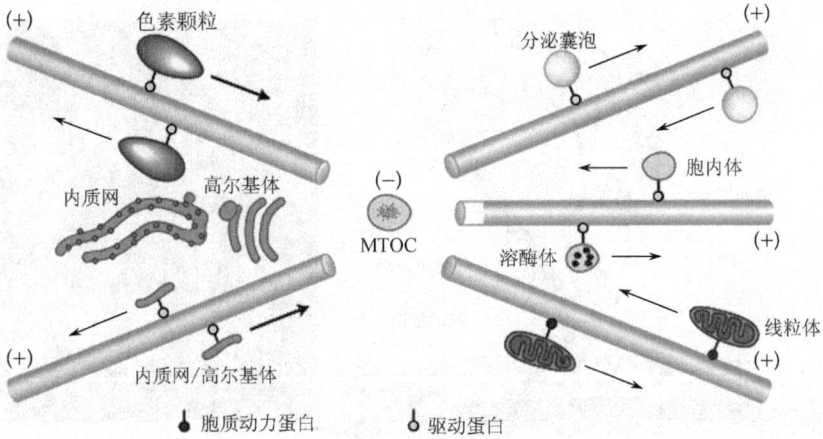

图 8-25 驱动蛋白与胞质动力蛋白介导细胞内物质运输模型（引自 Hirokawa，1998）

部、不同的尾部，提示驱动蛋白介导不同的物质运输。驱动蛋白沿微管的负极向正极运动，每走一步向正极移动两个微管蛋白（8nm）的距离。

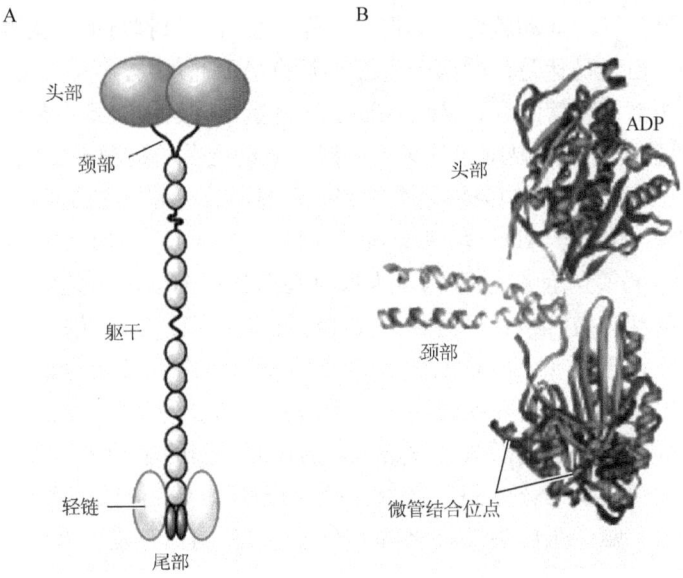

图 8-26 驱动蛋白的结构（引自 Thormahlen et al.，1998）

1963 年在鞭毛和纤毛中首次发现了胞质动力蛋白，但 20 年后才在哺乳动物中鉴定出胞质动力蛋白。胞质动力蛋白分子质量为 1200kDa 的多亚基蛋白复合体，由 2 条重链和 4 条轻链及 3 条中等链组成（图 8-27）。重链形成了具有 ATP 酶活性的头部，其能沿微管的正极向负极运动，参与纺锤体的定位，有丝分裂时染色体向两极的运动及细胞内膜泡和细胞器的运动等。由于不同的马达蛋白沿微管的不同方向运动，因而物质在细胞内的运动是定向的。

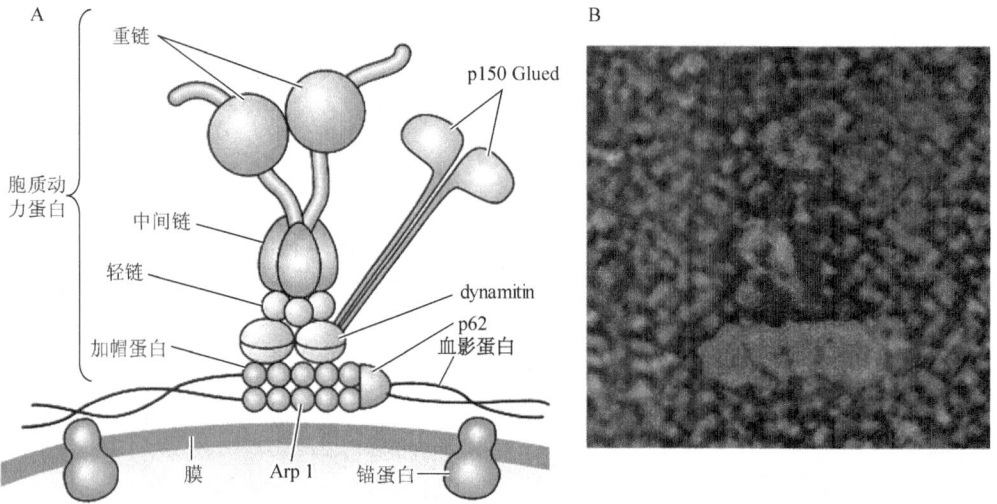

图 8-27　动力蛋白与动力蛋白结合蛋白二聚体结构（引自 Hirokawa，1998；Eckley et al.，1999）
A. 动力蛋白与动力蛋白激活蛋白结合，动力蛋白激活蛋白的 Arp1 亚基形成微小纤维与质膜下的血影蛋白结合，
p50 亚基与微管和囊泡结合；B. 电镜下二者的结构

　　微管马达蛋白沿微管的运动就像人类走路一样，总有一只脚与地面接触，两只脚不断交替向前产生了运动。由于马达蛋白的两个头部都具有 ATP 酶的活性，因而马达蛋白沿微管运动时，总有一个头部与微管结合，从而保证了马达蛋白在运动时不会从微管上掉下来（图 8-28）。下面以驱动蛋白为例简要阐述其运动机制。驱动蛋白的运动主要包括头部与 ATP 的结合、ATP 水解、ADP 释放及构象恢复等过程。静息状态驱动蛋白的两个头部总是一个在前（既不结合 ATP 也不结合 ADP），一个在后（结合 ADP）。当前面的驱动蛋白头部结合 ATP 时导致构象发生改变，使在后面的马达蛋白头部越过前面的马达蛋白头部向微管正极移动。这时两个头部均与微管结合，但两个头部位置发生了改变。原来在前面的驱动蛋白头部现在变成了后面驱动蛋白头部。此时走在后面的驱动蛋白头部结合的 ATP 水解成 ADP 后致使其与微管分离，而此时走在前面的驱动蛋白头部结合的 ADP 释放，使驱动蛋白恢复到静息状态（前面的驱动蛋白头部结合位点是空的，而后面的驱动蛋白头部结合 ADP）。如果前面的驱动蛋白头部再次结合 ATP 后，又一轮的循环开始。如此不断重复，导致驱动蛋白沿微管向正极运动，驱动蛋白头部每水解 1 分子 ATP 向前移动一步（8nm 的 αβ-异二聚体长度）。

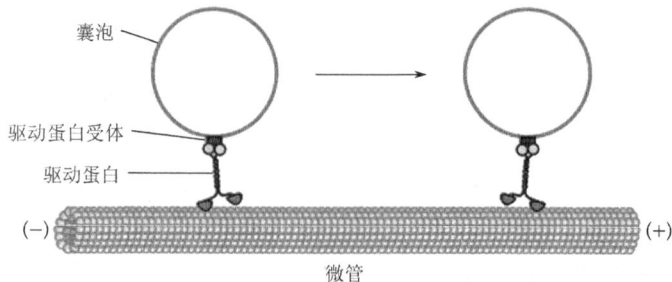

图 8-28　驱动蛋白介导的细胞内膜泡运输模式图（引自 Vale et al.，1985）

8.2.5　微管的功能

1）维持细胞形态

微管是一种中空的刚性纤维，具有抗压和抗弯曲的特性，为细胞提供了机械支撑力。当用秋水仙素处理细胞破坏微管后，细胞阻滞在有丝分裂期呈圆形。而当去除秋水仙素的作用后，细胞内的微管重新组装，进入细胞周期并呈特定形态，表明微管在维持细胞形态方面起着重要作用。这也是在制作染色体核型时常用秋水仙素处理细胞的原因。

2）为细胞内细胞器的定位提供位点

动物细胞中的微管以微管组织中心为中心向细胞质膜方向呈放射状分布，直至细胞质膜下方。细胞内微管马达蛋白介导了细胞器的分布。例如，内质网膜通过驱动蛋白沿微管向正极的运动，使内质网在细胞质基质中向细胞四周拉伸，最终呈扁平囊状。同样细胞内高尔基体的分布也依赖于微管马达蛋白——胞质动力蛋白的作用。胞质动力蛋白沿微管向负极运动过程中将高尔基体拉向细胞核附近，定位于中心体周围。秋水仙素处理细胞后，由于微管结构的破坏，细胞内高尔基体和内质网的正常空间结构丧失，致使高尔基体分解成小囊泡，散布于细胞质基质中，与核膜相连的内质网则聚集在细胞核附近。

3）细胞内物质的运输

真核细胞内具有复杂的内膜系统，从而使细胞质高度分区化。微管是细胞内的细胞器及物质定向运输的主要通道，如神经元轴突内的物质运输。轴突内的物质运输分为两类：慢速运输（slow transport）和快速运输（fast transport）。前者的运输速度为 $1\sim3mm/d$，后者的运输速度为 $100\sim400mm/d$。慢速运输主要运输的物质是微管蛋白、肌动蛋白、神经丝蛋白、乙酰转移酶等，属于大批量运输。快速运输主要运输的是与膜更新相关的蛋白质，如轴突膜、突触小泡膜、前突触膜的蛋白质成分等。细胞的分泌颗粒和色素颗粒的运输也是由微管介导的。细胞质是一个黏性介质，妨碍其中的大分子以扩散方式运动。微管正极指向细胞质膜，负极位于细胞核附近的中心体上的这种细胞内分布特点使得多种病毒将微管作为进出细胞核的通路，以中心体作为病毒颗粒组装位点。能引起微管解聚的试剂可阻断细胞内物质运输途径及病毒的入侵和病毒颗粒的组装。

4）鞭毛和纤毛的运动

微管组成了细胞的两个主要运动器官即鞭毛（flagellum）和纤毛（cilium）。鞭毛和纤毛之间没有明显的界定，通常将数量少、长度长（$150\mu m$）、以波浪式运动的称为鞭毛。而纤毛通常数量多，长度较短（$5\sim10\mu m$），运动方式无规律。像单细胞生物，如鞭毛虫和纤毛虫、藻类等，纤毛和鞭毛的运动是它们运动的主要形式。而多细胞生物中，如呼吸道的上皮细胞通过纤毛的运动运输物资。此外，鞭毛和纤毛还可以帮助细胞锚定在某个地方，使细胞不易移动。

鞭毛和纤毛都有微管相互连接构成的轴丝（axoneme）结构。轴丝是由膜包裹的微管组成的有规律的 9+2 结构（图 8-29）。9 组二联体微管在最外圈，中央是 2 个单体微管。与中心体上微管的组装一样，所有的轴丝微管都是正极指向胞外，即纤毛或鞭毛的顶端。9 组二联体微管中一条为完整微管，称为 A 微管；而另外一条则少 3 根原纤丝，称为 B 微管。9 组二联体微管之间通过连接蛋白相互连接形成微管最外圈。其中 A 微管上又有 9 个长约 15nm、粗约 5nm 形成的 24nm 间隙的两个短臂，位于外侧的称为外臂，内侧的为内臂。短臂的主要成分是动力蛋白，由完整的 A 微管形成指向邻近的 B 微管，它们与相邻二联体 B

微管的相互作用是鞭毛或纤毛弯曲的结构基础。轴丝 9＋2 结构中央的 2 个单体微管外面包裹一层蛋白质鞘称为中央鞘（central sheath）。中央鞘与 9 组二联体微管之间由放射辐连接。放射辐是由外圈二联体微管的 A 微管上伸出，靠近中央鞘时放射辐一端膨大，形成辐头。2 个单体微管均为完全微管。

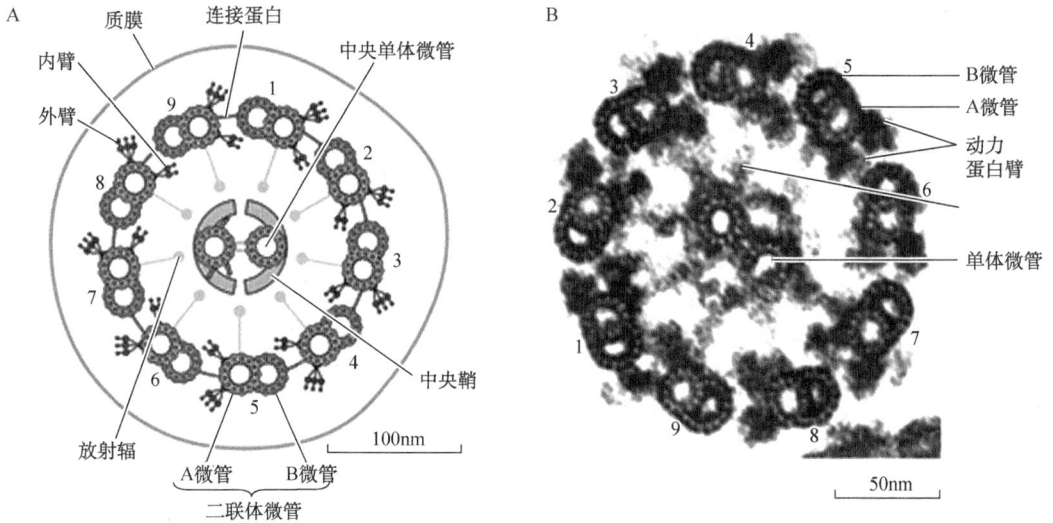

图 8-29　纤毛结构（引自 Goodenough and Heuser，1984）

纤毛和鞭毛外侧的二联体微管穿过基板与基体相连。三联体基体微管中每组微管多了一条 C 管，A 和 B 微管的延伸形成了鞭毛和纤毛中的二联体微管。三联体微管中没有中央的 2 个单体微管（图 8-23）。组成轴丝的蛋白质主要是微管蛋白、动力蛋白和连接蛋白。轴丝中二联体微管缺少秋水仙素的结合位点，并且 A 微管蛋白与 B 微管蛋白也有差异，而单体微管上有一个秋水仙素的结合位点。动力蛋白是一种 ATP 酶，由 2 或 3 个球形头部组成，是 A 微管上短臂的主要成分。动力蛋白分为 I 型和 II 两种类型。A 微管短臂中 I 型动力蛋白提供了 ATP 酶活性，它是纤毛运动时的动力来源。由于动力蛋白的头部与基部之间具有柔韧的颈部，头部方向的改变是纤毛和鞭毛运动的基础。用抗动力蛋白抗体处理纤毛，动力蛋白的失活引起了纤毛运动的丧失。

相邻二联体之间的相互滑动是鞭毛和纤毛运动的最好解释。滑动模型（sliding microtubule model）的主要内容是：①鞭毛和纤毛 A 微管上的动力蛋白头部与相邻二联体 B 微管结合；②动力蛋白上结合的 ATP 水解，释放 ADP 和焦磷酸；③动力蛋白头部构象发生改变，使相邻二联体微管向（＋）极运动；④此时，动力蛋白又重新结合 ATP，动力蛋白头部与 B 微管分离；⑤ATP 水解提供的能量使动力蛋白恢复至静息状态；⑥带有水解产物的动力蛋白头部与 B 微管上的另一位点结合，开始下一次循环。通过动力蛋白的周期性循环带动二联体微管之间的滑动，最终引起纤毛和鞭毛的运动。此时一侧的动力蛋白有活性，而另一侧则处于失活状态，由于二联体之间有连接蛋白，因而最终引起的是纤毛和鞭毛向一侧弯曲。如果两侧的动力蛋白交替出现活性，则导致鞭毛和纤毛向不同的方向弯曲，这便构成了纤毛和鞭毛运动的主要形式。

5）纺锤体与染色体的运动

有丝分裂时微管组成的纺锤体包括：极微管、星体微管和纺锤体微管。纺锤体微管的不断解聚牵动染色体向纺锤体两极运动。星体微管与细胞质膜结合后将纺锤体两极固定在细胞的两个相反方向，这时通过极微管的不断延伸将纺锤体由最初的圆形变为有丝分裂后期的椭圆形，为最终的细胞分裂做准备（详见第 9 章）。

8.3 中间丝

20 世纪 60 年代中期在哺乳动物细胞中发现了一种直径为 10nm，介于微丝和微管之间的纤维，故称**中间丝**（intermediate filament，MT）（表 8-4）。中间丝存在于多数动物细胞内，常围绕细胞核，向细胞质膜方向伸展，并与质膜上的黏附分子形成细胞连接结构，将相邻细胞连接成一个整体。中间丝不仅分布在细胞质中，细胞核中以正交网络形式分布的核纤层也属于中间丝。

表 8-4 三种细胞骨架的比较

	微管	微丝	中间丝
成分	微管蛋白	肌动蛋白	6 类中间丝蛋白
分子质量/kDa	50	43	40～200
纤维直径	22nm	7nm	10nm
纤维结构特点	13 根原纤维组成的中空纤维	双股螺旋	多级螺旋
极性	有	有	无
单体蛋白库	有	有	无
踏车现象	有	有	无
特异性药物	秋水仙素	细胞松弛素 B	无
	长春花碱	鬼笔环肽	
	紫杉醇		
结合蛋白	有	有	有
与运动相关的马达分子	肌球蛋白	驱动蛋白、胞质动力蛋白	无

中间丝成分复杂，分布也具有高度的组织特异性。在神经细胞、上皮细胞、肌肉细胞、成纤维细胞等多种细胞中都发现有中间丝的存在，但其不是真核细胞的必需结构成分。植物细胞未发现有中间丝编码基因，酵母细胞核中缺少核纤层结构，同时人体内的一些组织细胞如少突胶质细胞等也缺少中间丝结构。

8.3.1 中间丝的类型

中间丝是细胞骨架中结构与成分最复杂的一类，在细胞内非常稳定，既不受细胞松弛素的影响也不受秋水仙素影响。即使用高盐溶液和非离子去污剂溶液抽提，大多数中间丝仍保持下来。中间丝中无核苷酸（GTP 或 ATP）结合位点，并且其组装过程不依赖核苷酸提供能量。

与微丝和微管不同，不同的细胞类型及同一细胞类型不同部位中间丝的组成也有一定的差异，因而其被广泛用于肿瘤的临床鉴别诊断。在发育过程中中间丝也具有组织特异性。根据中间丝来源不同可分为：上皮细胞中的角蛋白纤维、间质细胞和中胚层来源的波形蛋白纤维、肌细胞中的结蛋白纤维、神经元中的神经元纤维、神经胶质细胞中的神经胶质纤维及细胞核中的核纤层等 6 种类型。根据中间丝的氨基酸序列不同可分为：Ⅰ型中间丝（酸性角蛋白）、Ⅱ型中间丝（中性/碱性角蛋白）、Ⅲ型中间丝（波形蛋白、结蛋白、胶质原纤维酸性蛋白）、Ⅳ型中间丝（神经纤维蛋白）、Ⅴ型中间丝（核纤层蛋白）及Ⅵ型中间丝（巢蛋白）6 种类型。酸性和碱性角蛋白是表皮细胞典型的中间丝蛋白，以相同比例形成异二聚体。Ⅲ型中间丝既能形成同二聚体，也能形成异二聚体，在多种细胞中都有表达，分布非常广泛，如血管内皮、表皮细胞等。

　　尽管中间丝种类繁多，但它们都是一类同源性和螺旋化程度均较高的蛋白质超家族。中间丝的结构分为头部、杆部和尾部（图 8-30A）。杆部是中间丝重要的结构特征，长 40～50nm，是一段约 310 个氨基酸残基的 α 螺旋的高度保守区域，同源性在 70%～90%，但不同类型中间丝蛋白的杆部同源性低于 30%。两个相邻亚基所对应的 α 螺旋区形成双股超螺旋，每个螺旋长度为 22nm。每个螺旋之间又分为 A 和 B 两个区域，之间由短片段连接，L12 连接螺旋 1 和 2，L1 和 L2 分别连接 1A 与 1B 和 2A 与 2B。中间丝的头部和尾部分别位于分子的 N 端和 C 端，是非螺旋区域（图 8-30B）。N 端和 C 端的氨基酸序列和肽链长度在各类不同中间丝蛋白分子差异很大，又分为同源区、可变区和末端区。

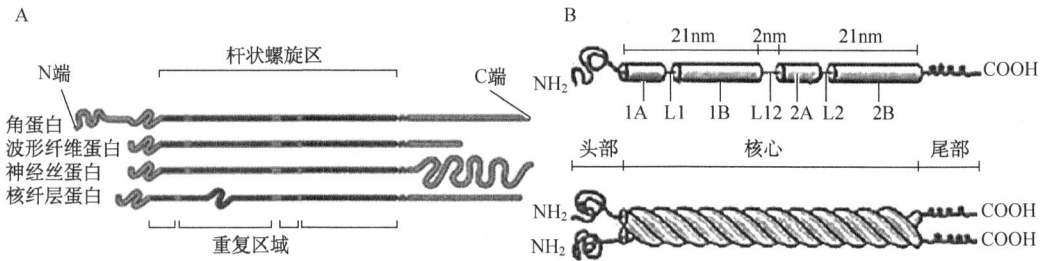

图 8-30　中间丝的分子结构（引自 Albert et al.，2007）

8.3.2　中间丝的组装

　　与微丝、微管不同，细胞内的中间丝蛋白均组装成中间丝，很少为游离的单体。中间丝的组装比较复杂。首先两个相邻亚基通过杆部的 α 螺旋同向排列形成具有极性的二聚体。Ⅰ型和Ⅱ型中间丝蛋白分子组装成异二聚体。Ⅲ型中间丝蛋白是由两条相同的分子组装形成的同二聚体。两个二聚体反向平行结合，组装成四聚体，目前认为四聚体可能是能解聚的中间丝的最小亚单位。四聚体以目前未知的方式组装成八聚体，此时中间丝具有多态性。中间丝的组装和解聚可能与中间丝的磷酸化、乙酰化等化学修饰有关。八聚体原丝组装成中空的管状中间丝（图 8-31）。中间丝的组装过程中，与 C 端相比，N 端起着至关重要的作用。

　　中间丝结合蛋白（intermediate filament associated protein，IFAP）是结构和功能上与中间丝关系密切的一类蛋白质。虽然不是中间丝的结构组分，但用高盐和非离子去垢剂抽提时，它们并不与中间丝分离。中间丝结合蛋白在体外能与中间丝结合，并经历相同的解聚与组装周期，同时具有将中间丝相互交联成束的能力。

　　迄今已发现了约 15 种中间丝结合蛋白。与中间丝不同的是，中间丝结合蛋白的表达没有细胞特异性，但却识别不同的中间丝类型，提示不同的中间丝结合蛋白可在同一细胞中参

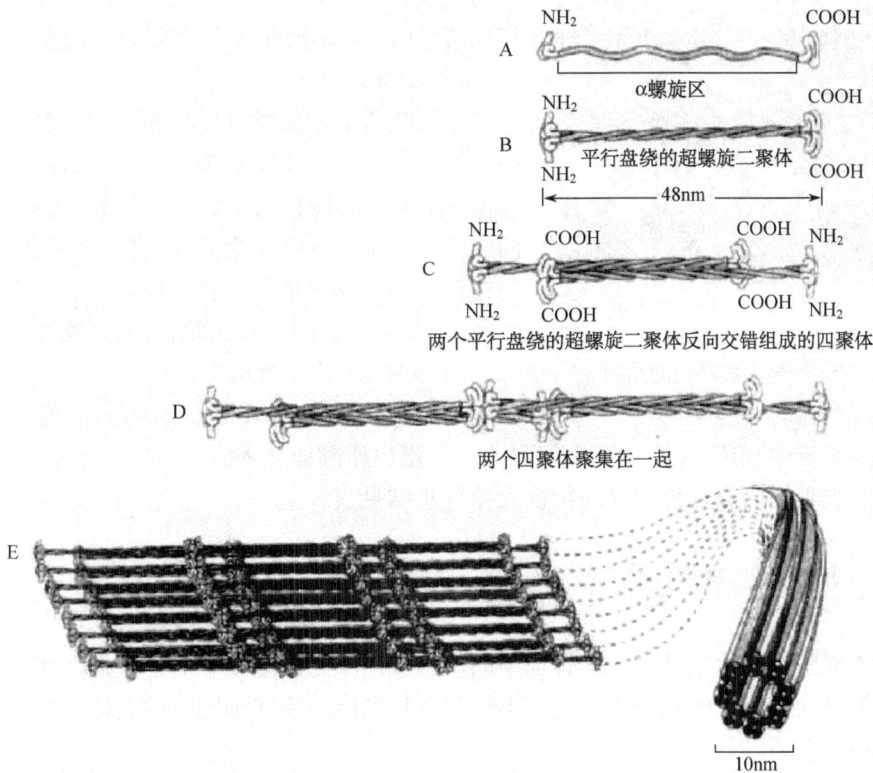

图 8-31　中间丝的组装（引自 Albert et al.，2007）

与不同的中间丝结构调控。丝聚蛋白（filaggrin）是哺乳动物皮肤基底细胞中透明角质颗粒的碱性蛋白质成分，能使角蛋白纤维聚集成束，为表皮的最外层提供韧性，它是区分不同上皮细胞的特异性标志。网蛋白（plectin）在细胞内含量丰富，参与中间丝、微丝和微管之间的交联并形成横桥。大疱性类天疱疮抗原（bullous pemphigoid antigen，BPAG）1，参与角蛋白纤维与桥粒的连接。细胞内的中间丝结合蛋白 300（IFAP 300）将中间丝锚定到桥粒上。

8.3.3　中间丝的功能

1）为细胞提供机械支持

中间丝通过中间丝结合蛋白在细胞内形成了一个稳定的网络状结构。其通过细胞膜上的整联蛋白与细胞外基质相连，通过核纤层与细胞核膜和核基质相连（详见 8.4.2），将细胞由外到内形成一个稳定的网络状结构。此外，中间丝还能与微丝和微管相互作用，因而为细胞提供了全方位的支持。1991 年的研究发现，如果将角蛋白突变基因克隆到载体上，通过显微注射将质粒注射进受精卵的细胞核中，发现发育成的后代，由于缺失角蛋白不能形成正确的中间丝而出现皮肤水疱，证明了中间丝为细胞的形态提供支撑。

在内层核膜下呈网状排列的由 V 型中间丝组装而成的**核纤层（nuclear lamina）**，其通过与内层核膜上的核纤层蛋白受体相连，对细胞核膜起着支撑作用（图 8-32）。此外，核纤层介导了染色质与核膜的附着。核纤层对细胞分裂时细胞核的崩解与组装起着调控作用。在细胞分裂

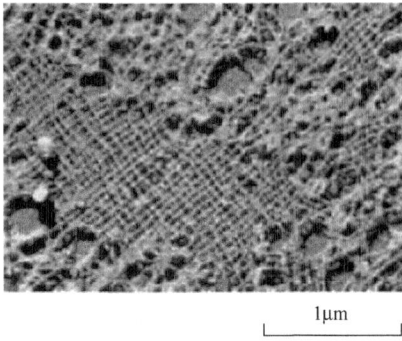

图 8-32　电镜下核纤层的结构

（引自 Aebi et al.，1986）

前期，核纤层解聚，导致核膜崩解。而有丝分裂末期核纤层蛋白的去磷酸化导致了核膜的重新形成。

2）参与细胞连接

细胞连接的主要类型桥粒和半桥粒对维持上皮组织结构的完整极其重要。桥粒的形态似圆盘直径约为 $1\mu m$，半桥粒为桥粒的 $1/2$，分别介导细胞与细胞之间或细胞与细胞外基质之间的连接。中间丝是桥粒和半桥粒细胞内黏附蛋白附着位点，保证了相邻细胞之间及细胞和细胞外基质之间结构的完整性。

3）mRNA 的运输及定位

近年来发现 mRNA 在细胞内的运输与中间丝有关，并且细胞质中 mRNA 锚定在中间丝上参与蛋白质翻译过程。

现将细胞骨架成分几种主要的特征及差异总结见表 8-4。

8.4　膜骨架和核骨架

广义的细胞骨架除了微丝、微管及中间丝组成的细胞质基质中的骨架外，还包括细胞膜下的膜骨架及细胞核中的核骨架，它们不仅是真核细胞质膜和细胞核的支撑结构，而且与这些结构的功能有关。

8.4.1　膜骨架

膜骨架（membrane associated cytoskeleton）是位于细胞质膜下与膜蛋白相连的由纤维蛋白组成的网络结构，厚约 $0.2\mu m$，具有维持膜形态及参与维持膜功能的作用。由于成熟的红细胞没有膜围细胞器和细胞核，因而人们对膜骨架的了解多来自对红细胞的研究。

红细胞正常形态为双凹的球形结构，直径在 $7\mu m$ 左右。当红细胞在末梢循环中穿梭时，常常需要改变自身的形态，这时红细胞质膜表现出的柔性与韧性，是由膜骨架提供的。在低渗溶液中，红细胞质膜破裂，内含物释放出来，形成的结构叫做血影（blood ghost）。通过变性聚丙烯酰胺凝胶（SDS-PAGE）电泳进一步分析血影成分，发现红细胞质膜有几种主要蛋白质组成，包括血影蛋白（spectrin）、锚蛋白（ankyrin）、带 3 蛋白、带 4.1 蛋白等，此外还发现肌动蛋白细胞骨架与膜蛋白结合，在维持质膜形态等方面起着重要作用。

血影蛋白是一个由 α 和 β 链组成的二聚体，长约 100nm，直径 5nm。两个二聚体头与头相连形成了一个长约 200nm 的四聚体。血影蛋白四聚体游离的两端通过带 4.1 的作用固定在肌动蛋白和原肌球蛋白组成的微丝上。微丝与多个血影蛋白结合将血影蛋白在质膜下交联成网络状结构。那么网络状的血影蛋白怎样固定在细胞质膜上呢？血影蛋白四聚体上有一个锚蛋白的结合位点，因而细胞质膜上的锚蛋白介导了血影蛋白与质膜的连接。研究发现锚蛋白有两个结构域：一个是血影蛋白 β 链结合位点，另一个是带 3 蛋白结合位点。带 3 蛋白是由 2 条相同链组成的二聚体，负责红细胞膜上 Cl^-/HCO_3^- 转运的载体蛋白。组成带 3 蛋白的每条链约有 929 个氨基酸残基，以 α 螺旋形式 12～14 次跨膜，其位于细胞质侧的 N 端是锚蛋白的结合位点。带 3 蛋白不是维持细胞质膜必需的蛋白质，但它可与必需蛋白锚蛋白和带 4.1 蛋白结合，间接起到维持膜形态的作用（图 8-33）。

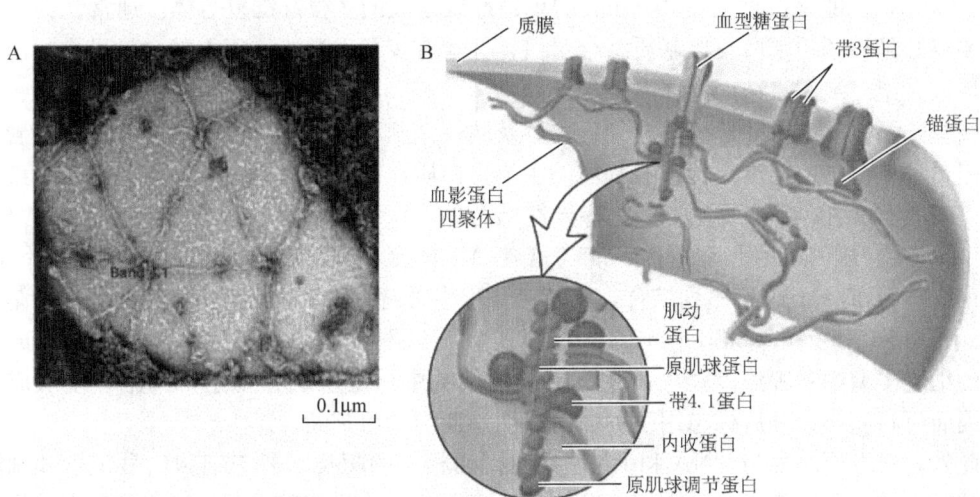

图 8-33 红细胞膜骨架结构 (引自 Beyers and Branton，1985)

A. 电镜下红细胞膜骨架；B. 膜骨架模式图

在红细胞中发现的膜骨架及膜骨架蛋白在其他细胞中也有发现，但具体的结构与功能有待进一步研究。

8.4.2 核骨架

1974 年，Coffey 等用非离子去垢剂、核酸酶与高盐缓冲液抽提大鼠肝细胞的细胞核膜、染色质与核仁后发现，核内仍然存在一个纤维状的网络结构，称为**核骨架（nuclear skeleton）**。核骨架是一个相互有联系的统一整体，通常核骨架指存在于真核细胞核内的由蛋白质成分构成的纤维网络结构。狭义上核骨架指的是核基质，也就是除去核膜、核纤层、染色体、核仁和核孔复合物等之外的纤维网架体系；广义上核骨架包括核基质、核纤层和核孔复合物等成分。与细胞骨架不同，核基质是一个高度动态变化的结构，更像一个开放组分允许大分子的自有扩散。

> ### 🌐 核骨架的分离
>
> 由于细胞核内含有大量的染色质，因而核骨架的研究与常用的细胞骨架研究方法有所差异。在研究核骨架时，首先要将核骨架暴露出来，常用的方法是非离子去垢剂、核酸酶与高盐缓冲液处理细胞核，分离核骨架。随后 Penman 等建立了细胞分级抽提方法。非离子去垢剂处理细胞后，细胞膜结构溶解，此时细胞质中的可溶性成分也随之流失，残留细胞骨架体系。在 Tween-40 和脱氧胆酸钠的作用下，破坏细胞质中的微丝和微管结构，保留中间丝。当用核酸酶与 0.25mol/L 硫酸铵处理细胞时，细胞内的染色质被抽提，只保留一个精细发达的核骨架网络，这一分离方法结合非树脂包埋-去包埋电镜制样方法，可清洗显示核骨架-核纤层-中间丝结构体系。

核基质（nuclear matrix）是与核纤层有密切联系的细胞核内所充满的纤维蛋白构成的网络结构，其对维持细胞核的形态结构及核内有序组织起着重要作用。核基质中的纤维直径达 3~30nm，可能是由直径在 3~4nm 的单根纤维组成的多根纤维复合体。通常认为核基质的主要成分是核基质蛋白及核基质结合蛋白，并含有少量 RNA。RNA 的含量虽少，但它们能维持核骨架三维网络结构的完整性。

核基质蛋白没有专一性，不同细胞类型及同一细胞不同生理阶段核基质蛋白都有着非常大的差异。目前已鉴定出，构成核基质的主要蛋白质，即核基质蛋白，位于核基质和染色体骨架上，能与富含 AT 的 DNA 序列特异性结合的 Nuc^{2+} 蛋白，其可能参与染色体的分离；调控 mRNA 合成的核内肌动蛋白；能与富含 AT 的基质/骨架连接区（matrix/scaffold-attachment region，MAR）序列结合，在转录过程中维持 DNA 特定拓扑结构的附着区结合蛋白（attachment region binding protein，ARBP）等 4 种类型。人类细胞中核基质的成分在不同的细胞类型中和肿瘤类型中均不同，肿瘤细胞中核基质成分与正常细胞核基质成分不同，因而可将其作为肿瘤标志用于肿瘤的早期诊断与预后判断。

此外，还发现一些与 DNA 和 RNA 代谢密切相关的酶类、参与细胞信号识别和细胞周期调控等的核基质结合蛋白，它们协助核基质蛋白共同构建核基质网络结构及确保发挥正确的生物学功能。

大量研究表明核基质是真核细胞 DNA 复制、RNA 转录与加工、染色体 DNA 有序包装与染色体构建的场所。DNA 袢环上的 S/MAR 序列含有 DNA 拓扑异构酶Ⅱ的作用位点，介导染色质锚定在核基质上。而诸如 DNA 聚合酶 α 等也共定位在核基质上，它们形成了 DNA 复制复合体，调控 DNA 复制。此外 MAR 序列还可增加基因转录活性，DNA 的转录产物 mRNA 前体、hnRNA 和 snRNA 都结合在核基质上。

本 章 小 结

细胞骨架是细胞内高度有序的网络状结构。广义的细胞骨架由膜骨架、细胞质骨架（微丝、微管、中间丝）及核骨架（核纤层、核基质）组成。狭义的细胞骨架仅指细胞质骨架。

微丝是由肌动蛋白组成的直径 7nm 的纤维状结构，主要参与细胞运动、胞质分裂、肌肉收缩等生理活动，可由细胞松弛素和鬼笔环肽抑制其组装或解聚。

微管是由 α 和 β-微管蛋白异二聚体组成的直径 24nm 的中空纤维。在细胞内 α-微管蛋白结合在中心体微管组织中心的 γ-微管蛋白上，因而多数细胞中微管总是负极指向细胞中心而正极指向细胞质膜方向。细胞内微管组成如中心体、基体、鞭毛、纤毛、有丝分裂器等多种结构参与细胞形态构建、细胞内物质运输、有丝分裂等一系列重要的生理活动。微管与秋水仙素和紫杉醇结合后抑制其组装或解聚。

马达蛋白是一类依赖 ATP 提供能量沿着微丝和微管运动的蛋白质。马达蛋白的头部具有 ATP 酶活性，尾部能结合转运货物。微丝的马达蛋白是肌球蛋白（Ⅱ型），其在微丝上的行走是肌肉收缩的动力基础。此外Ⅰ型和Ⅴ型肌球蛋白介导细胞内的膜泡运输。微管上的马达蛋白有两种：驱动蛋白和胞质动力蛋白。驱动蛋白沿微管的负极向正极行走，而胞质动力蛋白正好相反。二者在微管上互为反方向的运动介导了物质/膜泡在细胞内运动的定向性。

中间丝直径 10nm，是细胞内最稳定的骨架成分，具有组织/细胞特异性。

膜骨架位于细胞质膜下，主要有血影蛋白、锚蛋白、带 4.1 蛋白等。血影蛋白构成的网络状结构通过肌动蛋白和带 3 蛋白与细胞质膜上的锚蛋白和带 4.1 蛋白结合后赋予细胞质膜一定的韧性。

核骨架是真核细胞核内的蛋白质成分构成的纤维网络结构。广义上核骨架指细胞核内的所有网络状结构，包括核纤层、核基质、核孔复合物等。狭义上核骨架仅指核基质。核基质维持细胞核的形态结构及核内有序组织结构，在真核细胞 DNA 复制、RNA 转录与加工、染色体 DNA 有序包装与染色体构建中起重要作用。核纤层在内层核膜下呈网状排列，由 V 型中间丝组装而成，通过与内层核膜上的核纤层蛋白受体相连，对细胞核膜起着支撑作用，并调控核膜的崩解与组装。此外，核纤层还为染色质提供了核膜上的附着位点。

复习题

1. 名词解释：细胞骨架，马达蛋白，微管组织中心。
2. 简述由神经冲动诱发的肌肉收缩基本过程。
3. 简述细胞各部位微管的组成与功能。
4. 简述中间丝蛋白的结构特点及装配过程。
5. 如何理解细胞骨架的动态不平衡？其对细胞有哪些生物学意义。

参 考 文 献

韩贻仁，樊廷俊，杨晓梅，等. 2007. 分子细胞生物学. 3 版. 北京：高等教育出版社

王金发. 2003. 细胞生物学. 北京：科学出版社

翟中和，王喜忠，丁明孝. 2011. 细胞生物学. 4 版. 北京：高等教育出版社

Abei V, Cohn J, Buhle L, et al. 1986. The nuclear lamina is a meshwork of intermediate-type fipaments. Nature, 323 (6088): 560-564

Alberts B, Johnson A, Lewis J, et al. 2007. Molecular Biology of the cell: the cytoskeleton. 4th ed. New York: Garland Science

Beyers T J, Branton D. 1985. Visualization of the protein associations in the erythrocyte membrane skeleton. Proc Natl Acad Sci U S A, 82 (18): 6153-6157

Brady S T. 2000. Neurofilaments run sprints not marathons. Nat Cell Biol, 2: E43-45

Chen J, Kanai Y, Cowan N J, et al. 1992. Projection domains of MAP2 and tau determine spacings between microtubules in dendrites and axons. Nature, 360: 674-677

Cross R A, Carter N. 2000. Molecular motors. Curr Biol, 10: R177-179

Eckley D M, Gill S R, Melkonian K A, et al. 1999. Analysis of dynactin subcomplexes reveals a novel actin-related protein associated with the arpl minifilament pointed end. J Cell Biol, 147 (2): 307-320

Goodenough V W, Herser J E. 1984. Structure comparison of purified dynein proteins with in situ olynein arms. J Mol Biol, 180: 1083-1118

Hirokawa N. 1998. Kinesin and dynein superfamily proteins and the mechanism of orgunelle transport. Science, 279: 519-526

Hyman A A, Karsenti E. 1996. Morphogenetic properties of microtubules and mitotic spindle assembly. Cell, 84 (3): 401-410

James V. 2011. The molecular architecture for the intermediate filaments of hard α-Keratin based on the superlattice data obtained from a study of mammals using synchrotron fibre diffraction. Biochem Res Int, 2011: 198325

Karp G. 2005. Cell and Molecular Biology: Concept and Experiments. 4th ed. New York: John Wiley & Sons, Inc.

Keller T C. 1995. Structure and function of titin and nebulin. Curr Opin Cell Bill, 7 (1): 32-38

Kollman J M, Merdes A, Mourey L, et al. 2011. Microtubule nucleation by γ-tubulin complexes. Nat Rev

Mol Cell Biol, 12 (11): 709-721

Leduc C, Padberg-Gehle K, Varga V, et al. 2012. Molecular crowding creates traffic jams of kinesin motors on microtubules. Proc Natl Acad Sci U S A, 109 (16): 6100-6105

Lehman W, Denault D, Marston S. 1993. The caldesmon content of vertebrate smooth muscle. Biochim Biophys Acta, 1203 (1): 53-59

Lodish H, Berk A, Kaiser C A, et al. 2003. Molecular Cell Biology: Microfilaments and Intermediate Filaments. 5th ed. New York: W. H. Freeman & Company

Millard T H, Sharp S J, Machesky L M. 2004. Signalling to actin assembly via the WASP (Wiskott-Aldrich syndrome protein) -family proteins and the Arp2/3 complex. Biochen J, 380: 1-17

Mullins R D, Heuser J A, Pollard T D. 1998. The interaction of Arp2/3 complex with actin: Nucleation, high affinity pointed end capping, and formation of branching networks of filaments. Proc Natl Acad Sci U S A, 95 (11): 6181-6186

Nogales E, Wolf S G, Downing K H. 1998. Structure of the alpha beta tubulin dimer by electron crystallography. Nature, 391 (6663): 199-203

Rynearson A L, Sussman C R. 2011. Nuclear structure, organization, and oncogenesis. J Gastrointest Cancer, 42 (2): 112-117

Schutt C E, Myslikj C, Rozycki M D, et al. 1993. The structure of crystalline profilin-beta-actin. Nature, 365: 810-816

Thormahlen M, Marx A, Sack S, et al. 1998. The coiled-coil helix in the neck of kinesin. J Struct Biol, 22 (1-2): 30-41

Vak R D, Milligan R A. 2000. The way things move: looking under the hood of molecular motor proteins. Science, 288 (5463): 88-95

Vale R D, Schnapp B J, Reese T S, et al. 1985. Organelle, bead, and microtubule translocations promoted by soluble factors from the squid giant axon. Cell, 40 (3): 559-569

Wen Q, Janmey P A. 2011. Polymer physics of the cytoskeleton. Curr Opin Solid State Mater Sci, 15 (5): 177-182

Yanagida T. 1990. Loose coupling between chemical and mechanical reactions in actomyosin energy transduction. Adv Biophys, 26: 75-95

（陈　颖）

第9章 细胞增殖

细胞增殖（cell proliferation）是生命活动的一个基本特征，指细胞通过生长和分裂，产生与亲代细胞具有相似遗传特性的子细胞，而使细胞数目成倍增加的过程，也是个体生长发育和生命延续的根本保证。自然界中，每时每刻都会有大量的生物个体消亡，尤其是那些个体小、结构比较简单的单细胞生物，它们要保持物种的延续，必须依赖频繁的细胞增殖来增加个体数量。多细胞生物往往是由单细胞（受精卵）分裂发育来的，它的产生需要许多次的细胞增殖，并经过复杂的细胞分化过程。成体生物仍然需要细胞增殖，以人为例，成人每天必须产生大量新细胞以补充衰老死亡或其他原因而丧失的细胞，以维持正常的生命活动。如人红细胞平均每120天更新1次，小肠绒毛细胞2～3天全部更新1次。细胞增殖还是细胞分化、机体创伤愈合、组织再生、病理组织修复的基础。

细胞的增殖要通过细胞周期（cell cycle）来完成，细胞的生长和分裂过程是按照机体生命活动的需要进行的。细胞增殖是多阶段、多因子参与的精确、有序的调节过程，它们相互协调形成复杂的调控网络。细胞增殖一旦出现异常，就会导致相关疾病的发生。本章重点介绍细胞周期及其调控机理。

9.1 细胞周期概述

早在100多年前，人们就已经认识到细胞是通过分裂进行增殖的，细胞每沿着细胞周期运转一次，就会一分为二，形成两个子代细胞。当时人们已观察到细胞周期具有阶段性，它由**间期**（interphase）和**分裂期**（mitosis phase）或称D期（division phase）组成，细胞先是在间期中逐渐长大，然后在分裂期中一分为二。细胞周而复始地分裂，其周期性的有序重复说明它是一个受控制的过程。细胞的正常生长和分裂是细胞周期调控机制中各种因子相互协调、相互作用的结果，它是一个复杂、严密的控制网络，可应答来自细胞内外的多种信号，使细胞保持正常的生长和增殖状态。细胞周期的过程是严格有序的，各时相中细胞发生的变化及各时相间的转换，均受细胞自身及环境因素的控制，并在进化中有很强的保守性。目前，细胞周期及其调控机制已在肿瘤诊断与治疗、干细胞移植、衰老机理研究、生殖医学、遗传学等领域显示出重要的指导意义。

9.1.1 细胞周期及类型

9.1.1.1 细胞周期的概念

细胞周期是指一个细胞生命活动的全过程，也是细胞复制一次的全过程，习惯上人们把细胞分裂结束到下一次细胞分裂结束所经历的过程称为细胞周期。在这一过程中，细胞的遗传物质复制并均等地分配给两个子细胞。对细胞周期的研究开始于20世纪50年代。1953年，Howard 和 Pele 用^{32}P 磷酸盐标记蚕豆根尖细胞，然后于不同时间取根尖做放射自显影。结果发现，细胞在分裂之前，在间期需要首先完成一个重要事件，即 DNA 的复制。但 DNA 复制只占有间期的其中一段时间，这之前、之后都有一个间隙。人们把间期中用于 DNA 进行复制的时期称为 **S 期 (synthesis phase)**，指 DNA 进行复制的时期。从 S 期结束到分裂期开始的这段时间称为 **G₂ 期 (gap 2 phase)**，从分裂期结束到 S 期开始的那段时间则称为 **G₁ 期 (gap 1 phase)**。这样，标准的细胞周期可划分为 4 个时期（图 9-1）：G₁ 期、S 期、G₂ 期和 M 期。细胞分裂之后，某些细胞离开细胞周期，执行某种生物学功能或者进行细胞分化。当受到某种适当的刺激后，它们能够重返细胞周期进行分裂增殖，这些细胞称为 G₀ 期细胞。

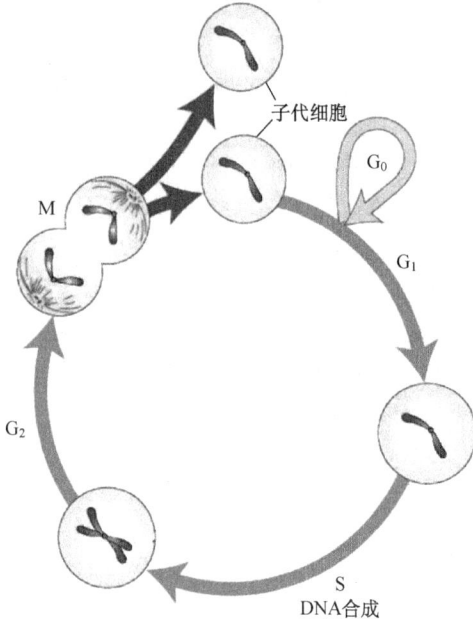

图 9-1　标准的细胞周期（引自 Lodish et al.，2004）

9.1.1.2　细胞周期的时间

每一次细胞周期所需要的时间称为细胞周期时间（cell cycle time）。根据光学显微镜所观察到的细胞分裂时的活动，可将细胞周期分为两个主要的时期：分裂期和间期，分裂期包括细胞的核分裂和胞质分裂两个过程。由于细胞种类繁多，不同细胞的周期长短是不同的，某些细胞分裂速度很慢，需要十几年甚至几十年，有的细胞分裂很快，几十分钟即可完成细胞周期。一般来说，细胞周期时间中，S＋G₂＋M 的时间变化较小，而 G₁ 期的时间差异可能很大。例如，小鼠食管上皮细胞和十二指肠上皮细胞的细胞周期时间分别为 115h 和 15h，其中，食管上皮细胞的 G₁ 期长达 103h，而十二指肠上皮细胞的 G₁ 期只有 6h，由此看来，二者的细胞周期时间差主要取决于 G₁ 期的长短。

细胞周期中各个时期延续的时间虽然不同，但仍有相似之处，如间期时间远长于分裂期，间期中 G₁ 最长、变化最大，S 期次之，G₂ 期最短。

9.1.1.3　细胞周期主要事件

细胞在细胞周期中依次经过 G₁ 期、S 期、G₂ 期和 M 期，以完成其增殖过程。细胞在不同的时期完成不同的生命活动。在 G₁ 期中细胞不断生长变大，当细胞增大到一定的体积时，就进入 S 期，进行 DNA 的合成、复制；在 G₂ 期，细胞要检查其 DNA 复制是否完成，为细胞分裂做好准备；在 M 期，染色体一分为二，细胞分裂成为两个子代细胞。分裂结束后，细胞再次进入 G₁ 期。

9.1.1.4　细胞周期类型

正常情况下，细胞沿着 G₁ 期、S 期、G₂ 期、M 期的路线运转，但在生物体中，细胞彼此分工不同，分裂行为也有差异，根据不同的细胞周期类型可将真核生物细胞分为三类。

（1）**持续分裂细胞**，也称周期中细胞，是在细胞周期中连续运转的细胞。机体的某些组织需要不断地更新，这些组织的细胞就必须通过不断分裂产生新细胞。例如，精原细胞不断分裂产生雄配子、造血干细胞不断分裂产生红细胞和白细胞、上皮基底层细胞不断分裂补充表面老化死亡的细胞、植物根茎尖端细胞不断分裂进行生长等，这些都是具有正常周期的持续分裂细胞。

（2）**终末分化细胞**，指永久性失去分裂能力的细胞，它们不可逆地脱离了细胞周期，但保持了生理机能，是高度特化的细胞。例如，哺乳动物的红细胞、神经细胞、多形性白细胞、肌细胞等一旦分化，就永远保持这种不分裂状态直到死亡。

（3）**休眠细胞**，又称 G_0 细胞，暂时脱离细胞周期，不进行 DNA 复制和分裂。但这类细胞可在某些条件的诱导下重新开始细胞分裂。例如，肝细胞，外科手术切除部分肝组织后可以诱导肝细胞进行细胞分裂。

在胚胎发育的早期，所有细胞均为持续分裂细胞。随着发育成熟，某些细胞进入了休眠期，某些细胞分化后丧失分裂能力。到成体时，只有少数细胞处于增殖状态，用于补充丢失的细胞或是对外界刺激作出反应。

9.1.2　细胞周期各时相的主要特征

近年来，很多学者利用同位素标记示踪法对细胞周期各时相在分子水平上的动态进行了深入的研究，解释了细胞周期的各个时期的形态学变化和生化动态（图 9-2）。

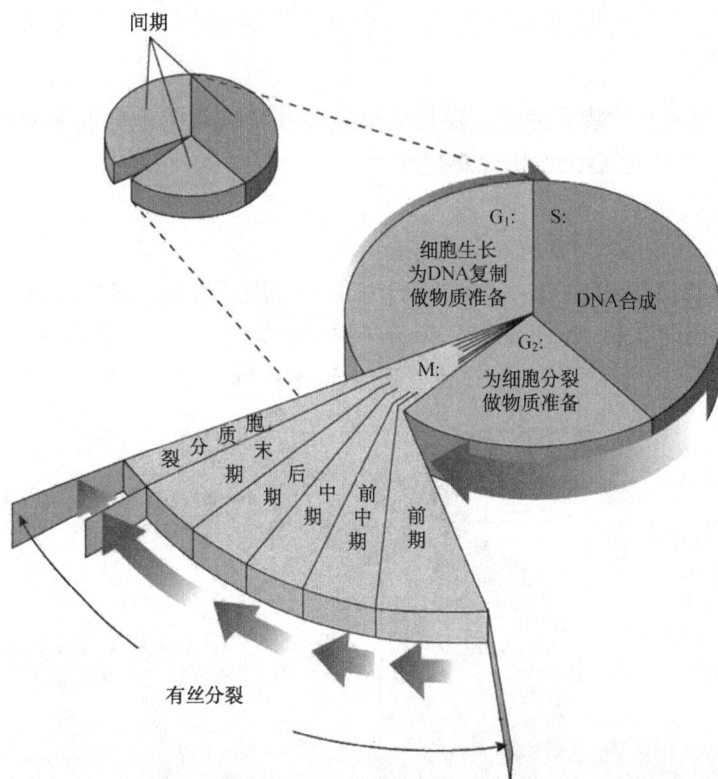

图 9-2　细胞周期时相及有丝分裂进程（引自 Lodish et al.，2004）

9.1.2.1　G_1 期

G_1 期是上一次细胞分裂完成到 DNA 复制开始前的阶段，是细胞生长的主要阶段，细胞中物质代谢活跃，体积增大，进行 RNA 和蛋白质合成，为进入 S 期做好准备。G_1 早期合成所有种类的 RNA、结构蛋白和酶，这些酶控制着形成新细胞成分的代谢活动；G_1 晚期合成与 DNA 复制有关的酶，如胸腺嘧啶激酶、胸腺嘧啶核苷酸激酶、脱氧胸腺嘧啶核苷酸合成酶和 DNA 聚合酶等。

9.1.2.2　S 期

S 期即 DNA 合成期，是细胞周期中最重要的一个时期。除 DNA 合成外，同时还会合成组蛋白和 DNA 复制所需的酶。新合成的 DNA 立即与组蛋白结合，及时包装组成核小体。S 期结束时，DNA 含量增加一倍。

DNA 复制并不是同步的，不同的序列，复制先后不同，具有时间顺序。常染色质复制在先，异染色质在后；活跃转录的 DNA 复制在先，不转录的 DNA 在后；GC 含量高的DNA 复制在先，AT 含量高的在后。

9.1.2.3　G_2 期

G_2 期主要为细胞进入 M 期所需的结构与功能进行准备，细胞大量合成 ATP、RNA 和蛋白质，包括微管蛋白和有丝分裂促进因子等，为分裂做好准备。

9.1.2.4　M 期

M 期中复制好的遗传物质进一步凝集成染色体并精确均等地分配到两个子细胞中，同时进行胞质分裂，使分裂后的细胞保持遗传的一致性。

9.1.2.5　细胞周期检验点

细胞周期的运转十分有序，一方面依赖于细胞内部周期蛋白依赖性激酶（cyclin-dependent kinase，CDK）和周期蛋白（cyclin）等引擎分子的周期变化，以及与细胞周期有关的基因有序表达；另一方面在细胞周期运转时通过**检验点（check point）**的反馈调节，及时发现异常并进

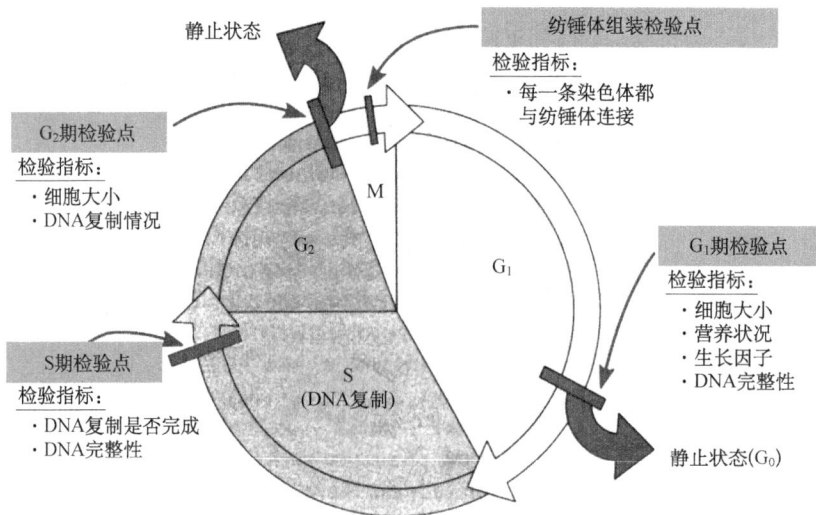

图 9-3　细胞周期中的检验点

行调控，从而保证细胞周期中的关键事件高度准确地完成。细胞周期检验点普遍表现在高等真核生物和酵母细胞中。例如，存在于酵母细胞中 DNA 合成开始前的启动点（start）和高等真核生物 G_1 期中的限制点（restriction point）、DNA 复制检验点（DNA replication checkpoint）、G_2/M 检验点和纺锤体组装检验点（spindle assembly checkpoint）等（图 9-3）。

这些检验点监视和调控周期时相正常转换。例如，监控 DNA 是否损伤？细胞外环境是否适宜？细胞体积是否足够大？当 DNA 损伤时，细胞将被阻断在 G_1 期和 G_2 期，诱导 DNA 修复基因的转录表达，完成损伤修复。若 S 期 DNA 未完成复制，DNA 复制检验点阻止细胞进入 M 期。如果两极的纺锤体组装异常，或者染色体没有正确附着到纺锤体上，或者正确附着的染色体没有排列在赤道板上，纺锤体组装检验点就会及时中断细胞周期的运转。

细胞周期检验点作用的发挥基于一些基因及其产物对外界信号的反应，是通过信号转导通路完成的，其中包含三种组分，即检验异常事件发生的感受器（sensor）、对异常信号转导的转导者（transducer）和细胞周期引擎成分的效应器（effector）。检验点控制有两个特点，包括：①对 DNA 损伤能作出迅速的反应，在基因组未造成不可逆损伤之前及时阻断细胞周期的进行；②把损伤信号放大到足够的水平，以阻断细胞周期进行。

9.1.3 细胞周期的研究方法

9.1.3.1 细胞显微形态分析

显微技术在细胞周期研究中发挥了重要的作用（图 9-4）。细胞分裂现象的发现、细胞分裂过程的区分、纺锤体及染色体的行为观察、染色质及核小体动态分析都离不开显微技术。

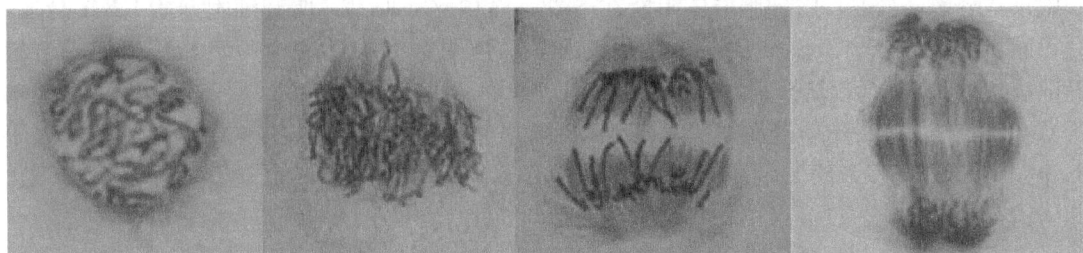

图 9-4 细胞分裂的显微形态观察（引自 Karp，2010）

9.1.3.2 细胞周期蛋白表达分析

显微观察可以看到细胞周期的现象，却无法看到细胞周期运转的分子机制。自 1983 年首次发现周期蛋白以来，关于周期蛋白与细胞周期调控的关系迅速成为研究热点，目前，已克隆的周期蛋白达数十种之多。这些周期蛋白在细胞周期内的表达时间不同，功能也多种多样。通过温度敏感突变体克隆到芽殖酵母的三个 G_1 期周期蛋白，即 Cln1、Cln2 和 Cln3。将编码上述三个周期蛋白的基因敲除以后，细胞不能通过 G_1 期，最终导致死亡，说明 Cln 与细胞周期从 G_1 期向 S 期的运转有关。

9.1.3.3 流式细胞术

流式细胞仪可以精确地测量细胞周期，并且能够分析细胞种类和细胞中 DNA、RNA、蛋白质的含量，以及这些物质在细胞周期中的作用，在细胞周期调控研究中被广泛应用。例如，利用敲除、干涉、超表达技术，可检测未知基因在细胞周期中的作用，用药物处理培养的癌细胞可进行高通量药物抗癌筛选，还可研究药物对细胞周期的影响。

9.1.3.4　细胞周期的同步化

在同种细胞组成的一个群体中，不同的细胞可能处于细胞周期的不同时期。为了使研究背景均一，需要整个细胞群体处于相同的细胞周期时相。**细胞同步化（synchronization）**是指自然的、人为选择或诱导获得细胞周期一致性的细胞的过程。

（1）自然同步化（natural synchronization）是自然界存在的细胞周期同步过程。如许多动物可以一次产下许多都处于细胞周期同一时期的卵细胞，如果这些卵细胞同时受精，则可以同时进行卵裂，形成大量同步化细胞群体。

（2）选择同步化（selection synchronization）是指人为将处于不同时期的细胞分离开来，从而获得同步化的细胞群体。选择同步化主要采用有丝分裂选择法。处于对数生长期的单层培养细胞，分裂活跃，细胞变圆、隆起，与培养瓶的附着性降低。若轻加振荡，则 M 期细胞脱离培养瓶悬浮于培养液中，倒出培养液储存于 4℃冰箱中，再在培养瓶中加入新培养液继续培养。经过 1～2h，重复收集 M 期细胞。此法优点是细胞未经药物处理和伤害，同步化程度高，缺点是得到的细胞数量少。

（3）诱导同步化（induction synchronization）是指通过控制培养条件或利用药物诱导，使细胞周期阻止在某个时期的方法。常用的方法有两种：DNA 合成阻断法和中期阻断法。

DNA 合成阻断法：是利用 DNA 合成抑制剂可逆地抑制 DNA 合成，而不影响其他各期细胞正常分裂，最终可将细胞群体阻断在 S 期，然后解除抑制，所有细胞开始 DNA 合成，获得同步细胞。TdR 双阻断法是最常用的方法。向对数生长期的细胞培养基中加入过量TdR，此时 DNA 合成被抑制，S 期细胞不前进，而其他期细胞沿细胞周期运转，最后停止于 G_1/S 处。去除 TdR，洗涤细胞，再加入新鲜培养基，细胞周期继续运转。运转时间大于 T_S 时，所有细胞都脱离 S 期。这时再用 TdR 二次阻断，细胞群体全部被阻断于 G_1/S 处。此法优点是同步化程度高，可将几乎所有细胞同步化。

中期阻断法：利用某些抑制微管聚合的药物，如秋水仙素、长春花碱来抑制有丝分裂器的形成，将细胞阻滞在有丝分裂的中期。这种方法可逆性差，若处理时间较长，解除阻断后许多细胞不能完成正常的有丝分裂。

🌐 一种特殊的细胞周期

德国海德堡大学癌症研究专家 Edgar 等解析了一种特殊的细胞周期——核内周期（endocycle）的作用机制，该作用机制将有助于深入了解细胞如何生长，以及细胞生长率为何有时变快，有时变慢，为农业和医药研究提供新思路。这一研究成果发表在 2011 年 12 月的 *Nature* 杂志上。

核内周期是指正常有丝分裂细胞周期的变异形式，细胞只进行 DNA 复制，而不发生胞质分裂，形成了拥有多线染色体（polytene chromosome）的多倍体细胞，如果蝇胚胎第 Ⅵ 期时，滤泡细胞上皮转变为核内周期。这一细胞周期在动物、植物、某些人类组织中广泛存在，如人类的肝脏、肌肉等。

研究人员利用遗传学方法，分析了模式动物果蝇唾液腺细胞中的核内周期，发现了 E2F 这一转录因子的关键作用。在 DNA 复制过程中，CRL4 这种酶会暂时消化 E2F，在 E2F 浓度恢复之前，DNA 复制，E2F 逐渐积累，DNA 复制停止，复制周期重复进行 10 次。E2F 和 CRL4 就像一个分子振荡器，控制这一周期进行。

研究人员还发现细胞生长速度能调控 E2F 的积累速度，从而控制 DNA 复制速度。E2F 形成得越快，核内周期运转得就越快，细胞也就长得越大，这些研究结果都表明 E2F 这一转录因子在核内周期调控中扮演了重要角色。这是 20 多年来首个被解开的新细胞周期之谜，而这种特性可能适用于所有生长中的细胞。因此，这项研究对于许多包含有异常细胞增殖的疾病，包括癌症及一些退行性疾病来说，都具有重要的意义。

9.2　细胞增殖的方式

原核细胞的增殖方式简单，细胞周期较短，在合适的条件下可以大量繁殖。真核细胞的增殖比原核细胞的增殖复杂得多，其分裂方式可分为三种类型：无丝分裂（amitosis）、有丝分裂（mitosis）和减数分裂（meiosis）。

9.2.1　无丝分裂

9.2.1.1　无丝分裂的概念及意义

无丝分裂是一种细胞核及细胞质直接分裂的方式，也称直接分裂（direct division），最早在鸡胚红细胞中发现。无丝分裂的细胞在分裂过程中不形成纺锤体，分裂时间短、速度快、耗能少，常见于单细胞生物如变形虫、草履虫等。

高等哺乳动物中，无丝分裂主要见于肝细胞、肾小管上皮细胞、间充质组织、肌肉组织、乳腺细胞或在衰老、创伤修复及病理代偿情况下出现，是一种生理上的适应。植物的各种器官的薄壁组织、表皮、生长点、根尖细胞靠近表皮的部分、木质部细胞、绒毡层细胞、胚乳细胞等均已发现无丝分裂。无丝分裂主要发生在以下三种情况中，即①生长迅速、物质代谢旺盛部位；②衰老及病变的组织；③不适宜的环境条件。

无丝分裂究竟是否是一种正常分裂方式，一直存有争论，有的学者认为无丝分裂实际上是细胞衰亡的病态现象。然而，随着研究的深入，更多人认为无丝分裂是一种正常的细胞分裂方式。无丝分裂还具有独特的优越性，如消耗能量少、分裂速度快、分裂时细胞核的生理功能仍可进行等。

9.2.1.2　无丝分裂过程

无丝分裂同样需要进行 DNA 复制，复制完成后细胞核及核仁疏松，体积明显变大。随后核仁及周围染色质分为均等的两部分，核仁分裂并移向细胞的两极，分别牵引对侧已复制好的核内染色质向细胞的中心部位移动。对应于细胞核赤道部位的细胞膜向内凹陷形成分裂沟，聚集在细胞中央的染色质移向两极，呈哑铃型，中央部位逐渐拉长、变细，最终分成两个子细胞。由于对无丝分裂的了解较少，其分裂过程中亚细胞结构的变化、生化事件及调控机制等有待深入研究。

9.2.2　有丝分裂

9.2.2.1　有丝分裂的概念及意义

有丝分裂又称间接分裂（indirect division），是真核细胞增殖的主要方式。染色质凝集成染色体、复制的姐妹染色单体在纺锤丝的牵拉下分向两极，从而产生两个染色体数和遗传特性相同的子细胞。由于这一过程的主要特征是出现了纺锤丝，故称为有丝分裂，是多数体细胞的分裂方式。其显著特征是分裂过程中形成**有丝分裂器（mitotic apparatus）**，俗称纺锤体（spindle），确保将复制后的染色体精确地分配到两个子细胞中去。纺锤体是由大量微管纵向排列组成的中部宽阔、两极缩小的细胞器，形状像纺锤而得名，包括星体丝（aster fiber）、连续丝（continuous fiber，或称极间微管）、染色体丝（chromosomal fiber）及区间丝（interzonal fiber）四类纺锤体牵丝。星体丝围绕中心粒（centriole）向外辐射状发射。连续丝由一极通向另一极，但绝大多数连续丝并非真正连续，而是来自两极的微管在赤道面（equatorial plate）彼此相搭，侧面结合，有的微管和两极均不接触。染色体丝是指一端由极部发出，另一端结合到动粒上的微管，也称动粒微管。区间丝是指在后期和末期时连接已经分向两极的染色体或子核的微管。有丝分裂器在维持染色体的平衡、运动、分配中起着重要的作用。

有丝分裂保证了携带遗传信息的染色体一代代地以相同数目传递下去，从而维持了遗传的稳定性。

9.2.2.2　有丝分裂过程

通常有丝分裂是指整个的细胞分裂，包括核分裂和胞质分裂两个阶段，一般在核分裂之后随之发生胞质分裂。M期是一个复杂的连续动态过程，持续的时间很短，但形态变化很大。根据形态学特征，通常人为地将有丝分裂划分为6个时期（图9-5）：前期（prophase）、前中期（prometaphase）、中期（metaphase）、后期（anaphase）、末期（telophase）和胞质分裂期（cytokinesis）。

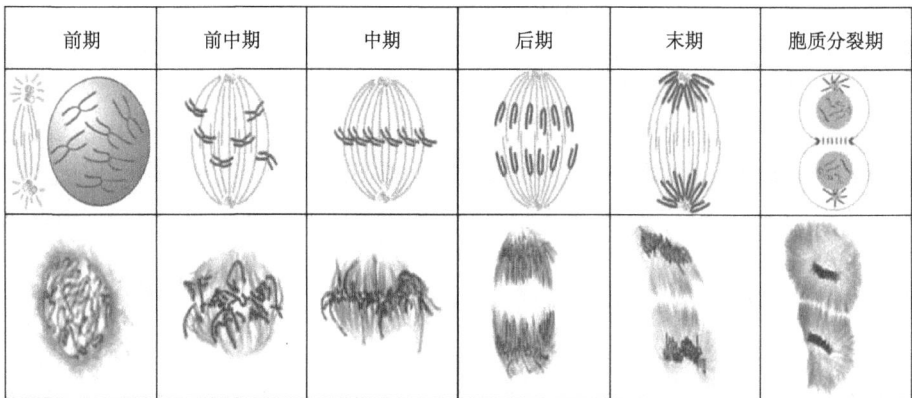

图9-5　有丝分裂过程（引自 Karp，2010）

1）前期

前期是从染色质凝集开始到核膜解体的时期，其主要特征是染色质凝集成染色体，有丝分裂极确定，纺锤体开始在核外组装，核仁消失、核膜解体。

　　染色质凝集是细胞有丝分裂开始的标志。细胞分裂间期的染色质较均匀地分散在细胞核中，真核细胞在分裂之前必须将染色质高度凝缩、折叠包装成短粗的染色体，以保证在细胞分裂过程中，染色体彼此之间不会缠绕在一起，并能够经受很强的拉力而不使 DNA 受到损伤。有丝分裂前期，H1 组蛋白被磷酸化，诱导已复制的染色质开始凝集成线，逐渐变短变粗，凝缩成染色体。每条染色体由两条姐妹染色单体组成，彼此之间由着丝粒相连。着丝粒两侧各有一个动粒（kinetochore），是动粒微管和染色体连接的部位。

　　分裂极决定细胞分裂的方向。动物细胞中的中心粒与分裂极的确定有关。高等植物细胞虽然没有中心粒，但具有中心粒外周物质，也可确定细胞分裂极，组织纺锤体的形成。

　　随着染色质凝集成染色体，构成核仁关键部分的核仁组织区也组装到染色体上，转录活动停止，rRNA 组装成核糖体亚基转运进入细胞质中，核仁自然消失。

　　核膜解体常被视为高等真核细胞有丝分裂前期结束的标志。核膜的解体可能是由于核纤层蛋白（lamin）磷酸化使核纤层解聚的结果，导致完整的核膜崩解成无数个小膜泡。核膜解体的同时，内质网、高尔基体等细胞内膜系统也被分解成小的囊泡。

2）前中期

　　前中期是从核膜解体到染色体排列到赤道面（equatorial plane）上的一段时间，发生的主要事件是纺锤体的装配和染色体的排列。纺锤体由微管装配而成，与染色体的运动密切相关，在有丝分裂期间将两套染色体均等分开。

　　核周围的纺锤体侵入细胞的中心区，一部分纺锤体微管的自由端最终结合到动粒上，形成动粒微管（图 9-6）。前中期的特征是染色体剧烈地活动，个别染色体剧烈地旋转、振荡，徘徊于两极之间。最终，一侧纺锤体微管的自由端"捕获"住一条染色体的一侧动粒，接着另一端的纺锤体的自由端"捕获"住该染色体另一侧的动粒，这一过程是随机的。

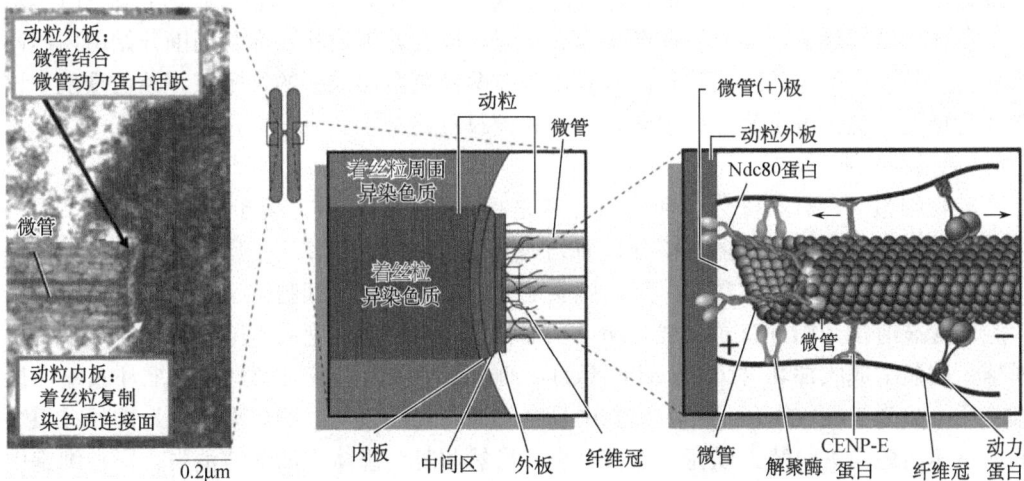

图 9-6　动粒与动粒微管连接（引自 Karp，2010）

3）中期

　　染色体排列在赤道面上，细胞分裂即进入中期。此时染色体凝集程度最高，并且在纺锤体动粒微管的牵引下，逐渐向纺锤体中心区移动，最终两侧的纺锤体动粒微管牵引力量持平，染色体整齐排列在赤道板上（图 9-7）。纵向看，动物细胞染色体呈辐射状排列，植物细胞染色体则占据整个赤道面，小的染色体排在内，大的染色体排在外。

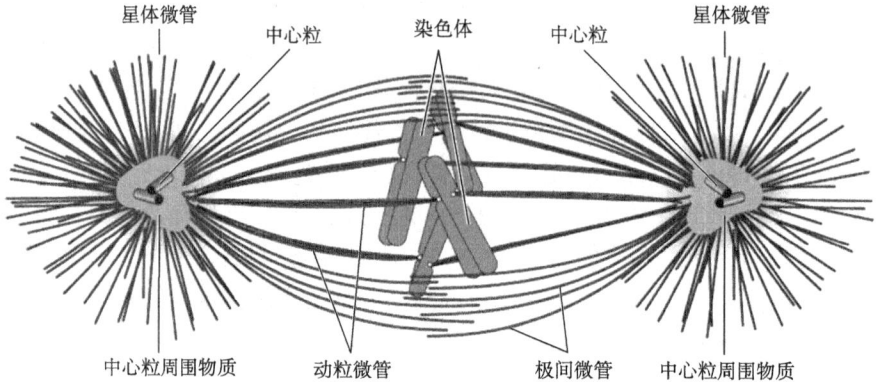

图 9-7　动物细胞中期纺锤体（引自 Alberts et al.，2008）

4）后期

后期是姐妹染色单体分开并移向两极的时期。这一时期包括两个重要事件，即姐妹染色单体的分开和向极移动。在后期的开始阶段，几乎所有的姐妹染色单体同时从着丝粒处纵裂为二，相互分离。分离的动力并非来自与两极相连的动粒微管的张力，因为在用秋水仙素破坏微管的情况下，两条染色单体也可以正常分开。着丝粒的分离打破了力的平衡，动粒微管不断缩短，牵引着染色单体分别向两极移动。通过纺锤体的荧光染色及一段区域的荧光淬灭法的活体连续观察，发现动粒微管的缩短主要是由于靠动粒端微管蛋白的不断去组装所致。

5）末期

染色单体平均分配到纺锤体的两极标志着末期的开始，H1 组蛋白和核纤层蛋白去磷酸化，染色体开始解螺旋，染色质逐渐集合在一起，成为若干块状，在其周围开始由内质网及原来崩解的核膜小泡重新组成完整的核膜，并在两极重新形成新的细胞核，核仁重现。该期的主要特征是染色体解螺旋形成细丝，核仁和核膜重建。

6）胞质分裂期

在动物细胞中，虽然核分裂和胞质分裂是相继发生的，但是属于两个独立的过程。例如，大多数昆虫卵可以进行多次核分裂而无胞质分裂，形成多核原生质团；某些菌类和藻类也是如此，多核细胞可长达数尺，然后胞质才分开，形成单核细胞。

胞质分裂通常开始于有丝分裂后期，在细胞中部赤道面处胞质下陷成沟，肌动蛋白和Ⅱ型肌球蛋白装配成**收缩环（contractile ring）**，通过滑动模型，使肌动蛋白收缩环紧缩，最终将细胞质一分为二。收缩环是非肌细胞中具有收缩功能的微丝束的典型代表，微丝在很短的时间内迅速组装与去组装，以完成胞质分裂。虽然此时纺锤体逐渐解体消失，但在细胞中微管反而增加，其中掺杂有浓密物质和囊状物，这一结构称为**中体（midbody）**。用微管抗体的间接免疫荧光法可以显示中体结构（图 9-8）。收缩环逐渐收缩直达中体，此时中体像一条系带联系两个子细胞。

高等植物细胞的胞质分裂与动物细胞不同，不是靠肌动蛋白收缩环缢缩，而是在后期纺锤体中央区域出现成膜体（phragmoplast），类似于动物细胞的中体。成膜体的形成始于赤道面的质膜附近，附近的高尔基体囊泡逐渐向其迁移，不断加入微管和囊状物而扩展到整个赤道面，其中的小囊也逐渐扩大融合，最后形成一片连续的细胞板（cell plate），细胞一分

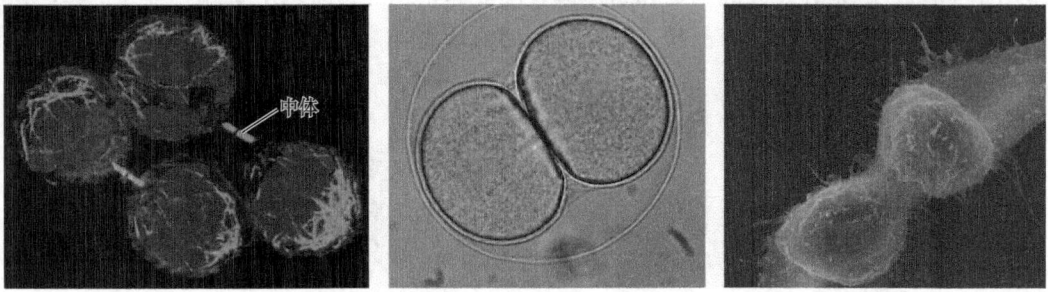

图 9-8　胞质分裂与中体（引自 Karp，2010）

为二，细胞板最后形成细胞壁（图 9-9）。

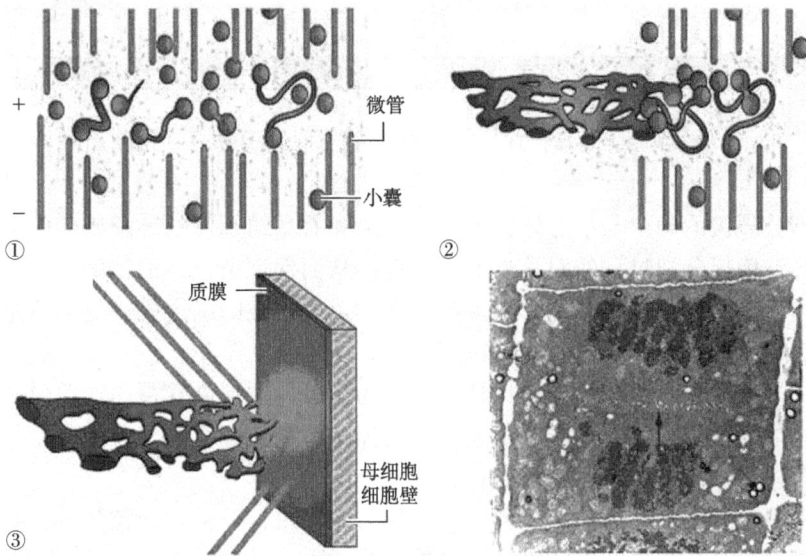

图 9-9　细胞板及其形成过程（引自 Karp，2010）

9.2.2.3　有丝分裂机制

有丝分裂的**核心问题**是如何将遗传物质均等地分配给两个新生的子细胞，分裂过程中的所有活动都围绕它进行。染色体的分裂分配是靠纺锤体的形成、运动和解聚来完成的，涉及细胞分裂极的确定、纺锤体的组装、染色体的分离、胞质分裂、核重建等多个复杂的生理活动。

1）中心体循环与分裂极的确定

在间期细胞中，中心体复制形成有丝分裂纺锤体的两个极。中心体在细胞周期中的复制—分离—复制周期过程称为中心体循环（centrosome cycle）。在大多数动物细胞中，一对中心粒被包埋在一团将成为微管组织中心的中心粒周围物质（pericentriolar material，PCM）中。在 G_1 期，两个中心粒开始半保留复制，到 S 期时复制完成，在邻近每一个母中心粒的基部与其成直角方向生长出一个子中心粒。两个中心粒起初仍包埋在一团中心粒周围物质中，形成单个的中心体，在 G_2 期分离，形成两个子中心体。在有丝分裂前期，两个子中心体作为微管组织中心，成为组装辐射式微管的起点（图 9-10）。中心体及其周围微管形成两个星体，这就是分裂极的确定和纺锤体装配的起始。开始时两个星体并排在一起，到前期末分开，当两个中心体沿核被膜外相互分离时，两星体之间相互作用的极微管优先伸长，纺锤体迅速形成。

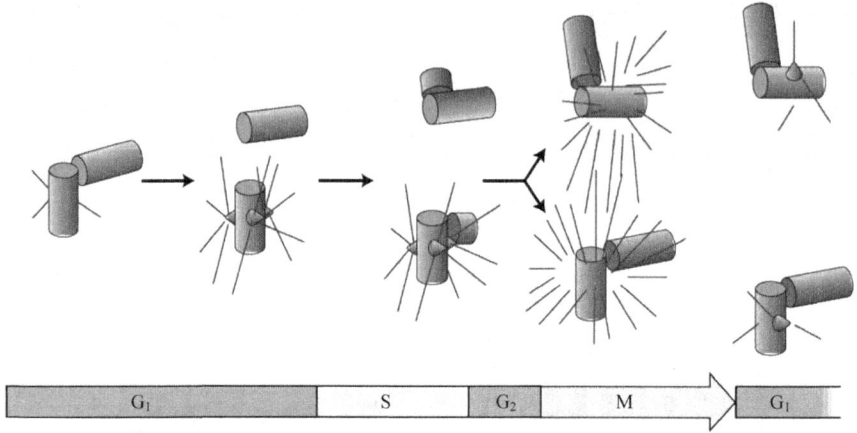

图 9-10　中心体循环与细胞周期（引自 Lodish et al.，2004）

　　动物细胞分裂极的确定与中心体的复制、分离和有星纺锤体的装配密切相关。中心体建立两极纺锤体，确保分裂过程的对称性和双极性，从而保证染色体的精确分离。高等植物细胞没有中心体，但有丝分裂时装配形成无星纺锤体，分裂极的确定机制尚不清楚。

　　2）纺锤体的组装、微管的运动与染色体分离

　　纺锤体的组装与去组装有一定的极性，极部为负极，此端微管蛋白亚单位的去组装大于组装。而另一端为正极，组装大于去组装。中心体外组装纺锤体的实验证明，微管组织中心的功能在间期弱，中期强，有一个成熟过程。

　　在有丝分裂过程中染色体向两极移动受两种力的作用：一种是动粒微管去组装产生的拉力，另一种是极微管的组装产生的推力。根据所受的力，有丝分裂的后期可分为两个阶段：后期 A（anaphase A）和后期 B（anaphae B）。在后期 A，染色体运动的力主要是由动粒微管去组装产生，动粒微管不断去组装缩短，将染色体拉向两极，解离下来的微管蛋白在极微管末端聚合，使极微管伸长，此时染色体的运动称为向极运动。在后期 B，染色体运动的力主要是极微管的组装产生。极微管先在正端添加微管二聚体进行聚合延长，使两极的极微管产生重叠带（overlap zone），然后，极微管间产生滑动，形成将两极分开的力，此时染色体的运动称为染色体极分离运动（图 9-11）。

　　染色体分离的动力来源一直为人们关注。研究发现细胞内有一类微管动粒马达蛋白（motor protein），在间期分布于细胞质内，M 期定位于极部、纺锤体和动粒部位，可能在染色体运动中起着动力供应的作用。马达蛋白的结构与典型的双头肌球蛋白相似，在 α 螺旋的螺旋卷曲上连接着两个球形头部，这种结构一致性提示二者可能以相似的机制产生运动，二者的不同之处是马达蛋白有一个清晰的尾部结构。马达蛋白首先结合到动粒上，在 ATP 分解提供能量的情况下，沿动粒微管向极部运动，并带动动粒和染色体向极运动。动粒微管的末端随之解聚成微管蛋白二聚体，动粒微管变短，动粒和染色单体与两极之间的距离逐渐拉近（图 9-12）。

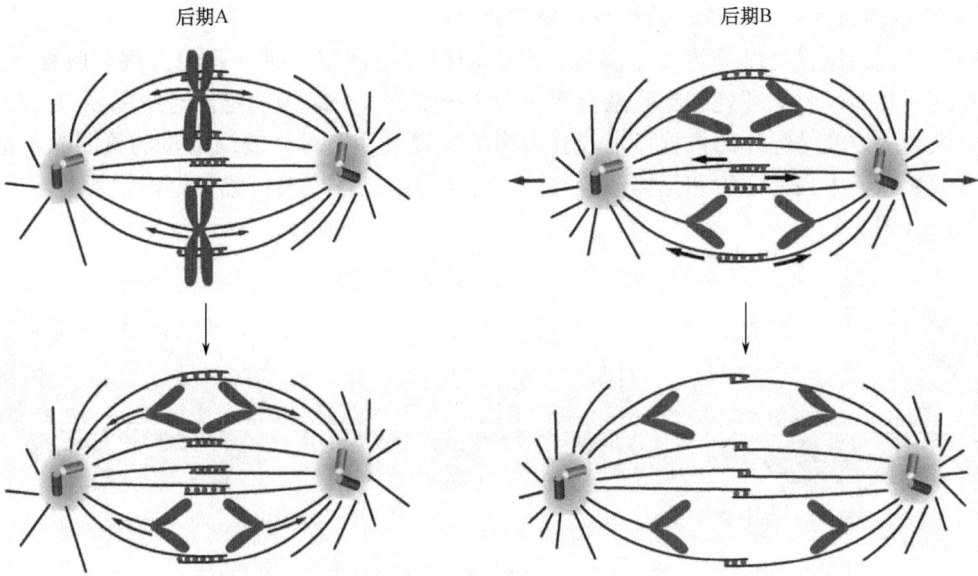

图 9-11 染色体向极运动与极分离运动：后期 A 与后期 B（引自翟中和等，2011）

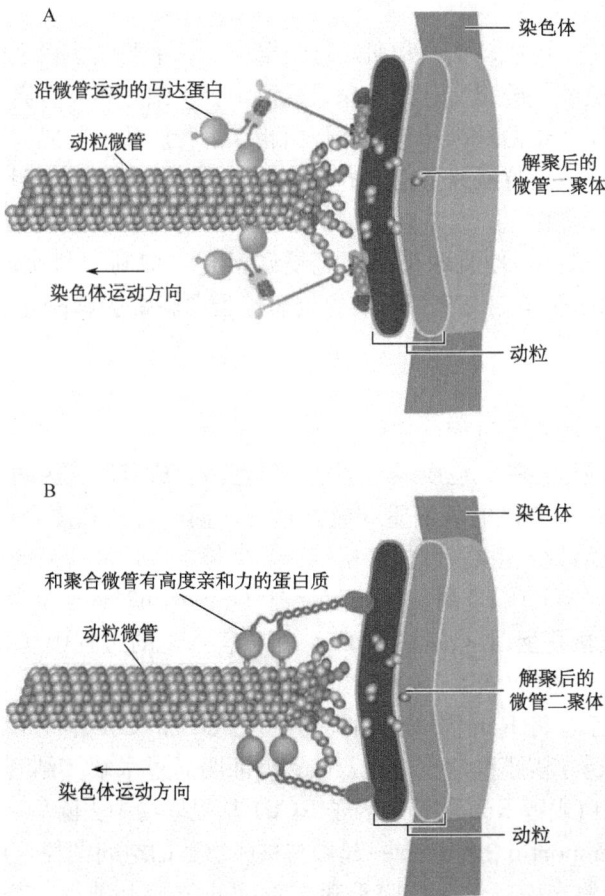

图 9-12 染色体分离的动力来自 ATP 驱动的马达蛋白（引自翟中和等，2011）
A. ATP-驱动的染色体运动促使微管蛋白解聚；B. 微管解聚促使染色体运动

3）分裂沟的定位、收缩环的形成与胞质分裂

胞质分裂的过程可以分为 4 个步骤：分裂沟位置的确定、肌动蛋白聚集和收缩环的形成、收缩环收缩、收缩环处细胞膜融合形成两个子细胞。分裂沟的定位与纺锤体的位置明显相关，人为地改变纺锤体的位置可以使分裂沟的位置改变。对分裂沟定位的机制尚不清楚，但有证据显示，中央纺锤体和星体微管共同决定了分裂沟形成的位置，星体微管参与了分裂沟的形成（图 9-13）。

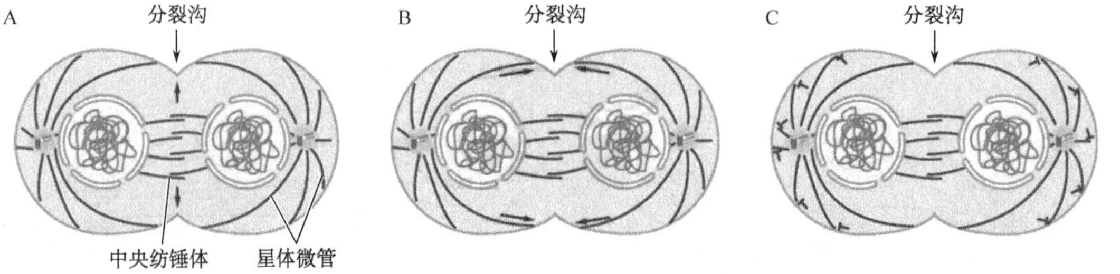

图 9-13　分裂沟的定位与形成（引自翟中和等，2011）

A. 中央纺锤体发出的信号决定分裂沟的位置；B. 接近分裂沟位置的纺锤体微管发出信号，促进分裂沟的形成；C. 远离分裂沟位置的星体微管发出抑制性信号（T 形箭头所示），抑制远离分裂沟端部的细胞皮层收缩，间接促进分裂沟的形成

动物细胞收缩环主要由肌动蛋白和肌球蛋白组成，一束肌动蛋白之间结合肌球蛋白 II 形成收缩单位，收缩环收缩，分裂沟逐渐加深，直至两个子细胞相互分离。实验表明，收缩环收缩力的形成完全靠肌动蛋白纤维丝与肌球蛋白相互滑行所致，与肌肉收缩机制类似。通过肌球蛋白 II 基因的缺失或用抗肌球蛋白 II 的抗体处理分裂中的细胞证明，参与胞质分裂的是肌球蛋白 II 而不是肌球蛋白 I。在有丝分裂的早期，有丝分裂促进因子（mitosis promoting factor，MPF）的活性升高，使肌球蛋白的轻链磷酸化，抑制了与肌动蛋白的结合。后期末，由于周期蛋白 B 的降解，MPF 失活，导致肌球蛋白轻链去磷酸化，激活收缩机制，形成收缩环，进行胞质分裂。

4）核重建

核重建就是核解体的相反过程，主要包括核膜重建、核孔复合体装配和核纤层重建等过程。核膜重建分为膜泡组分在染色质表面募集和膜泡融合成双层核膜两个步骤。有丝分裂的后期，核膜组分开始在染色体的表面重新装配，与此同时，核孔复合体也在核膜上重新装配，核质转运重新开始进行。核膜和核纤层进一步生长扩大，最后完成核膜重建。

近期的研究发现，Ran GTP 酶、核输入蛋白（importinβ）、核纤层蛋白 B 受体（lamin B receptor，LBR）及核孔蛋白（nucleoporin）在核膜重建的过程中起关键性调控作用，并受到细胞周期调控因子 p34^{cdc2} 激酶的调节。Ran 调控核膜重建的第一个直接的实验证据来自非洲爪蟾卵提取物体系，将 Ran 偶联到葡聚糖小球上，加入爪蟾卵提取物中，Ran 可以在葡聚糖小球周围直接诱导核膜重建。进而，Ran 被证明通过水解其结合的 GTP 分子而调控膜泡融合。将 Ran 蛋白或者 Ran 的调节因子 RCC1 从提取物中去除后，将阻碍膜泡的募集，核膜不能重新装配。importin β 与 Ran 一起参与核膜重建的空间调控，负责将核膜重建的前体物质定位到染色质的表面，保证核膜重建在正确的位置上进行。若将 importin β 去除，Ran 蛋白偶联的葡聚糖小球则不能诱导核膜重建。将 importin β 蛋白直接偶联的葡聚糖小球引入卵提取物中，也能在其周围诱导核膜重建。在线虫胚胎中，通过 RNAi 敲除 importin β，

核膜也不能起始装配。这些证据都表明 importin β 是核膜重建不可缺少的调控蛋白。此外，Ran GTP 酶和 importin β 还可以调控核孔复合体的装配。LBR 是一个 8 次跨膜的膜蛋白，主要定位于内层核膜。在细胞分裂的早期，随着核膜崩解，LBR 与核膜崩解而生成的小膜泡一起分散到细胞质中；在细胞分裂的后期，通过 LBR 与 importin β 相互结合，含有 LBR 的膜泡被 importin β 携带至染色质的表面，参与核膜重建。

9.2.3　减数分裂

减数分裂是有性生殖生物细胞中的一种特殊类型的有丝分裂方式，发生在生殖细胞（雌雄配子）形成过程中的某个阶段。减数分裂与有丝分裂的不同点在于：染色体 DNA 只复制一次，而连续进行两次细胞分裂，造成子代细胞染色体数目比亲代细胞减少一半，变成单倍体（haploid），染色体数由 $2n$ 变成 n。当雌雄配子（卵和精子）结合形成合子（受精卵），染色体数恢复至 $2n$。减数分裂使亲代与子代间染色体数目保持恒定，为后代的正常发育和性状遗传提供了物质基础，并保证了物种的相对稳定性。在减数分裂过程中，同源染色体配对、交叉、重组、分离，从而使配子的遗传基础多样化，对物种的进化及其对外界环境条件的适应都有重要意义。

9.2.3.1　减数分裂前间期

细胞进入减数分裂之前的细胞间期，特称为减数分裂前间期（premeiotic interphase），减数分裂前间期也分为 G_1、S、G_2 期，其最大特点是 S 期持续时间较长，一般比有丝分裂前的 S 期长若干倍，这种现象在动、植物中普遍存在（表 9-1）。大多数减数分裂前间期的细胞核大于其体细胞核，染色质也多凝集成异染色质。与有丝分裂的 S 期不同，减数分裂前间期中的 S 期没有完成 100%DNA 的复制。例如，在百合中，S 期只合成全部染色体 DNA 的 99.7%，其余的 0.3% 在偶线期合成，最后合成的这 0.3% 的 DNA 可能对有丝分裂向减数分裂的转变起决定作用。

表 9-1　有丝分裂 S 期与减数分裂 S 期持续时间比较

物种	有丝分裂 S 期/h	减数分裂 S 期/h
蝾螈	12	240
小鼠	5～6	14
小麦	3.8	12
酵母	0.5	1

另外，减数分裂的细胞有高度的同步性，细胞在转入减数分裂之前必须由不同步转变为同步，这种同步化转变也是减数分裂的准备事件之一。例如，同一花药中的花粉母细胞的减数分裂基本上是同步的。根据物种不同，减数分裂前间期的 G_2 期长短不一，有的 G_2 期很短，有的和有丝分裂 G_2 期相当，还有的在 G_2 期停滞，直到接受新的信号刺激才继续进行分裂。

9.2.3.2　减数分裂过程

减数分裂由连续两次有序的分裂组成，分别称为减数第一次分裂（first meiotic division）

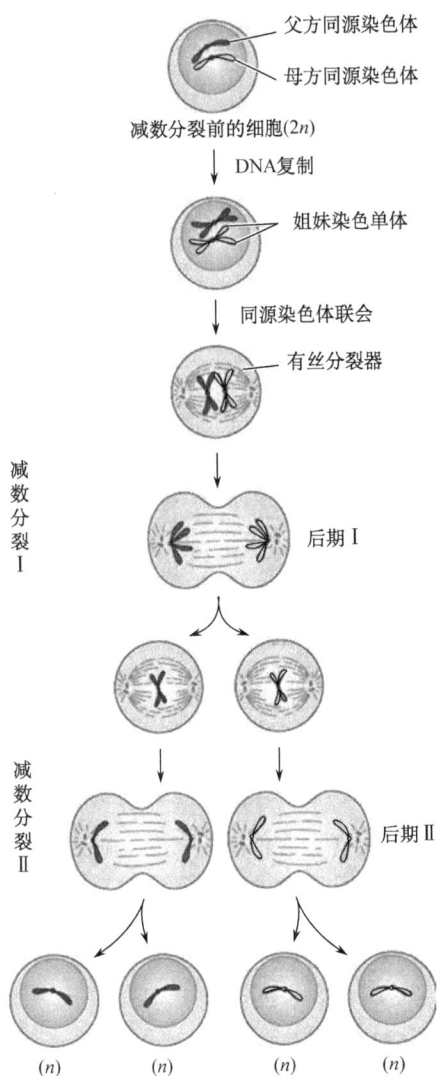

图 9-14　减数分裂过程

（引自 Lodish et al.，2004）

或减数分裂Ⅰ（meiosisⅠ）和减数第二次分裂（second meiotic division）或减数分裂Ⅱ（meiosisⅡ）。减数分裂过程复杂（图 9-14），持续时间也比有丝分裂长得多，减数分裂的特殊过程主要发生在减数第一次分裂，特别是它的前期。

1）前期Ⅰ

减数第一次分裂前期Ⅰ（prophaseⅠ）持续时间较长，变化最为复杂，呈现许多特征性变化。如细胞核显著增大、同源染色体进行配对、交换等。根据染色体的形态变化可分为细线期、偶线期、粗线期、双线期和终变期 5 个阶段（图 9-15）。

细线期（leptotene stage），又称凝集期（condensation stage），染色体凝集呈细长的线状，虽已复制，但仍呈单条细线，看不到成双的结构。细线的两端通过接触斑和核膜相连，有的物种染色线集中一端呈花束状向外发散，故称花束期（bouquet stage）。染色线上有成串的膨大颗粒，形似念珠，称为染色粒（chromomere），由染色质紧密包装而成，其功能尚不清楚。

偶线期（zygotene stage），又称配对期（pairing stage），主要特征是同源染色体发生配对。来自父母双方的同源染色体与核膜相连的端部移位到一起，两条同源染色体侧面紧密相连进行配对。配对只发生在同源染色体之间，非同源染色体不进行配对。配对以后，两条同源染色体紧密结合在一起形成二价体（bivalent）。由于每个二价体由两条复制过的同源染色体构成，含有 4 条染色单体，故又称四分体（tetrad）。偶线期有残余的 0.3% 的 DNA 合成，称为偶线期 DNA（zygDNA），这种 DNA 的合成可能和染色体配对联会有关。用 DNA 合成抑制剂抑制 zygDNA 合成，联会复合体的形成受到抑制。zygDNA 在偶线期转录出 zygRNA，也可能与同源染色体配对有关。

粗线期（pachytene stage），又称重组期（recombination stage）。同源染色体配对完成之后，染色体明显变短变粗，结合紧密，同源染色体之间发生 DNA 的片段交换，产生新的等位基因的组合。在粗线期，细胞中也存在少量 DNA 的合成，称为 P-DNA，编码一些与 DNA 剪切和修复有关的酶，交换过程中 DNA 链的修复、连接均与此相关。此外，粗线期还合成减数分裂期专有的组蛋白，并将体细胞类型的组蛋白部分或全部置换下来。这种置换改变了染色体结构，将配子的遗传信息初始化。

双线期（diplotene stage），又称合成期（synthesis stage）。这一时期的主要特征是 RNA 合成活跃和交叉（chiasma）现象明显。许多动物卵母细胞双线期的染色体形成灯刷染

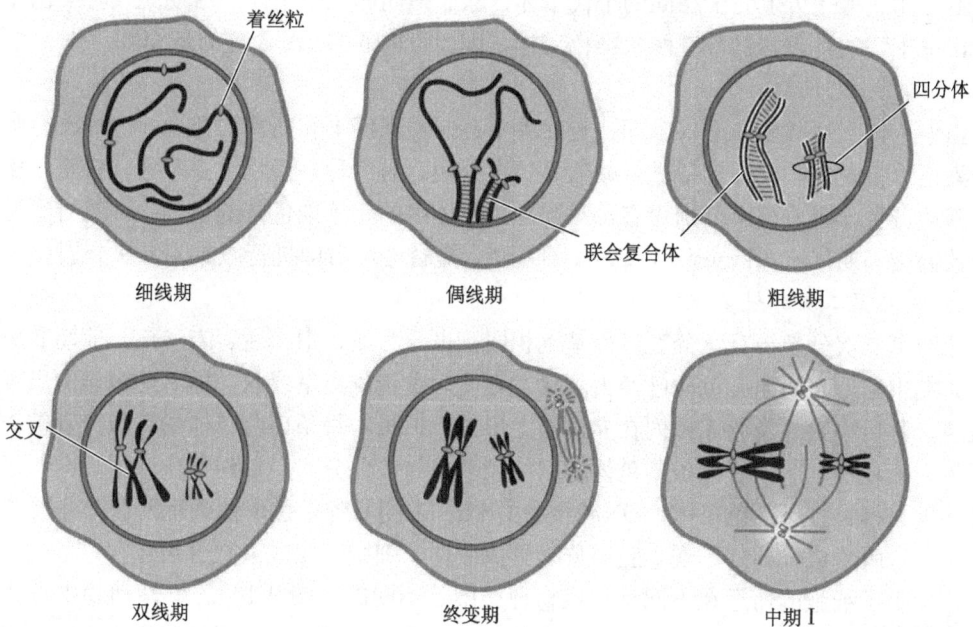

图 9-15 减数分裂前期 I 的染色体变化 (引自 Karp，2010)

色体，从染色体上伸出许多侧环，mRNA、rRNA 合成活跃，核仁明显增大、增多，有的可达上千个。组成二价体的两条同源染色体相互排斥，开始分开，而部分交换尚未完成，因此在二价体上不同部位、不同程度地呈现相互连接的交叉现象，这个时期可以清楚地看到四分体。随后，交叉点逐渐向两端移动，称为交叉的端化 (terminalization)。双线期持续时间很长，两栖类卵母细胞双线期可达一年，人类的卵母细胞双线期从胚胎第 5 个月开始，出生后经儿童期、到性成熟期开始，每月有一个卵母细胞进行减数分裂，经历十几年至四五十年的时间。

终变期 (diakinesis stage)，也称再凝集期 (recondensation stage)。在这一时期染色体又重新变成紧密浓缩状态，端化明显，染色体均匀地分布在核内，最后核仁消失、核膜解体，标志终变期和前期 I 结束，为配子或胚胎早期发育储备大量 RNA 和蛋白质的任务完成，开始进入中期 I。

2) 中期 I

核膜破裂标志中期 I 开始，染色体进一步排列在细胞的赤道面上，纺锤体继续组装，这个过程与有丝分裂中的组装过程类似。不同之处在于减数分裂中期 I 的染色体为四分体，每个四分体含有 4 个动粒，分别位于赤道面的两侧，各自面向相对的两极，由此决定每对同源染色体分向两极的方向。

3) 后期 I

二价体的同源染色体分离并分别向两极移动，每条染色体的两条姐妹染色单体共有一个着丝粒和一个动粒。此时的同源染色体由于交叉、重组，在染色单体上都有不同程度的父母双方来源的遗传信息交换融合，有利于减数分裂子代细胞的基因组变异。以人为例，人类细胞有 23 对染色体，减数分裂时可能会产生 2^{23} 种不同的排列方式，即使不发生重组，得到遗传上完全相同的配子概率也只有 840 万分之一，再加上基因重组和精子与卵子的随机结合，几乎不可能获得遗传上完全相同的子代个体，除非是同卵双生个体。后期完成时染色体趋向两极，由于每条染色体仍含有两条染色单体，因而每极的 DNA 含量仍是 2C。

4）末期 I 及间期

当染色体到达两极即进入末期。自然界中有两种末期 I 和间期的类型，一种没有明显可见的染色体去凝集，立即准备进行减数第二次分裂；另一种是染色体去凝集，核膜、核仁出现，胞质分裂，形成两个分别含有每对同源染色体中的一条染色体的子细胞。然后经过很短的减数分裂间期（interkinesis），DNA 不复制，短暂停留后即进行减数第二次分裂。

5）减数第二次分裂

减数第二次分裂与有丝分裂过程基本相同，也分为前、中、后、末各期。前期 II 历时很短，如在末期 I 和间期染色质已经去凝集，则此时重新凝集呈线状，随着纺锤体的出现，核膜破裂。其后中期 II 染色体排列在赤道面上形成赤道板，每条染色单体的动粒分别被纺锤丝牵引与两极相连。后期 II 每条染色体的姐妹染色单体彼此分离，被纺锤丝牵引移向两极，结果每一极只得到一条染色单体，DNA 含量为 1C。末期 II 各染色单体到达两极，去凝集形成染色质，核膜形成，核仁重现，胞质分裂形成 4 个子细胞，完成减数分裂过程。

这 4 个子细胞的命运在不同动、植物种类中是不同的（图 9-16）。雄性动物中这 4 个子细胞大小相同，分化发育成有功能的 4 个精子。雌性动物中这 4 个子细胞大小不同，由于初级卵母细胞的胞质不均匀分裂，产生一个大的次级卵母细胞和一个胞质很少的小细胞，称为极体（polar body），即第一极体。然后次级卵母细胞继续不均等分裂产生有功能的卵细胞和无功能的第二极体，第二极体最终被解体。高等植物发育类型类似，经过减数分裂，花粉母细胞（小孢子母细胞）产生 4 个精子，囊胚母细胞（大孢子母细胞）仅产生一个有活性的卵细胞。

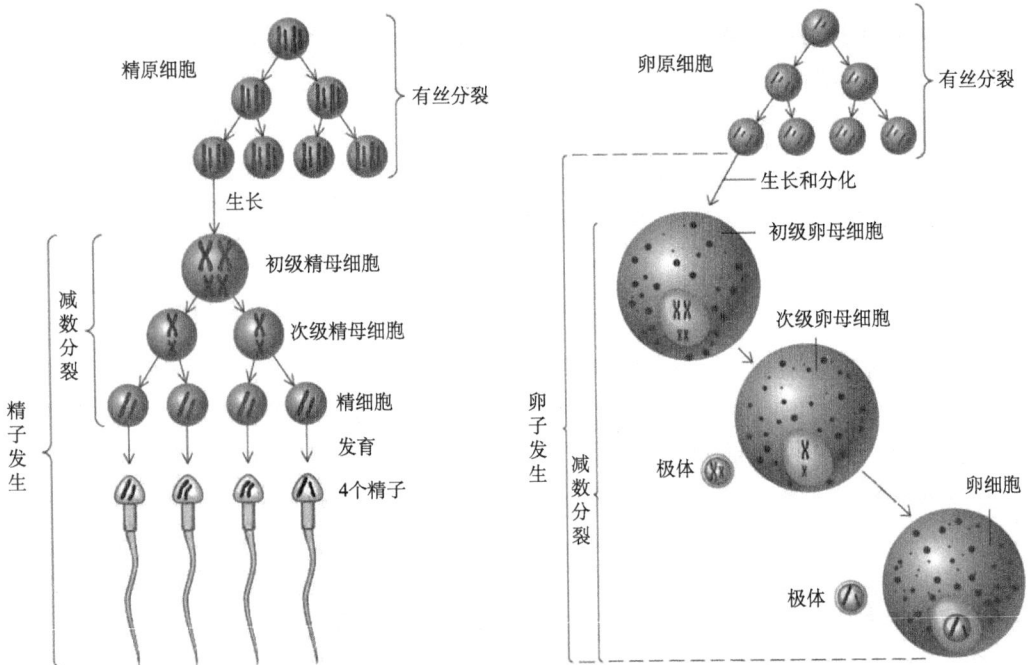

图 9-16　精卵发生的比较（引自 Karp，2010）

9.2.3.3 联会复合体与基因重组

同源染色体配对的过程称为**联会（synapsis）**，同源染色体端粒相互靠近并结合，联会也可同时发生在分散的几个点上，一旦两条同源染色体相接触，就会像拉链一样迅速扩展，直到两条染色体的侧面全部紧密结合。联会部位形成一种特殊结构，沿同源染色体纵轴分布，宽 $1.5\sim2\mu m$，称为**联会复合体（synaptonemal complex）**。在电镜下可显示其复杂的结构（图 9-17），两侧是约 40nm 宽的侧生组分（lateral element），电子密度很高。侧生组分之间是横向纤维组成的约 100nm 的中间区（intermediate space），在电镜下是明亮区。中间区的中心为中央组分（central element），约 30nm，是比较暗的区域。联会复合体的末端与核膜相连接，侧生组分与染色体紧密连接。此外，联会复合体的中央有很多间隔不规则、电子密度高的小体，称为重组节（recombination nodule），直径约为 90nm，含有催化遗传重组的酶，推测这一结构参与同源染色体配对和重组机制。蛋白质是联会复合体的主要成分，目前已鉴定出多种联会复合体蛋白。

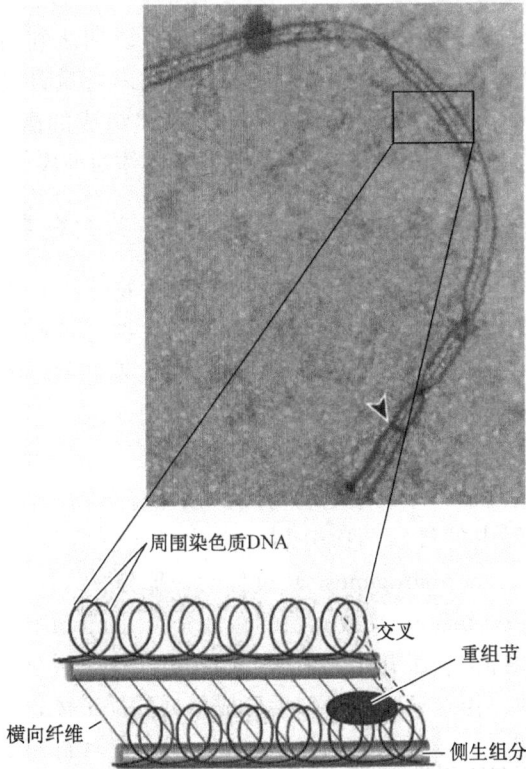

图 9-17 联会复合体（引自 Karp，2010）

在同源染色体联会期间，同源染色体要发生断裂和重接，发生同源染色体间的交换，两同源染色体均向中央伸出袢环，经过横向纤维到达中央组分，然后连续运动进行碱基序列的比较识别，直到同源序列排列在一起，在分子水平上发生 DNA 链的断裂、交换和重接，完成 DNA 重组。1964 年，Holliday 提出了第一个被广泛接受的重组模型（图 9-18）。

发生重组的两条单链 DNA 在同一部位断裂，断裂的游离末端彼此交换形成异源双链，

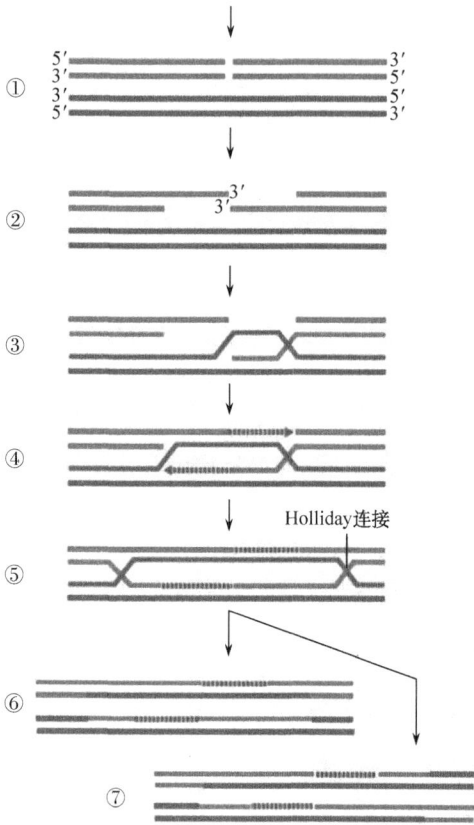

图 9-18　遗传重组的过程

（引自 Karp，2010）

然后两条杂合单链彼此连接形成 Holliday 连接体。这一过程包括一系列的酶促活动，DNA 内切核酸酶（Spo11）将一条染色体的两条 DNA 链切断（步骤①），$5'{\rightarrow}3'$ DNA 外切核酸酶将暴露在外的单链 DNA 切除（步骤②），一条断裂的单链 DNA 游离 $3'$ 端侵入另一条非姐妹染色体的 DNA 分子，细菌中这个过程由 RecA 蛋白催化（步骤③）。单链侵入引发 DNA 修复活性，聚合酶填补缺失的间隙，断裂的两条链分别以完整链为模板开始合成（步骤④）。两条杂合单链彼此连接形成 Holliday 连接体（步骤⑤）。DNA 内切核酸酶再次作用，连接酶重新连接产生两种交换产物（步骤⑥和步骤⑦）。实验表明，百合中 β 型核酸酶含量在偶线期增多，粗线期达到高峰，粗线期末消失。连接酶偶线期末含量升高。经过交换，形成大量不同染色体组成的配子，从而增加了变异性，增强了生物体对外界环境的适应性。

9.2.3.4　减数分裂类型

同种生物减数分裂发生的时间是比较恒定的，不同生物之间则有很大差异。根据减数分裂在生物生活史中发生时间的不同，可将减数分裂分为三种类型：配子减数分裂、合子减数分裂和孢子减数分裂。

配子减数分裂（gametic meiosis）或称终端减数分裂（terminal meiosis），它一般存在于动物中，包括所有后生动物、多数原生动物及少数低等植物（如硅藻）。这种类型的减数分裂发生在配子形成过程中的最后两次分裂。因此，这种类型的减数分裂即为卵子发生（oogenesis）和精子发生（spermatogenesis）过程的一部分。

合子减数分裂（zygotic meiosis）或称始端减数分裂（initial meiosis），这种减数分裂在配子融合成合子后发生，即由合子开始的最初的两次分裂为减数分裂，它处于有性生活史的开始，因此合子是二倍体。由合子减数分裂后形成单独的配子体，由配子体产生配子，仅存在于一些原生生物和真菌，以及很少数的藻类，如水绵、某些硅藻等中，是一种很原始的减数分裂。

孢子减数分裂（sporic meiosis）或称中间减数分裂（intermediate meiosis），它存在于所有高等植物和一些藻类中，发生在合子和配子形成之间，由孢子体（2n）产生减数分裂。减数分裂的产物不是配子，而是无性的孢子。因此这种减数分裂是孢子发生（sporogenesis）的一部分，经减数分裂产生的孢子是单倍体，孢子发育成为单倍体的有性世代——配子体（gametophyte），在种子植物雌配子体为胚囊，雄配子体为花粉。配子体通过正常的有丝分裂产生配子，雌雄配子结合形成二倍体的合子，由合子发育成为二倍体的无性世代——孢子体（sporophyte），由孢子体经减数分裂产生孢子。

生殖细胞也喝"孟婆汤"吗?

人的知识、经验、感情等都不能传给下一代。数学家的孩子不会生下来就懂数学,钢琴家的孩子也不会生下来就会弹钢琴。这是因为在通过生殖细胞繁殖下一代时,细胞的"记忆"都要被消除掉。这相当于生殖细胞喝了"孟婆汤"。那身体里面的"孟婆汤"在哪里呢?

形成精子和卵子的时候,DNA 的"甲基化"和组蛋白的"乙酰化"都要被消除,以适应生殖细胞的功能。同样,受精卵在发育成胎儿时,DNA 的"甲基化"和组蛋白的"乙酰化"也要重新设定,以适应胎儿发育的需要。这种消除细胞原来的"表观遗传"修饰的机制,就是生殖细胞中真正的"孟婆汤"。在精子形成的过程中,不仅要先消除 DNA 原先的"甲基化",而且还用另一种碱性蛋白质(精蛋白)来替换组蛋白。这相当于把书里面印字句的书页纸都换成了新纸,原来在书页上做的"记号"(乙酰化)也同时被消除了。但是,上一代的生活经历和身体状况却能够影响后代生长、发育甚至寿命,这说明消除这一生的记忆上并非 100% 有效。一些信息能够成为"漏网之鱼","逃"到下一代的细胞里面去,影响基因的功能。比如,为精子活动所需要的基因,它们所结合的蛋白质仍然是组蛋白,而没有完全被精蛋白取代。

不良的生活习惯(如吸烟和酗酒)虽然会改变有关基因的"外遗传"状态,但是一旦这些不良习惯被消除,这些"表观遗传"的改变又会逐渐减弱,以致消失。所以,无论是为了自己的健康还是后代的健康,都应该养成良好的生活习惯。

9.3　细胞周期的调控

细胞周期的精确调控对生物的生存、繁殖、发育和遗传都是十分重要的。对单细胞生物而言,调控细胞周期主要是为了适应自然环境,以便根据环境状况调节繁殖速度,保证物种的繁衍。复杂的多细胞生物则需面对来自环境和其他细胞、组织的信号,并作出正确的应答,以保证组织、器官和个体的形成、生长及创伤修复等过程正常进行,因而需要更为精细的细胞周期调控机制。真核细胞内有一个调控机构,使细胞周期能有条不紊地依次进行。2001 年,诺贝尔生理学或医学奖就颁给了 Hartwell、Nurse 和 Hunt 三人,以表彰他们"发现了细胞周期的关键调节因子",即细胞周期引擎分子——周期蛋白依赖性激酶和周期蛋白。细胞周期调控是多阶段、多因子参与的精确、有序的调节过程,周期调控的紊乱将引起细胞增殖、分化异常,发生癌变,甚至死亡。

9.3.1　细胞周期调控因子

9.3.1.1　MPF 及其作用

1970 年,为了研究细胞周期调控,Johnson 和 Rao 将 HeLa 细胞同步化在细胞周期的不同时期,然后将 G_1 期的 HeLa 细胞与 S 期的大鼠 Kangaroo Ptk2 细胞进行融合,结果发现 G_1 期的细胞受到 S 期细胞质的激活,开始了 DNA 复制,这一结果表明,正在进行复制的细胞中含有促进 G_1 期的细胞进行 DNA 复制的起始因子。他们将 S 期的细胞与 G_2 期的细胞进行融合，发现 G_2 期的细胞核不能启动 DNA 的复制，说明 S 期的细胞质中的 DNA 复制起始因子对已经进行了 DNA 复制的 G_2 期的细胞核没有作用。将处于 M 期的细胞与处于其他阶段的细胞融合，M 期的细胞质能够诱导其他阶段细胞的染色质凝集，这种现象称为染色体超前凝集（premature chromosome condensation，PCC）。因为 G_1 期、S 期和 G_2 期细胞的染色质复制状况不同，所以染色体超前凝集的结果也不同（图 9-19），与 M 期细胞融合的 G_1 期染色体为单线状，S 期为粉末状，G_2 期为双线状。

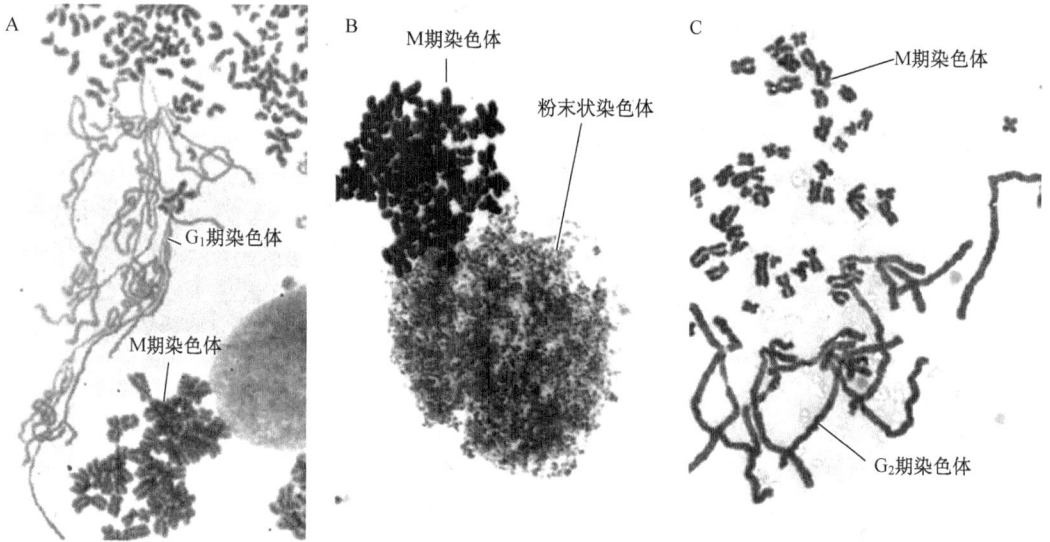

图 9-19　M 期细胞与 G_1 期（A）、S 期（B）和 G_2 期（C）细胞融合
诱导早熟染色体凝集（引自 Karp，2010）

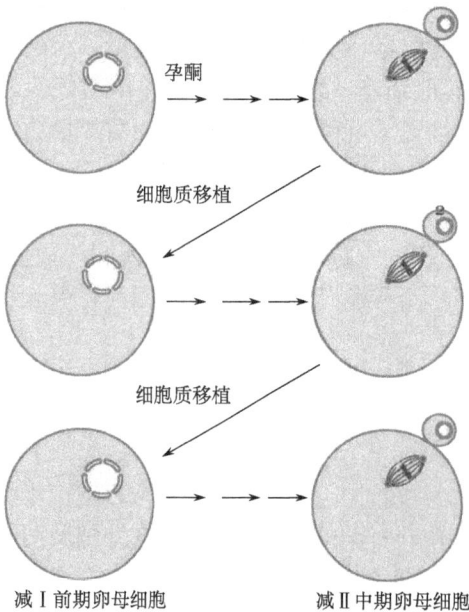

图 9-20　成熟卵细胞细胞质移植发现 MPF 的存在
（引自翟中和等，2011）

这些结果表明，M 期的细胞中存在促使染色体凝集的细胞周期调节因子，称之为促成熟因子（maturation promoting factor，MPF），又称细胞有丝分裂促进因子（mitosis promoting factor，MPF），或称 M 期促进因子（M-phase promoting factor，MPF）。

1971 年，Masui 和 Markert 用分离处于减数第一次分裂前期的非洲爪蟾卵母细胞，其中含有一个体积较大的细胞核，称为生发泡（germinal vesicle，GV）。在孕酮的刺激下，可诱导卵母细胞成熟，然后用于细胞质移植实验。结果发现，将孕酮诱导成熟的卵细胞的细胞质注射到卵母细胞中，可诱导后者成熟；再取后者的细胞质注射到新的卵母细胞，仍然可以诱导它们成熟（图 9-20）。这说明成熟的卵母细胞中有一种可以诱导其他卵母细胞成熟的物质，这种物质被称为卵细胞促成熟因子

（MPF），该因子普遍存在于实验过的所有动物细胞中。

1974 年，Rao 和 Johnson 在 HeLa 细胞进入 M 期前用 ^{3}H-氨基酸标记细胞，然后收获 M 期细胞，将其与未经标记的间期细胞进行融合，放射自显影后发现，被标记的有丝分裂细胞的蛋白质因子不仅结合在有丝分裂的染色体上，而且结合到间期细胞的 PCC 上。由此可知，MPF 与染色质凝集有关。

9.3.1.2 Cdc 蛋白

细胞周期运转是由于细胞分裂周期（cell division cycle，cdc）基因时序表达的结果。*cdc* 基因在细胞周期的不同阶段形成不同的基因产物（Cdc 蛋白），以调节代谢进程，控制细胞的增殖。20 世纪 70 年代初，Hartwell 和 Nurse 等利用酵母细胞建立了多种细胞周期温度敏感突变株，分离了不少 *cdc* 基因。其中，裂殖酵母中的 *cdc2* 基因和芽殖酵母中的 *cdc28* 基因最令人关注。

cdc2 基因是第一个被分离出来的 *cdc* 基因，是裂殖酵母细胞中最重要的基因之一，编码分子质量为 34kDa 的蛋白质——p34^{cdc2} 激酶。p34^{cdc2} 激酶为 Ser/Thr 蛋白激酶家族的重要成员之一，因其只有与细胞周期蛋白结合才具有激酶的活性，故又称细胞周期蛋白依赖性激酶 1（CDK1）。p34^{cdc2} 激酶有一段保守的 16 肽位于 PSTAIR 区，它在 Cdc2 激酶与周期蛋白结合中具有重要作用。其氨基端的苏氨酸（Thr14）、酪氨酸（Tyr15）和苏氨酸（Thr161）的磷酸化或去磷酸化与其活性密切相关。p34^{cdc2} 激酶在裂殖酵母细胞周期 G_2/M 期转换中起重要作用。

cdc28 基因是第二个被分离出来的 *cdc* 基因，是芽殖酵母细胞中最重要的基因之一，*cdc28* 和 *cdc2* 基因序列有 69％ 的同源性，也编码分子质量为 34kDa 的蛋白质——p34^{cdc28} 激酶。p34^{cdc28} 激酶在芽殖酵母细胞周期 G_1/S 期转换中起重要作用。研究发现，p34^{cdc2} 激酶和 p34^{cdc28} 激酶本身并不具有蛋白激酶活性，只有当其与其他蛋白质（即特定周期蛋白）结合后，才有激酶活性。

9.3.1.3 周期蛋白

20 世纪 80 年代初，科学家在研究海洋无脊椎动物海胆和海蛤胚胎发育早期卵裂蛋白的合成中，发现了细胞周期的另一个重要调控者。1983 年，Evans 等在海胆卵细胞中发现了两种特殊蛋白质，分子质量为 45～60kDa，蛋白质水平随细胞周期剧烈震荡，间期开始合成，G_2/M 期达到高峰，M 期结束后骤然下降，在下一个细胞间期又重新开始积累，因此将其命名为周期蛋白。进一步研究表明，周期蛋白水平在细胞周期中的波动引起了 MPF 活性的周期性变化及细胞周期的交替运行（图 9-21）。

随后，这些周期蛋白很快被分离和克隆出来，并被证明广泛存在于从酵母到人类等各种真核生物细胞中，如酵母中的 Cln1～Cln3、Clb1～Clb6，高等动物中的 cyclinA1～cyclinA2、cyclinB1 ～ cyclinB3、cyclinC、cyclinD1 ～ cyclinD3、cyclinE1 ～ cyclinE2、cyclinF、cyclinG、cyclinH 等。根据周期蛋白在细胞周期中表达的时间及执行的功能可分为 G_1 期周期蛋白和 M 期周期蛋白。G_1 期周期蛋白只在 G_1 期表达并在 G_1/S 转换中执行调节功能，如 cyclinC、cyclinD、cyclinE、Cln1～Cln3 等；M 期周期蛋白推动 G_2/M 转换，如 cyclinA、cyclinB 等。

周期蛋白都含有一段约由 100 个氨基酸残基构成的相当保守的氨基酸序列，称为周期蛋白框（cyclin box）（图 9-22）。它介导 cyclin 与 CDK 的结合，不同的周期蛋白框识别不同的

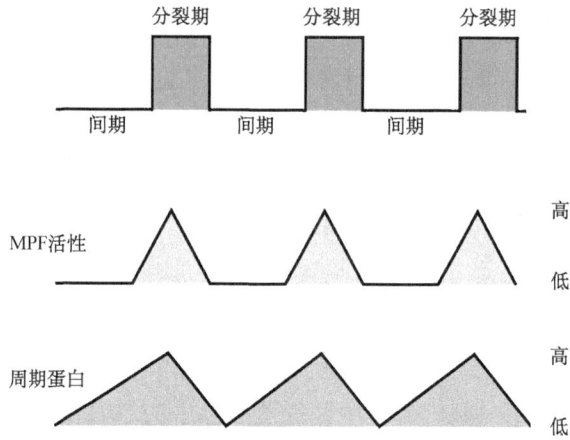

图 9-21　细胞周期中周期蛋白和 MPF 的波动（引自 Karp，2010）

CDK，组成不同的 CDK-cyclin 复合体，表现出不同的 CDK 活性。M 期周期蛋白 N 端第 42～第 51 位是一个由 9 个氨基酸组成的特殊序列——RXXLGXIXN（X 代表可变性氨基酸），称为破坏框（destruction box），它的功能是参与由泛素（ubiquitin）介导的 cyclinA 和 cyclinB 的降解。G₁ 期周期蛋白不含破坏框，其在细胞周期中的含量变化由位于 C 端的特殊序列 PEST 序列调节。

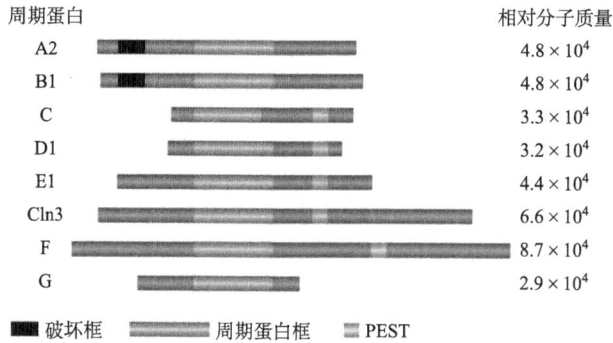

图 9-22　部分周期蛋白的分子结构（引自翟中和等，2011）

　　多年来，关于周期调控研究一直沿着上述 MPF、Cdc 蛋白和周期蛋白三个方向进行，虽然三个领域的研究都取得了很大的进展，但是这三者之间的关系并没有解释清楚，直到 1988 年，Maller 实验室的 Lohka 等用柱层析法从非洲爪蟾卵中分离得到了微克级的纯化 MPF，鉴定发现 MPF 是由 32kDa 和 45kDa 两个不同的亚基组成的异二聚体，其中，32kDa 具有丝氨酸/苏氨酸蛋白激酶活性，能够将多种蛋白质底物磷酸化。此时，新的问题来了——cdc2 基因编码的 p34cdc2 也是一种丝氨酸/苏氨酸蛋白激酶，也能促进 G₂/M 期转换，它和 MPF 中的 32kDa 亚基是什么关系呢？为了解决这个问题，Maller 实验室和 Nurse 实验室进行合作，用抗 p34cdc2 保守区的抗体对纯化的 MPF 进行免疫印迹，发现可以识别 MPF 的 32kDa 亚基。Maller 实验室又和 Hunt 实验室进行合作，并很快证明 MPF 的 45kDa 亚基为 cyclinB。这样，沿着不同路线研究细胞周期调控的科学家们的研究结果汇合到了一起，惊奇地发现他们研究的实际上是共同的东西——p34^{cdc2}和 cyclinB。问题迎刃而解：从酵母到海洋无脊椎动物一直到人类的所有真核细胞细胞周期调控中存在一个共同的分子机制来调节 M 期的启动。

9.3.1.4 CDK 激酶

CDK 是周期蛋白依赖性激酶（cyclin-dependent kinase）的简称，是真核细胞中一个进化上保守的蛋白激酶家族。它们都含有一个催化亚基（CDK）和一个调节亚基（cyclin），通过磷酸化/去磷酸化修饰后，以 CDK-cyclin 的全酶形式发挥作用。目前在人体中已发现和命名的 CDK 包括 CDK1（cdc2）、CDK2～CDK13 等。这些 CDK 分子的分子质量为 35～40kDa，都含有一段高度保守的氨基酸残基序列，称为 PSTAIRE 区（图 9-23），此序列与 cyclin 结合有关。此外，还含有一些磷酸化调节位点，可通过这些位点的磷酸化修饰来调节 CDK 的活性。

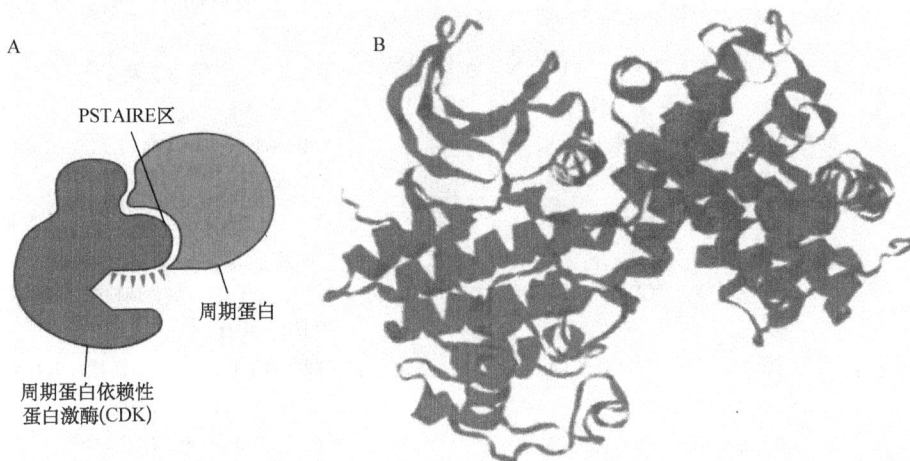

图 9-23　CDK 激酶的分子结构
A. 结构模式图；B. 三维结构视图

不同的 CDK 结合的周期蛋白不同，在细胞周期中执行的功能也不同。目前已知人类的部分 CDK 种类与周期蛋白的配对关系及执行功能的时期如表 9-2 所示。

表 9-2　人类的部分 CDK 种类与周期蛋白的配对关系及功能

CDK 种类	可能结合的周期蛋白	执行功能的时期	功能
CDK1	A、B1、B2、B3	G_2/M	磷酸化组蛋白 H1、核纤层蛋白
CDK2	A、D1、D2、D3、E	G_1/S、S	磷酸化 Rb 及相关 DNA 复制装置
CDK3		G_1/S	调节 E2F 活性
CDK4	D1、D2、D3	G_1/S	磷酸化 Rb
CDK5	D1、D3	G_1	磷酸化 Tau 等脑蛋白
CDK6	D1、D2、D3	G_1/S	磷酸化 Rb
CDK7	H	广泛	与磷酸化 RNA 聚合酶 II 有关
CDK8	C	G_1	与磷酸化 RNA 聚合酶 II 有关
CDK9	T1、T2a、T2b、K		与磷酸化 RNA 聚合酶 II 有关

　　CDK 激酶的活性受多种因子调节，除了上述的周期蛋白及磷酸化位点修饰之外，还发现了多种 CDK 的抑制因子（CDK inhibitor，CKI）。CKI 能在细胞周期的特定时刻负向调控 CDK 活性而控制细胞周期的进程，它的发现使人们对细胞周期调控和检验点的作用有了更深刻的了解，也为阐明细胞癌变的分子机制提供了重要线索。例如，哺乳动物中发现的 p15、p16、p18、p19、p21、p27 等，根据序列的相似性与作用的特异性，这些 CKI 被分为两个家族——Cip/Kip 家族和 INK4 家族。Cip/Kip 家族主要成员有 p21^{Cip1}、p27^{Kip1} 和 p57^{Kip2}，INK4 家族包括 p16^{INK4a}、p15^{INK4b}、p18^{INK4c}、p19^{INK4d} 等（表 9-3）。

表 9-3　哺乳动物中主要的 CKI 及其特征（引自刘凌云等，2002）

CKI 种类	染色体定位	作用的 CDK	调节机制	主要功能
p21^{Cip1}	6p21	多种 CDKs	被 p53 诱导	p53 蛋白周期调节作用的中介者，抑制 DNA 复制与细胞周期过程，参与细胞增殖分化和衰老的调节
p27^{Kip1}	12p13	CDK2、CDK4	被接触抑制、TGF β 上调	对生长因子 TGF β 负调控信号反应，主要阻抑 G$_1$/S 转换
p57^{Kip2}	11p15.5	CDK2、3、4		抑制 cyclinE-CDK2 和 cyclinA-CDK2 的 H1 激酶活性
p16^{INK4a}	9p21	CDK4、CDK6	被 Rb 下调	与 cyclinD 竞争结合 CDK4/6，主要阻抑 G$_1$/S 转换
p15^{INK4b}	9p21	CDK4、CDK6	被 TGF β 上调	对生长因子 TGF β 负调控信号反应，主要阻抑 G$_1$/S 转换
p18^{INK4c}	1p32	CDK4、CDK6		抑制 cyclinD2-CDK6 的活性，阻抑 CDK6 磷酸化作用、被 CAK 活化
p19^{INK4d}	19p13	CDK4、CDK6		抑制 cyclinD-CDK4 激酶活性

　　p21 是一种作用广泛的 CDK 抑制因子，在细胞增殖、分化和衰老调控中均发挥重要作用。在正常细胞中，p21 与多种周期蛋白、CDK 激酶形成稳定的复合物。实验表明，这些复合物中含有单个 p21 分子时，并不抑制 CDK 的活性，但当复合物中含有多个 p21 分子时，CDK 活性被抑制，影响 Rb 蛋白（retinoblastoma protein，成视网膜细胞瘤蛋白，是 E2F 的抑制因子）的磷酸化，不能释放结合的转录因子 E2F，导致细胞不能从 G$_1$ 进入 S 期。p21 还参与了细胞周期检验点的调控，它是 p53 蛋白在细胞周期 DNA 损伤检验点发挥作用的中介者。DNA 的损伤导致 p53 水平升高，p53 作为转录因子与编码 p21 的 *WAP1/CIP1* 基因启动子结合并刺激其表达，从而抑制相关的 cyclin-CDK 活性，阻止损伤的 DNA 复制。p21 还可以和增殖细胞核抗原（proliferating cell nuclear antigen，PCNA，是 DNA 聚合酶 δ 的辅助因子，为 DNA 复制所必需）结合，直接抑制 DNA 复制。

　　p16 是 INK4 家族的典型代表，是细胞周期运行的一个负调控因子，特异性地抑制 CDK4/CDK6 激酶的活性。它与 CDK4/CDK6 激酶结合形成一个不具激酶活性的二聚体，抑制它们对 Rb 的磷酸化，从而使与 Rb 结合的转录因子 E2F 不能释放，导致细胞停滞在 G$_1$ 期。研究发现，cyclinD 在不少肿瘤细胞中过表达，导致细胞生长异常，而 p16 可通过与 cyclinD 竞争结合 CDK4 激酶并抑制其活性，起到细胞周期异常运转的"刹车"作用。这可能是 p16 抑制肿瘤细胞增殖和 p16 缺失导致细胞癌变的分子机制之一。

9.3.2 细胞周期运转调控

CDK 对细胞周期运行起着核心的调控作用，细胞周期事件沿着周期时相依次有条不紊地发生，是特定的 CDK 在特定的时间出现并发挥作用的结果。细胞通过多种方式对 CDK 的适时作用进行调控，如通过 CKI 结合抑制 CDK 活性、通过磷酸化去磷酸化修饰调节 CDK 活性、需要时合成新的 CDK 发挥作用、不需要时水解多余的 CDK 消除作用等。细胞周期运转调控的核心问题就是保证不同的 CDK 在细胞周期的不同时期表现活性。

9.3.2.1 G_1/S 转换

在正常情况下，多细胞的哺乳动物体内的大部分细胞处于非增殖状态的 G_0 期，只表达与细胞生长有关的蛋白质，并不合成与细胞周期控制有关的蛋白质。但是在一定条件下，如受到生长因子和其他有丝分裂信号的刺激后，通过多种信号转导途径，就会启动多种基因的转录表达，驱使 G_0 期细胞进入分裂周期。由 G_1 期向 S 期转换是细胞增殖过程中的关键事件之一，主要受 G_1 期的 CDK 控制。G_1 期 CDK 表达，激活某些转录因子，引起 DNA 复制所需酶类及编码 S 期 CDK 的基因表达。在哺乳动物细胞中，G_1 周期蛋白主要包括 cyclinD、cyclinE、cyclinA，与之结合的 CDK 主要包括 CDK2、CDK4 和 CDK6 等。cyclinD 主要与 CDK4 和 CDK6 结合，磷酸化底物 Rb 蛋白，释放转录因子 E2F，起始 DNA 复制有关的基因（如 c-myc、DNA 聚合酶 α 等）转录，起始 DNA 合成，从而促使 G_1 期向 S 期转换（图 9-24）。同时，cyclinE 与 CDK2 结合，CDK2 激酶与类 Rb 蛋白 p107 和转录因子 E2F 结合形成复合物，CDK2 磷酸化 p107 使其失去抑制作用，激活 E2F，促进中心体复制相关基因的转录。随后，cyclinA 与 CDK2 结合，磷酸化并激活 DNA 复制因子 RF-A，促进 DNA 复制。cyclinA-CDK2 也可通过类似的机制与 p107 和 E2F 结合形成复合物，激活 E2F 促进基因转录的功能。

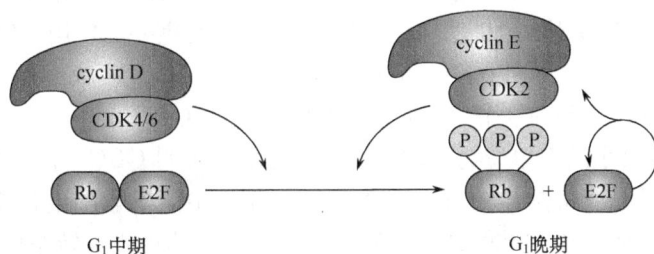

图 9-24 G_1 期向 S 期转换时 Rb 和 E2F 活性的调节（引自 Lodish et al.，2004）

到达 S 期的一定阶段以后，上述 G_1 期 CDK 的活性需要关闭，关闭的途径为 G_1 周期蛋白的降解。G_1 周期蛋白的降解与 M 期周期蛋白的降解有所不同，是通过 SCF（Skp-cullin-F-box protein）泛素化途径进行的。SCF 是一种多亚基构成的蛋白质复合物，包括 Skp1、Cul1 和 Rbx1 三个亚基，可以被 Skp2、Fbw7 和 β-Trcp 三种 F-box 蛋白分别活化，发挥 E3 泛素连接酶的功能，催化底物蛋白的泛素化（图 9-25）。靶蛋白发生泛素化后被 26S 蛋白酶体识别水解。该途径在整个细胞周期中都发挥作用，以降解不同时期需要清除的蛋白质。

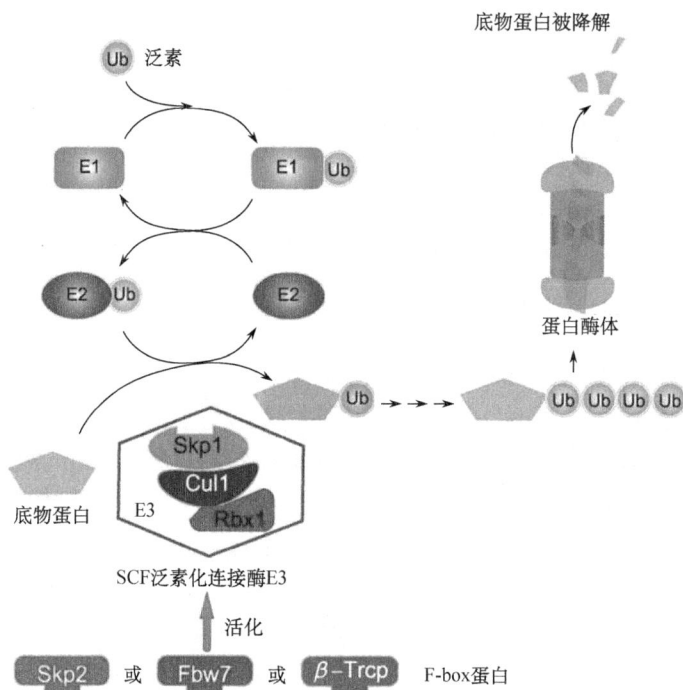

图 9-25　SCF 泛素化依赖蛋白质降解途径（引自翟中和等，2011）

　　另外，细胞中还存在 DNA 复制起始的调控机制。DNA 复制起始点的识别是 DNA 复制调控中的重要事件之一，从酵母到哺乳动物细胞都存在一种称为复制起始点识别复合体（origin recognition complex，ORC）的蛋白质。ORC 最早在酵母中发现，是启动 DNA 复制的关键因子，是真核细胞 DNA 复制的起始蛋白。随着研究的深入，在越来越多的组织、细胞中发现了 ORC，并证实其在细胞周期和细胞增殖中具有重要的作用。ORC 包含 6 个不同的亚单位，即 ORC1～ORC6，以 ATP 依赖的形式结合在 DNA 复制起始点上，该起始点由含 11 对保守序列的碱基和有关的其他元件组成。人类 ORC 也由 6 个亚单位（ORC1～ORC6）组成，其中最小的亚单位为 ORC6。过去的研究表明 ORC6 不仅参与复制，还参与细胞分裂过程，但其功能机制却一直不清楚。2011 年，中国科学院生物物理研究所刘迎芳实验室解析了人类 ORC6 中间域的结构，发现这一区域肽链折叠与转录因子 TFⅡB 对应螺旋域非常相似。研究人员构建出了 ORC6 与 DNA 的结合模型，基于这一模型他们鉴别出了结合核酸的关键氨基酸序列。对这些氨基酸的研究发现在人的细胞中 ORC6 对 ORC 复合体结合到复制起始位点至关重要，当这些位点发生突变后 ORC 不能有效识别 DNA 复制的起始位点，从而导致 DNA 复制水平显著下降。研究结果表明，ORC6 有可能是以与 TFⅡB 在启动子上定位转录前起始复合物相似的方式参与了 ORC 与 DNA 复制起始位点的结合过程。

9.3.2.2　G_2/M 转换的调控

　　推动细胞周期 G_2/M 转换的是 CDK1 激酶（即 MPF），由 p34^{cdc2}（CDK1）和 cyclinB 结合形成。p34^{cdc2} 的蛋白质水平在整个细胞周期中不变，而 cyclinB 的合成随细胞周期而发生变化，在 G_1 晚期开始合成，在 G_2/M 期达到高峰，M 期结束迅速被水解掉，使得 CDK1 激

酶活性在 G_2/M 期达到高峰，诱导细胞进入 M 期，激酶活性受到 cyclinB 的周期性合成和分解的控制，M 期结束时 CDK1 激酶活性迅速丧失，细胞退出 M 期（图 9-26）。

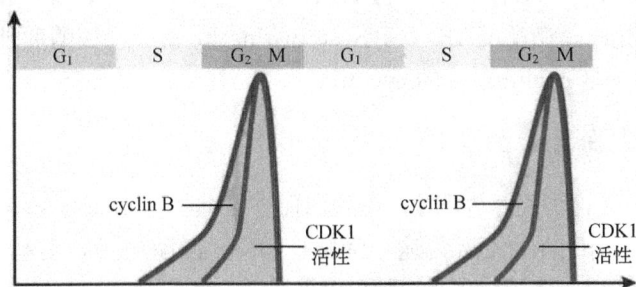

图 9-26 cyclinB 的周期变化及对 CDK1 活性的调节（引自翟中和等，2011）

除了 cyclinB 的调节，CDK1 激酶还受磷酸化和去磷酸化的调控（图 9-27）。间期合成的 CDK1 激酶 Tyr15 和 Thr14 被 wee1 激酶磷酸化，活性被抑制，形成无活性的 MPF 复合物（pre-MPF1）。这种机制保证了 CDk-cyclin 能够不断积累，然后在需要的时候才释放。当 M 期开始时，随着 wee1 的活性下降，CDK1 激酶活化的障碍消除。蛋白磷酸酶 cdc25 催化其 Tyr15 和 Thr14 去磷酸化，CDK1 激酶被活化，通过使某些蛋白质磷酸化，包括组蛋白 H1、核纤层蛋白 A、核纤层蛋白 B、核纤层蛋白 C、核仁蛋白（nucleolin）和 No28、p60[c-src]、C-ab1 等，实现调控细胞周期的作用。例如，CDK1 激酶使组蛋白 H1 磷酸化，促进染色质凝缩；核纤层蛋白磷酸化，促使核纤层解聚；核仁蛋白磷酸化，促使核仁解体；p60[c-src] 蛋白磷酸化，促使细胞骨架重排；C-ab1 蛋白磷酸化，促使细胞调整形态，进入 M 期。

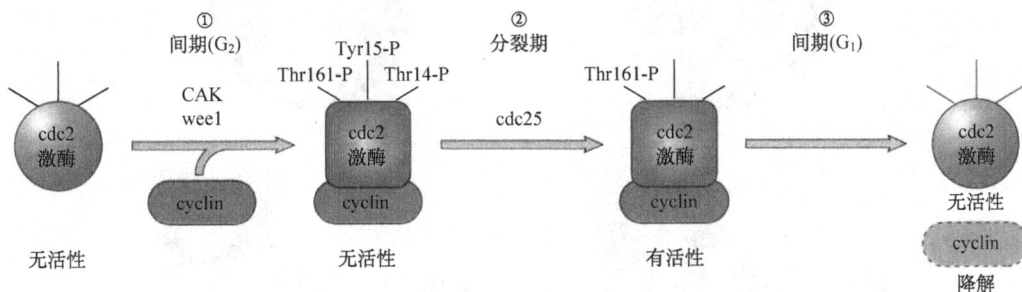

图 9-27 磷酸化与去磷酸化对 MPF 活性的调节

研究发现，负责磷酸化 Thr14 和 Tyr15 的蛋白激酶是 *wee1* 和 *mik1* 基因的产物。*wee1* 和 *mik1* 基因序列很相似，编码丝氨酸/苏氨酸蛋白激酶，但可以同时对酪氨酸和丝氨酸/苏氨酸磷酸化。*wee1* 基因突变使细胞提前进入 M 期，产生体积较小的细胞。*wee1* 和 *mik1* 基因双突变，则细胞过度提前进入 M 期而致死。过表达 *wee1* 基因使细胞阻断在 G_2/M 转换处。没有结合 cyclinB 的 p34[cdc2] 不被 wee1 磷酸化，只有在 cyclinB 结合上去以后才磷酸化 Thr14 和 Tyr15 位点，暂时抑制 CDK1 激酶的活性。在 G_2/M 转换时，nim1 激酶磷酸化 wee1 而抑制其活性，*cdc25* 基因编码的 cdc25 磷酸酶负责 p34[cdc2] 的 Thr14 和 Tyr15 位点去磷酸化，激活 CDK1 激酶的作用。cdc25 磷酸酶水平随细胞周期变化，G_2/M 时达到最高。

$cdc25$ 基因是 M 期启动所必需的，$cdc25$ 突变使细胞阻断在 G_2 期，过表达 $cdc25$ 则细胞加速进入 M 期，以较小体积进行分裂。另一个位点 Thr161 的磷酸化对 CDK1 激酶的活性起正调控作用，Thr161 位点非磷酸化时，CDK1 激酶一直没有活性，细胞不能进入 M 期。负责 Thr161 位点磷酸化的是激酶 CAK（CDK-activating kinase），该酶的催化亚基是 CDK 家族的 CDK7，调节亚基是 cyclin 家族的 cyclinH。

9.3.2.3 分裂中期向后期的转换

细胞 M 期运转到中/后期交界处时，在后期促进复合物（amaphase promoting complex，APC）的作用下，cyclinB 通过泛素化途径降解，CDK1 激酶失活，引起一系列蛋白质去磷酸化，导致染色质去凝集、核膜核仁等重新形成，细胞完成 M 期。

M 期 cyclin 蛋白 N 端包括一个保守的 9 氨基酸残基破坏框（图 9-22），它是 M 期泛素化和随后降解所必需的。APC 是一种泛素连接酶（E3）复合物，与 SCF 功能相同，能把 E2-ubiquitin 连接到含有破坏框的底物上，将底物泛素化，导致底物被降解，CDK1 激酶失活，触发细胞进入有丝分裂末期，胞质分裂之后，cyclinB 在子细胞的间期重新合成，APC 的活性保持到 G_1 的后期，被 G_1 期 CDK 失活。

APC 的发现是细胞周期研究的重大进展，表明细胞分裂中期向后期转换也受到精密调控。细胞中存在正、负两类调节因子对 APC 的活性进行综合调节。APC 正调节因子包括

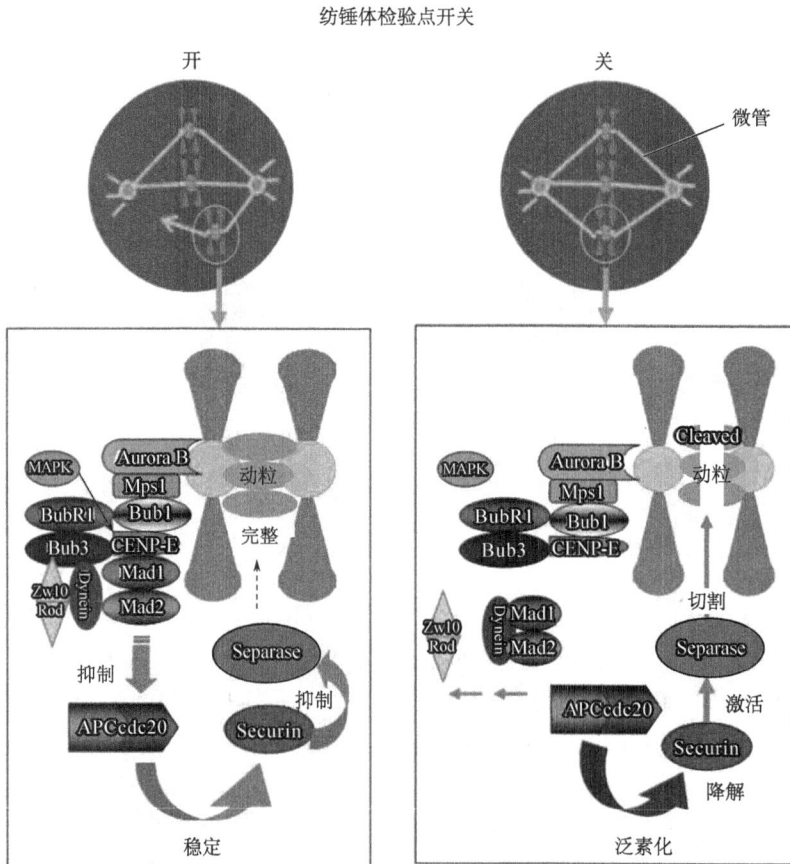

图 9-28　APC 的活性调节与纺锤体检验点开关（引自张清华，2010）

cdc20、Cdh1 等，负调节因子包括 Emi1、Emi2、Mad2、Bubr1 等。cdc20 是 APC 有效的正调节因子，主要位于染色体动粒上，在促使姐妹染色单体的分离中起作用。APC 活性还受到纺锤体组装检验点的调控，纺锤体组装不完全或部分动粒未被动粒微管捕捉，则 APC 不被激活。在纺锤体组装调控过程中，有许多蛋白质参与其中（图 9-28）。

在纺锤体没有形成之前，纺锤体检验点蛋白（AuroraB、Mps1、Bub1、CENP-E、Bub2、BubR1、Bub3、Mad1 和 Mad2）依次与动粒结合，抑制 APC 的活性，从而稳定分离酶抑制蛋白（securin），抑制分离酶（separase）活性，保证染色体/染色单体之间的粘连蛋白（cohesin）的完整性，使检验点处于开启状态。当纺锤体完全形成并且所有的染色体/染色单体完成在赤道板上的排列时，检验点蛋白 Mad1 和 Mad2 离开动粒，对 APC 的抑制作用解除，securin 被泛素化降解，激活 separase，cohesin 被切割，导致染色体/染色单体的分离，检验点活性关闭。

9.3.3 细胞周期调控实例

9.3.3.1 裂殖酵母细胞周期调控

作为一种单细胞真核生物，酵母是研究细胞周期典型的模式生物，关于细胞周期的研究大多最初是在酵母中获得突破的，因为细胞周期及其调控基因在酵母和哺乳动物细胞中具有保守性，所以对酵母细胞周期的研究极大地促进了哺乳动物细胞周期的研究。

裂殖酵母（*Schizosaccharomyces pombe*）有完整的细胞周期（图 9-29），以 Nurse 为代表的科学家们关于细胞周期调控机制的研究就是以裂殖酵母为材料进行的。

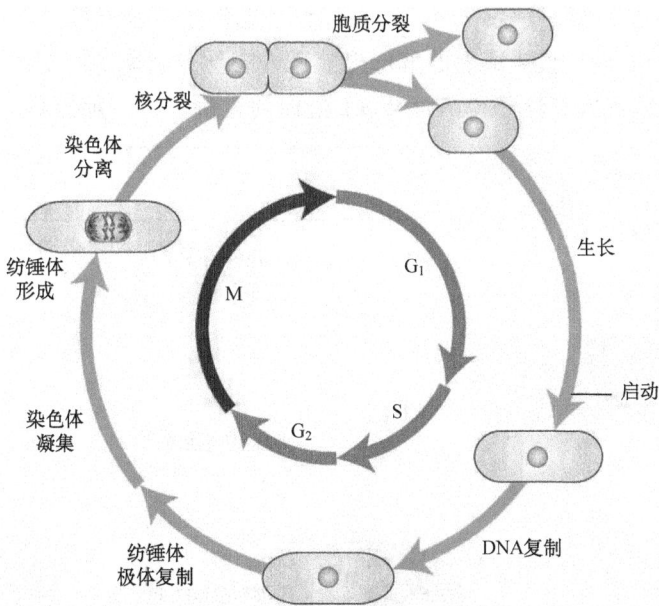

图 9-29　裂殖酵母的细胞周期（引自 Lodish et al.，2004）

因为与细胞周期相关基因的突变酵母很容易被鉴定出来，如细胞的温度敏感突变。如果是非允许范围内的温度敏感突变，就会影响细胞的长度。一般来说，隐性表型是因为缺少野

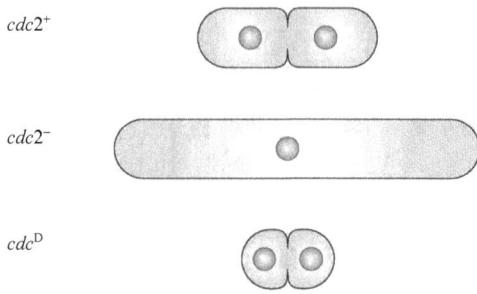

$cdc2^+$

$cdc2^-$

cdc^D

图 9-30　裂殖酵母 $cdc2$ 突变的表型

（引自 Lodish et al.，2004）

生型的某种功能蛋白所致，而显性表型是因为增加了一些蛋白质的功能导致的。目前已经分离了两类与细胞周期相关的温度敏感型突变型：一类是 cdc 突变，裂殖酵母中几个温度敏感的 cdc 基因的隐性突变使得裂殖酵母不能进入 M 期，而滞留在细胞周期的间期，由于生长没有停止，结果形成特别长的细胞；另一类称为 wee 突变，这是一个显性突变，命名为 cdc^D，这类突变的酵母长得特别小（图 9-30）。

　　对分离的 $cdc2^-$ 突变体的研究发现，该突变体没有 CDC2 蛋白的活性，细胞不能进入有丝分裂，表明 CDC2 蛋白是裂殖酵母进入有丝分裂的一个关键调节因子。通过基因工程克隆了 $cdc2$ 基因，序列分析表明该基因编码一个分子质量为 34kDa 的蛋白质，命名为 p34^{cdc2}。后来在裂殖酵母中分离了另一个 cdc 基因，命名为 $cdc13$，该基因的产物 CDC13 蛋白也是裂殖酵母进入有丝分裂必需的。序列分析表明该基因编码的蛋白质与非洲爪蟾和海胆的 cyclinB 同源。后来发现 CDC13 蛋白和 CDC2 蛋白能够形成异源二聚体，并且具有蛋白激酶的活性。还发现，不仅 CDC2 蛋白的蛋白激酶活性随着裂殖酵母的周期的变化而变化，CDC13 蛋白的浓度也随细胞周期的变化而波动。因此，裂殖酵母中，$cdc2$ 基因编码一个周期蛋白依赖性激酶（CDK），与 $cdc13$ 基因编码的 M 期周期蛋白形成异源二聚体——CDC13-CDC2，相当于非洲爪蟾的 MPF。

　　通过对其他一些 cdc 和 wee 突变体进行研究，发现裂殖酵母的 MPF 活性受其他基因产物的影响。例如，温度敏感突变体 $cdc25^-$ 在非允许的温度下也不能进入有丝分裂，而过表达 $cdc25$ 则会缩短 G_2 期，使未成熟的酵母提前进入有丝分裂期。突变体 $wee1^-$ 也会造成酵母体积不够大就提前进入有丝分裂，而 Wee1 蛋白的过量表达则延长 G_2 期，形成长的酵母

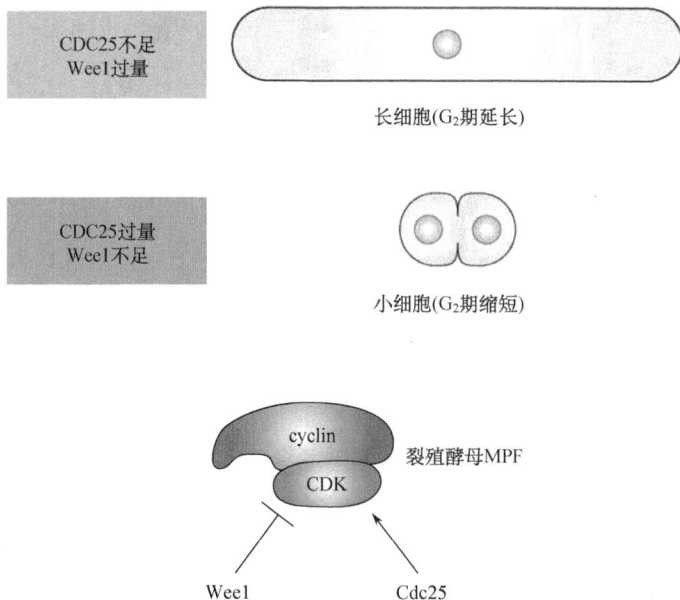

CDC25不足
Wee1过量

长细胞(G_2期延长)

CDC25过量
Wee1不足

小细胞(G_2期缩短)

cyclin

CDK

裂殖酵母MPF

Wee1　　　　Cdc25

图 9-31　$cdc25$ 和 $wee1$ 基因的突变对裂殖酵母表型和 MPF 活性的影响（引自 Lodish et al.，2004）

细胞。根据这些发现，推测 CDC25 蛋白激活裂殖酵母 MPF 的活性，而 Wee1 蛋白抑制裂殖酵母的 MPF 活性（图 9-31）。

进一步研究发现，裂殖酵母 MPF 的活性调节非常复杂，涉及多种蛋白激酶，以及 CDC2 蛋白亚基上的两个位点的磷酸化与去磷酸化。这两个位点一个是激活型的磷酸化位点，另一个是抑制型的磷酸化位点。单独存在的 CDC2 蛋白激酶亚基是无活性的，同周期蛋白 CDC13 结合后，仍然没有活性。此时的复合物成为两种蛋白激酶的作用底物：一种是 Wee1 激酶，它使 CDC2 亚基上的抑制位点 Tyr15 残基磷酸化，抑制 MPF 的活性；另一种蛋白激酶是 CDC2 活化蛋白激酶（CAK），可以使 CDC2 亚基上的激活型关键位点 Thr161 残基磷酸化，这种磷酸化最大限度地激活了 MPF 的活性。但是，只要 Tyr15 残基磷酸化，CDC13-CDC2 复合物就没有活性，称为前 MPF（pre-MPF）。要使 MPF 具有活性，需要 CDC25 蛋白磷酸酶的作用，它能将 Tyr15 残基去磷酸化，从而激活 MPF，诱导细胞从 G_2 期进入 M 期（图 9-32）。不过，Wee1 蛋白和 CDC25 蛋白的活性是相互竞争的，如果细胞生长得不够大，Wee1 的活性就强，有利于 MPF 磷酸化；如果细胞长得够大，CDC25 蛋白的活性就强，有利于 MPF 去磷酸化，促进细胞进入 M 期。

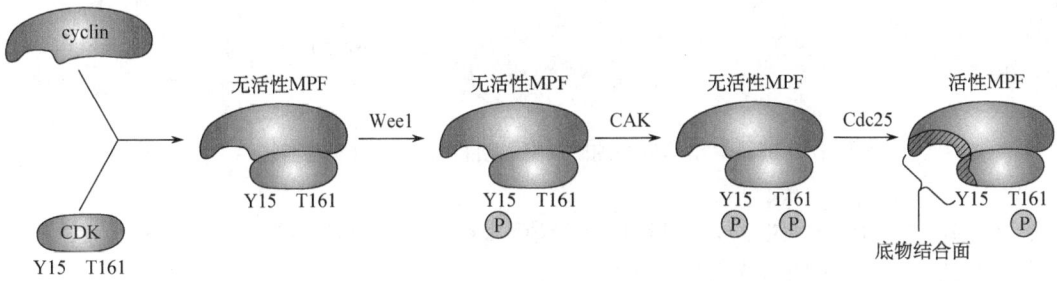

图 9-32　裂殖酵母细胞周期中 MPF 的活性调控（引自 Lodish et al.，2004）

9.3.3.2　芽殖酵母细胞周期调控

芽殖酵母（*Saccharomyces cerevisiae*）通过出芽的方式进行增殖，出芽形成的子细胞比母细胞小得多，它必须生长到足够大时才能进行分裂（图 9-33）。

当芽殖酵母在 G_1 期生长到足够大时，一些推动细胞进入 S 期的基因就开始表达。芽殖酵母有一个 *cdc*28 基因，编码的蛋白质为 CDC28，相当于裂殖酵母的 CDC2。*cdc*28 基因突变造成酵母不能出芽，说明 CDC28 蛋白对于芽殖酵母进入 S 期具有关键作用。

芽殖酵母中起主要调节作用的 CDK 基因是 *cdc*28，编码产物是 p34^{cdc28} 蛋白，p34^{cdc28} 蛋白在整个细胞周期是恒定的，与 cyclin 形成复合物后才具有催化活性，不同时期需要结合不同的 cyclin，从而使细胞实现不同时期的转换。芽殖酵母共有 9 种 cyclin，分别是 Cln1、Cln2、Cln3、Clb1、Clb2、Clb3、Clb4、Clns 和 Clbs。此外，p34^{cdc28} 蛋白上有多个磷酸化位点，其活化也受控于这些位点的磷酸化。p34 激活需要保守苏氨酸的磷酸化，而某些位点，如 Thr14、Tyr15 的磷酸化是抑制 CDK 活性所必需的。p34^{cdc28} 蛋白还受抑制因子调节，如 FAR1 和 P40（SIC1/SAD25），它们分别抑制 CDC28-Cln 和 CDC28-Clb 复合物。一旦细胞周期出现异常情况，如 DNA 损伤等，检验点通过抑制 CDK 激活途径，或促进 CDK 抑制途径导致细胞周期阻滞，以使细胞与环境相适应。如果细胞一切正常，G_1 期 CDK 磷酸化 S

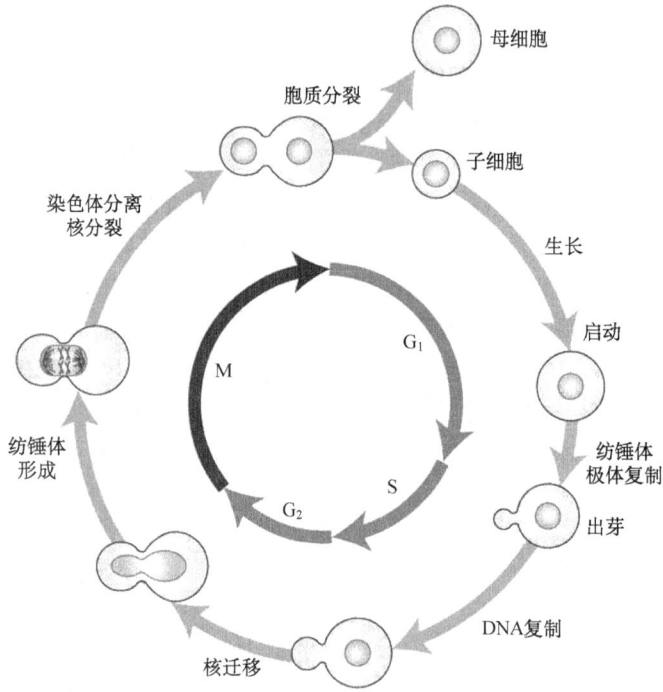

图 9-33　芽殖酵母的细胞周期（引自 Lodish et al.，2004）

期 CDK 激酶抑制因子（Sic1），介导其经泛素化途径降解，从而激活 S 期 CDK，诱导 DNA 合成，推动 G_1 期向 S 期转换（图 9-34）。

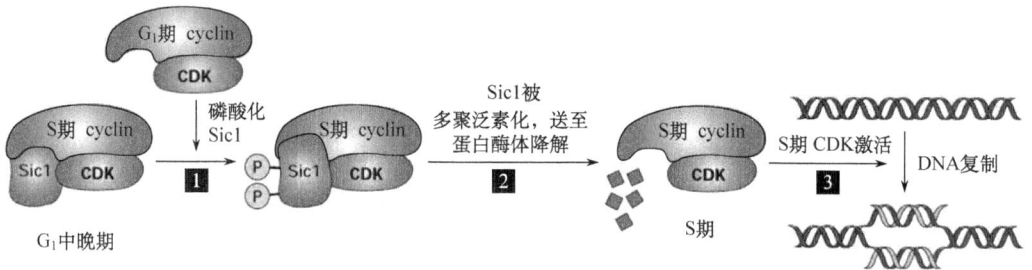

图 9-34　S 期抑制因子降解调控 G_1 期向 S 期转换（引自 Lodish et al.，2004）

　　与裂殖酵母只有一种 CDK（CDC2）和一种 cyclin（CDC13）不同，芽殖酵母在细胞周期进程的调控中，有一种 CDK（CDC28）和 9 种 cyclin 共同参与细胞周期的调节（图 9-35）。

　　在 G_1 期，三种周期蛋白被激活（Cln1、Cln2 和 Cln3）。环境中营养充足时，*Cln3* mRNA 水平在整个细胞周期中变化不大。G_1 中期 Cln3-CDK 复合体逐渐积累，磷酸化并激活两个转录因子，进而激活 *Cln1* 和 *Cln2* 的转录，并且激活 DNA 复制所需的酶和其他蛋白质的表达，同时激活 S 期周期蛋白 Clb5 和 Clb6 的表达。G_1 晚期 cyclin-CDK 复合物 Cln1-CDK 和 Cln2-CDK 磷酸化并抑制介导后期促进因子（APC）泛素化周期蛋白的调控因子——Cdh1 的活性，允许细胞中积累 S 期周期蛋白。S 期 cyclin-CDK 复合物的活性起初被 Sic1 抑制。SCF 泛素连接酶介导其被蛋白酶体降解，释放 S 期 cyclin-CDK 复合物的活性，

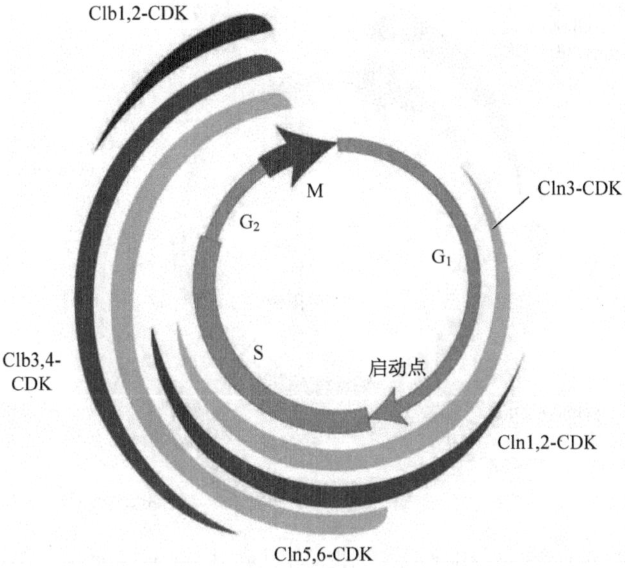

图 9-35　多种周期蛋白-CDK 复合物调控芽殖酵母的细胞周期进程（引自 Lodish et al.，2004）

推动细胞进入 S 期。S 期末表达周期蛋白 Clb3 和 Clb4，并与 CDK 形成二聚体复合物，促进 DNA 合成和分裂前期纺锤体的组装。G_2 期表达周期蛋白 Clb1 和 Clb2，并与 CDK 形成二聚体复合物，促进细胞进入 M 期。后期末，抑制因子 Cdh1 被去磷酸化激活，介导 APC 泛素化进而降解周期蛋白，消除 MPF 活性，细胞退出 M 期。

9.3.3.3　哺乳动物细胞周期调控

哺乳动物细胞体外培养时，需要添加多肽类生长因子促进细胞的分裂存活。这是由于生长因子激活转录因子基因表达，进而表达 G_1 期的 CDK、cyclin 和 E2F 转录因子。如果缺少生长因子，细胞被阻止在 G_0 期，在加入生长因子 14～16h 后细胞将通过细胞周期限制点，进入细胞周期中运转。

与酵母细胞不同的是，哺乳动物细胞周期受多种 CDK 和周期蛋白的调控。cyclinD-CDK4/6 在 G_1 中晚期起作用，cyclinE-CDK2 在 G_1 晚期和 S 期早期起作用，cyclinA-CDK2 在 S 期起作用，cyclinA/B-CDK1 在 G_2 期和 M 期起作用（图 9-36）。

未被磷酸化的 Rb 蛋白和 E2F 结合，阻抑其活性。G_1 中期，cyclinD-CDK4/6 磷酸化 Rb，释放 E2F，激活编码 cyclinE、CDK2 和其他 S 期蛋白质的表达，cyclinE-CDK2 维持对 Rb 蛋白的磷酸化，持续激活 E2F。当 cyclinE-CDK2 达到一定水平时，驱动细胞通过限制点，进入细胞周期。cyclinA-CDK2 复合体的活性被 S 期抑制因子 CIP 磷酸化 CDK2 的抑制位点而抑制。随后，抑制因子被蛋白酶体水解，Cdc25A 蛋白酶被激活，去除抑制位点的磷酸化，激活 cyclinA-CDK2 复合体，促使 DNA 复制复合体前体起始 DNA 合成。cyclinA/B-CDK1 在 M 期起作用，一直到后期，cyclinA 和 cyclinB 被 APC 介导多聚泛素化，然后被蛋白酶体降解。

哺乳动物有丝分裂 cyclin-CDK 复合体的活性也受磷酸化和去磷酸化调节，这与酵母中 Cdc25C 去除抑制位点磷酸化激活 cyclin-CDK 类似。此外，哺乳动物 cyclin-CDK 的活性还

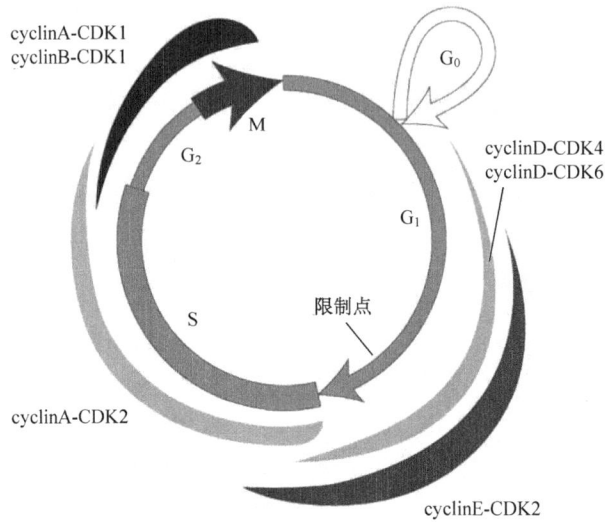

图 9-36　哺乳动物细胞周期调控的模式（引自 Lodish et al.，2004）

受 CDK 抑制因子的影响。

　　许多疾病的发生和发展都与细胞周期密切相关，肿瘤就是其中之一。肿瘤细胞周期与正常细胞周期基本相似，G_2 期、S 期和 M 期均较短而相对稳定，周期的长短也是随 G_1 期的变化而变化。肿瘤细胞也具有增殖细胞群、暂不增殖细胞群和不再增殖细胞群三种类型，肿瘤的增长和停止随三种细胞群的比例不同而异。过去认为肿瘤细胞的恶性增殖是由于其细胞周期短。实践证明，肿瘤细胞增殖周期不一定比正常细胞短，有些还更长。

　　肿瘤生长迅速的原因主要是 G_0 期细胞比较少，而增殖细胞比例很大。例如，生长迅速的肿瘤，增殖细胞群占总细胞的 50%，因此有更多的细胞进行增殖，如此一来，细胞倍增的时间就比较短了。肿瘤生长迅速的另一个原因是细胞增殖周期失控。在正常组织，细胞生长有一个极限，生长到一定程度就会停止，细胞的增生和丢失处于动态平衡。因此，周期调控分子成为研究肿瘤机制和抗肿瘤药物靶点的热点。

🌐 细胞周期研究与抗肿瘤药物设计

　　细胞周期失调引起的增殖失控是肿瘤发生的重要特征之一，人们很早就认识到细胞周期调控分子是肿瘤药物设计的有效潜在靶标。在细胞周期调控中，蛋白质磷酸化是推动细胞周期进展的重要事件，而 CDK 是细胞周期中蛋白质磷酸化的主要调节分子。在许多肿瘤中，CDK 都处于异常活化状态，破坏检验点通路，引起细胞过度增殖。自从人们阐明 CDK 对于细胞周期的重要性以来，以 CDK 为靶标设计肿瘤治疗药物一直是生物医学领域研究的热点，许多科研工作者试图通过选择性地抑制肿瘤细胞中的 CDK 活性来控制其增殖。

　　人们一直在寻找可以抑制肿瘤细胞 CDK 活性的特异性化学小分子，并进行肿瘤治疗研究。目前，已经进入临床试验阶段的 CDK 抑制剂包括 Flavopiridol、P276-00、Roscovitine、AT7519、R547 和 SNS-032 等，按化学结构分主要有黄酮类、嘌呤类、嘧啶及其他一些结构的化合物。

Flavopiridol 属黄酮类化合物，是一种非选择性的 CDK 抑制剂，可抑制 CDK1、CDK2、CDK4、CDK6、CDK7 和 CDK9，对 EGF 受体酪氨酸激酶也有一定活性，对多种肿瘤都具有强烈的抑制作用。它由赛诺菲-安万特公司开发，在 I、II 期临床试验中针对各种癌症，包括白血病、多发性骨髓瘤、淋巴瘤等，显示出良好的抑瘤效应，能够阻止细胞于 G_1/S 期和 G_2/M 期，同时延缓细胞通过 S 期。其阻滞细胞周期的机制涉及以下两个方面：①直接抑制 CDK4、CDK2 和 CDK1；②减少 CyclinD1 的表达。另外，flavopiridol 与紫杉醇、顺铂具有协同作用。

P276-00 也是一种黄酮类物质，是一种 ATP 竞争性 CDK 抑制剂，由印度 Nicholas Piramal 公司开发，用于治疗多发性骨髓瘤，即血癌。P276-00 对肿瘤细胞生长的抑制活性为 flavopiridol 的 2~3 倍，对 CDK1、CDK4 和 CDK9 具有一定的抑制作用，并且毒性比 flavopiridol 低，对多种人类肿瘤细胞具有明显的抑制活性，已进入 I/II 期临床研究阶段。

Roscovitine 是取代嘌呤类衍生物，由 Cyclacel 公司开发，2009 年 3 月完成 II 期随机临床试验。Roscovitine 是对 olomoucine 进行结构改造的产物，X 射线分析结果显示 roseovitine 竞争性地与 CDK 的 ATP 位点结合，是 ATP 的抑制剂，可抑制 CDK1、CDK2、CDK5、CDK7 和 CDK9 的活性，在体外细胞试验中对多种肿瘤细胞有生长抑制作用。

AT7519 属于氨甲酰类化合物，主要抑制 CDK2、CDK4、CDK5 和 CDK9，对 CDK1、CDK4 及 CDK6 也有一定活性。对各种人体肿瘤细胞均显示出良好的抗增殖活性，常用于治疗晚期实体肿瘤和难治性非霍奇金氏淋巴瘤。

对 CDK 的激酶功能进行抑制是治疗增生性疾病的新策略。CDK 抑制剂在体内和体外均有良好的抗肿瘤作用，尽管存在作用特异性稍差的缺陷，但仍然不失为一类较好的抗肿瘤药物。特异性高、副作用小的 CDK 抑制剂有可能在未来的肿瘤治疗中占据一席之地。

本 章 小 结

细胞增殖是生物体生长、发育、繁殖和遗传的基础，通过细胞周期来实现。细胞周期是一个细胞的整个生命过程，是物质积累和细胞分裂的循环过程，包括分裂间期和细胞分裂期。分裂间期是细胞增殖的物质准备和积累阶段，分裂期是细胞增殖的执行过程。一个标准的细胞周期可进一步分为 G_1、S、G_2 和 M 期 4 个时期，它们通过一次细胞周期，细胞数增加一倍，以满足生长发育的需要或弥补生命活动中细胞的损耗。

真核细胞的分裂方式有三种：有丝分裂、无丝分裂和减数分裂。无丝分裂也称为直接分裂，是最早发现的一种细胞分裂方式，因其分裂时没有纺锤丝出现而得名。有丝分裂也称为间接分裂，是高等真核生物细胞分裂的主要方式，通过纺锤体的形成和运动，将在 S 期完成复制的遗传物质平均分配到两个子细胞中，保证了细胞在遗传上的稳定性。有丝分裂包括核分裂和胞质分裂两个过程，根据分离过程中细胞形态变化的特征，通常将有丝分裂分为前期、前中期、中期、后期、末期和胞质分裂。减数分裂是有性生殖配子成熟过程中的一种细胞分裂方式，包括一次染色体复制和连续两次细胞分裂，结果是新产生的配子细胞中染色体数目比体细胞减少一半。减数分裂过程可分为减数分裂间期、减数分裂 I 和减数分裂 II。减数分裂时遗传重组发生，增加了变异性和生物多样性。根据减数分裂在生物体中发生的时期可分为配子、孢子和合子减数分裂三种类型。

　　细胞精确地自我复制是其生活史的重要组成部分，复制的高保真性对于生物及物种的繁衍生息至关重要。而且，细胞增殖是多阶段、多因子参与的精确、有序的调节过程。细胞周期调控在细胞生命活动中占有重要的地位，通过不同种类的周期蛋白和 CDK 组合，构成不同的 CDK 激酶，引发细胞周期进程，促使细胞周期沿特定方向不可逆转换。CDK 激酶活性的调节方式很多，包括周期蛋白的泛素化降解、磷酸化与去磷酸化、CKI 因子抑制等。为了细胞遗传物质完整及周期正常运转，细胞中还存在检验点对细胞周期的重要事件及出现的故障进行检验，如酵母细胞中 DNA 合成开始前的启动点和高等真核生物 G_1 期中的限制点、DNA 损伤检验点、DNA 复制检验点、G_2/M 检验点、纺锤体组装检验点等。这些正、负两方面的调控因子相互协调与共同作用形成了细胞增殖的调控网络。

　　如果细胞增殖缺乏保真性，就会导致细胞遗传不稳定，这是高等真核生物细胞发生恶变的重要因素。肿瘤就是由于生物体对细胞正常调节失控，引起局部组织或器官的细胞增殖异常而形成的赘生物。研究细胞增殖的理论，对于肿瘤病因、病理的探讨及诊断和防治均有极其重要的意义。

复习题

　　1. 名词解释：细胞周期，同步化，有丝分裂促进因子，周期蛋白，周期蛋白依赖性激酶，同源染色体，细胞周期检验点，纺锤丝，后期促进复合物。

　　2. 简述细胞周期各时相的主要特点。

　　3. 简述细胞周期检验点的作用。

　　4. 简述减数分裂前期 I 染色体联会的意义。

　　5. 细胞周期同步化有哪些方法？

　　6. 简述动粒的结构和功能。

　　7. 简述细胞将染色体排列到赤道板上的机制及生物学意义。

　　8. 简述细胞分裂过程中核膜破裂和重装配的调节机制。

　　9. 比较有丝分裂和减数分裂的异同。

　　10. 举例说明 CDK 对细胞周期的调控作用。

参 考 文 献

高文和. 2000. 医学细胞生物学. 天津：天津大学出版社

李新鸣，杨晓临，孙黎光. 2002. 芽殖酵母细胞周期的检查点调控. 微生物学杂志，22（4）：49-51

刘凌云，薛绍白，柳惠图. 2002. 细胞生物学. 北京：高等教育出版社

吕学龙，祁燃，吕全龙，等. 2011. Ran 及其结合与调控蛋白在核膜装配过程中的调控作用. 生命科学，23（11）：1069-1075

马翎健. 2006. 细胞生物学. 杨凌：西北农林科技大学出版社

汪堃仁，薛绍白，柳惠图. 1998. 细胞生物学. 2版. 北京：北京师范大学出版社

王金发. 2003. 细胞生物学. 北京：科学出版社

翟中和，王喜忠，丁明孝. 2011. 细胞生物学. 4版. 北京：高等教育出版社

张清华. 2010. mSpingdly 在小鼠卵母细胞减数分裂中的定位与功能. 济南：山东大学博士学位论文

Alberts B，Johnson A，Lewis J，et al. 2008. Molecule Biology of the Cell. 5th ed. New York：Garland science，Taylor & Francis Group

Cooper G M. 2000. The Cell: A Molecular Approach. 2th ed. Sunderland (MA): Sinauer Associates Inc.

Karp G. 2010. Cell and Molecular Biology. 6th. New York: John Wiley & Sons Inc.

Liu S, Balasov M, Wang H, et al. 2011. Structural analysis of human Orc6 protein reveals a homology with transcription factor TFⅡB. PNAS, 108 (18): 7373-7378

Lodish H, Berk A, Matsudaira P, et al. 2004. Molecular Cell Biology. 5th ed. New York: WH Freeman and Company

Zielke N, Kim K J, Tran V, et al. 2011. Control of *Drosophila* endocycles by E2F and CRL4[CDT2]. Nature, 480: 123-127

（杨献光　燕帅国）

第 **10** 章　细胞的分化、衰老和凋亡

多细胞生物是由形态多样、功能迥异的各种组织和细胞组成的统一体。例如，传导神经冲动的神经细胞、具有吞噬功能的免疫细胞、运输氧和营养物质的血细胞等，这些细胞是受精卵经细胞增殖和细胞分化形成的。

10.1　细胞分化

10.1.1　细胞分化的基本概念

10.1.1.1　基因选择性表达

在个体发育过程中，在不同的环境条件下，由一种相同的细胞类型经细胞分裂后逐渐在形态、结构和功能上形成稳定性差异，产生不同种类细胞的过程称为**细胞分化（cell differentiation）**。早期人们普遍认为细胞分化是由于细胞在发育过程中遗传物质的选择性丢失所致，而现代分子生物学的实验结果表明，细胞分化是由于不同细胞选择性地表达了各自特有的蛋白质而最终形成了形态、结构与功能上的差异。例如，鸡在个体发育过程中逐渐分化形成的输卵管细胞、成红细胞、胰岛细胞分别能够合成卵清蛋白、β-珠蛋白、胰岛素。分别采用这三种基因的探针，对这三种细胞中提取的总 DNA 进行 Southern 杂交实验，结果显示，上述三种细胞的基因组 DNA 中均存在卵清蛋白基因、β-珠蛋白基因和胰岛素基因；而对上述三种细胞中提取的总 RNA 进行 Northern 杂交实验却表明，卵清蛋白基因仅在输卵管细胞中表达，β-珠蛋白基因仅在成红细胞中表达，胰岛素基因仅在胰岛细胞中表达，说明同一个体不同类型的细胞在基因组构成上没有差别，但是在各自的发育过程中分别表达一套特异的基因，这些产物不仅决定这种细胞的形态结构，而且与它的功能相适应。

10.1.1.2　组织特异性基因与管家基因

细胞分化是基因在不同的时间和空间差异表达（differential expression）的结果。因此，根据基因表达和功能的差异，可将基因分为两种基本类型：一类是**管家基因（house-keeping gene）**；另一类称为**组织特异性基因（tissue-specific gene）**，或称**奢侈基因（luxury gene）**。管家基因是指在所有细胞中均要表达的一类基因，其产物对维持细胞基本生命活动是必需的，如微管蛋白基因、糖酵解酶系基因和核糖体蛋白基因等；而组织特异性基因是指不同类型的细胞各自特异性表达的基因，其产物赋予各种类型的细胞特定的形态结构和特定的功能，如卵清蛋白基因、上皮细胞的角质蛋白基因和胰岛素基因等都属于组织特异性基因。分化细胞之间的差异往往是多种基因差异表达引起的。

细胞分化的本质是组织特异性基因在时间与空间上的差异表达，从而在特定的组织细胞中产生特定的蛋白质，这种基因的差异表达受到包括染色质和 DNA 水平、基因转录水平、

转录后加工水平、翻译水平、翻译后加工与修饰水平上多层次的调控。

随着研究手段的发展，目前应用芯片技术、mRNA 差异显示法、DNA 消减杂交和 EST 等技术可在不同层次上分析分化细胞中组织特异性基因的表达特性，为研究相关基因的功能及细胞分化的本质奠定了基础。

10.1.1.3　组合调控与组织特异性基因的表达

组成人体的细胞至少有 200 多种，这些不同类型的细胞是如何由一个受精卵分化而来的呢？如果每种类型的细胞分化都需要至少一种基因表达的调控蛋白的话，那么至少需要 200 种以上的调控蛋白的作用来完成组成人体的各种类型细胞的分化，然而实际上是有限的少量调控蛋白最终完成了这 200 多种不同类型细胞的分化调控，即每种类型的细胞分化是由多种调控蛋白组合作用、协同调控的，其机制就是**组合调控（combinational control）**。按照这种理论，如果调控蛋白的数目是 n，那么通过不同调控的组合在理论上就可以完成 2^n 种以上类型细胞的分化（图 10-1）。例如，要完成 8 种不同细胞类型的分化，理论上只需要 3 种调控蛋白通过不同的组合来实现。

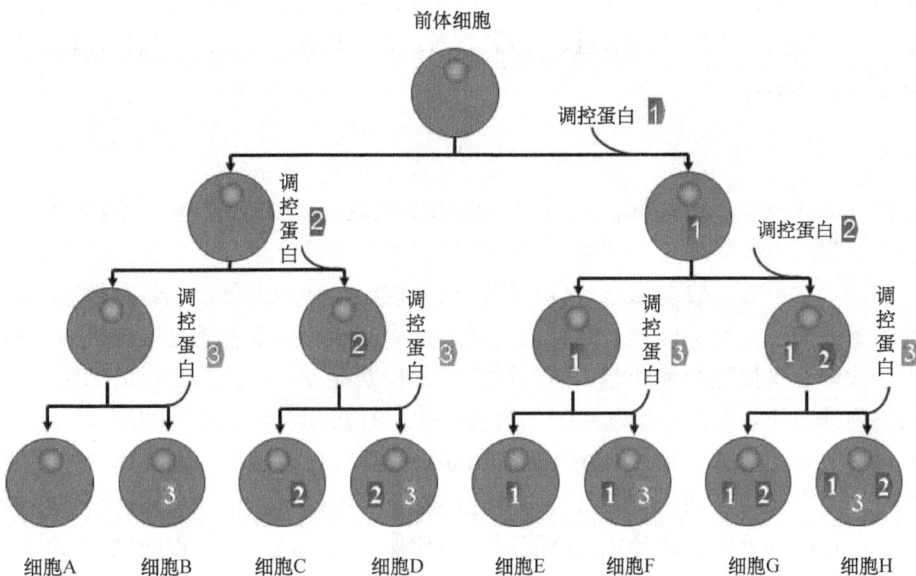

图 10-1　组合调控的作用机制示意图

而实际上，在细胞分化的过程中，往往是只有 1 或 2 种调控蛋白起决定性作用。就是说，单一调控蛋白就有可能启动某个细胞分化过程。例如，在体外细胞培养的过程中，将一种关键调控蛋白 MyoD 导入体外培养的成纤维细胞中表达，就可以使来自皮肤结缔组织的成纤维细胞表现出骨骼肌细胞的特征，表达出大量的肌动蛋白和肌球蛋白并形成收缩器，在质膜上产生对神经刺激敏感的受体蛋白和离子通道蛋白，并融合成肌细胞样的多核细胞等。原因可能是成纤维细胞本身已经具备了向肌细胞分化的其他必要条件，一旦加入 MyoD 蛋白，则立即启动向肌细胞分化的特异的组合调控。

在细胞分化过程中某些调控蛋白存在的情况下，一旦某种关键性调控蛋白启动了细胞的分化，不仅可以使一种类型的细胞转化成另一种类型的细胞，甚至可以进一步诱导整个器官的形成。例如，在果蝇眼的发育过程中有一种关键性调控蛋白称 Ey（果蝇中）或 Pax（脊椎动物中），如将果蝇 *ey* 基因转入到早期发育中将发育成腿的细胞中，结果 *ey* 基因的异常表达最终诱导产生构成眼的不同类型细胞，最终在果蝇腿的中部形成眼。显然在这一过程中 Ey 蛋白除了能启动细胞某些特异基因的表达，诱导其向特定方向分化外，其启动的某些基因本身可能又是另一些基因的调节蛋白，它们进一步启动其他特异基因表达，诱导分化出更多的细胞类型，形成由多种不同类型细胞组成的有序三维结构，最终形成器官。

复杂有机体形态建成过程中，通过组合调控的方法，仅靠一种关键性调节蛋白级联启动其他调节蛋白，是一种高效而经济的细胞分化启动机制。

10.1.1.4　单细胞有机体的细胞分化

多细胞生物体通过细胞分化产生多种多样的细胞，不同的细胞具有不同的结构和功能。然而细胞分化不是多细胞生物所独有的，在单细胞生物中亦存在着类似的现象。虽然单细胞生物的细胞分化不表现为细胞间的差异，但它们在生活史中亦有规律地发生形态和生理上的阶段性变化。例如，酿酒酵母单倍体孢子的形成及萌发形成 α 和 a 两种交配型。然而与多细胞有机体细胞分化不同的是，单细胞生物分化多为适应不同的生活环境，而多细胞有机体则通过细胞分化构建执行不同功能的组织与器官。因此，多细胞有机体在其分化程序与调节机制方面显得更为复杂。

10.1.1.5　转分化与再生

转分化（transdifferentiation） 是一种类型的细胞或组织在某些理化因素作用下转变为另一种正常细胞或组织的现象。例如，水母横纹肌细胞经转分化可形成神经细胞、平滑肌细胞、上皮细胞，甚至可形成刺细胞。分化程度低的神经干细胞也可形成骨髓细胞和淋巴样细胞。这种细胞表型转化对机体具有修复损伤或加重病变的双重生物学意义。机体通过细胞转分化来代替或修复受损组织和功能，但若损害因素长期存在，会使分化后的细胞过度分泌炎症因子和细胞外基质，最终可引起组织的过度增生、纤维化、钙化及肿瘤形成。

转分化一般要经历 **去分化（dedifferentiation）** 和 **再分化** 的过程。去分化指的是分化细胞失去其特有的形态结构与功能变成具有未分化细胞特征的过程。例如，植物组织培养过程中其体细胞在一定条件下形成未分化的细胞团，即愈伤组织，这一过程也叫做脱分化。愈伤组织可进一步再分化形成根和芽的顶端分生组织的细胞，并最终长成完整的植株。

生物界普遍存在 **再生现象（regeneration）**，再生一般是指生物体缺失部分的重建过程。一般来说，植物比动物再生能力强，低等动物比高等动物再生能力强。例如，如果将发育中的蝾螈晶状体摘除，其背面的虹膜上含黑色素的平滑肌细胞就会去分化，失去黑色素和肌纤维，然后再分化或转分化成为产生晶状体蛋白的晶状体细胞。人类的某些器官和组织也具备某种程度的再生能力，其中人体中再生能力最强的器官是肝脏，在某些生理或病理条件下切除掉少部分肝脏，过一段时间会再生出新的肝脏来。

10.1.2　影响细胞分化的因素

通过组合调控的方式启动组织特异性基因的表达是细胞分化的基本机制，细胞分化和形态建成的过程是非常复杂的，受多种因素的影响。

10.1.2.1　细胞的全能性

细胞全能性（totipotency）是指细胞经分裂和分化后仍具有产生完整有机体的潜能或特性，称为细胞的全能性。受精卵及早期的胚胎细胞都是具有全能性的细胞。植物的体细胞在适宜的条件下可培育成正常的植株，这不仅是细胞全能性的有力证据，而且也广泛地应用在植物基因工程的实践中。

早期利用两栖类动物进行核移植试验证明，将蛙的囊胚期细胞甚至发育成蝌蚪的已经分化为肠上皮细胞的细胞核植入去核的卵子中，则可发育成蝌蚪甚至成蛙。随后，类似的实验在小鼠中也获得成功。这样用有限分化细胞的细胞核进行移植实验，证明了动物细胞核的全能性。所有的细胞在分化过程中，均保持其完整的基因组或染色体组不变。

1997 年将羊的乳腺细胞的细胞核植入去核的羊卵细胞中，成功地克隆了多莉羊以及随后一系列类似的报道，进一步证明了即使是终末分化的细胞，其细胞核也具有全能性。然而与植物细胞不同，高等动物的体细胞至今仍不能形成一个完整的个体，它不仅显示高等动物细胞分化的复杂性，而且也说明卵细胞的细胞质对细胞分化的重要作用。

10.1.2.2　胚胎诱导和胞外信号分子对细胞分化的影响

在研究早期胚胎发育过程中发现，一部分细胞会影响周围细胞使其向一定方向分化，这种作用称近端组织的相互作用（promixate tissue interaction），也称为胚胎诱导。其中一个典型的例证就是在眼的发生中本身的逐级诱导过程，正常情况下，早期的视泡诱导与之接触的外胚层上皮细胞发育成晶状体，随后在视泡和晶状体的共同诱导下，外面的表皮细胞形成角膜，如果把早期的视泡移植在头部的其他部位，也可诱导与之接触的外胚层发育成晶状体。

近端组织的相互作用是通过细胞旁分泌产生的信号分子旁泌素（又称细胞生长分化因子）来实现的。已知它包括成纤维细胞生长因子（fibroblast growth factor，FGF）、转化生长因子（transforming growth factor，TGF），以及 hedgehog 家族、wnt 家族和 juxtacrine 五大家族因子。与激素一样，它们都是影响细胞分化的重要信号分子。

另一种远距离细胞间相互作用对细胞分化的影响主要是通过激素来调节的。例如，无尾两栖类的蝌蚪变态过程中，尾部退化及前后肢形成等变化是由甲状腺分泌的甲状腺素和三碘甲状腺氨基酸的分泌增加所致，昆虫变态过程主要是由 20-羟蜕皮素和保幼素共同调控的。人体血细胞定向分化也受到多种细胞因子的调控。

10.1.2.3　细胞记忆与决定

信号分子的有效作用时间是短暂的，然而细胞可以将这种短暂的作用储存起来并形成长时间的记忆，逐渐向特定方向分化。果蝇的成虫盘（imaginal disc）是一些未分化的细胞群，在幼虫变态过程中，不同的成虫盘发育成成虫不同的器官，如腿、翅和触角等。人们曾把果蝇的变态前幼虫的成虫盘细胞植入成虫体内，连续移植 9 年，细胞增殖多达 1800 代，然后将这种成虫盘细胞再移植回幼虫体内则依然没有失去记忆，照例发育成为相应的器官。

早期的研究提出**"决定早于分化"**这一概念，所谓**决定（determination）**是指一个细胞接受了某种指令，在发育中这一细胞及其子代细胞将区别于其他细胞而分化成某种特定的细胞类型，或者说在形态、结构与功能等分化特征尚未显现之前就已确定了细胞的分化命运。

细胞决定与细胞记忆有关，而细胞记忆可能通过两种方式实现：一是正反馈途径（positive feedback loop），即细胞接受信号刺激后，活化转录调节因子，诱导其他组织特异性基因的表达；二是将染色质结构变化的信息传到子代细胞，如同两条 X 染色体中，其中一条始终保持凝集失活状态并可在细胞世代间稳定遗传一样。当然这些可能的细胞记忆的机制也可以用来解释某些能够继续增殖的终端分化细胞，如平滑肌细胞和肝细胞分裂后只能产生与亲代相同的细胞类型。

10.1.2.4　受精卵细胞质的不均一性

由于细胞具有记忆能力，随着分化信息不断地积累使之成为"决定"了的细胞，这种与细胞分化相关的信息在很多动物中可以上溯至受精卵。在卵母细胞的细胞质中除了储存有营养物质和多种蛋白质外，还含有多种 mRNA，其中多数 mRNA 与蛋白质结合处于非活性状态，称为隐蔽 mRNA，不能被核糖体识别。然而隐蔽 mRNA 在卵细胞质中呈不均匀地分布，特别是某些动物如柄海鞘、两栖动物等，在受精后卵细胞质重新定位，少数母体 mR-NA 被激活，合成早期胚胎发育所需的蛋白质。随着受精卵早期细胞分裂，隐蔽 mRNA 不均一地分配到子细胞中。通过对角贝和海胆受精卵发育的研究证明，在卵裂过程中不同的细胞质分配到不同的子细胞中，从而将决定未来细胞分化的命运，产生分化方向的差异。根据这一现象，人们提出了**决定子（determinent）**的概念，即指影响卵裂细胞向不同方向分化的细胞质成分。通过对果蝇生殖细胞和体细胞分化过程的比较研究，证明了果蝇卵细胞后端存在决定生殖细胞分化的细胞质成分，即**生殖质（germplasm）**，它是种质细胞的决定子，这一现象普遍存在于动物界。

显然，决定细胞向某一方向分化的初始信息储存于卵细胞中，在很多物种中，卵裂后的细胞所携带的信息已开始有所不同，这种区别又通过信号分子影响其他细胞产生级联效应。这样最初储存的信息不断被修饰并逐渐形成更为精细、更为复杂的指令，最终产生分化各异的细胞类型。

10.1.2.5　细胞间的相互作用与位置效应

在胚胎学研究中，人们已注意到细胞间的相互作用对细胞分化与器官构建的影响，并称这种作用为**胚胎诱导（embryonic induction）**。胚胎诱导作用不断强化并可分成不同的层次，虽然人们对胚胎诱导作用的机制还不清楚，但包括旁泌素等信号分子的作用显然是其重要原因之一。

细胞所处的位置不同，对细胞分化的命运也有明显影响。实验证明，改变细胞所处的位置可导致细胞分化方向的改变，这种现象称**位置效应（position effect）**。"位置信息"是产生位置效应的主要原因。例如，在鸡胚发育的原肠胚期，在由脊索细胞分泌的由 sonic hedge-hog（*Shh*）基因编码的信号蛋白的作用下，靠近脊索的细胞分化形成底板（floorplate），而远离脊索的细胞分化成运动神经元，如将另一个脊索植入鸡胚中线一侧，则会以同样方式诱导底板和运动神经元的发育。

如果 *Shh* 基因发生突变，则会导致中枢神经系统发育异常，甚至可出现面部仅有一只眼和一个鼻孔的畸胎。同样，SHH 蛋白也通过位置效应调节肢体的发育，趾的长度、形态和内部结构均受控于细胞与这一蛋白信号分子源的距离，即取决于 SHH 蛋白的浓度或某些由它调控的其他因子的浓度赋予肢芽分化的位置信息，最终发育形成由骨、软骨和皮肤等构成的不同趾。

10.1.2.6　环境对性别决定的影响

性别决定是细胞分化和生物个体发育研究领域的重要课题之一。环境对性别决定的影响早已被人们发现和研究。其中典型的例子是许多爬行动物，如蜥蜴类的 *A. agama*、*E. macularius*，它们在较低温度条件下（24℃）全部发育为雌性，而温度提高（32℃）则全部发育为雄性。龟类的 *T. graetta*、*C. caretta* 又出现相反的情况，即在较低温度条件下全部发育为雄性，而温度提高则全部发育为雌性。另外，有一种蜗牛类的软体动物 *Crepidula*，它们的性别决定取决于个体间的相互位置关系，在它们形成的上下相互叠压的群体中，位于下方的个体发育为雌性，而位于上方的个体发育为雄性。人们对于环境影响性别的机制还不清楚，但是它无疑表明，生物的个体发育和细胞的分化具有对环境的容纳性。

环境因素对细胞分化可产生影响，并进而影响到生物的个体发育。但是，这些影响因素又都是通过细胞自身的遗传机构发挥作用的。因此，总的来说，个体发育中细胞分化的基础建立在细胞内部，而环境因素只是条件。

10.1.2.7　染色质变化与基因重排

100 多年前人们就发现，仅有 1 或 2 对染色体的马蛔虫在卵裂过程中，染色体出现消减现象，追踪至 32 个细胞的分裂球阶段，发现除一个细胞保留正常的染色体外（将分化成生殖细胞），其余将分化成体细胞的细胞中，全部出现染色体丢失，显然这是细胞分化的一个特例。

人们还发现纤毛虫营养核中染色体 DNA 大量缺失的现象。原生动物纤毛虫类（如草履虫、四膜虫）的细胞内存在两个细胞核，小核称为生殖核，包含完整的基因组；大核称为营养核，它丢失了 10%～90% 的 DNA，剩余的 DNA 经重排与扩增后形成多倍体，其基因活跃地转录并决定一切表型特征。大核是在有性生殖过程中由小核发育而来，细胞虽未分化，但细胞核"分化"成两种不同的类型。

基因重排是细胞分化的另一种特殊方式。抗体是由浆细胞分泌的，而浆细胞是由 B 淋巴细胞分化而来的。在这一过程中，B 淋巴细胞中的 DNA 经过断裂丢失与重排的复杂变化，从而利用有限的免疫球蛋白基因，在理论上可表达出数百亿种抗体。

10.1.3　细胞分化与胚胎发育

细胞分化是胚胎发育的基础，这一点是毋庸置疑的，然而生物体基因组中有限的基因如何选择性地表达，从而分化出形态功能各异的细胞，精确地构建成各种组织、器官以及多姿多彩的生命体，一直是人们十分关注的热点，也是生命科学中面临的最具有挑战性的问题之一。

通过对大量的果蝇突变个体的研究，人们发现一套在果蝇体节发育中起关键作用的基因群，称**同源异型基因（hox gene 或 homeotic selector gene）**。这些基因都含有一段高度保守的由 180bp 组成的 DNA 序列，称**同源盒**，同源盒编码的 60 个氨基酸又称**同源异型结构域**，所形成的 α 螺旋-转角-α 螺旋结构可与特异 DNA 片段中的大沟相互作用启动基因的表达。

有趣的是，同源异型基因在染色体上排列的次序不仅与这些基因在胚胎发育过程中活化的时间顺序是一致的，而且与它们沿躯体纵轴的空间表达时相基本相符，如头区表达该基因簇的第一个基因，而躯体后部则表达基因簇最后一个基因。这种细胞分化调控的时间与空间上的程序浓缩在每一个细胞的染色体上。更令人惊异的是，*Hox* 基因不仅存在果蝇中，而且也存在于高等动物中。例如，脊椎动物中有 4 套 *Hox* 基因，它们都具有非常保守的同源盒结构。不同动物中的同源异型结构域氨基酸序列的同源性一般为 60%～80%，在某些 *Hox* 基因中，如蛙 *XIH box 2* 基因与果蝇 *Antp* 基因的同源盒所编码的 60 个氨基酸仅有一个不同，说明所有这些基因在细胞分化与发育中均具有类似的生物学功能。

🌐 调控脂肪细胞分化的分子机制研究有助于解决肥胖问题

2010 年，*Nature* 杂志发表了来自中国科学家研究脂肪细胞分化机制的最新研究成果，他们指出 KLF（Kruppel like factor，KLF）转录因子家族成员 KLF9 在前脂肪细胞向脂肪细胞分化的过程中起了重要作用。在脂肪细胞分化中伴随着 KLF9 表达量的增加，如果抑制 KLF9 的表达，脂肪细胞的分化将被抑制。研究进一步发现，KLF9 在分化的中期结合到一个重要的调控分化的转录因子 PPARγ（peroxisome proliferator-activated receptor，PPAR）基因的启动子上，从而促进 PPARγ 的表达和脂肪细胞分化；同时 KLF9 还可以和另外一个转录因子结合上调 PPARγ 的表达，进一步阐明了调控脂肪细胞分化的分子机制，为人们解决肥胖和一系列肥胖相关的健康问题提供了新的思路。

10.2 细胞衰老

细胞衰老（cell aging，cell senescence）的一般含义是复制衰老（replicative senescence，RS），指体外培养的正常细胞在经过有限次数的分裂后，停止分裂，细胞形态和生理代谢活动发生显著改变的现象。

关于复制衰老，即"细胞的增殖能力是有限的"这一概念在生物学研究过程中曾引起广泛争论。早在 1881 年，德国生物学家 Weismann 就曾提出"有机体终究会死亡，因为组织不可能永远能够自我更新，而细胞凭借分裂来增加数量的能力也是有限的。"1958 年 Hayflick 报道，人的成纤维细胞在体外培养时增殖次数是有限的。后来许多实验证明，正常的动物细胞无论是在体内生长还是在体外培养，其分裂次数总存在一个"极值"，此值被称为**"Hayflick 界限"（Hayflick limitation）**，亦称最大分裂次数。

10.2.1 Hayflick 界限

1961 年，Hayflick 和 Moorhead 报道说，培养的人二倍体细胞表现出明显的衰老、退化和死亡的过程。若以 1：2 的比率连续进行传代（群体倍增），则平均只能传代 40～60 次，此后细胞就逐渐解体并死亡，Hayflick 等的发现很快就得到许多研究者的证实。他们的工作表明，细胞至少是培养的细胞，不是不死的，而是有一定的寿命；它们的增殖能力不是无限的，而是有一定的界限，这就是著名的 Hayflick 界限。此外，Hayflick 等还发现，从胎儿肺得到的成纤维细胞可在体外条件下传代 50 次，而从成人肺得到的成纤维细胞只能传代 20 次，可见细胞的增殖能力与供体年龄有关，这一现象也为许多研究者所证实。Goldstein 选用了早老症（Hayflick-Guilford 综合征）及 Werner 综合征患者的成纤维细胞进行培养，这两种病的患者表现出极其明显的衰老特征。例如，9 岁的早老症患者组织中已经有老年色素的沉积，外貌看起来就像 70 多岁的人那样老，通常在 20 岁前死去。从这种患者身上得到的成纤维细胞在体外只能传代 2～4 次，其 DNA 合成亦较少，且细胞表面不具有正常成纤维细胞所具有的 HLA 抗原标记。Werner 综合征患者的成纤维细胞在体外培养条件下的行为亦大体相同。这些研究有力说明，体外培养的二倍体细胞的增殖能力反映了它们在体内的衰老状况。Hayflick 还比较了取自寿命长度不同的生物的胚成纤维细胞在体外培养条件下的传代数和寿命，发现物种寿命与培养细胞寿命之间存在着确定的相关关系。例如，Galapagos 龟平均最高寿命最长，达 175 岁，其培养细胞的传代数亦最多，达 90～125 次，小鼠平均最高寿命为 3.5 年，其培养细胞的传代次数亦少，仅 14～28 次。

　　为了确定培养的人二倍体细胞的衰老是细胞本身决定的还是由于培养环境的恶化（如培养基中营养物质的缺乏、细菌的污染或有毒物质的积累），Hayflick 设计了巧妙的试验：他以间期有无巴氏小体作为供体细胞的标记，将取自老年男性个体的细胞（间期无巴氏小体）和取自年轻女性个体的细胞（间期可见巴氏小体）进行单独或混合培养，并统计其倍增次数，结果混合培养中的两类细胞的倍增次数与各自单独培养时相同，即在同一培养基中，在年轻细胞旺盛增殖的同时，年老细胞就停止生长了。这一结果有力地说明，决定细胞衰老的因素在细胞内部，而不是外部的环境。为了进一步探求体外培养的二倍体细胞衰老表达的控制机理，Wright 和 Hayflick 用细胞松弛素 B 处理细胞，然后离心以除去细胞核，得到胞质体（cytoplast），再用胞质体与完整细胞进行杂交，观察杂种细胞衰老的表达。结果发现，年轻的细胞胞质体与年老的完整细胞融合时，得到的杂种细胞不能分裂；而年老的细胞胞质体与年轻的完整细胞融合时，杂种细胞的分裂能力与年轻细胞几乎相同。这一试验的结果说明，是细胞核而不是细胞质决定了细胞衰老的表达。至此，Hayflick 界限，即关于细胞的增殖能力和寿命是有限的观点，为广大的研究者所接受。对于这些细胞来说，衰老是不可避免的，衰老的原因在于细胞本身。

10.2.2　细胞在体内条件下的衰老

　　有人研究不同龄 BCF1 小鼠小肠腺窝上皮细胞的周期长度，发现随着年龄的增高，细胞周期长度明显延长。2 月龄小鼠细胞周期总长度为 10.1h，而 27 月龄者竟达 15.2h，延长 50%。可见衰老动物体内，细胞分裂速度显著减慢，其原因主要是 G_1 期明显延长，S 期的长度变化不大。其他研究者的工作亦得到大体相同的结论。然而细胞周期的延长，亦即细胞分裂能力的下降的原因是什么？是由于细胞本身的衰老，还是由于体内环境的恶化？为了解答这个问题，研究者们采用了组织移植技术。Krohn 用近交系小鼠进行皮肤移植试验，他将小鼠的皮肤移植到其 F_1 后代身上，当 F_1 变老时，又移植到 F_2 身上，这样他进行了系列移植，结果移植的皮肤细胞可生活 7～8 年，远远超过其原来供体的寿命，这表明引起小鼠皮肤细胞在体内衰老的主要是体内环境。Daniel 用小鼠乳腺上皮进行了系列移植试验，如果两次移植的间隔时间为 1 年，则可存活 6 年，也明显长于小鼠的寿命，说明衰老个体内的环境因素影响了上皮细胞的增殖和衰老。

　　研究最为充分的要算骨髓干细胞的移植。骨髓干细胞是产生淋巴细胞、红细胞、粒细胞及血小板的前体细胞。Hirokawa 等将老年动物进行强辐射处理，破坏其免疫干细胞，然后移植入年轻动物的骨髓和新生小鼠的胸腺，结果观察到年老受体动物细胞免疫功能的复壮。这似乎表明免疫功能的复壮是由于年轻动物的干细胞取代了原来老化了的干细胞。Astle 和 Hirokawa（1984）重复并证实了 Hirokawa 等的试验，他们还发现，如果移植的骨髓干细胞是来自年老的动物，那么免疫反应就仍然保持在较低的水平上，不会复壮。他们认为免疫反应是否复壮，关键在于供体与受体的年龄组合。他们的结论是，老年动物干细胞的免疫缺陷只是在老年受体中才表达。进一步的研究表明老年动物体内似乎存在有阻抑细胞或阻抑因子，抑制了免疫反应。

10.2.3　衰老细胞结构的变化

1）细胞核的变化

在体外培养的二倍体细胞中发现，细胞核的大小是倍增次数的函数，即随着细胞分裂次数的增加，核不断增大。

细胞核结构的衰老变化中最明显的是核膜的内折（invagination），这在培养的人肺成纤维细胞中比较明显。在体内细胞中也可观察到核膜不同程度的内折，神经细胞尤为明显，这种内折程度伴随年龄增长而增加。染色质固缩化是衰老细胞核中另一个重要变化。体外培养的细胞中，晚期细胞的核中可看到明显染色质的固缩化，而早期细胞的核只有轻微的固缩作用。除了培养细胞外，体内细胞，如老年果蝇的细胞、老年灵长类的垂体细胞及大鼠颌下腺的腺泡细胞中，都可观察到染色质的固缩化。染色质固缩作用与染色质蛋白的双硫键有关。此外，在酵母 $Sgsl$ 突变体衰老细胞中还观察到核仁裂解为小体的现象。

2）内质网的变化

Hasan 和 Glees 比较了不同年龄大鼠海马细胞的内质网结构，发现年轻动物的细胞中，粗面内质网发育良好，排列有序；而在年老动物中，这种有序的排列已不复存在，内质网成分弥散性地分布于核周胞质中。在衰老大鼠的侧前庭核及小脑浦肯野氏细胞中，均观察到粗面内质网解体的趋势。对体外培养的人胚肺成纤维细胞，发现 26 次倍增以前的细胞内质网膜腔膨胀扩大，含有不定形的致密物质，且为核糖体所覆盖；而 40 次倍增以后的细胞内质网膜腔未见膨胀，所含不定形致密物质亦少，且具无核糖体覆盖区段。总的说来，衰老细胞中粗面内质网的总量似乎是减少了。

3）线粒体的变化

多数研究者的工作表明，细胞中线粒体的数量随年龄增长而减少，但是体积则增大。例如，在衰老小鼠的神经肌肉连接的前突触末梢中可以观察到线粒体数量随龄减少。同时许多报告表明，在小鼠、大鼠及人肝的衰老细胞中，线粒体发生膨大。膨大的线粒体中有时可见到清晰的嵴，偶尔亦会观察到线粒体内容物呈现网状化并形成多囊体，以及外膜破坏、多囊体释出的情况。在培养的人成纤维细胞中，还观察到两种不同类型的线粒体：Ⅰ型固缩紧密，Ⅱ型大而稀疏，通常每个细胞只含一种类型的线粒体；随着倍增次数的增加，Ⅰ型线粒体越来越多。

4）致密体的生成

致密体（dense body）是衰老细胞中常见的一种结构，绝大多数动物细胞在衰老时都会有致密体的积累。除了致密体外，这种细胞成分还有许多不同的名称，如脂褐质（lipofuscin）、老年色素（ageorsenile pigment）、血褐质（hemofuscin）、脂色素（lipochrome）、黄色素（yellowpigment）、透明蜡体（hyaloceroid）及残体（residual body）等。致密体的发现可追溯至 19 世纪，但只是近年来才逐渐弄清了它们的起源。最近的研究提供了大量证据，表明致密体是由溶酶体或线粒体转化而来。多数致密体具单层膜且有阳性的磷酸酶反应，这和溶酶体是一致的。少数致密体显然是由线粒体转化而来，因为可以看到双层膜结构，有时嵴的结构也依稀可见。脂褐质通常产生自发荧光，它是自由基诱发的脂质过氧化作用的产物。

　　5）膜系统的变化

　　功能活跃的细胞，其膜相是典型的液晶态，这种膜的脂双层比较柔韧，脂肪酸链能自由移动，每个脂类分子与其相邻分子之间的位置交换极其频繁，埋藏于其中的蛋白质分子表现出最大的生物学活性。衰老的或有缺陷的膜通常处于凝胶相或固相，这时磷脂的脂肪酸尾被"冻结"了，完全不能自由移动，而膜就变为刚性的了，因此埋藏于其中的蛋白质也就不再能运动了；在机械刺激或压迫等条件下，膜就会出现裂隙，其选择透性及其他功能均受到损害。

　　此外，细胞衰老时，细胞间间隙连接及膜内颗粒的分布也发生变化。研究发现，培养的 IMR-90 晚代细胞的间隙连接明显减少，组成间隙连接的膜内颗粒聚集体变小。为了观察间隙连接的变化对细胞间的代谢联系产生的影响，研究者们还用放射自显影法来研究重建间隙连接的年轻或年老细胞间 ^{3}H-尿嘧啶核苷酸的交换，结果发现，重新集聚 4h 后，70% 的年轻细胞从共同培养的年轻供体细胞得到 ^{3}H-尿嘧啶，而只有 30% 的年老细胞从共同培养的年老供体细胞中得到这种物质。这表明，衰老时间隙连接的减少，使细胞间代谢协作减少了。

　　用冰冻断裂法可以看到细胞膜 P 面的膜内颗粒在年老细胞中明显减少，而 E 面颗粒相对增加，但总颗粒数的变化不显著。这种变化反映了衰老细胞中膜内颗粒在膜平面上进行侧向运动能力的丧失。

10.2.4　细胞衰老的分子机制

　　20 世纪 90 年代以来，关于细胞衰老的分子机理的研究有了重大进展，最突出的成果有：①单基因的突变导致寿命的显著延长，对这些基因的克隆及其产物特性和功能的研究，使人们对细胞衰老的分子机制的认识大大加深了；②端粒和端粒酶与细胞衰老关系的发现，提供了控制细胞衰老的新途径，除此以外，在其他一些有关衰老机理的研究上，也取得了不同程度的进展。

10.2.4.1　氧化性损伤学说的发展

　　早在 20 世纪 50 年代，Harman 就已提出衰老的自由基理论，以后又不断有所发展。这一理论认为，代谢过程中产生的活性氧基团或分子（reactive oxygen species，ROS）引发的氧化性损伤的积累，最终导致衰老。细胞从外界吸收的氧中有 2%～3% 变成 ROS，ROS 主要有三种类型：① • O_2，即超氧自由基；② • OH，即羟自由基；③ H_2O_2。它们的高度活性，引发脂类、蛋白质和核酸分子的氧化性损伤，从而导致细胞结构的损伤乃至破坏。例如，ROS 可以氧化不饱和脂肪酸，并产生过氧化脂质，后者进一步分解，产生小分子醛类物质，进而引起蛋白质等大分子的交联。根据衰老的自由基理论，清除 ROS，就可以延长寿命。

　　事实也确实如此。近年来发现，超表达 Cu/Zn 超氧化物歧化酶（SOD）和过氧化氢酶的转基因果蝇寿命比野生型长 34%；而将人 SOD 基因转入成年果蝇的运动神经元中，使果蝇寿命延长 40%。差不多同时，有人在线虫中发现了一个 age-1 突变体，其寿命为野生型的 2 倍，且其 SOD 及过氧化氢酶活性及对 ROS 的抵抗力均比野生型高。那么，age-1 和 SOD

有什么关系？它们是否是同一个基因呢？研究者克隆了线虫 SOD 基因，发现其位置在 tra-2 和 unc-lo4 两个位点之间，这和当时推定的 age-1 基因的位置重叠，从而燃起了人们的希望。如果这二者是同一基因，那么 age-1 突变体的长寿应归因于 SOD 的抗氧化功能了。然而，人们很快就发现，这两个基因在位置上有一定的距离，从而否定了当初的猜想。现在人们知道，age-1 基因编码磷脂酰肌醇 3-激酶的 p110 催化亚基，其产物介导磷脂酰肌醇的信号传递路线，而和抗氧化作用无关。进一步的研究更使人们对 SOD 这一类抗氧化因子对衰老的影响提出了疑问，有人将小鼠的谷胱甘肽过氧化物酶基因及 SOD1、SOD2 和 SOD3 基因中的一种敲除，并未引起衰老的加速。

除了 age-1 基因外，近年来还在线虫中发现了另一种和寿命的延长有关的基因，即 clk-1 基因。这个基因是酵母中参与 CoQ 合成的 CAT5 基因的同类物。确实，线虫的 clk-1 突变体中 CoQ 含量也较低。CoQ 是线粒体呼吸链的成员，CoQ 的缺乏，使电子传递减慢，ROS 的形成减少，代谢变慢，这可能是 clk-1 突变体寿命较长的原因。

10.2.4.2　端粒与衰老

端粒（telomere）是染色体末端的一种特殊结构，其 DNA 由简单的串联重复序列组成。它们在细胞分裂过程中不能为 DNA 聚合酶完全复制，因而随着细胞分裂的不断进行而逐渐变短，除非有端粒酶的存在。人的染色体端粒由 TTAGGG/CCCTAA 重复序列组成。在生殖细胞中，由于存在端粒酶的活性，端粒保持约 15kb 的长度，而在人的体细胞中，由于不存在端粒酶的活性，端粒要短得多。1990 年，Harley 等用人工合成的 (TTAGGG)₃ 作为探针，对胎儿、新生儿、青年人及老年人的成纤维细胞的端粒长度进行测定，发现端粒长度随龄下降。在体外培养的成纤维细胞中，端粒长度则随着分裂次数的增加而下降。在这些研究的基础上，提出了细胞衰老的"有丝分裂钟"学说，该学说认为，随着细胞的每次分裂，端粒不断缩短，当端粒长度缩短达到一个阈值时，细胞就进入衰老。

1998 年，Wright 等提出了更加令人信服的证据。他们将人的端粒反转录酶亚基（hTRT）基因通过转染，引入正常的人二倍体细胞（人视网膜色素上皮细胞和包皮成纤维细胞），发现表达端粒酶的转染细胞，其端粒长度明显增加，分裂旺盛，作为细胞衰老指标的 β-半乳糖苷酶活性则明显降低，与对照细胞形成极鲜明的反差。此外，表达端粒酶的细胞寿命比正常细胞至少长 20 代，且其核型正常。这一研究提供的证据确实令人信服，说明端粒长度确实与衰老有着密切的关系。但是也有不少研究报告不支持这一学说。例如，在 1998 年，Carman 等报道，二倍体的叙利亚仓鼠胚细胞在细胞分裂的各阶段始终表达端粒酶，其端粒长度亦保持恒定，然而经过 20～30 代分裂后，仍然进入衰老。另外，某些小鼠终生保持较长的端粒，但并未因此而获得较长的寿命；特别是敲除端粒酶基因的小鼠已经获得，但在其前 5 代中，迄今未观察到相应的表现型的变化（如寿命的缩短）。看来，衰老的端粒钟学说还需要经受更多的检验。

10.2.4.3　rDNA 与衰老

这方面的研究主要是在芽殖酵母中进行的，这种酵母通过出芽方式增殖，细胞分裂是不对称的，每次分裂，产生一个大的母细胞和一个小的子细胞，母细胞分裂若干代后就进入衰老。经过大量的研究，已经确定细胞衰老的步伐是由 rDNA 的变化所决定的。芽殖酵母中 rDNA 以 100～200 个串联拷贝的形式存在于 12 号染色体上，在酵母达到生命的"中年"时的某一时刻，通过同源重组产生的第一个环状 rDNA，成为染色体外 rDNA 环（extrachro-mosomal rDNA circle，ERC）。随着细胞分裂的不断进行，ERC 不断复制增加。当积累到 500～1000 个拷贝时，细胞就进入衰老（图 10-2）。用双向电泳法也证明，年老细胞中积累了许多密闭的环状 rDNA，而年轻细胞中则以线性的基因组 DNA 为主，只含有极少量的环状 rDNA。ERC 的积累，导致细胞衰老，并伴随着核仁的裂解。

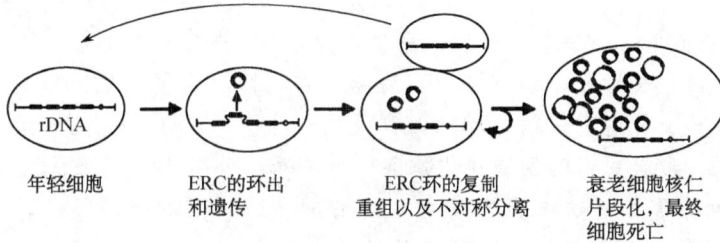

图 10-2　酵母中 ERC 生成示意图（引自 David et al.，1997）

　　ERC 积累引起细胞衰老的机理是在酵母中发现的，但关于哺乳类细胞中环状 DNA 随龄积累的报道并不多见，而且已知的环状 DNA 不包括 rDNA。

10.2.4.4　沉默信息调节蛋白复合物与衰老

　　沉默信息调节蛋白复合物（silencing information regulator complex，sir complex），简称 **Sir 复合物**，包括 Sir1、Sir2、Sir3、Sir4，通常存在于异染色质中。它们一方面与 RAP1（Ras-like GTPase 1，属于小分子 G 蛋白 Ras 超家族成员之一）和组蛋白 H3/H4 结合，一方面附着在核基质上。Sir 复合物的功能是阻止它们所在位点的 DNA 的转录。在酵母中，Sir 复合物通常存在于端粒及与性别决定有关的 HML（left homologous mating region）和 HMR（right homologous mating region）位点上。

　　1994 年 Kennedy 等发现，在一种被称为 SIR4-42 的酵母突变体中，Sir3 蛋白和 Sir4 蛋白发生重新分布的现象，即由端粒等处向核仁转移，这种转移伴随着酵母寿命的延长，表明核仁的沉默化与寿命的延长有关。从这个突变体中分离的 Sir4 蛋白缺少羧基末端的 121 个氨基酸残基。这个区域本是 Sir4 蛋白与端粒和 HML/HMR 位点的 RAP1 蛋白相互作用的结构域。缺少这一区域使 Sir 复合物得以自由定位，从端粒和 HM 位点转移至核仁，使核仁的 rDNA 处于沉默状态，抑制了复制、同源重组及 ERC 的生成和积累，从而延长了寿命。

10.2.4.5　线粒体 DNA 与衰老

　　20 世纪 80 年代，Cummings 等曾经提出，线粒体 DNA 中存在着衰老 DNA（sen-DNA）。近 10 年来，这方面研究未见突破性的进展。线粒体 DNA 的高突变速率引起研究者的重视是毫不奇怪的。近年来，应用 PCR 扩增技术进一步证明，随着年龄的增长，线粒体 DNA 的突变是相当显著的。衰老的骨肌细胞中 16.5kb 的线粒体 DNA 产生了许多随机的各不相同的缺失突变。由于线粒体 DNA 参与电子传递链中某些成员的编码，因而线粒体 DNA 的突变可能导致电子传递链不能执行其正常功能。例如，某种缺失突变引起细胞色素氧化酶的缺失，从而干扰了电子传递，结果引起 ATP 水平和 NAD/NADH 比率的下降，促进了 ROS 的生成，反过来又引起线粒体 DNA 产生更多的突变。

　　虽然线粒体 DNA 突变的积累对细胞衰老产生一定的影响，然而这可能不是引起衰老的初始原因。近年来的研究发现，线虫的 *age*-1 基因的突变引起寿命的延长，同时也明显减缓了线粒体 DNA 缺失突变的积累，这表明线粒体 DNA 的突变可能处于受 *age*-1 突变直接影响的其他衰老事件的下游。

> ### 🌐 Werner 综合征和衰老机理研究
>
> 　　Werner 综合征是一种早老性疾病，患者出生后 10 岁前基本正常；10~20 岁时缺少正常的青春期快速生长过程；20 多岁时出现双眼白内障、白发、脱发等衰老现象；30 多岁时出现骨质疏松、II 型糖尿病、动脉粥样硬化、肿瘤等；40 岁以后心血管病、肿瘤发生频率大大增加。取自患者的细胞在体外条件下培养，分裂代数比正常人的细胞少得多，细胞中发生染色体重排，缺失突变频率大大增加。进一步的研究显示，其致病基因为 *WRN* 基因，与酵母 DNA 解旋酶编码基因 *SGS1* 同源。不同患者的 WRN 蛋白发生了不同的突变，影响其正常功能，造成 DNA 复制的严重障碍，所以编码 DNA 解旋酶的人 *WRN* 基因是保证细胞正常生命周期所必需的，如果发生突变，就会引起衰老的提前发生和寿命的缩短。

10.3　细胞死亡

　　但凡生命，最终都会死亡。对于单细胞生物而言，如酵母和细菌，细胞死亡即是个体的死亡。而对于多细胞生物，细胞的死亡并不意味着个体生命的终结；相反，细胞死亡对维持个体的正常生长发育及其生命活动是必需的，其重要性不亚于细胞的增殖。

10.3.1　程序性细胞死亡

　　无论单细胞生物还是多细胞生物，细胞死亡往往受到细胞内某种由遗传机制决定的"死亡程序"控制，因此也被称为**程序性细胞死亡（programmed cell death，PCD）**。现在发现动物细胞、植物细胞、真菌细胞，甚至细菌中均存在程序性细胞死亡现象。

10.3.1.1　动物细胞的程序性死亡

　　动物细胞的死亡方式主要包括三种：**凋亡（apoptosis）**、**坏死（necrosis）** 和**自噬（autophagy）**。其中有关动物细胞凋亡的特征、机制和生物学功能的研究比较深入。

　　1）细胞凋亡的概念和特征

　　Kerr 于 1965 年最早发现了细胞凋亡现象，他观察到在局部缺血的情况下，大鼠肝细胞连续不断地转化为小的圆形的细胞质团。这些细胞质团由质膜包裹的细胞碎片（包括细胞器和染色质）组成。起初他称这种现象为"皱缩型坏死"，后来发现这一现象与坏死有本质区别。1972 年，Kerr 将这一现象命名为**细胞凋亡**。细胞凋亡一词，即 apoptosis，源自古希腊语，意指花瓣或树叶的脱落、凋零，其生物学意义在于强调这种细胞的死亡方式是自然的生理性过程，是受基因调控的主动的生理性细胞自杀行为。此后，细胞凋亡很快受到各国生物学家的重视，迅速成为 20 世纪 90 年代生命科学的一大研究热点。

　　动物细胞凋亡的过程，在形态学上可分为三个阶段（图 10-3）。

（1）凋亡的起始。这阶段的形态学变化表现为：细胞表面的特化结构如微绒毛消失、细胞间接触消失、但细胞质膜依然完整，未失去选择通透性；细胞质中，线粒体大体完整，但核糖体逐渐与内质网脱离，内质网囊腔膨胀并逐渐与质膜融合；细胞核内染色质固缩，形成新月形帽状结构，沿着核膜分布（图 10-4）。这一阶段历时数分钟。

（2）凋亡小体（apoptotic body）的形成。首先，核染色质断裂为大小不等的片段，与某些细胞器如线粒体等聚集在一起，被反折的细胞质膜所包围，形成凋亡小体。从外观上看，细胞表面发泡，产生了许多泡状或芽状突起，随后逐渐分隔，形成单个凋亡小体。

（3）凋亡小体逐渐被邻近的细胞或体内吞噬细胞所吞噬，凋亡细胞的残余物质被消化后重新利用。从细胞凋亡起始到凋亡小体的出现不过数分钟，而整个细胞凋亡过程可能延续 4～9h。动物细胞凋亡最重要的特征是整个过程中细胞质膜始终保持完整，细胞内含物不发生细胞外泄漏，因此也不引发机体的炎症反应。由于凋亡是受到严格调控的细胞主动性自杀过程，因此需要 ATP 提供能量，是一个耗能的过程。

2）细胞凋亡的生理意义

细胞凋亡对动物个体的正常发育、自稳态的维持、免疫耐受的形成、肿瘤监控等多种生理及病理过程具有重要意义。例如，发育过程中，幼体器官的缩小和退化（如蝌蚪尾的消失等），是通过细胞凋亡来实现的。在动物胚胎发育中，胚胎期指/趾之间的细胞发生凋亡，最后才逐渐发育为成形的手和足（图 10-5）。

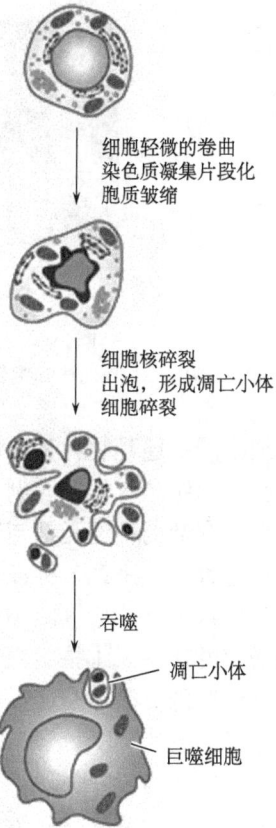

细胞轻微的卷曲
染色质凝集片段化
胞质皱缩

细胞核碎裂
出泡，形成凋亡小体
细胞碎裂

吞噬

凋亡小体

巨噬细胞

图 10-3　细胞凋亡过程模式图
（引自 Lodish et al.，2003）

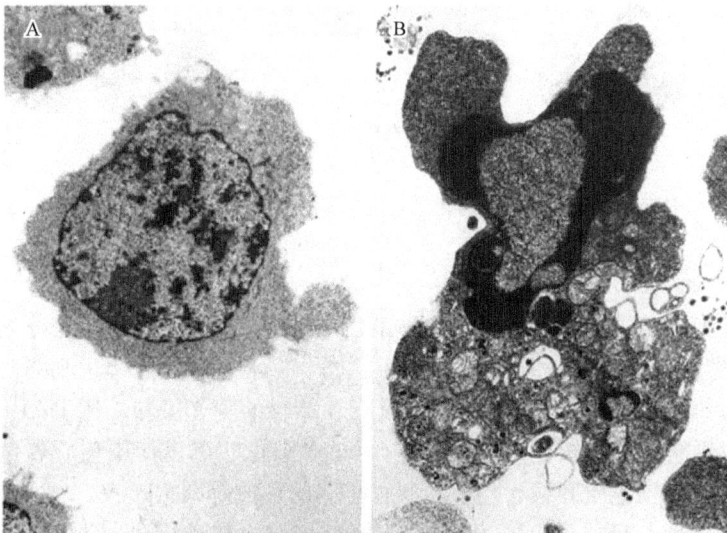

图 10-4　凋亡细胞内染色质变化
A. 正常细胞；B. 凋亡细胞

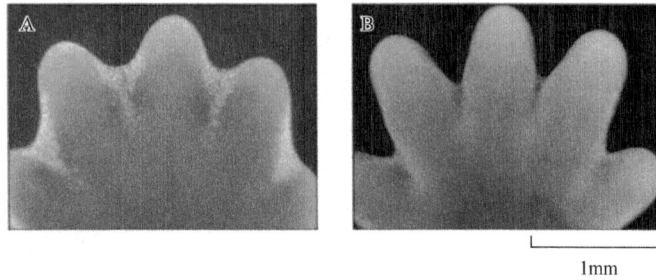

图 10-5　小鼠趾发育过程中的细胞凋亡（引自潘大仁，2007）

A. 胎鼠的趾，图中趾间被染料特异性标记的为凋亡细胞；B. 发育后期的胎鼠趾，凋亡细胞被吞噬后形成趾间隔

细胞凋亡还是一种生理性保护机制，能够清除体内多余、受损或危险的细胞而不对周围的细胞或组织产生损害。例如，在脊椎动物神经系统的发育过程中，约有 50％的神经元发生凋亡。存活的神经元都与靶细胞建立了连接，而没有建立连接的神经元则发生凋亡。有机体通过这种方式来调节神经元的数量，建立正确的神经网络联系，并使之与需要神经支配的靶细胞的数量相适应（图 10-6）。在成熟的动物个体中，一方面，机体通过调节细胞凋亡和细胞增殖的速率来维持组织器官细胞数量的稳定；另一方面，成体细胞的自然更新、被病原体感染细胞的清除也是通过细胞凋亡来完成的。

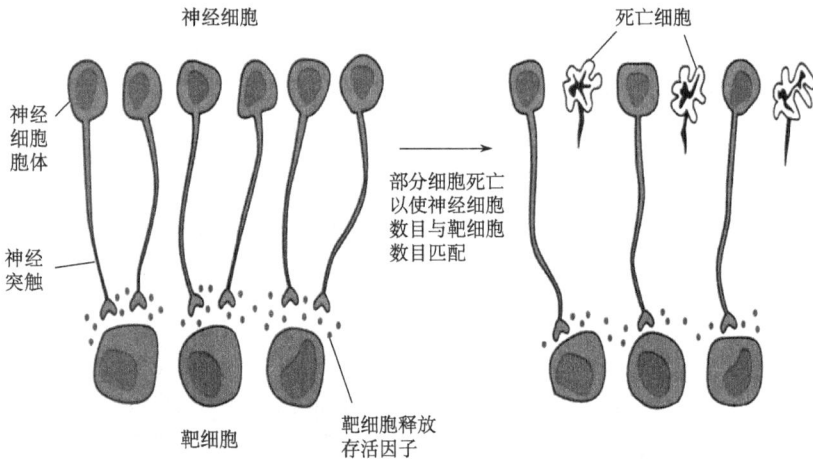

图 10-6　细胞凋亡使得神经元与靶细胞的数量相匹配（引自 Alberts et al.，1998）

3）细胞凋亡的检测方法

（1）基于细胞形态学的检测。应用各种染色法可观察凋亡细胞的形态学特征，如台盼蓝（trypan blue）为活细胞排斥，但可使死细胞着色。4，6-二脒基-2-苯基吲哚（4，6-diamidi-no-2-phenylindole，DAPI）是常用的一种与 DNA 结合的荧光染料，用 DAPI 染色并借助荧光显微镜，可以观察到细胞核的形态变化。Giemsa 染色法可以使染色质着色，便于在普通光学显微镜下观察到染色质固缩、趋边、凋亡小体的形成等凋亡过程。

（2）DNA 电泳。细胞凋亡时，细胞内特异性核酸内切酶活化，染色质 DNA 在核小体间被特异性切割，DNA 降解成 180～200bp 或其整数倍片段。因此，凋亡细胞中提取的

DNA 在进行常规的琼脂糖凝胶电泳并用溴化乙锭进行染色时，这些大小不同的 DNA 片段就呈现出梯状条带。到目前为止，DNA 梯状条带（DNA ladder）仍然是鉴定细胞凋亡最简便可靠的方法（图 10-7）。

（3）TUNEL 测定法。TUNEL 测定法是 terminal deoxynucleotidyl transferase（TdT）-mediated dUTP nick end labeling 的缩写，即 DNA 断裂的原位末端标记法，是指末端脱氧核苷酸转移酶介导的 dUTP 缺口末端标记测定法。这一方法能对 DNA 分子断裂缺口中的 3'-OH 进行原位标记。借助一种可观测的标记物，如荧光素，能对凋亡细胞的核 DNA 中产生的 3'-OH 末端进行原位标记，用荧光显微镜即可进行观察。

（4）彗星电泳法。彗星电泳法（comet assay）的原理是将单个细胞悬浮于琼脂糖凝胶中，经裂解处理后，再在电场中进行短时间的电泳，并用荧光染料染色。凋亡细胞中的 DNA 降解片段在电场中泳动速度较快，使细胞核呈现出一种彗星式的图案，而正常的无 DNA 断裂的核在泳动时保持圆球形。这是一种快速简便的凋亡检测法。

图 10-7　细胞色素 c 诱导的凋亡细胞的 DNA 电泳图
泳道 1.0h；2.1h；3.2h；4.3h；5.4h；6.对照；7.DNA Marker

（5）流式细胞分析。与正常完整的二倍体细胞相比，凋亡细胞 DNA 发生断裂和丢失，呈亚二倍体状态。采用碘化丙锭染色使 DNA 产生激发荧光，流式细胞仪能够检测出凋亡的亚二倍体细胞。

4）细胞凋亡的分子机制

诱导细胞凋亡的因子大致可分为两大类：①物理性因子，包括射线、温度刺激等。②化学及生物因子，包括活性氧基团和分子（超氧自由基、羟自由基、H_2O_2 等）、钙离子载体、维生素 K3、视黄酸、细胞毒素、DNA 和蛋白质合成的抑制剂（如环己亚胺）、正常生理因子（激素、细胞生长因子等）的失调，以及凋亡因子如肿瘤坏死因子 α（tumor necrosis factor α，TNFα）处理等。所有动物细胞具有类似的凋亡机制，胱天蛋白酶 caspase（cysteine aspartic acic specific protease，caspase）家族成员在其中发挥了重要作用，因此凋亡方式被分为 caspase 依赖性的细胞凋亡（caspase dependent apoptosis）途径和不依赖于 caspase 的凋亡（caspase independent apoptosis）途径。

（1）caspase。caspase 是一组存在于细胞质中具有类似结构的蛋白酶。它们的活性位点均包含半胱氨酸残基，能够特异地切割靶蛋白天冬氨酸残基后的肽键。因此，caspase 全称为天冬氨酸特异性的半胱氨酸蛋白水解酶。caspase 负责选择性地切割某些蛋白质，切割的结果是使靶蛋白活化或失活，而非完全降解。

caspase 的发现源于秀丽隐杆线虫（C. elegans）细胞凋亡的研究。1986 年，Horvitz 发现 ced3 和 ced4 是线虫发育过程中细胞凋亡的必需基因，ced9 的功能是抑制细胞凋亡。2002 年，他与另外两位线虫研究模型的建立者 Brenner 和 Sulston 共同获得了诺贝尔生理学或医学奖。

线虫凋亡基因的发现促进了其他动物特别是哺乳类动物细胞凋亡机制的研究。Ced3 在哺乳动物细胞中的同源蛋白是白细胞介素-1β 转换酶（interleukin-1β converting enzyme，

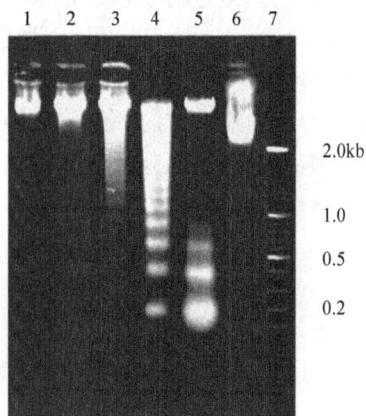

ICE）。ICE 后被命名为 caspase-1，它催化白细胞介素-1β 前体的剪切成熟过程。现在发现的哺乳动物细胞 caspase 家族成员共有 15 种。除 caspase-1 和 caspare-11（可能还有caspase-4）不直接参与凋亡信号的传递外，其余的 caspase 根据在细胞凋亡过程中发挥的功能不同，可分为两类：一类是凋亡起始者（apoptotic initiator），包括 caspase-2、caspase-8、caspase-9、caspase-10。caspase-11；另一类是凋亡执行者（apoptotic executioner），包括 caspase-3、caspase-6、caspase-7。起始者负责对执行者的前体进行切割，从而产生有活性的执行者；执行者负责切割细胞核内、细胞质中的结构蛋白和调节蛋白。

　　细胞凋亡过程可分为激活期（activation phase）和执行期（execution phase）两个阶段（图 10-8）。

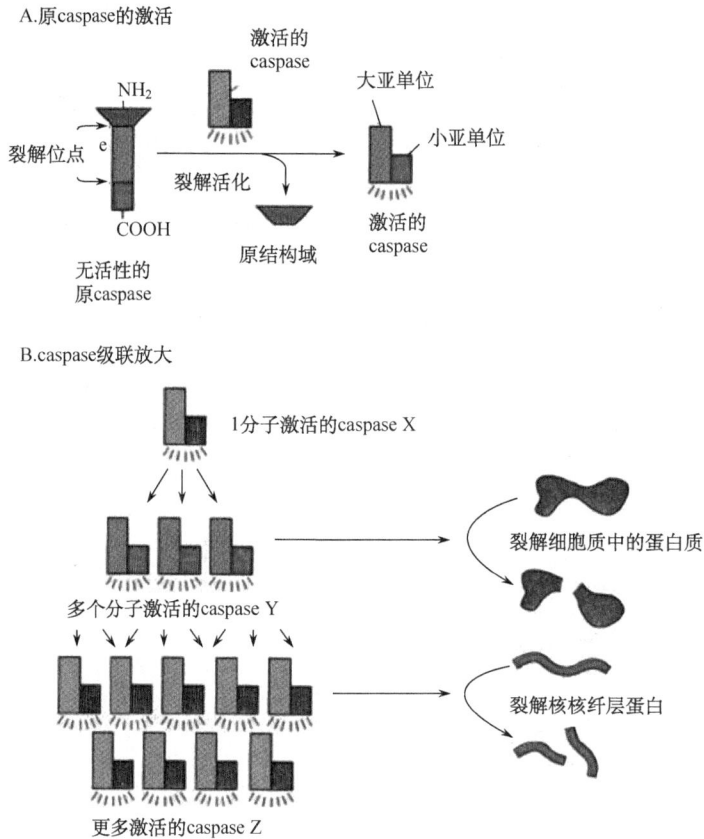

A.原caspase的激活

激活的 caspase

NH₂

裂解位点

大亚单位

小亚单位

裂解活化

激活的 caspase

COOH

原结构域

无活性的 原caspase

B.caspase级联放大

1分子激活的caspase X

裂解细胞质中的蛋白质

多个分子激活的caspase Y

裂解核核纤层蛋白

更多激活的caspase Z

图 10-8　细胞凋亡过程中 caspase 级联效应

　　前期细胞应答死亡信号，起始 caspase 活化；后期执行 caspase 活化，执行细胞死亡程序。不论是起始 caspase 还是执行 caspase，通常均以无活性的酶原形式存在于细胞质基质中。接受凋亡信号刺激后，酶原分子在特异的天冬氨酸残基位点被切割，形成由大小两个亚基组成的异二聚体，此即具有活性的 caspase。起始 caspase 的活化属于同性活化（homo-activation），即酶原分子聚集成复合物达到一定浓度时，就彼此切割或者构象改变产生有活性的二聚体形式。执行 caspase 的活化属于异性活化（hetero-activation），即起始 caspase 招募执行 caspase 酶原分子后，对其进行切割，产生具有活性的执行 caspase 切割细胞内重要的结构和功能蛋白，导致细胞凋亡。执行 caspase 还可以切割核纤层蛋白使核纤层解聚，并对核孔蛋白以及细胞支架蛋白进行切割，使细胞核内外的信号传递中断，导致细胞质和染色质凝集，产生凋亡小体等。起始 caspase 和执行 caspase 组成细胞内凋亡信号的级联分子网络，凋亡"程序"一旦启动，级联网络"顶端"的起始 caspase 首先活化，切割下游 caspase 酶原，使得凋亡信号在短时间内迅速放大并传递到整个细胞，产生凋亡效应。

（2）caspase 依赖性的细胞凋亡。在哺乳动物细胞中，caspase 依赖性的细胞凋亡主要通过两条途径引发：由死亡受体（death receptor）起始的外源途径和由线粒体起始的内源途径。

在外源途径中（图 10-9），死亡受体如 Fas 在配体 FasL 的刺激下，通过接头蛋白 FADD 将 caspase-8 酶原招募到细胞质膜上，形成死亡诱导信号复合物 DISC。caspase-8 酶原在这个复合物中被活化，进而激活下游的 caspase 级联反应；死亡受体介导的细胞凋亡起始于死亡配体与受体的结合。死亡配体主要是肿瘤坏死因子（TNF）家族成员。

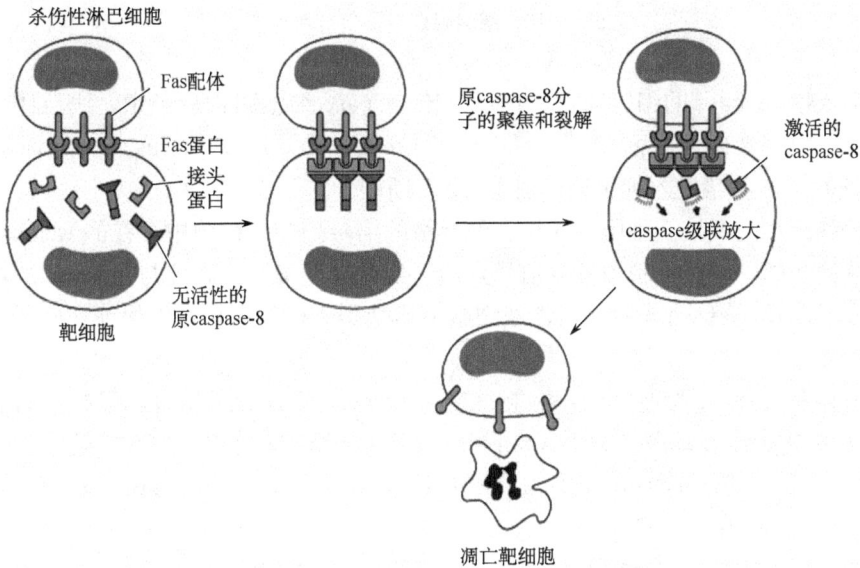

图 10-9　细胞凋亡外源信号途径

在细胞凋亡的内源途径中（图 10-10），线粒体处于中心地位。当细胞受到内部（如 DNA 损伤）或外部的凋亡信号（如紫外线、γ 射线、药物、一氧化氮、活性氧等）刺激时，胞内线粒体的外膜通透性会发生改变，向细胞质基质中释放出凋亡相关因子，引发细胞凋亡。线粒体释放到细胞质基质中的凋亡因子有多种，其中最"著名"的是细胞色素 c。细胞色素 c 的释放是该途径的关键步骤。在哺乳动物细胞中，线粒体外膜通透性的改变主要受到 Bcl-2（B-cell lymphoma gene 2）蛋白家族的调控。另外两个凋亡的必需因子为：Apaf-1（apoptosis protease activating factor）和 caspase-9，Apaf-1 是线虫凋亡分子 Ced4 在哺乳动物细胞中的同源蛋白，N 端含有 caspase 募集结构域（CARD）。它与细胞色素 c 结合后发生自身聚合，并进一步通过 CARD 结构域招募细胞质中的 caspase-9 酶原，形成一个很大的凋亡复合体（apoptosome），通过活化 caspase-9，进一步激活下游的 caspase 级联反应。

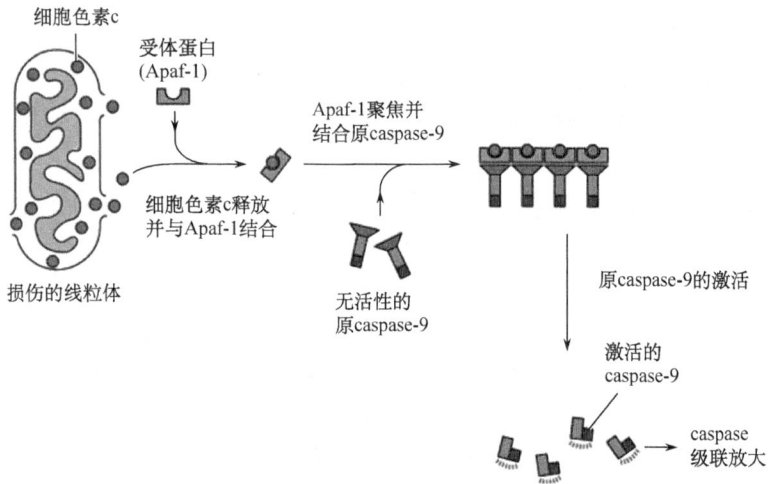

图 10-10　细胞凋亡内源信号途径

　　（3）不依赖 caspase 的细胞凋亡。在不依赖 caspase 细胞凋亡途径中，线粒体释放凋亡因子。例如，限制性内切核酸酶 G（endonuclease G，Endo G）、AIF（apoptosis inducing factor，AIF）等，直接进入细胞核，引发 DNA 断裂。

　　（4）细胞凋亡的调控。细胞的死亡受到严格的信号控制。细胞中存在的 caspase 酶原分子就像埋藏的炸弹，随时准备被外界信号点燃引发，摧毁细胞。因此与 caspase 酶原活化相关的信号分子以及 caspase 本身的活性在细胞中均受到严格的调控，以保证在必需的情况下才启动凋亡程序。

　　细胞中存在 caspase 抑制因子，能够直接与 caspase 活性分子结合，阻抑其对底物的切割作用。其中包括哺乳动物 c-IAP（inhibitor of apoptosis）家族的 7 个成员以及 c-FLIP（FADD-like ICE-inhibitory protein）、BAR（bifunctional apoptosis regulator）和 ARC（apoptosis represser with CARD）。

　　生物体利用细胞凋亡来清除被病毒感染的细胞，防止病毒的传播。病毒也演化出相应的对抗机制来抑制 caspase 的活性，阻止宿主细胞发生凋亡。天花病毒蛋白 CrmA 和杆病毒蛋白 p35 就是天然的 caspase 抑制剂，其中 p35 对大多数 caspase 有较强的抑制作用。

　　在动物组织的发育过程中以及成体内，也广泛存在类似的对邻近细胞分泌的存活因子的依赖性。细胞存活因子包括多种有丝分裂原和生长因子，它们与细胞表面的受体结合后，启动细胞内信号途径，抑制凋亡的发生。在抗凋亡、促存活的多条信号通路中，转录因子 NF-κB（nuclear factor κB）处于中心地位。NF-κB 激活转录的凋亡抑制因子主要包括 c-IAP、c-FLIP 及 Bcl-2 家族蛋白 Al 和 Bcl-xL 等。多种细胞存活及生长必需的细胞因子，如表皮生长因子（EGF）、血小板生长因子（PDGF）、神经生长因子等均能活化 NF-κB。它们通过丝氨酸/苏氨酸蛋白激酶 AKT 活化 NF-κB，转录激活凋亡抑制因子，从而抑制细胞凋亡。

10.3.1.2　植物细胞的程序性死亡

　　植物细胞的程序性死亡研究开始较晚，分子机制还不甚清楚。与动物细胞凋亡相比，植物细胞程序性死亡的最大特征性差异在于，死亡细胞的残余物被细胞壁固定在原位，不是被周围细胞吞噬，而是被自身液泡中的水解酶消化。在形态方面，植物细胞的程序性死亡过程随诱发机制的不同而有所差异。在过敏反应中，可观察到染色质凝聚、DNA 降解为 50kb 片段、细胞质膜及液泡膜皱缩破裂、质壁分离、末期细胞内含物泄漏到质外体（apoplast）中；而在管状细胞分化的程序性死亡过程中，细胞壁增厚，随着液泡膜的破裂，核 DNA 被迅速降解，细胞内含物被水解消化，最后仅剩下细胞壁。

10.3.1.3 酵母细胞的程序性死亡

1997 年，研究者出乎意料地发现一种酵母突变株 *cdc*48 具有程序性死亡现象。研究表明，一些药物，如低浓度的过氧化氢或醋酸、较高浓度的盐或糖、植物抗真菌多肽等能够诱导酵母发生细胞程序性死亡。酵母程序性死亡的形态学特征与动物细胞凋亡类似，在酵母中发现了 caspase 的类似物 Ycal，Ycal 的缺失降低了酵母细胞对凋亡诱导因子的敏感性。

10.3.2 细胞坏死

细胞坏死是区别于细胞凋亡的另一种典型细胞死亡方式（图 10-11）。

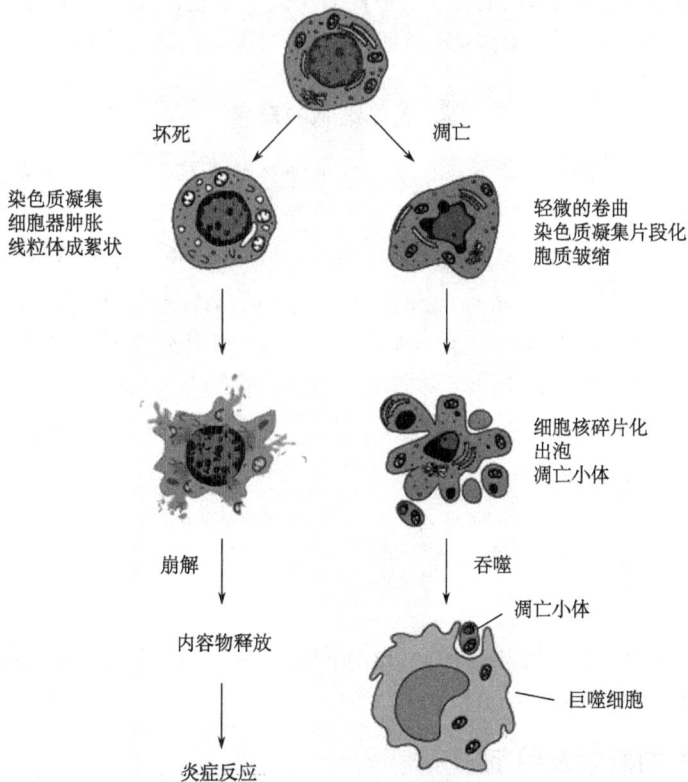

坏死　　　　　凋亡

染色质凝集　　　　　　　　　　　　　　　　　　轻微的卷曲
细胞器肿胀　　　　　　　　　　　　　　　　　　染色质凝集片段化
线粒体成絮状　　　　　　　　　　　　　　　　　胞质皱缩

　　　　　　　　　　　　　　　　　　　　　　　细胞核碎片化
　　　　　　　　　　　　　　　　　　　　　　　出泡
　　　　　　　　　　　　　　　　　　　　　　　凋亡小体

崩解　　　　　　　　吞噬　　　　凋亡小体

内容物释放　　　　　　　　　　　　　　巨噬细胞

炎症反应

图 10-11 细胞坏死与细胞凋亡

细胞坏死时，细胞质出现空泡，细胞质膜破损，细胞内含物，包括膨大和破碎的细胞器以及染色质片段释放到胞外，引起周围组织的炎症反应。与细胞凋亡不同，细胞坏死过程中染色质不发生凝集，也不产生有规律的 200bp 的 DNA 降解片段，而是被随机降解，琼脂糖凝胶电泳时呈现弥散性分布，俗称"拖尾"现象。

当细胞凋亡不能正常发生而细胞必须死亡时，坏死作为凋亡的"替补"方式被细胞采用。研究发现，为了防止宿主细胞的"自杀"行为，病毒除了携带抑制凋亡的基因，还可能携带抑制坏死的基因。另外，如果分裂旺盛细胞的 DNA 被持续损伤，就能引发细胞坏死。推测这一现象的原因是 DNA 损伤的积累导致 DNA 修复蛋白——多聚腺苷二磷酸-核糖聚合酶〔poly（ADP-ribose）polymerase，PARP〕被活化，PARP 的活性使得细胞核及细胞质内的烟酰胺腺嘌呤二核苷酸（NAD^+）大量减少，进而导致糖酵解作用被抑制，细胞内 ATP 水平下降。DNA 损伤引发的 ATP 水平急降会导致细胞坏死。

10.3.3　细胞自噬

细胞自噬的特征是细胞中出现大的双层膜包裹的自噬泡，称为自噬小体（auto- phago-some）。双层膜来自内质网或细胞质中的膜泡。自噬小体中包裹着整个的细胞器和部分细胞质，自噬小体与溶酶体融合后，内含物被溶酶体中的水解酶消化。

越来越多的研究证据表明，细胞自噬参与了细胞死亡过程，是与细胞凋亡不同的另一种程序性细胞死亡方式。研究者们在多种动物组织的细胞死亡过程中观察到了细胞自噬的特征性结构。多细胞及单细胞生物均可发生细胞自噬。关于细胞自噬的分子机制目前还了解得较少，其中较为明确的是酵母细胞中磷脂酰肌醇激酶（PI3K）信号途径。

🌐 人体细胞的寿命

组成人体的细胞共有约 10^{14} 个，尽管人们的身体随着年龄增长一天天衰老，但体内旧细胞的不断死亡、新细胞的不断产生使人体永远保持"年轻"的状态。人体各个部位细胞的寿命是多少？每种细胞都有它自己的生命周期，如肠黏膜细胞的寿命为 3d；肝细胞寿命为 500d；脑与骨髓里的神经细胞的寿命有几十年，同人体寿命几乎相等；血液中的白细胞有的只能活几小时；胃细胞只能活 5d；人的表皮细胞每两周就要更换一次；即使看似最"可靠"的人骨也会通过细胞更新，让你每 10 年左右就会拥有一副新骨头。人体内只有少数的细胞伴随人的一生，它们是大脑皮层的神经细胞、晶状体细胞和心脏的肌肉细胞。

10.4　干细胞

干细胞（stem cell）是一类具有多向分化潜能和自我复制能力的原始的未分化细胞，是形成各组织器官的原始细胞。

10.4.1　干细胞的概念及特征

干细胞具有多种生物学特性，最主要的是具有自我更新和多向分化潜能及无限增殖能力，在医学界称之为"万用细胞"。干细胞可连续分裂几代，也可在较长时间保持静止状态。干细胞通过两种方式生长，一种是分裂形成两个相同的干细胞；另一种是非对称分裂，一个子细胞最终分化为功能细胞，另一个分裂成为干细胞保留下来（图 10-12）。

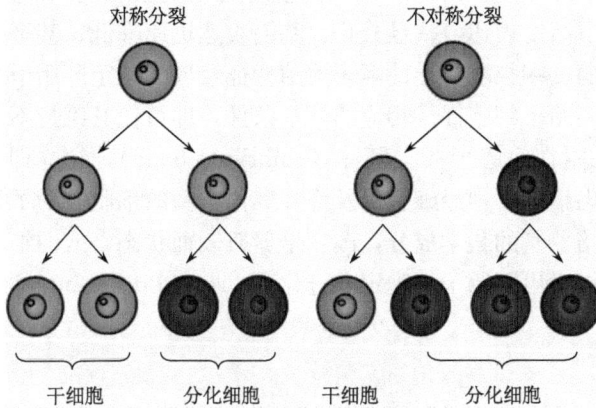

图 10-12　干细胞的对称分裂和不对称分裂

　　按照干细胞的分化潜能、分化层次及其所具有的功能，大致可分为三种类型：**全能干细胞**（**totipotent stem cell**）、**多能干细胞**（**pluripotent stem cell** 或 **multipotent stem cell**）、**单能干细胞**（**monopotent stem cell**）或**专能干细胞**（**committed stem cell**）。全能干细胞有分化形成机体所有类型细胞的潜能，由它可形成完整的生物个体，如早期的卵裂球细胞、胚泡中的内细胞群中的细胞、早期生殖嵴的胚芽细胞等。从某种意义上说，受精卵也可视为特殊的全能干细胞。多能干细胞具有分化出多种细胞组织的潜能，但不能发育成完整的个体，如多能造血干细胞、神经干细胞、表皮干细胞等均属于此类。多能干细胞在一定条件下可分化成定向发育的、多系列的专能干细胞。专能干细胞只能分化成某一类型的细胞。

　　干细胞在形态上具有共性，通常呈圆形或椭圆形，细胞体积小，核相对较大，细胞核多为常染色质，并具有较高的端粒酶活性。干细胞与其他机体细胞不同，无论任何来源，它们都具有三种基本特性：处于未分化的状态；可以长期自我分化和自我更新；可以产生特定类型的细胞。按照来源，干细胞可分为胚胎干细胞和成体干细胞。

10.4.2　干细胞的类型

10.4.2.1　胚胎干细胞

　　胚胎干细胞（**embryonic stem cell，ESC**）是从哺乳动物包括人的早期胚胎分离培养出来的，其分化潜能大、增殖能力强，既是胚胎发育的基础，又是机体各种细胞最早的祖先，属于全能干细胞。胚胎干细胞具有与早期胚胎细胞相似的结构特征，有较高的核质比和正常的整倍体核型。

　　胚胎干细胞通常来源于 4～5d 大小的胚胎，这个时期的胚胎是一个中空的细胞团，称为胚泡。胚泡由三层结构组成：滋养层（trophoblast）、囊胚腔（blastcocoel）及内层细胞团（inner cell mass）（由大约 30 个细胞组成，位于囊胚腔的一端）。体外培养胚胎干细胞时，培养器皿的内表面需要有一层小鼠成纤维细胞作饲养细胞层，其作用是为转移至培养皿的内层细胞团提供一个可以贴附的表面，同时，饲养细胞层还会向培养基中释放营养物质，促进培养细胞的生长。

胚胎细胞在发育的不同阶段，其细胞表面呈现不同的抗原。例如，未分化的人 ESC 细胞表面 SSEA3、SSEA4、TI160、TRA181 等呈阳性。这些胚胎干细胞的表面抗原是指在胚胎干细胞未分化状态下高度表达，一旦分化，基因表达迅速降低，甚至关闭。这些标记物结合干细胞内碱性磷酸酶、端粒酶特异性高表达的特征，成为鉴定胚胎干细胞的依据。

只要为培养中的胚胎干细胞提供相应的环境条件，即可使其维持不分化状态（无特定功能的）。而一旦细胞黏附在一起形成类胚体（embryoid body），便立即开始自主分化生长。这些细胞可以形成肌肉细胞、神经细胞以及许多其他类型的细胞。为了得到特定分化类型的细胞，目前通过改变培养基的化学成分，改变培养皿表面状态，或向细胞内插入特异性基因进行细胞修饰等手段探索出胚胎干细胞定向分化（directed differentiation）的基本操作方法（图 10-13）。

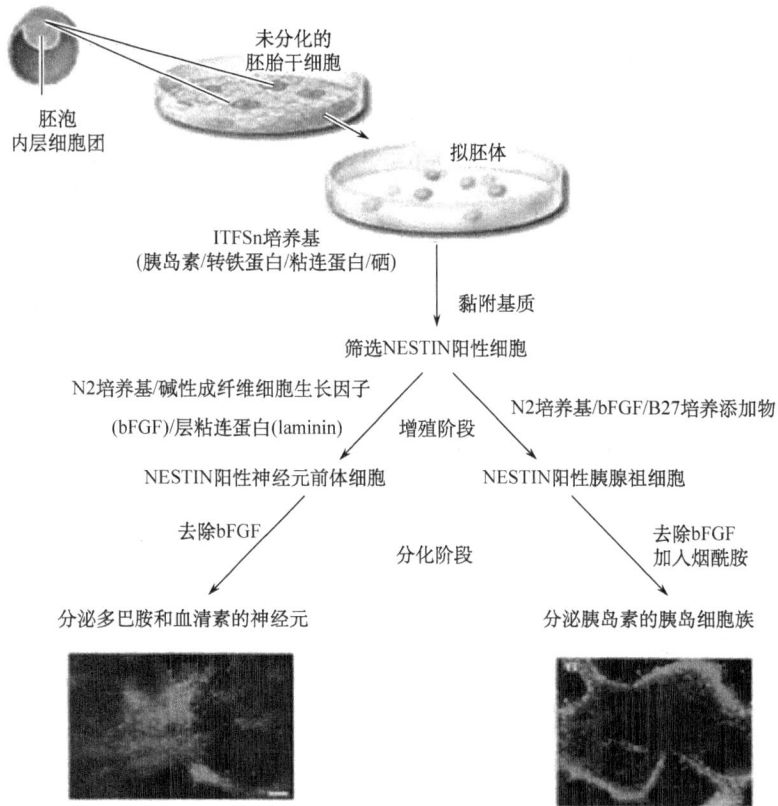

图 10-13　小鼠胚胎干细胞的定向分化

如果能够准确诱导胚胎干细胞向特定细胞类型分化，那么就有希望将这些定向分化的细胞用于某些疾病的治疗，如将由人胚胎干细胞发育而来的定向分化细胞移植入相应患者体内，即可治疗诸如帕金森症、糖尿病、外伤性脊髓损伤、浦肯野氏细胞变性（Purkinje cell degeneration）、杜兴肌营养不良（Duchenne muscular dystrophy）、心脏病、失明或失聪等疾病。

10.4.2.2 成体干细胞

成体干细胞（adult stem cell，ASC）是存在于发育成熟机体器官组织中的具有高度自我更新和增殖潜能的未分化细胞，可以分化成为组成该组织或器官的特定细胞类型。活体内成体干细胞主要功能是维持其所在组织的完整性及修复受损组织。与胚胎干细胞不同的是，位于成熟组织的成体干细胞的起源尚不明了。

最近的研究发现，成体干细胞在许多组织中都存在，分布比人们原先预想的要广泛得多。这一发现促使科学家开始探索将成体干细胞应用于移植领域的可能性。在成体组织的特定区域内，干细胞可以在数年内都维持静止休眠状态——也就是保持不分裂的状态，直到组织受到损伤或发生疾病时被激活，才开始分裂。干细胞存在于成体组织特定区域内，含量极少。已经报道的含有干细胞的成体组织包括：脑、骨髓、外周血液、血管、骨骼肌、皮肤和肝脏。

事实上，来源于骨髓组织的成体造血干细胞用于白血病等疾病的移植治疗已经有 30 多年的历史了。只要条件合适，有些成体干细胞似乎拥有向不同类型细胞分化的能力。如果在实验室内可以对成体干细胞的多向分化进行有效而准确的控制，那么成体干细胞便有望成为许多常见的严重疾病的治疗基础（图 10-14）。

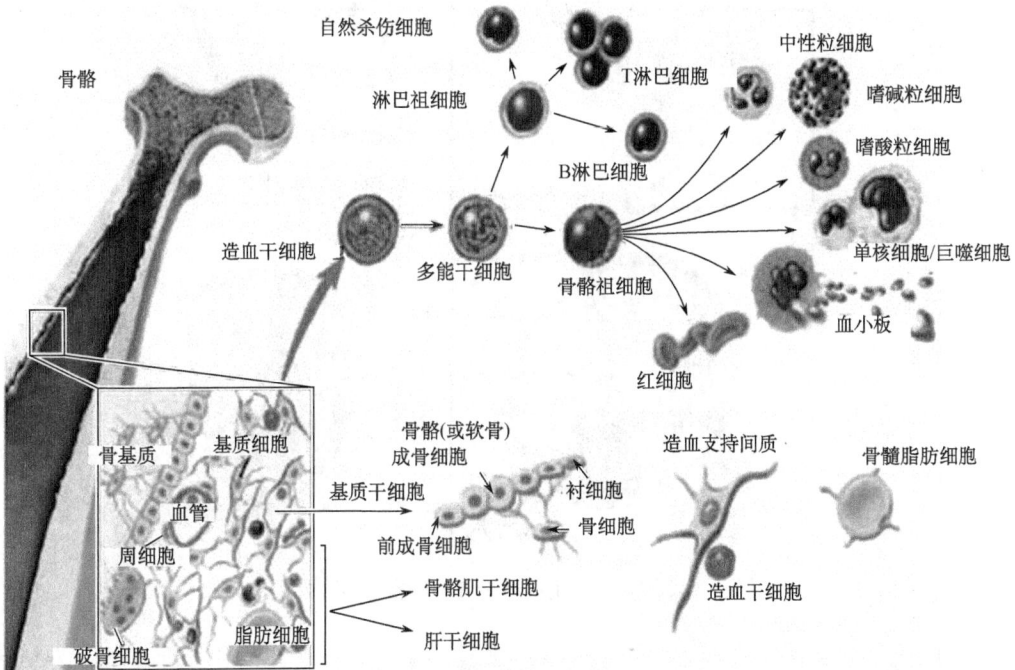

图 10-14 造血干细胞及骨髓间充质干细胞的分化

成体干细胞的研究始于 20 世纪 60 年代，研究人员发现骨髓组织内含有至少两种类型的干细胞，一类叫造血干细胞，可以分化发育成体内各种类型的血细胞；另一类干细胞叫骨髓间充质细胞。间充质细胞是一个混合细胞群，可发育成骨骼、软骨、韧带、脂肪和纤维结缔组织。到 20 世纪 90 年代，终于证实成年动物脑部确实含有可以发育成大脑三类主要细胞的干细胞，这三种细胞类型是：星形细胞（astrocyte）、少突胶质细胞（oligodendrocyte）及神经元或称神经细胞，前两种细胞为非神经元细胞。

　　一些实验已经证实，某些成体干细胞具有多向分化潜能，跨越了传统的胚层概念的界限，具有分化为其他胚层来源细胞的能力，称为细胞可塑性或转分化能力。造血干细胞可以分化形成三种主要脑组织细胞（神经元、少突胶质细胞、星形胶质细胞）、骨骼肌细胞、心肌细胞和肝细胞；骨髓间充质细胞可分化形成心肌细胞和骨骼肌细胞；脑组织干细胞可分化形成血细胞和骨骼肌细胞。目前的研究热点集中在对成体干细胞可塑性的形成机制上。如果可以揭示相关机制并加以控制，就可以利用存在于健康组织的干细胞修复或再生受损组织。对成体干细胞进行培养，并探索和控制向特定细胞类型的分化，将为组织损伤修复及疾病治疗提供有效途径，如用于治疗帕金森症、Ⅰ型糖尿病及受损伤的心肌组织的修复等（图 10-15）。虽然干细胞的研究有望应用于临床，然而干细胞预期的作用与真正实现之间仍存在许多技术上的障碍，主要的障碍是至今尚未完全了解启动或关闭特殊基因来影响干细胞分化的信号是什么。

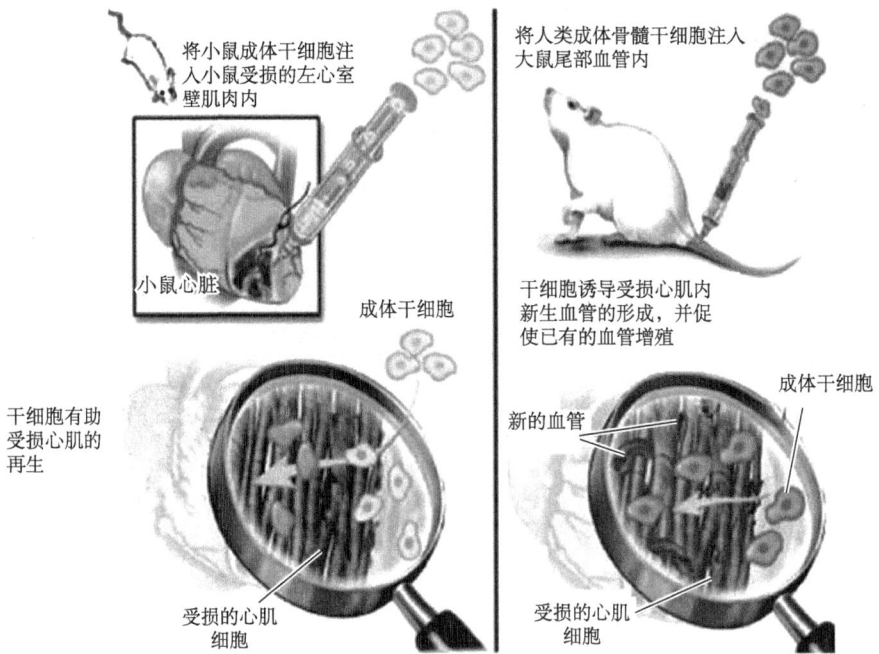

图 10-15　用成体干细胞修复心肌

10.4.2.3　胚胎干细胞和成体干细胞在应用上的优缺点

　　（1）在细胞分化类型和数量上的区别。胚胎干细胞可以分化成为人体内各种类型的细胞，因为它具有分化全能性。而成体干细胞通常只能向某几种细胞类型分化，分化方向由其来源组织决定。然而，也有一些实验表明，成体干细胞也可能存在可塑性，可向更多类型的细胞分化。

　　（2）体外大量培养的区别。胚胎干细胞能永生，可以传代建系，且增殖能力强，来源充沛。而成体干细胞在成熟组织内的数量极为有限，在细胞培养过程中增加其数目的方法还在探索之中。这是胚胎干细胞与成体干细胞之间极为显著的不同点，而替代性治疗往往需要大量的干细胞。

（3）在免疫排斥反应中的区别。使用成体干细胞的一个有利之处在于可以采用患者自己的干细胞进行培养，再重新输送回患者体内，从而避免了免疫排斥反应的发生。从这个角度看，成体干细胞在临床治疗的应用中具有巨大的优势。由于每个个体的主要组织相容性复合体（MHC）不同，同种异体胚胎干细胞及其分化组织细胞用于临床可能会引起免疫排斥。因此，基于胚胎干细胞的治疗方案就要求对患者进行长期免疫抑制剂的治疗，受者是否会对供者的胚胎干细胞产生排斥反应尚未在人体实验中得到证实。成体干细胞由于是从患者自身获得，而不存在组织相容性的问题，治疗时可避免长期应用免疫抑制剂对患者的伤害。

（4）导致畸胎瘤风险的区别。虽然胚胎干细胞能分化成各种细胞类型，但这种分化是"非定位性"的。目前尚不能控制胚胎干细胞在特定的部位分化成相应的细胞，当前的做法容易导致畸胎瘤。相对而言，成体干细胞不存在上述问题，如骨髓移植实验并不引发畸胎瘤。

10.4.3　干细胞重编程技术

体细胞克隆动物的成功，不仅显示出细胞核的全能性、细胞分化的复杂性，而且显示出卵细胞的细胞质对细胞分化的重要性。体细胞克隆涉及了已分化细胞的细胞核"重编程"的问题，即细胞核中的染色质如何恢复到未分化细胞的状态，进而按照一定程序再分化成为各种类型的细胞。干细胞重编程技术是不经过胚胎而获得多能干细胞的方法，这是通过基因重组或者细胞融合等方法影响染色质的表观遗传修饰，调控基因的沉默与表达，使得体细胞逆分化获得多能胚胎干细胞的过程。

10.4.3.1　重编程技术与 iPS

2006 年，日本京都大学科学家 Takahashi 和 Yamanaka 选择了已经证实与干细胞分化能力相关的 24 种基因作为候选因素，寻找能够诱导体细胞转化为其他类型细胞的关键因子。研究结果发现其中的 4 种基因：Oct-$3/4$、$Sox2$、c-Myc 和 $Klf4$ 通过一种逆转录病毒载体，导入小鼠皮肤成纤维细胞中，可以使来自胚胎小鼠或者成年小鼠的不同的成纤维细胞拥有胚胎干细胞的多能性。他们将经由这种方法获得的胚胎干细胞命名为诱导性多能干细胞（induced pluripotent stem cell，iPS）。这些 iPS 细胞能表达 ESC 的各种表面标记，可以分化为各种组织细胞。可是，iPS 首次在公众面前亮相并没有引起太多的重视，因为，他们获得的胚胎干细胞无论是在基因表达模式还是在表观基因组学（epigenomic）上和自然的胚胎干细胞都有一定的差别。2007 年，Yamanaka 等将 Oct-$3/4$、$SOX2$、$Nanog$ 和 $LIN28$ 导入人体皮肤细胞，成功诱导生成类似胚胎干细胞性质的全能干细胞，轰动了全球学术界。在人类的 iPS 中，他们采用了 NANOG（一种阻碍分化的转录因子，在早期将要分化成胚胎干细胞的胚胎中表达）作为分子标记，获得的细胞全能性更接近胚胎干细胞。经表观遗传学分析证明，在 DNA 甲基化、H3K4 和 H3K27 甲基化、X 染色体失活等方面，都接近正常的胚胎干细胞，而且这些 iPS 植入生殖系统后可以正常发育。

10.4.3.2　iPS 产生的分子机制

Yamanaka 等诱导多能干细胞生成的 Oct-3/4、Sox2、c-Myc 和 Klf4，都属于转录因子，通过调控靶基因的转录与表达，决定细胞的分化能力。

Oct-3/4 是在干细胞研究中最早受到关注的因子，属于 POU 家族，具有一个保守的 DNA 结合结构域（POU 结合域）。Oct-3/4 家族的保守区 N 端和 C 端各有一个脯氨酸富集区，它们 Oct-3/4 因子的转录活性区。作为哺乳动物早期胚胎细胞表达的转录因子，它诱导表达的靶基因产物是 FGF-4 等生长因子，能够通过生长因子的旁分泌作用调节干细胞及周围滋养层的进一步分化。Oct-4 缺失突变的胚胎只能发育到囊胚期，其内部细胞不能发育成内层细胞团。实验表明，无论在体内或在体外，Oct-3/4 都在未分化的胚胎干细胞、胚胎癌细胞和胚胎生殖细胞中表达，当这些细胞被诱导分化为体细胞时，Oct-3/4 表达下降。由此可见，Oct-3/4 在哺乳动物胚胎发生中是一个关键的调控因子，而且可能在维持细胞的全能性及未分化状态中起着关键作用。Oct-3/4 是细胞全能性的标志，它能够促使 ICM 形成、维持胚胎干细胞未分化状态并促进其增殖。此外，Oct-3/4 的精确表达对于维持 ES 细胞的正常自我更新是至关重要的，因此，Oct-3/4 的活化被认为是重编程为多能干细胞的标志。然而 Oct-3/4 却在间充质干细胞中低水平表达，说明 Oct-3/4 不是维持多能性的唯一基因。

SOX2 最早是在 EC 细胞中被鉴定出来的，研究结果显示，SOX2 在早期胚胎发生、神经分化和晶状体发育等多种重要的发育事件中都起着关键作用，从而引起了广泛关注。在干细胞中，它与 Oct-3/4 形成蛋白复合体，一同调控 FGF3、UTF1 等生长因子的表达，被认为是保持 Oct-3/4 表达的关键因素。迄今，诱导人类胎儿或者新生儿的皮肤细胞重编程为干细胞的作用机制尚不完全清楚，其中用到的 LIN28 许多功能未被完全揭示，只是在干细胞中，它能提高间叶细胞恢复过程中的重编程频率。而在已获得的 iPS 中，也发现有一个细胞不表达 LIN28，说明 LIN28 似乎对重编程不是必需的。

c-Myc 蛋白 N 端可以与 TRRAP、TIP48 相作用，影响组蛋白乙酰化酶、ATP 酶的作用，而 C 端含有螺旋-环-螺旋（HLH）及亮氨酸拉链结构域，在与 Max 蛋白形成稳定的复合物后与 DNA 序列（CACA/GTG）相结合，调节基因的表达。1993 年，c-Myc 缺失的小鼠胚胎不能在妊娠中存活引起了关注，对 c-Myc 的研究也首次与细胞联系起来。进一步的研究结果显示，它与血管生成及原始红细胞生成相关。

KLF4 是锌指蛋白，属于 Krüppel 样转录因子家族，在干细胞和分化细胞中高表达。它是一个原癌基因，通过与 p53、p21 等原癌基因作用而在多种癌症中起抑制作用。在干细胞中，它与 STAT3 途径相关，并与 Oct-3/4 和 SOX2 相作用，活化 ES 细胞中的主要启动子 Lefty1。这 4 个蛋白质互相协同，对保持细胞的多向分化能力起着决定作用。在很多方面，ES 细胞与癌细胞类似，原癌基因 c-Myc 和 KLF4 互相作用能抑制细胞凋亡。c-Myc 的特异之处在于它可以使体细胞的染色体结构由紧密重新变得松散，并重组组蛋白乙酰化酶复合物。这对体细胞的转型非常重要。如果仅有 c-Myc 和 KLF4 的表达，正常体细胞会转化成癌细胞，Oct-3/4 的加入把它们推入干细胞途径，结合了 KLF4 的 Oct-3/4 与 SOX2 共表达，最终将体细胞转化为 ES 细胞（图 10-16）。

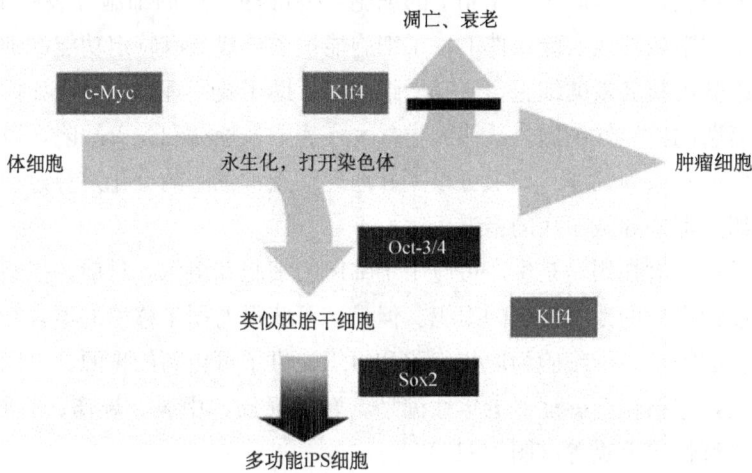

图 10-16 iPS 产生的原理示意图

10.4.3.3 iPS 的意义

iPS 不仅被国际生命科学界誉为具有里程碑意义的创新之举，甚至有人预言，这一重大突破将在干细胞研究的科学和政策领域引发一场大的变革。干细胞与克隆技术的研究及应用几乎涉及了所有的生命科学和生物医药学领域，在此之前，胚胎干细胞的获取主要还是来自早期发育的囊胚，而胚胎的这一阶段涉及许多对生命或"人"的界定问题，因此胚胎干细胞研究成为涉及最为激烈而敏感的伦理之争。而 iPS 可以绕过自然胚胎等伦理和法律问题，极大地解放了干细胞研究。

在很多疾病治疗中，器官移植可以起到彻底根治的效果，但人体器官移植经常面临组织移植后产生的排异反应而导致死亡。如果能利用患者本身的体细胞逆转为 iPS 再发育成为所需要的组织，那器官移植到排斥问题就会迎刃而解了。

但是 iPS 还存在不少问题。例如，Yamanaka 研究组在实验成果发布之后随即发表声明，c-MYC 对 iPS 有致癌的作用，iPS 细胞植入的小鼠近 1 年时间，20% 出现肿瘤，而它们的 c-MYC 基因都高表达。在没有用到 c-MYC 的细胞中，他们也能成功获得 iPS 细胞，只是效率降低；还有研究发现，诱导人体皮肤细胞重编程时，如果不使用 c-MYC，那么必须使用胎儿或者新生儿的皮肤细胞。值得注意到是，诱导重编程中使用的病毒载体也带来一些安全性问题，实验中使用的 4 种转录因子是借助慢病毒载体导入细胞并持续表达的，而研究表明在皮肤成纤维细胞转变成 iPS 细胞过程中，伴随载体编码转录因子的逐渐沉默，iPS 细胞多能性的维持是否需要载体的持续表达有待研究。

总之，iPS 研究的成果拆除了干细胞研究与伦理、法律之间最后一道樊篱。但是毕竟 iPS 才刚刚获得初步的成功，还需要进一步的发展和优化，发展到临床应用阶段还有很长的路要走。

10.4.4 干细胞应用前景

干细胞是当今生物界最有吸引力的研究对象，与其他细胞相比，干细胞具有两个重要的特性：首先，干细胞是一群尚未分化完全的细胞，能够在长期的细胞分裂中不断自我更新；其次，在一定生理学条件或实验条件下，干细胞能被诱导成具有特定功能的细胞，如心肌搏动细胞或胰腺中分泌胰岛素的细胞。研究干细胞将有助于我们理解干细胞如何转化成组成人体的各种纷繁复杂的特异性细胞。某些人类重大疾病，如癌症和先天缺陷，可以归咎于细胞分化过程中产生的一系列问题。如果可以更好地理解正常细胞的分化发育过程，那么将有助于人们理解并纠正那些导致疾病的错误。

　　干细胞的另一个潜在用途是生产可应用于临床的细胞和组织。目前，捐赠的器官和组织常被用于移植取代患病的或者损伤的组织。但是，可获得的用于移植的器官和组织的数量远远不能满足患者的需求。干细胞为取代细胞和组织提供了可更新的来源，可以用于无数的疾病、紊乱和残疾，包括帕金森症、老年性痴呆、脊髓损伤、中风、烧伤、心脏病、糖尿病、骨关节炎和类风湿性关节炎等（图 10-17）。

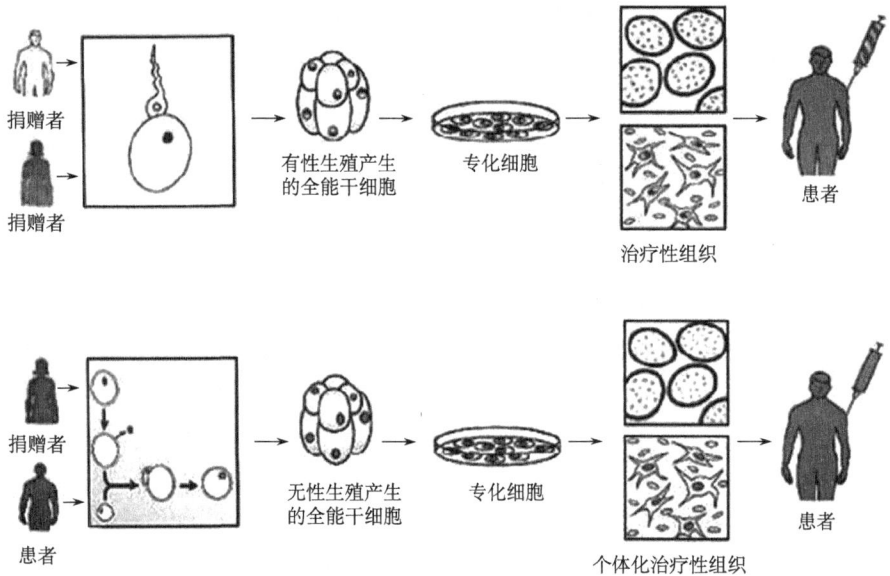

图 10-17　干细胞的应用前景

　　干细胞研究关注细胞如何发育成为有机体以及健康细胞，如何替换体内受损细胞的相关机制，属于再生医学领域，有助于评估细胞疗法在治疗疾病方面的可行性。随着研究的不断深入，干细胞将不仅可应用于细胞疗法，还可应用于新药物筛选、毒素以及出生缺陷研究等。不过，人类胚胎干细胞的研究还只是处于起始阶段，因此，为了发展相关疗法，科学家正致力探讨干细胞的主要特性，包括：①鉴定干细胞为何能长期保持未分化状态以及自我更新状态；②探索令干细胞成为分化细胞的信号途径。

10.4.4.1　移植治疗

　　移植治疗目前已经成为治疗疾病的一个重要手段，如器官移植、细胞移植等。干细胞移植是一个尤其重要而意义重大的手段。从 20 世纪 80 年代起，造血干细胞移植已经成为治疗癌症、造血系统疾病、自身免疫系统疾病的重要手段。之后，外周血干细胞移植并辅以化疗及细胞因子 CG-CSF、GM-CSF 等，可使更多的干细胞进入外周血。1989 年首例脐血治疗 Fanconi 贫血成功后，许多国家纷纷建立了规模不等的脐血血库。因脐血富含造血干/祖细胞，其免疫细胞的抗原性较弱，移植相关 GVHD 的发生相对骨髓的外周血少而轻、采集容易、对供者无任何伤害，故被认为是极具潜力的新造血干细胞的来源。

神经干细胞的研究为神经系统疾病的治疗提供了广阔的应用前景。啮齿类中枢神经细胞系包括中枢神经干细胞已被用于许多鼠的疾病模型，如鼠遗传性神经退化症，包括脱髓鞘症、脑神经节苷脂沉积症和其他神经退化紊乱治疗研究中。神经干细胞的临床价值已在治疗帕金森症中得到证明，可能成为第一个通过干细胞移植而治愈的疾病。帕金森症是一种很常见的神经退化性疾病（PD），通常由进行性退变和产生多巴胺（DA）的神经元的损伤引起，会导致颤抖、僵硬以及运动功能减退。目前，有几个实验室已成功令胚胎干细胞分化成具备 DA 神经元功能的细胞，可以用来替换由于疾病而失活的相关细胞。

而最近研究中，科学家通过导入 *Nurr*1 基因，令老鼠胚胎干细胞分化成 DA 神经元。当把 *Nurr*1 移植入一只患有 PD 的老鼠模型的脑部时，这些干细胞分化成 DA 神经元释放多巴胺，促进运动功能，修复帕金森症病鼠的脑部。至于人类干细胞疗法，科学家也制订了一系列的策略，在实验室中通过对帕金森症患者进行移植手术，从而令人类干细胞产生多巴胺神经元。这种能获得大量多巴胺神经元的方法终有一天能用于治疗帕金森症。

10.4.4.2 克隆动物及转基因动物的生产

自绵羊"多莉"问世至今，体细胞克隆动物多有成功报道。但体细胞克隆动物有着无法克服的弊端，即成功率低和容易早衰。而 Wakayama 等用长期传代（30 代以上）的小鼠 ES 细胞克隆出 31 只小鼠，14 只存活，可见存活率大大提高。因此，采用 ES 细胞克隆动物具有更吸引人的前景，利用受精卵或 ES 细胞作为受体，通过导入目的基因，从而生产带有目的基因的动物；转基因 ES 细胞系也将为大量同系转基因动物的生产奠定基础；应用干细胞进行动物克隆，可以有效地提高稀有动物的繁殖和高效畜产品的生产，以及高效生物活性物质的生产。

10.4.4.3 转基因干细胞基因治疗

现有的基因治疗分为转基因细胞治疗和核酸治疗。前者常用的基因转移靶细胞多为淋巴细胞、成纤维细胞等。其缺陷为细胞存活时间有限，在治疗过程中需要反复输注，治疗繁琐。转基因干细胞技术解决了转基因细胞存活问题，成为转基因细胞治疗重要的发展方向。该技术的优势主要有：①干细胞具有自我扩增和分化功能，因此导入的"外源基因"可以有效得以扩散；②干细胞可以在体外进行操作，对基因的改造和修饰可以在体外完成并经筛选后再导入体内，避免由于基因插入而导致的细胞失常；③所用干细胞是人源细胞，作为载体其毒性最小，而且作为生命的最小单元，是导入组织的最佳形式。

🌐 世界首个干细胞治疗药物获加拿大卫生部批准上市

　　移植物抗宿主病（GVHD）是由于移植物的抗宿主反应而引起的一种免疫性疾病，是在骨髓移植后出现的多系统损害（皮肤、食管、胃肠、肝脏等）的全身性疾病，是造成死亡的重要原因之一。Prochymal 是一种治疗儿童急性移植抗宿主疾病的药物，加拿大卫生监管机构于 2012 年 5 月 17 日宣布批准 Prochymal 上市，成为全球首个获准用于治疗全身性疾病的干细胞药物。

　　Prochymal 来自健康成年捐赠者的骨髓中的间充质干细胞，分离后在体外进行扩大培养，即可获得多达 1 万剂量的 Prochymal，可用于控制炎症、促进组织再生、防止疤痕的形成。Prochymal 取材于成体干细胞，不涉及胚胎干细胞相关的伦理问题。Prochymal 在加拿大获批用于治疗那些对激素类药物无反应的 GVHD 儿童患者。在一个小规模临床试验中，约 60% 的 GVHD 儿童患者使用此药后症状得到改善。

10.5　癌细胞

　　细胞癌变被认为是不正常的细胞分化过程，对癌细胞的形成与特性的了解，有助于深入研究细胞增殖、分化与凋亡的调节机制以及最终彻底治愈癌症。

10.5.1　癌细胞的基本特征

10.5.1.1　细胞生长与分裂失去控制

　　肿瘤细胞具有和胚胎细胞相似的生物学特性，除了拥有其来源细胞的部分特性之外，还表现出低分化和高增殖的特征。在正常机体中，大部分细胞或生长与分裂，或处于静止状态，执行其特定的生理功能。在成体的一些组织中，会有部分细胞衰老死亡，同时又有新生细胞的增殖和补充，它们处于动态平衡之中，维持组织与器官的稳定，这是一种受严格调控的过程。而癌细胞是正常细胞分裂过程中逐渐形成的一些增殖失去控制的细胞，成为"不死"的永生细胞。

10.5.1.2　丧失接触抑制

　　正常培养的大部分贴壁生长动物细胞需要黏附于固定的表面才能生长，当分裂增殖达到一定的密度，汇合成单层细胞以后即停止分裂，这个过程称为接触抑制或密度依赖性抑制。而转化细胞和肿瘤细胞则失去这种生长限制，不仅可以在半固体琼脂中悬浮生长，在培养皿的底面长满后可以持续分裂，达到很高密度而出现堆积生长（图 10-18）。

10.5.1.3　具有浸润性和扩散性

　　动物体内特别是衰老的动物体内常常出现肿瘤，有些肿瘤细胞仅位于某些组织特定部位，周围通常有完整的结缔组织膜结构包裹，称之为良性肿瘤（benign），如息肉。如果肿瘤细胞具有浸润性和扩散性，则称之为恶性肿瘤，即癌（图 10-19）。

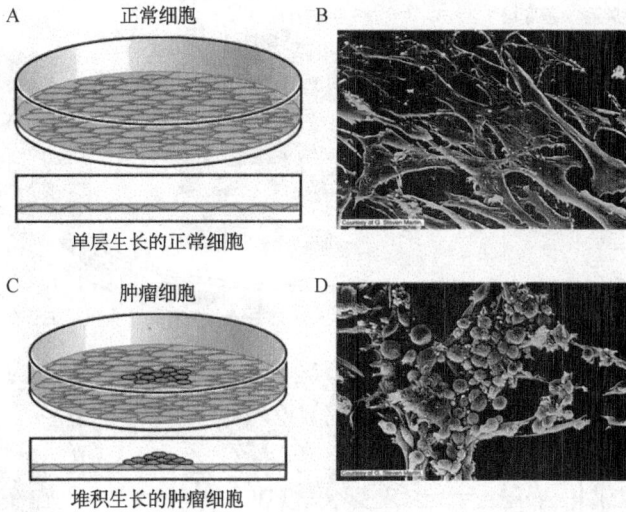

图 10-18　正常细胞和癌细胞的生长特性

A、B. 正常细胞在培养皿中单层生长，长满培养皿底面即停止分裂；

C、D. 癌细胞或转化的细胞在培养皿中通常生长为多层的团块

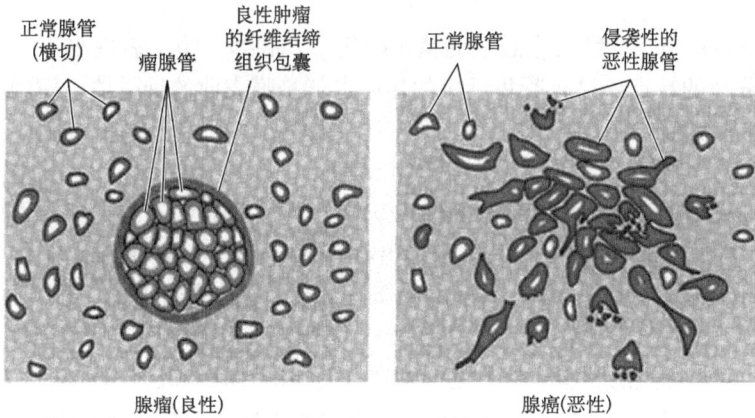

图 10-19　良性肿瘤和恶性肿瘤示意图

　　与良性肿瘤不同的是，恶性肿瘤细胞（癌细胞）的细胞间黏着性下降，具有浸润性和扩散性，易于浸润周围健康组织，或通过血液循环或淋巴途径转移并在其他部位黏着和增殖。肿瘤细胞转移并在身体其他部位增殖产生的次级肿瘤称为转移灶（metastasis）（图 10-20）。

10.5.1.4　细胞表面特性的改变

　　肿瘤细胞表面特性改变，如膜蛋白发生改变，引起细胞间相互作用发生变化，包括黏附性改变、易于附着生长、逃避免疫系统的监视和杀伤等。

　　癌细胞膜的通透性表现异常，如癌细胞对某些糖类及氨基酸的运送比相应的正常细胞大得多，为癌细胞的快速生长创造条件。植物凝集素可使恶性转化细胞发生凝集，而相应的正常细胞则不凝集。与植物凝集素作用的细胞可显示出接触抑制现象，如加入植物凝集素的受

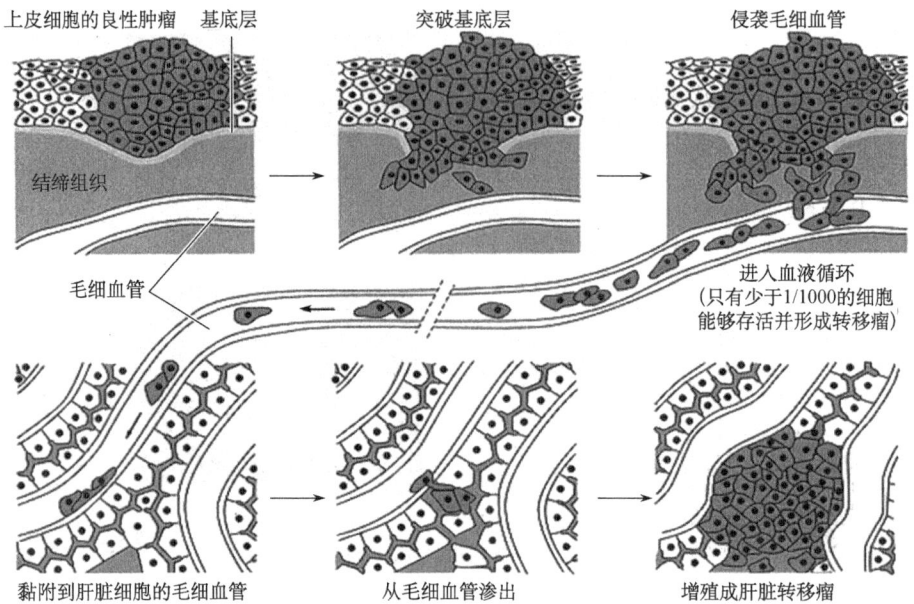

图 10-20　恶性肿瘤的转移示意图

体（α-甲基葡萄糖）夺去已结合在膜上的植物凝集素，肿瘤细胞又表现出不受细胞接触抑制的作用而继续分裂的特点。这种凝集反应的作用点就是膜表面的糖受体，而膜上糖受体有启动细胞 DNA 合成和影响细胞增殖的作用。

　　正常哺乳动物的组织，特别是上皮组织细胞彼此间有很强的黏着力。癌细胞膜表面黏着力显著降低，其机械黏着力为正常上皮细胞的 $1/5\sim1/3$，因此癌细胞容易从原发部位脱离而发生侵袭和转移。肿瘤纤溶酶为 Reich 发现和提出，存在于恶化转化细胞膜上，能使血纤溶酶原转变为血纤溶酶，使纤维蛋白分解，纤溶酶可降解细胞间基质或黏合物从而有助于恶性肿瘤细胞向周围组织侵犯。用化学致癌物诱发的皮肤癌、乳腺癌和肝癌的细胞培养瘤株中也有纤溶酶的活性。在各种动物和人的肿瘤细胞中也都发现有此酶的存在，故将这种酶称为肿瘤纤溶酶。该酶不存在于正常细胞中，但将正常细胞加入具有肿瘤纤溶酶体系的培养液中，可发生类似肿瘤的形态改变。这可能是由于该酶作用于正常细胞膜，使胞膜结构发生改变的缘故。

10.5.1.5　蛋白质表达谱系和蛋白质活性改变

　　癌细胞内部基因表达调控方式发生了很大改变，癌细胞的蛋白质表达谱中，往往出现一些在胚胎细胞中表达的蛋白质，如在肝癌细胞中表达甲胎蛋白等多种蛋白质，这与其低分化程度有关。此外，癌细胞端粒酶活性增高；异常表达与癌症发生、发展等相关的蛋白质，如纤连蛋白减少，蛋白激酶 Src、转录因子 Myc 等的表达增加，这些异常表达的蛋白质涉及细胞周期调控、凋亡、黏附、细胞扩散和移动性等多种过程。

10.5.2　癌基因与抑癌基因

10.5.2.1　癌基因

　　癌基因（oncogene） 最初是在逆转录病毒内发现的。1911 年，Rous 发现鸡肉瘤无细胞滤液注入鸡体内可诱发新的肿瘤，可惜当时对病毒还缺乏认识，直到 20 世纪 50 年代才重新发现致瘤因素是病毒，并以 Rous 的名字命名为罗氏肉瘤病毒（Rous sarcoma virus，RSV）。1975 年，Bishop 从 RSV 中分离到第一个癌基因 *Src*，并进一步证实癌基因起源于细胞，且普遍存在于许多生物的基因组中。癌基因最初的定义是指能在体外引起细胞恶性转化、在体内诱发肿瘤的基因。

1）癌基因的分类

癌基因分为**病毒癌基因**（virus oncogene，V-onc）和**细胞癌基因**（cellular oncogene，C-onc）两类，其中病毒癌基因是指存在于肿瘤病毒（大多数是逆转录病毒）中，能使靶细胞发生恶性转化的基因；细胞癌基因也叫做原癌基因（proto-oncogene，pro-onc），是控制细胞生长和分裂的一类正常的基因，在突变或者异常表达时引起细胞发生癌变。细胞癌基因含有病毒癌基因的同源序列，但是在结构上具有外显子和内含子结构，而病毒癌基因的编码序列是连续的，没有内含子，所以一般认为病毒癌基因起源于细胞癌基因。

2）细胞癌基因的特点

细胞癌基因广泛存在于生物界，从酵母到人的细胞普遍存在，其基因序列高度保守，它们的作用是通过表达产物蛋白质来体现的，它们存在于正常细胞中，对于维持细胞的正常生理功能、调控细胞生长和分化起重要作用，是细胞发育、组织再生、创伤愈合等生理过程所必需的，在某些因素（如放射线、某些化学物质等）作用下可被激活，发生数量上或结构上的变化，使正常细胞转化为肿瘤细胞。

目前已经发现的癌基因有近百种，癌基因编码的蛋白质主要包括生长因子、生长因子受体、信号转导通路中的分子、基因转录调节因子、细胞凋亡蛋白、DNA 修复相关蛋白和细胞周期调控蛋白等（图 10-21）。目前已知的与恶性肿瘤发生有关的生长因子包括血小板源生长因子（PDGF）、表皮生长因子（EGF）、转化生长因子-2（TGF-2）等；跨膜的生长因子受体能接受细胞外的生长信号并将其传入胞内，如与 EGF 受体相似的 *erbB* 基因的产物；胞内信号传递蛋白多数是细胞癌基因的产物，包括非受体酪氨酸激酶等、丝氨酸/苏氨酸激酶、ras 蛋白等；某些细胞癌基因的表达产物（如 Myc、Fos 等）属于转录因子，定位于细胞核，它们能与靶基因的调控元件结合直接调节转录活性。

3）细胞癌基因的激活

正常情况下，细胞癌基因的表达产物对细胞是必需的，但是在某些条件下被激活后，异常表达或者产生突变的蛋白质时，则具有致癌性，引起细胞的恶性转化。其激活方式主要有以下 4 种：①获得启动子与增强子。逆转录病毒基因组所携带的长末端重复序列（LTR）含较强的启动子和增强子，当它感染细胞后，LTR 插入到细胞癌基因附近或内部，使细胞癌基因过度表达或由不表达变为表达，可导致细胞癌变。例如，鸡白细胞增生病毒的 LTR 插入到 *C-myc* 附近，可使 *C-myc* 表达高于正常 30～100 倍，导致淋巴瘤。②基因易位。染色体易位导致某些基因的易位和重排，使原来无活性的细胞癌基因转至某些强的启动子或增强子附近而被活化，使细胞癌基因表达增强，导致肿瘤发生。例如，人 Burkitt 淋巴瘤细胞中，位于 8 号染色体上的 *C-myc* 移位到 14 号染色体免疫球蛋白重链基因的调节区附近，与该区活性很高的启动子连接而活化。③基因扩增。细胞癌基因拷贝数增加或表达活性增强，产生过量的表达蛋白会导致肿瘤发生。例如，*Ras* 或 *C-myc* 在某些肿瘤中常常表达蛋白量升高几十至上千倍不等。④点突变。细胞癌基因在射线或化学致癌剂作用下，可能发生单个碱基的替换，从而改变表达蛋白的结构。典型的是各种 *Ras* 基因的激活。*Ras* 基因的表达产物

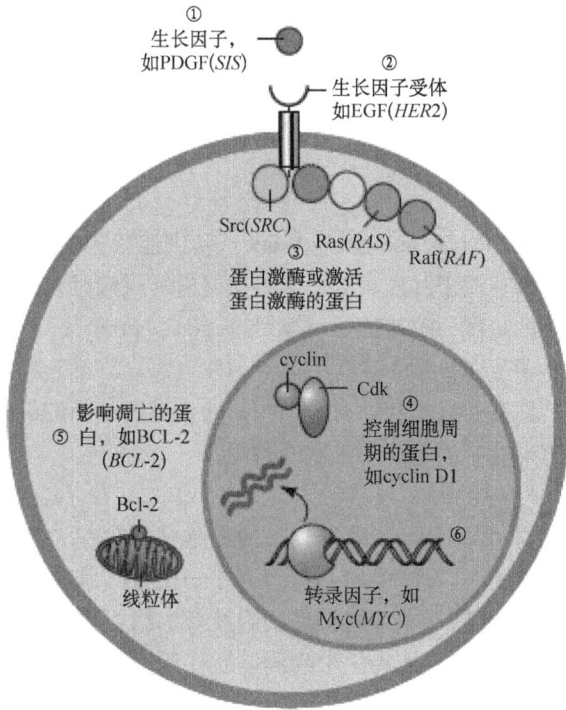

图 10-21　细胞癌基因的编码蛋白（引自 Karp，2006）

Ras 是一种小分子 G 蛋白，在信号转导中起重要作用。正常 Ras 的作用因其自身的 GTP 酶活性而受到严格控制，而突变了的 Ras 其 GTP 酶活性下降或丧失，致使增殖信号持续作用，细胞发生恶性转化。

10.5.2.2　抑癌基因

抑癌基因（anti-oncogene）也叫**肿瘤抑制基因**（tumor suppressor gene），人们最初是从某些肿瘤细胞染色体特定部位的缺失推测它的存在。20 世纪 60 年代，通过正常细胞与肿瘤细胞融合实验和表型分析，推测正常细胞染色体中可能存在某些抑制肿瘤发生的基因，从而阻止杂交细胞发生恶变。当这些基因缺失、突变或失去功能时，其抑瘤功能丧失，导致潜在的致癌因素（如激活的癌基因）发挥作用而致癌。

抑癌基因是指一类细胞中正常表达时，抑制细胞过度生长增殖、促进细胞分化和抑制细胞迁移的基因。当表达受到阻抑、失活、丢失或表达产物丧失功能时，导致细胞恶性转化。在实验条件下，若将其导入转化的细胞则可抑制肿瘤的恶性表型。抑癌基因编码的产物主要有：①转录调节因子，如 Rb、p53；②负调控转录因子，如 WT；③周期蛋白依赖性激酶抑制因子（CKI），如 p15、p16、p21；④信号通路的抑制因子，如 ras GTP 酶活化蛋白（NF-1）、磷脂酶（PTEN）；⑤DNA 修复因子，如 BRCA1、BRCA2 等。

目前已知的抑癌基因有 10 多种，其中 *Rb* 基因最初发现于儿童的视网膜母细胞瘤（retinoblastoma）。在正常情况下，视网膜细胞含活性 *Rb* 基因，控制着成视网膜细胞的生长发育以及视觉细胞的分化，当 *Rb* 基因一旦丧失功能或先天性缺失视网膜细胞，则出现异常增殖，形成视网膜细胞瘤。实验表明，将 *Rb* 基因导入成视网膜细胞瘤或成骨肉瘤细胞，结果发现这些恶性细胞的生长受到抑制。研究资料表明，Rb 基因的缺失或失活是导致肿瘤发生的主要原因，即两个等位基因同时缺失，或一个等位基因缺失而另一个因突变而失活，才能导致 Rb 基因功能的丧失。

人类 $p53$ 基因定位于 17 号染色体 17p13 区，全长 16~20kb，含有 11 个外显子，编码一种核内磷酸化蛋白 P53。正常情况下，细胞中 P53 蛋白含量很低，但在生长增殖的细胞中，可升高 5~100 倍。野生型 P53 蛋白作为一个转录激活剂，控制着多种有关细胞周期调控基因及细胞凋亡基因的表达，在维持细胞正常生长、抑制恶性增殖中起着重要作用。P53 时刻监控着基因的完整性，一旦细胞 DNA 遭到损伤，P53 蛋白与损伤基因的相应部位结合，起转录激活因子的作用，活化 $p21$ 基因转录，使细胞停滞于 G_1 期；P53 与其他蛋白质因子结合，参与 DNA 的复制与修复；如果修复失败，P53 蛋白即启动程序性死亡过程诱导细胞自杀，阻止有癌变倾向突变细胞的生成，从而防止细胞恶变。

在正常细胞中，抑癌基因与癌基因协调表达、相互制约，维持着细胞的正常生长和增殖。所不同的是，癌基因和抑制基因突变的本质不同，抑癌基因的突变是隐性的，癌基因的突变是显性的。在肿瘤细胞中，这两大类基因的突变，破坏了正常细胞增殖的调控机制，形成了具有无限分裂潜能的肿瘤细胞（图 10-22）。

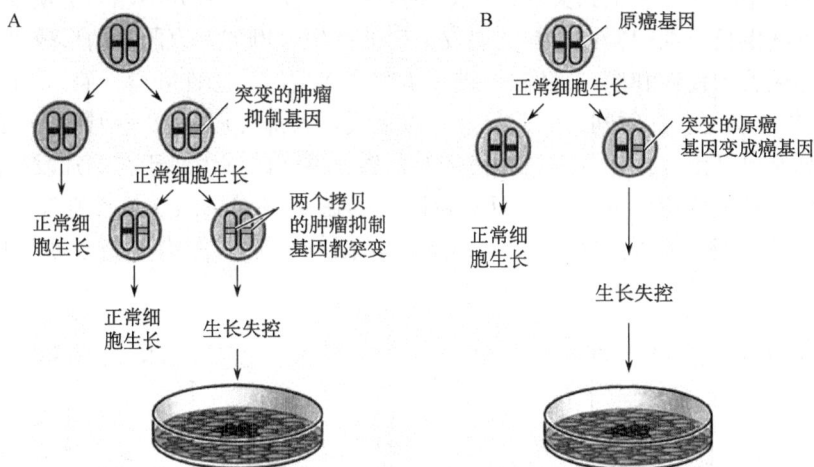

图 10-22　逐渐积累的抑癌基因和原癌基因的突变最终导致肿瘤发生（引自 Karp，2009）
A. 抑癌基因突变；B. 癌基因突变

10.5.3　肿瘤的发生机制

肿瘤的病因复杂，同一类的肿瘤可分别由不同的因素或几种因素共同作用而引起，而同一致癌因素，可通过不同途径引起不同的肿瘤。此外，人们在同一环境接受同样致癌因素的作用，并非人人都患恶性肿瘤，说明恶性肿瘤的发生，除外因的作用外，机体内在因素也起着重要的作用。

人类肿瘤约 80% 是由于与外界致癌物质接触而引起的，根据致癌物的性质可将其分为化学、物理和生物致癌因素三大类。根据它们在致癌过程中的作用，可分为启动剂、促进剂、完全致癌物。启动剂可以直接改变细胞遗传物质 DNA 的成分或结构，机体一次接触即可引起细胞不可逆地改变，其作用无明确的阈剂量。促进剂本身不能诱发肿瘤，只有在启动剂作用后再以促进剂作用，方可促使肿瘤发生。有些致癌物的作用很强，兼具启动和促进作用，单独作用即可致癌，称为完全致癌物，如多环芳香烃、芳香胺、亚硝胺、致癌病毒等。

已证实有致癌作用的物理因素有电离辐射、紫外线等。例如，γ射线能使细胞核内DNA结构改变而致细胞突变，故能诱发多种肿瘤，长期接触X射线，如缺少必要的防护措施，常引起放射性皮炎，并可进一步发展为皮肤癌、白血病等。另外，长期暴露于日光下，紫外线过量照射可诱发皮肤癌、黑色素瘤等，如慢性刺激可能为促癌因素。

某些肿瘤的发生与病毒有关，已证明有30多种动物的自发性肿瘤由病毒引起。人类的伯基特（Burkitt）淋巴瘤、白血病、鼻咽癌、宫颈癌等都与病毒密切有关，如鼻咽癌患者血清中的抗病毒抗体的检出率很高，通过电子显微镜观察可见宫颈癌细胞中的病毒或病毒样颗粒。近年从人类T细胞白血病/淋巴瘤中分离出RNA病毒，进一步推动了人们对肿瘤病毒致病机制研究。另外，某些寄生虫与肿瘤发生也有关系，如日本血吸虫病可并发结肠癌，华支睾吸虫在肝小胆管内寄生可并发胆管癌，但寄生虫与肿瘤发生的确切关系尚有待进一步研究。

肿瘤的发生不是单一基因的突变，至少在一个细胞中发生5或6个基因的突变才能使正常细胞恶性转变，即癌症的发生是在机体内外因素的共同作用下，一系列基因突变逐渐积累的结果。基因组中与肿瘤发生相关的某一原癌基因的突变，一般并不能马上使细胞转变成癌细胞，而是继续生长至细胞群体中新的偶发突变的产生。例如，直肠癌的形成过程开始的突变仅在肠壁形成若干良性肿瘤（息肉），进一步突变才发展为恶性肿瘤（癌），全部过程一般需要10～20年或者更长的时间，因此从这一点上说，大部分癌症是一种典型的老年性疾病，它涉及一系列原癌基因与抑癌基因致癌突变的积累。不同的基因趋于在癌症发生的不同阶段突变，在结肠癌发生的遗传进程中，APC基因突变在60%结肠最小良性腺瘤中发现，表明该基因的突变是结肠癌形成的第一步，而p53基因倾向于只在沿此路径较后的阶段发生（图10-23）。

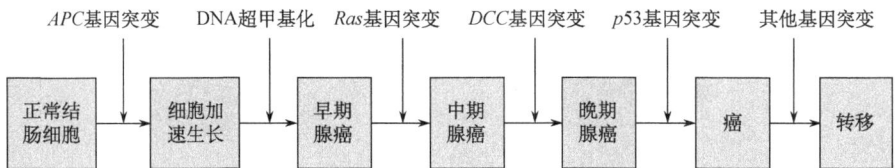

图 10-23　结肠癌发生过程中可能的基因突变顺序

🌐 肿瘤干细胞和肿瘤治疗

肿瘤干细胞是存在于肿瘤组织中的干细胞样的细胞，但是与正常的干细胞相比，在增殖、分化潜能和迁移行为上有明显差异。如果肿瘤的生长和转移是源自少量的肿瘤干细胞，这可以解释目前癌症治疗中根除实体瘤治疗策略的失败原因。尽管目前使用的药物可使转移瘤体缩小，这些效果通常是暂时的，也不能明显地延长患者的生命，原因之一是癌细胞逐渐获得了耐药性；另一可能的原因是现有的治疗方法不能有效地杀灭肿瘤干细胞。目前认为肿瘤干细胞的存在是导致肿瘤治疗失败的主要原因。

　　现有的治疗方法主要是减少肿瘤细胞的体积和数量，因为通常是通过它们缩小肿瘤的能力来确定其效果的。因为多数细胞及癌肿的增殖潜能是有限的，而药物缩小肿瘤的能力主要反映了杀灭这些增殖细胞的能力。似乎是来自于不同组织的正常干细胞比来源于同一组织的成熟细胞更能耐受化疗药物，其原因尚不清楚，可能与抗凋亡蛋白的高水平表达有关或与 ABC（ATP-binding cassette，ATP 结合盒）转运相关的多药耐药基因有关。肿瘤干细胞也是如此，具有比肿瘤细胞对化疗药物更强的耐药性。即使治疗使肿瘤完全的衰退，可能剩下的肿瘤干细胞足以使肿瘤再生。因此，针对肿瘤干细胞的治疗可能效果会更持久，同时能阻止肿瘤的转移。

本 章 小 结

　　在个体发育过程中，细胞分化的方向由细胞决定所选择。已分化的细胞通常是稳定和可遗传的，在特定的条件下可以发生转分化，产生在形态和功能上不同的新细胞类型。受精卵具有分化的全能性，细胞分化的潜能随着个体发育的过程而逐渐变窄。细胞分化是细胞间产生稳定差异的过程，是基因选择性表达的结果。细胞分化是稳定的，又是可逆的。细胞决定早于细胞分化。影响细胞分化的因素，包括细胞内及细胞外的因素，而细胞内影响基因表达的因素主要表现在转录水平、转录后加工水平及翻译水平三个层次上。

　　衰老和死亡是生命的基本规律，机体的衰老和死亡在一定程度上表现为细胞的衰老和死亡。细胞衰老过程是细胞内复杂的生理生化变化，最终反映在细胞形态、结构和功能上的一系列变化。细胞的死亡分凋亡和坏死两种形式，凋亡是生理性的，坏死是病理性的。两者在形态学、生理生化等特征上明显不同。

　　在成体组织中存在着各种干细胞，干细胞的特点是具有增殖、自我更新能力和多向分化潜能。干细胞的分裂一般是不对称分裂，所产生的子细胞要么保持亲代的特性仍作为干细胞存在，要么不可逆地向终末分化细胞方向发展，分化为特定细胞类型。胚胎干细胞、人体的各种成体干细胞及诱导多能干细胞在基础与临床应用方面都有着广阔的应用前景。

　　细胞癌变是细胞分化领域的一个特殊问题，肿瘤细胞可以看成正常分裂与分化失控的一种特殊类型细胞，与正常细胞不同的是，癌细胞的基因组、基因表达特性和表型等发生了显著的变化。

❓ 复习题

1. 何谓细胞分化？为什么说细胞分化是基因选择性表达的结果？
2. 组织特异性基因的表达是如何调控的？
3. 影响细胞分化的因素有哪些？请予以说明。
4. 说明癌症的发生与癌基因和抑癌基因的关系。
5. 为什么说肿瘤的发生是基因突变逐渐积累的结果？
6. 如何理解真核细胞基因表达调控的复杂性？
7. 真核细胞基因表达调控有哪些不同环节？各有何作用？
8. 衰老的特征是什么？
9. 什么是 Hayflick 界限？
10. 细胞凋亡的概念、形态特征及其与坏死的区别是什么？

11. 鉴定细胞凋亡有什么常用方法?

12. 凋亡在有机体生长发育过程中有何重要意义?

13. 凋亡的基本途径是什么?

14. 说明癌症的发生中抑癌基因与癌基因的关系。

15. 为什么说肿瘤发生是基因突变逐步积累的结果?

参 考 文 献

韩贻仁. 2007. 分子细胞生物学. 3 版. 北京：科学出版社

潘大仁. 2007. 细胞生物学. 北京：科学出版社

汪堃仁，薛绍白，柳惠图. 1998. 细胞生物学. 2 版. 北京：北京师范大学出版社

王金发. 2003. 细胞生物学. 北京：科学出版社

郑树. 1998. 中国癌症研究进展（三）M 1. 北京：军事医学科学出版社

Albert B. 1998. Essential Cell Biology. New York and London：Garland Publishing Inc.

Bryan E J, Thomas N A, Palmer K, et al. 2000. Refinement of an ovarian cancer tumour suppressor gene locrs on chromosome arm 22q and mutation analysis of CYP2D6, SREBP2 and NAGA. J Int J Cancer, 87 (6)：798-802

Bergman L, Boothroyd C, Palmer J, et al. 2000. Identification of somatic mutations of the MEN1 gene in sporadic endocrine tumours. J Br J Cancer, 83 (8)：1003-1008.

David A S, Leonard G. 1997. Extrachromosomal rDNA circles — a cause of aging in yeast. Cell, 91：1033-1042

Dwight T, Twigg S, Delbridge L, et al. 2000. Loss of heterozygosity in sporadic parathyroid tumours：involvement of chromosome 1 and the MEN1 gene locus in 11q13. J Clin Endocrinol Oxf, 53 (1)：85-92

Karp G. 2009. Cell and Molecular Biology：Concepts and Experiments. 6th ed. New York：John Wiley & Sons

Huiping C , Jonasson J G, Agnarsson Ba, et al. 2000. Analysis of the fragile histidne triad (FHIT) gene in lobular breast cancer. J Eur J Cancer, 36 (12)：1552-1557

Lazar H, Baltzer A, Gimmi C, et al. 2000. Overexpression of erbB-2/neu is paralleled by inhibition of mouse-mammary-epithelial-cell differentiation and developmental apoptosis. J Int Cancer, 85 (4)：578-583

Lee A S, Seo Y C, Chang A , et al. 2000. Detailed deletion mapping at chromosome 11q23 in colorectal carcinoma. J Br J Cancer, 83 (6)：750-755

Lodish. 2003. Molecular Cell Biology. 5th ed. New York：Scientific American Books. Inc.

Perry M E, Mendrysa S M, Saucedo L J, et al. 2000. p76 (MDM2) inhibits the ability of p90 (MDM2) to destabilize p53. J Biol Chem, 275 (8)：5733-5738

Reifenberger J, Wostrom J. 2000. Allelic losses on chromosome arm 10q and mutation of the PTEN (MMAC1) tumour suppressor gene in primary and metastatic malignant melanomas J. Vir-chows Arch, 436 (5)：487-493

Roth S, Laiho P, Salovaara, et al. 2000. No SMAD4 hypermethylationin colorectal cancer. J Br J Cancer, 83 (8)：1015-1019

Yasuda M, Kuwano H, Watanabe M, et al. 2000. p53 expression in squamous dysplasia associated with carcinoma of the oesophagus：evidence for field carcinogenesis. J Br J Cancer, 83 (8)：1033-1038

（李永海）

第**11**章　细胞通讯与信号转导

多细胞生物体内细胞间功能的协调、细胞代谢、增殖、组织发生与形态建成、分化、死亡以及一些特化的行为，如分泌、收缩和游走等，都是由各种刺激所引起的反应。这些刺激就是引起细胞反应的信号。信号细胞发出的信息传递到靶细胞并与受体相互作用，引起靶细胞产生特异性生物学效应的过程，称为**细胞通讯**（cell communication）。通过信号分子与受体的相互作用，将信号导入细胞内并进行传递，引发细胞内特异生物学效应的过程称为**细胞信号转导**（signal transduction, cell signaling）。细胞信号转导是细胞间实现通讯的关键过程，多细胞生物体内相对稳定的内环境正是通过细胞通讯调节的。

11.1　细胞通讯类型与信号转导概述

11.1.1　细胞通讯类型

11.1.1.1　依据信号发放细胞与靶细胞之间的相互作用方式分类

依据信号发放细胞与靶细胞之间的相互作用方式，大致可将细胞通讯分为三大类型：①细胞通过分泌化学信号进行细胞间通讯，这是多细胞生物普遍采用的通讯方式。该类型又可分为内分泌型、旁分泌型、自分泌型和突触型；②细胞间**接触依赖性的通讯**（contact-dependent signaling），指细胞间直接接触，即通过与质膜结合的信号分子影响其他细胞，主要包括细胞粘连和细胞与细胞外基质间的相互作用；③通讯连接，包括动物细胞间形成的间隙连接和植物细胞间形成胞间连丝所建立的细胞通讯方式（详见第3章）。

11.1.1.2　依据信号分子作用的性质及作用方式分类

信号细胞通过分泌和穿膜扩散（如气体信号分子）释放出的信号分子，有些可对远距离的靶细胞发生作用；而有些在释放后，仍结合在信号细胞的表面上，只能影响到与之接触的细胞，甚至信号细胞本身。此外，通过分泌外激素（pheromone）传递信息作用于同类的其他个体，也属于通过化学信号进行的细胞间通讯。按信号分子作用的性质及作用方式可将细胞通讯分为以下几种类型。

（1）**近分泌**（juxtacrine）：细胞间接触依赖性的通讯无需信号分子的释放，信号发放细胞产生的信号分子或位于质膜上，或者位于细胞外基质，靶细胞亦表达受体分子于质膜上，这类信号分子与受体都是细胞的跨膜蛋白，受体对信号分子的感知依赖细胞之间或细胞与细胞外基质之间的直接接触来介导细胞间的通讯（图11-1A）；这种通讯方式包括细胞-细胞黏着、细胞-基质黏着（详见第3章），该类通讯在胚胎发育过程中对组织内相邻细胞的分化命运具有决定性影响，在免疫反应中扮演着重要角色，如免疫细胞之间通过接触依赖的相互识别。在接触依赖性通讯异常的突变体中，有些细胞类型（如神经元）会过量发生。

（2）**内分泌**（endocrine）：内分泌细胞分泌的信号分子称为**激素**（hormone），可通过血液循环或汁液（植物）运送到体内各个部位，作用于靶细胞（图 11-1B）。

（3）**旁分泌（paracrine）**：信号发放细胞通过分泌局部化学介质（多为生长因子和细胞因子）到细胞外液中，经过局部扩散作用于邻近靶细胞（图 11-1C）。其特点是信号分子可被细胞间质所阻滞或被细胞间质中的酶类降解，因此有效作用范围很小。但旁分泌方式对创伤或感染组织刺激细胞增殖以恢复功能具有重要意义。

（4）**突触（synapses）型**：见于神经元轴突末端与其靶细胞之间形成的化学突触。神经元轴突末端分泌神经递质（neurotransmitter）于突触间隙内，靶细胞上有神经递质受体，可结合神经递质并引发信号转导（图 11-1D）。

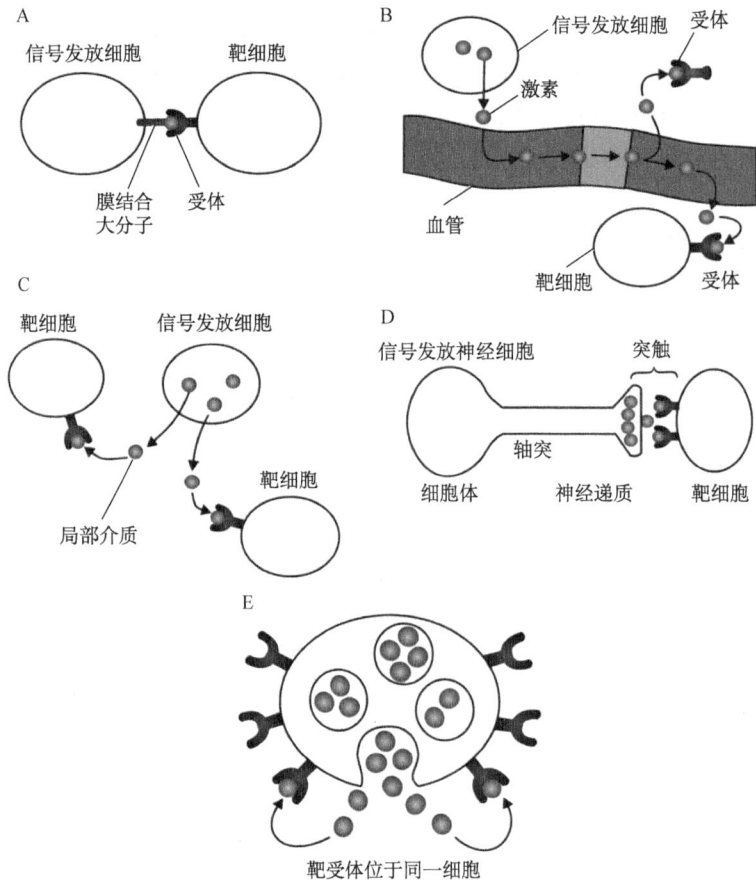

图 11-1　不同的细胞间通讯方式（引自 Devlin，2008）
A. 近分泌；B. 内分泌；C. 旁分泌；D. 化学突触；E. 自分泌

（5）**自分泌（autocrine）**：细胞对自身分泌的物质产生反应或作用于邻近同一类型的细胞（图 11-1E）。该类细胞通讯可促进同型细胞向同一个方向演化，在胚胎早期发育中具有重要意义。自分泌信号常存在于病理条件下，如肿瘤细胞合成并释放生长因子刺激自身，导致肿瘤细胞的持续增殖。

细胞信号转导是目前生命科学研究的一个重要内容，有关信号转导的研究至今已获得10 次诺贝尔奖。通过胞外信号分子介导的细胞通讯通常涉及如下步骤：①产生信号的细胞合成并释放信号分子；②信号分子运送至靶细胞；③信号分子与靶细胞受体特异性结合并导致受体激活；④活化的受体启动胞内一种或多种信号转导途径；⑤引发细胞功能、代谢或发育的改变；⑥信号的解除并导致细胞反应终止。

11.1.2　信号分子与受体

11.1.2.1　信号分子

细胞所接受的信号多种多样，按信号的性质可分为物理信号（如光、电和机械信号等）和化学信号两类。多细胞生物细胞之间的信号转导主要是通过细胞分泌各种化学物质（信号）来调节自身和其他细胞的代谢和功能。这些具有调节细胞生命活动的化学物质称为**信号分子（signal molecule）**，又称为**配体（ligand）**，包括体液因子、气味分子、细胞的代谢产物及进入体内的药物，如包括细菌毒素在内的毒物等。信号分子的特点是具有特异性、高效性，且可被灭活，但不具备酶活性，唯一的功能是与靶细胞的受体结合，通过信号转换机制把细胞外信号转变为细胞内信号。化学信号分子一般是指细胞间（或胞外）的信号分子，但广义的信号分子还包括跨膜转换胞外信息的受体分子、细胞内的信号传递分子和结合 DNA 影响基因表达的转录因子等。一般按照信号分子的化学本质，可以分为亲水性信号分子、亲脂性信号分子和气体信号分子。

（1）亲水性信号分子：包括神经递质、细胞因子和水溶性激素等，又可分为：①蛋白质和肽类，如蛋白质类的胰岛素和生长激素等，小肽类的促甲状腺素释放因子和促乳素等，糖蛋白类的促黄体激素等；②氨基酸及其衍生物，如肾上腺素和甘氨酸等。

（2）亲脂性信号分子：包括：①类固醇激素，如糖皮质激素和类固醇激素等；②氨基酸衍生物，如甲状腺素等；③脂酸衍生物，如前列腺素（其受体在细胞膜上）；④维生素类，如维生素 A 及其代谢衍生物视黄醇等。

（3）气体信号分子：主要有一氧化氮和一氧化碳，以及各种各样的气味分子等。

11.1.2.2　受体

受体（receptor）是一类存在于靶细胞膜或细胞内的可特异识别并结合外界信号分子（配体），进而引起靶细胞内产生相应的生物效应的分子。绝大多数受体为蛋白质，少数为糖脂。根据受体在细胞的位置分为膜受体和胞内受体。

1）膜受体

膜受体（membrane receptor）又称细胞表面受体，是亲水性化学信号分子的受体，当配体与膜受体结合后，往往引起细胞膜结构和功能的改变，导致细胞内某种化学物质的浓度改变，由此触发一系列的化学和生理变化。根据结构、接收信号的种类和转换信号的方式等，膜受体可分为以下几大类型（图 11-2）。

（1）离子通道偶联受体：**离子通道偶联受体（ion channel-linked receptor）**自身是一种离子通道或与离子通道偶联的受体（图 11-2A），通过与神经递质结合而改变通道蛋白的构型，导致离子通道开启或关闭，从而改变膜对某种离子的通透性，把胞外化学信号转换为电信号。

（2）G 蛋白偶联受体：**G 蛋白偶联受体（G protein-coupled/linked receptor，GPCR）**是具有 7 个跨膜区的、由一条肽链组成的跨膜糖蛋白（图 11-2B），其肽链可分为胞外区、跨膜区和胞内区 3 个区。受体的细胞外结构域识别细胞外信号分子并与之结合，细胞内结构域（第三内环区）与 G 蛋白偶联。**G 蛋白（G-protein）**是信号传递中的开关分子。GPCR 通过偶联不同的 G

蛋白而影响**腺苷酸环化酶（adenylate cyclase，AC）**或磷脂酶 C 等的活性，使细胞内产生第二信使，从而将细胞外信号跨膜传递到细胞内。大多数常见激素受体和慢反应神经递质受体属于 G 蛋白偶联受体。味觉、视觉和嗅觉形成中，接受外源理化因素（光子、气味等）的受体也属于 GPCR。GPCR 是研究得最为广泛和透彻的一类受体，已报道 GPCR 的成员超过 1000 个，而且数量还在增加。GPCR 是糖蛋白，不同的 GPCR 有不同的糖基化模式。

　　（3）酶偶联受体：**酶偶联受体（enzyme-linked receptor）**大多为单次跨膜糖蛋白，此类受体可分为**酪氨酸蛋白激酶受体（tyrosine protein kinase receptor，TPKR）**和非酪氨酸蛋白激酶受体两大类。①TPKR：也称**受体酪氨酸激酶（receptor tyrosine kinase，RTK）**，为单次跨膜蛋白，其胞外部分为配体结合区，胞质侧的部分为激酶活性区，但是未结合配体时，其酪氨酸激酶的活性很低。当配体与受体结合后，引起受体的二聚体化，激活其酪氨酸激酶活性，进而二聚体内酪氨酸残基发生自体磷酸化，从而把胞外信号转导到细胞内（图 11-2C）；②非酪氨酸蛋白激酶受体：此类受体包括酪氨酸激酶偶联受体（对应配体多为细胞因子）、受体丝氨酸/苏氨酸激酶、组氨酸激酶偶联受体、受体鸟苷酸环化酶和类受体酪氨酸去磷酸酶 5 类。其中酪氨酸激酶偶联受体本身虽没有酶活性，当与配体结合后，可与受体酪氨酸激酶偶联，使胞内蛋白质磷酸化引起细胞反应（图 11-2D）。

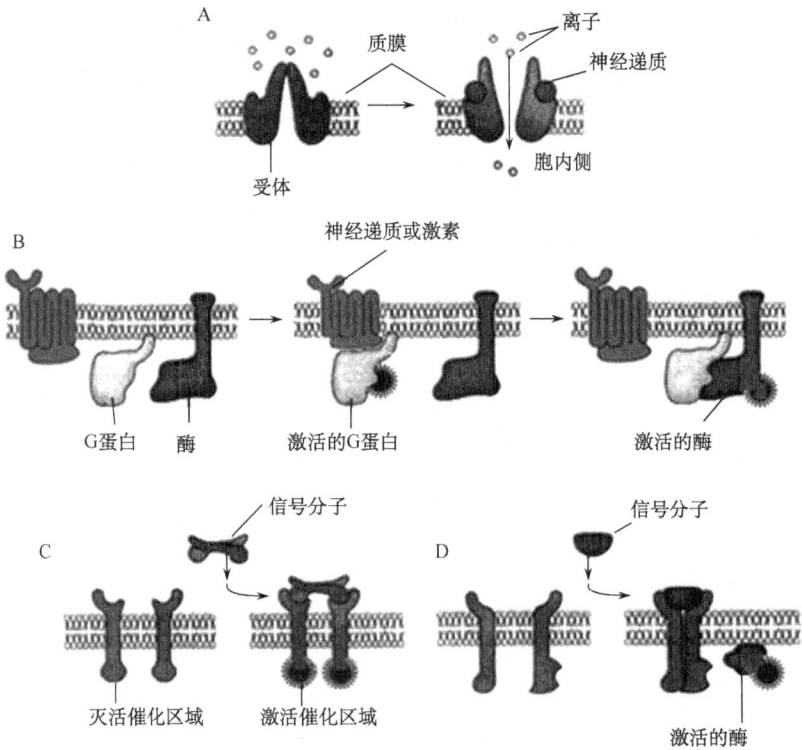

图 11-2　膜受体的主要类型
A. 离子通道偶联受体；B. G 蛋白偶联受体；C. 酪氨酸蛋白激酶受体；D. 细胞因子受体

　2）胞内受体

　　胞内受体（intracellular receptor）位于细胞质或细胞核中，细胞质受体结合相应配体后亦转位入核，所以胞内受体统称为**核受体（nuclear receptor，NR）**。不过一般将细胞质受体称为Ⅰ型核受体（NR-Ⅰ），将核基质中的受体称为Ⅱ型核受体（NR-Ⅱ）。

11.1.2.3　受体与信号分子的结合特点

受体与配体结合有以下几个特点：①高度专一性。受体与配体结合具有专一性，通常一种受体仅识别并结合一种配体，它们通过分子结构空间构象的互补相结合；②高度亲和力。受体与配体的结合力很强，极低浓度（通常$\leqslant 10^{-8}$mol/L）的配体即可与受体结合并引起明显的生物效应，足见两者的亲和力之高；③可饱和性。受体与配体的结合有一个饱和度，通常情况下，低浓度的配体与受体结合就可使受体处于饱和状态，过高的浓度并不能增加其结合量；④可逆性。受体与配体呈非共价结合，是可逆性结合。当结合引起生物效应后，受体与配体复合物就解离，受体重新恢复到原始状态，再与配体结合；⑤特定的作用模式。受体在细胞膜上或细胞内的分布，从数量到种类，均有组织特异性，并表现出特定的作用模式，提示某些受体与配体结合后能引起某种特定的生物学效应。不同类型的细胞对同一信号的反应也是不尽相同的，这是由于细胞所具有的受体蛋白或所触发的信号转导通路不同。

在多细胞生物体内，一个细胞实际上处于数百种信号的"轰炸"之下，这些信号可以形成数百万种不同的组合。细胞生存需要一套特定的信号组合，不同类型的细胞所需求的生存信号组合是不同的。一种细胞具有一套特定的受体，可以对特定的信号组合做出反应。

11.1.3　信号转导系统组成

11.1.3.1　细胞信号转导的基本组成与信号转导分子

1）细胞信号转导途径的组成

主要包括信号接受装置、信号转导装置及第二信使系统。

通过细胞表面受体介导的信号途径（signaling pathway）包括以下 4 个步骤（图 11-3）：①胞外信号分子与靶细胞膜上的特异性受体结合并激活受体；②胞外信号分子通过适当的分子开关机制实现信号的跨膜转导，产生胞内第二信使或活化的信号转导分子；③信号在靶细胞内经一系列信号转导分子进行传递，引发胞内信号的级联放大反应，并激活特定的靶蛋白，如基因调节蛋白、参与代谢反应的酶、细胞骨架蛋白等，由此引起基因表达的变化、代谢活性的变化、细胞形状的变化或细胞运动等多种反应；④细胞反应由于受体的脱敏（desensitization）或受体下调，启动反馈机制，从而终止或降低细胞反应。在外来信号持续作用下，细胞并不能一直保持很高的反应性，这一现象称为细胞对外来信号的适应或脱敏。

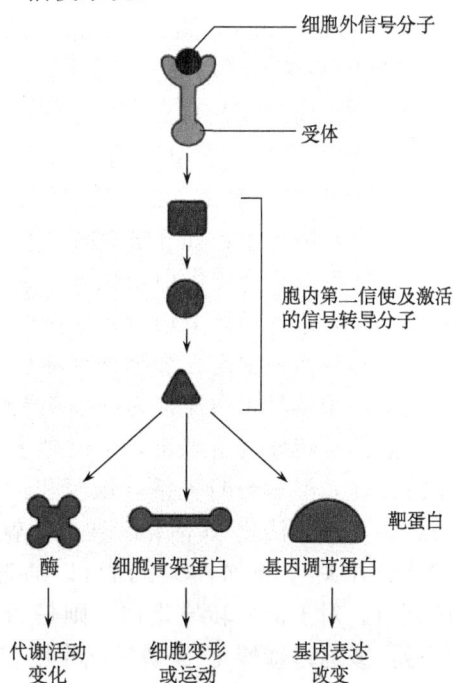

图 11-3　细胞信号转导基本模式

2）信号转导分子

细胞外的信号经过受体转换进入细胞内，通过细胞内一些蛋白质和小分子活性物质进行传递，这些能够在细胞内传递特定调控信号的化学物质称为信号转导分子（signal transducer）或细胞内信息分子。胞内信号转导分子一般可分为信号转导蛋白和第二信使两大类。

（1）信号转导蛋白。根据功能的不同，信号转导蛋白主要可分为以下几大类(图 11-4)。

a. 传承（relay）蛋白。负责把信号传递至信号转导链上相邻的下游信号蛋白，如 G 蛋白等。

b. 信使蛋白。把信号从细胞内的一个亚区传递到另一个亚区，如将信号从细胞质传递到细胞核的蛋白激酶 A（PKA）。

c. 接头（adaptor）蛋白。自身没有酶活性，连接上游和下游信号转导分子，也称接头蛋白，通过变构效应激活下游分子，其结构基础是含有蛋白质相互作用结构域，功能是募集和组织信号转导复合物，如 **Src 类似物 2（Src homology 2，SH2）** 等。

d. 信号放大（amplifier）蛋白。通常由酶或离子通道组成，功能是放大其所接收的信号，生成大量调节性小分子（第二信使）或激活大量下游的信号转导蛋白，介导产生信号级联反应（cascade），如腺苷酸环化酶（AC）和鸟苷酸环化酶（guanylate cyclase，GC）。

e. 信号转换（transducer）蛋白。把一种信号转换成另一种形式的信号；有时信号转换和放大可由同一蛋白质完成，如腺苷酸环化酶（AC）可催化环腺苷酸（cyclic AMP，cAMP）的生成，在完成信号转换的同时，cAMP 的大量生成也实现了信号的放大。

f. 切分（bifurcation）蛋白。将信号从一条信号通路传播到多条信号通路，如磷脂酶 Cβ（phospholipase Cβ，PLCβ）等。

g. 整合（integrator）蛋白。接受两条或多条信号通路的信号并整合、输出为一条信号通路，如蛋白激酶 C（PKC）等。

h. 潜在基因调节蛋白。这类蛋白质在细胞表面被活化受体激活，然后直接迁移至细胞核内，引发基因转录，如 β 联蛋白（β-catenin）。

i. 辅助性蛋白。这类蛋白质虽未直接参与信号转导链的构成，但也在信号转导中发挥着重要作用，包括可调节信号转导蛋白活性的修饰蛋白（modulator protein）、可特异地把某种信号转导蛋白锚定在细胞特定部位的锚定蛋白（anchoring protein）、似类似于脚手架的方式把多个信号蛋白连接为一个功能性复合体的脚手架蛋白（scaffold protein）等。

对多数信号转导蛋白来讲，接收到上游信号后可迅速被活化，在活化状态下完成信号向下游传递，然后自身失活，恢复非活化状态，以接收下一次的上游信号。信号转导蛋白每经历一次"活化-非活化"变换，就转导一次信号，具有这种特征的信号转导蛋白称为"分子开关"。例如，G 蛋白可以通过结合 GTP 或结合 GDP 的转换实现"活化-失活"的调节。对于信号转导蛋白，则是通过与上、下游分子的迅速结合与解离而传递或终止信号，或通过磷酸化-去磷酸化作用在活性状态和无活性状态之间转换而传递信号或终止信号传递。

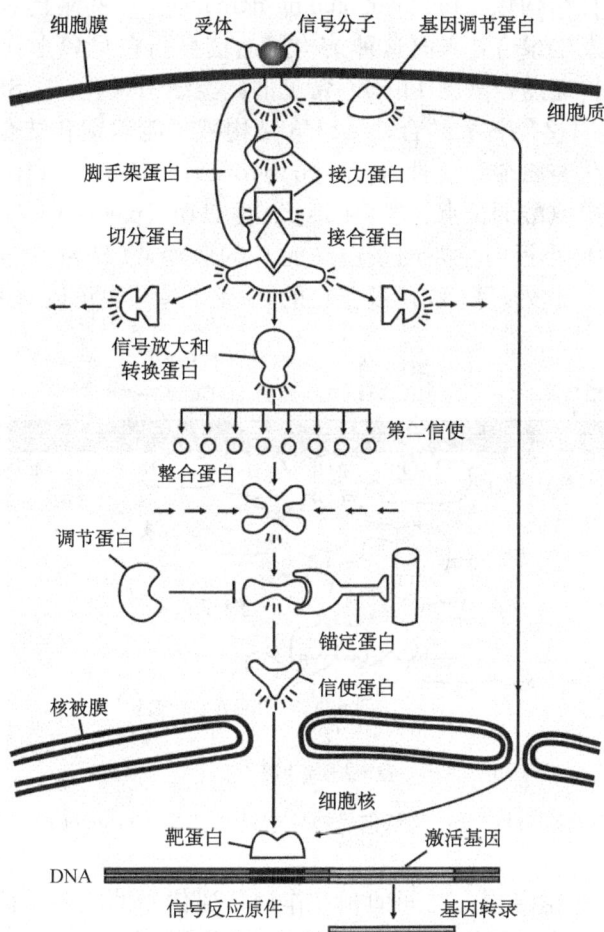

图 11-4　从细胞表面受体到细胞核信号转导中涉及的信号转导分子

（引自 Alberts et al.，2008）

（2）第二信使。大多数肽类激素、神经递质和生长因子等亲水性信号分子（也称为第一信使）不能直接进入细胞内，它们通过与靶细胞的膜受体结合，通过信号转换机制，把胞外信号转变为细胞内的**第二信使**（second messenger），诱发细胞对外界信号做出相应反应。细胞内小分子第二信使具有以下共有特点：①在细胞中的浓度或分布可以迅速改变，既可在短时间内迅速生成，又可短时间内迅速灭活；②不位于能量代谢途径的中心；③阻断该分子的变化可以阻断细胞对外源信号的反应；④作为变构效应剂作用于细胞内相应的靶分子。催化第二信使生成和水解的酶都是膜受体信号转导途径中的重要信号转导分子。

细胞内的第二信使大致可分为三类：①环核苷酸，主要有环腺苷酸（cAMP）和环鸟苷酸（cGMP）两种；②脂类衍生物，主要包括二酰基甘油、1，4，5-三磷酸肌醇、神经酰胺和花生四烯酸等；③无机物，主要有 Ca^{2+}、NO、CO 和 H_2S 等。

11.1.3.2　细胞内信号转导分子的相互作用

许多细胞信号转导分子之间通过特定结构域相互作用，这一类结构域在进化上高度保守，称为调节性结合结构域（modular binding domain）。这些结构域具有相同的结构特征，可以相互识别并发生聚合，具有这种结构域的信号蛋白可以形成一个三维的相互作用网络，决定信号的传递途径（图 11-5）。常见的此类结构域有：①SH2 结构域。SH2 可与不同蛋白质分子的 SH2 结构域结合；②SH3 结构域。能识别和结合蛋白分子中富含脯氨酸的序列；③磷酸化酪氨酸结合性（phosphotyrosine-binding，PTB）结构域。可以识别并结合一些含磷酸化酪氨酸的位点；④Pleckstrin 类似物（pleckstrin homology，PH）结构域。Pleckstrin 是一种血小板内主要的蛋白激酶 C 的底物，PH 可以与磷脂酰肌醇衍生物（PIP$_2$ 或 IP$_3$）等结合，此外，PKC 和 G 蛋白的 βγ 亚单位等也可以与 PH 结构域结合。

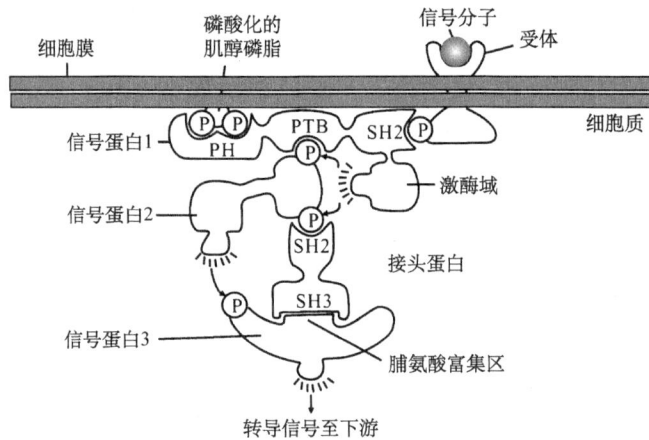

图 11-5　调节性结合结构域信号转导途径（引自 Alberts et al.，2008）

图 11-5 显示了通过信号蛋白之间的相互作用传递信号的机制。信号蛋白 1 含有 3 个不同的调节性结合结构域：PH、PTB 和 SH2，该蛋白质还具有酪氨酸激酶活性。受体与外来信号结合后，其胞内段磷酸化，信号蛋白 1 的 SH2 结构域可识别受体的磷酸化位点并与之发生相互作用，形成一个胞质面的锚定位点，可被信号蛋白 1 的 PH 结构域识别并相互作用；信号蛋白 2 可被信号蛋白 1 磷酸化，其某些磷酸化位点可被信号蛋白 1 的 PTB 结构域识别并锚定，某些磷酸化位点则可被其下游的接头蛋白的 SH2 结构域识别锚定，该结合蛋白还具有 SH3 结构域，SH3 与信号蛋白 3 的富含脯氨酸的序列区发生相互作用，从而有利于信号蛋白 2 对信号蛋白 3 的磷酸化作用。因此，来自于受体的信号以信号蛋白 1、2、3 的顺序在复合体内得到高效和精确的传递。此外，细胞还利用脚手架蛋白，把一组相互作用的信号转导蛋白组织成一个信号传导复合体（signaling complex），可避免不必要的信号通路之间的**串流（cross talk）**，从而使信号传递更为精确、快速和高效（图11-5）。但是，在复合体内的信号是不能被放大的，并且信号也不能在细胞的亚区之间传递。

11.2　细胞内受体介导的信号通路

11.2.1　核受体及其对基因表达的调控

胞内受体位于胞质或核基质中，其相应配体主要是小的疏水信号分子，如类固醇激素、甲状腺素和维甲酸等。胞内受体常为单体蛋白，一般都含有三个功能结构域、位于 C 端的结合配体结构域、中部结构域是 DNA 或 Hsp90 的结合位点、N 端的转录激活结构域（图 11-6）。核受体多为反式作用因子，实际上是一类转录因子。脂溶性信号分子可自由透过胞膜及核膜进入胞质或核内，与胞内受体结合形成激素-受体复合物，可直接传递信号，即作用于 DNA 分子，直接调控基因表达，从而影响细胞的物质代谢和生理活动。另有一些胞内受体可结合胞内产生的信号分子（如细胞应激反应中产生的胞内信号分子），直接激活效应分子或通过一定的信号转导途径激活效应分子。

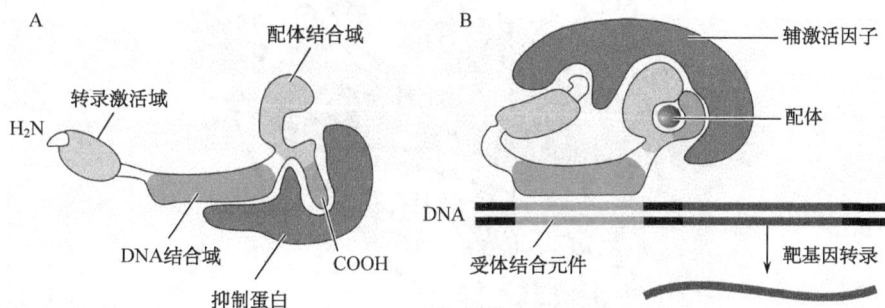

图 11-6　细胞内受体及其作用模型（引自 翟中和等，2007）
A. 失活的核受体；B. 活化的核受体

细胞核内，核受体通过三种基本的作用模式调节基因转录：①核受体与其辅激活因子（伴侣转录因子）的二聚体被亲脂性小分子配体结合激活后，结合至靶 DNA 序列，从而调节转录；②该二聚体被配体激活后，招募其他转录因子，通过其他转录因子与靶 DNA 序列结合调节转录；③该二聚体被细胞表面受体或 CDK 蛋白激酶的激活，与靶 DNA 序列结合调节转录。

胞内受体介导的信号转导，调控着细胞的生长和分化，在人类，核受体家族包含数十个成员，它们与糖尿病、脂肪肝等疾病的发生发展密切相关。

11.2.2　一氧化氮（NO）气体信号分子与胞内信号转导

NO 作为细胞内信号转导的信使是近 20 多年来生物医学领域的一个重要发现。Furchgott、Ignarro 及 Murad 由于发现 NO 作为心血管系统的细胞内信号分子，获得了 1998 年诺贝尔生理学或医学奖。血管内皮细胞和神经细胞里的精氨酸在一氧化氮合酶（NO synthase，NOS）的催化下能转化形成 NO 和瓜氨酸。NOS 是一种 Ca^{2+}/CaM 敏感酶，Ca^{2+}/CaM 与 NOS 的结合可激活 NOS 的活性，任何使细胞内 Ca^{2+} 浓度升高的因素都可能增强 NOS 的活性，并通过 NO 调节细胞内代谢。

体内多种信号，如乙酰胆碱（ACh）、缓激肽与血管内皮细胞上的受体结合均可引起内皮细胞内 Ca^{2+} 的短暂升高，激活 NOS 合成释放 NO。NO 从内皮细胞扩散进入邻近的平滑肌细胞，通过与平滑肌细胞内的鸟苷酸环化酶（GC）活性中心的 Fe^{2+} 结合，改变酶的构象而激活可溶性的 GC，产生 cGMP。胞内 cGMP 水平升高，可降低血管平滑肌细胞中 Ca^{2+} 浓度，使平滑肌舒张，血管扩张（图 11-7）。临床上用硝酸甘油治疗缺血性心脏病，就是通过释放 NO 气体而舒张血管平滑肌，从而扩张血管的。除了 NO 以外，近年来还发现 CO 和 H_2S 也可以作为信号分子。

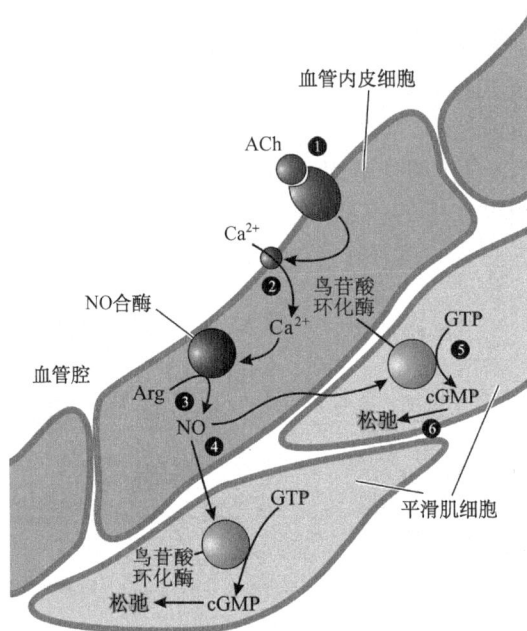

图 11-7　NO 在导致血管平滑肌舒张中的作用（引自 Karp，2007）

11.3　细胞表面受体介导的信号通路

大多数细胞信号转导途径都是从细胞外信号分子与细胞表面受体的相互作用开始的，这样的受体有多种类型，同一类型的受体所介导的信号转导途径有许多共同之处。

11.3.1　G 蛋白偶联受体信号转导通路

G 蛋白偶联的受体是机体细胞中存在最广泛的，也是信号传递最复杂的一类受体。

11.3.1.1　G 蛋白简介

G 蛋白的全称为**鸟苷酸结合蛋白（guanine nucleotide-binding protein）**，可以与 GTP 或者 GDP 结合，并具有内在的 GTP 酶活性。与膜受体偶联的异三聚体 G 蛋白的分子质量大约为 100kDa，由 α、β、γ 三种亚基组成。G 蛋白的 α 亚基（简称 $G\alpha$）分子质量为 $39 \sim 46$ kDa，各种 G 蛋白亚基中 α 亚基差别最大，因此 G_α 就被用作 G 蛋白的分类依据。G_α 结构的共同特点是都有 7 个特化位点，包括一个受体结合并受其活化调节的位点、与 $\beta\gamma$ 亚基相结合的位点、与靶蛋白结合位点、GDP 或 GTP 结合位点、GTP 酶的活性位点、ADP 糖基化位点和毒素修饰位点等。在胞内，β 和 γ 亚基形成紧密结合的二聚体，或者与 α 亚基结合形成三聚体，其主要作用是与 α 亚基形成复合体并将其定位于质膜内侧。

对 G 蛋白分类主要依据它们的效应分子或细菌毒素的敏感性，如能激活 AC 的 G 蛋白称为 G_s，对 AC 有抑制作用的称为 G_i，另外还有 G_o、G_t 和 G_q 等。依据 α 亚基的氨基酸序列的相关性可将异三聚体 G 蛋白分为具有激活作用的 α 亚单位（有 α_{s1}、α_{s2} 和 α_{olf}）；

具有抑制作用的 α 亚单位（有 $\alpha_{i1\sim3}$、$\alpha_{o1\sim3}$ 和 $\alpha_{t1\sim2}$）、α_{gust} 及 G_z 等 4 类 9 种。通过分子克隆的方法已分离鉴定了 20 多种 α 亚基，β 和 γ 亚基亦有数种（$\beta_{1\sim4}$ 等 4 个亚基和 $\gamma_{1\sim5}$、γ_7 等 6 个亚基），理论上它们可以组成上千种异三聚体 G 蛋白，因而增加了信号转导的多样性。

传统上认为组成 G 蛋白的 βγ 亚基在信号转导过程中的重要性不及 α 亚基，但越来越多的证据显示，βγ 亚基不仅是 G 蛋白实现功能所必不可少的，而且对于调节 G 蛋白的活性具有重要意义，G 蛋白受体激活后，游离出来的 βγ 亚基也可直接激活胞内的效应酶。

🌐 G 蛋白与诺贝尔生理学或医学奖

20 世纪 80 年代，Rodbell 发现胰岛细胞分泌的胰高血糖素在有 ATP 参与下，能通过腺苷酸环化酶（AC）刺激糖原分解，但拥有 ATP、胰高血糖素和 AC 三要素并不一定能达到刺激糖原分解的目的。为研究其原因，他与 Gilman 合作，建立了 G 蛋白突变细胞系。结果发现，突变细胞虽然胞内 AC 和 GTP 的含量正常，但加入胰高血糖素仍不能激活 AC。据此他们推测，在胰高血糖素与 AC 之间可能存在某种"桥梁"物质。它们在突变细胞中加入来自正常细胞提取的膜蛋白，则胰高血糖素刺激 AC 的作用就能出现。经过对加入的膜蛋白的纯化分析，发现所谓的"桥梁"物质就是 G 蛋白。由于发现了 G 蛋白在细胞信号转导中的作用，Rodbell 和 Gilman 获得了 1994 年度的诺贝尔生理学或医学奖。

G 蛋白在细胞内广泛存在，参与细胞信号转导的 G 蛋白有三聚体 G 蛋白和小 G 蛋白两大类。**小 G 蛋白（small G protein）**因分子质量只有 20～30kDa 而得名，由一个亚基组成。小 G 蛋白以超家族的形式存在，主要包括 Ras、Rho、Rab、Ran 等家族，其中 Ras 家族成员已超过 50 种。多种细胞外信号可使小 G 蛋白从非活性的 GDP 结合形式转为 GTP 结合的活性形式，并导致进一步的信号转导。

11.3.1.2　G 蛋白偶联受体信号转导的基本过程

G 蛋白偶联受体（GPCR）介导的信号转导可通过不同的途径产生不同的生物学效应，基本过程大致包括以下几个阶段。

（1）配体结合受体并激活受体。配体与 GPCR 结合，导致受体构象改变而激活，当胞外配体的浓度降至一定水平，配体即与受体解离，受体回复到无活性状态，停止信号的传递。

（2）G 蛋白活化及 G 蛋白循环。G 蛋白通过一定的机制，在活性和非活性状态之间连续转换，称为 G 蛋白循环，主要有以下几个步骤（图 11-8）。①受体-配体结合激活 G 蛋白。GPCR 激活后，暴露出与 G_α 结合的位点，使激素-受体复合物与 G 蛋白结合，G 蛋白 α 亚基上结合的 GDP 被 GTP 取代，使 G 蛋白处于活化状态；②G 蛋白活化信号的传递。活化的 G 蛋白解离出 α 亚基-GTP 及 βγ 亚基，激活的 α 亚基-GTP 及 βγ 亚基都能分别作用于各自的下游信号分子；③G 蛋白的失活。G 蛋白激活状态维持时间很短，大约只有十几秒。当受体与配体的信号解除时，α 亚基-GTP 复合物中的 GTP 迅速水解为 GDP，α 亚基-GDP 便重新与 $G_{\beta\gamma}$ 结合，形成无活性的 G 蛋白。

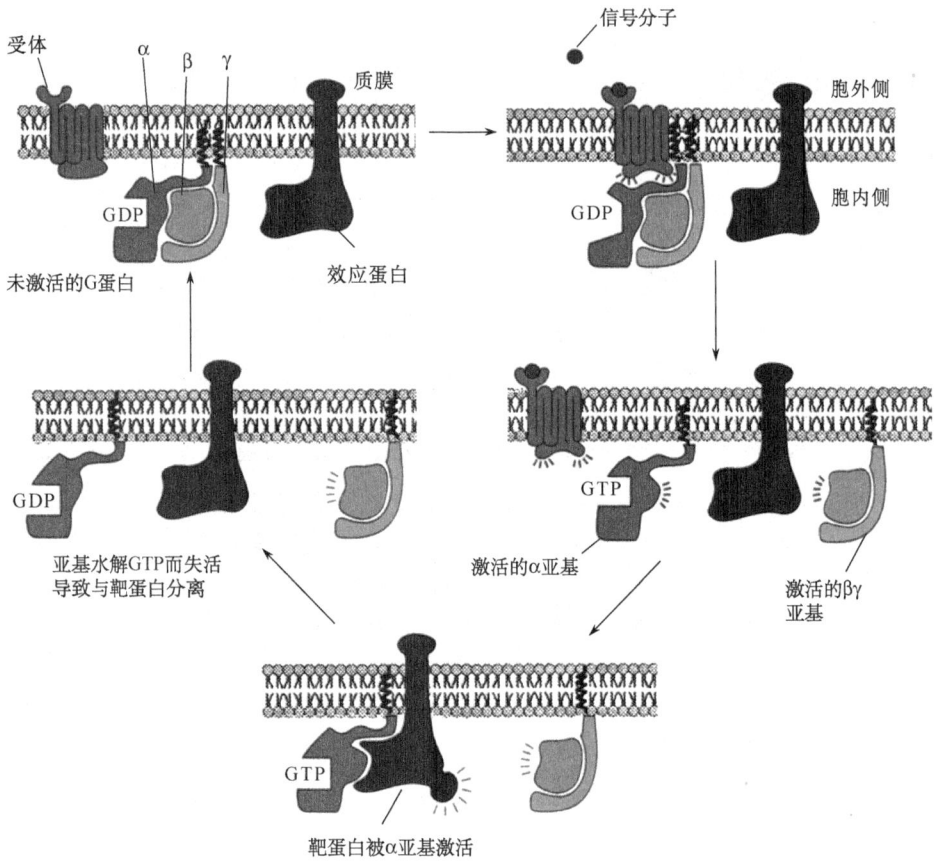

图 11-8 G 蛋白激活及信号转导基本过程

（3）G 蛋白激活下游效应分子。活化的 G 蛋白激活的下游信号分子可以是 AC、PLCβ、磷酸二酯酶等酶类或离子通道。不同的 α 亚基激活不同的效应分子。

（4）第二信使的产生及分布变化。G 蛋白的效应分子主要是催化产生第二信使，如激活的 α 亚基与 AC 的结合，催化 ATP 生成 cAMP，使细胞内 cAMP 水平升高；PLCβ 催化产生 IP_3 和 DG；而某些离子通道是 βγ 亚基最常见的下游分子。

（5）第二信使激活蛋白激酶进而激活效应蛋白。第二信使作用于相应的蛋白激酶（有的可通过离子通道的调节改变 Ca^{2+} 在细胞内的分布），使之构象发生改变而激活。蛋白激酶通过磷酸化作用激活下游效应蛋白，如一些与代谢相关的酶、与特定基因表达相关的转录因子和细胞骨架蛋白等，从而产生各种生物学效应。

根据信号转导中产生的第二信使的种类，可将偶联 G 蛋白受体的信号转导途径分为：AC-cAMP-PKA 信号转导途径和 PLCβ-IP_3/DG-Ca^{2+} 信号转导途径。

11.3.1.3 AC-cAMP-PKA 信号转导途径

cAMP 信号途径有刺激型（stimulatory）信号途径和抑制型（inhibitory）信号途径两种，刺激型信号分子作用于刺激型受体（R_s）和刺激型 G 蛋白（G_s）；抑制型信号分子作用于抑制型受体（R_i）和抑制型 G 蛋白（G_i）。两者作用于同一效应器——腺苷酸环化酶

（AC），前者刺激 AC 的活性，催化 ATP 生成 cAMP，使细胞内 cAMP 水平升高；后者则抑制 AC 的活性，使细胞内 cAMP 的水平下降。两者相互制约，使胞内 cAMP 水平保持动态平稳。同一信号分子作用于不同的 GPCR，产生的结果可能截然相反。例如，肾上腺素作用于心肌细胞膜上的 β-肾上腺素受体，激活 $G_{s\alpha}$，可使心肌细胞产生 cAMP，结果心率加快，收缩增强。但是，如果肾上腺素作用于平滑肌细胞膜上的 α-肾上腺素受体，激活 $G_{i\alpha}$，后者抑制 cAMP 生成，结果使平滑肌舒张。

🌐 cAMP 在激素作用机制中研究与诺贝尔生理学或医学奖

1957 年，Sutherland 在研究激素诱导糖原分解实验中发现，狗肝匀浆液中加入肾上腺素或胰高血糖素都能使肝细胞中 cAMP 含量升高，这两种激素可使 AC 活化，促使 ATP 分解成 cAMP，在匀浆液中直接加入纯化的 cAMP 也能刺激糖原分解，从而替代激素的作用，在匀浆液中加入磷酸二酯酶抑制剂，可阻止 cAMP 降解。他认为这类激素是通过 cAMP 途径发挥作用。由于 Sutherland 等在阐明 cAMP 在激素作用机制方面做出的卓越贡献，因此获得了 1971 年度的诺贝尔生理学或医学奖。

腺苷酸环化酶（AC）是位于细胞膜上的 G 蛋白的效应蛋白之一，是 cAMP 信号转导途径的关键酶，分子质量为 150kDa，跨膜 12 次，目前已发现 6 种亚型。cAMP 在静息状态下胞内浓度 $\leqslant 5\times 10^{-8}$ mol/L，但当 Gα 激活后，其含量迅速升高，可达 10^{-6} mol/L，为静息状态的 20 倍。cAMP 为水溶性分子，故可将信息传递到胞质、细胞核及其他区室内的下游信号分子。

在绝大多数真核细胞中，cAMP 的作用都是通过活化 cAMP 依赖性**蛋白激酶 A（protein kinase A，PKA）**，从而使其底物蛋白发生磷酸化来调节细胞的新陈代谢（图 11-9）。PKA 由 4 个亚基组成，包括 2 个相同的调节亚基和 2 个相同的催化亚基。cAMP 与 PKA 的调节亚基结合可导致其调节亚基与催化亚基分离，游离的催化亚基表现出激酶活性。PKA 是一种丝氨酸/苏氨酸激酶，能引起靶（底物）蛋白中丝氨酸/苏氨酸的磷酸化。PKA 的底物非常广泛，这种底物蛋白通常是细胞质中的磷酸化酶激酶或是细胞核内的 cAMP 反应元件结合蛋白（cAMP responsive element-binding protein，CREB）等基因表达的调节因子。激活的 PKA 的催化亚基经核孔进入细胞核，引发 CREB 的磷酸化而使之活化，活化的 CREB 在 CREB 结合蛋白（CREB-binding protein，CBP）的协同下，启动特定基因的表达。在不同的组织中，PKA 的底物大不相同，cAMP 通过活化或抑制不同的下游信号分子，使细胞对外界不同的信号产生不同的反应，包括糖原的合成或分解、蛋白质的合成或分解、细胞的分泌反应等。

如 cAMP 激活 PKA，一方面，PKA 使胞质中磷酸化酶激酶磷酸化，促进糖原分解为葡萄糖，PKA 还使糖原合成酶磷酸化，抑制葡萄糖合成糖原，最终使血糖升高；另一方面，PKA 的调节亚基可以进入细胞核并与核蛋白反应，启动与糖异生相关酶的基因表达，促进葡萄糖的合成。细胞中存在多种催化环核苷酸水解的磷酸二酯酶（phosphodiester，PDE），PDE 对 cAMP 和 cGMP 的水解具有相对特异性。磷酸化和去磷酸化是信号转导中最简便而又十分快捷的反应方式，一般是通过磷酸化而激活底物，去磷酸化而失活底物。人类基因组编码的蛋白激酶和磷酸酶分别有 2000 多种和 300 多种，约有 1/3 信号分子的活化形式是蛋白质磷酸化。通过第二信使调节基因表达是一个缓慢过程，这一过程常需

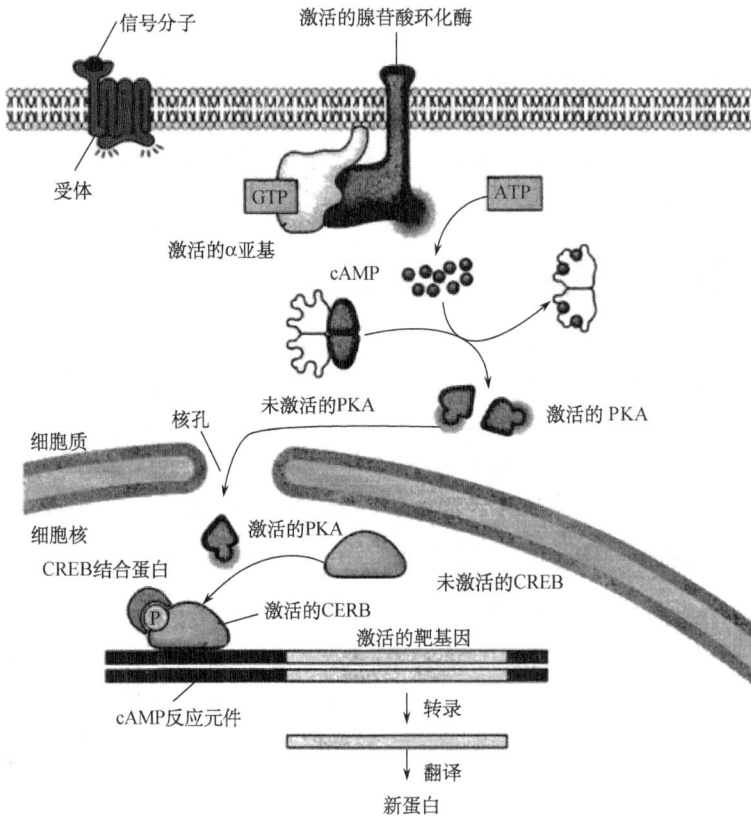

图 11-9　cAMP 水平升高引起的基因转录的过程

几分钟甚至几小时。

　　值得一提的是，cGMP 信号途径与 cAMP 信号途径的作用过程相似，不同之处在于 cGMP 信号途径的第二信使为 cGMP，是由**鸟苷酸环化酶**（**guanylate cyclase，GC**）分解 GTP 成为 cGMP。cGMP 在不同的细胞中，它们作用的底物各不相同。在视网膜光感受器上的 cGMP 能够直接作用于离子通道；血管平滑肌细胞 cGMP 增高通过 cGMP 依赖性蛋白激酶的活化进而激活肌动-肌球蛋白复合物的信号途径，导致血管平滑肌的舒张，血管扩张。

11.3.1.4　PLCβ-IP$_3$/DG-Ca^{2+} 信号转导途径

　　GPCR 与相应的信号分子结合之后，G 蛋白活化磷脂酶 Cβ（PLCβ），催化质膜上的磷脂酰肌醇-4,5-二磷酸（phosphatidylinositol-4,5- biphosphate，PIP$_2$）水解生成**二酰基甘油**（**diacylglycerol，DG/DAG**）和 **1,4,5-三磷酸肌醇**（**inositol 1,4,5-triphosphate，IP$_3$**）两个重要的第二信使，然后分别激发两个信号转导途径，即 DG-PKC 和 IP$_3$-Ca^{2+} 信号途径，因此又把这一信号系统称为"双信使系统"（图 11-10）。IP$_3$ 介导的 Ca^{2+} 信号途径与 DG 介导的 PKC 信号途径二者既独立又互相协调。刺激 PIP$_2$ 分解代谢的胞外信号分子包括神经递质（如毒蕈碱型乙酰胆碱）、多肽激素（如促甲状腺素释放激素）、生长因子（如血小板生长因子）等。

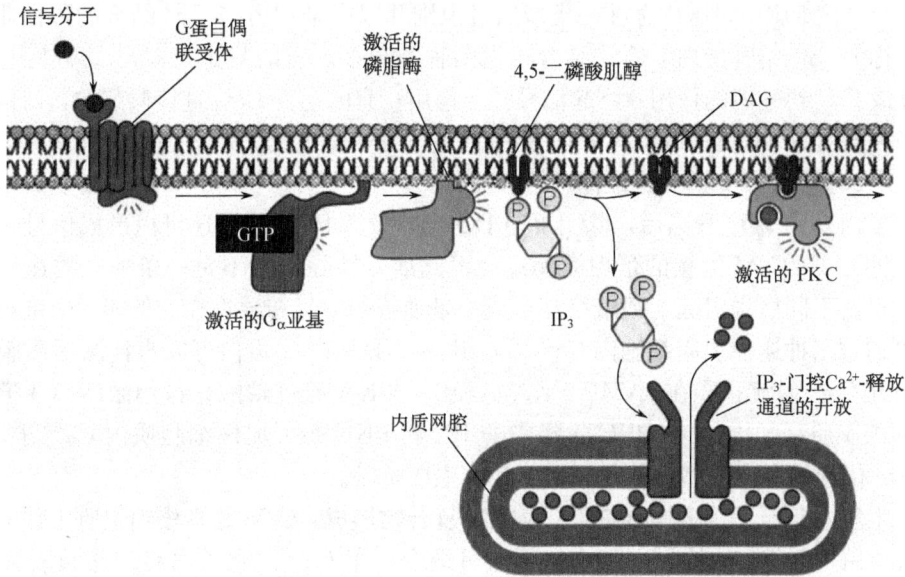

图 11-10　DAG/IP$_3$ 信号途径

1）DG-PKC 途径

PLCβ 水解 PIP$_2$ 产物之一为水溶性的二酰甘油（DG），结合于质膜上，可活化与质膜结合的**蛋白激酶 C（protein kinase C，PKC）**。PKC 有 α、β$_1$、β$_2$ 和 γ 4 种亚型，是广泛分布的具有单一肽链的蛋白质，有一个亲水的催化活性中心区和一个疏水的膜结合区。在未受到外界信号刺激时，PKC 以非活性形式存在于胞质中，当质膜上 DG 瞬间积累，导致胞质中 PKC 转位到质膜内表面，被 DG 活化，此时 PKC 对 Ca^{2+} 的亲和力增加，暴露出活性中心，从而实现其对底物蛋白的丝氨酸和苏氨酸残基磷酸化功能。PKC 是 Ca^{2+} 和磷脂酰丝氨酸依赖性酶，具有广泛的作用底物（如膜蛋白和多种酶），在调节细胞增殖与分化过程中起着不可缺少的作用。例如，PKC 可通过磷酸化作用激活质膜上的 Ca^{2+} 通道，促进 Ca^{2+} 内流，提高胞质 Ca^{2+} 浓度；PKC 也可通过磷酸化作用激活肌质网上的 Ca^{2+}-ATP 酶，促进胞内 Ca^{2+} 进入肌质网，降低胞质 Ca^{2+} 浓度。

DG 只是由 PIP$_2$ 水解的暂时性产物，可通过两种方式终止其信号作用：①被 DG 激酶磷酸化为磷脂酸后，参加肌醇脂循环重新形成 DG；②被 DG 脂酶水解为甘油和花生四烯酸。

DG 促进细胞增殖分化的现象可以由佛波酯（phorbol ester）致癌的相关实验得以旁证。佛波酯是一种从植物提取的肿瘤促进剂，其分子结构与 DG 相似，在细胞内它能取代 DG 与 PKC 相结合而激活 PKC，引发下游一系列蛋白磷酸化。但它不像 DG 那样会被很快降解，从而使 PKC 长时间不可逆的活化，导致细胞增殖失控，呈恶性化倾向。

2）IP$_3$- Ca^{2+} 途径

IP$_3$ 从质膜上扩散到胞质中，与肌质网上的 IP$_3$ 受体结合，可调控 Ca^{2+} 通道，将储存在钙储库中的 Ca^{2+} 迅速释放到胞质中，以提高胞质中游离 Ca^{2+} 的浓度；另外，IP$_3$ 的进一步磷酸化产物 IP$_4$ 也可以引发细胞外的 Ca^{2+} 内流。IP$_3$ 信号的终止是通过依次的去磷酸化形成自由的肌醇。由于 IP$_3$ 引起的胞内 Ca^{2+} 浓度的增高，一旦完成其信号作用后，即可通过 Ca^{2+} 泵等机制将其泵至胞外或胞内钙库。在双信使系统中，Ca^{2+} 的作用占有极其重要的地位，这一作用发生在几乎所有真核细胞中。胞内存在一类能通过识别并以高亲和力与 Ca^{2+} 结合的蛋白质，这些蛋白质统称为 Ca^{2+} 结合蛋白。Ca^{2+} 结合蛋白的种类很多，有的只是与 Ca^{2+} 结合后起到缓冲 Ca^{2+} 浓度或 Ca^{2+} 运输者的作用，不起信号转导作用；有的是受 Ca^{2+} 直接调节的，与信号转导有关，如**钙调蛋白（calmodulin，CaM）**和肌钙蛋白等，其中钙调蛋白也称为钙调素，是细胞中分布最广、功能最多、研究也最深入的一种。

细胞质内 Ca^{2+} 浓度升高后，除了可与 DG 协同激活 PKC 外，还可以形成信号转导的另一途径，即 Ca^{2+}/CaM 依赖的蛋白激酶途径。此信号转导途径不是一条独立的途径，Ca^{2+} 浓度升高可由不同信号引起，但最终却形成一条独特的信号转导途径。例如，G 蛋白偶联受体至少可通过三种途径引起细胞内 Ca^{2+} 浓度升高：①某些 G 蛋白可以直接激活质膜上的钙通道，引起 Ca^{2+} 内流；②在 cAMP/PKA 途经中，PKA 通过磷酸化作用激活钙通道，促使 Ca^{2+} 流入细胞质；③IP_3/DG-PKC 途经中的 IP_3 和 PKC 亦可促使细胞质内 Ca^{2+} 浓度升高。Ca^{2+}/CaM 依赖的蛋白激酶途径包括以下几个主要阶段。

（1）胞质内 Ca^{2+} 浓度升高促使 Ca^{2+}/CaM 复合物形成。CaM 是真核细胞质中普遍存在的 Ca^{2+} 结合蛋白，含 4 个结构域，每个结构域可结合一个 Ca^{2+}。胞质内 Ca^{2+} 浓度低时（正常 $\leqslant 5 \times 10^{-8}$ mol/L），CaM 不易结合 Ca^{2+}，此时 CaM 无活性；随胞内 Ca^{2+} 浓度升高，CaM 可结合不同数目 Ca^{2+}，形成不同构象的 Ca^{2+}/CaM 复合物而被活化并具调节功能。但长时间维持胞质中 Ca^{2+} 的高浓度会使细胞中毒，该复合物的形成或解离是受 Ca^{2+} 浓度控制的可逆反应。

（2）Ca^{2+}/CaM 复合物激活蛋白激酶。Ca^{2+}/CaM 复合物能激活信号转导下游的一些钙调蛋白依赖蛋白激酶。CaM 的氨基和羧基两端为球形，整个分子呈哑铃状。当与 Ca^{2+} 结合时，CaM 发生构象变化，就像一把折叠刀，紧紧卡住靶蛋白。

（3）钙调蛋白依赖蛋白激酶激活效应蛋白。钙调蛋白依赖蛋白激酶能使底物蛋白在丝氨酸（Ser）和苏氨酸（Thr）残基上发生磷酸化，如糖原磷酸化酶激酶、钙调素依赖性激酶（Cal-PK）Ⅰ～Ⅲ等都是 CaM 激酶。这些激酶可激活各种效应蛋白，在物质代谢、收缩和运动、神经递质的合成、细胞分泌和细胞分裂等多种生理活动中起作用。例如，Cal-PKⅡ可激活骨骼肌糖原合成酶、突触蛋白Ⅰ和色氨酸羟化酶等，参与糖代谢和神经递质的合成与释放等多种功能的调节。

🌐 信号转导与分子靶向药物

研究各种病理过程中信号转导分子结构与功能的改变，为新药的筛选和开发提供了靶位，由此产生了信号转导药物（signal transduction drug）这一概念。在以往的药物设计和药物发现中，一直都集中在寻找疾病过程中某个特定步骤或蛋白质靶点的高特异性和高活性的抑制剂上。近年来，新药研发的注意力已经从单分子药物靶点转向以疾病的细胞信号动态转导网络为靶标的多靶点药物设计。

肿瘤的发生和发展与细胞信号转导异常有关，以蛋白激酶为靶点的抗肿瘤治疗已成为肿瘤研究中十分活跃的领域。目前作为抗癌药物上市的激酶抑制剂多数为多靶点抑制剂，如伊马替尼（Imatinib）和吉非替尼（Gefitinib）等。我国自主研发的靶向抗癌药——盐酸埃克替尼（icotinib）以表皮生长因子受体激酶为靶标，适应证是晚期非小细胞肺癌，2011 年获国药批准文号，该药疗效不逊于国际专利品牌药物吉非替尼，且在安全性上有明显优势。

此外，还有针对糖尿病、心血管疾病和抑郁症的信号转导药物。应用 Rho 激酶抑制剂可能在多种心血管疾病的治疗方面具有潜在价值，如盐酸法舒地尔属于 Rho 激酶抑制剂，已经在日本上市，作为蛛网膜下腔出血后脑动脉痉挛的治疗用药。

11.3.2 酶偶联受体信号转导通路

酶偶联受体与配体结合后可激发受体本身的酶活性，或者激发受体偶联酶的活性使信号继续向下游传递。与 G 蛋白偶联受体信号转导途径不同，酶偶联受体胞内信号转导的主要特征是**磷酸化级联反应（phosphorylation cascade）**，通过蛋白质分子的相互作用激活细胞内蛋白激酶，蛋白激酶通过磷酸化修饰激活代谢途径中的关键酶和反式作用因子等，最终影响代谢途径、细胞运动，调节基因表达、细胞增殖和分化等。

蛋白激酶（protein kinase，PK）和蛋白磷酸酶（protein phosphatase，PP）催化蛋白质的可逆性磷酸化修饰。根据其底物蛋白被磷酸化的氨基酸残基种类，可将蛋白激酶分为5 类：①蛋白丝氨酸/苏氨酸激酶。蛋白质的羟基被磷酸化，这类激酶包括受环核苷酸调控的 PKA 和 PKG，受 DG/Ca^{2+} 调控的 PKC，以及**促分裂原活化的蛋白激酶（mitogen activated protein kinase，MAPK）**等；②蛋白酪氨酸激酶。酪氨酸的酚羟基被磷酸化。蛋白酪氨酸激酶（PTK）可分为 PTK 受体、位于细胞质内的 PTK 和核内 PTK 三类；③蛋白组/赖/精氨酸激酶。蛋白质的组氨酸、赖氨酸或精氨酸的碱性基团被磷酸化；④蛋白色氨酸激酶。以蛋白质的色氨酸残基作为磷受体；⑤蛋白天冬氨酰基/谷氨酰基激酶。以蛋白质的酰基为磷受体。蛋白激酶在信号转导中主要作用有两个方面：一是通过磷酸化调节蛋白质活性；二是通过蛋白质的逐级磷酸化，使信号逐级放大，引起细胞反应。作为信号转导分子的蛋白激酶主要是蛋白丝氨酸/苏氨酸激酶和蛋白酪氨酸激酶。

已发现的此类信号转导途径有十多条，这里介绍三条较常见的途径。

11.3.2.1 受体酪氨酸激酶介导的信号转导

受体酪氨酸激酶（RTK）是研究得最为清楚的本身具有酪氨酸激酶活性的酶偶联受体。

1）RTK 的结构与 RTK 的活化

（1）RTK 的结构。已发现的 RTK 超过 50 种，主要包括表皮生长因子受体（EGFR）家族、血小板衍生生长因子受体（PDGFR）家族和胰岛素受体（INSR）家族等 7 个家族（图11-11）。这类受体的共同点是：大多为单次跨膜糖蛋白，胞内具有酪氨酸激酶结构域，胞外区一般由 N 端 500～850 个氨基酸残基组成，有的含有免疫球蛋白同源的结构，有的富含 Cys 区段，该区为配体结合部位；胞内区又分为近膜区和功能区，酪氨酸蛋白激酶功能区位于 C 端，包括 ATP 结合区和底物结合区两个功能区。

（2）RTK 的活化。RTK 为催化型受体，当配体与受体膜外部分结合后，相邻两受体会迅速汇聚成二聚体或三聚体以上的多聚体（如 INS-R 家族为四聚化），二聚体化的受体其膜内部分发生构象变化，导致受体胞内酪氨酸蛋白激酶（TPK）结构域的酪氨酸残基发生自体磷酸化（图 11-12），对 SH2 结构域呈现出极强的亲和性，从而形成一个或数个 SH2 结合位点的三维结构，可与具有 SH2 结构域的下一级信号分子结合，形成一个大的信号转导复

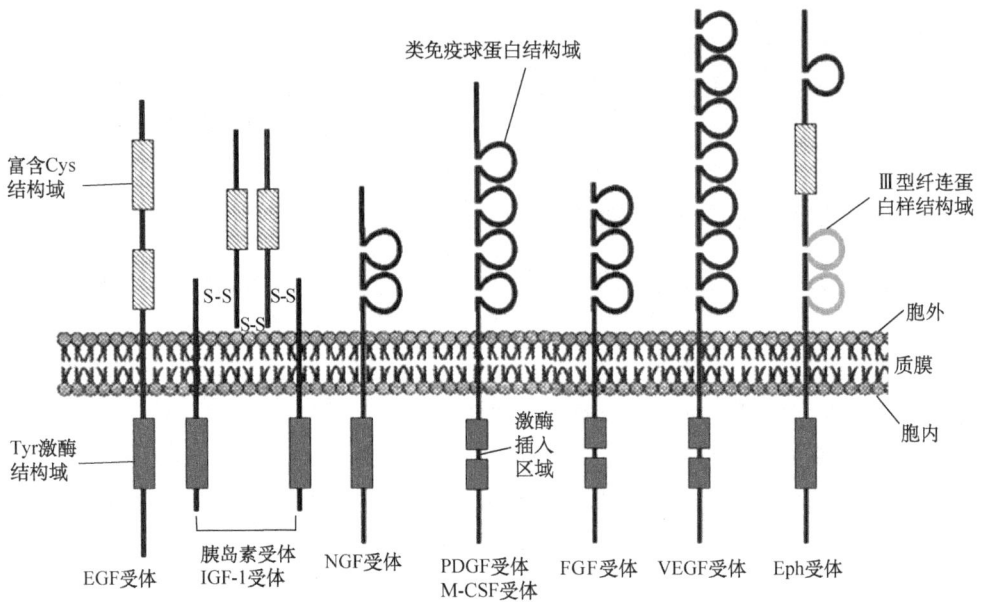

图 11-11　受体酪氨酸蛋白激酶的分子结构

合体。它们之间相互作用可激活下一级信号分子的 SH2，而活化的后者再去结合下一级含磷酸化酪氨酸基序的信号分子，依此类推，从而把细胞外的信号转导到细胞内。但并不是所有含酪氨酸残基的蛋白都能被 RTK 活化。同理，就某一特定底物而言，也不是所有酪氨酸都能被磷酸化，只有具有潜在磷酸化酪氨酸基序的蛋白质才有可能发生磷酸化。在哺乳动物细胞中能识别磷酸化 RTK 的蛋白激酶有许多种，但在结构上都有一保守的 SH2 结构域，如GTP 酶激活蛋白（GTP-activating protein，GAP）等都含有 SH2 结构域。

2）RTK 信号转导途径

与 RTK 结合的信号蛋白有些是作为 RTK 的底物被激活，有些是衔接蛋白。不同信号转导蛋白可启动不同的信号途径。这里简介几种常见的下游信号途径。

（1）Ras-MAPK 级联反应信号途径。以促分裂原活化的蛋白激酶（MAPK）为代表的信号转导途径称为 MAPK 途径。在不同的细胞中，该途径的成员组成及诱导的细胞应答有所不同。其中了解最清楚的是 Ras/MAPK 途径（图 11-12）。Ras/MAPK 途径转导多种生长因子、细胞因子、淋巴细胞抗原受体和整合素等信号。Ras 是一种小 G 蛋白，在细胞增殖过程中起着重要的作用，大约 30％的人类肿瘤细胞中含有突变的 Ras 基因。受体与配体结合后形成二聚体，激活受体的蛋白激酶活性；受体自身酪氨酸残基磷酸化，形成 SH2 结合位点，从而能够结合衔接蛋白 Grb2（growth factor receptor-bound protein 2）；Grb2 的两个SH3 结构与 SOS 分子中的富含脯氨酸序列结合，将 SOS 活化，SOS 是一种鸟嘌呤交换因子（guanine exchange factor，GEF）；活化的 SOS 与 Ras 蛋白结合，促进 Ras 释放 GDP、结合GTP，导致 Ras 活化（图 11-12）。

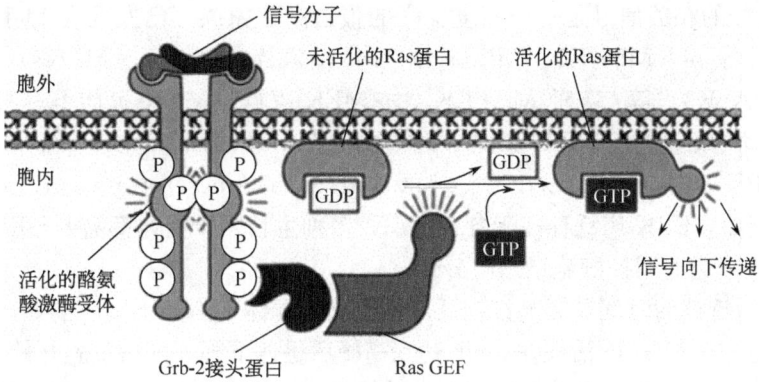

图 11-12　Ras-GTP 酶在 RTK 激活的细胞内信号转导中的作用

　　活化的 Ras 瞬时结合并刺激丝/苏氨酸蛋白激酶家族，从而触发 **MAPK 级联反应**（**MAP kinase cascade**），此级联反应包括三种蛋白激酶的级联激活。MAPK 在未受到刺激的细胞内处于静止状态，活化的 Ras 蛋白可激活 MAPK 激酶的激酶（MAPK kinase kinase，MAPKKK），活化的 MAPKKK 可磷酸化 MAPK 激酶（MAPK kinase，MAPKK）而将其激活；活化的 MAPKK 将 MAPK 磷酸化而激活，表现为逐级磷酸化。活化的 MAPK 可以在细胞质或转位至细胞核内，通过磷酸化作用激活多种效应蛋白，包括在细胞分裂、细胞存活、表型分化中调控基因表达的转录因子等，从而使细胞对外来信号产生相应的应答（图 11-13）。MAPK 家族成员的活化需要分子中的酪氨酸和苏氨酸同时磷酸化，MAPK 活化部位的基序为 Thr-X-Tyr，这两个氨基酸残基的磷酸化是由 MAPKK 单独完成的，因此，MAPKK 属于丝/苏氨酸和酪氨酸双功能激酶。

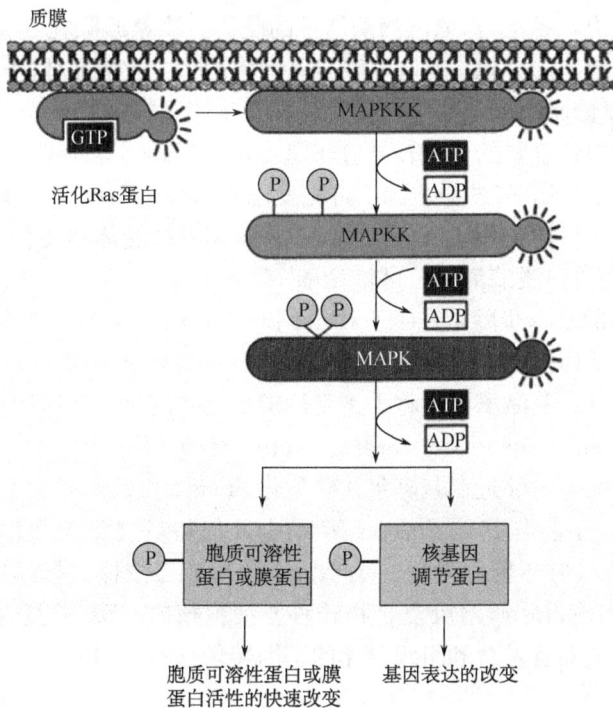

图 11-13　MAPK 级联反应在 RTK 激活的细胞内信号转导中的作用

　　MAPK 途径的相关信号是一类高度保守的蛋白激酶家族。已发现有 14 种 MAPKKK，如 Raf、MEKK 家族（MEKK1～MEKK4）、MLK 家族（MLK1～MLK3）、TAK、ASK 家族（ASK1～ASK3）等；7 种 MAPKK，如 MEK 家族、MKK 家族等；MAPK 至少有 13 种，在哺乳动物细胞的 MAPK 家族中最重要的有 ERK（extracellular regulated kinase）家族、p38MAPK 家族、JNK/SAPK（c-jun N-terminal kinase/stress-activated protein kinase）家族。例如，ERK 广泛存在于各种组织，多种生长因子受体都需要 ERK 的活化来完成信号转导过程，进而调控细胞增殖与分化。

　　MAPK 激活持续的时间及影响细胞反应的类型因配体不同而不同。例如，在 EGF 作用于神经前体细胞时，MAPK 活性在 5min 达到高峰后迅速下降，随后细胞开始分裂增殖；相反，当 NGF 作用于同样细胞时，MAPK 可保持较高活性达数小时，细胞则停止增殖而分化。

　　（2）其他 RTK 信号转导途径。Ras-MAPK 级联反应信号途径是主要的 RTK 信号转导途径之一。此外，许多单跨膜受体也可激活这一信号途径，甚至 GPCR 也可以通过一些调节分子作用于这一途径。由于 RTK 的胞内段存在着多个酪氨酸磷酸化位点，因此除 Grb 外，还可以募集其他含有 SH2 结构域的信号转导分子，形成 PLC-IP$_3$/DG 途径、PI3K/PKB 等其他信号途径。磷脂酰肌醇-3-激酶（PI3K）和蛋白激酶 B 共同构成一条重要的信号转导途径。PKB 可磷酸化多种蛋白，介导代谢调节、细胞存活等效应，还可通过 SH2 结构域与许多其他信号转导途径中的蛋白质相互作用，形成多种途径信号的交谈。

11.3.2.2　受体丝氨酸/苏氨酸激酶介导的信号转导

　　转化生长因子 β（TGF-β）、激活素（activin）和骨形态发生蛋白（BMP）等，称为 TGF-β 家族，拥有具有丝氨酸/苏氨酸激酶活性的受体。该家族除在发育过程中起重要作用外，还可调节细胞的增殖、分化、黏附、移行及细胞凋亡，此类受体的突变会促使某些肿瘤的发生。丝氨酸/苏氨酸激酶受体的胞内段为具有催化作用的羧基末端。TGF-β 家族的受体介导的信号转导途径中最重要的信号转导分子是 Smad（Smad 家族至少有 8 个成员），因而此途径称为 Smad 途径。Smad 的命名源于首先发现的两种蛋白质（与线虫中的 Sma 蛋白和果蝇的 Mad 蛋白具有同源性的蛋白质家族），TGF-β 超家族受体主要有 I 型和 II 型，激活后都具有丝氨酸/苏氨酸蛋白激酶活性，可将 Smad 磷酸化。

　　TGF-β 信号转导的基本步骤是：①TGF-β 同时结合两个 I 型受体和两个 II 型受体，形成异源四联复合物，受体结构的改变引起一个催化亚基磷酸化其相邻亚基的丝氨酸/苏氨酸残基，II 型受体被激活，其激酶活性将 I 型受体磷酸化并活化；②这种自身的磷酸化作用使膜相关蛋白 SARA（smad anchor for receptor activation）结合 Smad2 和 Smad3，并提呈给活化的 I 型受体；③受体的邻近亚基募集并磷酸化 Smad2 和 Smad3；④在未磷酸化的时候，Smad 具有折叠构象，不能与其他 Smad 亚型结合并保持其在细胞质溶胶定位。磷酸化的 Smad2 和 Smad3 亚型具有非折叠构象，可与 Smad4 形成三聚体，暴露位于 Smad 上的核定位序列（NLS），从而使得胞质溶胶复合物转移至细胞核内，Smad 复合物与相应的基因调节蛋白结合，调控有关器官发育和组织分化的基因转录（图 11-14）。

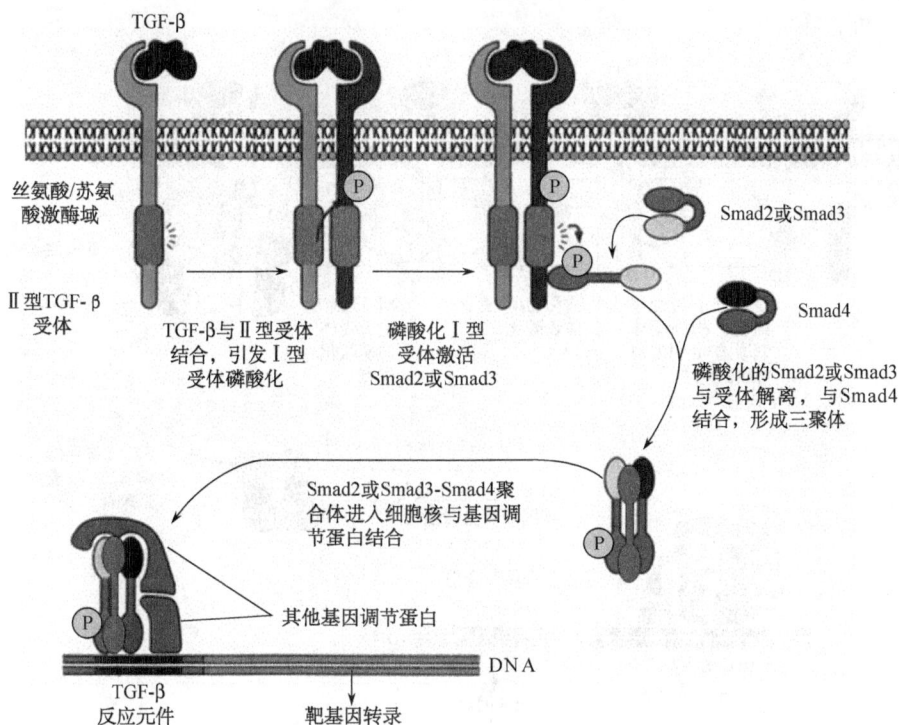

图 11-14　TGF-β 激活丝氨酸/苏氨酸激酶介导的信号转导途径

11.3.2.3　酪氨酸激酶偶联受体介导的信号转导

酪氨酸激酶偶联受体（tyrosine kinase-linked receptor）本身无酶活性，而是与胞质内的 janus 激酶（janus kinase，Jak）相偶联，Jak 是一种酪氨酸激酶。该类受体的对应配体多为细胞因子，又称为细胞因子受体。不同的细胞因子受体亚家族可以募集大量的胞内信号转导蛋白，其中最重要的信号转导蛋白是非受体酪氨酸激酶，如各种 Src 家族激酶和 Jak。当细胞因子结合于受体后，受体二聚化导致其胞内段富含脯氨酸的蛋白质-蛋白质相互作用基序与 Jak 结合，Jak 结合到配体-受体复合物上，相邻受体偶联的 Jak 互为底物而引发对方的酪氨酸残基磷酸化，Jak 因此被活化，进而引起受体自身离细胞膜较远区域的酪氨酸残基磷酸化。这些磷酸化的位点可作为与其他含有 SH2 结构域的下游信号转导蛋白的识别和锚定位点，其中最重要的一类下游信号转导蛋白是信号转导子/转录活化子（signal transducer and activator of transcription，STAT），JAK-STAT 途径是细胞因子信息在胞内传递的最重要的一条途径。

不同的受体利用不同的 JAK 和 STAT 分子，已发现 JAK 有 4 个成员，STAT 家族有 7 个成员。例如，干扰素-α（IFN-α）激活 JAK-STAT1 途径的主要步骤（图 11-15）有：①IFN-α 结合受体并诱导其形成同型二聚体；②受体与 JAK 结合，JAK1 和 JAK2 成为相邻蛋白，从而相互磷酸化使 JAK 活化，并将受体自身离细胞膜较远区域的酪氨酸残基磷酸化；③JAK 将 STAT1 磷酸化，磷酸化的 STAT 分子彼此间通过 SH2 结合位点和 SH2 结构域结合而二聚化，并从受体复合物中解离；④磷酸化的 STAT 同源二聚体转移到核内，直接作用到 DNA 的某些顺式作用元件，调控其下游基因的转录（图 11-15）。许多细胞因子受体也可触发 MAP 激酶级联反应的激活。

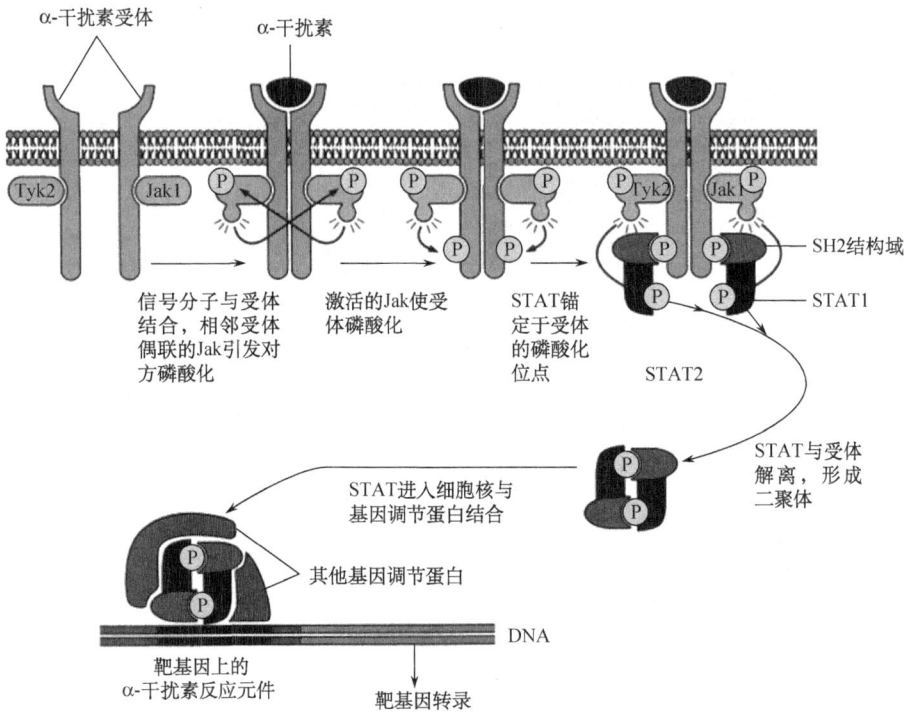

图 11-15　酪氨酸激酶偶联受体触发的信号转导通路

11.3.3　依赖于受调蛋白水解的信号转导通路

细胞上还存在一类既不偶联 G 蛋白或酶，本身也无酶活性，其信号转导的特点是在外来信号分子作用下，会引起某个潜在基因调控蛋白（latent gene regulatory protein）的受调蛋白水解（regulated proteolysis），受调蛋白水解过程能够调节相应靶基因的表达。这类信号途径包括 Wnt、NF-κB、Notch 和 Hedgehog 等，它们在胚胎发育中扮演着极为重要的角色，剔除任何一种此类基因的小鼠，均会在胚胎期或出生时死亡。下面简介两种常见的此类信号途径。

11.3.3.1　Wnt 信号转导通路

果蝇中无翅（wingless）突变基因和小鼠乳腺肿瘤中的 *Int-1* 原癌基因具有同源性，将两者合并后称为 Wnt。人类细胞中共含有 19 种 *Wnt* 基因。Wnt 信号途径包括经典和非经典途径，参与调控发育、细胞分化、癌变、凋亡及机体免疫、应激等生理病理过程。

Wnt 的受体是卷曲蛋白（frizzled，Fzd），为 7 次跨膜蛋白，人类有 10 种 Fzd 成员。Fzd 胞外 N 端具有富含半胱氨酸的结构域，能与 Wnt 结合，同时 Wnt 还会与另外一个 **LDL 受体相关蛋白**（LDL receptor-related protein，LRP）的共同受体形成复合物。当没有 Wnt 信号时，酪蛋白激酶 1（casein kinase 1，CK1）能将 β 联蛋白的 45 位丝氨酸磷酸化，随后轴蛋白迫使一种丝氨酸/苏氨酸蛋白激酶——**糖原合成激酶-3β**（glycogen synthase kinase-3β，GSK-3β）靠拢 β 联蛋白，并将 β 联蛋白的苏氨酸 41、丝氨酸 33 和 37 位磷酸化；最终 GSK-3β、CK1、β 联蛋白和多发性结肠腺瘤（APC）蛋白结合在一起构成一种 β 联蛋白降解复合体，β 联蛋白受到泛素化修饰，被蛋白酶体降解，造成胞内 β 联蛋白的缺乏，使得 Wnt 调控靶基因不能表达。

当 Wnt 与 Fzd 和 LRP 结合后会激活蓬乱蛋白（dishevelled，Dvl），Dvl 能破坏 β 联蛋白降解复合物，从而使未磷酸化的 β 联蛋白在胞质中积累，β 联蛋白进入细胞核内，取代转录抑制因子 Groucho，并与具有双向调节作用的 T 细胞转录因子结合，调节靶基因的表达。

11.3.3.2　NF-κB 信号转导通路

NF-κB 得名于它能够与 Igκ 轻链基因的增强子 κB 序列（GGGACTTTCC）特异结合，是一种重要的潜在基因调控蛋白（转录因子）。正常情况下，NF-κB 以同源二聚体的形式与其天然的抑制因子 I-κB（inhebitory kappa B，I-κB）家族蛋白（包括 I-κBα、I-κBβ 和 Bcl-3）结合在一起，I-κB 覆盖了 NF-κB 核定位信号，并使 NF-κB 以无活性形式被封闭在细胞质中。

配体（如 TNT-α）与质膜上簇集的受体结合，导致受体的胞质尾部招募并结合不同的衔接蛋白，主要有 TNT 受体偶联死亡域蛋白（TNT receptor-associated death domain protein，TRADD）和 TNT 受体偶联因子-2（TNT receptor-associated factor-2，NRAF-2），通过这两个衔接蛋白，受体作用蛋白激酶（receptor-interacting protein kinase，RIPK）被激活，并进一步激活 I-κBα 激酶激酶（I-κBα kinase kinase，IKKK），IKKK 直接磷酸化并激活 I-κBα 激酶（IKK），IKK 激活并磷酸化 I-κBα，磷酸化的 I-κB 与 E3 泛素连接酶结合，引起 I-κB 泛素化（ubiquitination），然后被 ATP 依赖的 26S 蛋白酶体将 NF-κB-I-κB 复合物解体，从而使 NF-κB 暴露出自己的核定位信号，NF-κB 随之进入细胞核内，与特定基因启动子区域上针对 NF-κB 的特定序列结合，启动特定基因的转录。NF-κB 不仅可以调控免疫细胞的激活、T 和 B 淋巴细胞的发育，还广泛参与机体的应激反应、炎症反应，并与细胞的增殖、分化和凋亡有密切关系。需指出的是，NF-κB 还可被 IL-1、细菌脂多糖、紫外线辐射等多种刺激因子激活。

🌐 信号转导与人类疾病的发生

从受体→信号转导分子→效应蛋白→细胞功能的信号转导异常都可以导致疾病的发生。受体异常包括遗传性受体病、自身免疫性受体病和受体调节性的改变三类。例如，G 蛋白基因突变可导致色素性视网膜炎、眼白化病、侏儒症、假性甲状旁腺功能低下、先天性甲状腺功能低下或功能亢进等遗传性疾病。TPR 家族的胰岛素受体异常可导致糖尿病。早老蛋白参与阿尔茨海默病的过程主要通过 Notch 信号转导来完成，早老蛋白基因突变可以阻断 Notch 剪接和核转位。牵拉刺激和一些局部信号可导致心肌细胞中生长因子和细胞因子合成分泌增多，并通过激活 PLC-PKC 途径、cAMP-PKA 途径、MAPK 家族的信号转导通路、PI3K-Akt 和 JAK-STAT 通路等，引起心肌细胞增生，导致心肌肥厚。

绝大多数的癌基因或抑癌基因的编码产物都是信号途径中的关键分子，它们可以从多个环节干扰细胞信号转导过程，导致细胞增殖与分化异常，最终导致肿瘤的发生。一些细菌性感染性疾病如破伤风和百日咳等，是由于破伤风毒素和百日咳毒素作用于 G 蛋白而导致受累细胞功能异常。

11.4　植物中的信号转导

与动物一样，植物体在生长发育过程中，也要不断接受外界环境以及体内的各种信号。例如，光、温度、机械伤害、病原侵染、内源激素等，引发一系列的信号转导，产生相应的应答，协调自身的统一。动物和植物之间的信号传递机制既具有相似性又有差别。

已经发现植物细胞表面受体也包括离子通道偶联受体、酶联受体和 G 蛋白偶联受体，其中与动物受体蛋白激酶同源的类受体蛋白激酶（receptor-like protein kinase，RLK）是目前在植物中发现的主要的、数量最大的一类。一氧化氮和 Ca^{2+} 也在植物信号传递中具有重要的作用。例如，钙依赖蛋白激酶（CDPK）是生长发育信号和逆境信号诱发的钙信号的重要信号传递体，在调控植物信号转导途径中下游基因的表达、生化代谢、离子和水分跨膜运输等生物学过程中具有重要作用。

关于植物信号传递的分子机制多数来自对拟南芥的研究。已知拟南芥中没有 Wnt、Hedgehog、Notch、Jak/STAT、TGF-β、Ras 以及核受体家族的同源物。cAMP 不参与植物中胞内信号传递，但 cGMP 参与。尽管植物细胞通讯中所用的特异分子经常不同于动物中所用的分子，但普遍原则经常是非常相似的。

11.4.1　乙烯受体信号转导通路

植物激素作为植物体内的痕量信号分子，可以自由扩散通过细胞壁，局部发挥作用，也可以运送以影响更远的细胞。植物激素对于调节植物的各种生长发育过程和环境的应答具有十分重要的意义。在植物激素信号转导研究方面，激素受体的鉴定与功能研究是近年来的热点，五大经典植物激素，即生长素（auxin）、细胞分裂素（cytokinin）、赤霉素（gibberellin，GA）、脱落酸（abscisic acid，ABA）和乙烯（ethylene）的受体均被陆续发现，近年来诸如油菜素内酯（brassinosteroid，BR）、茉莉酸（jasmonate，JA）、水杨酸（salicylate，SA）、独脚金内酯（strigolactone，SL）等植物激素家族新成员不断被发现，植物激素的感受和信号传递的分子机制成为研究热点。

乙烯这种气体小分子能以各种方式影响植物发育，植物有许多乙烯受体，其三聚体跨膜蛋白具有组氨酸激酶功能。乙烯受体具有一个胞外结构域，含有一个结合乙烯的铜原子；还有一个胞内组氨酸激酶类似结构域。在缺乏乙烯时，受体和 MAP 激酶具有活性，导致细胞核内基因调控蛋白的抑制。乙烯的结合失活了乙烯受体，抑制了激酶结构域以及由激酶引发出的下游信号传递途径，因而这些调控蛋白的失活促进乙烯应答基因的转录。

11.4.2　植物的光信号转导

对植物发育的最重要的环境影响是光，光是植物的能量来源，在植物整个生命周期（从种子萌发、幼苗发育、到开花和衰老）中起主要作用。植物有一套光敏感蛋白以监控光的数量、质量、方向和持续时间。植物和动物都利用许多种光应答蛋白以感知不同波长的光。动物光蛋白是视紫红质，植物中这些蛋白质通常称为光蛋白。所有光蛋白通过一个共价连接的吸光的生色团来感受光，生色团在对光的应答过程中改变其形状，然后引发蛋白质构象的改变。

最有名的植物光蛋白是光敏色素（phytochrome），光敏色素是二聚体的胞质丝氨酸/苏氨酸激酶。该激酶对红光和远红光的反应是不同的和可逆的，红光通常激活光敏色素的激酶活性，而远红光失活光敏色素。当被红光激活后，二聚体的光敏色素磷酸化其自身，然后磷酸化细胞中一个或多个其他蛋白质。在某些光反应中，激活的光敏色素迁移到细胞核中，在细胞核激活基因调控蛋白，从而激活特异基因的转录。在有些情况下，活化的光敏色素激活胞质中的基因调控蛋白，该调控蛋白再迁移到细胞核调控基因转录。在另一些情况下，光蛋白诱发胞质中的信号转导途径，该途径在不涉及细胞核的情况下可改变细胞的行为。

植物采用两种光蛋白（趋光素和隐花色素）感受蓝光。趋光素（phototropin）与细胞膜结合，它部分地解释了趋光性（植物向光生长的趋势）。隐花色素（cryptochrome）是对蓝光敏感的黄素蛋白。它们与称为光裂合酶的蓝光敏感酶结构相关，光裂合酶参与除哺乳动物以外所有生物中的紫外线诱导的 DNA 损伤的修复。

11.4.3　植物中的受体丝氨酸/苏氨酸激酶介导的信号转导

植物似乎依赖于许多不同的跨膜受体丝氨酸/苏氨酸激酶，该激酶不同于大多数动物的受体类型，而是细胞表面的酶偶联受体。植物受体含有一个典型的丝氨酸/苏氨酸激酶胞质结构域和胞外配体结合结构域。已鉴定的大多数类型具有串联的富含亮氨酸重复，因此称这些受体为富含亮氨酸重复蛋白（leucine-rich repeat protein，LRR protein）。

拟南芥基因组编码大约 80 个 LRR 蛋白，研究最清楚的一个是 Clavata1（CLV1）。失活 LRR 蛋白的突变导致产生过多花器官的花，以及茎端分生组织和花分生组织（自我更新的干细胞群）的逐渐扩大。该受体的胞外信号分子是由周围分生组织外层的细胞分泌的 CLV3 蛋白。CLV3 蛋白与相邻的更接近中间区域分生组织内的靶细胞上的 CLV1 的结合抑制分生组织的生长，或者是通过抑制分生组织的细胞分裂，更可能的是通过促进细胞分裂和细胞分化。

CLV 受体蛋白是同二聚体或异二聚体，磷酸化其自身的丝氨酸和苏氨酸，从而激活受体并导致 Rho 样 GTP 酶的激活。该点以后的信号传递途径尚不清楚，但它导致细胞核内基因调控蛋白的抑制，从而阻止抑制细胞分化的基因转录。失活该基因调控蛋白的突变与失活 CLV1 的突变效应相反，茎端分生组织的细胞分裂大大降低，而且产生具有很少器官的花。CLV1 激活的胞内信号传递途径是通过抑制细胞分化的基因调控蛋白从而促进细胞分化。

LRR 受体激酶是植物中许多种跨膜受体丝氨酸/苏氨酸激酶的一种，至少另外有 6 个家族，每个家族具有自己典型的胞外结构域。例如，凝集素受体激酶有 6 个结合糖类信号分子的胞外结构域。拟南芥基因组编码 300 多个受体丝氨酸/苏氨酸激酶，许多激酶参与对病原菌的防御。

另一个不同的称为 BRI1 的 LRR 受体激酶在拟南芥中充当甾类激素的细胞表面受体，植物合成一组称为油菜素内酯的甾体。在发育过程中，这些植物生长调节子促进细胞扩大和帮助植物介导对黑暗的应答。缺失 BRI1 受体激酶的突变植物对油菜素内酯不敏感。正常情况下，在黑暗环境生长的拟南芥是白色的和瘦长的，这是油菜素内酯的信号传递的结果；而在没有油菜素内酯的信号传递的情况下，拟南芥是绿色的，好像是在光中生长的，成熟的植株严重矮化。迄今对该受体到细胞应答的信号转导途径本质尚不清楚。

11.5　细胞信号通路的特征和调控

11.5.1　信号转导的一般特征

1）信号转导一过性和记忆性的统一

（1）信号转导一过性。信号的传递和终止实际上就是信号转导分子的数量、分布、活性转换的双向反应。连续不断的配体可刺激连续多次的信号转导，信号转导链的每一节点，在接收上游一次信号并把信号转导至下游后，该节点的信号会及时终止，并恢复到未接受信号的初始状态，以便接受下一次信号，信号转导的这一特征称为**一过性（transient）**。"一过性"是所有信号转导过程最基本的一个特征，是通过信号转导链中多节点的受体和信号转导蛋白的快速"活化-失活"的可逆性调节来实现的。信号转导蛋白每经历一次"活化-非活化"变换，就传导一次信号。具有这种特征的信号转导蛋白称为"分子开关"。例如，G 蛋白可通过结合 GTP 或结合 GDP 的转换实现"活化-失活"的调节。信号转导一过性的意义包括：①保证对连续多次信号的灵敏应答；②限制信号在某一节点的持续时间，保证信号强度适度。当信号转导的"一过性"受到干扰时会产生严重不良后果。例如，霍乱菌产生的霍乱毒素对 G_s 的 α 亚基进行修饰，使 α 亚基保持持续活化状态并持续激活 AC，使胞质中 cAMP 的浓度在短时间内增加 100 倍以上，导致 Na^+ 通道持续开放，大量水分外流进入肠腔，造成严重腹泻。

（2）信号转导记忆性。某些情况下，在上游信号已经终止后，某些信号转导蛋白仍保持一定时间的持续活化状态，表现出记忆性，但这种持续活化（记忆）是受到严格调控的。例如，在 Ca^{2+} 水平升高后可激活 CaM 激酶Ⅱ，且其具有较强的自身磷酸化作用，使 Ca^{2+} 水平降低至静态后，CaM 激酶Ⅱ的活性还可维持较长时间，使它对 Ca^{2+} 信号具有一定的记忆性，直到蛋白磷酸酶彻底使其去磷酸化而失活。在胚胎发育过程中，一些转录因子，的长期记忆性可被激活，如诱导肌肉细胞分化的一些信号，可激活一系列肌肉特异的转录因子刺激其特异基因转录，还可刺激其他一些肌肉蛋白基因的转录，由此使肌肉细胞分化变得更为持久。

2）信号转导分子存在的暂时性

许多信号蛋白质的半衰期都很短，很快产生，很快灭活，这样才能使细胞得以不断接受新的信号刺激。例如，编码转录因子的原癌基因的诱导只有几分钟到几十分钟，许多功能基因的被诱导过程也是以小时计算的。

3）信号转导分子活性的可逆性变化

被激活的各种信号转导分子在完成任务后又恢复至钝化状态，准备接受下一次的刺激。它们不会总处在兴奋状态，如激酶的磷酸化与去磷酸化。

4）信号转导分子激活机制的类同性

磷酸化和去磷酸化是绝大多数信号分子可逆地激活的共同机制。例如，JAK 的激活需要其酪氨酸磷酸化，在传递信息后又都要去磷酸化。

5）信号转导通路的连贯性

信号转导通路上的各个反应相互衔接，有序地依次进行，直至完成，形成一个级联反应过程。任何步骤的中断或出错，都将给细胞乃至机体带来灾难性后果。

6）网络化

细胞内存在有一张很大的、由多个信号转导通路组成的网（详见本节后述），在这张网中，各条通路相互沟通，相互串联，相互影响，相互制约，相互协调，相互作用。这样，细胞才能够对各种刺激作出迅速而准确的响应，才能顺应环境的变化而变化。

7）专一性

信号传递专一性主要受下列几个因素的影响。

（1）配体-受体之间的专一性。特异性受体介导相对专一的信号转导途径，引起相对专一的细胞效应。例如，胰岛素与胰岛素受体结合后，激活 PI3P 途径，可促进葡萄糖转运的代谢反应；而用生长因子结合相同细胞的生长因子受体，亦可激活 PI3P 途径，却无上述的代谢反应。

（2）细胞内信号转导的专一性。细胞能够通过一些机制把不同的信号转导蛋白组织起来，使它们相互作用乃至结合以形成一个专一的信号转导链或信号转导模块，以应答不同的细胞外刺激，最终通过对转录因子的专一性激活，以促进特定基因的转录。

（3）基因转录的专一性。信号转导途径和转录因子之间的相互作用及相互协调，使细胞在信号作用下，基因转录可做出专一性的相应。其机制主要有不同基因结构的专一性、辅转录因子的专一性、转录因子的相互作用和信号阈值的大小及刺激时间的长短引发不同的转录活动。完全相同的信号刺激，仅仅由于它的强度或者作用持续时间的不同，或两者都不同，也可使细胞做出完全不同的基因转录反应。转录因子在核内的浓度梯度、转录因子在靶基因的调控元件上结合位点数量的多少、转录因子与靶基因调控元件结合的相对亲和力、转录因子与其他蛋白质因子的相互作用等，均参与基因转录的专一性调节。

11.5.2　信号转导效应的调控

11.5.2.1　信号转导的放大效应

细胞在对外源信号进行转换和传递时，大都具有逐级将信号加以放大的作用。G 蛋白偶联受体介导的信号转导过程和蛋白激酶偶联受体介导的 MAPK 途径都是典型的级联反应过程。一个信号→多个受体（R），一个活化 R→多个 G 蛋白，一个 G 蛋白→多个效应器（酶）→许多第二信使→磷酸化更多靶蛋白（酶）→产生放大效应。因此，一个信号转导机构好比一个信号扩大器，将细胞外微小（少量）的信号逐级放大，作用于大量胞内效应分子，产生明显效应。例如，引起糖原分解的必需肾上腺素浓度为 10^{-10} mol/L，如此微量的 β 肾上腺素可通过信号转导促使细胞产生 10^{-6} mol/L 的 cAMP，信号被放大了 1 万倍，此后经过三步酶促反应（PKA→糖原磷酸化酶激酶→糖原磷酸化酶），信号又可放大 1 万倍，使短时间内糖原分解为葡萄糖。信号转导的放大效应是受到一定调控的，是一种"一过性"的放大。

11.5.2.2　信号转导的负性调控

利用负反馈机制终止或降低某节点的信号称为信号转导的负性调控。

1）细胞对外来信号的适应和失敏

如很多细胞在 β 肾上腺素作用下，细胞内 cAMP 会迅速显著增高，但随着作用时间的持续，细胞的反应明显减弱甚至消失。这种失敏使细胞对水平持续不变的外源信号失去反应性，可对外源信号水平的突然变化做出及时反应。一般情况下，胞外信号分子的总量是远大于细胞信号系统的负载能力，失敏保证了细胞信号系统对外源信号水平的变化能做出及时的反应。

2）细胞信号转导负性调节

失敏的机制实际上就是细胞信号转导的负性调节。细胞信号转导的负性调节在时相上一般较"一过性"调节要晚，有时还涉及新的基因的转录表达，负性调节包括受体的失敏、受体滞留、受体量调节，以及某些信号转导蛋白的失活或抑制等。例如，某种信号蛋白通过去磷酸化失活的，称为"一过性"调节，如果其是与其他的抑制蛋白结合并抑制其活性的，称为负性调节。负性调节是对外界信号变化做出的灵敏反应，是对整个信号转导强度的调节，以利于细胞对外来信号做出一个适度的、精确的反应。

(1) 受体的调节。激活的受体可被磷酸化修饰而失活，称为受体脱敏（receptor desensitization）。脱敏受体（实际上为受体-配体复合物）可通过受体介导的胞吞作用方式进入细胞质内，称为受体滞留（sequestration）。滞留的受体-配体复合物可在胞质中发生受体与配体的解离，解离后的受体可通过再循环重返细胞膜上恢复敏感性，某些滞留的受体-配体复合物被导向溶酶体而被降解。受体再循环与降解的比例是受严格调控的。由于溶酶体对受体的不断降解，很快就引起了细胞膜上受体数目的减少，同时随着胞外配体作用时间的延长，相应受体 mRNA 转录也开始减少，使膜受体数目进一步降低，称为受体的减量调节（down-regulation）。受体调节实际上是非常广泛的一种现象，如 GPCR 的失敏是在 GPCR 激酶的作用下，使 GPCR 胞内 C 端多个位点的磷酸化，磷酸化的 GPCR 能够高亲和性地与捕获蛋白（arrestin）结合，从而阻断 GPCR 与 G 蛋白之间的相互作用，使之解偶联，引起受体的失敏。捕获蛋白还可以识别细胞膜上的笼蛋白，从而启动笼蛋白依赖的受体介导内吞，部分受体经泛素化被胞内溶酶体降解，使膜受体数目降低。GPCR 多肽链多处位点的自发突变能够导致受体持续激活，从而引起多种疾病，如促甲状腺激素受体第 3 环的点突变可引起甲状腺腺瘤合并甲亢。

(2) 细胞内的某些信号蛋白直接参与负性调节。如 NF-κB 信号转导途径中，I-κB 与 NF-κB 相结合形成复合体，覆盖了 NF-κB 的核定位信号而终止了信号蛋白的传递。更多的负性调节是信号转导激发了某抑制蛋白的活性或某抑制蛋白的转录表达，如在 TGF-β 信号途径中，*Smad3* 基因是 TGF 的靶基因，其产物 Smad3 蛋白可以阻止 TGF-β 受体对 Smad1 的激活。

11.5.3　信号转导途径之间的相互作用

配体-受体-信号转导分子-效应蛋白并不是各自独立存在的、以一成不变的固定组合构成信号转导途径，一条信号转导途径中的功能分子可影响和调节其他途径，不同信号途径之间存在着复杂的多种交互的联系，它们相互作用，形成一个复杂的信号网络（signal network）。通过这个网络对不同信号途径的信号进行发散、收敛和整合，最后引发特定的细胞反应。

11.5.3.1　信号途径间的串流

胞内的信号转导是多途径、多环节、多层次和高度复杂的可控过程。信号转导最重要的特征之一是构成复杂的信号网络系统，它具有高度的非线性特点（图 5-16）。不同信号转导途径间的相互作用常形象地称为串流或"交叉对话"，也称"交会"，"串流"表现为部分信号转导链的共享。串流主要有 4 种模式：①一条信号途径中的功能分子可影响和调节其他途径，如蛋白激酶 C 可调节蛋白酪氨酸激酶系统；②一种信号转导分子不一定只参与一条途径的信号转导，如 G 蛋白的 βγ 二聚体可激活一系列信号分子后，通过 SOS、Ras 蛋白激活 MAPK 途径；③不同信号转导途径下游分子作用于共同的靶转录因子复合体，如趋化因子可激活 PKA 途径、调节细胞内 Ca^{2+} 浓度、G 蛋白 βγ 亚单位和磷酸酪氨酰肽协同作用可激活 PI3K 途径、MAPK 途径，还可以激活 JAK-STAT 途径，作用于共同的靶转录因子复合体；④多种不同的信号途径汇合在一个共同的靶效应分子，如 Ras 蛋白可谓多种信号传导的汇合点，形成多条信号转导途径的汇聚，这一特点称为收敛作用（conwergence）。

　　图 11-16 显示了 GPCR 和 RTK 所涉及的 cAMP/PKA、IP_3/Ca^{2+}、DG/PKC、Ras/MAPK 和 PI3K/PKB 5 条信号转导途径之间的"串流"。磷脂酶 C 既是 GPCR 途径的效应酶，又是 RTK 途径的效应酶。5 条信号途径最终都是激活蛋白激酶，有蛋白激酶形成的整合信息网络原则上可调节细胞任何特定的过程。

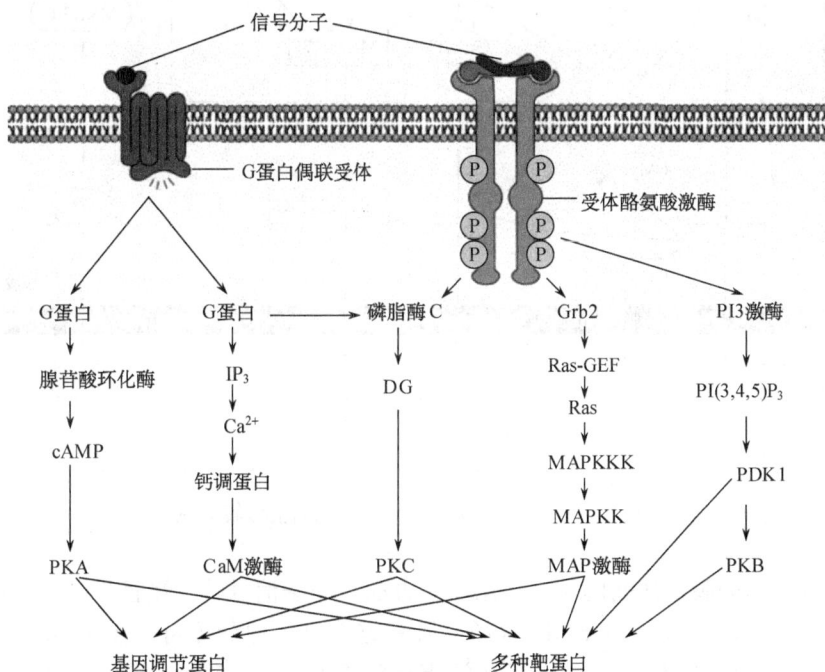

图 11-16　GPCR 和 RTK 所涉及的几条信号途径间的"串流"

　　研究表明，活化的 GPCR 可通过 G 蛋白的 βγ 亚基直接或通过 PI3K、捕获蛋白而活化 Src 样激酶，激活的 Src 样激酶进一步使 RTK 的胞内域酪氨酸残基磷酸化，从而使 RTK 在无细胞外配体的情况下被活化。GPCR 还可以通过某些信号转导蛋白激活 Ras/MAPK 途径，Ras /MAPK 可能是 GPCR 和 RTK 共享的信号途径。例如，Src 样激酶可磷酸化 RTK 的衔接蛋白 Grb2 和 Shc，并进一步活化 Ras 蛋白；GPCR 可以激活 Gq，进而激活 PLCβ，PLCβ 又通过 IP_3 和 DG 激活 PKC，而 PKC 可以激活 MAPKKK；cAMP/PKA 也可以激活某种 MAPKK；Ca^{2+} 信使则可通过鸟嘌呤核苷酸释放因子（GRF）与 PKC 等调节 Ras 途径的多种上下游组分。

11.5.3.2　信号传递网络

多条细胞信号转导途径相互作用可形成一个复杂的细胞信号转导网络，如不同的 MAPK 级联反应构成的信号转导网络（图 11-17）可对来自多条途径的信号进行整合，最后引发特定的一组基因转录。细胞信号转导网络的形成涉及以下几个层次。

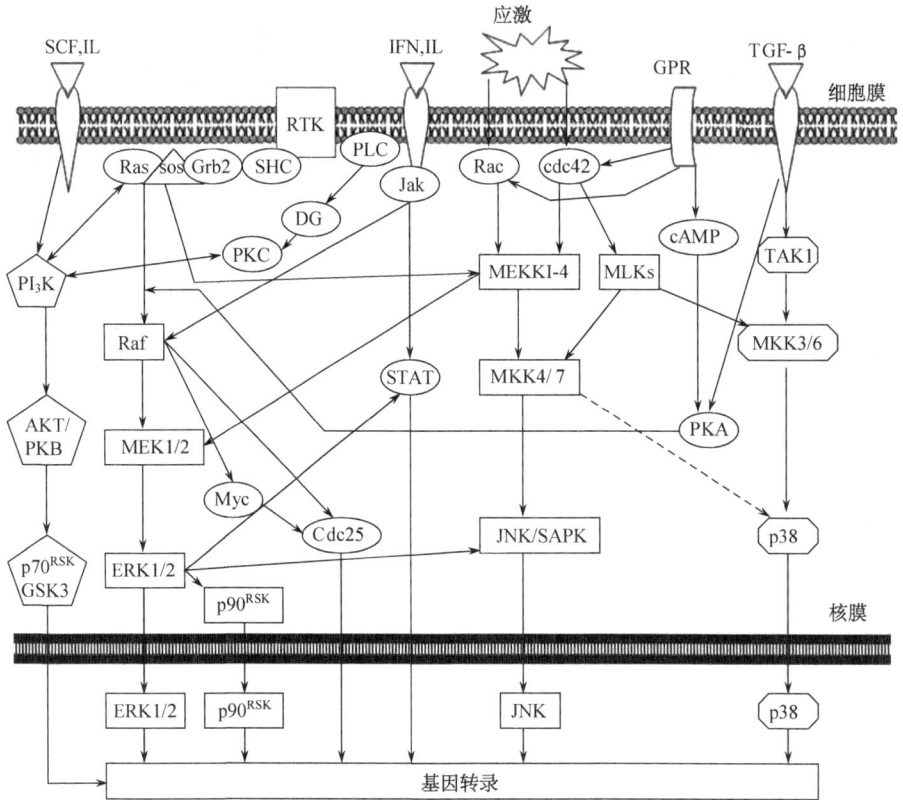

图 11-17　MAPK 信号途径及其形成的信号转导网络

（1）通过不同的膜受体间的相互作用。一方面，一条信号转导途径不是只能由一种受体激活，如多种受体都可以激活 PI3K 途径；另一方面，一种受体可以激活几条信号转导途径。例如，PDGF 的受体激活后，可激活 Src 激酶活性、结合 Grb2 并激活 Ras、激活 PI3K、激活 PLCγ，因而同时激活多条信号转导途径而引起复杂的细胞应答反应。

（2）通过不同的信号转导分子间的相互作用。许多蛋白激酶可以磷酸化不同的信号转导蛋白，这使由单一信号引起的刺激在传导过程中多样化，同一信号可以产生多种不同的下游反应。信号传导分子聚合成复合体是形成信号传递网络的一般机制，如 SH2、PTB、SH3 和 PH 等调节性结合功能域可聚集连接，这些结合功能域又分别亲和结合磷酸化酪氨酸（Y-P）、Sos 分子的富含脯氨酸基团（PXXP）和 PIP3 等位点或结构域。一个单一受体结合相应配体后，依赖上述这些结合功能域，就可募集许多相关的信号分子在受体胞浆段周围，经过串流和整合，形成复合体的网络结构，发出多条信号途径，促进相应的一组基因转录表达。例如，PDGFRβ 的胞浆段上含有 7 个可被磷酸化的酪氨酸位点（Y^{716,740,751,763,771,1009,1021}），根据 Y-P 周围的氨基酸序列特征，可分别专一性连接含有 SH2 域的衔接蛋白分子（Grb2、Shc）、效应分子（PLC-γ 等）和转录因子（STAT）等，再经过多处正、负串流（Ras-PI3K、PKC-Raf 等），使由单一受体诱导形成的信号传递网络，至少可发出 5 条信号途径激活相应的一组基因转录表达。

形成网络的信号分子复合体是可塑性的、动态的。在静息状态下，这些信号分子散在胞质的不同部位；有的锚定在膜内侧，如 Src 和 Ras 等，有的存在于胞浆内，如 PI3K 和 PKA 等。在外来刺激下，它们会重新定位，通过信号转导复合体等形式有序地组织起来，形成多个特定的信号模块，可在某些特定节点交叉，并最终形成一条独立于其他信号途径的、专一性的信号转导途径。通过形成信号转导复合体的三维网络，提高信号转导的速度、效率和特异性。

（3）通过不同转录因子与顺式作用元件的相互作用。例如，转录因子 Fos/Jun 家族和与 CREB 家族都具有亮氨酸拉链，并可通过亮氨酸拉链相互作用。由于细胞转录因子组分的数量、比例和它们相互作用形成的异源二聚体等的差别，可在基因转录水平形成自由串流的局面，从而造成非常复杂的基因表达调节格局。

本 章 小 结

细胞信号转导是指细胞通过胞膜或胞内受体感受信息分子的刺激，经细胞内信号转导系统转换，从而影响细胞的生物学功能的过程。细胞信号转导的相关分子包括细胞外信号分子、受体和胞内信号转导分子。细胞之间可通过分泌信号分子与受体作用而发生联系，信号也可通过细胞与细胞间的直接接触、细胞与细胞外基质间的相互作用来产生。这种细胞之间通过分泌信号分子或直接接触而发生的联系，称为细胞通讯。

受体的基本类型包括胞内受体和膜表面受体两大类。细胞信号转导的主要类型有：离子通道介导的信号转导途径、G 蛋白偶联受体介导的信号转导途径、酪氨酸蛋白激酶介导的信号转导途径、胞内受体及核受体介导的信号转导途径等。

各种信号转导分子的特定组合及有序的相互作用，构成了不同的信号转导途径。信号转导分子通过引起下游分子的数量、分布或活性状态变化而传递信号。小分子信号以浓度和分布的迅速变化为主、蛋白质信号转导分子依赖蛋白质的相互作用为主而传递信号。

动物主要依赖于 G 蛋白偶联的表面受体，而植物主要依赖于受体丝氨酸/苏氨酸激酶类型的酶联受体，特别是具有胞外的富含亮氨酸的重复单位的受体丝氨酸/苏氨酸激酶。许多生长调节子（包括乙烯）帮助协调植物发育。光在调控植物发育中起重要作用，这些光反应是由许多种光敏感蛋白介导的，光蛋白包括对红光敏感的光敏色素以及对蓝光敏感的隐花色素和趋光素。

❓ 复习题

1. 实验发现，狗肝匀浆液中加入肾上腺素能使肝细胞中 cAMP 含量升高能刺激糖原分解；鼠肝匀浆液中加入肾上腺素后，肝细胞中 cAMP 含量并不升高，但也能造成糖原分解。试解释此现象。

2. 胞内 Ca^{2+} 瞬间升高可以启动动物受精卵细胞的发育过程，可以刺激肌细胞收缩，也可以刺激腺细胞及神经细胞分泌等，试归纳 Ca^{2+} 作为一种细胞内信号转导分子，是怎样发挥其生物学作用的。

3. PDGFR 的胞浆段上多个酪氨酸位点可分别专一性连接含有 SH2 域的衔接蛋白分子、效应分子和转录因子（STAT），再经过多处正负串流，由单一受体诱导可形成的由多条信号途径组成的信号传递网络，概述 PDGFR 介导的信号转导有哪几条重要的信号途径及其反应过程。

4. 不同的 MAPK 级联反应构成的信号转导网络可对来自多条途径的信号进行整合，最后引发特定的一组基因转录；试从信号转导网络角度，讨论多靶点抗肿瘤药物设计的新的思路和方向。

参 考 文 献

陈誉华. 2009. 医学细胞生物学. 4 版. 北京：人民卫生出版社

韩贻仁. 2007. 分子细胞生物学. 3 版. 北京：高等教育出版社

胡以平. 2009. 医学细胞生物学. 2 版. 北京：高等教育出版社

罗深秋. 2011. 医学细胞生物学. 北京：科学出版社

王金发. 2004. 细胞生物学. 北京：科学出版社

杨抚华. 2009. 医学细胞生物学. 6 版. 北京：科学出版社

杨恬. 2010. 细胞生物学. 2 版. 北京：人民卫生出版社

易静，汤雪明. 2009. 医学细胞生物学. 上海：上海科学技术出版社

翟中和，王喜忠，丁明孝. 2007. 细胞生物学. 3 版. 北京：高等教育出版社

翟中和，王喜忠，丁明孝. 2011. 细胞生物学. 4 版. 北京：高等教育出版社

张景海，杨保胜，颜真. 2011. 药学分子生物学. 4 版. 北京：人民卫生出版社

左伋. 2009. 医学细胞生物学. 4 版. 上海：复旦大学出版社

Adams G B, Alley I R, Chung U, et al. 2009. Haematopoietic stem cells depend on G-alphaS-mediated signalling to engraft bone marrow. Nature，459：103-107

Alberts B, Johson A, Lewis J, et al. 2008. Molecular Biology of the Cell. 5th ed. Landon：Garland Publishing Inc.

Alberts B. 2008. 细胞的分子生物学. 张新跃，钱万强译. 北京：科学出版社

Chung K Y, Rasmussen S G F, Liu T, et al. 2011. Conformational changes in the G protein Gs induced by the beta-2 adrenergic receptor. Nature，477：611-615

Devlin T M. 2008. 生物化学-基础理论与临床. 王红阳译. 北京：科学出版社

Goodman S R. 2008. Medical Cell Biology. 3rd ed. 北京：科学出版社

Karp G. 2007. Cell and Molecular Biology：Concepts and Experiments. 4th ed. New York：John Wiley Sons Inc.

Lewin B. 2009. 细胞. 桑建利，连慕兰译. 北京：科学出版社

Lodish H, Beak A, Zipursky S L, et al. 2000. Molecular Cell Biology. 4th ed. New York：AM Imprint of W. H. Freeman and Company

Rasmussen S G F, De Vree B T, Zou Y, et al. 2011. Crystal structure of the beta-2 adrenergic receptor-Gs protein complex. Nature，477：549-555

Thiele S, de Sanctis L, Werner R, et al. 2011. Functional characterization of GNAS mutations found in patients with pseudohypoparathyroidism type Ic defines a new subgroup of pseudohypoparathyroidism affecting selectively Gs-alpha-receptor interaction. Hum Mutat，32：653-660

Xiao X, Zhang Q. 2009. Iris hyperpigmentation in a Chinese family with ocular albinism and the GPR143 mutation. Am J Med Genet，149A：1786-1788

（杨保胜）

附　　录

1962～2013 年与细胞生物学相关诺贝尔奖获奖一览表

年代/奖项	人名	相关成果
1962 年　化学奖	佩鲁茨（M. F. Perutz） 肯德鲁（J. C. Kendrew）	解析肌红蛋白和血红蛋白的三维结构
1962 年　生理学或医学奖	沃森（J. D. Watson） 克里克（F. H. C. Crick） 威尔金斯（M. H. F. Wilkins）	DNA 的双螺旋结构模型
1963 年　生理学或医学奖	埃克尔斯（J. C. Eccles） 霍奇金（A. L. Hodgkin） 赫克斯利（A. F. Huxley）	神经兴奋和传导机制的研究
1964 年　化学奖	霍奇金（女）（D. C. Hodgkin）	有机复合物分子的结构
1965 年　生理学或医学奖	雅各布（F. Jacob） 莫诺（J. L. Monod） 尔沃夫（A. M. Lwoff）	发现酶和细菌合成中的遗传调节机制
1966 年　生理学或医学奖	劳斯（P. Rous） 哈金斯（C. B. Huggins）	发现肿瘤病毒 前列腺癌的激素治疗
1968 年　生理学或医学奖	霍利（R. W. Holley） 科拉纳（H. G. Khorana） 尼伦伯格（M. W. Nirenberg）	破译遗传密码并阐明其在蛋白质合成中的作用
1969 年　生理学或医学奖	德尔布吕克（M. Delbrück） 赫尔希（A. D. Hershey） 卢里亚（S. E. Luria）	发现病毒的遗传复制机制和结构
1970 年　生理学或医学奖	卡茨（B. Katz） 阿克塞尔罗德（J. Axelrod） 奥伊勒（Ulf. S. von Euler）	发现神经末梢传递物质及其贮藏、释放、失活机理
1971 年　生理学或医学奖	萨瑟兰（E. W. Sutherland）	发现第二信使环腺苷酸，并确定其在激素作用中的机制
1972 年　化学奖	安芬森（C. B. Anfinsen） 莫尔（S. Moore） 斯坦（W. H. Stein）	蛋白质结构的研究
1972 年　生理学或医学奖	埃德尔曼（G. M. Edelman） 波特（R. R. Porter）	免疫球蛋白结构
1974 年　生理学或医学奖	克劳德（A. Claude） 迪夫（C. de Duve） 帕拉德（G. E. Palade）	发现细胞内部组分的结构和功能

续表

年代/奖项	人名	相关成果
1975 年　生理学或医学奖	杜尔贝科（R. Dulbecco） 巴的摩（D. Baltimore） 特明（H. M. Temin）	DNA 病毒与细胞遗传物质的相互作用 发现反转录病毒的反转录酶活性，修正中心法则
1976 年　生理学或医学奖	布卢姆伯格（B. S. Blumberg） 盖达赛克（D. C. Gajdusek）	朊病毒引起的疾病
1977 年　生理学或医学奖	雅洛（R. S. Yalow） 吉尔曼（R. Guil lemin） 沙里（A. Schalley）	发展放射免疫分析方法 发现大脑分泌的多肽类激素
1978 年　化学奖	米切尔（P. Mitchell）	创立氧化磷酸化的化学渗透理论
1978 年　生理学或医学奖	阿尔伯（W. Arber） 内森斯（D. Nathans） 史密斯（H. O. Smith）	发现限制性内切核酸酶以及在分子遗传学方面的研究
1980 年　化学奖	伯格（P. Berg） 吉尔伯特（W. Gilbert） 桑格（F. Sanger）	创建重组 DNA 技术 发明 DNA 测序技术
1980 年　生理学或医学奖	多塞（J. Dausset） 贝纳塞拉夫（B. Benacerraf） 斯内尔（G. D. Snell）	研究抗原抗体在输血及组织器官移植中的作用 创立移植免疫学和免疫遗传学（MHC）
1981 年　生理学或医学奖	斯佩里（R. W. Sperry） 休伯尔（D. Hubel） 威塞尔（T. N. Wiesel）	关于大脑两半球功能分工的研究 关于视觉神经系统信息加工的研究
1982 年　化学奖	克卢格（A. Klug）	建立晶体学电子显微镜技术，研究核糖核蛋白复合物
1983 年　生理学或医学奖	麦克林托克（女）（B. McClintock）	提出"可移动的遗传基因学说"
1984 年　生理学或医学奖	杰尼（N. K. Jerne） 科勒（G. Kohler） 米尔斯坦（C. Milstein）	关于免疫机理的研究 创立单克隆抗体技术
1985 年　生理学或医学奖	布朗（M. S. Brown） 戈德斯坦（J. L. Goldstein）	胆固醇代谢与胞吞作用的关系
1986 年　物理学奖	鲁斯卡（E. Ruska） 罗雷尔（H. Rohrer） 宾尼希（G. Binnig）	设计第一台透射电镜 设计第一台扫描隧道电子显微镜
1986 年　生理学或医学奖	科恩（S. Cehen） 莱维-蒙塔尔奇尼（女）（R. Levi-Montalcini）	发现神经生长因子和表皮生长因子
1987 年　生理学或医学奖	利根川进（Susumu Tonegawa）	基因重排和抗体多样性的原理
1988 年　生理学或医学奖	布莱克（J. W. Black） 埃利昂（女）（G. B. Elion） 希钦斯（G. H. Hitchings）	冠心病药物研发相关原理 抗癌药物研发相关原理

续表

年代/奖项	人名	相关成果
1989 年　化学奖	切赫（T. R. Cech） 奥尔特曼（S. Altman）	发现 RNA 的生物催化作用
1989 年　生理学或医学奖	毕晓普（J. M. Bishop） 瓦慕斯（H. E. Varmus）	发现正常细胞中的原癌基因
1991 年　化学奖	恩斯特（R. Ernst）	发展高分辨核磁共振波谱学
1991 年　生理学或医学奖	内尔（E. Neher） 萨克曼（B. Sakmann）	膜片钳测定膜离子流量
1992 年　生理学或医学奖	费希尔（E. H. Fischer） 克雷布斯（E. G. Krebs）	发现蛋白质可逆磷酸化与活性的关系
1993 年　化学奖	穆利斯（K. B. Mullis） 史密斯（M. Smith）	发明聚合酶链反应技术 发明寡聚核苷酸定点突变
1993 年　生理学或医学奖	罗伯茨（R. J. Roberts） 夏普（P. A. Sharp）	发现断裂基因
1994 年　生理学或医学奖	吉尔曼（A. Gilman） 罗德贝尔（M. Rodbell）	发现 G 蛋白以及在细胞转导信号中的作用
1995 年　生理学或医学奖	刘易斯（E. B. Lewis） 维绍斯（E. F. Wieschaus） 努斯莱因福尔哈德（女）（C. Nusslein-Volhard）	基因表达调控与早期胚胎发育机制的研究
1996 年　生理学或医学奖	杜赫堤（P. C. Doherty） 辛克纳吉（R. M. Zinkernagel）	免疫系统对病毒感染细胞的识别
1997 年　化学奖	博耶（P. D. Boyer） 沃克（J. E. Walker） 斯科（J. C. Skou）	发现钠钾 ATP 酶和 ATP 合成机制
1997 年　生理学或医学奖	普鲁西纳（S. B. Prusiner）	发现朊病毒
1998 年　生理学或医学奖	佛契哥特（R. F. Furchgott） 伊格纳罗（L. J. Ignarro） 墨拉德（F. Murad）	发现一氧化氮（NO）在心血管系统中的信使作用
1999 年　生理学或医学奖	布洛贝尔（G. Blobel）	发现蛋白质有内部信号决定蛋白质在细胞内的转移和定位
2000 年　生理学或医学奖	卡尔森（A. Carlsson） 格林加德（P. Greengard） 坎德尔（E. R. Kandel）	发现神经细胞间特殊的信号转导形式
2001 年　生理学或医学奖	哈特维尔（L. H. Hartwell） 亨特（R. T. Hunt） 诺斯（P. M. Nurse）	发现细胞周期的关键调控机制
2002 年　化学奖	芬恩（J. B. Fenn） 田中耕一（Koichi Tannka） 维特里希（K. Wüthrich）	生物大分子的质谱分析法 核磁共振测定生物分子结构

续表

年代/奖项	人名	相关成果
2002 年 　生理学或医学奖	布雷内（S. Brenner） 霍维茨（H. R. Horvitz） 苏尔斯顿（J. E. Sulston）	器官发育的遗传基础和细胞程序性死亡
2003 年 　化学奖	阿格雷（P. Agre） 麦金农（R. Mackinnon）	发现水通道 离子通道的结构功能
2004 年 　化学奖	切哈诺沃（A. Ciechanover） 赫尔什科（A. Hershko） 罗斯（I. Rose）	发现泛素介导的蛋白质降解途径
2004 年 　生理学或医学奖	阿克塞尔（R. Axel） 巴克（女）（L. B. Bunk）	发现气味分子受体和嗅觉系统的组成
2005 年 　生理学或医学奖	马歇尔（B. J. Marshall） 沃伦（J. R. Warren）	发现幽门螺杆菌导致胃炎和胃溃疡
2006 年 　化学奖	科恩伯格（R. D. Kornberg）	真核生物转录的分子基础
2006 年 　生理学或医学奖	法尔（A. Z. Fire） 梅洛（C. C. Mello）	RNA 干扰机制
2007 年 　生理学或医学奖	卡佩奇（M. R. Capecchi） 埃文斯（M. J. Evans） 史密西斯（O. Smithies）	建立胚胎干细胞介导的小鼠基因敲除技术
2008 年 　化学奖	查尔菲（M. Chalfie） 下村修（O. Shimomura） 钱永健（R. Y. Tsien）	绿色荧光蛋白（GFP）的发现和应用
2008 年 　生理学或医学奖	巴尔-西诺西（女）（F. Barre-Sinoussi） 蒙塔尼（L. Montagnier） 豪森（H. zur Hausen）	发现人类免疫缺陷病毒（HIV） 发现人乳突淋瘤病毒（HPV）引发宫颈癌
2009 年 　化学奖	拉马克里希南（V. Ramakrishnan） 施泰茨（T. A. Steitz） 约纳（A. E. Yonath）	核糖体结构和功能研究
2009 年 　生理学或医学奖	布莱克本（女）（E. H. Blackburn） 格雷德（女）（C. W. Greider） 绍斯塔克（J. W. Szostak）	发现端粒和端粒酶保护染色体的机制
2010 年 　生理学或医学奖	爱德华（R. G. Edwards）	创立体外受精和试管婴儿技术
2011 年 　生理学或医学奖	博伊特勒（B. A. Beutler） 霍夫曼（J. A. Hoffmann） 斯坦曼因（R. M. Steinman）	发现免疫系统激活机制
2012 年 　生理学或医学奖	戈登（J. Gurdon） 山中伸弥（Shinya Yamanaka）	发现成熟细胞可以被重新编程为多功能的干细胞
2012 年 　化学奖	莱夫科维茨（R. J. Lefkowitz） 克比尔卡（B. K. Kobilka）	揭示了 G 蛋白偶联受体的工作机制
2013 年 　生理学或医学奖	罗斯曼（J. E. Rothman） 谢克曼（R. W. Schekman） 苏德霍夫因（T. C. Südhof）	发现细胞内囊泡运输的调节机制

（吴秋芳）